制 氧 技 术

（第 2 版）

李化治　编著

U0319661

北　京

冶 金 工 业 出 版 社

2020

内 容 提 要

本书全面阐述了低温法空气分离制氧知识，共分为15章。书中介绍了气体及溶液的热力学基本规律；依照低温法制氧机流程系统的划分，逐章叙述了空气液化原理及设备、空气净化原理及设备、传热原理及设备、精馏原理及设备，以及气体压缩机械、气体膨胀机械、低温液体泵仪表及控制系统。同时也阐述了稀有气体的生产。书中着重介绍了制氧机流程及操作原理，最后列举了制氧机常见故障的分析处理方法。本版以现代低温法制氧机的制氧技术为主，也保留了一些具有代表性的流程和制氧技术。

本书可作为制氧行业技术人员和工人的培训教材，也可供高等院校有关专业的师生参考。

图书在版编目（CIP）数据

制氧技术/李化治编著 . —2 版 . —北京：冶金工业出版社，2009. 8（2020. 7 重印）

ISBN 978-7-5024-4963-6

Ⅰ. 制⋯　Ⅱ. 李⋯　Ⅲ. ①氧气—制造　②制氧机

Ⅳ. TQ116. 14

中国版本图书馆 CIP 数据核字（2009）第 130304 号

出 版 人　陈玉千

地　　址　北京市东城区嵩祝院北巷 39 号　邮编　100009　电话　(010)64027926
网　　址　www. cnmip. com. cn　电子信箱　yjcbs@ cnmip. com. cn
责任编辑　李培禄　王　楠　美术编辑　彭子赫　版式设计　葛新霞
责任校对　王永欣　责任印制　禹　蕊
ISBN 978-7-5024-4963-6

冶金工业出版社出版发行；各地新华书店经销；三河市双峰印刷装订有限公司印刷
1997 年 3 月第 1 版，2009 年 8 月第 2 版，2020 年 7 月第 11 次印刷
787mm×1092mm　1/16；32 印张；2 插页；790 千字；496 页
176. 00 元

冶金工业出版社　投稿电话　(010)64027932　投稿信箱　tougao@ cnmip. com. cn
冶金工业出版社营销中心　电话　(010)64044283　传真　(010)64027893
冶金工业出版社天猫旗舰店　yjgycbs. tmall. com
（本书如有印装质量问题，本社营销中心负责退换）

前　言

进入 21 世纪以来，随着我国国民经济的高速发展，我国的制氧行业已有长足的进步，与国外的先进制氧技术的差距越来越小，真是可喜可贺！

随着钢铁冶金、化工，尤其是煤化工等行业对氧气、氮气等空分产品需求的增长，制氧机已向大型化、超大型化方向发展，国内超大型制氧机已达到 $90000m^3/h$ 等级。制氧的新技术新工艺层出不穷，低温法制氧流程已达到第六代新流程全面普及的程度。

《制氧技术》（第 1 版）一书在问世后的十多年间，受到了业界读者的关注和欢迎，作为编者，我深感欣慰，并由衷地表示感谢！与此同时也感知到第 1 版的《制氧技术》已不能满足制氧技术发展的要求，我在现场授课的过程中深切地体会到制氧行业广大工作人员对新制氧技术的渴求之情，这驱使我提笔再编《制氧技术》（第 2 版），以尽自己微薄之力，为制氧行业的发展再做点贡献！

本书是在《制氧技术》（第 1 版）的基础上，以现代制氧第六代流程为主线，以更新技术内容为宗旨而编写的，但仍保持原书的框架。全书共分 15 章，每章都增加了新技术、新设备等内容。譬如：第 3 章空气的净化以分子筛吸附净化为主；第 6 章空气的分离除筛板塔外，增加了规整填料及规整填料塔等内容；第 11 章制氧流程，删除了切换式换热器流程，全章围绕着现代制氧的外压缩和内压缩流程加以分析和阐述；第 12 章稀有气体的提取全面介绍无氢制氩技术；第 13 章制氧机的过程检测与自动控制，从工艺的角度诠释了制氧机新的集散控制系统（DCS）等。

本书力求保持《制氧技术》（第 1 版）理论联系实际的特点。编写过程中吸收了近十多年来在各厂举办培训班中广大学员丰富的实践经验，力求用理论知识去解决实际问题，这方面尤其体现在第 14 章制氧机操作和第 15 章制氧机故障诊断，以期望提高读者理论联系实际解决问题的能力。

　　低温法制氧，系统很多，涉及的学科知识面广，加之现代制氧技术需要综合技术，因此本书力求"全面"。书中除对原理、设备、流程、仪表及控制、操作、故障诊断以及稀有气体生产等内容均在相应的章节加以论述外，还增加了气体的主要热物性参数和热力性质图表，以便于在生产实践中进行必要的计算，提高分析问题的层次。"全面"还体现在：以"冶金型"制氧机为主，兼顾"化工型"制氧机；以大型制氧机为主，兼顾中、小型制氧机；以现代制氧机为主，兼顾历史传统型制氧机。

　　本书在编写过程中，得到了广大制氧工程技术人员的帮助和支持，尤其是包钢氧气厂史志祥、法液空杭氧李伟、新奥公司蔚龙、泛海能源公司冯香玖和李凤刚、马钢氧气公司朱宏伟、唐钢气体公司董震、俄罗斯深冷驻北京代表处骆娇等，对本书的编写提供了许多有价值的技术资料，并对书稿的内容提出许多宝贵意见，给予编者较大的帮助，在此表示衷心的感谢！

　　由于编者的水平所限，不当之处恳请广大读者批评指正！

2009 年 4 月 18 日

目　录

绪　　论

一、氧气与冶金

众所周知，因钢铁冶炼及燃烧过程通常都是氧化反应，所以冶金离不开氧。

在现代钢铁冶炼中，除了需要鼓风即吹入空气之外，还需要供应大量的纯氧，这样可以显著地节能并提高钢铁产量。随着钢铁工业的发展，对氧气的需求量迅速增加。据统计，目前我国钢铁企业每年需氧量达 175 亿 ~ 210 亿 m^3。

电炉用氧可以加速炉料的熔化及杂质的氧化，这意味着电炉吹氧既可以提高生产能力又能够提高特种钢的质量。电炉吨钢耗氧量依照冶炼钢种的不同而有差异。如：冶炼碳素结构钢的吨钢耗氧 20 ~ 25m^3，而高合金钢吨钢耗氧 25 ~ 30m^3。据统计电炉吹 1m^3（标）氧，可节电 5 ~ 10kW·h。

对于转炉炼钢而言，更是有氧才有钢，氧多钢也多。转炉炼钢法（LD 法）从 20 世纪 60 年代初开始推广使用。此法是在转炉中吹入高纯氧，氧与碳、磷、硫、硅等元素发生氧化反应。这不仅降低了钢的含碳量，清除了磷、硫、硅等杂质，而且可以用反应热来维持冶炼过程所需要的温度。可见，转炉冶炼是炼钢工艺的一大变革，使炼钢工艺更加依赖氧的供应。转炉炼钢，熔炼时间短，产量高。吨钢耗氧通常为 50 ~ 60m^3，氧气纯度要求大于 99.2%。

高炉富氧鼓风能够显著地降低焦比，提高产量。一般富氧浓度为 24% ~ 25%（体积分数）。据统计，高氧浓度提高 1%，其铁产量可以提高 4% ~ 6%，焦比降低 5% ~ 6%。尤其是煤基炼铁工艺的发展，需要供应大量的氧气。当每吨铁水喷煤率达到 300kg 时，相应的氧气量为 300m^3/t，氧气纯度为 90%。

近年来，国内外炼铁工艺正在发生变革，采用还原法（COREX）炼铁新工艺取代高炉炼铁。与高炉炼铁相比，单位投资可以降低 20%，生产成本可下降 20% ~ 25%，这种冶炼方法不需要焦炭，就彻底解决了炼铁缺乏焦炭的困惑，而且废水废气的排放量大为减少，有利于环境保护。以还原法炼铁吨铁耗氧 550 ~ 650m^3。

此外，在钢铁企业中钢材的加工清理、切割等吨材耗氧约 11 ~ 15m^3。

在有色冶金方面，为了节能增产，发展自热冶炼，综合利用和保护环境，正在推广氧气冶炼法。铜、铅、锌、镍、钴、锑、汞等有色金属矿，大都以硫化物的形式存在。冶炼反应多为氧化放热反应。一般有色金属的硫化矿含硫 20% ~ 30%，硫本身就是一种燃料，1kg 硫相当于 1.32kg 的标准煤。在有色金属冶炼过程中通入氧气，硫就可以充分燃烧，维持冶炼温度，提高熔炼速度。以铜为例，富氧炼铜可节能 50%，即在同样的燃耗下，铜的产量可以增加 1 倍，烟气中的二氧化硫的含量增加，回收后可以制造硫酸，同时也减少了硫化物的排放量，保护了环境。据统计，吨铜耗氧量大于 300m^3，氧气纯度大于 90%。依据冶炼有色金属的品种不同，一般熔炼 1t 有色金属的氧耗为 300 ~ 2000m^3。

二、氧气与化工

化工领域用氧包括化工工艺过程用氧、化肥工业用氧以及煤化工用氧。诸多的化学工艺过程都需要氧参与化学反应。

在化肥工业中，合成氨的原料有三种，即固体（褐煤、粉煤、碎煤），液体原料（重油、石脑油、原油）以及气体原料（天然气、焦炉煤气）。用煤加氧和水蒸气采用气化炉的生产方法，吨氨耗氧 $500 \sim 900m^3$；用液体原料生产吨氨耗氧 $640 \sim 780m^3$；应用气体原料生产吨氨耗氧 $250 \sim 700m^3$。

煤化工是以煤为原料，经过化学加工使煤转化为各种化工产品的工业领域。其中包括煤液化制油、煤气化、煤制焦炭、煤制烯烃、煤制甲醇等。

迄今为止，煤化工对氧气的需求量最大。目前世界上最大的氧气厂是用来进行煤的间接液化制油。此厂是南非的萨索尔公司（SASOL），总制氧能力约为 110 万 m^3/h，其中一台制氧机的容量为 10.336 万 m^3/h，这是现今世界运行的最大容量的制氧机。经过粗略的计算，煤制油吨油耗氧 $850 \sim 1000m^3$。

煤气化联合循环发电（IGCC），建设一个 400MW 的 IGCC 工厂需要配备一套 7 万 m^3/h 的制氧机。

煤制甲醇用氧量，经过估算每吨甲醇耗氧 $750 \sim 900m^3$。煤化工用氧压力随工艺及炉型的不同而有差异，通常为 $4 \sim 6MPa$。氧的纯度为 $90\% \sim 95\%$。

煤气化，据美国联碳公司报道，用煤生产 1t 合成燃料，需要氧气 $200 \sim 700m^3$。另据南非 SASOL 公司的数据，用煤生产 $1000m^3$ 的粗煤气，需要耗纯度 99% 的氧气 $100m^3$。

从我国的能源结构方面分析，煤已探明可采储量占化工类能源的 92.7%，石油占 5.9%，天然气占 1.4%。在一次能源的消费中煤占 73.4%，水电占 22.4%，石油和天然气占 4.4%。可见，我国是多煤缺油的国家。据资料报道我国在 2015 ～ 2020 年预计原油进口将达到每年 1.8 亿 ～ 2.0 亿 t。经统计计算，油价每上升 10 美元，就会导致我国的 GDP 下降 0.8%，通货膨胀率上升 0.8%，所以发展煤制油等煤化工工业，在我国已列入国家的"十一五"规划。

煤化工的发展还可以解决由于煤炭直接燃烧产生大量的含 CO_2 和 SO_2 的废气，废气排放将污染环境引起温室效应的问题。同时可以回收硫、碳等宝贵的化工原料。

鉴于解决缺油和环保两大问题，近期我国煤化工行业正在崛起并迅速发展。正如上述，煤化工的发展离不开氧气，依据它对氧气量及压力的要求，煤化工所配套的制氧机多数为超大型内压缩流程的制氧机，目前已有多套大于 4 万 m^3/h 的制氧机在运行为煤化工的生产服务。国内最大容量两台 9 万 m^3/h 的制氧机正在神华宁煤的现场施工建设之中。

三、氧气的生产方法

工业对氧气的需求量大，而且要求氧气的纯度很高，无法从自然界直接汲取氧气。制取氧气的原料有氧化物、水及空气，其相应的制取方法有化学法、水电解法、空气分离法。在空气分离法中包括低温法、变压吸附法、膜分离法。

（一）化学法

化学法是将氧化物在一定条件下分解，放出氧气。例如：氯酸钾（$KClO_3$）在加热分解时，1kg 的氯酸钾能够释放出 270L 的氧气；将氧化钡（BaO）加热至 540℃时，它将从大气吸取氧，生成过氧化钡（BaO_2）$_3$，继续加热至 870℃时，过氧化钡分解放出氧气，1kg 氧化钡可以制取 100L 氧气。由于化学法原料贵且消耗量大，生产能力又小，显然无法大量生产氧气，以满足工业用氧。化学法制氧只能应用于实验室及微型的医疗用氧。

（二）电解法

地球上水资源十分丰富，以水为原料将水电解而生产氧气。这种方法是在电解槽的水中通直流电，使水电离，氧积聚在阳极，氢积聚在阴极，每制取 $1m^3$ 氧气，同时可获得 $2m^3$ 的氢气。这种方法应用初期，制取 $1m^3$ 氧气耗电 12～15kW·h，随着近年来工艺及设备不断地改进，制取 $1m^3$ 氧气的电耗已降至 3～4kW·h。由于该法所制取的氧气纯度很高，又能得到氢气产品，氢气是十分纯洁的绿色能源，当今世界发展氢能的势头迅猛，所以该法是制取高纯氧及获得氢气的主要方法之一。

（三）空气分离法

空气可以近似看成氧和氮的混合物。以体积分数计算，空气中约含氧 21%，含氮 79%。以空气为原料，将氧组分及氮组分分离而得到氧气及氮气。依氧、氮组分分离所采取的方法不同，而划分为以下三种制取方法。

1. 低温法

此法是先将空气压缩、冷却，并使空气液化，利用氧、氮组分的沸点的不同（在大气压下氧沸点为 90K，氮沸点为 77K），在精馏塔中使气、液接触，进行质、热交换，高沸点的氧组分不断地从蒸气中冷凝成液体，低沸点的氮组分不断地转入蒸气之中，使上升的蒸气中含氮量不断地提高，而下流液体中含氧量越来越高，从而使氧、氮分离，这就是空气精馏。此法无论是空气液化或是精馏，都是在 120K 以下的温度条件下进行的，故称为低温法空气分离。

这种方法从 1903 年德国林德公司制造出第一台 $10m^3/h$ 制氧机以来至今历经一百多年的发展历程。在低温技术及流程方面经过了多次变革，迄今为止已达到了很先进的水平。制氧机的容量已向 15 万 m^3/h 的等级发展。制氧机的单耗由 $3kW·h/m^3 O_2$ 降至 $0.37kW·h/m^3 O_2$。

低温制氧，生产量大，产品多样化且纯度高，节能电耗低，因而是当今世界应用最广泛的制氧方法。此法日臻完善，继续向着降低压力、更节能、大型化、全自动化的方向发展。本书将详细阐述此法的理论基础及应用技术。

2. 变压吸附法

变压吸附法即 PSA 法（Pressure Swing Adsorption），基于分子筛对空气中的氧、氮组分选择性吸附而使空气分离获得氧气。当空气经过压缩，通过分子筛吸附塔的吸附层时，氮分子优先被吸附，氧分子留在气相中，而成为氧气。吸附达到平衡时，利用减压或抽真空将分子筛表面所吸附的氮分子驱除，恢复分子筛的吸附能力即吸附剂解吸。为了能够连续提供一定流量的氧气，装置通常设置两个或两个以上的吸附塔，一个塔吸附，另一个塔解吸，按适当的时间切换使用。

采用此法制氧，氧的回收率一般在 60%～70%。由于空气中的氩和氧组分无法分离，因此只能获得纯度为 93%～95% 的氧气。当供氧压力 0.1MPa 时，其制氧单耗为 0.42～0.50kW·h/$m^3 O_2$。但是这种制氧方法流程简单，常温运行，投资省 20%～30%，且可在用氧现场快速而变捷地生产廉价氧气，所以它适合于用氧量小于 $5000m^3/h$，或经常开、停间断用气的场合。

3. 膜分离法

膜分离法是利用有机聚合膜的渗透选择性，从气体混合物中分离出富氧气体。理想的薄膜材料应具有很高的选择率和渗透性。为了得到经济的流程，需要很薄的聚合物分离膜（$0.1\mu m$），所以需要支撑。渗透器常为板式渗透器和中空纤维渗透器。中空纤维渗透器是最新研究成果。中空纤维膜系采用 $15\sim100\mu m$ 的空心纤维，中空纤维以束为单元。加工空气透过空心纤维膜形成富氧，集于透过室中，再由出口取出。此法通常只能生产纯度 $40\%\sim50\%$ 的富氧。而且由于产气量大，所需薄膜表面积太大，且薄膜价格太高，虽然膜分离法装置简单，操作方便，但工业应用还有待进一步研究。

在空气分离领域中，低温法是传统的制氧方法，在国内外的制氧行业中占统治地位。变压吸附法和膜分离法是新颖的制氧方法。变压吸附法在近十年来，在灵活、少量、多变的用氧场合中具有诸多优点，很有竞争力，被迅速普及，技术日臻成熟。而膜分离法尚待进一步研究和开发。

1 气　　体

物质通常以气态、液态、固态存在。每种物质根据外界条件（温度与压力）的不同可处于其中的任一状态。空气、氧气、氮气、氩气在环境温度及大气压下都是气体，当所处条件发生变化时，物质由一种状态将转变为另一种状态，这种状态转变过程称作"相变"。在相变过程中通常都伴随着热效应的发生。

1.1　气体的基本状态参数

物质状态参数是描写物质在每一聚集状态特性的物理量。换言之，物质的每一状态都有确定数值的状态参数与之对应，只要有一个状态参数发生变化，物质的状态就相应地发生改变。描述气体状态的基本参数有温度、压力和质量体积等。

1.1.1　温度

温度可以表示物质的冷、热程度。从分子运动论观点看，温度是物质分子热运动平均动能的度量，温度越高，分子热运动的平均动能就越大。

测量某物质的温度，当然要以数值加以表示，从而比较出物质间的温度差异，而温度的数值表示是通过"温标"来实现的，所以"温标"就是衡量物质温度的标尺。"温标"规定了温度的起始点（即零点）和测量温度的基本单位。由于所选用的测温方法以及定义的起始点的不同，而产生了各种不同"温标"，现将目前常用的几种温标介绍如下。

（1）摄氏温标（t）。这种温标应用得最早而且最广。它选用温标的物理基础是汞的体积随温度升高发生线性膨胀，分度的方法是规定在标准大气压下纯水的冰点是摄氏 0 度，沸点为摄氏 100 度，而把汞在这两点的液柱长度分为 100 等份，每一等份代表摄氏 1 度，用符号℃标记。

（2）华氏温标（F）。华氏温标的物理基础与摄氏温标的相同。华氏温标规定在标准大气压下纯水的冰点为华氏 32 度，沸点为华氏 212 度，把这两点的汞柱长度划分为 180 等份，每一等份代表华氏 1 度，用符号℉标记。

由于摄氏温标和华氏温标都是建立在汞的体积随温度发生线性变化的基础上，而且分度是等分的，但实际上任何物质的物理性质都不能完全与温度呈线性关系，因此测量中会出现或大或小的误差。

（3）热力学温标（T）。热力学温标又称绝对温标或开尔文温标。它依据热力学基础而建立，在热力学中，卡氏定理指出：对于一个理想的卡诺机，假如它工作在温度为 T_2 的热源和温度为 T_1 的冷源之间，它从热源中吸收热量 Q_2，在冷源放出热量 Q_1，则温度之比等于热量之比。可见温度只与热量有关，而与工质无关，所以绝对温标克服了摄氏温标和华氏温标与工质有关的缺点，是一种理想的温标，已被规定为国际上使用的基本温标。

绝对温标规定水在标准大气压下的三相点为 273.16℃，沸点与三相点间分为 100 格，每格为1度，记作符号 K，把 -273.16℃定为绝对零度。但是，实际上绝对零度只能接近而无法达到。从绝对零度起算，绝对温标的刻度与摄氏温标的刻度相同。

（4）国际实用温标。它是由国际度量衡大会通过并与热力学温标相吻合的温标，其单位分别用 K 和℃表示。国际温标规定了11个可复现的平衡态温度的给定值，它们的数值列于表1-1。在这11个固定点的温度值中，只有水的三相点是定义的，其他各点都是由国际温标气体温度计测定的。国际温标还规定了标准温度计：286.8~630.755℃用基准铂电阻温度计；630.755~1064.43℃用基准铂铑-铂热电偶温度计；1064.43℃以上用基准光学高温计。

表 1-1　国际温标规定的平衡态温度给定值

平衡状态	国际实用温标指定值		平衡状态	国际实用温标指定值	
	T/K	t/℃		T/K	t/℃
平衡氢三相点	13.81	-259.34	水三相点	273.16	0.01
平衡氢在 3330.6N/m² 压力下的沸点	17.042	-256.108	水沸点	373.15	100
平衡氢沸点	20.28	-252.87	锡凝固点	505.1181	231.9681
氖沸点	27.102	-246.048	锌凝固点	692.73	419.58
氧三相点	54.361	-218.789	银凝固点	1235.08	961.93
氧沸点	90.188	-182.962	金凝固点	1337.53	1064.43

各温标间的换算关系为：

$$t(℃) = T - 273.16$$

$$t(℃) = \frac{5}{9}(F - 32)$$

$$T(K) = t + 273.16$$

$$F(℉) = \frac{5}{9}t + 32$$

定量测量温度的仪器有水银温度计、电阻温度计、热电偶温度计等。仪表所指示的温度通常为摄氏温标，而工程计算中必须采用绝对温标，为此应熟悉两种温标的换算。

如上所述，摄氏温标与绝对温标的每一刻度值的大小相同，因此在计算温差时，不论是采用摄氏温标还是绝对温标，其数值都是相同的，不必再进行换算。

例如，切换式换热器的冷端空气出口温度为 -172℃，返流污氮的温度为 -175℃，其冷端温差：$\Delta t = -172 - (-175) = 3℃$，$\Delta T = (-173 + 273) - (-175 + 273) = 3K$，两者数值是相同的，所以温差不必换算，即可代入有关工程计算中去。

1.1.2　压力

分子运动论把气体的压力看作是气体分子撞击容器内壁的宏观表现。单位面积上的作用力称为压强，工程上称为压力，故本书称其为压力，其方向总是垂直于容器的器壁。

由于压力是单位面积上的作用力，因此它的单位由力和面积单位导出。过去常用的单位有以下几种：

（1）标准大气压（atm）。它是温度为0℃时，纬度45°海平面上大气的平均压力。标准大气压也可称为物理大气压。

（2）工程大气压（at）。它是工程技术上常用的压力单位。工程大气压是指$1cm^2$面积上作用$1kg$力而产生的压力，单位可用$kg \cdot f/cm^2$表示。

（3）mmH_2O和$mmHg$。在压力测量中，往往直接读出水柱和水银柱高度，因此就直接用毫米水柱和毫米水银柱来表示压力的大小。

（4）b/in^2。这是英、美等国家，以$1in^2$（英寸^2）的面积上作用$1b$（磅）的力而产生的压力，记作$1b/in^2$。

现在统一采用国际单位。其单位是$1m^2$面积上作用$1N$的力而产生的压力，即N/m^2，记作Pa（帕）。10^5Pa为$1bar$（巴），可以与国际单位Pa并用。新旧单位的换算关系如下：

$1atm = 1.013 \times 10^5 Pa$

$1at = 9.81 \times 10^4 Pa$

$1mmH_2O = 9.81 Pa$

$1mmHg = 133.32 Pa$

$1b/in^2 = 6894.76 Pa$

$1bar = 10^5 Pa$

压力单位换算见附表2。

测量压力的仪表所指示的压力往往是被测压力的绝对值与大气压力之差。容器内气体对容器壁的实际压力称绝对压力。容器内气体的实际压力高于当时大气压力值称为表压力。容器内气体的实际压力比大气压力低时，其差值称为真空度。三者关系：$p_绝 = p_表 + p_大气$；$p_绝 = p_大气 - p_真空度$。

由于用压力表测出的只能是表压力和真空度，而实际计算时都用绝对压力。因为只有绝对压力才说明气体的真实状态。

例 已知上塔底部压力为$0.46 \times 10^5 Pa$［表］；上塔下部阻力为$1.96 \times 10^4 Pa$，中部阻力为$5.88 \times 10^3 Pa$，上部阻力为$4.9 \times 10^3 Pa$，求上塔顶部压力为多少？已知主冷中液氧高度$h = 1.8m$，液氧密度为$\gamma = 1123 kg/m^3$，则液氧底部压力为多少？如果用四溴乙烷液面计来测液氧面高度，已知四溴乙烷的密度$\gamma_{Br} = 2960 kg/m^3$，则液面计的读数为多少？

解 上塔顶部压力应是：

$$p_顶 = p_底 - (p_{下阻} + p_{中阻} + p_{上阻})$$

$$= 0.46 \times 10^5 - (1.96 \times 10^4 + 5.88 \times 10^3 + 4.9 \times 10^3)$$

$$= 0.16 \times 10^5 (Pa) ［表］$$

液氧底部压力应为：

$$p = p_底 + \gamma \cdot h$$

$$= 0.46 \times 10^5 + 1.8 \times 1123 \times 9.8065$$

$$= 0.658 \times 10^5 (Pa) ［表］$$

四溴乙烷液面计测氧面时，四溴乙烷液面计高度h_{Br}：

$$h_{\mathrm{Br}} = \frac{\gamma}{\gamma_{\mathrm{Br}}}h = \frac{1123}{2960} \times 1.8 = 0.69(\mathrm{m})$$

1.1.3　质量体积

单位质量气体所具有的容积称为质量体积，用符号 v 表示，单位 $\mathrm{m^3/kg}$。如 $G\,\mathrm{kg}$ 气体占 $V\,\mathrm{m^3}$ 的容积，则该气体的质量体积 $v = V/G\,(\mathrm{m^3/kg})$，反之，单位容积的气体质量，称之为气体的密度，以 ρ 表示，则 $\rho = G/V\,(\mathrm{kg/m^2})$。可见质量体积和密度互为倒数，即 $v = 1/\rho$ 或 $\rho = 1/v$。

在表明气体的质量体积或密度时，必须说明气体所处的状态。因为同一气体在不同的温度或压力条件下，具有不同数值的质量体积和密度。在标准状态下（压力为 $1.01 \times 10^5\mathrm{Pa}$，温度为 $0℃$ 时）气体的质量体积与密度分别以 v_0 与 ρ_0 表示。

除了温度、压力、质量体积等基本状态参数外，质量热容、热力学能、焓、熵等也是气体状态参数，后面章节中将陆续予以介绍。

1.2　气体基本定律

气体的基本定律是表示气体状态发生变化时，气体的基本状态参数 p、v、T 三者之间关系的定律。若用方程式形式表示出来即为状态方程。

1.2.1　理想气体及其状态方程

我们知道气体的分子间距较大，气体分子在它们所占的容积内以很快的速度运动着，并且在每次碰撞之间都做直线运动。在压力不高与温度不太低的情况下，气体分子本身所占的体积与相互作用可以忽略不计，这种状态的气体可称为理想气体。对于理想气体，我们常常用几个气体定律确定地描述其性质，这几个气体定律统称为理想气体定律。

早在 1662 年波义耳测验气体容积和压力关系时，发现在恒定温度下，气体的容积与压力成反比。即：

$$V \propto \frac{1}{p}$$

$$pV = C$$

式中　p——压力；

V——容积；

C——常数，其值与温度、气体的种类及量有关。

若以 v_1 和 v_2 表示气体分别在 p_1 和 p_2 压力下的质量体积时，则：

$$p_1 v_1 = p_2 v_2 = p_3 v_3 = \cdots = C_1 \quad 或 \quad \frac{p_1}{p_2} = \frac{v_2}{v_1} \tag{1-1}$$

理想气体，在一定温度下，一定质量气体在各状态下的压力 p 和质量体积 v 成反比，被称为波义耳-马略特定律。

1801 年查理氏与盖-吕萨克氏测得气体容积与温度之间关系为，在压力一定时，当温度改变 $1℃$ 时，一定量气体容积的改变为它在 $0℃$ 时容积的 $\dfrac{1}{273}$，即：

$$V_t = V_0\left(1 + \frac{t}{273}\right)$$

若以绝对温度 T 来表示可得：

$$\frac{V_1}{T_1} = \frac{V_2}{T_2} = \cdots = C_2 \tag{1-2}$$

由式（1-2）可知，在恒定压力下，一定量气体容积与绝对温度成正比，被称为盖-吕萨克定律。

同理，在气体容积恒定时，气体的压力与温度的关系可以用下式表示：

$$\frac{p_1}{T_1} = \frac{p_2}{T_2} = \frac{p_3}{T_3} = \cdots = C_3 \tag{1-3}$$

式中　C_3——常数，它与容积，气体种类及量有关。

即 $p = C_3 T$ 称之为查理定律。

总之，对于理想气体有以下基本定律：

（1）在一定温度下，气体在各状态下的压力 p 与质量体积 v 成反比，即 $pv =$ 常数。

（2）在压力不变的条件下，气体在各状态下的质量体积与绝对温度成正比，即 $v/T =$ 常数。

（3）在体积恒定的条件下，气体温度越高，其压力也越大，也就是气体在各状态下的绝对温度与压力成正比，即：$p/T =$ 常数。

实验表明，不同气体遵守上述三个公式的范围是不同的，可以假设一种在任何情况下完全符合上述三个公式的气体存在，这种气体称为理想气体。

根据分子运动论分析，所谓理想气体，就是指这样一种假想的气体，其分子不具有体积，可以完全看作弹性质点，分子间无作用力。

实际上，自然界不存在理想气体，但是当气体的压力不太高（与大气压相比），温度不太低（与该气体的液化温度比）时，可近似看作理想气体，为此氧气、氮气、空气等在压力不太高、温度不太低时可作理想气体看待。

根据上述三个关系式，可得到理想气体在状态变化时压力 p、温度 T、质量体积 v 之间的关系，即理想气体状态方程。

设图 1-1 中某种气体由状态 1（p_1，v_1，T_1）变化到状态 2（p_2，v_2，T_2），求这两个状态下各参数间关系。

设先由状态 1 等压变化到状态 1'（p_1，v_1'，T_2），则有：

$$v_1/T_1 = v_1'/T_2$$

然后由 1' 等温变化到状态 2（p_2，v_2，T_2），则有：

$$p_1 v_1' = p_2 v_2$$

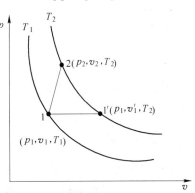

图 1-1　状态变化示意图

消去 v_1' 得：$p_1 v_1/T_1 = p_2 v_2/T_2$ 或 $pv/T =$ 常数。

如用 R 表示这个常数，则理想气体状态方程为：

$$pv = RT$$

式中 p——气体的绝对压力，Pa；

       v——气体的质量体积，m^3/kg；

       T——气体的绝对温度，K；

       R——气体常数，$J/(kg \cdot K)$。

因为 $v = V/G$，则 $pV = GRT$，式中 G 为气体的质量，V 为体积。

对于一种气体，不论在哪种状态下 R 值是不变的，但不同的气体，具有不同的 R 值。在国际单位制中，R 的单位为 $J/(kg \cdot K)$。制氧常用的几种气体常数列于表 1-2 中。

表 1-2   几种气体的气体常数

气体名称	$R/J \cdot (kg \cdot K)^{-1}$	气体名称	$R/J \cdot (kg \cdot K)^{-1}$
空 气	287.16	氖 气	412.11
氧 气	259.89	氪 气	99.24
氮 气	296.86	氙 气	63.34
氩 气	208.17	水蒸气	461.49
氦 气	2077.45	二氧化碳	319.38

根据阿佛伽德罗定律，在等温等压下，各种气体在等容积内分子数相同。在标准状态下，1mol 气体的容积为 22.4L。换言之，在等温等压下，各气体之体积与物质的量成正比。理想气体的状态方程也可以写成：

$$pV = nR'T$$

式中 n——物质的量，mol；

       R'——气体常数，$J/(mol \cdot K)$。

此式为理想气体状态方程通式。其中的气体常数 R' 已与气体的种类无关，只与测量所用的单位有关。随着单位的不同，R' 的数值随之而异，现列于表 1-3。

表 1-3   通用气体常数值

pV 单位	T 单位	n 单位	R' 单位	R' 值
J	K	mol	$J/(mol \cdot K)$	8.314

通用气体常数的物理意义，即表示 1mol 理想气体在恒压下，温度升高 1℃所作的膨胀功。

1.2.2   混合气体

多种气体以一定的比例充分混合在一起所形成的均一相为混合气体。作为制氧的原料气——空气，它是由多组分的气体混合而成的混合气体。其主要组分为氧、氮、氩。干燥空气的组成列于表 1-4 中。

表 1-4 干燥空气组成

组 分	分子式	体积分数/%	质量分数/%	组 分	分子式	体积分数/%	质量分数/%
氮	N_2	78.084	75.52	氦	He	5.24×10^{-4}	0.72×10^{-4}
氧	O_2	20.95	23.15	氪	Kr	1.14×10^{-4}	3.3×10^{-4}
氩	Ar	0.93	1.282	氙	Xe	0.08×10^{-4}	0.36×10^{-4}
二氧化碳	CO_2	0.03	0.046	氢	H_2	0.5×10^{-4}	0.035×10^{-4}
氖	Ne	18×10^{-4}	12.5×10^{-4}	甲烷、乙炔及其他碳氢化合物		3.53×10^{-4}	2.08×10^{-4}

混合气体的性质，取决于组成混合气体的各组分的含量。因为空气中主要成分是氧和氮，它们的含量基本不变，因此，在一般情况下，可以把空气作为单一气体处理。其相对分子质量为 29（视在分子量），气体常数为 287.16J/(kg·K)。但是在空气净化时，就不能忽略水分、二氧化碳、乙炔及其他碳氢化合物对空气性质的影响。在提取稀有气体时，也不能将空气只视为氧、氮二元组分。当混合气体各组分气体都是理想气体时，则混合气体也为理想气体。这时理想气体的各有关规律也适用于混合气体。通常空气在压力不太高、温度不太低的情况下可以按照理想气体处理。设混合气体，在理想气体定律适用的范围内，并且各组分间彼此不起化学作用的情况下，在固定容积中气体混合物的总压力等于个别压力之总和。这些个别压力相当于在温度不变的条件下，每种气体单独占据混合物所占全部容积时所具有的压力，这个定律通常叫道尔顿分压定律。即：$p = p_1 + p_2 + p_3 + \cdots + p_n$。$p$ 为混合气体的总压力，p_1、p_2、p_3、$\cdots$、p_n 分别为各组分气体的分压力。

假设把混合气体各组分单独分开，并使压力和温度都保持原来混合气体的压力和温度，这时各组成气体应该有的容积就称为该组成气体的分容积。

设 V 为混合气体总容积，V_1、V_2、$\cdots$、V_n 为各组成气体分容积。则上述条件下，

$$V = V_1 + V_2 + \cdots + V_n$$

分压力与分容积的示意图如图 1-2：对理想气体，在温度一定时，可写出如下关系式：

$$p_i V = p V_i$$

$$p_i = \frac{V_i}{V}p = y_i p \qquad (1-4)$$

式中 y_i——i 组分体积分数。

当混合气体总压力一定时，组成气体的分压力与其体积成分成正比，或者说，各组成气体的体积成分等于它的分压力与总压力之比。

混合气体的性质依赖于混合气体的组成。表示混合气体组成的方法通常有两种：体积分数和质量分数。它们都是指某相对组分的分量与混合气体的总量之比用百分数表示。分容积

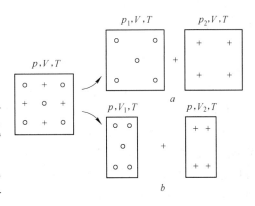

图 1-2 分压力、分容积示意图
a—分压力；b—分容积

与总容积之比叫体积分数。分质量与总质量之比叫质量分数。在同样温度和压力下，各组分气体单独存在所占的容积分别为 V_1，V_2，$\cdots$，V_i，$\cdots$，V_n，各组分的质量分别为 M_1，M_2，$\cdots$，M_i，$\cdots$，M_n，则第 i 种气体的体积分数及质量分数分别为

$$y_i = \frac{V_i}{V_1 + V_2 + \cdots + V_i + \cdots + V_n}\% = \frac{V_i}{V}\% \qquad (1-5)$$

$$m_i = \frac{M_i}{M_1 + M_2 + \cdots + M_i + \cdots + M_n}\% = \frac{M_i}{M}\% \qquad (1-6)$$

由于占同样体积的不同气体具有不同的质量，因此，对于同一种混合气体，各组分的体积分数与质量分数是不等的。如表1-4所示，空气中氧的体积分数为20.95%，而质量分数为23.15%。氮的体积分数为78.084%，而质量分数为75.52%。这是由于氧气的相对分子质量是32，氮气的相对分子质量为28，氧分子比氮分子重的缘故。

显然，

$$y_1 + y_2 + \cdots + y_i + \cdots + y_n = 100\%$$

$$m_1 + m_2 + \cdots + m_i + \cdots + m_n = 100\%$$

混合气体的性质，在原料空气净化中应用较多，下面举两个例子：

例1　湿空气中水分体积分数为2.5%，若湿空气的总压力为 $1.01 \times 10^5 Pa$，求水蒸气的分压力？

解　　　　　$p_{H_2O} = y_{H_2O} p = 2.5\% \times 1.01 \times 10^5 = 2.53 \times 10^3 (Pa)$

例2　空气中 CO_2 的体积分数为 300×10^{-6}，压力为 $1.01 \times 10^5 Pa$，求空气中 CO_2 的分压力？

解　　　　　$p_{CO_2} = y_{CO_2} p = 300 \times 10^{-6} \times 1.01 \times 10^5 = 30.3 (Pa)$

1.2.3　实际气体及其状态方程

1.2.3.1　实际气体及其状态方程

在空分装置中，机器、设备在低温下工作，理想气体状态方程已不再适用。对于理想气体，$pv/RT = 1$，而实际气体，$pv/RT \neq 1$。

$pv/RT > 1$ 时，表示这种气体比理想气体难压缩。

$pv/RT < 1$ 时，表示这种气体比理想气体容易压缩。

图1-3中所示几种气体，当温度为288K时，在不同压力下的 pv/RT 值。

由图可见，各种气体随压力的增高，会或多或少地偏离理想气体，其中 CO_2 偏离最大。

实验指出，温度愈低，实际气体对理想气体的偏离愈大，例如，氮在273K和压力为 $98 \times 10^5 Pa$ 时，与理想气体的偏差还不显著，但在173K和压力为 $98 \times 10^5 Pa$ 时，$pv/RT \approx 0.7$，与理想气体偏离很大。

经大量实验证实，实际气体在压力不太高、温度远远高于其液化温度时，它的质量体积很大，分

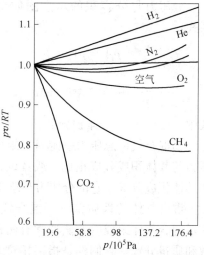

图1-3　实际气体 pv/RT

子本身体积与分子相互间的吸引力均可忽略，这样的实际气体即可近似看作理想气体，并符合理想气体状态方程。当气体压力相当高时，由于气体分子本身的体积与气体的容积相比已不能忽略，当温度相当低（接近液化温度）、压力相当高时，由于分子间距离缩小，分子之间相互作用力相应增大，此时气体容积的大小，不仅与外界压力有关，而且还与分子间的作用力有关。若分子间的作用力为引力，则实际气体比理想气体易于压缩，假若分子间的作用力为斥力，则实际气体比理想气体难于压缩。

压力和温度的变化还伴随着气体分子的聚合和分解，所谓聚合就是几个气体分子组成一个复合分子，分解就是将复合分子分成单个分子。当温度不变，压力增加或压力不变温度降低时，分子发生分解，表现为气体较理想气体难压缩。

当压力和温度同时变化时，气体分子是聚合还是分解，要看这种气体离液化温度的远近，并看此时是压力起主要作用还是温度起主要作用。一般说来，当压力比较低，温度比较高时，分子的聚合分解作用都很微弱，所以实际气体接近理想气体。

表示真实气体 p、v、T 之间关系的方程为真实气体的状态方程式。许多科学家在这方面做出很大的努力，提出了许多经验公式或半经验公式，其中较为典型的是范德华方程式：

$$\left(p + \frac{a}{v^2}\right)(v - b) = RT \tag{1-7}$$

式中，引入了两个校正项。a/v^2 项是表示分子间相互吸引力的影响。靠近器壁的分子受到内侧分子的吸引，这一引力同容器内吸引它的分子数成正比，而又同单位时间内碰撞器壁的分子数成正比，即同气体分子体积分数的平方成正比，也就是与 v^2 成反比。这一内部分子的吸引力同外界的压力方向一致，同样压缩着气体，因而 a/v^2 也可称为内压力。b 项为气体分子所占体积的校正项，$(v-b)$ 表示分子运动的自由空间。a、b 称之为范德华常数。其值随气体的性质而变。对于制氧行业常见气体的 a、b 值列于表 1-5 中。

表 1-5　气体的范德华常数

气体名称	分子式	$a/kPa \cdot m^6 \cdot kmol^{-2}$	$b/m^3 \cdot kmol^{-1}$	气体名称	分子式	$a/kPa \cdot m^6 \cdot kmol^{-2}$	$b/m^3 \cdot kmol^{-1}$
空　气		135.57	0.0363	氖	Ne	21.38	0.0171
氧	O_2	137.80	0.0318	氦	He	34.57	0.0237
氮	N_2	140.84	0.0391	氪	Kr	233.87	0.0398
氩	Ar	136.28	0.0322	氙	Xe	424.96	0.0510
氢	H_2	24.72	0.0266	乙　炔	C_2H_2	444.82	0.0514
二氧化碳	CO_2	363.96	0.0427	水蒸气	H_2O	553.64	0.0305

显然，当气体的压力低、温度高时，气体的质量体积 v 很大，修正项 a/v^2 及 b 相对较小，当可以忽略不计时，式（1-5）即变成理想气体状态方程。气体压力越高，温度越低，因气体的质量体积越小，修正项的作用越大，即表示真实气体状态方程与理想气体的状态方程偏离越大。从表中还可以看出，不易液化的气体 a、b 值较小，也就是两个修正项的作用较小，较为接近于理想气体。

范德华方程式实际上是从理想气体出发结合气体分子结构简单物理模型推出，原则上应适用于各种气体，但因为只引入两个校正因素，所以在物性计算时会产生较大的偏差，特别是当压力较高接近液化状态时，差异更加显著。

1.2.3.2 （体积）压缩率

工程上常用压缩率进行实际气体的 p、v、T 的计算。气体的压缩性反映了实际气体与理想气体定律之间的偏差程度。用压缩率表示实际气体的状态方程式为：

$$pv = kRT \qquad (1-8)$$

式中，k 为压缩系数，用式（1-8）可得：

$$k = \frac{pv}{RT} \qquad (1-9)$$

当气体为理想气体时，$k = 1$；当实际气体较理想气体易于压缩时，$k < 1$；当实际气体较理想气体难于压缩时，$k > 1$；压缩率是一个无因次量。在确定压缩系数后，可根据式（1-8）进行状态参数计算。假如气体从状态 1 变为状态 2 时，其实际气体的状态方程可以写成：

$$\frac{p_1 v_1}{p_2 v_2} = \frac{k_1 T_1}{k_2 T_2} \qquad (1-10)$$

此外，还用压缩度来表示实际气体与理想气体的偏离程度。压缩度的定义是气体在某一状态时压力和质量体积的乘积与该气体在标准状态（273.15K，1.01×10^5Pa）下同一乘积之比，即：

$$A = \frac{pv}{p_0 v_0} \qquad (1-11)$$

在标准状态下，一般气体均可以看作理想气体，因此压缩度也可以看作实际气体在某一温度 T 时 pv 乘积与理想气体 pv 乘积之比。

由压缩率及压缩度的定义可以推出：

$$k = \frac{pv}{RT} = \frac{pv}{RT_0} \times \frac{T_0}{T} = \frac{pv}{p_0 v_0} \times \frac{T_0}{T} = A \frac{T_0}{T}$$

即

$$\frac{k}{A} = \frac{273.15}{T} \qquad (1-12)$$

对于单一气体的压缩系数和压缩度可以从图表中查出。表 1-6 ~ 表 1-8 分别表示出空气、氧、氮的压缩度。

表 1-6 空气的压缩度

p/MPa　＼　T/K	103.15	113.15	128.15	148.15	173.15	203.15	223.15	248.15	273.15	298.15	323.15	343.15
0	0.378	0.414	0.469	0.543	0.634	0.744	0.817	0.909	1.001	1.092	1.184	1.275
0.09807	0.371	0.408	0.465	0.539	0.632	0.742	0.816	0.908	1.000	1.092	1.184	1.275
0.19614	0.363	0.402	0.460	0.536	0.629	0.741	0.815	0.907	0.999	1.091	1.183	1.275
0.29421	0.356	0.396	0.455	0.532	0.627	0.739	0.814	0.906	0.999	1.091	1.183	1.275
0.39228	0.348	0.390	0.450	0.529	0.624	0.737	0.812	0.905	0.998	1.091	1.183	1.276

p/MPa \ T/K	103.15	113.15	128.15	148.15	173.15	203.15	223.15	248.15	273.15	298.15	323.15	343.15
0.49055	0.339	0.383	0.445	0.525	0.622	0.736	0.811	0.905	0.998	1.090	1.183	1.276
0.58842	0.331	0.376	0.440	0.521	0.619	0.734	0.810	0.904	0.997	1.090	1.183	1.276
0.78456	—	—	0.430	0.514	0.614	0.731	0.807	0.902	0.996	1.089	1.183	1.276
0.98070	—	—	0.419	0.506	0.609	0.728	0.805	0.900	0.995	1.089	1.182	1.276
1.9614	—	—	0.355	0.467	0.584	0.711	0.793	0.892	0.990	1.086	1.182	1.277
2.9421	—	—	—	0.423	0.558	0.696	0.781	0.885	0.985	1.084	1.181	1.278
3.9228	—	—	—	0.373	0.531	0.680	0.770	0.878	0.981	1.082	1.181	1.279
4.9055	—	—	—	0.317	0.506	0.666	0.760	0.872	0.978	1.081	1.182	1.281
6.8649	—	—	—	0.236	0.458	0.641	0.743	0.862	0.973	1.080	1.184	1.287
9.807	—	—	—	0.255	0.417	0.614	0.726	0.853	0.971	1.083	1.192	1.297
14.711	—	—	—	0.330	0.437	0.610	0.723	0.856	0.981	1.099	1.212	1.322
19.614	—	—	—	0.409	0.499	0.645	0.751	0.882	1.007	1.127	1.244	1.356
29.421	—	—	—	0.562	0.644	0.765	0.856	0.975	1.095	1.214	1.330	—
49.055	—	—	—	—	0.932	1.042	1.122	1.227	1.336	1.446	1.557	

表1-7　氧的压缩度

p/MPa \ T/K	273.15	298.15	323.15	p/MPa \ T/K	273.15	298.15	323.15
0	1.00097	1.09259	1.18420	6.8649	0.94181	1.05105	1.15693
0.09807	1.00000	1.09186	1.18368	7.8456	0.93524	1.04683	1.15461
0.9807	0.99135	1.08550	1.17918	8.8263	0.92924	1.04308	1.15272
1.9614	0.98206	1.07877	1.17452	9.807	0.92383	1.03982	1.15124
2.9421	0.97314	1.07240	1.17023	10.788	0.91904	1.03705	1.15018
3.9228	0.96462	1.06643	1.16631	11.768	0.91488	1.03477	1.14954
4.9055	0.95653	1.06087	1.16278	12.749	—	1.03300	1.14932
5.8842	0.94892	1.05574	1.15965				

表1-8　氮的压缩度

p/MPa \ T/K	126.85	143.15	173.15	203.15	223.15	248.15	273.15	293.15	323.15
0.09807	—	0.5209	0.6319	0.7426	0.8162	0.9077	1.0000	1.0730	1.1835
0.9807	—	0.4873	0.6109	0.7292	0.8060	0.9010	0.9962	1.0705	1.1836
1.9614	0.3539	0.4465	0.5874	0.7130	0.7951	0.8940	0.9925	1.0690	1.1842
2.9421	0.2670	0.4005	0.5637	0.7010	0.7851	0.8886	0.9894	1.0677	1.1851
3.9228	—	0.3487	0.5404	0.6850	0.7757	0.8830	0.9870	1.0668	1.1866
4.9055	—	0.2943	0.5180	0.6716	0.7672	0.8790	0.9848	1.0669	1.1884
5.8842	—	0.2483	0.4970	0.6620	0.7596	0.8764	0.9840	1.0670	1.1907
7.8456	—	0.2986	0.4632	0.6432	0.7476	0.8700	0.9835	1.0687	1.2006
9.807	—	—	0.4471	0.6362	0.7424	0.8676	0.9848	1.0749	1.2046
19.614	—	—	—	0.6823	0.7854	0.9151	1.0355	1.1309	1.2742
29.421	—	—	—	0.8053	0.8986	1.0179	1.1335	1.2293	1.3711

对于混合气体的压缩率及压缩度可以利用相加性原理计算。

$$k = \sum y_i k_i \tag{1-13}$$

$$A = \sum y_i A_i \tag{1-14}$$

式中　y_i——i 组分分子分率；

　　　k_i——i 组分的压缩率；

　　　A_i——i 组分的压缩度。

1.2.4　蒸气

蒸气和气体都属于气态物质，工程上习惯于把远离液相、可以按照理想气体的性质进行分析计算的气态物质叫气体，而把接近于液相的气态物质称之为蒸气。蒸气被压缩或被冷却时很容易转变为液体，它与理想气体的性质差别很大。在全低压空分装置中，在空压机前、后的空气，进入空分保冷箱之前的空气以及出保冷箱复热后的氧、氮气可以作为理想气体处理。而进入保冷箱后，精馏塔进、出的气体都接近于液体，全部需要按蒸气来处理。

1.2.4.1　蒸气的形成

在 0.98×10^5 Pa 压力下，当水的温度升高到 100℃ 时，水中就出现大量气泡，并放出大量蒸汽，这时水上下翻腾，这种现象称为沸腾。如继续加热，水温不会再高，但有更多的蒸汽蒸发出来，一直把水蒸发干，任何液体只有在一定温度时，才能沸腾。

液体沸腾时的温度叫沸点或称饱和温度。

在 1 个大气压下，水的沸点约 100℃（373K），液氧的沸点约 90K，液氮沸点约 77K，液氢沸点是 20.4K。

相反，水蒸气冷却时，在 100℃ 时凝结成水，氧气在 90K 凝结成液氧，氮气在 77K 凝结成液氮，因此沸点也即冷凝温度。

现以液氧为例介绍蒸气的形成，图 1-4 所示有 1kg 液氧，压力为 0.98×10^5 Pa，开始温度为 83K，低于沸点，称之为过冷液体。过冷液体温度与沸点温度差叫作过冷度。

对过冷液氧等压加热，液氧温度上升到 90K（即沸点），这时的液氧称饱和液氧。

继续对饱和液体加热，液氧开始沸腾，产生氧蒸气——称为饱和蒸气。这时液氧温度不变，所加热量全部转变为液体分

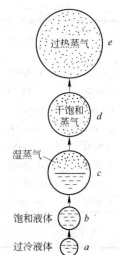

图 1-4　蒸气形成简图

子逸出液相所需的能量，这种饱和液体和饱和蒸气共存的状态为湿蒸气。继续加热到全部液体变为气相时其蒸气称为干饱和蒸气。若再加热，蒸气温度继续上升形成过热蒸气。过热蒸气的温度与沸点温度的差值称为过热度。

1.2.4.2　饱和温度与饱和压力

当液体放在密闭容器中，随时均有液体分子通过液面进入上面空间，同时也有气态分子返回液体中，前一现象称为液体的气化或蒸发，后一现象称为蒸气的液化或凝结，气化速度决定于液体的温度，液化速度取决于空间中蒸气分子的密度，亦即决定于空间中这种蒸气之分压力。如空间中别无其他气体，则这种蒸气的分压力即液面上的总压力。到某一状态时，气化与液化速度相等，达到动态平衡，虽然两种过程仍在不断进行，但总的结果

使状态不再改变，这时空间中的蒸气密度不再增加，这样的蒸气为饱和蒸气。蒸气的压力叫作饱和压力，温度称为饱和温度。

如果温度升高，气化速度将加快，空间中蒸气密度亦将增加，当达到某一数值时，将重新建立动态平衡。此时蒸气压力为对应于新温度的饱和压力。

可见，物质的某一饱和温度必对应于某一饱和压力，另一较高的饱和温度亦必对应于另一较高的饱和压力，也就是饱和温度与饱和压力呈一一对应关系。

在同样压力下，对于不同物质，其饱和温度是不同的。例如，水蒸气在 1 标准大气压下的饱和温度约为 100℃，所以在常压下水以液态存在；而氧、氮的饱和温度很低，一般以气态存在。

实验表明，对同一种物质，在不同的压力下，对应的饱和温度也不同。压力越高，饱和温度也增高。也就是说压力越高蒸气越容易液化。氧、氮的饱和温度与压力的关系如表1-9所示。

表 1-9　氧、氮在不同压力下的饱和温度

压力/MPa	0.1	0.15	0.2	0.3	0.4	0.5	0.6
氧的饱和温度/K	90	93	97	102	105	109	111
氮的饱和温度/K	77	81	84	88	91	94	96

由表1-9可见，在同样压力下，氮的饱和温度比氧低，这表示氮比氧容易气化。但是，在不同压力下，氮的饱和温度有可能比氧高。例如，氧在 1.5×10^5 Pa 下的饱和温度为93K；而氮在 6×10^5 Pa 下的饱和温度为96K，比氧高3K。在空分装置中，为保证上塔的液氧在冷凝蒸发器中蒸发，下塔的气氮在冷凝蒸发器中冷凝，必须使下塔氮的饱和温度高于上塔氧的饱和温度。当上塔压力一定时，下塔的压力由主冷的温差所决定。如果冷凝蒸发器的温差取得大，下塔的压力也就要提高，使全低压制氧机的空气压缩机消耗的功率会增加。

低温工质的物理化学性质见附表1。

1.2.4.3　临界状态

在很多情况下，增加压力可以使气体液化。但实验发现，压力增加使饱和温度提高不是无止境的。当温度超过某一值时，即使再提高压力也无法再使气体液化，只有温度低于该值时，液化才有可能。这个温度叫"临界温度"。相应于临界温度下的液化压力叫"临界压力"。对一定的物质、临界温度与临界压力有确定的数值，如表1-10所示。

表 1-10　若干物质的临界温度和临界压力

物质名称	空气	氧	氮	水	氨	二氧化碳	氢
临界温度/℃	-140.6	-118.4	-146.9	+374.15	+132.4	+31.0	-239.6
临界压力/MPa	3.77	5.181	3.465	22.565	11.58	7.53	1.32

由表1-10可见，要使空气液化，只有将它冷到它的临界温度 -140.6℃以下才有可能。在临界温度时，只有把空气压缩到临界压力（3.77MPa）或高于此压力时才有可能液化。当空气压力低于临界压力时，必须将空气冷却到比临界温度更低的温度，才能使它液化。

在临界状态下饱和液体与饱和蒸气已没有区别，汽化或液化不再分阶段，因此，相应于临界温度与临界压力的点叫"临界点"。

蒸气液化或液化汽化阶段的另一特点是，该阶段温度虽然维持不变，但必须放出热量或吸收热量才能使物态发生变化。这个热量无法按公式用热容的方法来计算。习惯上叫作

"潜热"。1kg 饱和液体全部汽化成干饱和蒸气所需的热量叫"汽化潜热",单位为 kJ/kg,用小写字母 r 表示,1kg 干饱和蒸气液化成饱和液体所放出的热叫"冷凝潜热",它们二者的数值相等。

汽化潜热的大小与物质的种类及压力有关。压力越高,汽化潜热越小。在临界压力下,由于干饱和蒸气与饱和液体已没有区别,此时,该物质的汽化潜热等于零。

1.3 氧的性质

氧在常温常压下为无色无味的气体。氧是自然界最丰富、分布最广的元素。在水中氧的质量分数为89%,地壳中氧的质量分数为46.6%。98%以上的岩石中含有氧元素。在空气中氧的体积分数为20.946%。氧气是保障生命的气体。是动物呼吸,燃料燃烧所必须的气体。

1.3.1 氧的物理性质

氧在0℃、0.101325MPa 标准状态下呈气体状态,1m³ 氧气的质量为1.43kg。在90.188K 时呈天蓝色液体,在54.75K 时成为淡蓝色的晶体。氧气微溶于水。在0℃时,100L 水约溶解5L 氧气。随着温度升高氧气在水中的溶解度将减少,在20℃时,100L 水约溶解3L 氧气。因氧分子中存在着未配对的电子,因此可以被磁铁吸引。在磁场中氧气是一种顺磁性气体,其容积磁化率在常见气体中为最大。利用这一特性能够检测出混合气体中的氧含量,这就是磁氧分析仪依据的原理。也可用这一特性进行含氧混合气体的分离。氧气在静电放电的条件下,可以转变成臭氧(O_3),此时1mol 氧,需要7.98kJ 的热量。

1.3.1.1 氧的特性参数
氧的特性参数见表1-11。

表 1-11 氧的主要特性参数

相对分子质量	31.9988	一阶电离势/eV	12.059
摩尔体积(标态)/L	22.39	熔点 温度/K	54.75
密度(标态)/kg·m⁻³	1.4291	熔解热/J·mol⁻¹	444.8
气体常数 R/J·(mol·K)⁻¹	8.31434	摩尔热容(273.15K,0.101MPa)/J·(mol·K)⁻¹	
临界状态 温度/K	154.581	c_p	29.33
压力/MPa	5.043	c_v	20.96
密度/kg·m⁻³	436.14	$k=c_p/c_v$	1.399
三相点 温度/K	54.361	热导率/W·(m·K)⁻¹	
压力/Pa	146.33	气体(0.101MPa,273.15K)	24.31×10⁻³
气体密度/kg·m⁻³	1.0358×10⁻²	液体(0.101MPa,90.18K)	0.1528
液体密度/kg·m⁻³	13.061×10²	气体黏度(300K,0.101MPa)/Pa·s	20.75×10⁻⁶
固体密度/kg·m⁻³	13.587×10²	液体黏度(90.18K,0.101MPa)/Pa·s	186×10⁻⁶
沸点 温度(0.101MPa)/K	90.188	液体表面张力(90.18K)/N·m⁻¹	13.2×10⁻³
气体密度/kg·m⁻³	4.4766	折射率(273.15K,0.101MPa)	1.00027
液体密度/kg·m⁻³	11.41×10²	声速(273.15K,0.101MPa)/m·s⁻¹	315
汽化热/kJ·mol⁻¹	6.8123	气/液(体积比)①	798.4

①与正常沸点下的单位液体体积相等的在101.32kPa 和0℃下的气体体积。

1.3.1.2 氧的密度

气态氧的密度见表 1-12。

表 1-12 气态氧的密度 （kg/m³）

p/MPa	T/K						
	140	200	240	300	400	600	1000
0.1	2.774	1.930	1.606	1.284	0.962	0.641	0.385
0.5	14.41	9.771	8.084	6.435			
1	30.42	19.85	16.30	12.91			
2	69.99	41.02	33.14	25.98			
5		114.1	86.91	66.01			
10		277.6	186.7	134.6			
20		579.2	392.2	270.3			
30		709.4	542.1	388.9			

液态氧的密度列于表 1-13。

表 1-13 液氧在不同温度及压力下的密度

温度/K	饱和蒸气压/MPa	饱和液体的密度/kg·m⁻³	不同压力（MPa）下的密度/kg·m⁻³							
			0.98	1.96	3.92	5.88	7.85	9.81	14.71	19.61
153	4.77	590	—	—	—	683	744	779	835	872
148	3.94	705	—	—	—	765	799	824	868	900
143	3.21	774	—	—	789	822	845	864	900	927
138	2.58	828	—	—	846	867	884	899	929	953
133	2.05	873	—	—	890	906	919	932	957	979
128	1.60	912	—	914	928	941	952	963	985	1004
123	1.23	948	—	951	963	973	983	992	1011	1029
118	0.92	981	981	985	995	1004	1012	1020	1037	1052
113	0.67	1011	1013	1017	1025	1033	1039	1046	1061	1075
108	0.48	1041	1043	1046	1053	1059	1065	1072	1085	1097
103	0.34	1068	1070	1073	1079	1085	1090	1096	1108	1119
98	0.22	1095	1097	1100	1105	1110	1114	1120	1130	1141
93	0.14	1121	1123	1125	1130	1134	1138	1143	1153	1162
88	0.075	1145	1147	1150	1154	1158	1162	1166	1174	1182
83	0.04	1169	1171	1173	1176	1180	1184	1188	1195	1202

固态氧的密度见表 1-14。

表 1-14 固态氧的密度

温度/K	密度/kg·m⁻³	温度/K	密度/kg·m⁻³
0.15	1568	20.65	1425

1.3.1.3　液氧的汽化热

汽化热是在恒温下，汽化单位质量的液体所需要的热量。汽化热与液体的温度有关。当温度趋于临界温度时，液体的汽化热趋于零。液氧的汽化热见表1-15。液氧的汽化热也可以由经验公式（1-15）进行计算。计算值在 $T < 130K$ 时误差范围为 $1\% \sim 10\%$ 。越接近临界状态时，误差就越大。

$$\Delta H_{vap}^2 = 1434.139(T_c - T) - 17.3802(T_c - T)^2 + 0.091389(T_c - T)^3 \qquad (1-15)$$

式中　ΔH_{vap}——汽化热，kJ/kg；

　　　　T_c——氧的临界温度，K；

　　　　T——液氧温度，K。

表 1-15　液氧的汽化热

温度/K	汽化热/J·mol^{-1}		温度/K	汽化热/J·mol^{-1}	
	测量值	经验公式的计算值		测量值	经验公式的计算值
65	7376	7483	110	5983	6196
70	7368	7315	115	5761	6004
75	7234	7163	120	5485	5777
80	7100	7024	125	5146	5503
85	6958	6895	130	4707	5170
90	6816	6769	135	4176	4757
95	6527	6641	140	3498	4233
100	6347	6507	145	2427	3538
105	6176	6361	—	—	—

1.3.1.4　氧的饱和蒸气压

氧的饱和蒸气压见表1-16。

表 1-16　氧的饱和蒸气压

温度/K	饱和蒸气压/Pa	温度/K	饱和蒸气压/Pa	温度/K	饱和蒸气压/Pa
20	1.34250×10^{-13}	42	5.97424×10^{-1}	62	1.19069×10^3
22	2.14268×10^{-11}	43.772（转换点）	1.72483×10^0	64	1.88316×10^3
23.781（转换点）	9.6558×10^{-10}	44	1.94355×10^0	66	2.88931×10^3
24	1.47742×10^{-9}	46	5.25337×10^0	68	4.31261×10^3
26	5.17237×10^{-8}	48	1.30221×10^1	70	6.237×10^3
28	1.09362×10^{-6}	50	2.99165×10^1	71	7.47×10^3
30	1.54238×10^{-5}	52	6.42687×10^1	72	8.88×10^3
32	1.56345×10^{-4}	54	1.00967×10^2	73	1.0503×10^4
34	1.20608×10^{-3}	54.352（三相点）	1.46444×10^2	74	1.2364×10^4
36	7.40292×10^{-3}	56	2.42486×10^2	75	1.4487×10^4
38	3.74496×10^{-2}	58	4.28925×10^2	76	1.6899×10^4
40	1.60605×10^{-1}	60	7.28035×10^2	77	1.9632×10^4

温度/K	饱和蒸气压/Pa	温度/K	饱和蒸气压/Pa	温度/K	饱和蒸气压/Pa
78	2.2715×10^4	90	9.9321×10^4	110	5.4301×10^5
79	2.6175×10^4	90.19（沸点）	1.013×10^5	115	7.5482×10^5
80	3.0033×10^4	91	1.10201×10^5	120	1.0211×10^6
81	3.4333×10^4	92	1.21968×10^5	125	1.3492×10^6
82	3.9114×10^4	93	$1.3467{5} \times 10^5$	130	1.7467×10^6
83	4.4406×10^4	94	1.48367×10^5	135	2.2225×10^6
84	5.0258×10^4	95	1.63097×10^5	140	2.7853×10^6
85	5.6715×10^4	96	1.78907×10^5	145	3.4455×10^6
86	6.3807×10^4	97	1.95853×10^5	150	4.2171×10^6
87	7.1567×10^4	98	2.14347×10^5	154.7	5.08×10^6
88	8.0047×10^4	100	2.54436×10^5	（临界点）	
89	8.9284×10^4	105	3.7840×10^5		

1.3.1.5 氧的黏度

黏度是流体与相邻的流体层发生相对运动时所产生的内摩擦力系数，称之为动力黏度，也可称为绝对黏度。氧在不同压力及温度下的黏度（μ）列于表 1-17。

表 1-17 氧在不同压力及温度下的黏度 $(\times 10^6 \mathrm{Pa} \cdot \mathrm{s})$

压力/MPa	温度/K							
	153.15	173.15	198.15	223.15	248.15	273.15	373.15	473.15
0.1013	12.18	12.86	14.52	16.12	17.53	19.10	24.37	28.67
5.065	15.5	15.5	16.2	17.5	18.6	—	—	—
6.078	18.4	16.7	16.8	17.8	—	—	—	—
7.091	25.4	18.6	17.6	18.3	—	—	—	—
10.13	42.9	30.1	21.2	20.2	20.6	21.6	25.7	—
15.19	—	45.5	29.0	24.4	23.4	—	—	—
20.26	—	54.7	38.0	29.8	27.0	26.3	28.0	31.2
30.34	—	82.3	50.1	39.9	34.7	31.5	30.8	33.1
40.52	—	80.0	59.3	48.6	42.4	38.0	34.0	35.3

1.3.1.6 液氧的表面张力

液体表面收缩成最小时，作用于液体表面上的力为表面张力（σ）。

液氧的表面张力见表 1-18。

表 1-18 液氧的表面张力

温度/K	表面张力 $\sigma/\mathrm{N} \cdot \mathrm{m}^{-1}$	温度/K	表面张力 $\sigma/\mathrm{N} \cdot \mathrm{m}^{-1}$	温度/K	表面张力 $\sigma/\mathrm{N} \cdot \mathrm{m}^{-1}$
65	19.4×10^3	80	15.9×10^3	100	11.00×10^3
70	18.3×10^3	85	—	110	8.63×10^3
75	17.0×10^3	90	13.47×10^3	130	4.25×10^3

1.3.1.7　氧的比热容

比热容是单位物质温度升高1℃所需要的热量。气氧在不同温度及压力下的比定压热容见表1-19。液氧的比定压热容列于表1-20。

表 1-19　气氧的比定压热容　　　　　　　　　　$[J/(g \cdot K)]$

温度/K	压力/MPa			温度/K	压力/MPa		
	0.1013	1.0133	10.1325		0.1013	1.0133	10.1325
20	0.9142	—	—	180	0.9155	0.9703	—
40	0.9117	—	—	200	0.9142	0.9544	1.9748
60	0.9109	—	—	220	0.9142	0.9452	1.4966
80	0.9100	—	—	240	0.9146	0.9393	1.2862
100	0.9100	—	—	260	0.9155	0.9360	1.1786
120	0.9263	—	—	280	0.9176	0.9343	1.1192
140	0.9201	—	—	300	0.9201	0.9343	1.0820
160	0.9171	0.9996	—				

表 1-20　液氧的比定压热容　　　　　　　　　　$[kJ/(kg \cdot K)]$

压力/MPa	温度/K				压力/MPa	温度/K			
	65	70	80	90		65	70	80	90
0	1.661	1.669	1.682	1.699	9.807	1.648	1.648	1.665	1.674
4.903	1.657	1.661	1.674	1.686	14.710	1.644	1.644	1.657	1.665

1.3.1.8　氧的热导率

热导率是传热过程中重要的物性参数。它表示了在导热过程中单位温度梯度下物体内产生的热流量的大小。氧的热导率列于表1-21中。

表 1-21　氧的热导率　　　　　　　　　　$[W/(m \cdot K)]$

温度/℃	压力/MPa					
	0.1013	2.0265	4.053	6.0795	8.106	10.13
-200	0.0065	0.172	0.172	0.172	0.173	0.174
-180	0.0084	0.147	0.147	0.148	0.149	0.149
-160	0.0102	0.120	0.121	0.123	0.124	0.127
-140	0.0121	0.0154	0.0954	0.0977	0.100	0.101
-120	0.0140	0.0164	0.0223	0.0616	0.0663	0.0709
-100	0.0158	0.0176	0.0208	0.0270	0.0356	0.0357
-80	0.0177	0.0191	0.0214	0.0247	0.0290	0.0349
-60	0.0194	0.0207	0.0226	0.0249	0.0279	0.0316
-40	0.0212	0.0224	0.0238	0.0257	0.0283	0.0307
-20	0.0228	0.0238	0.0251	0.0266	0.0288	0.0309
0	0.0244	0.0254	0.0265	0.0279	0.0297	0.0314
20	0.0261	0.0270	0.0280	0.0293	0.0308	0.0324
40	0.0277	0.0286	0.0297	0.0308	0.0321	0.0335

1.3.2 氧的化学性质

氧的化学性质十分活泼。除不能与少数贵金属（金铂）以及惰性气体（氦、氖、氩）等发生化学反应外，氧能与其他所有的金属和非金属元素发生化学反应。氧与其他元素化合时，发生的化学反应均为放热反应。

1.3.2.1 氧与金属反应

氧与第 I 族和第 II 族的金属元素发生氧化反应时，因氧与这些金属的电负性差值较大，故生成的氧化物均为离子化合物。氧与活泼金属（钠、钡）等发生氧化反应，不仅可以形成氧化物而且在一定条件下可生成过氧化物。例如：钠在氧中燃烧就可以生成过氧化钠（Na_2O_2），反应方程式为：

$$2Na + O_2 \longrightarrow Na_2O_2$$

相对原子质量较大的金属（铁、钡、锶等）与氧的氧化反应，在室温下就能自发进行。例如，铁与氧，在室温条件下，铁会缓慢地被氧化，生成三氧化二铁（Fe_2O_3），反应式为：

$$4Fe + 3O_2 \longrightarrow 2Fe_2O_3$$

铁在纯氧中的氧化反应十分激烈，即铁在氧中燃烧，能发出明亮的火星及耀眼的光芒，反应后能够生成红色氧化铁（Fe_2O_3），还能够生成黑色的四氧化三铁（Fe_3O_4）即氧化铁与氧化亚铁的加成物（$FeO \cdot Fe_2O_3$），四氧化三铁具有强磁性。

1.3.2.2 燃烧反应

氧与燃料会发生激烈的氧化反应称之为燃烧反应。燃烧反应中放出大量的热，使反应系统达到很高的温度。固体燃料煤的主要可燃成分是碳，燃烧后的主要产物是二氧化碳（CO_2）。当氧气不足时，碳不能完全燃烧，反应后将生成部分的一氧化碳（CO）。液体燃料（石油、汽油、柴油等）和气体燃料（天然气、石油气、煤层气等）的主要燃烧成分是碳、氢化合物，燃烧后的主要产物是二氧化碳和水。例如天然气其可燃成分是甲烷（CH_4），燃烧的反应式为：

$$CH_4 + 2O_2 \longrightarrow CO_2 + 2H_2O$$

在工业中燃烧反应的火焰特性以及燃烧反应的发热值及生成物很重要，因此将某些燃料燃烧的火焰特性列于表1-22。燃料燃烧的发热值及生成物见表1-23。

表 1-22 氧与燃料的火焰特性（化学计算燃烧）

燃　料	火焰温度/℃	最大火焰速度/m·s^{-1}	燃　料	火焰温度/℃	最大火焰速度/m·s^{-1}
甲　烷	2810	3.90	乙　烯	2940	5.43
丙　烷	2820	3.31	氢	2830	14.36
正丁烷	2845	3.31	丙　烯	2960	3.90
异丁烷	2845	3.30	乙　炔	3070	7.60

表 1-23　燃料燃烧的发热值及生成物成分（理论燃烧）

燃料类别	低发热量 /kJ·m⁻³(kJ·kg⁻¹)	燃烧生成气成分/%		
		CO_2	H_2O	N_2
天然气	35576.75	9.6	18.7	71.7
油气	35158.2	11.0	17.0	72.0
	16742	9.4	22.2	68.4
焦炉煤气	17997.65	8.8	21.4	69.8
混合煤气	7533.9	18.0	18.0	64.0
发生炉煤气（烟煤）	5859.7～6278.25	18.0	11.0	71.0
发生炉煤气（无烟煤）	5022.6～5441.15	18.0	8.0	74.0
水煤气	10882.3	17.2	18.1	64.7
燃料油	41855	14.0	12.0	74.0
煤	25113	18.0	11.0	71.0

1.3.2.3　氧与其他非金属反应

氧除与燃料的燃烧反应外，与其他非金属几乎都能发生化学反应。反应在高温下进行，反应很激烈。氧与硫、碳、氢等元素反应，因其电负性值相差较小，因此所生成的化合物往往都含有共价键，反应生成物均以分子形式存在。如：

$$2H_2 + O_2 \longrightarrow 2H_2O$$

1.3.2.4　氧与化合物反应

氧除与金属元素和非金属元素发生氧化反应外，氧还能够与无机化合物、有机化合物，甚至惰性气体的化合物发生化学反应，使这些化合物进一步氧化，而形成稳定的氧化物。典型的氧化反应如：氧化亚氮与氧反应，生成稳定的氧化氮。其反应式为：

$$2NO + O_2 \longrightarrow 2NO_2$$

又如硫酸亚铁，在加硫酸并通氧气的条件下，能生成硫酸铁，其反应式为：

$$4FeSO_4 + 2H_2SO_4 + O_2 \longrightarrow 2Fe_2(SO_4)_2 + 2H_2O$$

1.3.2.5　生化反应

在生命生长、发育、繁殖、组织修复等机体的一切活动都需要能量，生物体每时每刻不断地产生能源物质（糖、蛋白质、脂肪）的氧化过程，也称之为生化反应。葡萄糖的氧化反应式为：

$$C_6H_{12}O_6 + 6O_2 \longrightarrow 6CO_2 + 6H_2O + 2816.8kJ$$

在体外葡萄糖的氧化反应可以瞬间完成，在生命机体中其反应需要分若干步骤逐渐进行，营养及能量被生命体组织利用，最终生化反应产物为二氧化碳和水以及一定的能量以热量形式散发。

氧对生物体的另一种生化反应，是氧通过呼吸进入肺泡，肺泡内氧的分压为13.3kPa。而后氧由肺泡弥散到肺泡的毛细血管中，溶解在血浆内。在常压下，体温37℃的正常人每100mL的血液可溶解氧0.3mL（0.3%）。血浆内溶解的氧将透过红细胞膜，弥散并溶解在红细胞浆内，与血红蛋白发生化学反应，形成氧合血红蛋白（HbO_2），向机体的各个器官运送所需要的氧。人的血红蛋白每 100mL，可以结合约 19mL 的氧。

水中的生物是从水中吸入氧气的。氧微溶于水，氧在水中的溶解度，列于表 1-24 中。

表 1-24　氧气在水中的溶解度

温度/K	$\alpha/\mu L \cdot mL^{-1}$	$q/mg \cdot (100g)^{-1}$	温度/K	$\alpha/\mu L \cdot mL^{-1}$	$q/mg \cdot (100g)^{-1}$
273.15	48.89	6.945	293.15	31.02	4.339
274.15	47.58	6.756	294.15	30.44	4.252
275.15	46.33	6.574	295.15	29.88	4.169
276.15	45.12	6.400	296.15	29.34	4.087
277.15	43.97	6.232	297.15	28.81	4.007
278.15	42.87	6.072	298.15	28.31	3.931
279.15	41.80	5.918	299.15	27.83	3.857
280.15	40.80	5.773	300.15	27.36	3.787
281.15	39.83	5.632	301.15	26.91	3.718
282.15	38.91	5.498	302.15	26.49	3.651
283.15	38.02	5.368	303.15	26.08	3.588
284.15	37.18	5.246	308.15	24.40	3.315
285.15	36.37	5.128	313.15	23.06	3.082
286.15	35.59	5.014	318.15	21.87	2.858
287.15	34.86	4.906	323.15	20.90	2.657
288.15	34.15	4.802	333.15	19.46	2.274
289.15	33.48	4.703	343.15	18.33	1.856
290.15	32.83	4.606	353.15	17.61	1.381
291.15	32.20	4.514	363.15	17.2	0.79
292.15	31.61	4.426	373.15	17.0	0.00

注：α—标准状态下，1mL 水所溶解的氧气体积（μL）；q—当氧气分压与水蒸气分压之和为 101.325kPa 时，溶解于 100g 水中的氧气的质量（mg）。

1.4　氮的性质

氮在常温常压下是无色、无味、无臭的气体。氮气主要分布在地球表面的大气中，在地层内也蕴含有氮气。氮在 77.35K 时为无色液体，在 63.29K 时，凝固成固体。

1.4.1　氮的物理性质

1.4.1.1　氮的特性参数

氮的特性参数见表 1-25。

表 1-25　氮的特性参数

相对分子质量 M_r		28.0164	熔点	温度 T_{fus}/K	63.29
摩尔体积(标态)V_m/L		22.40		熔化热 ΔH_{fus}/J·mol^{-1}	719.6
密度(标态)/kg·m^{-3}		1.2507	比热容(288.8K,0.101MPa)/kJ·(kg·K)$^{-1}$		
气体常数 R/J·(mol·K)$^{-1}$		8.3093		c_p	1.04
临界状态	温度 T/K	126.21		c_v	0.741
	压力 p/MPa	3.3978		$k = c_p/c_v$	1.40
	密度/kg·m^{-3}	313.22	热导率/W·(m·K)$^{-1}$		
三相点	温度 T/K	63.148		气体 (0.101MPa, 300K)	0.2579
	压力 p/MPa	0.01253		液体 (0.101MPa, 70K)	1.4963
	液体密度 d_1/kg·m^{-3}	873	气体黏度 μ(63K,0.101MPa)/μPa·s		879.2×10^{-2}
	固体密度 d_s/kg·m^{-3}	947	液体黏度 η(64K,0.101MPa)/Pa·s		2.10×10^{-5}
	熔化热 ΔH_{fus}/kJ·kg^{-1}	25.73	液体表面张力 σ(70K)/N·m^{-1}		4.624×10^{-3}
沸点	温度(0.101MPa)T/K	77.35	折射率 n (293.16K, 0.101MPa)		1.00052
	气体密度 d_g/kg·m^{-3}	4.69	声速 c(300K,0.101MPa)/m·s^{-1}		353.1
	液体密度 d_1/kg·m^{-3}	810	气/液（体积比）[①]		643
	汽化热 ΔH_{vap}/kJ·mol^{-1}	196.895			

① 与正常沸点下的单位液体体积相等的在101.32kPa 和0℃下的气体体积。

1.4.1.2　氮的密度

氮气在不同压力和温度下的密度，可用压缩度表1-8 计算得出。液态氮及其饱和蒸气的密度列于表1-26，固态氮的密度列于表1-27。

表 1-26　液态氮及其饱和蒸气的密度

温度/K	密度/kg·m^{-3}		温度/K	密度/kg·m^{-3}	
	液　体	蒸　气		液　体	蒸　气
65	879.5	0.955	100	687.3	31.82
70	844.6	2.005	105	653.4	47.62
75	819.4	3.040	110	619.21	63.42
80	798.8	6.600	115	567.0	89.57
85	776.0	10.94	120	523.8	125.7
90	745.7	14.80	125.01	431.4	200.0
95	717.2	22.77	125.96	310.96（临界点）	

表 1-27　固态氮的密度

温度/K	密度/kg·m^{-3}	温度/K	密度/kg·m^{-3}
0.15	1137	45.15	982
20.65	1026	63.13	947

1.4.1.3　氮的汽化热

氮的汽化热可以用经验公式（1-16）计算。液氮的汽化热列于表1-28。

$$\Delta H_{vap}^2 = 1574.8636(T_c - T) - 25.77597(T_c - T)^2 + 0.203173(T_c - T)^3 \quad (1-16)$$

式中　ΔH_{vap}——汽化热，kJ/kg；

　　　　T——液氮温度，K；

　　　　T_c——临界温度，K。

表 1-28　液氮的汽化热

温度/K	汽化热/J·mol^{-1}		温度/K	汽化热/J·mol^{-1}	
	测量值	经验公式的计算值		测量值	经验公式的计算值
65	5945	6036	95	4858	4870
70	5853	5821	100	4611	4623
75	5653	5627	105	4301	4317
80	5498	5446	110	3904	3924
85	5293	5267	115	3372	3415
90	5075	5080	120	2602	2633

1.4.1.4　氮的饱和蒸气压

氮的饱和蒸气压见表 1-29。

表 1-29　氮的饱和蒸气压

温度/K	饱和蒸气压 p/Pa	温度/K	饱和蒸气压 p/Pa	温度/K	饱和蒸气压 p/Pa
20	1.44×10^{-8}	64	1.4589×10^4	86	2.49×10^5
21.2	1.5×10^{-8}	65	1.7392×10^4	88	3.006×10^5
21.6	3.1×10^{-8}	66	2.0610×10^4	90	3.595×10^5
22.0	6.1×10^{-8}	67	2.4289×10^4	92	4.259×10^5
22.5	1.6×10^{-7}	68	2.8470×10^4	94	5.002×10^5
23.0	3.3×10^{-7}	69	3.3201×10^4	96	5.84×10^5
24.0	1.7×10^{-6}	70	3.8531×10^4	98	6.77×10^5
25.0	6.7×10^{-6}	71	4.4511×10^4	100	7.80×10^5
26.4	4.3×10^{-5}	72	5.1193×10^4	102	8.95×10^5
30	3.95×10^{-3}	73	5.8630×10^4	104	1.020×10^6
35.62（转换点）	4.19×10^{-1}	74	6.6877×10^4	106	1.157×10^6
37.4	1.17×10^0	75	7.5992×10^4	108	1.308×10^6
40	5.77×10^0	76	8.6033×10^4	110	1.471×10^6
43.5	1.40×10^1	77	9.7056×10^4	112	1.648×10^6
50	3.96×10^2	77.347（沸点）	1.013×10^5	114	1.839×10^6
52	7.6×10^2	78	1.0915×10^5	116	2.047×10^6
54	1.36×10^3	79	1.22128×10^5	118	2.271×10^6
56	2.35×10^3	80	1.36272×10^5	120	2.514×10^6
58	3.92×10^3	81	1.51652×10^5	122	2.776×10^6
60	6.29×10^3	82	1.68338×10^5	124	3.061×10^6
62	9.81×10^3	83	1.86401×10^5	126	3.371×10^6
63.152（三相点）	1.2548×10^4	84	2.053×10^5	126.26（临界点）	3.398×10^6

1.4.1.5　氮的黏度

气氮的动力黏度（μ）的数值示于表1-30。液氮的动力黏度（η）见表1-31。

表 1-30　气氮的动力黏度　　　　　　　　　　（$\times 10^5 Pa \cdot s$）

温度/K	压力/MPa											
	0.1013	2.026	5.065	10.13	15.20	20.26	30.39	40.52	50.65	60.78	70.91	81.04
90	0.625	—	12.3	12.700	13.0	—	—	—	—	—	—	—
133	0.907	—	2.39	4.240	4.94	—	—	—	—	—	—	—
153	1.028	—	1.37	2.370	3.38	—	—	—	—	—	—	—
173	1.143	—	1.39	1.880	2.44	—	—	—	—	—	—	—
198	1.285	—	1.48	1.770	2.08	—	—	—	—	—	—	—
223	1.419	—	1.55	1.770	1.98	—	—	—	—	—	—	—
248	1.542	—	1.65	1.820	2.02	—	—	—	—	—	—	—
273	1.665	1.695	1.755	1.900	2.085	2.310	2.755	3.185	3.625	4.050	—	—
298	1.765	1.800	1.860	1.990	2.140	2.305	2.680	3.075	3.460	3.850	4.225	4.580
323	1.880	1.905	1.955	2.055	2.175	2.315	2.640	2.995	3.335	3.670	3.995	4.325
348	1.985	2.010	2.050	2.145	2.245	2.360	2.655	2.965	3.270	3.570	3.865	4.165
373	2.090	2.115	2.155	2.230	2.325	2.430	2.685	2.960	3.235	3.505	3.775	4.030
423	2.280	2.300	2.335	2.395	2.470	2.560	2.750	2.960	3.175	3.385	3.590	3.790
473	2.460	2.480	2.505	2.565	2.625	2.695	2.845	3.000	3.155	3.310	3.460	3.610
523	2.635	2.650	2.670	2.720	2.775	2.825	2.940	—	—	—	—	—

表 1-31　液氮的动力黏度

温度/K	动力黏度 $\eta/Pa \cdot s$	温度/K	动力黏度 $\eta/Pa \cdot s$	温度/K	动力黏度 $\eta/Pa \cdot s$
63.14（三相点）	314.0×10^6	80	153×10^6	110.0	65×10^6
64	291×10^6	90	117×10^6	121.1	45×10^6
70.00	223×10^6	100	89×10^6	126.26（临界点）	28.5×10^6

1.4.1.6　液氮的表面张力

液氮的表面张力列于表1-32。

表 1-32　液氮的表面张力

温度/K	表面张力 $\sigma/N \cdot m^{-1}$	温度/K	表面张力 $\sigma/N \cdot m^{-1}$	温度/K	表面张力 $\sigma/N \cdot m^{-1}$
65	11.77×10^3	85	7.16×10^3	105	3.11×10^3
70	10.58×10^3	90	6.10×10^3	110	2.22×10^3
75	9.41×10^3	95	5.06×10^3	115	1.39×10^3
80	8.28×10^3	100	4.06×10^3	120	0.65×10^3

1.4.1.7　氮的比热容

气氮的比定压热容见表1-33；液氮的比定压热容列于表1-34；固氮的比定压热容示于表1-35。

表1-33　气氮的比定压热容

温度/K

[J/(mol·K)]

压力/MPa	80	90	100	110	120	125	130	135	140	150	160	170	180	190	200	220	240	260	280	300	320
0.101	29.91	29.73	29.58	29.46	29.36	29.31	29.27	29.23	29.19	29.12	29.07	29.03	29.00	29.98	28.97	28.95	28.95	28.96	28.96	28.98	29.00
0.203		30.30	30.08	29.89	29.74	29.67	29.60	29.54	29.48	29.37	29.29	29.22	29.16	29.12	29.08	29.03	29.01	29.01	29.01	29.02	29.04
0.304		30.92	30.62	30.36	30.14	30.04	29.95	29.86	29.78	29.63	29.51	29.41	29.33	29.26	29.20	29.11	29.08	29.06	29.05	29.06	29.07
0.507		55.41	31.94	31.48	31.06	30.86	30.68	30.53	30.40	30.17	29.98	29.81	29.67	29.54	29.43	29.27	29.20	29.17	29.14	29.14	29.14
0.709		55.34	35.36	33.46	32.24	31.82	31.50	31.25	31.06	30.75	30.47	30.23	30.02	29.83	29.67	29.45	29.33	29.28	29.24	29.23	29.21
1.013		55.24	60.63	38.30	34.24	33.35	32.80	32.42	32.15	31.67	31.25	30.88	30.55	30.27	30.04	29.70	29.53	29.44	29.39	29.35	29.32
1.520		55.07	59.86	—	41.40	37.86	35.97	35.02	34.38	33.40	32.65	32.02	31.48	31.08	30.67	30.15	29.88	29.73	29.63	29.56	29.50
2.027		54.90	59.15	—	64	50	42.2	39.1	37.33	35.48	34.22	33.25	32.46	31.83	31.33	30.64	30.25	30.03	29.88	29.77	29.68
2.533		54.73	58.49	72.0	—	—	52.4	46.2	42.5	38.20	36.03	34.58	33.50	32.67	32.02	31.14	30.64	30.35	30.14	29.99	29.87
3.040		54.56	57.88	67.1	—	—	—	59.4	50.1	42.5	38.28	36.05	34.62	33.56	32.74	31.66	31.04	30.68	30.42	30.21	30.05
3.546		54.39	57.32	63.6	—	—	—	—	77	49.4	41.12	37.78	35.89	34.52	33.50	32.19	31.46	31.01	30.69	30.44	30.24
4.053		54.23	56.81	61.2	82	—	—	—	—	57.3	44.64	39.85	37.34	35.57	34.30	32.74	31.89	31.35	30.97	30.66	30.42
4.560		54.06	56.35	59.6	72	—	—	—	—	66.5	48.94	42.33	38.99	36.72	35.16	33.30	32.33	31.70	31.25	30.89	30.60
5.066		53.90	55.92	58.58	68.2	84	—	—	—	77	54.3	44.89	40.85	38.01	36.06	33.87	32.77	32.07	31.54	31.12	30.79
6.080		53.57	55.20	57.20	62.6	69.5	100	—	—	93	64.8	51.5	44.73	40.67	37.94	35.02	33.67	32.81	32.13	31.60	31.17
7.093		53.25	54.62	56.40	60.1	62.9	73	100	—	100	75.1	59.0	48.97	43.43	39.85	36.20	34.57	33.54	32.73	32.08	31.55
8.106		52.93	54.14	55.77	58.6	60.8	64.4	74	94	—	85	63.5	52.7	45.96	41.70	37.40	35.47	34.27	33.32	33.01	31.92
9.119		52.62	53.73	55.22	57.7	59.5	62.4	68.2	80	100	86	69.2	55.5	48.21	43.33	38.56	36.35	34.97	33.89	33.01	32.29
10.13		52.31	53.37	54.72	57.0	58.6	60.9	65.2	75	93	83	67.4	56.4	49.50	44.72	39.60	37.20	35.62	34.42	33.45	32.65
12.16		51.72	52.65	53.84	55.6	56.9	58.7	61.8	69.5	86	76.6	64.6	56.30	50.70	46.50	41.28	38.56	36.75	35.36	34.27	33.32
14.19		51.17	52.01	53.07	54.5	55.6	57.1	59.7	65.7	80	70.6	62.1	55.70	51.02	47.34	42.42	39.57	37.64	36.15	34.98	33.91
16.21		50.66	51.43	52.38	53.6	54.5	55.7	58.0	62.7	75	67.2	60.3	55.04	51.06	47.79	43.19	40.31	38.33	36.79	35.56	34.41
18.24		50.20	50.91	51.76	52.9	53.6	54.6	56.6	60.3	71.0	64.8	58.8	54.35	50.86	47.92	43.66	40.85	38.86	37.28	36.00	34.82
20.27		49.78	50.44	51.21	52.2	52.8	53.7	55.4	58.3	68.2	63.1	57.6	53.64	50.45	47.80	43.89	41.27	39.26	37.62	36.28	35.12
25.33		49.14	49.68	50.31	51.06	51.5	52.16	53.29	55.0	60.0	58.2	54.8	51.87	19.41	47.25	44.21	41.97	40.11	38.49	37.10	35.93
30.40		48.66	49.11	49.63	50.23	50.57	50.97	51.56	52.6	54.5	54.3	52.4	50.40	48.55	46.93	44.25	42.21	40.47	38.94	37.61	36.44

表 1-34   液氮的比定压热容   [kJ/(kg·K)]

温度/K	15.4	39.3	64.7	72.8	95.5	111.7	117.1
比定压热容 c_p	0.477	1.318	1.962	1.992	2.180	2.582	2.795

表 1-35   固氮的比定压热容   [kJ/(kg·K)]

温度/K	比定压热容 c_p	温度/K	比定压热容 c_p	温度/K	比定压热容 c_p
15.4	0.477	23.2	0.828	39.3	1.318
16.6	0.519	33.2	1.439	60.7	1.657
21.0	0.749	37.1	1.322	61.8	1.632

1.4.1.8 氮的热导率

氮在标准大气压下,不同温度时的热导率列于表 1-36;在不同压力及不同温度时热导率列于表 1-37;液氮的热导率列于表 1-38。

表 1-36   氮在 101.325kPa 下的热导率   [W/(m·K)]

温度/K	热导率 λ	温度/K	热导率 λ	温度/K	热导率 λ
80	0.00744	160	0.0147	240	0.0215
90	0.00849	170	0.0156	250	0.0223
100	0.00940	180	0.0165	260	0.0231
110	0.0103	190	0.0173	270	0.0239
120	0.0112	200	0.0181	280	0.0246
130	0.0121	210	0.0190	290	0.0254
140	0.0130	220	0.0198	300	0.0261
150	0.0139	230	0.0207		

表 1-37   氮在不同温度及压力下的热导率   [W/(m·K)]

压力/MPa	温度/K						
	288	298	323	348	373	473	573
0.1013	0.0251	0.0264	0.0271	0.0294	0.0308	0.0369	0.0431
10.13	0.0283	0.0327	0.0329	0.0340	0.0319	0.0376	0.0434
20.26	0.0365	0.0409	0.0407	0.0407	0.0380	0.0412	0.0459
30.39	0.0435	0.0498	0.0481	0.0473	0.0440	0.0456	0.0495
40.52	0.0472	0.0576	0.0551	0.0538	0.0471	0.0481	0.0516

表 1-38 液氮在不同温度及压力下的热导率 $[W/(m \cdot K)]$

温度/K	压力/MPa					
	0.1013	2.532	3.394	5.065	7.598	10.13
170.6	0.016	0.0184	0.0197	0.0220	0.0269	0.0335
145.8	0.0138	0.0178	0.0204	0.0280	0.0409	0.0515
138.8	0.0133	0.0184	0.0215	0.0307	—	—
132.6	0.0128	0.0186	0.0233	0.0385	0.0552	0.0678
126.0	0.0121	0.0193	0.0356	0.0586	0.0678	0.0758
90.4	0.0085	0.1273	0.1279	0.1305	0.1339	0.1372

1.4.2 氮的化学性质

在常温、常压下，氮除与极少数的金属（如锂等）发生化学反应外，几乎不与任何物质发生化学反应，所以氮是惰性气体。

在常温下，锂与氮的化学反应式如下：

$$6Li + N_2 \longrightarrow 2Li_3N$$

在高温高压或有催化剂的作用下，双原子的氮分子得到了电离能而分解为单原子后，氮才表现得比较活泼，可与许多金属或非金属发生化学反应。比较典型的化学反应是工业合成氨的反应：

$$3H_2 + N_2 \longrightarrow 2NH_3$$

氮在高压放电的情况下可以生成氮的氧化物（NO_x），在高温下氮与臭氧反应可以生成二氧化氮和少量的氧化亚氮。在大于 1900K 的条件下，氮与碳、氢缓慢发生化学反应生成氢氰酸。氮与碳化钙反应生成产物是氰氨化钙（$CaCN$）；氮与炽热的碳反应能生成氮化碳（CN_2）；氮与硅反应生成氮化硅；在 900℃氮与石墨和碳酸钠反应生成氰化钠，因此氮是工业上生产氰氨化钙、氮化硅、氰化钠的原料。

在高温下，氮可与碱土金属钙、镁、钡等，过渡金属钪、钇及镧系金属，钍、铀、钚等锕系金属和铅、锗等发生化学反应生成金属氮化物，与金属钙的化学反应式为：

$$3Ca + N_2 \longrightarrow Ca_3N_2$$

氮有两个特殊的化学性质，一是生物体系在一般的压力和温度下就可以固定氮，在酶系统中，二价铁和五价钼均有自然固氮作用。二是气氮通过低压辉光放电，能够生成活性氮，放电时呈黄色，断电时，其颜色仍可持续数分钟甚至持续几小时。这种活性氮可与许多金属（Cd、Na、Zn、Hg、As 等）和非金属（S.P 等）迅速发生化学反应生成氮化物。例如：在 102.9kPa、100℃的条件下放电时，氮与硫反应时能生成一系列的硫氮化物的混合物。

1.5　空气的性质

1.5.1　空气的组成

空气是地球自然存在的气体。它是一种无色、无味、不易燃的混合气体。其中含氧体积分数为 20.95%；氮为 78.04%。液态空气是蓝色透明的液体，如果其中含有二氧化碳干冰颗粒就呈现出牛奶色。一般空气中含有一定量的水蒸气。不含水蒸气的空气称之为干空气，干空气的组成见表 1-4。

除表中所列干空气的组分外，根据各地区的不同，空气中还含有少量的灰尘、微量的氢（0.5×10^{-6}）、二氧化硫（1×10^{-6}）、一氧化碳（$< 1 \times 10^{-6}$）、臭氧（$< 0.1 \times 10^{-6}$）、氧化亚氮（$< 0.002 \times 10^{-6}$），还有极微量的氦（6×10^{-6}）。

1.5.2　空气的基本性质

空气的相对分子质量为 28.96，空气在标准状态下的密度为 1.2928kg/m^3。其临界压力 $p_e = 3.765 \sim 3.773 \text{MPa}$，临界温度 $T_e = 132.42 \sim 132.52 \text{K}$，空气在临界点时的密度为 $320 \sim 328 \text{kg/m}^3$。空气在标准大气压下的沸点为 $78.8 \sim 81.8 \text{K}$，汽化热为 212.25kJ/kg。在标准状态下，1m^3 液空汽化后生成气体的体积为 675m^3。

1.5.2.1　空气的密度

空气在任意温度和压力下的密度，均可用压缩度（A）或压缩系数（Z）进行计算。在饱和状态下，液空与饱和蒸汽的密度列于表 1-39 中。

表 1-39　饱和空气的密度

压力/atm	温度/K		密度/g·cm^{-3}	
	液　体	蒸　汽	液　体	蒸　汽
1	78.8	81.8	0.8739	0.004485
2	85.55	88.31	0.8421	0.008545
3	90.94	92.63	0.8181	0.01249
5	96.38	98.71	0.7840	0.02029
7	101.04	103.16	0.7579	0.02814
10	106.47	108.35	0.7240	0.04031
15	113.35	114.91	0.6702	0.06231
20	118.77	120.07	0.6211	0.08765
25	123.30	124.41	0.5749	0.1174
30	127.26	128.12	0.5200	0.1552
35	130.91	131.42	0.4462	0.2158
37.17	132.52	132.52	0.3199	0.3199（接触点）
37.25	132.42	132.42	0.3280	0.3280（折点）

1.5.2.2 空气的汽化热

汽化热是在恒定温度下，汽化单位质量的液体所需要的热量。汽化热与液体的温度有关，随温度升高汽化热减小。当温度趋近于临界温度时，汽化热趋近于零。空气的汽化热列于表1-40。

表 1-40 空气的汽化热

压力/atm	温度/K	汽化热 r/J·g^{-1}	压力/atm	温度/K	汽化热 r/J·g^{-1}
1	78.8	205.2	15	113.35	143.5
2	85.55	197.4	20	118.77	124.1
3	90.94	191.4	25	123.30	103.2
5	96.38	183.9	30	127.26	80.39
7	101.04	175.0	35	130.91	48.45
10	106.47	163.5	37.17	132.52	0

1.5.2.3 空气的饱和蒸汽压

饱和蒸汽压是在给定温度下，与液相或固相呈平衡时的蒸汽压力。干空气在低温下的饱和蒸汽压见表1-41。

表 1-41 干空气在低温下的饱和蒸汽压

温度/K	饱和蒸汽压/mmHg	温度/K	饱和蒸汽压/mmHg	温度/K	饱和蒸汽压/mmHg
33.6	0.0060	39.9	0.0730	50.3	3.60
33.8	0.0062	41.6	0.110	54.4	10.1
34.2	0.0066	42.3	0.201	55.2	15.0
34.9	0.0058	44.7	0.415	57.1	25.0
35.8	0.0140	45.6	0.635	59.8	35.1
37.0	0.0100	45.8	0.701	59.9	45.2
37.0	0.0180	46.3	0.701	60.5	42.1
37.6	0.0225	47.1	1.200	60.6	53.0
37.6	0.0260	47.3	0.810	61.6	62.1
38.7	0.0390	47.3	0.790	62.4	63.0
38.8	0.0430	49.8	3.200	64.1	82.4
39.5	0.0680	49.9	0.700		
39.9	0.0600	50.0	0.70		

1.5.2.4 空气的黏度

空气在不同压力和温度下的黏度，液态空气的黏度分别列于表1-42和表1-43。

表 1-42　空气的黏度 　　　　　　　　　　　　　　　　　　　　　　（×10⁷P）

温度/℃ ＼ 压力/atm	1	20	50	100	150	200	250	300
−183	645	—	13350	14100	14800	—	—	—
−140	924	—	3180	3810	4470	—	—	—
−120	1055	—	1430	2400	3280	—	—	—
−100	1178	—	1280	1670	2240	—	—	—
−75	1323	—	1370	1560	1980	—	—	—
−50	1460	—	1520	1680	2030	—	—	—
−25	1595	—	1660	1820	2110	—	—	—
0	1720	1753	1815	1970	2165	2370	2605	2860
16	1795	1825	1885	2025	2195	2385	2590	2815
25	1837	1865	1922	2060	2215	2395	2590	2800
50	1955	1980	2032	2150	2280	2435	2600	2780
90	2135	2170	2200	2298	2390	2510	2640	2800
100	2180	2202	2240	2335	2420	2530	2650	2810

注：1atm = 101325Pa。

表 1-43　液空的黏度

温度/K	动力黏度 η/Pa·s	温度/K	动力黏度 η/Pa·s	温度/K	动力黏度 η/Pa·s
80.8	17.18	107.2	9.45	125.1	8.25
90.1	13.2	111	9.0	126.4	8.05

1.5.2.5　空气的表面张力

表面张力（σ）是作用于液体表面并力图使液体表面收缩成最小的力，其单位为 N/m。液体混合物的表面张力可由下式计算：

$$\frac{1}{\sigma_m} = \sum \frac{x_i}{\sigma_i}$$

式中　σ_m——液体混合物的表面张力；

　　　σ_i——i 组分的表面张力；

　　　x_i——i 组分的摩尔分数。

如果将液空视为含氧21%、含氮79%的二元混合液体，在100K时液空的表面张力为 1.116N/m。液空的含氧量越多表面张力越大。温度降低，表面张力也增大。表 1-44 列出了在 82.85K 几种含氧量不同时的液空的表面张力。

表 1-44　液空不同组成时的表面张力

组　成	温度/K	表面张力 σ/N·m⁻¹	组　成	温度/K	表面张力 σ/N·m⁻¹
49.9% O_2	82.85	1.161	76.45% O_2	82.85	1.251
67.6% O_2	82.85	1.191			

1.5.2.6　空气的比热容

单位物量的空气温度升高1℃，所需要的热量为空气的比热容。比热容与加热过程的性质有关。在定压下称之为比定压热容（c_p）；在定容过程中的比热容为比定容热容（c_v）。空气的比定压热容与液空的比定压热容分别列在表 1-45、表 1-46 中。

表 1-45 空气的比定压热容 c_p

[J/(mol·K)]

压力/atm \ 温度/K	90	100	110	120	125	130	135	140	145	150	160	170	180	190	200	220	240	260	280	300	400
1	30.47	30.25	30.12	30.02	29.97	29.93	29.88	29.84	29.80	29.76	29.68	29.60	29.52	29.45	29.38	29.26	29.16	29.12	29.11	29.13	29.28
2	30.92	30.66	30.50	30.37	30.30	30.24	30.17	30.10	30.04	29.98	29.88	29.79	29.69	29.59	29.50	29.34	29.23	29.18	29.17	29.18	29.31
3		31.44	31.13	30.86	30.73	30.61	30.50	30.40	30.31	30.23	30.10	29.98	29.86	29.74	29.63	29.43	29.31	29.25	29.22	29.22	29.34
5		34.39	33.08	32.20	31.85	31.55	31.31	31.12	30.97	30.84	30.61	30.41	30.22	30.04	29.87	29.62	29.47	29.38	29.34	29.31	29.38
7			35.80	33.92	33.27	32.75	32.35	32.04	31.79	31.57	31.20	30.89	30.62	30.37	30.15	29.82	29.63	29.52	29.45	29.40	29.43
10			41.43	37.00	35.69	34.78	34.12	33.61	33.18	32.81	32.17	31.66	31.24	30.89	30.59	30.14	29.88	29.72	29.61	29.54	29.50
15				44.52	41.81	39.74	38.14	36.92	36.00	35.27	34.02	33.07	32.34	31.77	31.32	30.68	30.30	30.07	29.90	29.78	29.63
20					52.2	47.7	40.34	41.73	39.71	38.24	36.11	34.59	33.51	32.72	32.10	31.23	30.72	30.41	30.19	30.02	29.75
25				121	72.4	61.7	53.8	48.3	44.42	41.78	38.48	36.26	34.77	33.71	32.90	31.80	31.15	30.76	30.48	30.27	29.88
30				111	170	90.7⊙	68.9	57.3	50.3	46.0	41.22	38.14	36.14	34.75	33.73	32.38	31.60	31.12	30.76	30.51	30.00
35				104	131	—	107	71.2	58.0	51.1	44.38	40.31	37.65	35.87	34.60	32.98	32.06	31.48	31.06	30.75	30.13
40				98.6	117	170	—	117	71.6	59.6	48.2	42.87	39.32	37.04	35.51	33.61	32.53	31.83	31.34	30.99	30.25
45				94.8	108	142	240	182	111	79.6	53.1	45.8	41.16	38.28	36.46	34.25	33.01	32.19	31.63	31.23	30.37
50				91.8	102	125	157	176	151	110	59.5	49.2	43.13	39.57	37.44	34.93	33.51	32.55	31.91	31.47	30.49
60				87.5	95.0	105	119	136	138	122	75.0	56.2	47.1	42.30	39.49	36.32	34.52	33.30	32.50	31.95	30.72
70				84.3	89.7	96.5	106	114	118	114	88.4	62.3	51.3	45.2	41.66	37.71	35.53	34.06	33.10	32.44	30.95
80				81.9	85.6	90.6	96.6	102	106	105	91.9	66.9	55.4	48.3	43.88	39.09	36.52	34.85	33.72	32.94	31.18
90				80.0	82.8	86.4	90.2	93.9	96.6	96.5	87.8	70.1	59.0	51.2	45.9	40.41	37.51	35.63	34.35	33.44	31.41
100				78.5	80.7	83.4	86.2	88.8	90.8	90.8	84.2	70.7	60.6	53.1	47.7	41.63	38.43	36.37	34.98	33.94	31.64
120				75.9	77.3	78.8	80.4	81.7	82.4	82.1	78.1	69.3	61.9	55.5	50.4	43.68	40.00	37.67	36.03	34.81	
140				73.8	74.5	75.3	76.1	76.6	76.8	76.5	73.2	67.1	61.5	56.4	51.8	45.00	41.25	38.77	36.99	35.61	
160				71.9	72.2	72.5	72.7	72.8	72.8	72.4	69.7	65.0	60.5	56.2	52.2	45.9	42.21	39.68	37.84	36.35	
180				70.1	71.0	70.2	70.1	70.0	69.8	69.2	66.8	63.1	59.4	55.7	52.2	46.5	42.91	40.43	38.57	37.02	
200				68.7	68.5	68.3	68.1	67.8	67.3	66.6	64.3	61.4	58.1	54.9	51.9	46.8	43.46	41.05	39.18	37.61	
250				66.5	65.8	65.1	64.4	63.7	62.8	61.8	59.8	57.4	55.0	52.7	50.6	46.8	44.03	41.93	40.18	38.66	
300				65.2	64.2	63.1	62.0	60.8	59.6	58.3	56.1	54.1	52.3	50.6	49.0	46.2	43.99	42.19	40.69	39.37	

注：1. ⊙表示临界点；

2. 1 atm = 101325 Pa。

表 1-46　液空的比定压热容

温度/K	定压比热 c_p/kJ·(kg·K)$^{-1}$	温度/K	定压比热 c_p/kJ·(kg·K)$^{-1}$
80	1.971	105	2.310
85	2.017	110	2.231
90	2.068	115	2.578
95	2.130	120	2.771
100	2.210	125	3.097

1.5.2.7　空气的热导率

热导率表示物质的导热能力。它是单位时间内通过单位等温面的热量与温度梯度之比。单位是 W/(m·K)。空气在标准大气压下的热导率列于表 1-47；空气在不同压力及温度下的热导率见表 1-48。

表 1-47　空气在标准大气压下的热导率

温度/K	热导率/W·(m·K)$^{-1}$	温度/K	热导率/W·(m·K)$^{-1}$
80	746.5	200	1809.3
90	835.0	210	1894.3
100	924.9	220	1978.4
110	1015.1	230	2062.3
120	1104.9	240	2145.4
130	1194.2	250	2227.4
140	1212.3	260	2308.4
150	1373.3	270	2388.5
160	1461.3	280	2467.4
170	1549.2	290	2547.4
180	1637.3	300	2623.7
190	1723.3		

表 1-48　空气在不同压力及温度下的热导率　　[W/(m·K)]

压力/atm ＼ 温度/K	160	180	200	220	240	260	280	300	320	340	360	380	400	450	500
1	1461.3	1637.3	1809.3	1978.4	2145.4	2308.4	2467.4	2623.7	2799.3	2943.7	3086.9	3229.7	3372.0	3726.7	4080.5
25	1775.2	1909.2	2047.3	2227.4	2327.9	2470.2	2608.4	2750.7	2880.5	3043.8	3156.8	3290.8	3420.6	3772.3	4090.5
50	2214.8	2210.6	2290.2	2399.0	2512.1	2633.5	2763.3	2893.1	3010.3	3140.1	3274.1	3399.7	3529.5	3868.6	4241.2
70	2893.1	2537.2	2520.5	2579.1	2667.0	2767.5	2880.5	3001.9	3115.0	3236.4	3362.0	3483.4	3609.0	3939.8	4320.8
100	4329.2	3240.6	2955.9	2897.3	2918.2	2981.0	3068.9	3169.4	3265.7	3374.56	3491.8	3604.8	3722.1	4040.3	4408.7
140	5639.6	4333.3	3692.8	3416.4	3320.1	3307.6	3341.1	3408.1	3475.0	3567.2	3667.6	3768.1	3872.8	4178.4	4521.7
200	6891.5	5593.6	4798.1	4291.5	4011.0	3864.4	3810.0	3809.9	3830.9	3881.2	3952.3	4034.9	4199.8	4383.6	4710.2
250	7666.0	6464.4	5593.6	4990.7	4592.8	4362.6	4232.9	4178.4	4153.4	4170.1	4211.9	4266.3	4341.7	4576.2	4865.1
300	8310.8	7134.3	6263.5	5614.5	5158.1	4852.8	4664.1	4559.4	4488.2	4471.5	4484.0	4513.4	4563.6	4752.0	5024.1

2　热力学基础

可以广义地认为热力学是研究能量间的转变以及转变的倾向及平衡关系的科学。低温法制氧，首先要获得比环境低得多的温度，即通过适当的能量转换方式，将被冷物体的热量转移到环境中，然后建立平衡。能量转换必须遵循热力学的基本定律，所以制氧技术是建立在热力学基础之上的。

2.1　热力学常用的基本术语

2.1.1　系统与外界

在热力学中常把分析的对象从周围物体中分割出来，研究它通过分界面与周围物体之间的热能和机械能的传递。这样被人为地分割出来，作为热力学分析的对象叫作热力系统（简称系统），周围物体则称外界。系统可大可小，视情况而定。假定有一气体，在配有没有摩擦力活塞的直立气缸内，活塞上面加重量以平衡气体的压力。如果我们在活塞上面，增加重量，于是气体立即被压缩，活塞下降。假设我们取放置这仪器的房间作为系统，那么系统与外界就没有发生能量传递。倘若取气缸内的气体作为系统，则系统和外界就发生了能量传递。在分析热力学问题时，系统的选择很重要。选择得适当与否，往往关系到问题能否得到解决。物系和外界一定要分辨清楚，此点极为重要，因为热力学的基本定律，都是从观察系统变化同时又观察外界的变化所得的综合结果。

2.1.2　状态与状态参数

状态是指系统的性质而言。系统的性质是由系统的状态因素所确定的。决定一个系统的状态，并不需要知道所有的状态参数。例如某种一定量气体只要温度及压力确定了，则其他性质如：质量体积、焓、质量热容等就都确定了。热力学中所用的状态是指"宏观"状态（或者外表状态）而言。宏观状态是微观状态的统计平均数，因为外表的性质是各个微小质点性质的总结果。

2.1.3　过程与循环过程

某一系统由某一状态转变到另一状态所经过的历程，称为过程。设有一活塞的圆筒中装有气体，其压力为 p_1，容积为 V_1，温度为 T_1，在初始状态由图 2-1 的 A 点表示，如果活塞推动使气体的压力变为 p_2，容积变为 V_2，温度为 T_2 终态用 B 点表示。气体从状态 A 变为状态 B，所经的历程，称为过程。

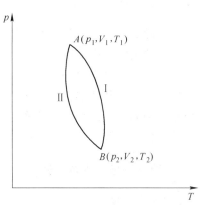

图 2-1　过程示意图

一个系统由第一种状态变成第二种状态，可以采取各种各样的过程，若干重要的过程列于表 2-1 中。

表 2-1　系统状态变化过程表

过程种类	过程特点	过程种类	过程特点
绝　热	不与外界热交换	等　焓	焓值不变
等　温	温度不变	多　变	压力乘容积的 n 次方为一常数
等　容	容积不变	等　熵	熵值不变
等　压	压力不变		

值得注意的是：（1）过程的定义只限于系统本身而与外界的情况无关；（2）过程的特点适用于过程的每一瞬间。

倘若系统经过一连串变化后，最终仍回到初始状态，这整个变化称为循环过程。在图 2-1 中，系统由 A 点经过 I 过程到 B 点，再由 B 点经过 II 过程回到 A 点，过程 I 加上过程 II 的整个过程为循环过程。

2.1.4　可逆过程与不可逆过程

系统由状态 A 经过一过程达到状态 B，再从状态 B 恢复到原来状态 A，且周围环境并没有发生变化，这样的循环过程叫作可逆过程，否则就是不可逆过程。例如，一卧式气缸，缸内有气体，并装有紧密而无摩擦的活塞：若活塞受一微量的外力作用，压缩后又膨胀到原来的状态，气缸以外的环境无任何变化，这样的循环过程为可逆过程。如果活塞运动产生摩擦，这样系统的循环会伴随着外界的变化，这就是不可逆过程。

2.1.5　平衡

系统不随时间而变的热力学状态称为平衡。譬如有两个温度不同的物体相接触，高温物体的热量向低温物体传递，于是高温物体的温度渐渐降低，而低温物体的温度逐渐升高，直至两个物体的温度趋于相等，这时就达到平衡了。但必须指出，这两个物体达到平衡后，并不意味着热交换的停止，而只是交换的热量彼此相等而已，所以平衡的概念只是动态平衡。

2.2　热力学第一定律

人类经长期实践总结，发现功和热能相互转化，热可以变成功，功也可以变成热。一定量的热消失时，必定产生一定量的功，消耗一定量的功时，必定出现与之对应的一定量的热，这就是热力学第一定律。

实际上，热和功的相互转化总是要通过某种工质，即热和功的转化过程中，工质的能量也是改变的，只是热和功转换时数量上一定守恒。可见，热力学第一定律是能量守恒定律在热量传递过程中的应用。

2.2.1　功、热量、热功当量

2.2.1.1　功

功是能量变化的一种度量，其数字表达为：功 = 力 × 距离。压缩气体推动活塞作功

（ΔW），等于气体对活塞作用力（F）与活塞移动距离（Δr）的乘积，即：$\Delta W = F\Delta r$。若作用在活塞上压力为 p，活塞的截面积为 S，那么功（ΔW）又可以表示为 $\Delta W = pS\Delta r = p\Delta V$，其中 ΔV 为气体膨胀的体积变化值。若气缸内的气体为 $G\mathrm{kg}$，则 1kg 气体所作的功为：$\Delta W = p\Delta V/G = p\Delta v$，这表示气体的膨胀功可用压力与质量体积变化的乘积来表示。功的单位常用"kJ"或"kW·h"。$1\mathrm{kW \cdot h} = 3.6\mathrm{MJ}$。单位换算见附表 2。

2.2.1.2　热量

热量是物体内部分子所具有能量变化的一种度量。如果分子运动的动能增加，反映出温度升高，这一过程分子吸收了热量。工程上用"J"（焦尔）作为热量的度量单位。

1kg 水温度升高 1℃所需的热量为 4.18kJ。对于 1kg 其他物质，温度升高 1℃所需的热量与水不相等，如 1kg 空气在一定压力下，温度升高 1℃约需 1.003kJ 的热量。不同物质温度升高 1℃所需的热量不同，工程上常用热容来说明物质的这一特性。

1kg 物质温度升高 1℃所需的热量称为该物质的质量热容。用字母 c 表示，其单位为 kJ/（kg·K）。

用热容来计算某一过程的吸热量或放热量较为方便，如，对 $G\mathrm{kg}$ 物质，质量热容为 c，温度由 t_1 升到 t_2，其吸热量为：

$$Q = G \cdot c(t_2 - t_1)$$

应当指出，气体的质量热容并非常数，而与温度、压力有关，例如：空气在 $0.98 \times 10^5\mathrm{Pa}$，$-100$℃时质量热容为 0.936kJ/（kg·K）；而在 $11.76 \times 10^5\mathrm{Pa}$，$-160$℃时的质量热容为 1.271kJ/（kg·K）；即在压力高、温度低时质量热容值有所增加。气体的质量热容可以在低温工质的热物性表中查出。

在切换式换热器或主换热器中，加工空气从 30℃降至 -172℃左右，质量热容已不再是常数，应求出其平均值。

质量和质量热容的乘积（Gc）称为热容量。热容量越大，物质温度变化 1℃所吸收或放出的热量越多。例如在选择蓄冷器的填料时，希望它的热容量尽可能大，以减少填料的用量，缩小体积。

为了获得并维持低温，将热量自低温装置排至外界，这部分热量，习惯上称为冷量。

2.2.1.3　热功当量

热量与功都是与工质状态变化过程有关的物理量，两者都不是工质的状态参数。热量和功可以相互转换并有下面简单的关系式：

$$Q = AW \tag{2-1}$$

式中　Q——热量；

　　　W——所作的功；

　　　A——单位功所相当的热量，故称为热功当量。

工程计算中，热量计算应用 kJ 单位，而功的单位常用 kW·h，因此，热功当量 A 随热量及功的表示单位的不同而不同。$1\mathrm{kW \cdot h} = 3.6 \times 10^3\mathrm{kJ}$，其热功当量 $A = 3.6 \times 10^3$；这时，热功当量 $A = \dfrac{1}{427}$。

功、热单位换算见本书附表 2。

2.2.2 热力学能、焓

热和功的相互转化要通过某种工质的能量改变来实现。依据热力学第一定律，热和功转换时数量上一定守恒。

2.2.2.1 热力学能

工质是由分子组成的，其内部分子不停的运动而具有动能，工质分子之间存在着作用力因而具有位能。分子的动能和位能之和称为工质的热力学能，通常用 U 来表示，单位为焦耳（J）。用 ΔU 表示工质热力学能的变化。分子动能变化和位能变化都会引起热力学能的变化。分子动能的大小与工质的温度有关，温度越高分子的动能越大。而工质的位能的大小取决于分子之间的距离，即由气体工质的质量体积 v 来决定。由于温度与质量体积都是状态函数，所以热力学能也是状态参数。也就是热力学能只与状态有关与变化过程无关。这与功和热量两个过程参数不同。热力学能的改变通常通过传热和作功两种方式来完成。

2.2.2.2 焓

在制氧生产的过程中，加工空气、产品气体都在不断地流动，气体不仅具有热力学能，而且在流动中能量也在不停的变化。分析一下气体在流动过程中能量的变化，如图 2-2 所示，在 Ⅰ-Ⅰ 截面处，压力 p_1 作用在断面积 A 上，将质量 ΔG 的气体向前推动 ΔS 距离到 Ⅱ-Ⅱ 截面，则后面气体所作的推动功为 $p_1 A \Delta S$，恰好 $A \Delta S$ 为质量 ΔG 气体所占的体积 ΔV，它又等于质量 ΔG 与质量热容 v_1 之积。即：

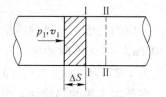

图 2-2　气体流动功示意图

$$p_1 A \Delta S = \Delta G p_1 v_1$$

若对单位质量的流动气体而言，流动时的推动功为 pv，气体所具有的热力学能为 U，所以气体所具有的总能量应等于两项之和。用符号 i 或 h 来表示，$h = U + pv$，称之为焓。焓表征了流动系统中流体工质的总能量。它的数值为热力学能与流动时的推动功之和。流动是由压力差而产生的，所以流动时的推动功也可称为压力位能。

流动时的推动功 pv，压力和质量热容都是状态函数，热力学能 U 也是状态函数，因此焓也是一个状态函数。

2.3 热力学第二定律

2.3.1 热力学第二定律的含义

热力学第一定律说明了能量传递及转化时的数量关系。当两个温度不同的物体接触，其间有热量传递时，第一定律说明了某一物体所失去的热量必定等于另一物体所得到的热量，但并未说明究竟谁传给谁，在什么条件下方能传递以及过程将进行到何时为止。

当热能和机械能互相转换时，第一定律也只说明了两者之间在数量上的当量关系，而并未说明转化的方向、条件及深度。

克劳修斯于 1850 年提出了完整的热力学第二定律：热不可能自发的、不付代价的从一个低温物体传给另一个高温物体。浦朗克对热力学第二定律是这样描述的：只冷却一个热源而举起载荷的循环发动机是造不成的。也即，不可能制成第二类永恒永动机。

达尔文这样说："自然界，全部的效果是冷却热源并相当的举起载荷的变化是不可能的。"

综上所述，热能从低温传向高温的过程或热能转化为机械能的过程是不会自发进行的。要使它们成为可能，必须同时有其他一些过程，如机械能转化为热能的过程，或热能从高温传向低温的过程，或工质膨胀的过程同时进行。后面一些过程则可以无条件的自发进行，叫做自发过程。前面一些过程叫作非自发过程，非自发过程的进行必须有自发过程的同时进行为其条件。

上述第二定律的各种说法都是用热力学方法即宏观方法，从生活和生产实践的无数事实中得出的。它的正确性由它本身以及从它得出的无数推论都与实际相符而得以论证，究其原因，至今尚不能用宏观方法加以说明，随着科学发展，用统计热力学方法即微观的方法分析分子热运动规律，可以阐明自发过程的不可逆性的物理本质。

2.3.2 熵

前面已讲到五个物质的状态参数，即温度、压力、质量体积、热力学能、焓。熵也是一个状态参数。

自然界许多现象都有方向性，即向某一个方向可以自发地进行，反之则不能。热量只能自发地从高温物体传给低温物体，高压气体会自发地向低压方向膨胀，不同性质的气体会自发地均匀混合，一块赤热的铁会自然冷却，水会自发地从高处流向低处，……它们的逆过程则均不能自发进行。这种有方向性的过程，我们称之为"不可逆过程"。

不可逆过程前、后的两个状态是不等价的。熵可以用来度量不可逆过程前后两个状态的不等价性。

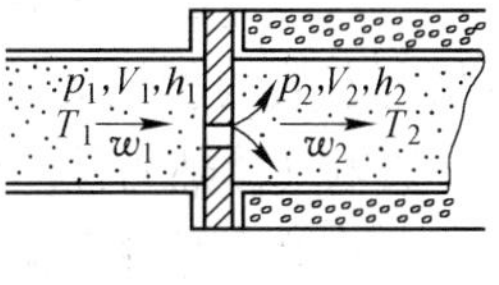

现以节流过程和膨胀过程为例加以说明，如图 2-3 所示。如果空气通过节流阀和膨胀机时，压力均从 p_1 降到 p_2，在理想情况下，两个过程均可看成是绝热过程，但是，由于节流过程没有对外作机械功，压力降完全消耗在节流阀的摩擦、涡流及气流撞击

图 2-3 节流示意图
w_1—节流前气体流速；
w_2—节流后气体流速

损失上，要使气流自发的从压力低处（p_2）反向流至压力高处（p_1）是不可能的，因此它是一个不可逆过程。对膨胀机而言，膨胀机叶轮对外作功，使气体的压力降低，内部能量减少。在理论情况下，如果将所作出的功用压缩机加以收回，则仍可以将气体由 p_2 压缩至 p_1，没有消耗外界的能量，因此，膨胀机的理想绝热膨胀过程是一可逆的过程。

由此可见，节流与膨胀后的压力虽然相同，但是这两个状态是不等价的。它们的不等价性通过理论证明可用熵来度量。对节流过程来说，是绝热的不可逆过程，熵是增大的；对膨胀机来说，在理想情况下，为一可逆过程，熵不变。即节流后的熵值比膨胀后的熵要大，其差值说明了不可逆的程度。

对其他绝热过程来说，自发过程总是朝着熵增大的方向进行，或者说，熵增加的大小反映了过程不可逆的程度，因此，熵就是表示过程方向性的一个状态参数。

熵是从热力学理论的数学分析中得出来的，定义也是用数学式给出的，正像焓一样。熵在热工理论计算及热力学理论中有很重要的作用，它表征工质状态变化时，其热量的传递程度。熵值不能通过仪器直接测量，只能通过计算得出。

熵可定义为 $dS = dq/T$ 或 $\Delta S = q/T$。式中表明，熵的增量等于系统在可逆过程中从外界传入的热量，除以传热当时的绝对温度所得的商。或者说，物质熵的变化可用过程中物质得到的热量除以当时的绝对温度来计算（如果过程中温度不是常数，熵的增减需用数学积分计算）。熵的单位为 J/K。

熵的作用，可以从传热过程和作功过程的对比看出，热量和功都是能量传递的度量，有相似之处。我们知道，气体作膨胀功的推动力是压力 p，是否作功取决于质量体积是否改变。

$$h = p\Delta v \quad \text{或} \quad dh = pdv$$

若 $\Delta v = 0$，压力 p 再大作功仍然为零。

产生热量传递的动力是温度，但是否有热量传递不决定于温度。当水变成蒸汽时，温度不变，但必须吸收热才汽化。水蒸气冷凝为水，只要压力不变，则大量放热而温度一定。理论和实践证明，有否热量传递取决于熵是否变化。无论温度多高，若 $\Delta S = 0$，则过程中的传热量等于零。

从熵的定义式看出，$dS = 0$，或 $\Delta S = 0$，表示绝热，$\Delta S > 0$ 表示过程吸热，$\Delta S < 0$ 表示过程放热，而工程热力学中又规定向工质传入热量为正，从工质对外传出热量为负。

关于熵值的计算，这里不介绍，熵的绝对值和内能与焓一样，在一般工程计算中无关紧要，所感兴趣的是熵的增加或减少。

2.4　气体的热力性质图

已知气体的两个状态参数即可确定气体的状态。以两个状态参数为坐标，将气体的某些状态参数的相互关系绘制在坐标图上，这就是热力性质图。

影响气体热力性质的因素很多，尤其是蒸气的性质比较复杂，不能简单地由状态方程来计算。通常是通过实验研究及理论分析，将各种物质的状态参数之间的关系分别绘制成图或表，这样就大大方便了工程计算。在空分装置的计算中，用得最多的有空气的温-熵图（$T\text{-}S$ 图）、焓-熵图（$H\text{-}S$ 图或 $h\text{-}S$ 图）、焓-温图（$H\text{-}T$ 图或 $h\text{-}T$ 图）以及氧、氮的 $T\text{-}S$ 图等。

2.4.1　$T\text{-}S$ 图

$T\text{-}S$ 图是以温度为纵坐标，熵为横坐标。形状如图 2-4 所示。空气、氮、氧的 $T\text{-}S$ 图形状相似，只是具体数值不同。图中有等焓线和等压线。等压线是依据在一定的压力下液体的汽化过程实验数据而绘制的。对未饱和液体的加热过程，液体吸收热量，因此熵值增加，同时温度也升高。当液体达到饱和时，如果继续加热，则逐渐汽化，但温度维持不变，而熵仍增加。因此，在汽化阶段的等压线为一水平线，它同时又是等温线。当液体全部汽化成干饱和蒸气后，如果继续加热，则在熵增加的同时，温度又升高，等压线为一向右上方倾斜的曲线。

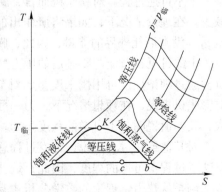

图 2-4　$T\text{-}S$ 图

在不同压力下进行实验，可画出不同压力的等压线。压力越高，汽化温度也越高。因此，在等压线组中，越上面的曲线压力越高。此外，压力越高，饱和液体与干饱和蒸气的差别越小，汽化阶段越短，因此，水平线的长度也越短。压力为临界压力时，已没有汽化阶段，当温度达到临界温度时液体直接汽化为蒸气。因此，临界压力下的等压线已没有水平段，曲线上温度为临界温度的点 K 叫临界点。

将不同压力下饱和液体点及干饱和蒸气点连接起来，构成图下方的一条向上凸的曲线，叫"饱和曲线"。在临界点左边为饱和液体线，右边为干饱和蒸气线。饱和曲线将图分成三个区域：在饱和液体线左侧为未饱和液体区，干饱和蒸气线的右侧为过热蒸气区，饱和曲线下侧为液体与蒸气的混合物，称"湿蒸气"区。

在湿蒸气区，一定的压力对应一定的饱和温度，但随吸热多少不同，蒸气的含量也不同。图中 a 点在饱和液体线上，蒸气含量为 0%；b 点在干饱和蒸气线上，蒸气含量为 100%；c 点落在湿蒸气区，它为气液混合物。通常把 1kg 湿蒸气中所含的饱和蒸气的数量（$x$kg）叫"干度"或"汽化率"。c 点越接近 b 点，则表示气液混合物中所含的饱和蒸气量越多，汽化率越大。c 点分割 ab 线段的长度比，即表示气液混合物中气体与液体的数量之比，即：

$$\frac{\overline{ac}}{\overline{cb}} = \frac{G_{汽}}{G_{液}}$$

因此汽化率可用下式计算：

$$x = \frac{G_{汽}}{G_{汽} + G_{液}} = \frac{\overline{ac}}{\overline{cb}} \tag{2-2}$$

显然，因为饱和液体 $G_{汽} = 0$，则 $x = 0$；对于饱和蒸气，$G_{液} = 0$，则 $x = 1$。湿蒸气的干度应在 $0 \leqslant x \leqslant 1$ 的范围内。确定湿蒸气的干度值时，可以用尺量线段长用式（2-2）计算，也可以用熵坐标值及焓差来计算。设饱和液体的焓值为 h'、熵值为 S'，饱和蒸气的焓值为 h''、熵值为 S'' 以及湿蒸气点的焓值为 h_x、熵值为 S_x，则干度值为：

$$x = \frac{\overline{ac}}{\overline{ab}} = \frac{h_x - h'}{h'' - h'} = \frac{h_x - h'}{\gamma} = \frac{S_x - S'}{S'' - S'} \tag{2-3}$$

式中　γ——汽化潜热。

例　试确定氧在 $p = 5.88\text{MPa}$，$h = 5141.4$ kJ/kmol时的干度值。

由氧 $T\text{-}S$ 图（附图 2）查得 $S' = 25.92\text{J/(mol} \cdot ℃)$，$S'' = 80.67\text{J/(mol} \cdot ℃)$，该状态点的熵 $S_x = 58.52 \text{ J/(mol} \cdot ℃)$，所以干度 $x = 0.596 = 59.6\%$。

在 $T\text{-}S$ 图上，能够确定任意状态点的焓值、熵值、压力及温度值。实际应用的空气、氧、氮 $T\text{-}S$ 图见附图 1、2、3。

2.4.2　H-T 图

$H\text{-}T$ 图的横坐标是温度，纵坐标是焓值。$H\text{-}T$ 图的形状如图 2-5 所示。根据定压下汽化过程的实验数

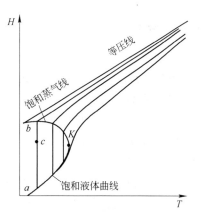

图 2-5　$H\text{-}T$ 图

据，得出一组等压线。每条等压线由三段构成。随着压力升高，饱和温度提高，等压线在 H-T 图中逐渐右移。最右边的等压线压力最高。由不同压力下的饱和液体点和饱和蒸气点连成饱和曲线，二线相交于临界点 K。饱和曲线将图分成三个区。在饱和曲线内为湿蒸气区，饱和液体线以下为未饱和液体区，饱和蒸气线以上及临界温度线以右为过热蒸气区。由于节流过程是等焓过程，这将在下一章着重阐述，所以焓温图对节流过程的计算提供了方便。

2.4.3　H-S 图

焓熵图中有等压线组、等温线组，还有等干度线，其图的形状如图 2-6 所示。图中等压线向右上方散射，左边压力比右边压力要高。等温线是上面温度高，下边温度低。$x = 1$ 为饱和液体线。线下为湿蒸气区，为确定湿蒸气状态的方便，画出了一组等干度线。

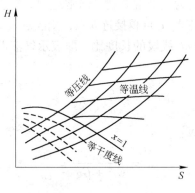

图 2-6　H-S 图

由于膨胀机制冷在理想状态下是等熵过程（将在下一章中加以分析），所以，膨胀机的计算应用 H-S 图较为方便。

2.5　溶液热力学基础

液态空气是一种溶液、液空的分离要遵循溶液热力学的基本定律。溶液热力学是热力学的一个分支，它主要研究溶液的相平衡与热力过程、溶液的热力性质及基本规律。

2.5.1　溶液

由两个或两个以上的组分组成的稳定的均匀液相定义为溶液。所谓均匀是指溶液的微粒子的化学成分及物理性质均相同。溶液通常包括溶剂和溶质。在溶液中占较大比例的组分称之为溶剂，占较少比例的组分被称为溶质。当气体或固体溶解在液体时，液体常常被当作溶剂，气体或固体为溶质。

为了表明一种溶液的组成，必须给出它的表示法。常用的有质量分数和物质的量浓度（浓度）。

质量分数是组成溶液的某组分质量占溶液总质量的比例。以百分数表示。

例如由二组分组成的二元溶液，如果用 m_1 和 m_2 分别表示它们的质量，用 x_1 和 x_2 分别表示两种组分的质量分数，则：

$$m_1 + m_2 = m$$

$$x_1 = \frac{m_1}{m_1 + m_2} = \frac{m_1}{m}, \quad x_2 = \frac{m_2}{m_1 + m_2} = \frac{m_2}{m}$$

$$x_1 + x_2 = 1$$

对于多元组分溶液质量浓度为：

$$m_1 + m_2 + \cdots + m_i + \cdots + m_n = m$$

$$x_i = \frac{m_i}{m}$$

$$x_1 + x_2 + \cdots + x_i + \cdots + x_n = 1$$

若以 M 表示分子量，$n = \frac{m}{M}$ 是摩尔数，设以 Z 表示物质的量浓度，对于二元溶液，则：

$$n_1 + n_2 = n$$

$$Z_1 = \frac{n_1}{n} = \frac{n_1}{n_1 + n_2}, \quad Z_2 = \frac{n_2}{n} = \frac{n_2}{n_1 + n_2}$$

$$Z_1 + Z_2 = 1$$

对于多元组分：

$$n_1 + n_2 + \cdots + n_i + \cdots + n_n = n$$

$$Z_i = \frac{n_i}{n}$$

$$Z_1 + Z_2 + \cdots + Z_i + \cdots + Z_n = 1$$

不同物质溶解时的难易程度是不同的，通常分成三种情况：

（1）完全互溶，即两种物质可以以任意的比例溶解，形成均匀的溶液。液氧和液氮就是完全互溶的。

（2）完全不互溶，也就是两种物质互不溶解，例如氟利昂和水就互不溶解。

（3）部分互溶，如石炭酸与水在常温时只是部分互溶。众所周知，溶解的难易程度不是一成不变的，溶解时的条件改变，溶解的难易程度也会发生变化。假若溶解时的温度高于 68.8℃，石炭酸和水这两种部分互溶的液体就转变成完全互溶的液体。

部分互溶的物质其溶解程度的度量用溶解度表示。在一定温度下，某溶质在一定量溶剂里达到平衡状态时所溶解的量，为这种溶质在该溶剂中的溶解度。例如，在 90.7K 的温度条件下，乙炔在液氧中的溶解度为 6.76×10^{-6}，而在 70.9K 时其溶解度为 2.04×10^{-6}。可见，一种溶质在溶剂中的溶解度是随物性、温度、压力的变化而改变的。大多数固体物质的溶解度随温度的升高而增大，气体的溶解度随压力的提高而增大，随温度的升高而减小。

在溶解的过程中通常伴随有热效应，可能吸热或放热。在溶解形成溶液的过程，如果保持溶解前后的温度不变，溶解时加入或取出的热量叫溶解热。吸热时溶解热为正；放热时溶解热为负。

溶液的焓可以被认为是溶液的总能量。若已知溶解热 q，溶解前后的压力和温度保持不变，对于二元溶液的焓 H 为：

$$H = q + x_1 h_1 + x_2 h_2 = q + x_1 h_1 + (1 - x_1) h_2$$

式中　h_1——在给定溶解温度下组分 1 的焓；

　　　　h_2——在给定溶解温度下组分 2 的焓。

溶液的焓可以利用溶液的焓-浓度图较方便地查出。对于气体，如压力不太高时，溶解热（也称为混合热）可以忽略不计。对于完全互溶的液体可以忽略压力的影响，只考虑温度对溶解热的影响。

2.5.2　溶液的基本定律

当溶液是由性质相近的组分形成时，分子间的相互作用力与纯物质分子间的相互作用力相同，因而溶解时无热效应即溶解热为零。溶解时也无容积的变化，这种溶液称之为理想溶液。与理想气体类同，实际上理想溶液是很少见的，而大部分的溶液是非理想溶液，只有溶液浓度很小时才接近于理想溶液。

2.5.2.1　拉乌尔定律

在研究溶液的气液相平衡时，拉乌尔总结了前人的研究结果得出：在一定温度下，溶液上方每一组分的分压力，等于该组分单独存在时，其同一温度的饱和蒸气压与该组分物质的量浓度的乘积，即：

$$p_i = p_i^0 x_i$$

式中　p_i——i 组分蒸气的分压力；

　　　　p_i^0——i 纯组分的饱和蒸气压；

　　　　x_i——i 组分的物质的量浓度。

拉乌尔定律揭示了蒸气压与溶液浓度之间的关系。某组分的蒸气分压力与其组分在溶液中的物质的量浓度成正比，与其纯组分时的饱和蒸气压成正比。在一定温度下，物质的饱和蒸气压是物质挥发难易程度的度量，后面还将详细阐述。已知某组分的分压力及物质的量浓度可以计算溶液的饱和蒸气压。已知溶液的物质的量浓度及其饱和蒸气压，能够推算出蒸气的组成。空气、氧、氮的饱和蒸气压已在第 1 章中给出。

实验证明，实际溶液与拉乌尔定律存在着偏差。多数溶液呈正偏差，少数溶液呈负偏差。通常将符合拉乌尔定律的溶液叫理想溶液。这是"理想溶液"定义的另一种说法。把液空视为氧、氮二元溶液，当气液两相共存时，压力与溶液浓度 Z 的关系示于图 2-7。图中溶液压力线为上凸的曲线（实线），理想溶液的压力线为一条直线（虚线）。这表明液空是具有正偏差的溶液。凡产生正偏差的溶液，组成溶液各组分分子间的相互吸引力比纯组分分子间的相互吸引力要小，组分分子较容易蒸发。凡是溶解时，发生物理结合或生成化合物的溶液，因溶液中各组分分子间的相互吸引力比纯组分分子间相互吸引力大，故均产生负偏差，溶液的压力线为下凹曲线。

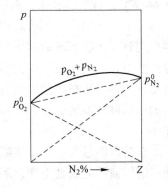

图 2-7　p-Z 图

虽然液空与拉乌尔定律具有正偏差，但上凸幅度很小，即偏差不大，可以将液空视为理想溶液。

2.5.2.2 康诺瓦罗夫第一定律

研究理想溶液的气相组成和液相浓度的关系时，发现两者是不同的。其规律如下：

设具有挥发性的二元理想溶液，按照拉乌尔定律可以写成：

$$p_A = p_A^0 x_A \qquad p_B = p_B^0 x_B$$

式中 p_A，p_B——分别为 A、B 组分的蒸气分压力；

x_A，x_B——分别为 A、B 组分的物质的量浓度。

令 y_A、y_B 为气相中 A、B 组分的物质的量组成，气相为理想气体，根据道尔顿分压定律：

$$y_A = \frac{p_A}{p} = \frac{p_A^0 x_A}{p}$$

$$y_B = \frac{p_B}{p} = \frac{p_B^0 x_B}{p}$$

$$\frac{y_A}{y_B} = \frac{p_A^0 x_A}{p_B^0 x_B}$$

若 $\frac{p_A^0}{p_B^0} < 1$ 则 $\frac{y_A}{y_B} < \frac{x_A}{x_B}$，这表明 A 组分在气相摩尔成分小于其液相中的物质的量浓度；B 组分在气相中的摩尔成分大于其液相中的物质的量浓度。这就是说，由两种具有不同饱和蒸气压的纯液体所组成的二元溶液，其气相组成与液相浓度并不相同，对于具有较高蒸气压的组分，它在气相中的成分大于液相里的成分。这一结论就是康诺瓦罗夫第一定律。

显然，在一定温度下，饱和蒸气压相同的两组分组成的溶液，气、液相组成相同，所以是无法用精馏法分离的。因而康诺瓦罗夫第一定律是精馏原理的基础。

2.5.2.3 亨利定律

空气分离主要研究的都是气体。理想溶液的气液平衡系统中，在一定温度下气体溶质的分压力和它在溶液里的物质的量浓度成正比，即：

$$p = Hx$$

式中 p——气体溶质的分压力；

x——气体溶质的物质的量浓度；

H——亨利常数。

亨利常数值需要由实验来确定。

2.5.3 亥姆霍兹自由能、吉布斯自由焓

亥姆霍兹自由能和吉布斯自由焓是溶液热力学的两个重要特性函数，都是状态参数。

亥姆霍兹自由能的定义式是：

$$F = U - TS$$

式中 F——亥姆霍兹自由能；

　　　U——热力学能；

　　　T——绝对温度；

　　　S——熵。

　　在等温、等容条件下，经过推导能够得出：在物质溶解的过程中，如果过程是可逆过程，亥姆霍兹自由能（*F*）不变；如果是不可逆过程，亥姆霍兹自由能减小。

　　吉布斯自由焓的定义式是：

$$G = H - TS = U + pv - TS$$

式中　*G*——吉布斯自由焓；

　　　H——焓。

　　同样可以导出：在等温及等压条件下，所进行的溶解过程，如果是可逆过程，吉布斯自由焓 *G* 不变；若是不可逆过程，吉布斯自由焓减小。

　　可见，亥姆霍兹自由能和吉布斯自由焓是用来判断溶液溶解过程可逆性的状态函数。

3 空气的液化

地球周围的空气，通常是过热蒸气，需要通过液化循环来实现其液化。液化循环由一系列必要的热力学过程组成，制取冷量将空气由气态变成液态。

低温循环的用途，从热力学的观点有下列几种情况：

（1）把物质冷却到预定的温度，通常由常温冷却到所需的低温；

（2）在存在冷损的条件下，保持已冷却到低温的物质的温度，即从恒定的低温物质中不断吸取热量；

（3）为上述两种情况的综合，即连续不断地冷却物质到一定的低温，并随时补偿冷损失，维持所达到的低温工况。

空气液化循环属于第三种情况，要将空气连续不断地冷却到当时压力下的饱和温度，又要提供潜热，补偿冷损，维持液化工况。这首先要选择制冷方法，而后组成行之有效的液化循环，这就是本章所讨论的内容。

3.1 获得低温的方法

要使空气液化，需要从空气中取出热量使其冷却，最后全部成为液体。我们知道，在 0.98×10^5 Pa 大气压下，空气液化温度是 $-191.8℃$，从 300K 变为干饱和蒸气需取出 222.79kJ/kg 热量，再从干饱和蒸气变为液体需取出 168.45kJ/kg 热量（即潜热），显然，为使空气液化首先要获得低温。

工业上空气液化常用两种方法获得低温，即空气的节流和膨胀机的绝热膨胀制冷。

3.1.1 气体的节流

节流可以降温，如打开高压氧气瓶的阀门，使氧气从瓶中放出，不多久就能感到阀门变冷了。这表示高压氧气经过阀门降低压力后，温度也降低了。把这种现象应用到空分中，使压力空气经节流阀降压降温。

3.1.1.1 节流降温

如图 3-1 所示具有一定压力的空气流过节流阀，由于通流截面的突然缩小，气体激烈扰动，压力下降。由于气体经阀门的时间很短，来不及和外界产生热交换，所以 $q=0$，气体对外也没有作功，$L_0=0$，同时认为在阀门前后，气体流速是不变的，即 $w_1=w_2$，像这样的流动过程称为节流。

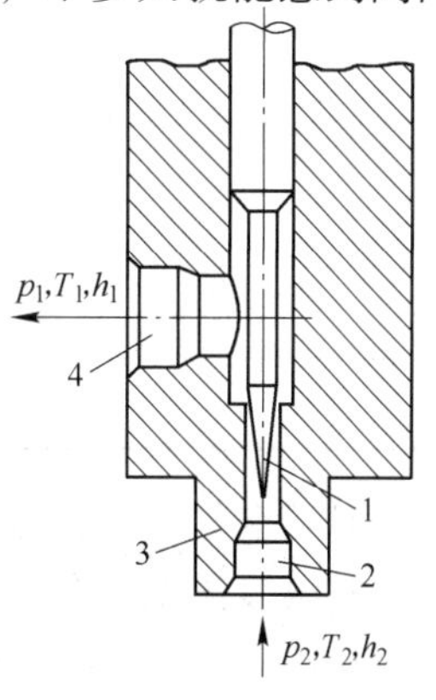

由能量方程得：

$$q = \Delta h + \frac{1}{2g}(w_2^2 - w_1^2) + (Z_2 - Z_1) + L_0$$

$$\Delta h = h_2 - h_1 = 0$$

图 3-1 节流阀截面图
1—阀芯；2—阀高压腔；
3—阀体；4—阀低压腔

式中　　h_1——节流后空气的焓值；

　　　　h_2——节流前空气的焓值；

　　　　Z_1——节流前的位能；

　　　　Z_2——节流后的位能。

这表示节流过程最基本的特点是气体在节流前后的焓值不变。为确定气体节流后的温度变化，点 1 表示节流后的 p、T、h 值，点 2 表示节流前的 p、T、h 值。节流使气体温度变化的大小，与节流前的温度、压力有关。为进一步说明节流前后的温度变化关系，常用节流阀前后微小的压力变化 ∂p 和气体温度的微小变化 ∂T 的比值 α_h 来表示节流的效果。即 $\alpha_h = (\partial T / \partial p)_h$。我们称 α_h 为节流微分效应，下脚 h 表示节流过程为等焓过程，若节流后温度降低则 $\alpha_h > 0$，α_h 值越大，降温效果越好；若温度没有变化，则 $\alpha_h = 0$；若节流后温度升高，则 $\alpha_h < 0$。

对 $T = 283K$ 的空气进行实验，得知在空气分离过程中，节流前压力低于 $304.78 \times 10^5 Pa$ 时，节流效应总是正值，即节流后的温度总是降低的。当 $p > 304 \times 10^5 Pa$，压力的微小降低反使温度升高。气体节流过程是等焓过程，也就是节流前后气体的总能量不变。节流只是内能和推动功之间的转化。而内能又包括内位能及内动能，内动能的大小只与气体温度有关。节流后内动能降低时节流后的温度下降；内动能不变时节流后的温度也不变；内动能增大时节流后的温度升高。内动能的变化只有确定了内位能与流动功变化关系后才能确定。气体节流后的压力总是降低的，其质量体积增大，内位能总是增大的。只有流动功的变化可能变大也可能不变或变小。当流动功的变化 $d(pv) \geqslant 0$ 时，气体节流时温度降低，此时气体分子间呈吸引力，当 $d(pv) < 0$ 其绝对值大于内位能的增加值时，气体节流时温度升高，此时气体分子之间排斥力很大。对于某种气体而言，在节流时内位能的增加正好等于流动功的减少时，节流前后的温度保持不变，这一温度叫做转化温度。只有在转化温度以下节流才能产生冷效应。表 3-1 列出了几种气体的转化温度。

表 3-1　几种气体的转化温度

气体名称	转化温度/K	气体名称	转化温度/K
空气	650	氖	204
氧	771	氢 −3 −4	~39 ~46
氮	604	氪	1079
氩	785	氙	1476

对于空气、氧、氮、氖、氩因转化温度很高，因而从室温节流时总是产生冷效应。只有氢室温节流温度会升高。选用节流工质时应该注意其转化温度。

3.1.1.2　等温节流制冷量

空气经过节流，虽可降温，但对外没有热交换（绝热），也没有作功。因此，节流前后气体的总能量不变即等焓过程也就是节流过程本身不产生冷量。

但是为了提供一定压力的节流气体，需要先将气体通过压缩机等温压缩后再由节流阀节流，节流后的气体再经过换热器去冷却被冷介质，构成压缩、节流、换热流程，如图 3-2 所示。

假设将 $0.98 \times 10^5 \mathrm{Pa}$，30℃的空气等温压缩至 $98 \times 10^5 \mathrm{Pa}$ 后节流。在焓-温图 3-3 中表示，空气的状态由点 1 变化到点 2，再节流到 $0.98 \times 10^5 \mathrm{Pa}$，此时温度降到 12℃（285K），即图中点 3。在热交换器中，低温的空气吸热，使本身温度从 12℃再升到 30℃即由点 3 再恢复到点 1，空气此时所吸收的热量称为等温节流制冷量，用 q_T 表示。q_T 可以用焓值计算：

$$q_T = -\Delta h_T = h_1 - h_3 \qquad (3\text{-}1)$$

焓值用气体的势力性质图查出。

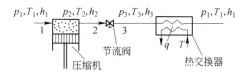

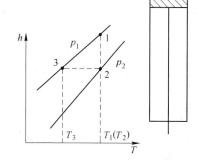

图 3-2　等温节流流程图　　　　图 3-3　等温节流循环示意图

在节流前后压差较小时，利用查图法计算等温节流循环制冷量时往往误差很大，此时等温节流制冷量 q_T 可以由比热容来计算：

$$q_T = c_p \Delta T$$

式中　ΔT——节流温降，可以查图确定，也可以根据微分节流效应 α_h 来确定。微分节流效应 α_h 可理解为节流时单位压力降的温度变化率，故：

$$\Delta T = \alpha_h \Delta p$$

因此：

$$q_T = c_p \alpha_h \Delta p \qquad (3\text{-}2)$$

根据精确的实验得出，空气在压力 $p < 15 \times 10^3 \mathrm{kPa}$ 时，微分节流效应为：

$$\alpha_h = (a_0 - b_0 p)\left(\frac{273}{T}\right)^2 = (2.73 \times 10^{-3} - 0.0895 \times 10^6 p)\left(\frac{273}{T}\right)^2 \qquad (3\text{-}3)$$

式中　p——节流前压力，kPa；

　　　T——节流前温度，K；

a_0，b_0——实验常数。

可见，节流效应与节流前的压力和温度有关。节流前的温度降低，节流效应增大。节流前的压力增高，节流效应变小。

综上所述，等温节流制冷时，气体需经历等温压缩和节流膨胀两过程才具有制冷量。这是因为气体在等温压缩时焓值降低，压缩机的压缩功和气体的焓降都一同以热量的形式传给环境介质。在等温压缩过程中气体已具备制冷能力。而节流膨胀只不过是一种降温的方法，为气体在等温压缩时已具备的制冷内因表现出来创造条件。

3.1.2 压缩气体作外功制冷

气体对外作功的机器称为膨胀机。压缩气体在膨胀机内膨胀后，压力降低，体积增大。由于过程进行得非常快，所以过程是绝热的（$\delta Q = 0$）。根据热力学第二定律，绝热过程的实质 $\Delta S = \int \frac{\delta Q}{T} = 0$，即等熵过程。这是在不考虑摩擦及其他损失的理想情况下，膨胀机的膨胀为可逆过程。气体在膨胀机中一边膨胀，其内位能增加，又一边对外作功，这两部分能量消耗都需要用内动能来补偿，所以气体在膨胀机中等熵膨胀，焓值下降，温度必然降低。

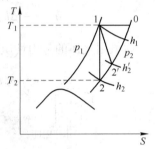

气体在膨胀机内的膨胀过程用 T-S 图或 H-S 图可清楚地表示出来。在图 3-4 中，气体进膨胀机的状态由 1 点表示，由 1 点向下引垂线交于膨胀后压力 p_2 等压线于 2 点。膨胀机的温降 $\Delta T = T_1 - T_2$，膨胀机对外所作的理想功 $W_{理} = h_1 - h_2$。实际上膨胀机中的膨胀过程是不可逆过程，气体与气体之间、气体与机器壁之间及机器本身转动件之间都存在着摩擦，消耗了气体的一部分作功能力。摩擦产生的热又传给了气体，

图 3-4　等熵膨胀示意图

使气体膨胀终了温度又有所增加，所以膨胀后的温度点为 $2'$ 点。0 点到 1 点为等温压缩过程。

如果我们令膨胀后气体恢复到 0 点的状态（T_1，p_2），则所制取的冷量 q_s 为：

$$q_s = h_0 - h_2 = (h_0 - h_1) + (h_1 - h_2) = -\Delta h_T + W \qquad (3\text{-}4)$$

即等温节流制冷量 Δh_T 与膨胀功 W 之和。

同样，将气体等熵膨胀时，压力的微小变化所引起的温度变化称为微分等熵效应，以 α_s 来表示。$\alpha_s = \left(\dfrac{\partial T}{\partial p}\right)$，由于气体膨胀质量体积增大，内位能增加，而且对外作功，所以 α_s 总是大于零，α_s 为正值，因此气体的等熵膨胀后温度总是下降的，总是产生冷效应。显然，等熵膨胀过程的温降随着压力比 p_1/p_2 的增加而增大，在一定的膨胀压力的情况下，随膨胀前的温度提高而增大，这意味着具有较高温度的气体，有较大的内动能，有较强的作功能力。

3.1.3 节流膨胀与等熵膨胀的比较

从理论方面分析，由于等熵膨胀气体在膨胀过程中要作外功，因此微分效应 $\alpha_s > \alpha_h$，即气体的微分等熵效应永远大于气体的微分节流效应。而且微分等熵效应总是 $\alpha_s > 0$，为正值，这意味着膨胀机膨胀永远产生温降。微分节流效应 $\alpha_h \geq 0$ 或 $\alpha_h \leq 0$，这表示通过节流过程不一定会产生冷效应。只有气体温度低于转化温度时，$\alpha_h > 0$，才能产生冷效应，节流后才会降温。

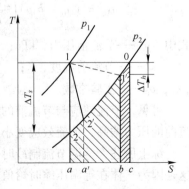

从温降的大小方面比较，从图 3-5 可以看出，膨胀机的膨胀可以产生较大的温降，在膨胀前、后压力相同的

图 3-5　节流及等熵膨胀
温降及制冷量

条件下，等熵膨胀的温降总是大大的大于节流膨胀的温降。这是由于气体的能量大量地消耗于作外功的结果。

　　例如，膨胀前空气压力 0.5884MPa，温度为 30℃（303K），膨胀到 0.0981MPa，在空气 T-S 图可以查出膨胀机的等熵膨胀温降 110℃，即膨胀后的温度为 −80℃。在同样条件下，通过计算，空气经过节流膨胀的温降只有 1.07℃。可见，降温幅度的差别之大。

　　从制冷量比较，等熵膨胀制冷量 q_s 也远远大于等温节流制冷量。正如上述 q_s 值等于 q_r 与膨胀功 W 之和。制冷量可以出 T-S 图中的面积来表示。图 3-5 中的面积 $01'bc$ 表示等温节流制冷量；面积 $02ac$ 表示等熵膨胀制冷量。等熵膨胀制冷量包含了等温节流制冷量，其余部分面积即表示膨胀功。

　　总之，无论从温度效应大小还是从制冷量多寡方面，等熵膨胀都比节流膨胀制冷效果显著，而且膨胀机还可以回收一部分膨胀功，从而提高其经济性。节流过程用节流阀结构简单，调节方便，并且可以工作在气液两相区内。所以等温节流制冷及膨胀机等熵膨胀制冷都是重要的制冷方法，都有互不可取代的应用价值。

　　尤其是在初温较低时，等温节流的制冷能力增强，等熵膨胀的制冷能力减弱，两者差别缩小时，应用节流阀较为有利。怎样应用这两种制冷方式，在制氧机中，视具体情况而定。

3.2　气体液化循环的性能指标

　　在制冷机中，气体工质连续不断地工作，需要经历一系列的状态变化，重新回复到原始状态，也就是要经历一个循环。

　　功变热，还是热变功，按照循环的效果不同，可分为正向循环和逆向循环。把热能转化为机械能的循环叫正向循环；把机械能转化为热能的循环叫逆向循环。

3.2.1　正向循环、热效率

　　正向循环包括下面两个过程：

（1）工质从温度较高的外界热源吸收热量 q_1；

（2）工质向温度较低的外界热源放出热量 q_2。

　　吸收的热量 q_1 大于放出的热量 q_2，两者之差为对外所作的机械功，即 $AW = q_1 - q_2$，正向循环的热效率用 η 表示：

$$\eta = \frac{W}{q_1} = \frac{q_1 - q_2}{q_1} = 1 - \frac{q_1}{q_2} \tag{3-5}$$

　　热效率可以衡量正向循环的经济性。η 越大，说明吸收相同热量时，所转化成的机械能越多。

3.2.2　逆向循环、制冷系数

　　逆向循环包括：

（1）工质从温度较低的外界热源吸入热量 q_1；

（2）工质向温度较高的外界热源放出热量 q_2。

这种转化要消耗机械功，$W = q_1 - q_2$，$q_1 > q_2$，即机械功转变为热量与 q_2 一起排给温度较高的外界热源。

一切制冷机都按逆向循环工作，其经济性可用制冷系数 ε 表示：

$$\varepsilon = \frac{q_2}{W} = \frac{q_2}{q_1 - q_2} \tag{3-6}$$

ε 越大，表明消耗相同的机械功，能从低温热源排走较多的 q_2（也即制冷量），因而经济性高。

3.2.3 气体液化的最小功

低温液化循环由等温压缩、绝热膨胀降温、等压换热等一系列过程组成。其目的是获得低温使空气液化。低温液化循环获得冷量必须消耗功，耗功的大小代表了循环的经济性。

假若在整个液化循环中的各过程均为可逆过程，无任何损失，则该液化循环为理想液化循环，通过这种循环使气体液化所消耗的功为最小，称之为气体液化的理论最小功。

对于理想过程可依下列情况进行，先将气体等温压缩至熵值等于液化气体之熵值，在图 3-6 中用 1—2 线表示，然后进行等熵膨胀至气体液化，由图中 2—0 线表示。再沿等压线 0—3—1 换热，气体回复到原始状态，形成一个可逆循环。液化循环的最小功 $W_{\min}$ 为：

$$W_{\min} = T_1(S_1 - S_0) - (h_1 - h_0) \tag{3-7}$$

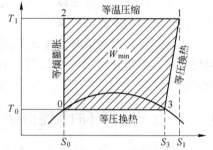

图 3-6 气体液化理想循环示意图

最小功由图 3-6 中的阴影面积来表示。显然，气体液化的最小功只与被液化气体的种类及初、终状态有关，而与过程无关。对于不同气体，液化的最小功也不相同。表 3-2 给出了几种气体产生 1kg 液体或 1L 液体所需的理论最小功。

表 3-2   几种气体液化理论最小功

气体名称	kJ/kg	kW·h/kg	kW·h/L	气体名称	kJ/kg	kW·h/kg	kW·h/L
空气	741.7	0.206	0.18	氩	478.5	0.132	0.184
氧	638.4	0.177	0.201	氢	6850	1.9	0.237
氮	769.6	0.213	0.172	氖	1331	0.37	0.445

注：1. 空气、氧、氮与氩的初态 $p_1 = 10^5$ Pa，$T_1 = 303$ K；
    2. 氖、氢的初态 $p_1 = 101.3$ kPa，$T_1 = 303$ K。

实际上各种过程总存在着不可逆性，如节流及膨胀机都存在着摩擦及冷损失，换热器存在着传热温差，所以理想的循环是不能实现的。实际液化循环的耗功总是大于表中液化耗功的数值，功耗小于 $W_{\min}$ 的循环不可能存在。因此，理论循环可以作为实际液化循环的不可逆程度的比较标准，理论最小功是气体液化功耗的极限值。

由热力学第二定律可知，不可逆循环的熵总是增加的。熵增 ΔS，可作为不可逆性的度量。由不可逆性所增加的功为 $T\Delta S$，T 为周围介质的温度。在实际循环中，液化气体所需要的功 W 为：

$$W = W_{\min} + T\Delta S \tag{3-8}$$

3.2.4　实际液化循环的性能指标

实际液化循环的经济性除用所消耗的功 W 表示外，通常还采用液化系数 Z、单位功耗 W_0、制冷系数 ε、循环效率 $\eta_{液}$ 来表示。

液化系数 Z 是每千克气体经过液化循环后所获得的液体量。

单位功耗 W_0 为获得 1kg 液化气体所消耗的功。即：

$$W_0 = \frac{W}{Z} \tag{3-9}$$

式中　W——加工 1kg 气体循环所消耗的功；

　　　Z——液化系数。

每千克气体经过循环所得的冷量为单位制冷量 q_0。单位制冷量与耗功之比称为制冷系数 ε，其表达式为：

$$\varepsilon = \frac{q_0}{W} \tag{3-10}$$

单位功耗越小，制冷系数越大，说明液化循环越有效，经济性越好。

循环效率 $\eta_{液}$ 表明实际循环的制冷系数与理论循环制冷系数之比。由下式表示：

$$\eta_{液} = \frac{\varepsilon_{实际}}{\varepsilon_{理论}} = (q_0/W)/(q_0/W_{min}) = \frac{W_{min}}{W} \tag{3-11}$$

可见，循环效率又可以被表述为理论循环最小功与实际循环所消耗的功之比。应用循环效率能够度量实际循环的不可逆性以及作为评价循环损失大小。显然，循环效率永远小于 1，其值越接近 1，实际循环的不可逆性就越小，循环的损失也越小，经济性越好。

3.3　以节流为基础的循环

目前空气液化循环主要有三种类型：

（1）以节流为基础的液化循环；

（2）以等熵膨胀与节流相结合的液化循环；

（3）以等熵膨胀为主的液化循环。

本节着重讨论以节流为基础的液化循环。一次节流膨胀循环，由德国的林德首先研究成功，故亦称简单林德（Linde）循环。

如 3.1 节所述，节流的温降很小，等温节流的制冷量也很少，所以在室温下通过节流膨胀不可能使空气液化，必须在接近液化温度的低温下节流才有可能液化。因此，以节流为基础的液化循环，必须使空气预冷，常常采用逆流换热器，回收冷量预冷空气。循环流程的示意图由图 3-7 表示。这种循环也称作为简单林德循环。系统由压缩机、逆流换热器、节流阀及气液分离器组成。图 3-8 是简单林德循环在 $T\text{-}S$ 图上的示意图。应用简单林德循环液化空气需要有一个启动过程，首先要经

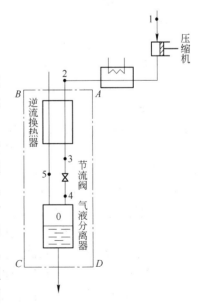

图 3-7　简单林德循环

过多次节流，回收等温节流制冷量预冷加工空气，使节流前的温度逐步降低，其制冷量也逐渐增加，直至逼近液化温度，产生液空。这一连串多次节流循环如图3-9所示。

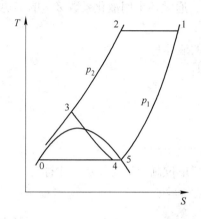 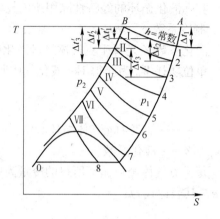

图 3-8   简单林德循环在 T-S 图上示意   图 3-9   节流的启动过程

为讨论简单林德循环的性能指标方便起见，首先将其分为理论简单林德循环及实际简单林德循环。理论简单林德循环有两个假设：

（1）在逆流换热器中冷量被完全回收，即热端温差为零；

（2）无冷损失。

理论循环的制冷量 q_0 为：

$$q_0 = -\Delta h_T = h_1 - h_2 \tag{3-12}$$

液化系数 Z 应为：

$$Z = \frac{h_1 - h_2}{h_1 - h_0} \tag{3-13}$$

这里还需要指出，冷量 q_0 并不是节流过程产生的。它是压缩机等温压缩时，冷却水带走的热量比空压机输入的压缩功多 $-\Delta h_T$，而具有产生冷量的内因。该冷量借助于逆流换热器和节流阀表现出来。

液化循环总是谋求通过一个循环获得比较多的冷量及比较大的液化系数。分析式（3-12）与式（3-13），当初始状态 p_1、p_2 给定时，h_1 及 h_0 均为定值，显然，降低 h_2 才能得到较多的制冷量及较大的液化系数。h_2 是由 p_2 及 T_2 所决定，由于是等温压缩，所以 h_2 只取决于 p_2 即节流前的压力。对于空气在 $T_1 = 303K$，$p_1 = 0.98MPa$ 时，$p_2 = 42MPa$ 时，液化系数 Z 最大，但是压缩机耗功也增加。对于理论简单林德循环，当 $p_2 \approx 27MPa$ 时，空气循环制冷系数 $\varepsilon = q_0 / W$ 呈最大值。这对我们选择循环参数很有参考价值。

液化系数的最大值所对应的节流前的最高压力，可由气体的 T-S 图求得。当 $T_2 = T_1$ 一定时，通过等温线与转化曲线交点的压力即为 Z 最大值所对应的最高压力。

实际林德循环存在着许多不可逆损失，主要有：

（1）压缩机组（包括压缩和水冷却过程）中的不可逆性，引起的能量损失；

（2）逆流换热器中存在温差即换热不完全损失；

（3）周围介质传入的热量即跑冷损失。

第一项损失包含在压缩机的等温效率之中。令换热不完全损失为 q_2，令跑冷损失为

q_3，按图 3-7 点划线所包围的系统且加工空气为 1kg。列平衡式整理得出：

$$Z_{实际} = \frac{h_1 - h_2 - (q_2 + q_3)}{h_1 - h_0 - q_2} = \frac{-\Delta h_T - (q_2 + q_3)}{h_1 - h_0 - q_2} \tag{3-14}$$

相对于焓差 $(h_1 - h_0)q_2$ 的值较小，所以工程计算中可用下式：

$$Z_{实际} = \frac{-\Delta h_T - (q_2 + q_3)}{h_1 - h_0} = \frac{-\Delta h_T - \Sigma q}{h_1 - h_0} \tag{3-15}$$

忽略了 q_2，实际计算误差不超过 1%：

$$q_{0,实际} = Z_{实际}(h_1 - h_0) = -\Delta h_T - \Sigma q \tag{3-16}$$

$$q_{实际} = \frac{q_{0,实际}}{W_{实际}} = \frac{q_{0,实际}}{W_T/\eta_T} \tag{3-17}$$

式中 W_T——等温压缩功；

      η_T——空压机的等温效率。

在理论循环中已讨论了节流前压力 p_2 对制冷量 q_0 及液化系数 Z 的影响。对于节流后的压力 p_1 而言，当 p_2、T_1 一定时，随 p_1 的提高，Δh_T 减小即制冷量减少，液化系数 Z 也必然减少。但对制冷系数的影响，并不这样单纯。由于制冷系数 $\varepsilon = q_0/W$，当 p_1 升高时，q_0 减小。同时压缩机耗功也减小，且下降得更快，因此，制冷系数反而增大，其趋势是 p_1 越接近 p_2。制冷系数 ε 越大，这时的产冷量更少，已没有实际意义。但它给出了适当地提高 p_1，缩小节流压比能改善制冷系数的启示。

再讨论一下逆流换热器热端温度 T_1 对循环性能指标的影响。当节流前后的压力一定时，随 T_1 温度的降低制冷量 q_0 增大，同时液化系数 Z 也增大。

综上所述：

（1）当 p_1、T_1 一定时，提高 p_2 到一定程度，可以显著提高简单林德循环的经济性，因此通常节流前的压力选择在 20MPa；

（2）为了降低换热器前的热端温度，可以采用预冷的方法，因而出现具有氨预冷的一次节流循环；

（3）适当缩小压力比，能够提高经济性。为了节省能量，尽量保持大的压力差及小的压力比。压力差较大所获得的等温节流制冷量就多，压力比小，消耗的压缩功就少。因而，可以得到较大的制冷系数，在这样的前提下，在简单林德循环的基础上又出现了具有二次节流的循环。

3.4 以等熵膨胀与节流为基础的循环

林德循环是以节流膨胀为基础的液化循环，其温降小，制冷量少，液化系数及制冷系数都较低，而且节流过程的不可逆损失很大并无法回收。采用等熵膨胀，气体工质对外作功，能够有效地提高循环的经济性。

1902 年，法国克劳特提出了膨胀机膨胀与节流相结合的液化循环称之为克劳特（Claude）循环，其流程及在 $T\text{-}S$ 图中的表示见图 3-10。

空气由 1 点（p_1、T_1）被压缩机 I 等温压缩至 2 点（p_2、T_1）经换热器 II 冷却至点 3 后分为两部分，其中 Mkg 进入换热器 II、III 继续被冷却至点 5，再由节流阀节流至大气压（点 6），这时 Zkg 气体变为液体。$(M - Z)$kg 的气体成为饱和蒸气返回。当加工空气为

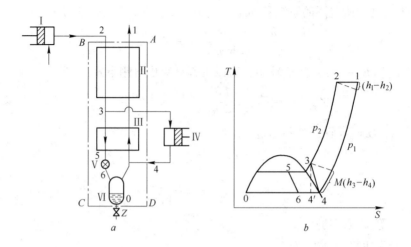

图 3-10　克劳特循环
a—克劳特循环流程；*b*—克劳特循环在 *T-S* 图上表示

1kg 时，另一部分$(1-M)$kg 气体，进入膨胀机膨胀至点 4，膨胀后的气体在换热器Ⅲ热端与节流后返回的饱和空气相汇合，返回换热器Ⅱ预冷却 *M*kg 压力为 p_2 的高压空气，再逆向流过换热器Ⅱ，冷却等温压缩后的正流高压空气。

与分析简单林德循环相同，克劳特循环的性能指标可根据系统热平衡式计算。取 *AB-CD* 为系统。

在稳定工况下：

$$h_2 + (1-M)h_4 + q_3 = Z_{实际}h_0 + (1-M)h_3 + (1-Z_{实际})h_1'$$

若：

$$h_1' = h_1 - q_2$$

整理得出：

$$Z_{实际} = \frac{(h_1 - h_2) + (1-M)(h_3 - h_4) - q_2 - q_3}{h_1 - h_0 - q_2}$$

工程上近似为：

$$Z_{实际} = \frac{(h_1 - h_2) + (1-M)(h_3 - h_4) - \Sigma q}{h_1 - h_0} = \frac{-\Delta h_T + (1-M)(h_3 - h_4) - \Sigma q}{h_1 - h_0}$$

$$(3-18)$$

制冷量：

$$q_{0,实际} = Z_{实际}(h_1 - h_0) = -\Delta h_T + (1-M)(h_3 - h_4) - \Sigma q \qquad (3-19)$$

式中，$h_3 - h_4$ 是单位气体工质在膨胀时的实际焓降，它与等熵焓降 Δh_s 的比值为膨胀机的绝热效率 $\eta_{绝热}$，表达式为：

$$\eta_{绝热} = \frac{\Delta h}{\Delta h_s} \qquad (3-20)$$

式中　Δh——实际焓降。

绝热效率是衡量膨胀机的实际膨胀偏离理论等熵膨胀程度的度量，将在后面膨胀机的章节详细讨论。

与简单林德循环相比较，克劳特循环的制冷量和液化系数都大，这是由于 $(1-M)$ 工质在膨胀机中作功而多制取冷量的结果。

影响该循环制冷量及液化系数的因素主要有：膨胀机中的膨胀空气量的多少；膨胀机机前压力 p_2；进膨胀机的温度 T_3 以及膨胀机效率。下面逐一分析各因素的影响：

（1）当膨胀前的压力和温度一定，增大进膨胀机的气量，会提高制冷量及液化系数。但并非越大越好。气体去膨胀机量大了，去节流阀的气体量就少了，膨胀机的制冷量就有可能不能全部传递给正流气体，也就是说换热器Ⅱ的工作有可能不正常。所以最佳的膨胀量 $(1-M)$ 的确定要兼顾两个条件，既要满足循环系统的热平衡，又要保证换热器Ⅱ的正常工作。

（2）膨胀量及机前温度一定，膨胀前的压力 p_2 与膨胀量的选取相同，是既要满足循环的热平衡又保证换热器Ⅱ的正常工作的条件。从空气的 $T\text{-}S$ 图可知，压力升高等温节流制冷量及等熵膨胀的制冷量都大，所以 $Z_{实际}$、$q_{0,实际}$ 都会提高。但节流空气量 M 未变，这时它有可能无法带走全部冷量，而不能正常。此外，p_2 还受到膨胀机后不能出现液体的限制，因而克劳特循环具有最佳的 p_2 值。

（3）膨胀机进口温度 T_3 的确定，随着此温度的提高，等熵焓降增大，循环制冷量及液化系数都增大。由于膨胀前温度的提高，膨胀后的温度也随之提高，这会直接影响换热器Ⅱ的工作和节流前温度的提高，减少液化量。

综上所述，在确定克劳特循环最佳参数时，不能仅仅以循环系统的平衡方面考虑，而必须考虑其膨胀量与节流气量的分配，也就是使换热器传热工况尽可能的完善，这样才能提高循环的经济性。

3.5 卡皮查循环

卡皮查（Kapitza）循环是一种低压带透平膨胀机的液化循环，由于节流前的压力低，节流效应很小，等温节流制冷量也很小，所以这种循环可认为是以等熵膨胀为主导的液化循环，此液化循环是在高效离心透平式膨胀机问世后，1937 年苏联院士卡皮查提出的，因此称为卡皮查循环。其流程示意图及在 $T\text{-}S$ 图中的表示见图 3-11。

空气在透平压缩机中被压缩至约 0.6MPa，经换热器Ⅰ冷却后，分成两部分，绝大部分进透平膨胀机，膨胀至大气压这部分为 Gkg，然后进入冷凝器Ⅲ，将其冷量传递给未进膨胀机的另一部分空气，这部分数量较小，数量为 $(1-G)$kg，它在冷凝器的管间，被从膨胀机出来的冷气流冷却，在 0.6MPa 的压力下冷凝成液体，而后节流到大气压。节流后小部分气化变成饱和蒸气，与来自膨胀机的冷气流

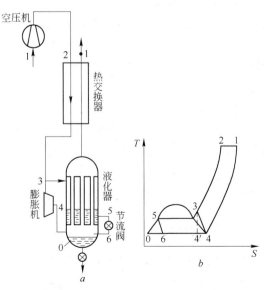

图 3-11 卡皮查循环示意图

a—卡皮查循环流程；*b*—卡皮查循环用 $T\text{-}S$ 图表示

汇合,通过冷凝器管逆流流经换热器 I 冷却等温压缩后的加工空气。而液体留在冷凝器的底部。在 $T\text{-}S$ 图上:

1—2 表示等温压缩;

2—3 表示高压空气在热交换器 II 中被冷却;

3—5 表示 $(1-G)\,\mathrm{kg}$ 空气在换热器 III 中继续冷却;

3—4 表示 $G\,\mathrm{kg}$ 空气在膨胀机中膨胀;

5—6 表示 $(1-G)\,\mathrm{kg}$ 空气经节流阀膨胀;

4—1 表示未液化的空气和膨胀后的空气在换热器中复热。

从实质上来看,卡皮查循环是克劳特循环的特例。在循环中采用了高效离心空压机及透平膨胀机,其绝热效率 $\eta_{绝热}$ 等于 0.8 或更高,大大提高了液化循环的经济性。该循环是具有膨胀机的低压低温循环。

卡皮查循环的制冷量为:

$$q_{0,实际} = (h_1 - h_2) + G(h_3 - h_4) - \Sigma q = -\Delta h_T + q_膨 - \Sigma q \qquad (3\text{-}21)$$

液化系数为:

$$Z_{实际} = \frac{-\Delta h_T + q_膨 - \Sigma q}{h_1 - h_0} \qquad (3\text{-}22)$$

卡皮查循环所以能够实现是因为它采用了高效透平膨胀机,通常膨胀机制冷量占总制冷量的 $80\% \sim 90\%$,而且应用高效换热器减少了传热过程中的不可逆损失。尽管如此,由于 p_2 压力只有 $0.5 \sim 0.6\mathrm{MPa}$,所以循环的液化系数不超过 5.8%。

空气液化循环的特性示于图 3-12 中。从制冷量及单位能耗来看,显然,带膨胀机的循环比节流循环经济,采用预冷比无预冷优越。在同一种循环中,提高压力可以增加制冷量,而且降低单耗。

需要注意,比较液化循环时,不能只注重性能指标,而且还要比较它们的实用性,如流程、机器、设备的复杂性,运转可靠性及投资等。

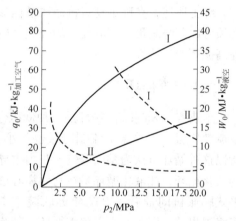

图 3-12　两种液化循环比较

I——次节流循环;II——带膨胀机的循环;
——单位制冷量;- - - -制取 1kg 液空的能耗 w_0

除性能指标外,由于卡皮查循环在低压运行安全可靠、流程简单,单位能耗低,已在现代大、中型空分装置中得到广泛地应用。

3.6　海兰德循环

海兰德(Heylandt)循环是克劳特循环的改进。从上节分析可以得出提高膨胀机前压力,可以增加膨胀机的制冷量,降低液化循环的单位能耗。提高膨胀前的温度,可以增加单位焓降和等熵效率。基于此因,1906 年德国人海兰德提出了带高压活塞式膨胀机的气体液化循环即命名为海兰德循环。海兰德循环的流程和 $T\text{-}S$ 图见图 3-13。

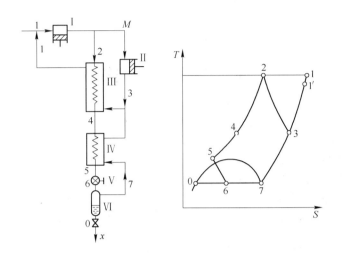

图 3-13　海兰德循环流程图及 T-S 图
Ⅰ—压缩机；Ⅱ—膨胀机；Ⅲ—第一换热器；Ⅳ—第二换热器；
Ⅴ—节流阀；Ⅵ—贮液器

从图中可见，空气被压缩至 16～20MPa 的较高压力，一部分高压空气不需要经过预冷以环境温度直接进入膨胀机膨胀。另一部分经过换热器Ⅰ、Ⅱ冷却到饱和，节流后产生液体。

海兰德循环的性能参数如液化系数 $Z_{实际}$、单位制冷量 $q_{实际}$ 计算式都与克劳特循环相同。

此循环最佳参数的确定，因其入膨胀前的温度是环境温度，所以只需要确定 p_2 压力和膨胀量。p_2 压力即压缩机后的压力，也是膨胀前的压力。确定的方法是要进行冷量平衡计算与换热器的温度工况的校核。计算结果表明：此液化循环的膨胀前压力约为 20MPa，膨胀量所占比例大约为 60% 的工况较佳。

在最佳参数确定时，为了提高液化系数并降低能耗，也可以采用预冷的方法，降低膨胀机的进气温度 T_3，一般将此温度由环境温度降至 2～4℃。

从上述的分析可知，在海兰德循环中，因膨胀机入口温度近似于常温，膨胀机的出口温度约为 150K，在这种条件下，对膨胀机的材质耐低温的要求不高，且可以解决活塞式膨胀机活塞等运动部件的润滑问题。并取消了第一热交换器，从而使液化流程得以简化。因而，海兰德循环在高压液化装置中得到了广泛的应用。

从对卡皮查循环和海兰德循环的分析，可以看出两者都是克劳特循环派生出来的。从中得到启示；改变液化循环的组织或采用先进的膨胀机部机，就可以使液化循环的指标提升。

现代制氧机是以卡皮查循环为基础的，但组成液化循环的空压机、膨胀机、换热器等部机及设备的效率和性能都有大幅度地提高，液化循环的组织也多样化，参数也得以优化，因此液化循环得到进一步改善，液化循环指标大幅度提高，气体液化的实际功耗成倍地下降，从液化 1m³ 氧气的能耗大于 3kW·h 降至小于 1.5kW·h。

4 空气的净化

如第1章所述，空气是多组分的混合气体，除氧、氮及稀有气体组分外，还含有水蒸气、二氧化碳、乙炔及其他碳氢化合物，并含有少量灰尘等固体杂质。这些杂质随空气进入空压机与空气分离装置中会带来较大的危害。固体杂质会磨损空压机的运转部件，堵塞冷却器，降低冷却效率及空压机的等温效率。而水蒸气和二氧化碳在加工空气冷却的过程中会首先冻结析出，将堵塞设备及气体通道，致使空分装置无法生产。更严重的是，乙炔及其他碳氢化合物在空分装置中积聚会导致爆炸事故的发生，所以为了保证制氧机的安全运行，必须设置专门的净化设备。

空气的净化，对于机械杂质（灰尘）采用过滤清除。对于水分和二氧化碳的清除可以采用化学法、冻结法及吸附法。对于乙炔及其他碳氢化合物的清除通常采用吸附法。现代制氧机采用分子筛纯化器，以吸附法同时清除水分、二氧化碳、乙炔及其他碳氢化合物。所谓化学法就是使空气中的杂质与某种物质发生化学反应生成固体产物从空气中脱出；冻结法是将杂质转变成固体加以清除；应用较多的是吸附法。此法乃是利用固体表面对气体杂质的吸附特性而使空气净化。制氧机常见的净化方法见表4-1。

表 4-1 净化方法汇总表

净化方法		设 备	充填物	被清除杂质	工作温度	再生温度	清除效果
过滤除尘		空气过滤器	拉西环织物滤布	灰尘	常温		空气含尘小于 $0.5mg/m^3$
机械分离		油分离器	拉西环大衣呢	油	常温		90%～99% 油没清除
化学法		干燥瓶碱 塔	NaOH块 NaOH溶液	水 CO_2	常温		露点 $-40℃$
冻结法		可逆式板翅式换热器或蓄冷器	翅片或石头填料	水 CO_2	30～$-172℃$		露点 $-60℃$ CO_2 含量小于 $2×10^{-6}$
吸附法	气相吸附	中抽 CO_2 吸附器	细孔硅胶	CO_2	$-100～$ $-120℃$	加热气体入口温度 150～180℃，出口温度大于 750℃	中抽气 CO_2 含量小于 $2×10^{-6}$
		启动干燥器	粗孔硅胶	解冻气体中水分	常温	加热气体入口温度 150～180℃，出口温度大于 750℃	露点 $-60℃$
		空气干燥器	粗孔硅胶	加工空气中水分	常温	加热气体入口温度 150～180℃，出口温度大于 750℃	露点 $-60℃$
		分子筛纯化器	5A 或 13X 分子筛	加工空气中水、CO_2、C_2H_2 及其他碳氢化合物	常温或 5～10℃	加热气体入口温度 250～300℃，出口温度 120～150℃	露点小于 $-60℃$，CO_2 含量小于 $1×10^{-6}$，C_2H_2 含量小于 $0.01×10^{-6}$
	液相吸附	液氧吸附器	细孔硅胶	C_2H_2 及其他碳氢化合物	$-180℃$	加热气体入口温度 $-150℃$，达常温保持	C_2H_2 含量小于 $0.01×10^{-6}$
		液空吸附器	细孔硅胶	C_2H_2 及其他碳氢化合物	$-173℃$	加热气体入口温度 $-150℃$，达常温保持	除掉液空中90%～95% C_2H_2 其他碳氢化合物50%～60%

4.1 固体杂质的净除

在工业区的空气含尘量一般为 $1 \sim 5\text{mg}/\text{m}^3$，灰尘粒度为 $0.5 \sim 20\mu\text{m}$，就以 $10000\text{m}^3/\text{h}$ 制氧机的加工空气量估算，每天随加工空气带到空分装置的灰尘就有 10kg 之多。空压机如果直接吸入这样脏的空气，很快就会损坏，因此，在空压机入口管道上均设置空气过滤器，清除空气中的固体杂质。

固体杂质颗粒直径大于 $100\mu\text{m}$ 的在重力作用下会自动降落，小于 $0.1\mu\text{m}$ 的极小粒子不致引起危害。故净除的对象为 $0.1 \sim 100\mu\text{m}$ 的尘粒。显然，粒度越小的尘埃越难以清除。空气过滤器主要捕集的是 $0.1 \sim 10\mu\text{m}$ 的尘粒。净除后空气中含固体杂质的量小于 $0.5\text{mg}/\text{m}^3$。

4.1.1 过滤除尘原理及性能指标

过滤作用对于大的尘粒用其重力或惯性力、离心力使之沉降。相应有惯性除尘器及离心除尘器。

对于尘粒的直径小于 $10\mu\text{m}$ 的捕集是利用扩散黏附力或库仑力的作用将其净除。扩散捕集是尘粒杂乱无章的自由运动，碰撞纤维而沉降，或者因为捕集表面的间隙，例如织物的网眼等于或小于尘粒的直径，尘粒被阻挡或筛分。黏附捕集是用液滴、液膜、气泡等洗涤含尘气体，使尘粒黏附或相互凝集而净除。库仑力除尘也就是电除尘。它是用高压直流电形成不均匀电场，电场电晕放电使尘粒带电，将其捕集于集尘电极上。空分装置加工空气中的尘粒是微小的，通常小于 $10\mu\text{m}$。又因为安全的原因，所以空气过滤器多采用扩散黏附的原理，相应的过滤器有表面式或内部过滤式过滤器。表面过滤的滤料为布、网等织物或过滤纸。内部过滤的滤料为纤维层、颗粒层多孔陶瓷等。

过滤器的性能指标主要是除尘效率、阻力及过滤器的容尘量。

除尘效率的定义是过滤器所捕集的尘量占气体带入过滤器总尘量的百分比，通常用 η 表示：

$$\eta = (G_2/G_1) \times 100\% = \frac{C_1 - C_2}{C_1} \times 100\% \qquad (4\text{-}1)$$

式中 G_1——带入过滤器的尘量，g/h；

       G_2——过滤器捕集的尘量，g/h；

       C_1——带入过滤器的空气含尘量，mg/m^3；

       C_2——出过滤器的空气含尘量，mg/m^3。

值得注意的是，尘粒直径不同其除尘效率不同，在衡量过滤器的除尘能力时，必须指明粒径的大小，在同一粒径的前提下进行比较，这就是分级效率。对于选定的除尘器而言，其除尘效率随尘粒的粒度、种类、含尘量以及操作条件不同而改变。

阻力也就是含尘气体通过过滤器的压降，当然越小越好。空气过滤器设置在空压机的吸风口处，其阻力增加，势必造成空压机能耗的增大。在过滤器运行时，随着捕集灰尘的积累，过滤器的阻力会逐渐上升，而除尘效率将下降。当过滤器的阻力增加到初始阻力的 1.5 倍或效率下降到初始效率的 85% 时，就需要清灰处理或更换滤料。

对于大型和超大型制氧机，降低空压机能耗的首要一环，是限制空气过滤器的阻力，这可以通过增加过滤材料的面积，降低通过滤料的空气流速来实现。实践证明：在阻力一定的前提下，滤料面积增加50%，滤料的使用时间可以延长70%；滤料面积增加100%，滤料的使用时间可增加两倍之多。过滤器滤料种类的选择可根据容尘量、阻力、造价、寿命等因素综合确定。

容尘量表示过滤器滤料开始工作直到需要更换滤料的时间内，过滤器单位面积所捕集的尘量，即用 g/m^2 来表示。可见，这一指标反映了过滤材料的消耗、过滤器的制作成本及气体净化成本。

空气过滤器过滤面积是由选定的过滤风速及空气的流通量所决定的。过滤的风速依照空气的含尘量、尘粒的特性、空气的温度以及滤料的性质确定。制氧机的空气过滤器一般是在环境温度下工作，过滤风速与空气含尘量的关系列于表4-2中。

表 4-2   过滤风速与含尘量关系

过滤风速/m·min^{-1}	2	2.5	3	3.5	4
含尘量 $C/g·m^{-3}$	≥15	10~15	5~10	3~5	<3

4.1.2 空气过滤器

根据除尘原理，空气过滤器可分为干式或湿式两种。干式过滤器属于表面式过滤器，靠织物网眼阻挡尘粒；湿式过滤器靠油膜黏附灰尘。

4.1.2.1 湿式过滤器

在空分装置中常用的湿式过滤器有两种：拉西环式空气过滤器和链带式过滤器。

（1）拉西环式过滤器如图4-1所示。它具有钢制外壳，在其内插入装填拉西环的插入盒，环上涂有低凝固点过滤油，空气通过插入盒，灰尘便附着在过滤油上，同时由于空气流速的降低，部分灰尘也将沉降于其中。

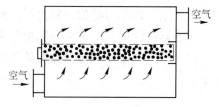

过滤油黏度对过滤效率影响很大，过滤油应具有下列指标：恩氏黏度在50℃时不低于3.5~4.0，凝固点不高于−20℃。有特制的，也可用变压器油代用。

图 4-1   拉西环式过滤器

拉西环层高度通常为60~70mm，每2000~4000m^3/h 的加工空气需要$1m^2$ 的空气过滤器面积。过滤器开始时阻力是98~147Pa，当阻力超过392Pa时应进行清洗。净化后空气中含尘量不超过0.5mg/m^3，这种形式的过滤器用于小型空分装置，将其安装在空气吸入管上。由于过滤效率不高，当加工空气量大时，过滤面积大，这时过滤器不宜安装在空压机吸入管上，因此应采用装有许多过滤盒的除尘室。

这种空气过滤器不需要特殊的操作，只需要注意过滤的阻力。当装置停车时，应清洗插入盒，用氢氧化钠溶液或煤油洗涤，然后再用水洗并干燥，使用刷子或将插入盒沉没于油容器中的方法，使拉西环上均匀的黏附一层油，多余油在几小时内，从插入盒内流出，则重新将盒插入过滤器中，插入盒中的拉西环应装填均匀，不留自由空间，否则空气从空位通过，过滤效果变差。

（2）链带式空气过滤器如图4-2所示。过滤器由许多链组成，片状链带上装有框架，每个框架上铺有几层孔为 $1mm^2$ 的丝网。框架挂在链带活动接点上。链带靠电动机变速传动，经链轮以 2mm/min 的速度缓慢移动或间歇移动。过滤器装在外壳内，外壳下面有油槽。

当空气通过网架时，所含的灰尘被网上的油膜所黏附。

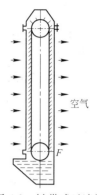

图 4-2　链带式过滤器

随着链轮的回转，附着的灰尘通过油槽时被洗掉并被覆盖上一层新的油膜。因形成油膜是靠油的表面张力，为此，对油的黏度及温度有一定的要求，要求在 50℃ 时，恩氏黏度大于 3.5 ~ 4.0，凝固点小于 -20℃，蒸发量要小。国内常用 20 ~ 30 号锭子油，22 号透平油，或用变压器油。如果油的黏度下降，链片上不能形成均匀的油膜，过滤效率下降，当温度低时，润滑油接近凝固，除尘效率也显著下降，这时必须进行加温。这种过滤器应在起动空压机前 24h 起动，以保证滤网全部被油膜覆盖。确保过滤效率。油槽中的油因积有灰尘，需经常清除油泥，并及时补充新油。

链带式过滤器应用于大型空分装置或含大量灰尘的场合。一般设置一组或两组并联使用，它的阻力 78.4 ~ 98Pa。为了减少阻力，空气在过滤器中的平均速度不应超过 3m/s，通常取 1 ~ 2m/s，这时，过滤效率为 96% ~ 98%，过滤后空气的含尘量小于 $0.5mg/m^3$，这种过滤器 $1m^2$ 过滤面积可以通过 $3000m^3/h$ 以下的空气。

此种过滤器的主要缺点是除尘后的空气中含有少量的油滴一旦加工空气量增大，气流速度增大，含油量会大大增加。为防止空气中带油，可在链带式过滤器后增加一道干式过滤器。

4.1.2.2　干式过滤器

（1）干带式空气过滤器，其结构如图 4-3 所示。干带是一种尼龙丝织成的长毛绒状制品。它由一个电动机变速传动，随着灰尘的积聚，空气通过干带阻力增大。当超过规定值时（约为 147Pa），带电接点的压差计将电机接通，使干带转动。当空气阻力恢复正常时，即自动停止转动。这种过滤器通常串联于链带式过滤器之后，用来清除空气中夹带的细尘和油雾。过滤后空气中基本不含油。这种过滤器效率很高，对粒度大于 0.003mm 的灰尘，过滤效率为 100%，粒度为 0.0008 ~ 0.003mm 的灰尘，过滤效率为 97%。

（2）袋式过滤器，其结构如图 4-4 所示。袋式过滤器的滤袋由羊毛毡与合成纤维织

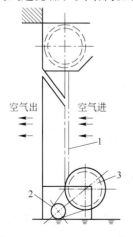

图 4-3　干带式空气过滤器

1—链带；2—电机；3—链轮

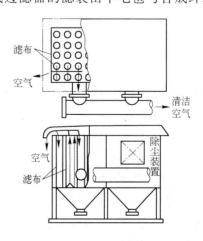

图 4-4　袋式过滤器

成。每个袋的尺寸约为 $\phi 233 \mathrm{mm} \times 2$ 高度为 9130mm，滤袋数目取决于气量的大小，过滤风速约为 $0.04 \sim 0.1 \mathrm{m/s}$。空气从顶部进入，经分配器后流入袋内，经滤袋过滤后由下部流出。积聚在袋上的灰尘靠反吹风机吹落。当灰尘在滤袋上积累到使压差达到 980Pa 时，反吹罗茨风机及反吹环就自动起动，反吹空气通过胶皮软管进入过滤器内的反吹装置，反吹环由 0.4kW 的电动机带动，并设有限位开关，能上下来回移动，反吹空气经过分配管至反吹环，局部反吹滤袋，不需停止或切换过滤器就使整个滤袋均能被反吹干净。当压差降至 548.8Pa 时，反吹风机及反吹环就自动停止。被反吹下来的灰尘落入底部灰斗，定时由星形阀排出。这种过滤器的过滤效率很高，对粒度大于 0.0002mm 的灰尘，效率在 98% 以上。并且过滤后的空气中不含油分，也不消耗油，操作方便。此外，对空气灰尘含量不受限制，适应性好，对不同容量的空分装置可用改变滤袋的数目来适应，比较方便。其缺点是过滤风速较高时，阻力较大，高达 $588 \sim 1176 \mathrm{Pa}$；对湿度太大的地区或季节，滤袋易被堵塞。

（3）固定筒式过滤器，其结构如图 4-5 所示。此种过滤器有 64 个单元模件，每个模件有 4 支滤芯，每 8 支滤芯为 1 小组，以程序控制器按顺序用空压机后的压缩空气反吹除灰。性能参数是空气速度 1m/s，初始阻力 380Pa。当阻力达到 750Pa 时，自动反吹其中 4 个模件，阻力降至 500Pa 自动停吹。滤芯一般可用 $16 \sim 24$ 个月，更换下来的滤芯只要更换新滤料仍然可以使用。此过滤器对 $3 \sim 5 \mu\mathrm{m}$ 的尘粒，过滤效率为 99.99%。

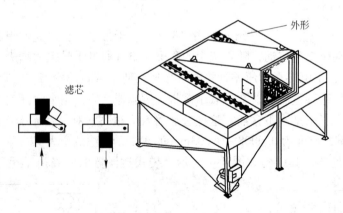

图 4-5　固定筒式过滤器

这种过滤器适用于尘量较大的地区，过滤效率高且便于维护。即便是更换滤芯也只需要一个人站在平台上就能完成。过滤器体积小，占地面积少。在空压机工作过程中，自动清灰。只在 0.1s 内影响 4% 的加工空气量。所以，美国空气过滤器公司生产的这种自动清灰固定筒式空气过滤器是目前世界上比较先进的空气过滤器。

（4）自洁式空气过滤器。国内现代制氧机普遍采用国产自洁式空气过滤器。它的主要零部件有空气滤筒、脉冲反吹系统、控制系统、净气室、底架等。空气滤筒的性能决定了空气过滤的质量，过滤元件为过滤器的核心部件，它采用专用防水滤纸作为滤料，既保证过滤效率和使用寿命，成本又低。反吹系统包括压缩空气管路、隔膜阀、电磁阀和整流喷头。控制系统由脉冲控制仪、差压变送器及分配卡组成。每台过滤器由若干组过滤元件

（滤筒）组成，每组有 1~7 支滤筒，一组反吹，其他滤筒照常工作。自洁式过滤器的外形图见图4-6；原理结构图见图4-7。

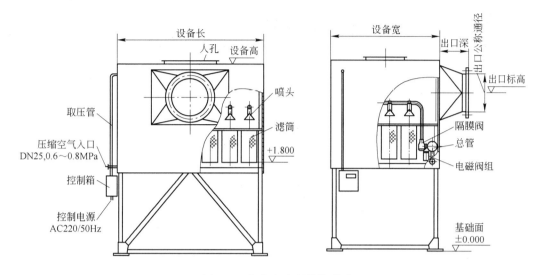

图 4-6　自洁式过滤器外形图

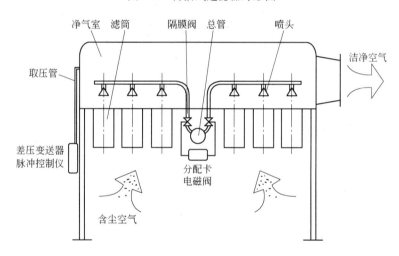

图 4-7　自洁式过滤器工作原理图

过滤器工作时，初期滤筒表面积尘，无数小颗粒粉尘在滤料外表面形成一层尘膜，此时过滤效率有所提高，随后阻力继续增加，当阻力增加到工艺要求的上限时，控制器发出指令，脉冲反吹开始。反吹时，电磁阀按控制器的规定程序动作，驱动隔膜阀，使之瞬间释放出压缩空气，经喷头整流，由滤筒内表面均匀反向地吹向滤筒见图4-7，将滤料外表的灰尘吹落，如此反复脉冲数次，空气阻力下降到阻力下降时停止反吹。脉冲控制仪上设有"自动/连续"开关，选择"自动"时，反吹系统依据阻力参数，自动进行工作。

选择过滤器的效率时，可以参照实测自洁式空气过滤器的效率曲线，如图4-8所示。此曲线每支滤筒的过滤风量为 $1000 \text{m}^3/\text{h}$。确定效率时，过滤器的阻力为过滤器工作时下限阻力与上限阻力的平均值。

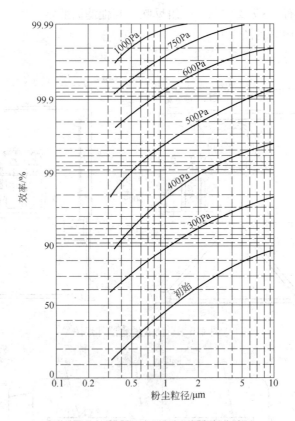

图 4-8　自洁式过滤器的过滤效率曲线

自洁式空气过滤器反吹用压缩空气的消耗量由式（4-2）计算：

$$V_F = \frac{anV}{T} \tag{4-2}$$

式中　a——附加系数，取 1.2；

　　　n——脉冲阀数量，个；

　　　V——每个脉冲阀耗气量，m^3；

　　　T——脉冲喷吹周期，min。

每个脉冲阀的耗气量，在反吹气体压力 $p = 0.5MPa$，喷吹时间 $t = 0.2s$（每个阀的喷吹时间一般取 $0.1 \sim 0.25s$）时 $V = 0.03m^3$。喷吹周期 T，在风速 $1 \sim 3m/min$，含尘量小于 $10g/m^3$ 时，$T = 1 \sim 2min$；含尘量大于 $10g/m^3$，风速大于 $3m/min$，脉冲喷吹周期 $T = 0.5 \sim 1min$。

4.2　化学法净化空气

早期小型制氧机采用化学法干燥空气或吸收空气中的二氧化碳。

4.2.1　化学法除水

这种方法是用固体的苛性钠（NaOH）、苛性钾（KOH）以及氯化钙（$CaCl_2$）吸收空气中的水，生成带结晶水的水化物。其反应方程式为：

$$NaOH + 4H_2O \rightleftharpoons NaOH \cdot 4H_2O$$

式中可见吸收 4mol 的水，需要 1mol 的 NaOH。即吸收 1kg 的水，需要 0.56kg 的 NaOH。实际操作中 NaOH 不能完全反应，所以工程上吸收 1kg 水需要 0.9~1kg 的 NaOH。

这种吸收反应设备为一个钢制的干燥瓶。其中有套筒，内装粒度 25~40mm 的氢氧化钠块。根据进气量的多少，可以设置一个或多个干燥瓶。

这种干燥器不断消耗苛性钠，处理气量小而且很不安全，所以已经在制氧行业中被淘汰。

4.2.2 化学法除二氧化碳

个别的中压小型制氧机，目前尚用化学法吸收二氧化碳。吸收的化学反应为：

$$2NaOH + CO_2 \rightleftharpoons Na_2CO_3 + H_2O$$

从理论上吸收 1kg 二氧化碳需要 1.82kg 的 NaOH，实际上碱的利用率只有 70% ~ 90%，因此吸收 1kg 的二氧化碳需要 2.0kg 的 NaOH。

吸收二氧化碳的反应是在洗涤塔中进行的。洗涤塔分为鼓泡式和喷淋式两种。

喷淋式洗涤塔内装拉西环填料，碱液由碱泵打到塔顶，从上面喷淋，空气自下而上通过拉西环层。实际应用中由于碱泵的腐蚀很严重，而泄漏，且碳酸钠结晶堵塞碱塔，因而逐渐被鼓泡式碱塔所代替。

鼓泡式洗涤塔为钢制直立圆筒，内无填料，从塔中心插入一根钢管，下端布满小孔，此管又由布满筛孔的筛板所固定，以保证气液充分接触。

由于空分装置正常运行的要求，规定净化后空气中二氧化碳含量不超过 20×10^{-6}。利用 NaOH 吸收二氧化碳的方法净化空气中的二氧化碳含量与碱利用率有关。试验证明，碱利用率达 75% 时，净化后空气中的二氧化碳含量达到 32×10^{-6}；利用率为 85% 时，二氧化碳含量达 70×10^{-6}。可见为了满足净化空气的要求，一个洗涤塔碱液的利用率大约为 65% ~70%，其余火碱都将浪费了。因此，为了提高碱液的利用率通常采用二塔串联。虽然第一个洗涤塔碱利用率已很高。但经第二个洗涤塔吸收后。仍然能保证出口空气中的二氧化碳含量低于 20×10^{-6}。

鼓泡式洗涤塔流程如图 4-9 所示。压缩空气由 I 塔顶端中心管向下流动，并在塔底碱液中鼓泡，造成良好气液接触，提高了清除能力。气体穿过碱液层从塔 I 上侧面逸出后，再进入 II 塔塔顶，工作情况同 I 塔。II 塔出来的气体，经碱液分离后，再导入空压机。

鼓泡式洗涤塔内筒截面上压缩空气的速度在 0.03 ~ 0.05m/s 范围内，碱液与空气的接触时间需 30 ~60s，才能充分的吸收二氧化碳。

为了保证把二氧化碳除尽，当 I 塔碱液利用率

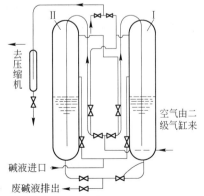

图 4-9　鼓泡式洗涤塔流程图

达到 90%，Ⅱ塔的碱液利用率相应达 30%～40% 时，应将Ⅰ塔废液放出换新鲜碱液。同时切换控制阀，改变气流进Ⅰ、Ⅱ塔的次序。当Ⅱ塔碱液利用率达到 90% 时，将同上述方法一样更换碱液。

采用化学法清除二氧化碳，消耗 NaOH 的量大，操作繁杂，设备维修量大，且安全性很差，除个别情况外已经被吸附法所取代，故在此不再赘述。

4.3 自清除

在全低压切换式换热器的流程中，切换式换热器在换热的同时冻结清除空气中的水分及二氧化碳。这称之为自清除。

其基本原理是当空气通过切换式换热器时空气从常温冷却到 $-172℃$，空气中的水分和二氧化碳基本上全部冻结在换热器的通道内，经一定时间间隔自动切换，并让低压的干燥返流污氮气通过该通道，使已经冻结在通道内的水分和二氧化碳在该气流中蒸发或升华而被带走以保证通道畅通。再次自动切换时空气再次通过，水分和二氧化碳又被冻结在通道内。可见，自清除是水分、二氧化碳冻结与蒸发升华交替进行的过程。为深刻理解自清除原理，首先要了解空气中水分和二氧化碳的析出及蒸发、升华规律。

4.3.1 饱和与未饱和

空气中水蒸气的含量随着时间、地点和环境条件的不同会发生变化。在一定条件下，水蒸气的含量有一定的限度，这个限度就是最大水分含量。通常把水蒸气含量已达到最大值的空气称为"饱和空气"把水蒸气含量尚低于最大值的空气称为"未饱和空气"。空气中的最大水分含量（或称为饱和水分含量）和温度有关，随着气温的升高最大水分含量增加，温度降低，最大水分含量减小。例如：空气温度在 20℃ 时最大水分含量为 $17.3g/m^3$空气在 30℃ 时则为 $30.30g/m^3$。当大气中水蒸气含量超过饱和水分含量时，就会有水分凝结出来，这时随着环境条件的不同，凝结水分就表现出不同的形式，也就是自然界里所看到的云、雾、雨、雪、霜、冰雹等。

在一定温度下空气的最大含水量所对应的水蒸气分压力，称作饱和蒸汽压，水蒸气分压力所对应的饱和温度为"露点"。$1m^3$ 空气中的水蒸气含量（g 或 kg），可称为绝对湿度，记为 $r_汽$，见表 4-3。绝对湿度只表示空气中所含水分量的多少，但不足以表明空气是否还有继续吸收水分的能力，因此，常用相对湿度 φ 来表示空气中水蒸气的相对含量，即空气的潮湿程度。相对湿度系指 $1m^3$ 空气中的含水量与相同温度下饱和含水量 $r_饱$ 之比：

$$\phi = \frac{r_汽}{r_饱} \tag{4-3}$$

根据理想气体状态方程，可将相对湿度换算成分压力形式表示：

$$\phi = \frac{r_汽}{r_饱} = \frac{\dfrac{G_汽}{V}}{\dfrac{G_饱}{V}} = \frac{\dfrac{p_汽}{R_汽 T}}{\dfrac{p_饱}{R_汽 T}} = \frac{p_汽}{p_饱} \tag{4-4}$$

式中 $p_汽$，$p_饱$——分别为水蒸气的分压力、饱和蒸汽压；

$G_汽$，$G_饱$——空气的水蒸气量、饱和时水蒸气量；

$R_汽$——水蒸气的气体常数。

表 4-3   空气在不同温度下饱和水分含量和饱和蒸汽压

温度 t		饱和水分含量 （绝对湿度 $r_汽$）	饱和蒸汽压	温度 t		饱和水分含量 （绝对湿度 $r_汽$）	饱和蒸汽压
/℃	/K	/g·(m³·A)⁻¹	/Pa	/℃	/K	/g·(m³·A)⁻¹	/Pa
40	393	50.91	7369.98	−12	261	1.81	217.42
38	311	46.00	6619.9	−14	256	1.52	181.31
36	309	41.51	5936.5	−16	257	1.27	150.81
34	307	37.40	5315.66	−18	255	1.06	125.09
32	305	35.64	4750.78	−20	253	0.888	103.38
30	303	30.30	4239.2	−22	251	0.736	85.26
28	301	27.20	3776.9	−24	249	0.590	70.07
26	299	24.30	3358.6	−26	247	0.504	57.28
24	297	21.80	2981.6	−28	245	0.414	46.76
22	295	19.40	2641.8	−30	243	0.340	38.1
20	293	17.30	2336.7	−32	241	0.277	30.77
18	291	15.36	2062.3	−34	239	0.226	24.91
16	289	13.63	1815.8	−36	237	0.184	20.1
14	287	12.05	1594.4	−38	235	0.149	16.1
12	285	10.68	1401.5	−40	233	0.120	12.9
10	283	9.35	1226.99	−42	231	0.096	10.25
8	281	8.28	1072.45	−44	229	0.077	8.13
6	279	7.28	933.9	−46	227	0.061	6.39
4	277	6.39	812.67	−48	225	0.049	5.06
2	275	5.60	704.75	−50	223	0.038	3.86
0	273	4.85	610.04	−52	221	0.030	3.06
−2	271	4.14	516.19	−54	219	0.024	2.39
−4	269	3.52	436.98	−56	217	0.018	1.86
−6	267	3.00	368.36	−58	215	0.014	1.46
−8	265	2.54	309.88	−60	213	0.011	1.06
−10	263	2.14	259.78				

因为 1m³ 空气中饱和水分含量仅与温度有关，所以当压力提高而温度不变时，1m³ 空气中饱和水分含量不变，但压力越高，空气的密度越大，即 1m³ 空气质量越大。因此，对 1kg 空气来说，随着压力的提高，1kg 空气中水分含量减少。1kg 空气中的饱和水分含量与温度、压力都有关，其关系如图 4-10 所示。

不含水蒸气的空气叫干空气，干空气的质量在进空分塔前，基本上可以认为是不变的。为了分析和计算方便，以 1kg 干空气作为基础，1kg 干空气所含有的水蒸气的质量（kg 或 g）称为含湿量并用 d（kg/kg$_{干空气}$）表示：

则：

$$d = \frac{G_{汽}}{G_{气}} \qquad (4-5)$$

式中　$G_{气}$——干空气的质量；
　　　$G_{汽}$——水蒸气的质量。

若设干空气的分压为 $p_{气}$ 则：

$$p = p_{汽} + p_{气}$$

根据理想气体状态方程可得：

$$d = \frac{G_{汽}}{G_{气}} = \frac{\frac{p_{汽} V}{R_{汽} T}}{\frac{p_{气} V}{R_{气} T}} = \frac{R_{气}}{R_{汽}} \frac{p_{汽}}{p_{气}}$$

$$= 0.622 \frac{p_{汽}}{p - p_{汽}} = \frac{\phi p_{饱}}{p - \phi p_{饱}} \qquad (4-6)$$

式中　$R_{气}$——干空气的气体常数。

当 $\phi = 1$ 即空气达到饱和时：

$$d_{max} = 0.622 \frac{p_{饱}}{p - p_{饱}}$$

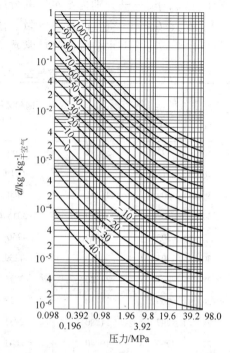

图 4-10　饱和含水量与温度、压力关系

用含湿量计算空气经过压缩机压缩冷却后以及氮-水预冷器中析出水量较为方便。

例 1　空气压缩机吸气状态为 0.98×10^5Pa 绝对大气压，40℃饱和空气，经压缩至 5.88×10^5Pa 绝对大气压后，仍冷却到原来的温度。问析出多少水分。

解　查图 4-10，当温度为 40℃，压力为 0.98×10^5Pa 时，$d_1 = 0.048$kg/kg$_{干空气}$，压力 5.88×10^5Pa 绝对大气压，温度为 40℃时的饱和含湿量 $d_2 = 0.007$kg/kg$_{干空气}$，析出的水分量为：$d_1 - d_2 = 0.048 - 0.007 = 0.041$（kg/kg$_{干空气}$），析出的水量占空气中原有含水量为：

$$\frac{d_1 - d_2}{d_1} = \frac{0.041}{0.048} = 85.5\%$$

由此可见，空气中的水分大部分已在空压机冷却器中析出。这说明空压机的冷却器不仅起到冷却作用，而且还可以起到除水作用。

例 2　上例中压缩空气在空压机末段冷却器后，经氮水预冷器冷却到 30℃进入切换式换热器，问空气在氮水预冷器析出多少水分？

解　查图 4-10，空气在 30℃，5.88×10^5Pa 绝对大气压时的饱和水分含量为 $d_3 = 0.0043$kg/kg$_{干空气}$，析出的水分量为 $d_2 - d_3 = 0.007 - 0.0043 = 0.0027$（kg/kg$_{干空气}$），它占有原空气的水分为：

$$\frac{d_2 - d_3}{d_2} = \frac{0.0027}{0.007} = 38.6\%$$

由此可见，进切换式换热器的空气温度减少10℃，带入的水分就减少近40%，大大减轻了切换式换热器自清除的负担，因此空气在进切换式换热器前，应预冷却到尽可能低的温度。

我们常说压缩后空气达到饱和，实际上是指空气中的水蒸气达到饱和。对于未饱和空气，空气中的水蒸气尚处于过热状态，即空气温度高于水蒸气分压所对应的饱和温度，或者说水蒸气的分压力低于空气温度所对应的饱和分压力。

未饱和的空气在一定条件下可以转化为饱和空气。例如将空气在一定温度下提高压力，则水蒸气的分压力也相应提高（空气中水蒸气含量未变），达到该温度下的饱和蒸汽压时，空气就变成了饱和空气。如果进一步提高压力将有水分析出，而水蒸气的分压力维持不变。空气经空压机压缩，并经冷却器冷却后有大量水分析出就是这个缘故。

如果在一定压力下降低空气的温度，此时水蒸气的分压力保持不变，而与温度相应的饱和蒸汽压在降低。当温度降到某一温度时，它所对应的饱和蒸汽压与水蒸气的分压力相等，水蒸气处于饱和状态，空气就变成了饱和空气。如果进一步冷却，则有水分析出，空气中水分含量随之减少，水蒸气的分压力降低，但只要它等于当时温度所对应的饱和蒸汽压，空气仍处于饱和状态。空气中的水分在蓄冷器或可逆式换热器中析出的过程就是如此。空气的饱和含水量示于表4-3中。

进入蓄冷器（或可逆式换热器）的空气是经过空气压缩机末级冷却器或氮水预冷器冷却过的，温度一般都可达到露点，即已达饱和状态。因此，空气流经蓄冷器（或可逆式换热器）时，随着温度的不断降低饱和水分含量也不断减少，过饱和的水分必然不断析出，故空气总是处于饱和状态。

由于加工空气的压力一般在5.88×10^5Pa左右，空气中水蒸气的分压力远远超过水三相点压力，故空气中的水蒸气在蓄冷器（或可逆式换热器）中析出时，温度在0.007℃（水的三相点温度）以上析出物为液体（水珠或水膜）。在0.007℃以下析出物为固体（霜、雪或水）从表4-2可以看出，若空气进入蓄冷器（或可逆式换热器）的温度为30℃，则饱和水分含量为30.30g/m³空气；当温度降至0℃时，饱和水分含量为4.85g/m³空气，水蒸气含量减少了84%，即绝大部分水蒸气是在30℃到0℃这段析出的。温度降到-40℃时，饱和水分含量降至0.12g/m³空气，减少99% 温度降到-60℃时，饱和水分含量只有0.011g/m³空气，饱和蒸汽压仅为1.066Pa，可以认为基本上已不含水分。因此，把-60℃以上的温度区间作为水分析出区，30~0℃为水分析出，0~-60℃以霜雪析出。在空分装置开车过程中，当蓄冷器（或可逆式换热器）冷端降到-60℃以下时，就认为渡过了水分析出阶段。

现代中、大型制氧机的离心式空压机不设置后冷却器而是由氮水预冷器将压缩空气冷却下来，为了满足分子筛纯化器的工艺要求，冷却后的加工空气的温度一般为12~15℃。出空压机加工空气的压力为0.5~0.6MPa，温度约为80℃，其中的水分含量已达到饱和。加工空气在空冷塔冷却的过程中，同时会将大量的过饱和的水分析出而干燥，这就是冷却干燥的原理。

例3 压缩空气的压力仍为5.88×10^5Pa，温度为80℃，在氮水预冷器中的空冷塔中压缩空气的温度降至15℃，问空气在氮水预冷器中析出多少水。

解 查图4-10，空气在80℃、5.88×10^5Pa时饱和含湿量$d_1' = 0.052$kg/kg_{干空气}；空气

冷却到 $15℃$、压力 $5.88 \times 10^5 Pa$ 时的饱和含湿量为 $d'_2 = 0.0015 kg/kg_{干空气}$。$1kg$ 干空气析出的水分为：$d'_1 - d'_2 = 0.052 - 0.0015 = 0.0505 (kg/kg_{干空气})$，析出水分占压缩空气所带出的水分量的比例为：

$$\frac{d'_1 - d'_2}{d'_1} = \frac{0.052 - 0.0015}{0.052} = 97.1\%$$

由计算可见，氮水预冷器既起到冷却的作用又兼干燥除水的作用。出空压机的加工空气所带出水分的 95% 以上被空冷塔冷却干燥而清除，加工空气出空冷塔的温度越低，在空冷塔中析出的水分越多，即带入分子筛纯化器的水分越少，从而可以减轻分子筛纯化器清除水分的负担。

4.3.2　空气中二氧化碳的饱和

空气中通常含有 $0.03\% \sim 0.05\% (300 \times 10^{-6} \sim 500 \times 10^{-6})$ 的二氧化碳，远未达到饱和状态。与含水量相似，在一定的温度下，空气中的二氧化碳含量也有一最大值即饱和含量，并对应有饱和蒸气压。如果空气中二氧化碳的分压力等于饱和蒸气压，就会有二氧化碳析出。

二氧化碳三相点温度为 $-56.6℃$，压力为 $5.174 \times 10^5 Pa$，空气中二氧化碳的分压力远远低于三相点压力，故析出时，气态直接变为固态，反之，固态又直接升华为气态。不同温度下的二氧化碳的饱和蒸气压示于表 4-4 中。

表 4-4　二氧化碳的饱和蒸气压

p/mmHg	T/K	p/mmHg	T/K	p/mmHg	T/K	p/mmHg	T/K	p/mmHg	T/K	p/mmHg	T/K	p/mmHg	T/K	p/mmHg	T/K	p/mmHg	T/K	p/mmHg	T/K	p/mmHg	T/K
10^{-12}	62.2	10^{-11}	65.2	10^{-10}	68.5	10^{-9}	72.0	10^{-8}	76.0	10^{-7}	80.5	10^{-6}	86.0	10^{-5}	91.5	10^{-4}	98.0	10^{-3}	106	10^{-2}	115
8	62.0	8	65.0	8	68.0	8	71.5	8	75.0	8	80.0	8	91.0	8	97.0	8	105	8	114	8	125
7		7	64.5	7	67.5	7	71.0	7	74.0	7	79.5	7	90.0	7	97.0	7	104	7	113	7	124
6	61.5	6	64.0	6	67.0	6	70.5	6		6	79.0	6	90.0	6	96.0	6	104	6	113	6	123
5	61.0	5		5	67.0	5	70.5	5	75.0	5	84.0	5	90.0	5	95.0	5	103	5	112	5	123
4	60.5	4	63.5	4	66.0	4	70.0	4		4	89.0	4		4	95.0	4	103	4	112	4	121
3	60.5	3	63.5	3		3	70.0	3	74.0	3	83.0	3	89.0	3	95.0	3	110	3	120	3	145
	60.0				66.0						88.0		88.0		94.0		101		119		130
2		2	63.0	2		2	69.5	2	77.5	2	82.0	2		2		2	108	2		2	
1.9		1.9		1.9	65.5	1.9		1.9		1.8		1.9	87.0	1.9	93.0	1.9	100	1.9		1.9	140
1.8	63.0	1.8		1.8		1.8		1.8	82.0	1.7		1.8		1.8		1.8	108	1.8		1.8	
1.7		1.7	66.0	1.7		1.7	73.0	1.7		1.6	87.0	1.7		1.7	107	1.7		1.7		1.7	
1.6		1.6		1.6		1.6		1.6	77.0	1.5		1.6	86.0	1.6	92.0	1.6	99	1.6		1.6	155
1.5	60.0	1.5		1.5	69.0	1.5		1.5	77.0	1.4		1.5		1.5		1.5	107	1.5	116	1.5	
1.4		1.4		1.4		1.4	76.5	1.4		1.3		1.4		1.4		1.4		1.4		1.4	
1.3		1.3	62.5	1.3		1.3		1.3	81.0	1.2		1.3		1.3		1.3		1.3		1.2	
1.2		1.2		1.2		1.2	76.5	1.2	81.0	1.1		1.2		1.2		1.2		1.2		10^{-1}	115
1.1	59.5	1.1		1.1	65.5	1.1		1.1				1.1		1.1		1.1		1.1			
10^{-13}		10^{-12}		10^{-11}	68.5	10^{-10}	72.0	10^{-9}	76.0	10^{-8}	80.5	10^{-7}	85.7	10^{-6}	91.0	10^{-5}	98	10^{-4}	106	10^{-3}	
	62.0		65.0										85.5		86.0		85.5				

右侧高温段：10^0 → 138，10^1 → 154，10^2 → 173，10^3 → 198；升华 194(194.32)。

$p/mmHg$　T/K

注：$1mmHg = 133.3 Pa$。

例 1　空气中二氧化碳含量为 300×10^{-6}，问在常压及 $5.88 \times 10^5 Pa$ 时二氧化碳的分压力是多少？温度降至多少度时二氧化碳开始析出？

解　空气在常压下二氧化碳的分压力 p_{CO_2} 为：

$$p_{CO_2} = y_{CO_2}p = 0.03\% \times 0.98 \times 10^5 = 29.4(Pa)$$

查表4-4得，当 $T = 129.5K$ 时，CO_2 达到饱和开始析出。

空气压力为 $5.88 \times 10^5 Pa$ 时：

$$p_{CO_2} = 0.03\% \times 5.88 \times 10^5 = 176.4(Pa)$$

查表4-4，$T = 139.5K$ 时 CO_2 达到饱和。

例2　若空气流经蓄冷器时的压力为 $5.88 \times 10^5 Pa$，问冷端空气温度为 $-172℃$ 时，含有多少 CO_2？

解　相应的饱和蒸气压由表4-4查知为 $26.66 \times 10^{-3} Pa$，空气中 CO_2 含量为：

$$V_{CO_2} = \frac{p_{CO_2}V}{p} = \frac{26.66 \times 10^{-3} \times 1}{5.88 \times 10^5} = 0.045 \times 10^{-6}$$

空气中基本上不含 CO_2。

由例1、例2可以看出：在空气中二氧化碳含量不变的情况下，总压力越低即二氧化碳的分压力越低，二氧化碳的析出温度越低。在空气中二氧化碳含量为 300×10^{-6}，空气压力为 $5.88 \times 10^5 Pa$ 时，二氧化碳从 $-133℃$ 左右开始析出，至 $-172℃$ 时可认为二氧化碳已被清除。假若空气中二氧化碳的含量为 500×10^{-6}，它开始析出的温度约为 $-130℃$。因此，通常将 $-172 \sim -130℃$ 温度区间作为二氧化碳析出区（或冻结区），析出的固体二氧化碳通常叫"干冰"。

切换式换热器冷端温度达 $-172 \sim -170℃$。从理论上说，已基本上不含 CO_2，但实际上气流处于过饱和状态，二氧化碳含量会超过理论值的100倍以上，如表4-5所示。这是由于空气通过切换式换热器是一流动过程，在流动中析出的二氧化碳不一定能全部冻结在填料（或翅片）上，一部分被气流夹带而进入下塔，出蓄冷器的空气中 CO_2 的实际含量在 $5 \times 10^{-6} \sim 8 \times 10^{-6}$ 以上，出板式换热器一般比通过蓄冷器的 CO_2 量还会多一些。

表4-5　在蓄冷器末端空气中二氧化碳含量与空气平均温度的关系

温度/℃	压力/MPa	空气中二氧化碳的含量/cm³·m⁻³		温度/℃	压力/MPa	空气中二氧化碳的含量/cm³·m⁻³	
	计算值	实际值			计算值	实际值	
-174	0.013365	—		-170	0.0495	8.1	
-173	0.0187	6.8		-169	0.066	10.8	
-172	0.02695	7.5		-165	0.154	20	
-171	0.0363	7.75					

空气进入切换式换热器后，随温度的降低空气中水蒸气析出（直至 $-60℃$）。可以认为，空气中已不含水分。空气在 $-60 \sim -130℃$ 的范围内基本上是干燥区，从 $-130℃$ 以下，CO_2 开始析出至 $-170℃$ 左右空气中已基本上不含 CO_2。因此，空气在出切换式换热器时，不但温度已降到接近液化温度，而且水分及 CO_2 的含量也已极少，即净化了水分及 CO_2。

4.3.3 不冻结条件

析出和冻结下来的水分及 CO_2 沉积在蓄冷器的填料或可逆式换热器的翅片上，为空分设备安全可靠地工作提供了良好条件，但是传热却带来了不利的影响，而且会堵塞通道，增加流动阻力。要使切换式换热器长期可靠地工作，必须定期地把这些析出物清除掉。返流污氮在通过切换式换热器时，尽管温度低于正流空气温度，却可以把析出的水分和 CO_2 带走，这是因为从精馏塔来的污氮中基本上不含水分和 CO_2，是未饱和的气体。所以水分和 CO_2 能够进行蒸发和升华过程，$1m^3$ 返流污氮中所能容纳的水分和 CO_2 的最大含量（饱和含量）比正流空气低一些，但是由于污氮的压力比空气低得多，体积流量比空气大 $4\sim5$ 倍，所以沉积的水分和 CO_2 能全部清除干净。

以 CO_2 自清除为例，为保证切换式换热器不被 CO_2 冻结，也就必须在每个切换周期内，返流气带出的 CO_2 量 G'_{CO_2} 等于或者大于正流空气析出的 CO_2 量 G_{CO_2}，即 $G'_{CO_2} \geqslant G_{CO_2}$。

设空气通过某一断面带入而冻结在填料或翅片上的 CO_2 数量为 G_{CO_2} kg。若空气中 CO_2 所占的容积 V_{CO_2} m^3、CO_2 在标准状态下的密度 γ_{CO_2} kg/m^3 则：

$$G_{CO_2} = \gamma_{CO_2} V_{CO_2}$$

设返流气体通过同一断面能够带出的 CO_2 数量为 G'_{CO_2} kg，返流气中 CO_2 可能占的最大分容积（CO_2 在该温度下达到饱和所占的分容积）为 V'_{CO_2}（m^3）则：

$$G'_{CO_2} = \gamma_{CO_2} V'_{CO_2}$$

不被冻结的条件为：

$$G'_{CO_2} \geqslant G_{CO_2}$$

或：

$$V'_{CO_2} \geqslant V_{CO_2}$$

根据混合气体性质，分容积与分压力有如下的关系：

$$V_{CO_2} = \frac{p_{CO_2}}{p}V \qquad V'_{CO_2} = \frac{p'_{CO_2}}{p'}V'$$

式中　V——空气的体积，m^3；

　　　p——空气的总压力，Pa；

　p_{CO_2}——空气中 CO_2 分压力，Pa，CO_2 析出时，p_{CO_2} 应为空气通过该断面时相应温度下 CO_2 的饱和压力；

　　　V'——返流气体的体积，m^3；

　　　p'——返流气体的总压力，Pa；

　p'_{CO_2}——返流气体中 CO_2 的分压力，Pa。当返流气体中所带出的 CO_2 达到最大值时，p'_{CO_2} 应等于返流气体通过同一断面时相应温度下 CO_2 的饱和压力。

根据不被冻结条件则：

$$\frac{V'p'_{CO_2}}{p'} \geqslant \frac{Vp_{CO_2}}{p} \quad \text{或} \quad p'_{CO_2} \geqslant p_{CO_2}\frac{p'V}{V'p}$$

设：

$$\frac{pV'}{p'V} = n$$

则:
$$p'_{CO_2} \geqslant \frac{p_{CO_2}}{n} \tag{4-7}$$

同理,水分的不冻结条件为:
$$p'_{H_2O} \geqslant \frac{p_{H_2O}}{n} \tag{4-8}$$

实际上返流气体流经切换式换热器时,CO_2 及水分含量均难以达到饱和,所以不冻结条件应改写为:

$$\begin{cases} \varphi_{CO_2} p'_{CO_2} \geqslant \dfrac{p_{CO_2}}{n} \\ \varphi_{H_2O} p'_{H_2O} \geqslant \dfrac{p_{H_2O}}{n} \end{cases} \quad \text{或} \quad \begin{cases} p'_{CO_2} \geqslant \dfrac{1}{n\varphi_{CO_2}} p_{CO_2} \\ p'_{H_2O} \geqslant \dfrac{1}{n\varphi_{H_2O}} p_{H_2O} \end{cases} \tag{4-9}$$

式中 φ_{H_2O},φ_{CO_2}——分别为相对湿度、相对 CO_2 含量。

通常取 $\varphi_{H_2O} = 0.8 \sim 0.9$,$\varphi_{CO_2} = 0.9 \sim 1.0$。

例 某制氧机加工空气量 $V = 37400 \text{m}^3/\text{h}$。若大气中 CO_2 含量为 0.03%,空气压力 $p = 5.586 \times 10^5 \text{Pa}$,返流污氮压力 $p' = 1.06 \times 10^5 \text{Pa}$,试确定在正、返流气量相等及污氮量 $V' = 23500 \text{m}^3/\text{h}$ 时,保证 CO_2 不冻结的条件。

解 设 $\varphi_{CO_2} = 1$,$\varphi_{H_2O} = 1$

(1) CO_2 开始析出的温度。

CO_2 的分压力为:

$$p_{CO_2} = y_{CO_2} p = 0.03\% \times 5.586 \times 10^5 = 167.6 (\text{Pa})$$

查表 4-2,CO_2 的饱和温度为 139K(-134℃)。

(2) CO_2 不冻结条件。带入可逆式换热器的 CO_2,从 -134℃开始至冷端温度为止,在整个 CO_2 析出区内析出。欲保证自清除,就是使在整个切换周期内析出的干冰全部升华带出,也就是在 CO_2 析出区的各截面全部满足不冻结条件。

1) 若正流气量相等,即 $V = V'$ 时,这相当空分装置启动过程中尚未有产品的情况下,在 -134℃温度截面不冻结条件为:

$$p'_{CO_2} = \frac{p_{CO_2}}{n} = \frac{p'V}{pV}p_{CO_2} = \frac{1.06}{5.586}p_{CO_2} = 0.19 \times 167.6 = 31.8(\text{Pa})$$

其中
$$n = \frac{pV'}{p'V} = \frac{5.586}{1.06} = 5.27$$

2) 若返流污氮量 $V' = 23500 \text{m}^3/\text{h}$,

$$p'_{CO_2} = \frac{p_{CO_2}}{n} = \frac{p'V}{pV}p_{CO_2} = \frac{1.06 \times 37400}{5.586 \times 23500} = 0.302 p_{CO_2} = 0.302 \times 167.6 = 50.6(\text{Pa})$$

此时,返、正流比 $\dfrac{V'}{V} = \dfrac{23500}{37400} = 0.628$

$$n = \frac{pV'}{p'V} = \frac{5.586 \times 23500}{1.06 \times 37400} = 3.3$$

计算结果表明,返流比越大则 n 值越大,保证 CO_2 不冻结所要求的返流污氮中 CO_2 的分压力越小，不冻结条件越容易得到满足，越有利于自清除。

保证水分不冻结条件的计算与上述计算相仿。

4.3.4　保证自清除的最大允许温差

由于用分压力表示不冻结条件，求出的分压力是无法直接测量及控制的，使用中很不方便。又因为饱和蒸气压与温度是一一对应的关系，因此，可以将分压力表示的不冻结条件转化为温度的关系，如图 4-11 所示。正流空气的 CO_2 分压力 p_{CO_2}，所对应的温度为 T。

保证不冻结条件返流 CO_2 的分压力 $p'_{CO_2} = \dfrac{p_{CO_2}}{n\varphi_{CO_2}}$ 所对应的温度为 T'。

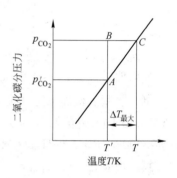

图 4-11　最大允许温差示意图

在切换式换热器中正流空气被冷却，所以空气温度 T 总要比同一截面所流过的返流气体的温度 T' 高。正、返流气体的温差大，对传热有利。但返流气体温度低，返流气体的水分或二氧化碳的饱和含量就小，带出水分或二氧化碳的能力就差，对自清除不利。故 $\Delta T = T - T'$ 表示的是自清除允许的最大温差。实际操作中必须使传热实际温差控制在自清除允许最大温差范围内才能保证自清除。

各台制氧机或同台制氧机的工况不同时，正流空气量及压力、返流气体量及压力不同即 n 值不同，则自清除允许的最大温差不同。在切换式换热器水分、二氧化碳析出区的各不同温度截面，其允许的最大温差不同。自清除水分的最大允许温差与 n、φ 和温度的关系见图 4-12。二氧化碳自清除最大允许温差与 n 和温度的关系如图 4-13 所示。

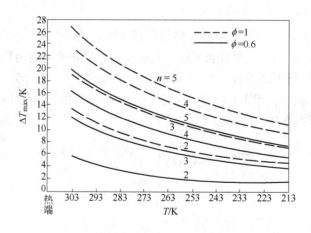

图 4-12　水分自清除最大允许温差线

下面举例说明自清除允许最大温差的求法及变化规律。

例 1　某制氧机的 $n = \dfrac{pV'}{p'V} = 3.2$，水分析出区为 30 ~ -60℃，$CO_2$ 的冻结区为 -134 ~ -172℃，求各温度截面的水分自清除及 CO_2 自清除允许最大温差。

解　若在 -134℃ 截面，由表 4-4 查得，$p_{CO_2} = 162.6Pa$ 按不冻结条件，返流污氮的

CO_2 分压力应满足：

$$p'_{CO_2} \geqslant \frac{p_{CO_2}}{n} = \frac{162.6}{3.2} = 50.8 \text{Pa}，查表4-4得到 T' = 140.7℃$$

所以
$$\Delta t_{最大} = t - t' = -134 - (-140.7) = 6.7℃$$

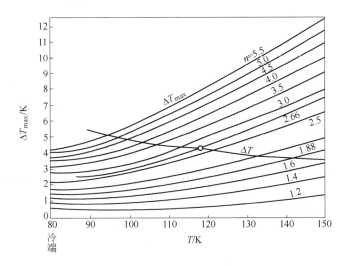

图 4-13　CO_2 自清除最大允许温差线

析出区其他各截面以同样算法并整理得表4-6、表4-7。

表 4-6　水分自清除允许最大温差

$t/℃$	p_{H_2O}/Pa	$p'_{H_2O} = 0.313 p_{H_2O}/Pa$	$t'/℃$	$\Delta t_{最大} = t - t'/℃$
-60	1.066	0.33	-68.3	8.3
-50	3.866	1.21	-59.3	9.3
-40	12.9	4	-49.7	9.7
-30	38.1	11.93	-40.8	10.8
-20	103.4	32.4	-31.6	11.6
-10	260	81.3	-22.5	12.5
0	610.4	190.6	-13.5	13.5
10	1227.7	383.9	-5.6	15.6
20	2338	733.15	-2.4	17.6
30	4241.6	1327.7	11.1	18.9

表 4-7　二氧化碳自清除允许温差

$t/℃$	p_{CO_2}/Pa	$p'_{CO_2} = 0.313 p_{CO_2}/Pa$	$t'/℃$	$\Delta t_{最大} = t - t'/℃$
-172	26.66×10^{-3}	83.4×10^{-3}	-175.5	3.5
-170	49.3×10^{-3}	15.46×10^{-3}	-173.6	3.6
-165	210.6×10^{-3}	65.98×10^{-3}	-169	4
-160	786.5×10^{-3}	246.6×10^{-3}	-164.5	4.5

续表 4-7

$t/℃$	p_{CO_2}/Pa	$p'_{CO_2} = 0.313p_{CO_2}/Pa$	$t'/℃$	$\Delta t_{最大} = t - t'/℃$
−155	2.653	0.83	−159.8	4.8
−150	8.064	2.52	−155.24	5.2
−145	22.39	7.01	−150.7	5.7
−140	57.45	18	−146.1	6.1
−135	137.3	42.9	−141.6	6.6

很明显，二氧化碳自清除允许温差比水分自清除允许温差小，这意味着二氧化碳自清除比水分自清除难以保证。在水分析出区内随着正流空气温度的降低，自清除允许温差减小。在 CO_2 冻结区内自清除允许温差的变化规律亦然。比较表 4-6 及表 4-7，显然，冷端（−172℃）截面 CO_2 自清除允许温差为最小，也就是说，冷端不冻结条件最苛刻，最难以控制。保证自清除应在析出区内各截面都满足不冻结条件。虽然温度可以测量，但不可能各截面全方位控制。从上述的分析，只要控制冷端就可以使其他截面也得到保证。因此，不冻结条件为：

$$\Delta t_冷 \leqslant \Delta t_{冷最大}$$

式中　$\Delta t_冷$——正、返流气体的冷端传热温差；

$\Delta t_{冷最大}$——冷端自清除最大允许温差。

由于正、返流气体的压力不同，其比热容也不同，正流空气的比热容大，而且随着温度的降低，气体的比热容增加。由此可以预知，在切换式换热器的热端温差保持 2℃ 的情况下，冷端温差将逐渐扩大，而以冷端为最大。大家都知道，传热温差取决于切换式换热器的热平衡及传热。为了获得定量的数据，下面举例说明。

例 2　切换式换热器空气与污氮、氧和氮换热。设空气量与返流气体量（污氮、氧、氮的总和）相等。正、返流气体参数如图 4-14。在热端温差 $\Delta T_热 = 2℃$ 时，求冷端返流气体温度及冷端温差 $\Delta T_冷$。

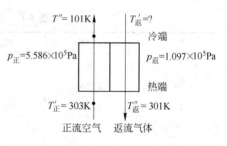

图 4-14　切换式换热器参数

解　由空气的 T-S 图查知：

$$p_正 = 5.586 \times 10^5 Pa, \quad T'_正 = 303K$$

$$h'_正 = 13651.9 kJ/kmol$$

$$p_正 = 5.586 \times 10^5 Pa, \quad T''_正 = 101K$$

$$h''_正 = 7490.6 kJ/kmol$$

$$p_返 = 1.097 \times 10^5 Pa, \quad T''_返 = 301K$$

$$h''_返 = 13610 kJ/kmol$$

在可逆式换热器中正流空气放出的热量等于返流气体吸进的热量（冷损忽略不计），

根据热平衡关系式：

$$G_正(h'_正 - h''_正) = G_返(h''_返 - h'_返)$$

式中　$G_正$，$G_返$——分别表示正流和返流气体流量；

　　　$h'_正$，$h''_正$——分别表示正流气体在热端进口和冷端出口的焓值；

　　　$h'_返$，$h''_返$——分别表示返流气体在冷端进口和热端出口的焓值。

给定条件：

$$G_正 = G_返$$

故

$$h'_正 - h''_正 = h''_返 - h'_返$$

$$h'_返 = h''_返 - (h'_正 - h''_正)$$

$$= 13610 - (13651.9 - 7490.6)$$

$$= 7448.8(kJ/kmol)$$

根据 $p_返$ 和 $h'_返$，由空气的 T-S 图查知

$$T'_返 = 91K$$

$$\Delta T_冷 = T''_正 - T'_返 = 101 - 91 = 10(K)$$

在冷端温度 $T''_正 = 101K$ 时，自清除最大允许温差 $\Delta T_{冷最大}$ 只有 3.5K，$\Delta T_冷 > \Delta T_{冷最大}$，故不能保证自清除。

用同样的计算方法求出切换式换热器的传热温差，并绘制温差线 AB' 结果如图 4-15。图中的 DE 线是保证水分不冻结的允许温差线，FG 线为保证 CO_2 不冻结的温差线。在 $B'FG$ 斜线区间内传热实际温差大于自清除允许最大温差，这表明在此区间内不能保证二氧化碳自清除。

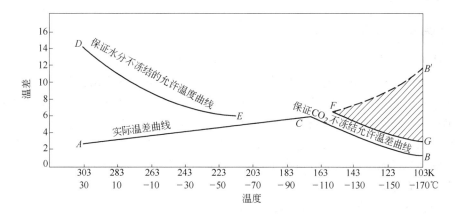

图 4-15　正返流气体温差与空气温度的关系

4.3.5　保证自清除措施

欲使冷、热气流温差小于 3.5K，返流气体的冷端温度需要提高到 97.5K 以上，这样返流气体给出的冷量就不足以使空气冷却到 101K，保证空气的冷端温度是精馏工况的需要不能改变。为补充相应的冷量就不得不采取一定的措施。设计中采用两种方法，即中抽和环流方法。

在蓄冷器中部 $-100 \sim -120℃$ 温度范围内，抽出一股正流空气，使抽口下部正流空气量小于返流量，以使正流空气冷却到所需温度。中抽示意图见图 4-16。此时空气温度变化为图中 3 线所示。显然传热温差缩小，n 值增大，允许温差将增加，更有利于自清除。中抽量达到一定值的即可满足自清除。中抽量能够用蓄冷器的热平衡加以计算，通常占加工空气量的 $10\% \sim 15\%$。中抽气中的 CO_2 尚未清除，因而还需要增加净除中抽气 CO_2 的设备——二氧化碳吸附器。这种方法被应用于设有蓄冷器的空分装置上。

可以设想，如果正流空气不抽出，而在冷端加入一股冷气流，使正流空气进一步冷却也能达到缩小冷端传热温差的目的。设计者巧妙地将已经被冷却的空气的一部分再引入切换式换热器，这部分空气被称之为"环流"，如图 4-17 所示。环流出口温度及环流量关系着传热温差的大小。当选择适当时，就可以达到传热温差小于自清除允许温差，以保证自清除。见图 4-15 的 CB 线。环流量在环流出口温度选定的情况下，由切换式换热器的热平衡所决定，一般为加工空气量的 $12\% \sim 15\%$。采用环流在切换式换热器中需增加换热面积（盘管或通道）。与中抽比较，流程及设备简化，因此，被广泛地应用于蓄冷器或板翅式可逆式换热器上。

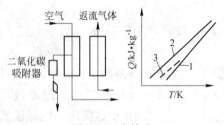

图 4-16　中抽法
1—正流气体；2—返流气体；3—加了中抽的气体

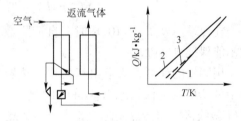

图 4-17　环流法
1—正流气体；2—返流气体；3—加了环流的气体

4.3.6　切换式换热器的切换周期

切换式换热器为了满足自清除的要求，不能像一般换热器那样不切换连续工作。自清除包括两个方面，正流空气通过切换式换热器将水分、二氧化碳冻结在蓄冷器的填料或翅片上，在一定时间内切换，返流污氮流过时，再将冻结下来的水分、二氧化碳蒸发或者升华后带出装置。若切换时间太长，切换式换热器会被堵塞。若太短，切换频繁，损坏切换系统，影响切换式换热器寿命及空分塔波动频繁。切换周期的设定是依据可能堵塞的危险截面之间的体积已被冻结的水分占据了 $20\% \sim 30\%$ 即需切换。空气的饱和含水量远远大于空气的二氧化碳饱和含量，据此判断，危险区段应在水分冻结区。而且空气中的水蒸气在 $30 \sim 0℃$ 区间，以液态析出不易堵塞通道。而在 $0℃$ 以下水蒸气才以雪花、霜等固态析出，才有可能堵塞通道。为找出可能堵塞的危险区段，下面将举例说明之。

例　某板式制氧机加工空气量 $V = 37400 \mathrm{m^3/h}$，压力 $p = 0.575 \mathrm{MPa}$，$T = 303\mathrm{K}$ 可逆式换热器的每层自由通道截面 $f_0 = 0.0059 \mathrm{m^2}$，空气通道总数 $\sum N_B = 240$ 个，求切换时间。

解　查表 4-1，$T = 303\mathrm{K}$，$r_汽 = 30.3 \mathrm{g/m^3}$
空气带入的水分量为：

$$G_进 = r_汽 \bar{V}_实 = \frac{303}{273} \times \frac{0.1}{0.575} \times 0.0303V = 219(\mathrm{kg/h})$$

0℃截面的空气含水量 $r_汽 = 4.85 g/m^3$，

$$G_0 = \frac{303}{273} \times \frac{0.1}{0.575} \times 0.00485V = 31.5 (kg/h)$$

0℃以下为冻结区，将计算结果列于下表：

温度区间	水分含量/g·m⁻³	冻结量/kg·h⁻¹	温度区间	水分含量/g·m⁻³	冻结量/kg·h⁻¹
0 ~ -5	4.85 ~ 3.27	10.7	-10 ~ -15	2.14 ~ 1.4	4.9
-5 ~ -10	3.27 ~ 2.14	7.4	-15 ~ -20	1.4 ~ 0.888	3.15

可见，0 ~ -5℃区段水分冻结量最大，最易堵塞。

若近似认为，可逆式换热器空气温度沿高度直线下降，如果热段高度为 3.6m（303 ~ 160K）则降低1℃的高度为：

$$H_0 = \frac{3.6}{303 - 160} = 0.0252 (m/℃)$$

危险区段所占高度　$H = 5H_0 = 5 \times 0.0252 = 0.126m$

自由体积　　　　$V_f = fH = f_0 \cdot N_B \cdot h = 0.0059 \times 240 \times 0.126 = 0.178 m^3$

雪花的密度　　　$\gamma_雪 = 46 kg/m^3$

0 ~ -5℃区段雪花体积为：

$$V_雪 = \frac{\Delta G_{0 \sim -5}}{\gamma_雪} = \frac{10.7}{46} = 0.233 (m^3/h)$$

以自由体积堵塞25%时切换，

$$\tau = \frac{\overline{V}_f 25\%}{V_雪} = \frac{0.178 \times 0.25}{0.233} = 0.191h = 11.46min$$

取切换时间为 10min，即切换周期 20min。

4.3.7　自清除理论的评述

自清除理论是由豪森提出的。这一理论将换热与净化两个功能巧妙地统一在换热器内完成。这是很新颖的一项很大的突破。并且，实现不平衡流理论的环流法，成为 20 世纪 70 年代应用于制氧机上公认的最经济方案。我国已经成为世界上能够设计、制造板翅式换热器的为数不多的国家之一。经过几十年可逆式换热器流程的制氧机制造和使用实践，尚有以下几个问题应加以说明：

（1）冷段不冻结条件问题。实践证明，带入下塔的二氧化碳干冰的量比理论值大百倍之多，而且冷段较短的可逆式换热器流程制氧机的周期达不到设计的使用周期，其原因有两个：一是气流冲击夹带作用的结果。在自清除理论中，只考虑了饱和冻结，而无冲击夹带的因素。二是在二氧化碳冻结区内，根据自清除系数 $n = pV'/p'V$，来确定冷端温差，以此为依据设计换热器的冷段，但冷段各截面温差的保证与环流的出口温度及中部温差有密切关系，这就是说，在设计中只考虑冷端温差，不足以保证二氧化碳的不冻结性。所以，除冷端温差外，应该校核整个二氧化碳冻结区内每一截面的温差。另外，为了使可逆式换热器的冷段长度足以保证自清除的要求，在换热器的冷段设计时，不能采用对数平均温差而应当应用积分平均温差。

（2）气流分布与自清除问题。可逆式换热器由多通道板翅式换热器单元并联和串联而成，往往气流分布不均匀。从不均匀理论分析得知，如果单元之间偏流大于4%，将无法实现自清除。可想而知，假若某一板式单元温度较高，就会导致大量二氧化碳进塔。因此，可逆式换热器设计时，除考虑总体布置外，还需要严格按照规范，进行单元阻力搭配。通常单元组之间的阻力差小于2%。

（3）小单元的传热平衡问题。可逆式换热器依照工艺的要求，一个大组，分为几个单元串联或并联起来。流程计算及总的热平衡计算是将换热器作为一个整体计算的。保证的换热器的热平衡，不一定能满足各小单元的热平衡。这是因为小单元的热平衡与各种气流通道排列的合理性密切相关。假若排列不合理，小单元之间会出现热量不平衡，它们之间换热的温差加大，而不能保证自清除。所以，设计时，单元内通道排列确定以后，必须校核每个小单元的热平衡。必须认识局部热平衡对自清除的影响。

（4）冷端温差与纯产品液化器的设置问题。虽然切换式换热器的冷端温差的稳定性通常是由污氮液化器来保证，但是纯氮气和氧气从上塔出来经过过冷器后直接引入可逆式换热器，这两股冷气流会与正流空气进一步换热，往往出现空气在冷端部分液化，携带二氧化碳入塔，影响自清除效果。因而，必须在流程中设置纯氧、纯氮液化器，以便保证返流气体的冷端温度，维持冷端温差，满足不冻结条件，达到自清除的要求。

当然，自清除的实现，净化系统的可靠性，除设计、制造质量保证外，在很大程度上取决于使用操作。只要严格按规程操作和科学管理，自清除这一净化方法能够确保制氧机安全生产。

在20世纪90年代后期，由于分子筛制造水平的提高，新型高效分子筛不断出现，应用分子筛纯化器可以同时净除水分、二氧化碳、乙炔及其他碳氢化合物，因而分子筛纯化技术迅速地代替了自清除。

4.4　吸附法

吸附法可以用来清除水分、二氧化碳、乙炔及其他碳氢化合物。小型制氧机曾用硅胶干燥器清除水。大型制氧机曾设置加温解冻系统干燥器及启动干燥器，这是吸附法除水的应用。空分装置的液空吸附器、液氧吸附器、液相吸附除 C_2H_2，中抽二氧化碳吸附器除 CO_2，都是吸附法的应用。分子筛纯化器则是应用吸附法同时净除、水分、二氧化碳、乙炔及其他碳氢化合物。虽然水分、二氧化碳、乙炔性质各异，吸附剂对它们吸附性能不同，但吸附机理相类似。

4.4.1　吸附

某种物质的分子在一种多孔固体表面浓聚的现象称之为吸附。被吸附的物质叫"吸附质"，而具有多孔的固体表面的吸附相称作"吸附剂"。依据吸附质与吸附剂之间的吸附力的不同，吸附又可分为物理吸附和化学吸附。物理吸附的吸附力为分子力也称为范德华吸附；而化学吸附则是由化学键的作用而引起的。净化空气所采用的吸附法纯属物理吸附。

对于吸附剂而言，固体表面上具有未饱和的表面力。为使表面力作用加强，活性显著，吸附剂应该是颗粒状的多孔物质。吸附使表面力饱和，表面能降低，因而吸附过程放热，所放出的热量称为"吸附热"。

不管吸附力的性质如何，在吸附质与吸附剂充分接触后，终将达到动态平衡，被吸附的量达到了最大值，即饱和。所谓动态平衡是指吸附和解吸的分子数相等，处于平衡状态，此时吸附剂失去了吸附的能力。吸附和解吸事实上是同时进行的。只不过未达饱和前吸附的量大于解吸的量而已，可见，吸附与解吸是对立而统一的，在一定条件下可以相互转化。掌握了这个转化条件就可以设法使吸附质从吸附剂表面上解脱出来，达到吸附剂再生的目的。

当吸附达到饱和时，使吸附质从吸附剂表面脱离，从而恢复吸附剂的使用能力的过程谓之解吸（或再生），与吸附相反，解吸需要吸热称为"脱附热"。"脱附热"与"吸附热"相等。如硅胶对水分的吸附热为 3260.4kJ/kg 水。

4.4.2 吸附剂

作为吸附剂应该是多孔固体颗粒。它具有巨大的表面积。例如，细孔硅胶颗粒内布满了直径为 2.5~4nm 的微孔，每克硅胶的表面积达 400~600m²/g 硅胶，每克分子筛的表面积高达 800~1000m²/g 分子筛。吸附剂的吸附能力要强，也就是吸附容量大。吸附容量是指 1kg 吸附剂吸附被吸物质的量。吸附剂应具备选择性吸附特性，才能应用它进行净化或分离。

此外，吸附剂应该有一定的机械强度和化学稳定性，容易解吸（或再生），而且易获得价格低廉。

空气分离常用的吸附剂有硅胶、铝胶、分子筛。

（1）硅胶。硅胶的分子式为 $SiO_2 \cdot nH_2O$，是一种坚硬无定形链状和网状结构的硅酸聚合物颗粒，为一种亲水性的极性吸附剂。能吸附大量的水分。当硅胶吸附气体中的水分时，可达其自身重量的 50%，而在相对湿度 60% 的空气流中，吸湿量也可达其重量的 24%。吸水后吸附热很大，可使硅胶温升到 100℃，并使硅胶破碎。硅胶分为细孔硅胶和粗孔硅胶。为了使硅胶吸水后不粉碎，硅胶作为干燥剂时，采用粗孔硅胶。

（2）活性氧化铝。它是氧化铝的水化物（$Al_2O_3 \cdot nH_2O$）。活性氧化铝与硅胶不同，不仅含有无定形的凝胶，还含有氢氧化物晶体形成的刚性骨架结构，因而很稳定，它是无毒的坚实颗粒，浸入水中也不会软化、溶胀或崩裂，耐磨抗冲击。

（3）分子筛。制氧机应用的分子筛为沸石分子筛。它是结晶的硅、铝酸盐多水化合物。化学通式为：

$$Me_{x/n}\left[(AlO_2)_x(SiO_2)_y\right] \cdot mH_2O$$

式中　Me——阳离子；

　　　n——原子价；

　　　m——结晶水的摩尔数；

　　　x，y——化学反应式原子配平。

分子筛具有均匀的孔径，如 0.3nm、0.4nm、0.5nm、0.9nm、1nm 细孔，对分子具有筛分作用，故得名。上述三种吸附剂的物理性能列于表4-8中。

表4-8　三种吸附剂的物理性能

性　能	球形硅胶		活性氧化铝	沸石分子筛	
	细孔	粗孔		5A	13X
体积质量/kg·m^{-3}	670	450	750~850	500~800	500~800
空隙率/%	43	50	44~50	47	50
粒度/mm	2.5~7	4~8	3~6	3~5	3~5
比表面积/m^2·g^{-1}	500~600	100~300	300	750~800	800~1000
热导率/W·(m·K)$^{-1}$	0.198	0.198	0.13	0.589	0.589
质量热容/kJ·(kg·K)$^{-1}$	1	1	0.879	0.879	0.879
再生温度/K	453~473	453~473	533	423~573	423~573
机械强度/%	94~98	80~95	95	>90	>90

分子筛目前主要有A型、X型和Y型三个类型，而每一类型分子筛按其阳离子不同，其孔径和性质也有所不同，常用的分子筛的型号的孔径列举如下：钾A型（3A）分子筛：孔径约0.32nm。钠A型（4A）分子筛：孔径约0.48nm。钙A型（5A）分子筛：孔径约0.55nm。钙X型（10X）分子筛：孔径约0.9nm。钠X型（13X）分子筛：孔径约1nm。钙Y型和钠Y型分子筛：孔径约0.9~1nm。X型分子筛化学通式为：$Na_{86}[(AlO_2)_{86}(SiO_2)_{106}]·xH_2O$。

外形有条状和球状，尺寸为$\phi2~6mm$，条形的表面积更大，吸附能力更强。

分子筛吸附剂的吸附特点：

（1）选择吸附。根据分子大小不同的选择吸附：各种类型分子筛只能吸附小于其孔径的分子。根据分子极性不同的选择吸附：对于大小相类似的分子，极性愈大则愈易被分子筛吸附。根据分子不饱和性不同的选择吸附：分子筛吸附不饱和物质的量比饱和物质为大，不饱和性愈大吸附得愈多。根据分子沸点不同的选择吸附：沸点愈低，越不易被吸附。

（2）干燥度很高。分子筛比其他吸附剂（硅胶、铝胶）可获得露点更低的干燥空气，通常可干燥到-70℃以下。因此，分子筛也是极良好的干燥剂。

即便气体中的水蒸气含量较低，分子筛也具有较强的吸附力。如图4-18所示。

分子筛对高温、高速气体，也具有良好的干燥能力。

（3）有共吸附能力。分子筛在吸附水的同时，还能吸附乙炔、二氧化碳等其他气体。水分首先被吸附。吸附顺序是$H_2O>C_2H_2>CO_2$，对于碳、氢化合物的吸附顺序为$C_4^+>C_3H_6>C_2H_2>（C_2H_4$和$C_3H_8）>C_2H_6>CH_4$。

（4）分子筛具有高的稳定性，在温度高达700℃时，仍具有不熔性的热稳定性。除了酸与强碱外，对有机溶

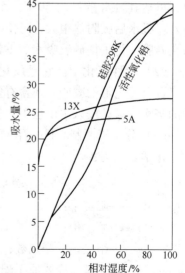

图4-18　几种吸附剂的平衡吸附容量

剂具有强的抵抗力。遇水不会潮解。

（5）用简单的加热可使其再生。一般再生温度为 $200\sim320℃$ ，脱除 H_2O 需 $300℃$ ，脱除 CO_2 常温即可，再生温度愈高再生越完善，吸附器工作性能愈好，但分子筛寿命会缩短。随再生次数的增加，吸附容量要降低，例如经 200 次再生后的分子筛，其吸附容量下降 30% ，但此后一直可保持到再生 2000 次。

分子筛在分离与净化气体方面有很高的应用价值，不但能高效地进行净化和分离，同时也能将吸附物质回收，得到高纯度的气体。近年来分子筛在空分装置上得到了广泛的应用。

4.4.3　吸附机理

4.4.3.1　吸附质的扩散

吸附的发生，可分为两个阶段。第一阶段为外扩散，即吸附质从气体主流通过吸附剂颗粒周围的气膜到颗粒表面，而后发生吸附，称作外表面吸附。第二阶段为内扩散，即吸附质分子从颗粒外表面未被吸附而进入颗粒内部，被内表面吸附。而内扩散还分为表面扩散和孔扩散。表面扩散是吸附质分子沿着粒内的孔壁向深处扩散；孔扩散是分子向其他孔中扩散。吸附质分子扩散的示意图见图 4-19。分子吸附过程按顺序进行，先外扩散再内扩散而后吸附，脱附（或再生）时逆向进行。吸附是一个传质过程，传质能力的大小与扩散系数高、低密切相关。

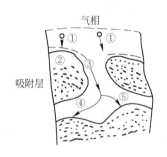

图 4-19　气相分子在吸附层扩散示意图
①—外扩散；②—外表面吸附；③—表面扩散；④—孔扩散；⑤—表面吸附

4.4.3.2　吸附平衡与静吸附容量

吸附现象的产生是由于吸附质分子扩散到吸附剂的表面，在表面力的作用下而在表面上积聚。但吸附质的分子因其本身的热运动以及外界气体分子的碰撞有可能又脱离了固体表面返回气体之中。吸附发生的初期被吸附的分子数较多，随着吸附时间的延续逐渐增加，到某一时刻时，被吸附的分子数不再增加，也就是吸附表面被覆盖，吸附剂丧失了吸附能力，可称为吸附达到饱和或吸附平衡。所谓平衡，只是宏观上失去了吸附作用，其实是动态平衡，微观上吸附仍在进行，只是被吸附的分子数与脱附的分子数相等而已。此时的吸附剂所吸附的吸附质的量为静吸附容量。

在吸附剂及吸附质一定的情况下，静吸附容量与温度、压力和浓度有关。温度降低静吸附容量增加；压力升高，静吸附容量增加。表示静吸附容量通常用吸附等温线及吸附等压线表示。图 4-18 就是活性氧化铝在 $30℃$ ，硅胶及 5A 分子筛在 $25℃$ 时对水分吸附的等温线。

4.4.3.3　吸附过程与动吸附容量

在固定床吸附器中，气体（或液体）通过吸附剂层时，不是所有吸附剂同时发生吸附作用而是首先在气体进口处一薄层内发生吸附作用，这一薄层叫作吸附带或传质区。随着吸附时间的推移，吸附带向出口方向移动，一旦吸附带的前沿达到了吸附器的出口，流出的气体中的吸附质含量将迅速增加，很快就与气体的初始浓度相同。这一点就是"转效点"，由图 4-20 中的 E 点表示。相应从吸附开始直至转效点的时间为吸附器的工作时间或转效时间。在转效时间内吸附剂对吸附质的平均吸附量为动吸附容量。

吸附剂的吸附能力可以由静吸附容量和动吸附容量来表示。静吸附容量实质是在吸附达到平衡时的最大吸附量。而动吸附容量则与吸附带长度及移动速度有关。显而易见，气流速度对其有直接影响。换言之，气体的流动不可能有足够长的时间使吸附剂所有表面都达到吸附平衡，也就是动吸附容量永远小于静吸附容量。通常为静吸附容量的 40% ~ 60%。静吸附容

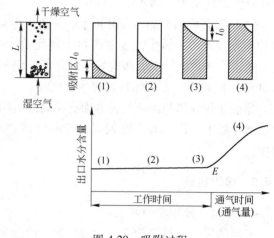

图 4-20　吸附过程

量一般用来表示吸附剂的性能。设计吸附器时，当然要以动吸附容量为依据。操作中，掌握转效时间是很重要的，它意味着吸附剂的失效，即吸附器的最长工作时间。

影响动吸附容量的因素：

（1）温度。正如前述静吸附容量随温度的升高而降低，所以动吸附容量也同样随温度的升高而下降。这是因为，吸附是放热过程，温度升高吸附质的分子热运动加强，从吸附表面脱离返回气体中的分子数增加之结果。

（2）压力。压力高其吸附质的分压力也高即浓度提高，单位时间内碰撞吸附剂表面的分子数增加，因而被吸附的几率增加。所以压力升高静、动吸附容量都增加。值得注意的是，一旦达到吸附质的饱和状态，随着压力的再提高，单位体积内吸附质的含量已经不再变化，这时吸附容量已与压力无关了。

（3）流体的流速。流体的流速高，吸附质在吸附床层内停留时间过短，吸附效果差，传质区增长，动吸附容量小，但流速过低，净化设备单位时间内处理的气量少。从吸附机理方面看，流体的极限流速是吸附速率。也可以说，最短的停留时间应该是吸附时间。所谓吸附速率是完成外扩散、内扩散及吸附的全过程的速度。对于物理吸附其吸附速率主要取决于扩散阶段的速度，而已达到表面发生吸附阶段只在瞬间完成。诚然，假若流体流速高于吸附速率，即停留时间短于吸附时间，吸附就不会发生，其吸附容量为零。只有在流体流速小于吸附速率的前提下，才具有流速越低吸附容量越大的规律。如图 4-21 所示，吸附容量与停留时间为非线性关系，吸附时间延长到某一数值后，随流速的降低，吸附容量的增值甚小，加之为了增加单位时间内处理量，流体的流速有最适宜值。

吸附器吸附时所采用的流速通常为空塔速度。即不装填吸附剂的内筒体截面流速。譬如硅胶干燥器的空塔流速推荐值为 $0.2 \sim 1L/(cm^2 \cdot min)$。

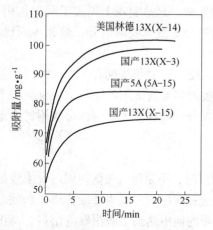

图 4-21　吸附容量与停留时间的关系

（4）吸附剂的再生完善程度。吸附剂的解吸（或再生）越彻底，吸附过程中的吸附容量越大。解吸是吸附的反过程，所谓解吸，即采用一定的方法将积聚在吸附剂表面的吸附质分子赶走，恢复吸附剂的吸附能力。当再生温度高，压力低以及解吸气体中吸附质的含量越小，吸附剂的再生越完善。

需要指出的是，吸附剂经过多次反复地再生，吸附容量会有所减少，吸附性能有一定的衰减。这是由丁吸附剂表面被碳、聚合物等所覆盖，或者吸附剂微孔结晶个别地方被破坏。分子筛的再生衰化如图 4-22 所示。设计吸附器时，应予以考虑，留有余量。

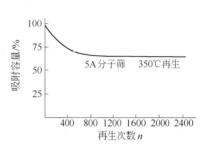

图 4-22　分子筛的再生衰化

（5）吸附剂床层高度。在吸附剂的量一定的情况下，吸附器的高度有一最小值。这最低床层高度就是吸附带长度。当吸附床层高度低于吸附带长度时，吸附器刚一接通，就发生转效。吸附剂的吸附容量很小或为零。如果吸附器的截面缩小，高度增加，这对提高吸附容量是有利的。但是随之气体流速增加，阻力加大，吸附壁效应影响大。一旦流速过快，气体的停留时间小于吸附时间吸附容量会下降为零。虽然，早期吸附器的设计认为有最佳高径比（h/D），中压流程纯化器推荐为 3~5，但对全低压纯化器并不适用。无论何种吸附器保证吸附床层有足够的高度还是十分必要的。

4.4.3.4　吸附剂的解吸方法

如前述吸附剂达到转效时，需要解吸。解吸的方法概括起来有四种：

（1）加热法。用加热气体使吸附剂升温，供给吸附质分子能量，使之脱附。这是利用吸附容量随温度升高而减少的原理而实现解吸的。

（2）减压法。在吸附进行时操作压力较高，解吸时为常压或抽真空，以降低吸附质的分压，改变条件破坏原有的吸附平衡，使吸附质的分子脱附。这利用了随吸附质分压力下降，吸附容量减少的规律。

（3）清洗法。向吸附剂床层通入不吸附或难吸附的气体，以稀释吸附质的浓度，降低其分压力而达到解吸。

（4）置换法。向吸附剂床层通入更易被吸附的气体，借以置换已被吸附的吸附质分子，使吸附质获得解吸。

选择解吸方法时，为了解吸彻底常常不是应用单一的方法。在空气净化方面应用加热与清洗相结合的方法，也称为加热再生法（TSA）法。而减压解吸的变压吸附法被称作PSA 法。

为了吸附器能够连续地工作，在系统中吸附器常需要设置两个或两个以上。一个吸附器在进行吸附，而另一个吸附器处于解吸操作之中。

4.4.4　吸附器

4.4.4.1　干燥器

通常把吸附水分的吸附器称之为干燥器。比较典型的干燥器为管式 6000m³/h 制氧机的解冻系统干燥器。它的结构如图 4-23 所示。此干燥器的作用是在空分装置加热操作时，

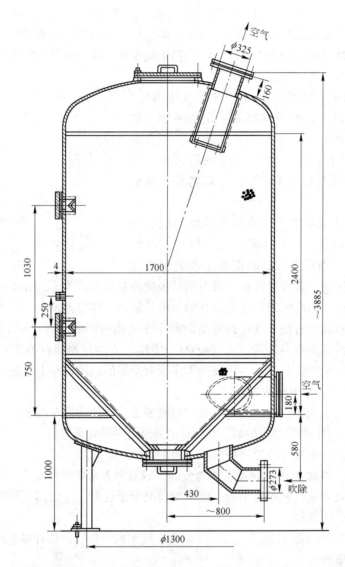

图 4-23   管式 6000m³/h 制氧机解冻系统干燥器

为系统提供干燥的空气。干燥器为圆柱形容器，用厚度 4mm 的钢板焊接而成。工作压力为 0.6MPa，空塔速度取为 0.245m/s，干燥器内装粒度 4~8mm 的粗孔球形硅胶，约 4t，空气通过量 4600m³/h。吸附器下部设置锥形过滤网，上部设有筒形过滤网。各装 1.25 号不锈钢丝网两层，用来阻挡硅胶粉末。空气从下面进入，而再生气体从上面进入。工作周期为 8h。当用相对湿度 85% 的湿空气再生干燥器时，再生气进口温度为 150℃，当出口温度达到 50℃ 时结束。设计的加温时间为 5h，冷吹时间 3h。器壁的侧面有两个窥视孔，内装变色硅胶，以便监视硅胶吸附情况。

此外，小型中压制氧机曾经应用过空气干燥器，大型全低压制氧机还曾设置过启动干燥器。

4.4.4.2   二氧化碳吸附器

比较典型的是蓄冷器中抽流程中的中抽二氧化碳吸附器。中抽二氧化碳吸附器内装细孔硅胶，工作压力约 0.6MPa，工作温度 $-90 \sim -130℃$，硅胶对二氧化碳的吸附等温线见图 4-24。吸附器的空塔流速为 $1L/(cm^2 \cdot min)$，动吸附容量为 28mL/g 硅胶出口气体中二氧化碳含量小于 2×10^{-6}，并同时清除了乙炔。中抽二氧化碳吸附器的结构示于图 4-25。由于它在低温下工作，故筒体用铝合金制作。空气的进口在下部侧面；出口在上部，顶部和底部分别设有装料口和卸料口。筒体的上、下部都设置有锥形滤网，上面敷设两层 1.25 号不锈钢丝网，除用来过滤硅胶粉末外，同时起气流分配作用，设计工作周期 24h。

4.4.4.3 液体吸附器

在切换式换热器全低压流程中常见的有液空过滤吸附器及液氧吸附器。液空过滤吸附器的作用有两个，其一吸附溶解在液空中的乙炔，其二过滤干冰颗粒及硅胶粉末。液氧吸附器的设置是为了清除液氧中的乙炔及其他碳氢化合物，确保制氧机的安全运行。以板式 6000m³/h 制氧机的液氧吸附器为例，其结构是外径为 $\phi758mm$ 的圆筒设备。壁厚为 4mm。内装细孔硅胶，床高约1000mm，吸附器为铝合金设备，器内上、下设有过滤网。滤网为 0.8 号黄铜丝网与 0.071 号磷铜丝网各一层。工作压力 $0.18 \sim 0.2MPa$，工作温度 90K 工作周期 30 天。吸附器的形状与中抽二氧化碳吸附器相类似。

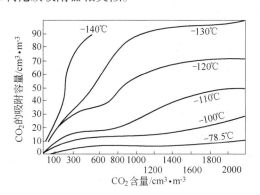

图 4-24　硅胶对 CO_2 的吸附等温线

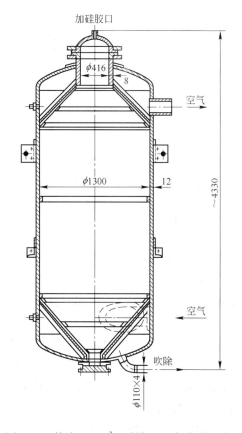

图 4-25　管式 6000m³/h 制氧机二氧化碳吸附器

4.5　分子筛纯化系统

20 世纪 80 年代后期，常温分子筛净化空气已成为空气主要的净化方法。早在 70 年代，我国的中压小型制氧机就已普及了分子筛纯化器。目前分子筛纯化器已在大型全低压制氧机普遍推广。分子筛纯化器能够同时净除空气中的水分、二氧化碳、乙炔及其他碳氢化合物，它的应用使制氧机的流程发生重大的变革，全低压分子筛纯化流程，操作简便、流程简化、产品提取率高、运转周期长、运行安全可靠、装置投资少，现代中、大型制氧机几乎全部采用分子筛纯化技术。

4.5.1　分子筛纯化系统组织

　　为了保证制氧机连续运行，不间断地对加工空气进行净化，分子筛纯化系统中必须设置两只分子筛纯化器，一只进行吸附工作，另一只进行再生。中、大型分子筛纯化系统流程简图见图4-26。

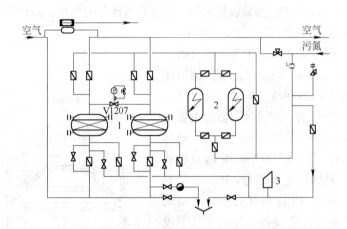

图 4-26　电加热再生的分子筛纯化系统流程图
1—分子筛吸附器；2—电加热器；3—消声器

　　一只吸附器的工作在一个周期内分步进行。吸附净化即将达到饱和即到一定的切换时间时，由程序控制器控制切换到另一只吸附器。原吸附器进入再生阶段。纯化器的再生一般采用加热再生。其再生过程分四步进行：第一步为降压；第二步为加热；第三步为冷吹；第四步为升压（见图4-26）。降压的目的是将吸附器带压的空气排放出去，此时吸附器的进、出口阀关闭，排放阀打开，为了减轻对吸附床层的冲击，降压的速度不能太快，在当今制氧机分子筛纯化器设计切换时间为 4h 的情况下，一般降压时间取 6~10min。

　　加热：用污氮气经过电加热器或蒸汽加热器加热到 165~170℃ 而后进入纯化器，进入纯化器的入口温度控制应大于 150℃。其加热时间一般设计约为 1.5h，加热终了时纯化器出口温度通常大于 50℃，此时程序控制器控制加热阶段结束，污氮经加热器的阀门关闭，将转入冷吹阶段。

　　冷吹：冷吹气为不经过加热器的污氮气。冷吹操作是吸附剂再生操作的继续。冷吹初期，污氮出纯化器的温度会继续上升，升至 100℃ 左右将会下降。冷吹末期污氮出纯化器的温度比工作温度高 5~10℃。

　　升压：将工作的一只吸附器中的空气导入即将再生完毕的吸附器中，当两只吸附器的压力均衡一致时，即差压联锁为零时，升压操作结束。与降压操作相同，为了减轻气流对分子筛床层的冲击，必须控制气流速度，因此，升压阶段的时间，一般设定在 12~22min。

4.5.2　分子筛纯化器

4.5.2.1　分子筛的选择

　　分子筛纯化器中所装填的吸附剂为 5A 和 13X 型分子筛。这两种型号的分子筛都有较强的吸水能力，在高温和低压下都有良好的吸附性能，并对加工空气中的水分、二氧化碳、乙炔及其他碳氢化合物有共吸附作用，5A 及 13X 型分子筛的主要物理性能见表 4-9。

表 4-9 5A 与 13X 分子筛的物性

型　号	孔径/nm	晶穴体积/mL·g^{-1}	比表面积/m^2·g^{-1}	平衡水吸附容量[①]
5A	0.5	0.244	750~800	21.5%
13X	1	0.280	800~1000	24%

①在 2.33kPa 压力，25℃条件下的质量分数。

从表中可见，13X 分子筛比 5A 分子筛具有更大的比表面积，平衡水吸附量更大。这是由于两种分子筛晶体结构不同。13X 分子筛的晶胞为体心立方，5A 分子筛为一般立方体。13X 分子筛的孔径为 1nm（10Å），5A 分子筛的孔径为 0.5nm（5Å）。13X 分子筛的晶穴孔径大，杂质的分子扩散速率快，而且比表面积大，表现出吸附容量高。13X 分子筛阻力小，穿透曲线的斜率较大，传质区较短。13X 分子筛体心立方结构的结构稳定性好。13X 分子筛比 5A 分子筛具有上述更优良的吸附性能，因而现代的空分装置的分子筛纯化器几乎全部采用 13X 分子筛作为吸附剂。

13X 分子筛产品规格形状有球形、条形、三叶形三种。

其尺寸及堆密度见表 4-10。条形分子筛比球形分子筛具有更大的比表面积。小颗粒分子筛可以减小分子筛床层体积，因传质区较短，所以可以降低床层高度，但床层阻力较大。表中 1/16″和 8×12 目小颗粒分子筛比 1/8″和 4×8 目大颗粒分子筛的阻力约高 60%。在设计时，短周期，低床层时采用小颗粒分子筛。三叶型分子筛性能处于小颗粒分子筛（1/16″和 8×12 目）与大颗粒分子筛（1/8″和 4×8 目）之间。

表 4-10 不同规格分子筛的尺寸及堆密度

规　格	1/8″	1/16″	4×8 目	8×12 目
颗粒直径/mm	2.92~3.43	1.46~1.97	2.38~4.75	1.68~2.38
堆密度/kg·m^{-3}	610	610	640	640

4.5.2.2 分子筛纯化器

分子筛纯化器工作循环图如图 4-27 所示。

150m^3/h 中压小型制氧机纯化器的结构如图 4-28 所示。纯化器的工作温度为常温。正常工作压力为 2~2.5MPa，启动时的工作压力为 0.45MPa，处理空气量 960m^3/h，工作周期 8h。设计时空塔流速为 0.04m/s，5A 分子筛对二氧化碳的动吸附容量一般为 1%~3%。纯化器为立式的圆柱形容器，内装 ϕ3~9mm 粒径的球形分子筛 5A 或 13X，

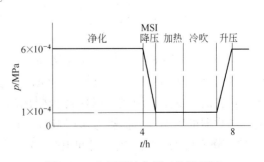

图 4-27 分子筛纯化器工作循环图

吸附器内的上、下部各设过滤网。吸附器外有冷却水套，用于冷却吸附器，促进吸附过程的进行。

全低压制氧流程中所配置的分子筛纯化器有立式、卧式、径向式三种。通常容量小于6000m³/h的制氧机采用立式轴向流吸附器，大于10000m³/h制氧机采用卧式吸附器。目前，大型和超大型制氧机分子筛纯化器采用了一种新型的立式径向流纯化器。

国产6000m³/h制氧机的分子筛纯化器为立式吸附器，其结构见图4-29。纯化器外径为3.8m，总高为4.8m，每筒装填13X分子筛6000kg。纯化器的工作压力为0.66MPa，净化空气量为32000m³/h，入口温度10℃，工作时间为108min。为保证分子筛床层厚度均匀。在床层上部设有耙平机构。再生使用污氮气，气量为7000~11000m³/h。

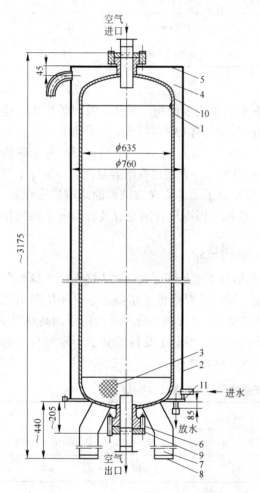

图4-28 150m³/h中压小型制氧机的纯化器
1—筒体；2—外筒；3—分子筛；4—过滤器（Ⅰ）；
5—外筒盖；6—过滤器（Ⅱ）；7—撑板；8—底板；
9—法兰；10—封头；11—外筒底

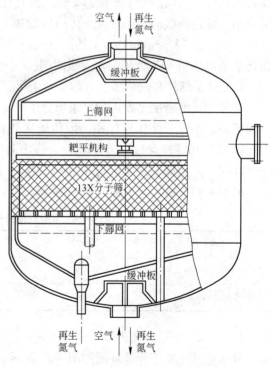

图4-29 立式轴向流纯化器结构示意图

10000m³/h制氧机的分子筛纯化器结构示于图4-30。吸附器是卧式的。吸附筒为双层，外筒外径3.8m，内筒外径为3.0m，筒总长为7.5m，吸附床层截面为18.4m²。双层结构设置的目的是为绝热，以保持吸附床层内部有较高且均匀的温度场，以使再生时节能。纯化器的工作压力仍然为0.66MPa，加工空气量58000m³/h，入口温度10℃。每筒装填13X分子筛8200kg，工作时间108min。在吸附器上部仍然设置耙平机构，以保持床层平整。

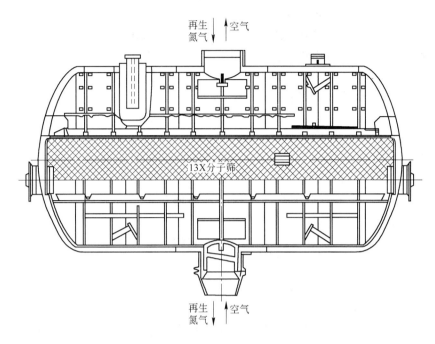

图 4-30 卧式纯化器结构示意图

在应用实践中发现，双层筒体结构不仅结构复杂，而且薄薄的只有 2mm 厚的内筒，在每个周期的加温和冷吹所造成床层上、下部温度不同而产生的交变应用的作用下，易产生疲劳裂缝，以致使部分空气短路，直接影响净化效果。鉴于此因，从 1986 年开始把分子筛纯化器设计成单层筒体。

单层筒体结构又分为单层筒体外绝热、单层筒体带内隔板内绝热。单层筒体吸附器主要由筒壳、上下筛网、支撑栅架、上下缓冲板和隔热罩等组成。大型卧式分子筛纯化器设置耙平机构，以保证床层厚度均匀一致。实践得知，大型卧式分子筛纯化器气流均匀分布问题是纯化器正常工作的关键，因此，对分子筛纯化器的结构进行了如下改进：（1）下均布器采用圆筒孔板或平孔板式；（2）空气出口（再生污氮入口）采用圆筒孔板式均布器；（3）支撑栅架上铺设冲长腰形孔的不锈钢板，且孔板与格栅不固定，孔板四周由压板压住，孔板与压板间有小于 1mm 的间隙，以保证变温情况下的自由伸缩，防热应力破坏，造成分子筛泄漏。

随着制氧机的大型化，卧式分子筛纯化器的截面势必进一步增大。其气流分配及保持床层平整的两大困难更为突出。立式径向流纯化器也就应运而生。它的结构见图 4-31。吸附器内设同心内、外分布筒，其

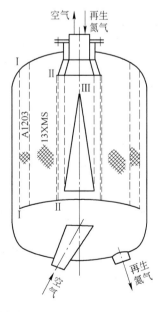

图 4-31 立式径向流纯化器结构示意图
I—外分布筒；II—内分布筒；
III—中心集气管

间填装 13X 分子筛。空气从纯化器底部进入，经导流后进入外筒及外分布筒组成的分流流道，而后均匀地穿过外分布筒的小孔，径向的通过吸附床层时作变速运动。被净化的气体再流过内分布筒的小孔进入由内分布筒及中心集气管所组成的集流流道，从中心集气管流出。

径向流分子筛纯化器具有如下的优点：

（1）气流均布，而且加工空气和再生气皆垂直于格栅流动，分子筛受格栅的制约，通常不会发生流态化现象，能显著减少分子筛的粉碎，分子筛的使用寿命延长。

（2）节能。床层薄，阻力小，与卧式分子筛纯化器相比，其阻力下降了 50%。而且加工空气损失也减少 10% ~ 20%。

（3）占地面积小。单只分子筛纯化器的占地面积仅为卧式分子筛纯化器的 1/4 ~ 1/4.5。

（4）适应性大。不受加工空气量的限制，尤其超大型（≥50000m³/h）制氧机，分子筛纯化器直径增大超出运输限制时，增加容器高度即可解决。因此，目前国内、外大型分子筛纯化器均将采用径向流结构形式。

（5）外筒不需要保温。再生热气从中心筒反向进入，当热气体与管壁接触时，已将热量传递给了分子筛床层，气体温度较低，热损失少且外筒也不需要保温。

（6）无热应力。由于内筒悬挂于外筒封头上，可以自由伸缩，故在变温的工作条件下，无热应力产生。

4.6　分子筛纯化器的使用及节能

4.6.1　对吸入空气的要求

分子筛对空气中所含的水蒸气、二氧化碳、乙炔及其他碳氢化合物有共吸附作用，所以加工空气通过分子筛一次性的吸附及净化，就能达到空气分离工艺要求。但是，空气中某些微量的有害杂质会影响分子筛对水、二氧化碳的吸附。例如：分子筛对硫化氢、氨等极性分子具有较强的亲和力，在吸附水的同时也同时被吸附。分子筛吸附能力强弱的顺序为：水 > 氨 > 硫化氢 > 二氧化硫 > 二氧化碳。可见，对氨、硫化氢等的吸附，势必影响分子筛对二氧化碳净化。此外，还有二氧化硫（SO_2）、氯化氢（HCl）、氧化氮（$NO_x = NO + NO_2$），其中一氧化氮约占 60% ~ 80%、氯（Cl_2）等杂质还会破坏分子筛，缩短分子筛的使用寿命。为了清除氨、硫化氢等杂质，加工空气压缩后先经过氨水预冷器的空冷塔，用水喷淋冷却加工空气同时水洗清除氨、二氧化硫等杂质。

值得注意的是：随着工业污染的加剧，空气中所含的氧化亚氮（N_2O）以每年 0.2% 的速度增长，虽然制氧机流程中已采取水洗、吸附等措施，但是 13X 分子筛对氧化亚氮只能吸附 85%，而且当分子筛吸附二氧化碳达到饱和后，已被吸附的氧化亚氮还会解吸进入空分装置，威胁空分装置的安全，因此对吸入空气的杂质含量有一定的限制，见表 4-11。

表 4-11　空气中最大允许杂质含量（分子筛净化流程）

组　分	CH_4	C_2H_6	C_2H_2	C_2H_4	C_3H_8	C_3H_6	C_4 碳化物	CO_2	NO_x	N_2O	总碳	机械杂质
最大含量	5×10^{-6}	0.1×10^{-6}	0.3×10^{-6}	0.1×10^{-6}	0.05×10^{-6}	0.2×10^{-6}	1×10^{-6}	400×10^{-6}	0.1×10^{-6}	0.35×10^{-6}	8.0×10^{-6}	$<30mg/m^3$

经过多年的研究，威胁空分装置安全，引起空分爆炸的危险杂质为乙炔及其他碳氢化合物。碳氢化合物在液氧中的爆炸敏感性顺序为：乙炔—丙烯—乙烯—丁烯—丁烷—丙烷—甲烷。

乙炔的化学结构未饱和性决定了它是最易爆炸的危险物质。研究表明，在液空、液氧中有二氧化碳干冰的存在会加剧乙炔的析出。其原因是二氧化碳结晶会吸附乙炔，吸附量可达1%，这种固体颗粒的乙炔球，既可能堵塞管路设备，又会燃烧爆炸，因此必须严格控制空气中的乙炔含量。

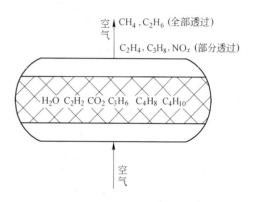

图 4-32 分子筛纯化器杂质吸附与透过示意图

虽然分子筛能够吸附乙炔及其他碳氢化合物，但也不能完全清除全部的碳氢化合物。在分子筛纯化器中吸附和透过杂质的情况见图4-32。杂质吸附和透过的顺序如下：

$$甲烷(CH_4) \underset{(立即穿透)}{} — \underset{(几乎立即穿透)}{乙烷(C_2H_6)} — \underbrace{乙烯(C_2H_4) — 丙烷(C_3H_8) — 二氧化碳(CO_2)}_{(几乎同时穿透)} —$$

$$\underbrace{乙炔(C_2H_2) — 丙烯(C_3H_6)}_{(迟一些穿透)} — \underbrace{丁烷(C_4H_{10}) — 丁烯(C_4H_8)}_{(再迟一些穿透)} — \underset{(最后穿透)}{H_2O}$$

为了防止乙炔和其他碳氢化合物在空分装置中积聚而发生爆炸，确保空分装置安全运行，在采用分子筛纯化的空分装置运行中，对大气的质量要求见表4-11。对空压机出口和液氧中危险杂质的含量控制指标列于表4-12。此表中的数据为欧洲气体协会制订的控制标准。

表 4-12 空气和液氧中杂质含量的控制指标　　　　　　　　　　　　　　$(\times 10^{-6})$

杂 质	液氧中含量		空压机出口含量	液氧中的溶解度
	报 警	联 锁	报 警	
甲烷 CH_4	125	500	8	易 溶
乙烷 C_2H_6	50	200	0.5	250000
乙烯 C_2H_4	10	40	0.5	30000
乙炔 C_2H_2	0.5	1	0.5	6
丙烷 C_3H_8	5	20	0.2	60000
丙烯 C_3H_6	2	8	0.5	10000
丁烷 nC_4H_{10}	0.5	1	0.5	700
异丁烷 iC_4H_{10}	0.5	1	0.5	2500
丁烯 C_4H_8	0.5	1	0.5	1500
异丁烯 iC_4H_8	0.5	1	0.5	200
丁二烯 C_4H_6	0.5	1	0.5	25
戊烷 C_5H_{12}	0.5	1	0.5	50

续表 4-12

杂　质	液氧中含量		空压机出口含量	液氧中的溶解度
	报　警	联　锁	报　警	
戊烯 C_5H_{10}	0.5	1	0.5	300
丙酮 C_3H_6O	0.15	0.3	0.05	2
氧化亚氮 N_2O	45	60	0.6	180
一氧化氮 NO	1.5	2	0.1	6
二氧化氮 NO_2	1	4	0.1	15
二氧化碳 CO_2	1	2	400	4.5
臭氧 O_3	0.01	0.02	0.1	

4.6.2   再生操作条件的确定

分子筛纯化器的再生方法有两种，一种是加热再生，也可称为变温吸附，简称为TSA。另一种是减压解吸，也可称为变压吸附，简称 PSA。减压解吸，吸附剂再生时不需要用污氮进行加热，与 TSA 相比节能约 1.5%。但是 PSA 方法分子筛的吸附容量控制在较低的水平，也就是设计为短周期，通常为 10~15min，因此切换损失大，对切换阀门的质量和寿命要求很高。而且采用三塔或多塔流程投资高且不易与空分装置长周期连续运转相匹配。现代制氧机流程中的分子筛纯化器多数采用 TSA 法。这种方法是利用吸附剂温度升高吸附容量减少的方法使分子筛再生。为了彻底将吸附在分子筛表面的杂质清除，而又不使分子筛颗粒温升太高，床层蓄热太多，耗能太大，首先必须确定再生时最适宜的加热温度。

加工空气进入分子筛纯化器时含水量已达到当时温度下的饱和含水量，如 15℃ 时为 12.84g/m³；CO_2 的含量为 $(300~500)×10^{-6}$；C_2H_2 含量小于 $0.3×10^{-6}$，可见分子筛吸附水分量最大。且分子筛对水分子具有亲和力，吸附力最强，再生时所需要的脱附热最高，脱附 1kg 水所需脱附热约为 3266kJ，所以分子筛再生时的加热温度应定为水分完全解吸时的温度。理论上的再生温度应为吸附剂对水分吸附容量为零时的温度。对于硅胶及活性氧化铝在大于 100℃ 时对水的吸附容量就近似为零。而分子筛对水的吸附容量大于 300℃ 才能近似为零，达到彻底再生。操作中分子筛床层通常加热到 200℃ 左右，虽然尚未完全再生，仍残留的水分量约 3%，但却节能 30%。对分子筛加热的再生气选用干净且干燥的污氮气，因污氮无水及二氧化碳等杂质在再生过程中已被解吸的水、二氧化碳、乙炔等杂质能够及时扩散到再生气中带出器外，而不会发生再吸附的现象。再生加热气入分子筛纯化器的温度为 250℃。目前采用不完全再生或双层床分子筛纯化器时，再生加热气入分子筛纯化器的温度为 170℃。

当然再生用的污氮量充足，才能保证再生操作顺利进行。设计时再生污氮量是由加热时间内所需要的热量来确定的，大型制氧机再生用的污氮量约为加工空气的 15%~20%。再生气的压力应尽量低，压力越低吸附容量越小越有利于解吸，所以再生气的压力能够克服床层阻力即可，通常为 0.115~0.12MPa。

4.6.3　双层床吸附器

分子筛纯化器双层床是指在纯化器进口处，先装一定量的活性氧化铝形成吸水层，在其上再装一层13X分子筛。这样的设计是依据活性氧化铝对于含水量较高的气体，其对水分的吸附容量较大，可参见图4-18。加工空气进入分子筛纯化器的含水量是饱和的（相对湿度为100%），随着空气中含水量降低，活性氧化铝吸水能力急剧下降，其上加13X分子筛可以起到深度干燥的目的，同时13X分子筛主要用于吸附清除 C_2H_2、CO_2 等杂质。活性氧化铝对水分吸附时所放出的吸附热少，床层温升小，有利于13X分子筛对 CO_2 的吸附，以使净化效果更佳。并且活性氧化铝解吸水分时要求的再生温度低（约100℃），因此双层床纯化器的再生加热时间，约为单层床加热时间的 $1/2 \sim 1/3$，从而双层床比单层床显著节能，据统计每年电耗可以减少50%~60%。

从双层床与单层床对比实验中得出：双层床分子筛纯化器的有效工作时间延长了25%~35%。这是因为活性氧化铝颗粒较大，坚硬机械强度高，吸水不龟裂不粉化，活性氧化铝在下层可以防止气流对分子筛的冲击，分子筛也不会受潮粉化，并且不会被酸性物质毒化，有效地保护了分子筛，从而大大延长分子筛的使用寿命。

活性氧化铝处于加工空气入口处，还可以起到均匀分配空气的作用。

双层床可以在比较低的温度条件下再生，这不仅节能，并且能保证纯化器中的活性氧化铝、13X分子筛彻底解吸，空气净化程度更高，可以保证加工空气的露点达到或低于 $-70℃$，CO_2 含量小于 1×10^{-6}，从而延长了制氧机的运转周期。另外，由于再生温度较低，也为低压废热蒸汽的利用提供了条件。

但是，双层床设计计算要求更精确，双层床装填的比例与使用时的工况应尽可能的吻合，否则会影响净化效果。此外，两种吸附剂装填在同一筒壳内，中间界面必须隔离不得渗混。隔离网不仅使吸附剂的装卸操作造成困难，而且阻力增加外，还要考虑隔网的热胀冷缩的问题，否则会造成漏泄。

目前现代大型制氧机还出现了三层分子筛纯化器。最上面一层为 $50 \sim 100mm$ 厚专门吸附氧化亚氮的分子筛。13X分子筛对氧化亚氮只能吸附85%，不能完全吸附，氧化亚氮进入空分冷箱后，由于其沸点高于氧、氮等组分，其溶解度低，相对挥发度小，最终进入主冷液氧中不能溶解而易于积聚，成为凝聚核，增加了碳氢化合物浓缩的危险性，因此有的分子筛纯化器专设一层吸附剂加以清除。

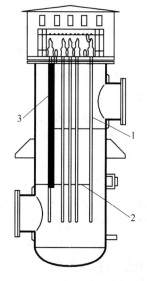

图4-33　电加热器结构简图

1—电热管；2—折流板；3—拉杆

4.6.4　加热器及节能

分子筛再生系统中的加热器可采用蒸汽加热器和电加热器。

电加热器一般采用管状的电阻元件其电加热器的结构见图4-33。管状电阻元件均匀布置，内设折流板，使气流能够横向通过电热管并增加气流与电热管接触时间而强化传热。功率小的电加热器（<100kW）结构多采用三层筒体。再生

气先进入最外层预热。再经中间夹层被电热元件加热，这样气体的行程较长，既可以强化传热，外层又不必加绝热层。电加热器内还设置拉杆定距管，来保证折流板的支撑。

电加热器功率的确定由下式计算：

$$N = \frac{V \cdot c_V \cdot (t_2 - t_1)}{3.6 \times 10^3} \tag{4-10}$$

式中　N——加热器功率，kW；

     V——所需的加热气体量，m^3/h；

     c_V——加热气体的容积比热容，$kJ/(m^3 \cdot K)$；

     t_2——加热气体出口温度，℃；

     t_1——加热气体进口温度，℃。

设计时，加热气体的出口温度应按最高温度选取。为了补偿热损失，实际功率应增加15% ~ 20%的余量。

为了提高传热效率，节能又降低电加热器的成本。可采用翅片管式电热元件及 PTC 合金电热元件。翅片管式电热元件具有二次传热面，能够提高单根电热元件的传热效率。PTC 电热元件是新型发热材料的电热元件。PTC 表示正温度系数。此元件同时具有发热、测温、调节功率的性能，它比普通的电热元件的使用寿命的三倍。尤其在安全性能上，不会发生过热或过烧现象，在故障情况下，例如断气时，加热管的表面温度会维持在居里温度（250℃）以下。

当现场具有蒸汽源时，可采用蒸汽加热器。蒸汽加热器的传热管形有光管和翅片管两种。蒸汽工质的状态有饱和蒸汽和过热蒸汽两类。蒸汽加热器管壳为污氮流通，管内为蒸汽冷凝，因壳体与管元件温差变化较大。因此需要设置膨胀节，进行温度补偿。蒸汽加热器的型式有两种：即固定管板式加热器与填料函式加热器。填料函式的特点是管束可以自由伸缩，减少了蒸汽泄漏的可能；即便填料密封处泄漏也易于发现，以便及时检修。但受其填料性能的限制，使用压力小于 2.5MPa，蒸汽温度小于 300℃。

最近采用的节能型蒸汽加热器是将加热器排放的冷凝水返回加热器，再生气先由冷凝水预热，而后再由蒸汽加热到工作温度。这样可节省蒸汽 18% 左右。为了达到上述两次换热，此换热器管程分左右两部分换热段。这种换热器为立式，换热管为整体轧制的低翅片高效换热管。

加热器为间断使用在整个再生过程中约 25% 的时间为加热，其余时间为冷吹和切换。为了节能在电加热器再生系统中设置一台内装瓷球或石英石的蓄热器见图 4-34。在这一系统中电加热器连续工作，其电加热器的设计功率约为无蓄热器的电加热器设计功率的1/4。由于蓄热器的设置，系统中还需要增加三只切换阀。该系统中电加热器工作状况如下：首先在空分装置启动时，先通过 25% 的再生气通过加热器加热，而后进入蓄热器将热量贮存于蓄热器内。在再生过程的加热期内 25% 再生气仍然继续通入加热器，另外 75% 的再生气通入蓄热器，将蓄热器内的热量带出后，与通过电加热器加热的再生气汇合，一起进入纯化器加热吸附剂。

显然，带蓄热器的再生系统电加热器连续工作，可以避免电加热器启动时启动电流高，损失大，又频繁开停易造成故障的问题。但这种配置，切换气量变化大，容易造成加工空气量波动，影响空分装置的操作，因此设计时应注意切换阀口径的合理配置，操作时尽量减小切换时加工空气量的波动，确保精馏工况的稳定。

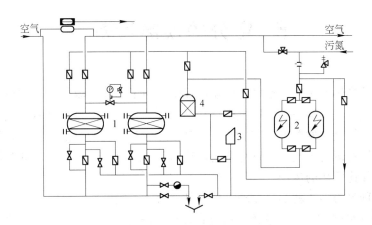

图 4-34 带蓄热器的分子筛纯化系统流程图
1—分子筛吸附器；2—电加热器；3—消声器；4—蓄热器

5 空分的换热设备

制氧机中的换热器很多。空气在压缩过程中，为了提高等温效率就需要机壳冷却、级间冷却器。空气液化循环中需设置主换热器。空分装置的保冷箱中又有液化器、过冷器以及精馏系统的主冷凝蒸发器等。它们的性能直接影响制氧机的经济指标，它们的安全可靠性关系着制氧机的运行工况。本章将阐明传热的基本理论，一般换热器的共性及低温换热器的特性以及强化传热的途径。

换热器的种类很多，就换热原理来分，可分为三大类：

（1）混合式换热器。冷、热流体通过直接接触进行热量交换，故亦称直接接触式换热器。制氧机中的水冷塔、空冷塔就属于这种类型。

（2）蓄热式换热器。冷、热流体交替通过传热表面。当冷流体通过时将冷量（或热量）储存起来，而后热流体（或冷流体）再将冷量取走。制氧机中的蓄冷器就是这种换热器。

（3）间壁式换热器（亦称间接式换热器）。冷、热流体被固体传热表面隔开，而热量的传递通过固体传热面进行。此类换热应用十分普遍，在空分装置中所应用的换热器多属于此种类型。

间壁式换热器按其传热面的结构又分为：管式换热器、板式换热器、板翅式换热器及特殊形式换热器。

空分装置中的换热器根据流体状态变化可分为三种：

（1）传热双方都没有相变。例如蓄冷器（或可逆式换热器）中是气体与气体之间的传热；过冷器是气体与液体间的传热。

（2）仅有一侧发生相变。例如液化器是气体与冷凝气体之间的传热。饱和空气在液化器中放出热量后部分变成液体。

（3）传热双方都有相变。如主冷凝蒸发器和辅助冷凝器中，气氮放出热量冷凝成液氮，液氧吸收热量蒸发成气氧。

5.1 传热基本方式

热量从高温物体向低温物体传递有三种基本方式，即导热、对流、辐射。

5.1.1 导热传热

导热亦称热传导是指直接接触物体各部分之间的传热现象。在液体和固体中热量的转移是依靠分子碰撞；固体金属主要依靠自由电子的运动；气体则主要依靠分子的不规则运动。导热最基本的规律是傅里叶公式：

$$Q = \lambda \frac{F\Delta t}{L} \tag{5-1}$$

式中　Q——传递的热量；

　　　λ——热导率；

　　　F——传热面积；

　　　Δt——传热温差；

　　　L——传热距离。

导热基本定律（傅里叶定律）指出：在导热现象中单位时间内通过给定面积的热量，正比于该点的温度梯度及垂直于导热方向的截面面积。

热导率是很重要的物性参数。它反映出物质导热能力的大小。其物理意义是单位温度梯度下物体内产生的热流量。影响热导率的主要因素为物质的种类和温度。很容易理解：金属的热导率最大，其次是非金属，而后是液体，最小是气体。例如：300K 时铜、铝、钢的热导率分别为 398W/(m·K)、237W/(m·K)、43.0W/(m·K)；空气在 300K 时的热导率为 0.026 W/(m·K)。空气、氧气、氮气的热导率可在第 1 章查得。空分装置常用物质的在标准状态下热导率列于表 5-1。

表 5-1　常用材料在标准状态下的热导率

材料名称	热导率 λ/W·(m·K)$^{-1}$	材料名称	热导率 λ/W·(m·K)$^{-1}$
铜	383	矿渣棉	0.04 ~ 0.046
铝	204	玻璃棉	0.037
钢	约47	珠光砂	0.035
不锈钢	29	碳酸镁	0.026 ~ 0.038
木材	0.12	水	约0.563
红砖	0.23 ~ 0.58	雪	1.3

在常温下热导率小于 0.23W/(m·K) 的固体材料，可以有良好的保温和保冷作用，因而称为绝热材料（或保冷材料）。从表 5-1 可以看出：碳酸镁、矿渣棉、珠光砂等都属于空分装置的保冷材料。但一旦保冷材料受潮，因水的热导率较大（2.2W/(m·K)）。跑冷损失将增大，会严重影响空分装置的正常运行，甚至导致制氧机停产。

5.1.2　对流传热

由于流体（液体或气体）本身流动，将热量从流体的一部分传递到另一部分的现象称之为对流传热。其热量的转移是依靠流体流动的位移而进行的。其主要规律由牛顿公式表示：

$$Q = \alpha F \Delta t \tag{5-2}$$

式中　Q——单位时间所传递的热量；

　　　α——换热系数；

　　　F——传热面积；

　　　Δt——温差。

换热系数（放热系数）α 表示了对流传热的强弱。影响换热系数的因素很多。除流体的种类而外，还受到流体流动工况的直接影响。概括起来有以下主要因素：

（1）流体的流动状态。从流体力学的流动实验揭示流体的流动有层流、紊流、过渡流。层流的每股流束有秩序地流动，不干扰其他流束；紊流的流束不规则地互相交织、互相干扰；而过渡流是介于这种之间的流动状态。可以想象紊流流动激烈，能够破坏边界层，使传热强化，所以紊流具有较高的换热系数。

（2）流动动力。流体的流动有强迫流动和自然对流两大类。强迫流动是流体在外力作用下的受迫流动，例如用风机、压缩机输送空气。凡是依靠流体温度不同的密度差而流动的都称为自然对流。显然强迫流动的换热系数大于自然对流的换热系数。

（3）放热面的形状。放热面的形状会直接影响流体的流动工况，因而也就改变对流传热状况，对流换热系数将随之变化。流体的流速越高，扰动越大，换热系数 α 越大。在制氧机常见的对流换热工况所对应的换热系数范围在表 5-2 中列出。

表 5-2   几种对流换热的换热系数范围

放 热 性 质	$\alpha/W \cdot (m^2 \cdot K)^{-1}$	放 热 性 质	$\alpha/W \cdot (m^2 \cdot K)^{-1}$
水蒸气冷凝	4652～17445	水的沸腾	582～52335
氮的冷凝	1977～2326	油的加热或冷却	58～1745
氧的沸腾	1397～2093	空气加热或冷却	1.16～58
水加热或冷却	233～1163		

可以看出，水沸腾的换热系数远大于水的加热或冷却。同样，空气的加热或冷却的换热系数比氮的冷凝或氧的蒸发小几十倍。所以，具有相变的对流换热具有很强的传热能力。

流动工况的判断应用雷诺数，用符号 Re 表示：

$$Re = \frac{惯性力}{黏性力} = \frac{\rho w^2}{\mu \cdot \dfrac{w}{l}} = \frac{\rho w l}{\mu} \tag{5-3}$$

式中 ρ——流体密度；

       w——流速；

       l——管长；

       μ——运动黏度。

在一般工程管道里能够保持层流的临界雷诺数为：$Re = 2300$。当 $Re < 2300$ 时，流体的流动为层流状态；当 $Re > 10000$ 时，流动状态为紊流；$2300 < Re < 10000$ 时，流动状态处于两种状态的过渡称为过渡流。

5.1.3 辐射传热

辐射系指热量不借任何介质传递，而直接由热源以电磁波的形式辐射出来被另一物体部分或全部地吸收而转变为热能。热辐射最重要的定律为四次方定律。它表明了黑体辐射力与其绝对温度的四次方成正比。在工程技术计算表达式为：

$$E_0 = C_0 \left(\frac{T}{100} \right)^4 \tag{5-4}$$

式中 E_0——黑体的辐射能；

C_0——黑体的辐射系数；

T——黑体的绝对温度。

在低温领域中，辐射能很小，热辐射的热传递方式可以忽略，所以此处也就不再详细阐述。

实际换热器传热过程并非为单一传热方式而是两种或三种传热方式的组合。

5.2　间壁式换热器的传热

5.2.1　传热基本方程式

传热过程总的表现是热量从热流体传给壁面，壁面再传给冷流体。传热过程的示意图见图 5-1。

冷、热流体的传热推动力是温度差 $\Delta t = t_{f1} - t_{f2}$ ，单位时间两股流体所交换的热量 Q 与传热面积 F 及温度差 Δt 成正比。传热基本方程式数学表达式为：

$$Q = KF\Delta t = KF(t_{f1} - t_{f2}) \tag{5-5}$$

式中，K 为传热系数 $W/(m^2 \cdot K)$，它的物理意义是冷、热流体之间温差为 1℃ 在单位时间通过单位面积所传递的热量，K 值是衡量换热器性能的重要指标之一。

详细分解间壁换热器的传热过程可分为三步进行：

（1）热流体与壁面 I 对流换热。热流体将热量 Q 传至壁面 I ，其本身温度由 t_{f1} 降至 t_{w1} ，所传递的热量为：

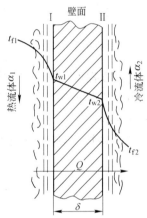

图 5-1　传热过程示意图

$$Q = \alpha_1 F(t_{f1} - t_{w1})$$

$$t_{f1} - t_{w1} = \frac{Q}{\alpha_1 F} \tag{5-6}$$

式中　α——换热系数；

t_{f1}，t_{w1}——分别为热流体、壁面 I 的温度。

（2）壁面 I 以导热的方式将热量 Q 传递给壁面 II ，其温度由 t_{w1} 下降到 t_{w2}。其计算式为：

$$Q = \frac{\lambda}{\delta}F(t_{w1} - t_{w2})$$

$$t_{w1} - t_{w2} = \frac{Q\delta}{\lambda F} \tag{5-7}$$

式中　λ——壁面材料的导热系数；

δ——壁面厚度。

（3）壁面 II 与冷流体对流换热，所传递热量为：

$$Q = \alpha_2 F(t_{w2} - t_{f2})$$

$$t_{w2} - t_{f2} = \frac{Q}{\alpha_2 F} \tag{5-8}$$

式（5-6）、式（5-7）、式（5-8）相加，则得到：

$$\frac{Q}{\alpha_1 F} + \frac{Q\delta}{\lambda F} + \frac{Q}{\alpha_2 F} = t_{f1} - t_{f2} = \Delta t$$

$$Q = \frac{1}{\dfrac{1}{\alpha_1} + \dfrac{\delta}{\lambda} + \dfrac{1}{\alpha_2}} F\Delta t \qquad (5\text{-}9)$$

与传热基本方程式（5-5）比较得：

$$K = \frac{1}{\dfrac{1}{\alpha_1} + \dfrac{\delta}{\lambda} + \dfrac{1}{\alpha_2}} \qquad (5\text{-}10)$$

式（5-10）是在 F 相等的条件下得出的，也就是固体壁面为平行板。间壁式换热器传热过程包括 2 个对流换热和一个导热。传热系数为综合值，称之为综合传热系数更为贴切。

5.2.2　传热的实际计算

传热方程可解决下列三个方面的传热问题：

（1）设计换热器。根据给定条件，预先确定 Q、Δt 和 K，可计算出所需要的传热面积 $F = Q/K\Delta t$。

（2）核算现成的换热器能否满足换热要求。这时，F、Δt 与 K 均能设法求得，则 $Q = KF\Delta t$。

（3）测定传热系数。通过实验或生产现场测定传热系数 K，作为设计同类换热器时的依据。这时已知 F 测定 Q 及 Δt，则 $K = Q/F\Delta t$。

5.2.2.1　平均温差 Δt_m 的计算

在实际换热器的传热过程中，冷热流体的温度沿着换热面一般都是变化的，因此在沿换热器高度方向的温差也不是常数。在运用传热方程时，需要引入平均温差 Δt_m 的概念。

流体温度变化的规律除与流体的性质、冷热流体的流量比有关外，还与流体的相对流向有关。如图 5-2 所示，a 为两股流体平行同向流动称顺流；b 为平行逆向流动称逆流；c

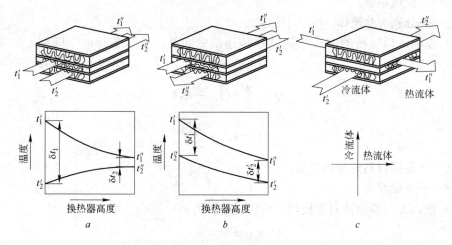

图 5-2　流体的流向及温度变化

a—顺流；b—逆流；c—叉流

为垂直交叉流动称叉流。图中还给出了顺流和逆流时冷、热流体沿换热器高度方向温度变化的情况。从图上可以看出，顺流时冷流体的出口温度总是低于热流体的出口温度，而在逆流布置时冷流体的出口温度可以高于热流体的出口温度。并且，在冷、热流体的性质、流量、进口温度及换热面积都相同的条件下，逆流布置时，冷热流体间具有最大的平均温差，也即换热量最大。顺流布置时平均温差最小，叉流介于二者之间。因此，热交换器在一般情况下均采用逆流布置。如果由于结构或其他方面的困难而无法采用逆流时，也应尽量采用叉流，避免采用单纯的顺流。

冷流体进、出口温度为 t_2' 及 t_2''，则算术平均温差为：

$$\Delta t_{m算} = \frac{(t_1' + t_1'') - (t_2'' + t_2')}{2} = \frac{(t_1' - t_2') + (t_1'' - t_2'')}{2} = \frac{(t_1' - t_2'') + (t_1'' - t_2')}{2}$$

$$(5-11)$$

亦即无论是顺流或逆流，算术平均温差都为两端温差的算术平均值。

由于实际温度变化并非是直线关系，因此算术平均温差是近似的。只有当气体热容为常数，并且冷热端温差之比小于 2 时，可采用算术平均温差，否则误差太大。

如果将流体的比热容 c_p 及传热系数 K 看作常数。可以推算出流体温度是按指数规律变化的，平均温差可按对数平均温差计算：

$$\Delta t_{m对} = \frac{\Delta t_热 - \Delta t_冷}{\ln \dfrac{\Delta t_热}{\Delta t_冷}}$$

$$(5-12)$$

式中　$\Delta t_热$——热端温差，℃；

$\Delta t_冷$——冷端温差，℃。

上式对顺流与逆流均适用。可以看出，对数平均温差更接近于实际的平均温差，并且，对数平均温差永远小于算术平均温差。

对其他流向的对数平均温差，可在逆流对数平均温差的基础上进行修正，即：

$$\Delta t_{m叉} = \Delta t_{m对逆} \varepsilon_{\Delta t}$$

$$(5-13)$$

式中　$\varepsilon_{\Delta t}$——考虑到叉流时实际平均温差要小于逆流时的平均温差而引进的修正系数，可查专门的图表。

除算术平均温差、对数平均温差外，为了更确切地反映换热器各个截面的温差，还有积分平均温差。积分平均温差通常需要由焓差与温度之间的关系图求出，此处不详细介绍。

5.2.2.2　传热量的计算

热流体经过换热器将热量传给冷流体，所传递的热量称为传热量，也常称为热负荷。在不考虑冷损的情况下，热流体失去的热量 Q_1 应该等于冷流体所得到的热量 Q_2。即：

$$Q = Q_1 = Q_2$$
$$Q_1 = G_1(h_1' - h_1'')$$
$$Q_2 = G_2(h_2'' - h_2')$$

$$(5-14)$$

式中　h_1'，h_1''——分别为热流体进、出换热器的焓值；

h_2'，h_2''——分别为冷流体进、出换热器的焓值；

G_1，G_2——分别为热、冷流体重量流量。

在无相变的情况下，热负荷也可以用比热容求出：

$$Q = G_1 c_{p1}(t_1' - t_1'') = G_2 c_{p2}(t_2'' - t_2') \tag{5-15}$$

5.2.2.3 传热系数确定

正确确定传热系数是设计换热器的关键，但影响传热系数的因素非常多，通常要根据理论计算再参考经验数据及实验结果，进行分析比较，确定合适的传热系数 K 值。

表5-3 依据有关资料给出了一些空分换热器传热系数 K 的经验数据供参考。

表5-3　换热器传热系数经验数据

形式		热流体	冷流体	$K/W \cdot (m^2 \cdot K)^{-1}$
蓄冷器	卵石	空气	氧、氮	10
	铝带			30
盘管式	蓄冷器内	空气	氧、氮	30
	热交换器	空气	氧、氮	100~160
	辅助冷凝器	气氮冷凝	液氧蒸发	350
列管式		气	气	35~80
		气	液	60~300
冷凝蒸发器	长管式	气氮（管间）	液氧（管内）	约650
	短管式	气氮（管内）	液氧（管间）	约500
	板翅式	气氮	液氧	约650
板翅式	切换换热器	空气	氧、氮、污氮、环流	60~80
	过冷器	液空	氮	110
		液氮	氮	80
		液氧	氧	60
	液化器	液空	氧、氮	约100

如前所述，传热过程是由热流体到热壁面的放热过程。壁本身的导热过程及冷壁面到冷流体的放热过程串联组成，若已知换热系数和壁的热导率后，可计算出传热系数。

（1）通过平壁的传热。式（5-10）是通过平壁传热的传热系数计算式。当热流体的对流换热系数 α_1 越小，或冷流体的对流换热系数 α_2 越小，则热流量（单位时间内单位面积传热量）越小。其实 α 越小也就是 $1/\alpha$ 越大，$R_{对} = 1/\alpha$，它反映了对流换热阻力的大小，因而叫做对流热阻。同样道理，将 $\dfrac{\delta}{\lambda}$ 项称为导热热阻。

例　有一板式换热器热负荷 $Q = 3.5 \times 10^6 \mathrm{kJ/h}$，氧沸腾侧的换热系数 $\alpha_1 = 2 \times 10^3$ $\mathrm{W/(m^2 \cdot K)}$，氮冷凝侧的换热系数 $\alpha_2 = 1.8 \times 10^3 \mathrm{W/(m^2 \cdot K)}$，铝板厚度 $\delta = 1\mathrm{mm}$，热导率 $\lambda = 192 \mathrm{W/(m \cdot ℃)}$，两侧流体的温差 $\Delta t = 1.8℃$，求所需的传热面积为多少？

根据式（5-10）传热系数 K 为：

$$K = \cfrac{1}{\cfrac{1}{\alpha_1} + \cfrac{\delta}{\lambda} + \cfrac{1}{\alpha_2}}$$

$$= \cfrac{1}{\cfrac{1}{2.0 \times 10^3} + \cfrac{0.001}{192} + \cfrac{1}{1.8 \times 10^3}}$$

$$= \cfrac{1}{5.0 \times 10^{-4} + 5.2 \times 10^{-6} + 5.55 \times 10^{-4}}$$

$$= 947.7 \text{W}/(\text{m}^2 \cdot \text{K})$$

则:

$$F = \frac{Q}{K\Delta t} = \frac{3.5 \times 10^6 / 3600}{947.7 \times 1.8} = 570 \ (\text{m}^2)$$

由上述例子可以看出，传热系数比任何一侧的换热系数均要小。对金属壁来说，导热热阻与对流热阻相比可以忽略不计，即:

$$K = \cfrac{1}{\cfrac{1}{\alpha_1} + \cfrac{1}{\alpha_2}} = \frac{\alpha_1 \alpha_2}{\alpha_1 + \alpha_2} \tag{5-16}$$

（2）通过圆管壁的传热。参看图 5-3，通过圆管壁的稳定传热与上述通过平壁传热的差别就在于前者的热流量在传热过程中是变化的。这是因为在热量传递过程中虽然总热量不变，但由于传热面积有变化，所以热流量有变化。因此在分析时必须引用总热量的传热方程式（5-5），即:

$$Q = KF(t_{f1} - t_{f2})$$

对两侧的总的对流换热，可分别写为:

$$\left. \begin{array}{l} \cfrac{t_{f1} - t_{w1}}{Q} = \cfrac{1}{\alpha_1 F_1} \\[3mm] \cfrac{t_{w2} - t_{f2}}{Q} = \cfrac{1}{\alpha_2 F_2} \end{array} \right\} \tag{5-17}$$

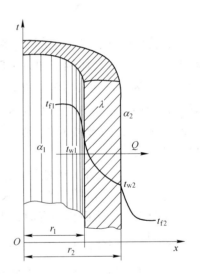

图 5-3   通过圆管的传热

若忽略管壁的导热热阻，即 $t_{w1} \approx t_{w2}$ 则将上述两式相加可得:

$$\frac{t_{f1} - t_{f2}}{Q} = \frac{1}{\alpha_1 F_1} + \frac{1}{\alpha_2 F_2}$$

$$Q = \cfrac{t_{f1} - t_{f2}}{\cfrac{1}{\alpha_1 F_1} + \cfrac{1}{\alpha_2 F_2}} = \cfrac{t_{f1} - t_{f2}}{\cfrac{1}{\alpha_1} \times \cfrac{F_2}{F_1} + \cfrac{1}{\alpha_2}} F_2 \tag{5-18}$$

习惯上取圆管壁外表面积，即 $F_2 = \pi d_2 l$ 作为计算根据，则比较传热方程式与式（5-16）可得:

$$K = \frac{1}{\frac{1}{\alpha_1}\left(\frac{F_2}{F_1}\right) + \frac{1}{\alpha_2}} = \frac{1}{\frac{1}{\alpha_1}\left(\frac{d_2}{d_1}\right) + \frac{1}{\alpha_2}} \tag{5-19}$$

在制氧机中圆管式换热器很多，如空压机、氧压机的水冷却器、油冷却器、小型制氧机早期的主换热器等。

5.2.3 强化传热的措施

强化传热可以节约材料消耗或增大热负荷，提高生产率。要强化传热，必须减小传热过程的热阻，即设法增大传热系数 K。

如前所述，传热系数取决于两侧的对流热阻及壁的导热热阻。减小对流热阻，即增大换热系数就可增大传热系数。举例来说，要强化管内放热，可采取增加流速、增加对流体的扰动或使流体在管内沸腾等措施。当然，这些强化措施也不是不花代价的，例如流速增加会增加阻力，引起能耗增加等。因此应在总经济效果有利的条件下，尽量强化传热。

在串联的三个传热环节中对哪一个环节采取措施见效最大呢？如前所述，金属壁本身的热阻往往可以忽略不计，则式（5-19）成为如下形式：

$$K \approx \frac{1}{\frac{1}{\alpha_1} + \frac{1}{\alpha_2}} = \frac{\alpha_1 \alpha_2}{\alpha_1 + \alpha_2} \tag{5-20}$$

也就是传热系数主要受热、冷流体对流换热的影响。但在 α_1 和 α_2 中，究竟哪一个影响大，可以通过具体例子加以说明。例如 $\alpha_1 = 160\text{W}/(\text{m}^2 \cdot \text{K})$，$\alpha_2 = 2000\text{W}/(\text{m}^2 \cdot \text{K})$，则 $K = 148\text{W}/(\text{m}^2 \cdot \text{K})$；假若将 α_2 增加到 $4000\text{W}/(\text{m}^2 \cdot \text{K})$，而 α_1 维持不变，则 $K = 154\text{W}/(\text{m}^2 \cdot \text{K})$，仅增加了 $6\text{W}/(\text{m}^2 \cdot \text{K})$，只提高了约 4%；如果将 α_1 增加到 $320\text{kJ}/(\text{m}^2 \cdot \text{h} \cdot \text{K})$ 而 α_2 维持不变，则 $K = 276\text{W}/(\text{m}^2 \cdot \text{K})$，此时传热系数增加了 $128\text{W}/(\text{m}^2 \cdot \text{K})$，提高了约 86.5%。

由此可见，为了有效地强化传热，应该设法增加较小的一个放热系数，即热阻大的那一侧是传热的薄弱环节，应首先采取措施强化。

当两边的传热面积不等时，由式（5-19）可见，传热还与传热面积有关，即取决于 $\frac{1}{\alpha_1 F_1}$ 和 $\frac{1}{\alpha_2 F_2}$。同样，为了有效地强化传热，应设法增加 αF 乘积中较小的那一个。

值得注意的是：当导热热阻增加时，譬如：传热壁面结垢、积灰、附有冻结层等情况。这时导热热阻不仅不能忽略，甚至会成为最薄弱的制约传热的环节，就必须采用清洗、加热等措施以降低导热热阻，才能有效地加强传热。

对于现有换热器强化传热可挖掘设备潜力，提高产量。由传热方程式 $Q = KF\Delta t$ 知，增强传热不外乎增加传热面积，加大平均温差和提高传热系数。

（1）增加传热面积 F。传热面积愈大传递的热量愈多，传热过程进行愈完善，对于间壁式换热器可以在传热表面上采用翅片，如目前采用的板翅式换热器。对于混合式换热器应尽量使一种流体成雾滴状后均匀地混入另一种流体中，如氮水预冷系统中采用的喷淋塔。

（2）加大平均温差 Δt。温差愈大，传递热量的推动力愈大。如在同样流体的温度条件下尽量采用逆向流动。

（3）提高传热系数 K。首先为提高 K 值应选热导率高的材料（如铜、铝）作为传热面，并在保证结构强度的前提下，应尽量设法减小传热面的壁厚既节省材料，又减小热阻。设法提高换热系数 α，如果 $\alpha_1 \ll \alpha_2$，则应提高 α_1。如果 $\alpha_1 \approx \alpha_2$，则应同时提高 α_1 和 α_2。为提高放热系数 α，可减小流体的边界层。如板翅式换热器，由于采用了锯齿形和多孔形翅片，使流体流动形成强烈扰动，减薄和破坏了边界层，提高换热系数，从而增大了传热系数 K。

提高流速可以有效地提高对流换热能力。由于速度的提高使流体分子之间的移动和掺混加剧，流体传递热量的能力加强。但流速的增加将伴随流动阻力以及输送流体的功耗增加。选择流速常有四原则，其一所选流速流体呈稳定的紊流状态；其二所选流速不应造成冲击；其三所选流速不应使传热管太长，一般小于 $6 \sim 7 m$，有较适宜外形，以便于拆换和清洗；其四流体阻力损失不应过大，常温换热器小于 $0.1 MPa$。换热器常用流速见表5-4。

表5-4　换热器常用的流速范围

介　质		流速/$m \cdot s^{-1}$	
		管　内	管　外
液　体		$0.3 \sim 3$	$0.2 \sim 1.5$
气　体	$0.1 \sim 0.6 MPa$	$10 \sim 20$	$5 \sim 15$
	$0.6 \sim 5 MPa$	$3 \sim 5$	
	$5 \sim 20 MPa$	$1 \sim 2$	

5.2.4　低温换热器的特点

换热器在低温下工作时，它的传热过程、结构、性能和设计计算具有下列特点：

（1）小温差传热。由于低温换热器中换热不完全损失是冷损，需要更低温度的冷量来补偿，温度越低制冷所花费的代价就越大，所以为了减少换热不可逆损失，就要求小温差传热。例如：主冷凝蒸发器的温差只有 $1.6 \sim 2 ℃$。板翅式主换热器温差 $2 \sim 3 ℃$。计算得出，主换热器热端温差减少 $1 ℃$，节能约2%；主冷凝蒸发器的温差减少 $1 ℃$，节能约5%。

（2）高效率换热。换热器的冷损失占制氧机冷损的比重很大，而且温度水平越低，同样损失 $1 kJ$ 的冷量，所花费的制取功越多，为了使冷量损失降至最低限度，就必须提高传热效率。在低温换热器通常采用以下的措施：1）采用高效而紧凑的传热表面；2）保证流体的均匀分布；3）高度强化流体之间的横向传热；4）尽可能减少或避免流体纵向热传导；5）在可能的条件下采用相变换热。

（3）允许阻力小。制氧机的换热器阻力往往直接影响能耗，也影响精馏效果。尤其是全低压制氧机工作压力只有 $0.5 \sim 0.6 MPa$，所以对换热器的阻力控制很苛刻。流量很大且允许压降只有 $0.01 \sim 0.02 MPa$，这使低温换热器的设计更为困难。

（4）物性变化激烈。低温下流体的物性随温度、压力会有明显的变化，有时对数平均温差的使用也会受到限制，而需用积分平均温差较确切地反映传热工况。各物性参数的常规关系式也不一定适用，应注意重新查取。

（5）不稳定传热。通常换热器都是按稳定传热设计。稳定传热的传热工况不随时间而变化。而低温的换热器有一部分为周期流换热器，例如，空分装置中的切换式换热器，因气流呈周期性变化，有可能是不稳定传热，此时，无论是设计还是使用换热器都应掌握温度随时间变化的瞬态换热规律。

（6）对流传热为主。从传热方式来看，在低温换热器中，由于温度水平很低，通常辐射传热系数很小，因此辐射传热量可以忽略不计，传热方式以对流为主。若强化传热，减少能耗，必须提高对流换热系数。

（7）低温换热器的材料为铝合金、铜合金及不锈钢。采用这些材料既可以耐低温，又能够减少热阻。

5.3　板翅式换热器

5.3.1　板翅式换热器的特点

板翅式换热器是一种全铝金属结构新型组合式间壁换热器。它结构紧凑，平均温差很小，在单位体积内的传热面积很大，传热效率高达 98% ～99%，同时使有色金属铜的消耗为零。而且阻力小、启动快，实属高效新型换热器。它的制造技术比较复杂，我国是世界上少数拥有此项技术的国家之一。

板翅式换热器的特点有以下几点：

（1）结构紧凑，单位体积内的换热面积高达 $1500 \sim 2500 \mathrm{m}^2 / \mathrm{m}^3$，一般管壳式换热器单位体积内的换热面积只有 $150 \sim 200 \mathrm{m}^2 / \mathrm{m}^3$。

（2）传热效率高，翅片传热为二次传热，提高了传热系数，加之一次传热隔板和二次传热面翅片都很薄，热阻小，使传热系数进一步提高。一般板翅式换热器的传热系数约为 $60 \sim 80 \mathrm{W} /（\mathrm{m}^2 \cdot \mathrm{K}）$，而管壳式换热器的传热系数只有 $20 \sim 30 \mathrm{W} /（\mathrm{m}^2 \cdot \mathrm{K}）$。

（3）轻便、省材、降低成本。铝的密度 $2.7 \mathrm{g} / \mathrm{cm}^3$，铜的密度为 $8.9 \mathrm{g} / \mathrm{cm}^3$，以 $6000 \mathrm{m}^3 / \mathrm{h}$ 制氧机的切换式换热器就节约铜材 6t 以上，显然可以使设备投资有所降低。

（4）适应多股流换热，空分的主换热器一般为 5 ～6 股流体同时换热，甚至可适应十几股流体同时换热。

（5）结构复杂，制造困难，要求制造的技术水平高。

（6）流道易堵，不易维修。

由于航空工业的需要，在 20 世纪 30 年代板翅式换热器问世。在 1942 年美国的诺利斯首先对翅片的传热机理进行了研究，为板翅式换热器的设计打下了理论基础。

我国从 20 世纪 60 年代开始对板翅式换热器进行研究开发，70 年代国家组织攻关，终于自行研发成功，成为世界上能够生产板翅式换热器的国家之一。

世界上从事生产板翅式换热器的厂商有：美国查特公司、英国查特公司、法国诺顿公司、德国林德公司、日本神户制钢所、日本住友工业精密株式会社。

现代的板翅式换热器的设计压力已达 10MPa，最大芯体尺寸（$L \times W \times H$）为 $7000 \mathrm{mm} \times 1300 \mathrm{mm} \times 1300 \mathrm{mm}$，重量达 10t 以上，能够容纳十多种流体多股流换热。

近期我国的板翅式换热器的制造水平在迅速提高，以杭州制氧机厂和开封空分设备厂为代表的制造厂商所生产的板翅式换热器设计的压力已达 8.0MPa，最大芯体尺寸已达

$7000\text{mm} \times 1300\text{mm} \times 1300\text{mm}$。

5.3.2 板翅式换热器的结构

板翅式换热器的板束基本结构如图 5-4 所示。它是由隔板、翅片、封条三部分组成。在相邻两隔板之间放置翅片及封条，组成一夹层，称为通道。隔板厚为 $0.8 \sim 2\text{mm}$，两面覆有 0.1mm 厚的硅铝明焊料的复合铝板 3003BAlSi-7 翅片由厚为 $0.4 \sim 0.6\text{mm}$ 的铝板 3003-0 冲压或滚轧而成。封条的材料为 3003-H112。将上述的夹层根据流体的流动方式叠置起来，在 600℃ 左右的盐浴炉中整体钎焊而成一组板束。现在已采用真空炉钎焊。

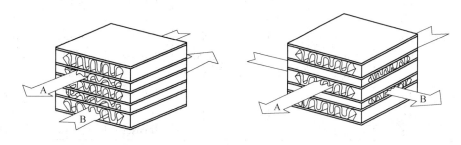

图 5-4　板束结构图

翅片的结构形式有光直形翅片（图 5-5a）、锯齿形翅片（图 5-5b）、多孔形翅片（图 5-5c）等几种。它的作用是增大传热面积。强化传热，同时起到支撑和加固隔板的作用，使板束形成有机的整体，所以，尽管隔板和翅片都很薄，但仍有很好的强度，能承受中等的压力。在可逆式换热器中，均采用锯齿形翅片，因为它能起到扰动气流的作用，传热系数比光直形提高 30% 以上，同时还有利于水分和二氧化碳的沉积清除。

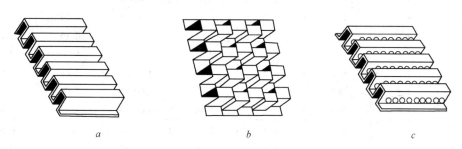

图 5-5　翅片结构形式
a—光直形翅片；b—锯齿形翅片；c—多孔形翅片

通常根据工作压力流体特性及换热要求等综合因素来选择翅片。当流体为液体或气体具有相变换热系数较大的场合选用低而厚的翅片；气体无相变换热系数较小的场合选用高而薄的翅片。国产翅片的结构参数见表 5-5。

板束要构成一个实际的换热器（叫一个单元）还需靠封条、导流板及连接封头的位置布置。封条的截面形状目前最常用的如图 5-6 所示，封条上下两面均具有 0.15mm 的斜度。这是为了在与隔板组合成板束时，使溶剂能顺利流入缝隙，形成饱满的焊缝。靠翅片一侧作成燕尾槽形，是为了便于盐液的流动和清洗。外侧作成槽形是为了便于泄漏时进行补

表 5-5　国产标准翅片的结构参数

翅　型	翅　高 L/mm	翅　厚 δ/mm	翅　距 m/mm	当量直径 D/mm	通道截面积 f/m²	总传热面积 F/m²	二次传热面积与总传热面积之比
平直翅片	12	0.15	1.4	2.26	0.01058	18.7	0.904
	9.5	0.2	1.4	2.12	0.00797	15.0	0.885
	9.5	0.2	1.7	2.58	0.00821	12.7	0.861
	9.5	0.2	2.0	3.02	0.00837	11.1	0.838
	6.5	0.3	1.4	1.87	0.00487	10.23	0.850
	6.5	0.3	1.7	2.28	0.00511	8.94	0.816
	6.5	0.3	2.0	2.67	0.00527	7.9	0.785
	6.5	0.5	1.4	1.56	0.00386	9.86	0.869
	4.7	0.3	2.0	2.45	0.00374	6.10	0.722
	3.2	0.3	4.2	3.33	0.00269	3.44	0.426
	12	0.15	1.4	2.26	0.01058	17.01	0.895
	12	0.6	4.2	5.47	0.00977	6.6	0.770
	9.5	0.2	1.7	2.58	0.00821	11.61	0.850
多孔翅片	9.5	0.2	2.0	3.02	0.00837	10.17	0.823
	9.5	0.6	4.2	5.13	0.00763	5.53	0.690
	9.5	0.6	9.5	8.9	0.00834	3.56	0.474
	6.5	0.2	1.4	2.02	0.00540	10.26	0.833
	6.5	0.2	1.7	2.42	0.00556	8.81	0.800
	6.5	0.3	2.0	2.67	0.00527	7.28	0.766
	6.5	0.5	1.4	1.57	0.00386	9.43	0.863
	6.5	0.5	1.7	2.0	0.00423	8.11	0.827
	6.5	0.6	4.2	4.47	0.00506	4.24	0.596
	6.5	0.5	2.5	3.0	0.00480	6.16	0.740
	4.7	0.3	2.0	2.45	0.00347	5.36	0.650
	4.7	0.6	4.2	3.83	0.00351	3.46	0.506
	3.2	0.3	4.2	3.33	0.00269	3.09	0.401
	3.2	0.6	4.2	3.02	0.00223	2.77	0.444
锯齿翅片	12	0.15	1.4	2.26	0.01058	18.7	0.904
	9.5	0.2	1.4	2.12	0.00797	15.0	0.885
	9.5	0.2	1.7	2.58	0.00821	12.7	0.861
	9.5	0.2	2.0	3.02	0.00837	11.1	0.838
	6.5	0.3	1.4	1.87	0.00487	10.43	0.850
	6.5	0.3	1.7	2.28	0.00511	8.94	0.816
	4.7	0.3		2.45	0.00374	6.10	0.722
	3.2	0.3	4.2	3.33	0.00269	3.44	0.426

焊。两根封条在拐角处的接头采用 45°并接，如图 5-7 所示。这种结构基本上可以避免装配板束时封条的移位变形，又可以利用钎焊时硅铝明对铝合金的良好润湿性能使两根封条连接起来，并且在发生泄漏时补焊比较方便。

在未装封条的部位，气流就可流入通道。不同连接位置的各股气流可靠导流板来改变气流流向，流至整个通道。导流板由两块多孔形翅片并接而成，可使气流转 90°角，或使气流均匀分布到整个通道。在导流板的出口处不加封条，焊上封头就构成换热器的一个单元。图 5-8 为一个由四股流体组成的板翅式换热器。

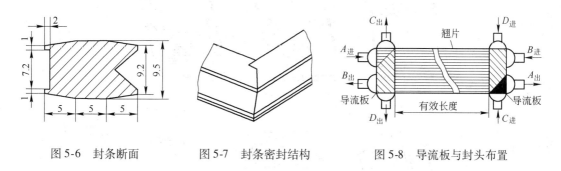

图 5-6　封条断面　　　　图 5-7　封条密封结构　　　　图 5-8　导流板与封头布置

5.3.3　板翅式换热器的组合及制造

5.3.3.1　导流板的布置

导流板位于翅片的两端见图 5-9，其作用是使流体均匀分配进入翅片并便于封头的布置。导流板布置的形式见图 5-9。

板翅式换热器常为多股流换热，根据不同要求，各通道的流体可布置成逆流、顺流、

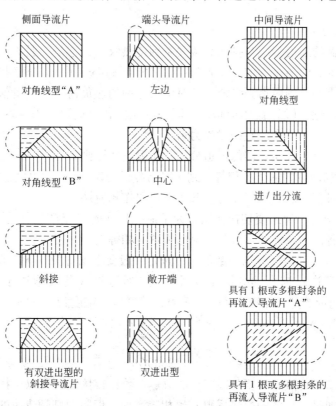

图 5-9　导流片类型

错流、错逆流等流动形式。常用形式见图5-10。

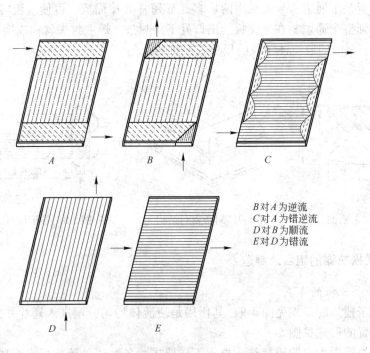

B对A为逆流
C对A为错逆流
D对B为顺流
E对D为错流

图 5-10　流道布置

5.3.3.2　通道分配与排列

多股流换热器的通道分配与排列直接关系到传热效果，它是多股流换热器的关键所在和难点所在。通道分配与排列的总原则为：（1）达到局部热平衡。即使换热器横向各通道热负荷在尽可能小的范围内达到平衡。及时消灭过剩的热负荷，其实也就是换热器同一壁面的温度尽可能接近。（2）流体均布，使同一股流体各个通道阻力基本相同。（3）通道原则上对称，以便于制造和安装同时受力情况较好。

对于制氧机的可逆式换热器的通道分配与布置具体原则如下：

（1）使热段和冷段的通道数相等，则热段与冷段的每一单元体的宽度相同，便于各单元的组装。当冷段多一股环流气体时，各股通道要作相应调整。

（2）因空气与污氮通道要切换使用，为了避免切换时气流产生脉动而影响正常工况，所以热段、冷段各段的空气通道数与污氮通道数应相等。

（3）热段和冷段各股气体通道数的具体选定一般要根据各股气体的流量，并考虑传热与阻力两方面因素进行综合的分析比较后确定。通道数 N 主要取决于各股气流的流量 $V\mathrm{m}^3/\mathrm{h}$，以及所选定的重量流速 $G\mathrm{kg}/(\mathrm{m}^2\cdot\mathrm{s})$，若气体的密度为 $\gamma\mathrm{kg}/\mathrm{m}^3$，每层通道的截面积为 $f_i\mathrm{m}^2$，则：

$$N = \frac{V\gamma}{3600Gf_i}$$

一般，为了增强传热，希望各股气流的放热系数比较接近，所以选择的重量流速也应较接近。流速增加时，气体的换热系数 α 也相应增加，但阻力则随流速的平方而增加，这就意味着能耗增加。因此流速不能选得过大，一般在 $5\sim10\mathrm{kg}/(\mathrm{m}^2\cdot\mathrm{s})$ 的范围内。

（4）空气通道和污氮通道应该互相毗连。一是增强传热，二是便于布置。

（5）作为调节温度的气体通道（例如产品氧），应该均匀布置，以增加调节的灵敏度。

（6）单元的最外侧最好是通过不切换的低压产品氮或氧。这主要从强度考虑，因为最外面两层的受力情况比较恶劣。

（7）要考虑封头的安排，使同一股气流流道尽可能相对集中，这样便于封头布置，也可以缩小封头尺寸，另外由于各股温度不同的气流相互隔离，也可以减少或避免温度交叉，冷量内耗，收到最大的制冷效果。

经计算，6000m³/h 制氧机的热段和冷段单元均为 66 个通道。热段单元中空气通道 24 个、污氮通道 24 个、纯氮通道 9 个、纯氧通道 9 个。冷段单元中空气、污氮单元各 22 个，纯氮、纯氧各 8 个，环流通道 6 个。据文献介绍局部热负荷的相对偏差应控制小于 3%。

5.3.3.3　单元组合

板翅式换热器由于钎接工艺的限制，不可能按需要做得很大，现在世界上最大的板束单元尺寸为 1300mm × 1300mm × 7000mm。所以单元板束的组合问题十分重要。组合的原则是使流体均布。常见的有三种形式，即对称形、对流形、并流形，如图 5-11 所示。显然，对称

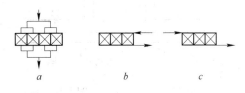

图 5-11　单元组合方式

a—对称形；b—对流形；c—并流形

形气体均布状况最佳，其次是对流形，并流形效果最差，在管路布置时应该避免。还应予以提醒的是：各单元阻力不可能完全相等，单元组合时，应注意阻力的匹配。

5.3.3.4　制造工艺过程

板翅式换热器制造作业的顺序为：

零件成形 → 清　洗 → 组　装 → 钎　焊 → 总　装 → 检验试验 → 包　装 → 出厂

钎焊是板翅式换热器制造中最关键的工序。最初制造板翅式换热器时采用盐浴炉进行浸渍钎焊，但因为盐熔液的清洗困难，残留液遗留炉温均匀性控制难等问题，影响板翅式换热器的制造质量。近年来由于无熔剂真空钎焊技术日臻成熟，与盐浴浸渍钎焊相比具有十分显著的优势，因而真空钎焊取代了盐浴浸渍钎焊，以使板翅式换热器的制造水平大幅度提高。

5.3.4　通过翅片的传热

在板翅式热交换器中，冷、热流体之间的传热过程如图 5-12 所示。除通过平隔板（称一次传热面）传热外，同时沿翅片（称二次传热面）也传递热量。

设高温侧流体的平均温度为 t_{f1}，低温侧流体的平均温度为 t_{f2}，流体与壁面的换热系数分别为 α_1 及 α_2，隔板的传热面积（一次传热面积）为 F_1，高温侧翅片的传热面积（二次传热面积）为 F_2'，低温侧翅片的传热面积为 F_2''，则高温侧的总传热面积为：

$$F_{01} = F_1 + F_2'$$

低温侧总传热面积为：

$$F_{02} = F_1 + F_2''$$

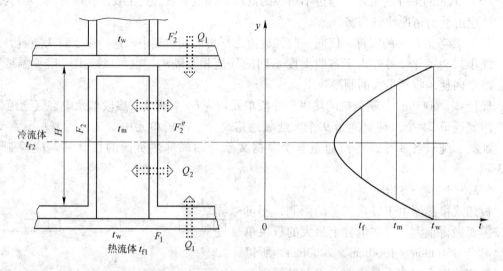

图 5-12　板翅式换热器传热过程示意图

5.3.4.1　翅片效率

首先从一侧流体的传热过程加以分析，就以冷流体侧为例。热量通过隔板传给冷流体。隔板很薄，其热阻忽略不计，隔板两面的温度均为 t_w。隔板与流体进行传热的同时，热量以导热的方式不断由隔板导入翅片，并由翅片表面传给流体。显然，翅片的温度是变化的，翅片根部温度为 t_w，翅片中部温度将接近流体的温度，设其平均温度为 t_m。由于翅片高度远大于翅片厚度，所以翅片的导热可以看作长杆导热。

流体与带翅片的隔板传热面所传递的热流量应为：

$$Q = Q_1 + Q_2 = \alpha F_1(t_w - t_f) + \alpha F_2(t_m - t_f) \tag{5-21}$$

由于 $t_m < t_w$，因此，二次传热面的传热温差 $(t_m - t_f)$ 小于一次传热面的传热温差 $(t_w - t_f)$。令 $\eta_f = \dfrac{t_m - t_f}{t_w - t_f}$ 代入式（5-21）得：

$$Q = Q_1 + Q_2 = \alpha F_1(t_w - t_f) + \alpha F_2 \eta_f(t_w - t_f) \tag{5-22}$$

式中　Q——总热流量，kJ/h；

Q_1——一次表面热流量，kJ/h；

Q_2——二次表面热流量，kJ/h；

α——换热系数，W/(m²·K)；

F_1——一次传热表面积，m²；

F_2——二次传热表面积，m²；

t_f——流体温度，℃；

η_f——翅片效率。

翅片效率 η_f，它是翅片表面实际传热温差与一次传热面的传热温差的比值。依据长杆导热原理可得：

$$\eta_f = \frac{th(mL)}{mL} \tag{5-23}$$

式中 m——翅片参数，$1/m$，

$$m = \sqrt{\frac{2\alpha}{\lambda t}}$$

α——流体的换热系数，$W/(m^2 \cdot K)$；

λ——翅片材料的热导率，$W/(m \cdot K)$；

L——翅片热传导的最长距离，m，单迭布置（冷、热间隔）$L = H/2$；

H——翅片高；

t——翅片厚度，m。

5.3.4.2 表面效率

式（5-22）是分别以一次传热面 F_1 和二次传热面 F_2 来表示的总传热量。如果以总传热面 $F_0 = F_1 + F_2$ 来表示总传热量 Q 应为：

$$Q = \alpha\eta_0 F_0(t_w - t_f) \tag{5-24}$$

式中 η_0——综合表面效率。

将式（5-22）代入式（5-24）得：

$$\alpha\eta_0 F_0(t_w - t_f) = \alpha F_1(t_w - t_f) + \alpha F_2 \eta_f(t_w - t_f)$$

$$\eta_0 F_0 = F_1 + F_2 \cdot \eta_f$$

$$\eta_0 = \frac{F_1 + F_2 \cdot \eta_f}{F_0} = \frac{(F_1 + F_2) - F_2 + F_2\eta_f}{F_0}$$

$$= \frac{F_0 - F_2(1 - \eta_f)}{F_0} = 1 - \frac{F_2}{F_0}(1 - \eta_f) \tag{5-25}$$

综合表面效率的物理意义是由于翅片传热面的传热不如一次传热面传热，所以以总传热面计算的总热流量应减小的程度。

5.3.4.3 板翅式换热器的传热方程式

以单迭式翅片换热器为例，此换热器的传热过程为：热流体 $\xrightarrow{\text{对流}}$ 热壁面（隔板和翅片）$\xrightarrow{\text{传导}}$ 冷壁面（隔板和翅片）$\xrightarrow{\text{对流}}$ 冷流体。

隔板很薄热阻忽略不计，铝材的热导率很高，因此就忽略了壁面传导。设热流体的温度为 t_{f1}，热流体的壁面面积为 F_{01}，热流体的表面效率为 η_{01}；冷流体的温度为 t_{f2}，冷流体的壁面面积为 F_{02}，冷流体的表面效率为 η_{02}。在稳态传热情况下，流体对壁面的对流换热方程分别为：

$$Q = \alpha_1 F_{01} \eta_{01}(t_{f1} - t_w) \tag{5-26}$$

$$Q = \alpha_2 F_{02} \eta_{02}(t_w - t_{f2}) \tag{5-27}$$

若将式（5-26）及式（5-27）改写为：

$$\frac{t_{f1} - t_w}{Q} = \frac{1}{\alpha_1 F_{01} \eta_{01}}$$

$$\frac{t_w - t_{f2}}{Q} = \frac{1}{\alpha_2 F_{02} \eta_{02}}$$

并将两式相加，经整理后可得：

$$Q = \frac{t_{f1} - t_{f2}}{\dfrac{1}{\alpha_1 F_{01} \eta_{01}} + \dfrac{1}{\alpha_2 F_{02} \eta_{02}}} \tag{5-28}$$

比较传热方程：

$$Q = K_1 F_{01}(t_{f1} - t_{f2}) = K_2 F_{02}(t_{f1} - t_{f2}) \tag{5-29}$$

式中，K_1 及 K_2 是指分别以高温侧总传热面积 F_{01} 或低温侧总传热面积 F_{02} 为基准时的传热系数。比较式（5-28）与式（5-29）可得：

$$K_1 = \frac{1}{\dfrac{1}{\alpha_1 \eta_{01}} + \dfrac{1}{\alpha_2 \eta_{02}} \times \dfrac{F_{01}}{F_{02}}} \tag{5-30}$$

$$K_2 = \frac{1}{\dfrac{1}{\alpha_1 \eta_{01}} \times \dfrac{F_{02}}{F_{01}} + \dfrac{1}{\alpha_2 \eta_{02}}} \tag{5-31}$$

5.3.4.4　换热系数

以单选布置的板翅式换热器为例，板翅式换热器的换热系数通常由下式计算：

$$\alpha = StGc_p = \frac{j}{Pr^{2/3}} \cdot G \cdot c_p \tag{5-32}$$

式中　j——传热因子，$j = St \cdot Pr^{2/3}$；

St——斯坦顿数，$St = \dfrac{\alpha}{G \cdot c_p}$；

Pr——普朗特数，$Pr = \dfrac{c_p \cdot \mu}{\lambda}$；

c_p——比定压热容，J/(kg·K)；

μ——黏度，N·s/m²；

λ——热导率，W/(m·K)；

G——质量流速，kg/(m²·s)。

$$d_e = \frac{4f}{U} = \frac{4XY}{2(X + Y)} \tag{5-33}$$

式中　　　　d_e——当量直径，m；

f——通道截面积，m²；

U——流体浸润周长，m；

X，Y，H，P，t，W——翅片内距（$P\text{-}t$）、翅片内高（$H\text{-}t$）、翅片高、翅片间距、翅片厚度、流道有效宽度，m，参见图5-13。

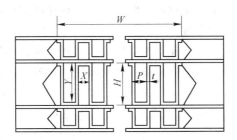

图 5-13　翅片几何参数示意图

5.3.5　板翅式主热交换器

5.3.5.1　可逆式换热器

切换式换热器有蓄冷器及可逆式板翅式换热器两种类型。所以可逆式换热器在空分装置中不仅承担冷却加工空气同时使返流气体复热的任务，而且还要担当自清除任务。由于冻结水分及二氧化碳的需要，在可逆式换热器中采用锯齿形翅片。锯齿形翅片的翅片高度 $H = 9.5\,\mathrm{mm}$、翅片厚度 $t = 0.2\,\mathrm{mm}$、翅片间距 $P = 1.7\,\mathrm{mm}$。由此可以计算出：

翅片内距　　　　　　　$X = P - t = 1.7 - 0.2 = 1.5\,(\mathrm{mm})$

翅片内高　　　　　　　$Y = H - t = 9.5 - 0.2 = 9.3\,(\mathrm{mm})$

当有效宽度 $W = 1\,\mathrm{m}$，每一层通道的截面积 f_i 为：

$$f_i = X \cdot Y \cdot \frac{W}{P} = 1.5 \times 9.3 \times \frac{1000}{1.7} = 8200\,(\mathrm{mm}^2) = 0.0082\,\mathrm{m}^2$$

当有效宽度 $W = 1\,\mathrm{m}$，有效长度 $L = 1\,\mathrm{m}$ 时，每一层的传热面积为：

$$F_i = 2(X + Y)\frac{W}{P}L = 2(1.5 + 9.3) \times \frac{1000}{1.7} \times 100 = 12.7 \times 10^6\,(\mathrm{mm}^2) = 12.7\,\mathrm{m}^2$$

其中一次传热面积为：

$$F_{i01} = \frac{X}{X + Y}F = \frac{1.5}{1.5 + 9.3} \times 12.7 = 1.76\,(\mathrm{m}^2)$$

二次传热面积为：

$$F_{i02} = \frac{Y}{X + Y}F_i = \frac{9.3}{1.5 + 9.3} \times 12.7 = 10.94\,(\mathrm{m}^2)$$

二次传热面积占总传热面积的比例为：

$$\frac{F_{i02}}{F_i} = \frac{10.94}{12.7} = 0.861$$

由此可见，翅片二次传热面积占总传热面积80%以上，并且在单位体积内的传热面积很大，一般在 $1\,\mathrm{m}^3$ 容积中具有 $1500 \sim 2500\,\mathrm{m}^2$ 左右的传热面，相当于管式换热器的 $8 \sim 20$ 倍。因此，板翅式换热器的结构可以做得很紧凑，缩小外形尺寸减少跑冷损失，减小膨胀量，提高精馏效率，经济指标也提高。同时，由于热容量减少了，缩短了启动时间。此外，与蓄冷器相比，它的温度工况稳定。供水分、二氧化碳沉积的空间大，因此切换时间可以延长，切换时空气放空损失减少，能耗降低。

可逆式换热器是用环流法来保证不冻结性的。因此，它以环流出口（温度约－120℃）为界分为热段和冷段两段。热段没有环流，具有空气、污氮、纯氧、纯氮四股通道；冷段有环流，除上述四股通道外，还多一环流通道。可逆式换热器安装时，一般是热段在下面，冷段在上面。这是为了使空气在0℃前析出的水分不会流到低温段去，而能借助水的重力自然流下。也有作"∩"形布置以降低高度，减少管道长，且管路的自然补偿好、冷损小，这样布置切换阀可安装在下面便于操作和维护。

为了减少切换时对正常工况的影响，可逆式换热器常分为两组或更多组，轮流进行切换。

以 $6000m^3/h$ 制氧机为例，它的可逆式换热器分为两大组，每一大组由 5 个单元并联而成。热段单元内有空气、氧气、纯氮、污氮四种通道。冷段单元内有空气、氧气、纯氮、污氮和环流五种通道均通过集气管与各单元连接。冷段的组合图见图5-14，这种组合为并联式。还可以采用串联及串、并联。

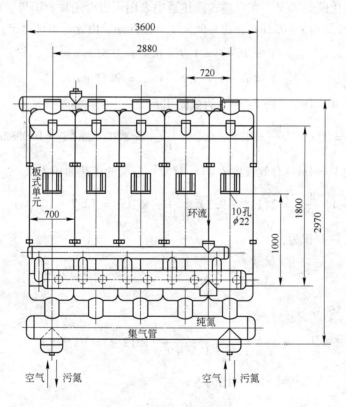

图5-14 板式 $6000m^3/h$ 制氧机可逆式换热器冷段（一大组）

可逆式换热器内空气和污氮气周期地交替通过，以清除沉积在可逆式换热器翅片上的水分和二氧化碳，达到自清除的目的。其切换是通过可逆式换热器热端管道上的强制阀及装在冷端管道上的自动阀组来实现的，强制阀的切换严格按照一定的顺序进行。

在可逆式换热器中，正、返流气体同时流过不同的通道，直接进行热交换，故正常运转的情况下基本上是个稳定的传热过程，即换热器各个截面上的温度（正流和返流气体以及翅片、隔板的温度）基本上不随时间而变化。只是在切换过程开始的一小段时间温度变化较大，这是由于翅片、隔板的热容量造成的，换热器内部温度分布比较均匀。

板式 6000m³/h 制氧机的可逆式换热器很有代表性，它的传热特性汇总于表 5-6 中。

表 5-6　6000m³/h 制氧机板式可逆换热器传热特性

名　称		空　气	污　氮	纯　氮	氧　气	环流空气
流量/m³·h⁻¹		37400	23500	7270	6630	4453
温度/K	热　段	303	301	301	301	—
	环流出口	160	153	153	153	153
	冷　段	101	98	93.5	93.5	99.5
平均温差/℃	热　段	4				
	冷　段	4.72				
总热负荷	热　段	7101510（10 个单元）				
	冷　段	7118540（10 个单元）				
单位截面质量流速 /kg·(m²·s)⁻¹	热　段	9.47	5.76	4.76	4.98	—
	冷　段	10.35	6.3	5.36	5.58	4.52
换热系数/W·(m²·K)⁻¹	热　段	194	102	89.2	88.5	—
	冷　段	136	98.3	89.3	80.7	76.4
返流气平均换热系数 /W·(m²·K)⁻¹	热　段	97.5				
	冷　段	91				
传热系数 /W·(m²·K)⁻¹	热　段	74.4				
	冷　段	72.3				
总换热面积/m²	热　段	6650				
	冷　段	2600				
理论长度/mm	热　段	3040				
	冷　段	1300				
实际长度/mm	热　段	4200				
	冷　段	1800				
后备系数/%	热　段	38				
	冷　段	38				
总跑冷损失		$q = 1.672\text{kJ}/(\text{m}^3 \cdot \text{A})$				

5.3.5.2　主热交换器

在分子筛纯化器净化的流程中，主换热器不承担水分及二氧化碳的清除作用，主换热器的任务是实现正流加工空气、增压空气与返流氧气、氮气、污氮气的热交换。将返流气体的冷量回收下来，用来将空气由常温冷却到约 100K 并含少量的液空，以便进入下塔，提供精馏塔的原料气。6000m³/h 的主换热器由 3 个板式单元组成，每个单元的尺寸为 5600mm×1150mm×1189mm。翅片采用 9.5mm×1.4mm×0.2mm 的锯齿形翅片。通道采用复迭式，即每层空气对应两层返流气，冷热流体逆向流动。气流分配方式是气体先进入总管，再由支管分配到三个并联的板式单元封头。由各流道流出的气体先汇集于各单元的出口封头，而后经支管汇集于总管引出。

内压缩流程需要高压主热交换器（4.0～8.0MPa），高压板式的芯体仍然由隔板、翅片和封条三部分组成。由于承受的压力较高，隔板的复合层要比低压换热器隔板的复合层厚，封条的宽度也要相应的增加，同时对钎焊要求更高，翅片通常采用多孔形翅片。国内常用的高压翅片的特性参数见表5-7。

表5-7　高压翅片的特性参数

翅片规格（$h \times p \times t$）/mm × mm × mm	翅片形式	翅片的爆破压力/MPa	翅片材料
6.35 × 1.5 × 0.5	多孔形	39.5	铝
6.35 × 1.7 × 0.5	多孔形	30.5	铝

注：h—翅高；p—节距；t—翅厚。

若高压板翅式主换热器高压流体的压力很高，而低压返流流体（如污氮气）压力很低时，为了强化传热，通常将高压流体通道用高密度多孔翅片，而低压流体通道采用锯齿形翅片。

高压板翅式主换热器的流体的流动一般采用逆流式，流道的布置有单迭式和复迭式两种。

以往高压主换热器大多数采用绕管式换热器，目前以高压板翅式主换热器代替了绕管式，除上述已提及的结构紧凑占地面积小、传热效率高而外，还有明显的节能效果，实践证明，主换热器的热端温差减小。原绕管式主换热器热端温度为3～5℃，板翅式主换热器的热端温差只有2℃，据计算和统计得出，热端温差减小1℃，因制氧机的冷量回收不完全损失的减少，制氧机的能耗可以降低2%。并且节约了大量的铜，设备既轻巧又适应性强。

5.4　蓄冷器

蓄冷器是通过填料作为媒介而实现热、冷气流传递热量的换热器。就其冷量而言，当冷气流通过时，将冷量贮存于填料，而本身被加热，这为冷吹过程；而热气流通过时，从填料将冷量取走，自身被冷却，这为热吹过程。传热过程就这样周而复始地进行。

蓄冷器其实是一个充装填料的容器，所以它具有结构简单、阻力小、不易堵塞的优点。而且反向气流冲刷时，易于清除杂质，因此，在制氧机中曾经应用它作为切换式换热器的一大类型。早期蓄冷器应用铝带作为填料，高、低压 $3350m^3/h$ 制氧机就采用铝带蓄冷器冷却低压空气并且清除其中的水分及二氧化碳。后来又采用石头作为填料而成为石头蓄冷器。

但蓄冷器用于空气分离存在着若干比较突出的缺点：（1）切换损失大，从而影响氧的提取率。（2）若在蓄冷器内不设产品盘管会造成产品切换时被污染，纯度下降。（3）气流交替冲击，加剧填料磨损，加工空气会使粉末带入其他设备或管路中，易造成堵塞。

5.4.1　蓄冷器的结构

填料和充装填料的筒壳构成了蓄冷器。填料的选择对蓄冷器而言至关重要。对填料的要求有：（1）具有较大的比表面积；（2）容积比热大，也就是应该具有足够的热导率及热容量，以便以较小的容积贮存较多的冷量；（3）有一定的机械强度，操作时磨损小；（4）温度剧烈变化时不易破碎与龟裂；（5）价格低廉，易于获得。石头填料参数列于表5-8中。

表5-8　石头填料特性参数

名　称	密度 /kg·m⁻³	硬　度 （肖氏）	耐压强度 /MPa	磨损量 /g·cm⁻²	质量热容/kJ·(kg·K)⁻¹			热导率 /W·(m·K)⁻¹	
					90~273K	273~293K	293~373K	90~228K	90~247K
石英岩	2600	86	328×10³	0.08	0.628	—		1.29	—
玄武岩	3070	79	300×10³	0.45	0.523	0.67	0.775	—	0.48
安徽加山地区玄武岩	2960	6（莫氏）	380×10³	0.1925	0.866（常温）			1.82（常温）	

可用于作填料的石头有：玄武岩、天然卵石、石英石、辉绿岩以及人工制造的瓷球。

由于蓄冷器热端、冷端的温度相差很大，因此，气流的质量体积、密度及比热容相差很大。为此，在蓄冷器内所装填的填料规格是不同的。在蓄冷器的下部需要具有较大的传热面积及热容量，而通流截面较小。对于石头蓄冷器，下部应采用比表面积大的小直径石头填料。其分级特性见表5-9。

表5-9　石头填料

分级尺度 d /mm	比表面积 α /m²·m⁻³	空隙率 ε	平均密度 ρ /kg·m⁻³	填料层热导率 λ/W·(m·K)⁻¹	
				98K	278K
6	900	0.42	1740	—	—
10	470	0.42	1740	}0.0001	0.0000145
14	375	0.42	1740		

铝带填料示于图5-15。每一圆盘填料由两条波形铝带卷成。铝带宽度25mm或50mm，厚度0.2~0.5mm。铝带上的波纹呈45°倾斜。两条铝带的倾斜方向相反，由此构成了弯曲的气流通道。当气体通过填料时产生激烈的搅动，保证气体与填料表面的良好接触。在铝带的

图5-15　铝带盘

宽度方向上，具有两道纵向切口，目的是减少填料高度方向上的热传导，以及提高阻拦二氧化碳结晶体的能力。铝带采用薄板主要是考虑铝带的热阻小，传热好，并且材料节省。

为适应冷、热端温度变化及自清除的要求，铝带填料分三层。其填料参数示于表5-10中。

表 5-10   铝带蓄冷器的填料参数

填 料 参 数	上 层	中 层	下 层
铝带厚度/mm	0.46	0.46	0.46
铝带圆盘高度/mm	50	50	50
波纹宽度 t/mm	4.71	3.92	3.14
波纹高度 h/mm	1.92~2	1.5~1.6	1.0~1.1
波纹倾斜角度/度	45	45	45
自由截面/%	75.3	70	59
每层铝带盘数量：			
氧蓄冷器	18	27	34
氮蓄冷器	21	25	33
单位体积中传热面积/$m^2 \cdot m^{-3}$	1070	1320	1790

铝带蓄冷器的最大缺点，不能获得高纯氧和高纯氮，已经很少应用。为了使产品气不受污染，石头蓄冷器中内嵌产品盘管。不管蓄冷器内气流方向如何变化，盘管内气流方向始终不变，而且产品气为冷气流，连续与管外气体换热，有利于稳定传热工况。

石头蓄冷器的空塔速度约为1m/s，石头蓄冷器的传热系数为1.3W/($m^2 \cdot K$)盘管的传热系数为29W/($m^2 \cdot K$)。

典型的石头蓄冷器示于图5-16。它是6000m^3/h制氧机的蓄冷器，它采用中抽法保证自清除，产品氧、氮通过不同的蓄冷器盘管，盘管不切换。蓄冷器内通空气或污氮，定期进行切换。

蓄冷器筒体的内径为ϕ2630mm，壁厚8mm，高度约为12m。上部是锅炉钢板（15K），下部低温段为不锈钢板（1Cr18Ni9Ti）制成。以工作温度约为-50℃处分界。因为锅炉钢板在-50℃以下冲击韧性较差，容易变脆（即冷脆性），故不宜用在很低的温度。若要使用，必须消除其中的热应力及放大安全系数。而不锈钢、铜和铝等金属在低温下冲击韧性较好，故常用来制作低温容器。

盘管为ϕ19mm×1.5mm的紫铜管，每根长56m，中间不许有焊口，共385根。盘管绕在直径ϕ600mm×12mm的中心管上，共22层。为了使流过每根管子的阻力接近相等，每根管子的长度应相同。而在外层的盘绕直径大，所以绕的圈数应少些。在管间距基本相同的情况下，外圈绕的根数要多些。为了使管子盘绕较紧密，相邻两层的管子盘绕方向相反。在每层之间垫以25mm×10mm×1mm的矩形钢管隔条，保证管间的径向间距一定。盘管两端连在集气板上，用锡焊焊接，再与氧气（或纯氮）管道相连。每个蓄冷器内盘管总重约15.2t。

筒体上部和下部装有气体出入的连接管，为了均匀分配气流，在蓄冷器内部管道接头处装有不锈钢丝网覆盖的孔板滤锥，丝网保护滤锥孔不致被卵石堵塞。

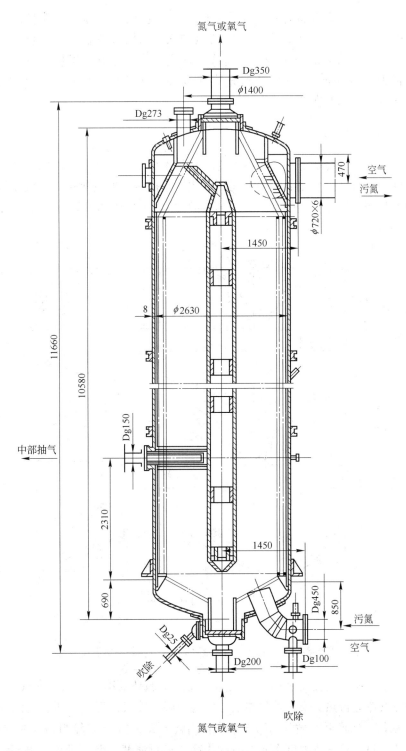

图 5-16 6000m³/h 制氧机蓄冷器

为了保证蓄冷器不被二氧化碳和水分冻结，蓄冷器中部抽出部分空气（约15％加工空气量）去透平膨胀机，温度为 -100 ～ -130℃。中部抽气管打有小孔，并装上不锈钢丝网，以避免卵石跑出。蓄冷器套装完后再焊上封头，进行水压试验和气密性试验。

盘管间的卵石在现场充填，由顶部加料口加入。为增大热容量，中心管内也充有卵石。充填卵石时，卵石应清洗干净，在蓄冷器内充满水，让卵石慢慢下沉，不致砸坏盘管。卵石直径为 $9 \sim 12mm$，每个蓄冷器充填量约 $63t$。卵石应充填紧密，以防气流带动卵石运动，撞坏盘管，因此在开车时还应加以补充。

5.4.2　蓄冷器的温度工况

蓄冷器的传热过程与间壁式换热器不同，它是不稳定的传热。在冷吹、热吹期蓄冷器各截面的温度不仅沿高度变化而且随时间而变化。为探讨温度变化规律，设正流与返流气量相等，热容相同，取冷、热端及中部三个典型截面，时间用 $0 \to 2\pi$ 表示，一个周期内温度变化见图 5-17。

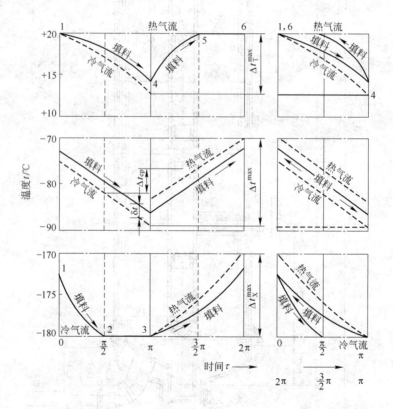

图 5-17　蓄冷器断面上一个切换周期内填料与气体温度变化

中部截面上填料温度变化是按直线规律变化的。循环的第一个位置内（τ 从 0 到 π）填料由于与冷气体进行热交换，填料温度均匀地下降，冷气体温度在所有时间内低于填料温度一个 δ_t 数值。切换后，循环的第二个位置内（τ 从 π 到 2π）填料与气体进行热交换，填料被均匀地加热，热气体温度在所有时间内高于填料温度一个 δ_t 数值。循环结束时，填料温度回到开始时的数值。循环再开始，又重复上述变化。把冷却周期和加热周期的温度变化叠合起来，可以看出填料温度的变化规律在两个周期中是吻合的，重合为一条直线。由此可得出，蓄冷器中部截面加热周期中填料温度的时间平均值等于冷却周期中填料温度的时间平均值。冷、热气体之间的温差在所有各点上都保持不变，等于冷、热周期结束时虚线（气体温度）之间的距离。

在冷端，由于进入的冷气体温度始终保持不变，但是填料温度是变化的，因此冷气体与填料之间的温差在循环期间内是变化的。循环开始时（加热周期结束后）填料具有最高的温度（点1），进入的冷气体与填料之间具有较大的初始温差。而后填料很快地被冷却，它的温度接近气流温度，达到点2，填料温度实际上已与气体温度一致。以后填料温度就不变，一直到3点。切换后，填料被热气体加热，不断升高温度，热气体的温度也逐渐上升。到热周期结束时，填料温度到达开始循环时的数值（点1）。由于热气体与填料之间的温差比较小，温度变化的曲线相对冷却时平坦。将加热周期与冷却周期的温度变化叠合起来，填料温度变化得一闭合的曲线，称为蓄冷器的温度滞后回线。

在热端，热气体进口的温度在整个循环周期中始终不变。填料温度变化和冷、热气体温度变化与冷端相似。在开始加热时，填料温度最低（点4）。随着通过热气体，填料被加热，温度升高直至平坦为止，这时具有热气体温度（点5）。以后填料温度一直不变，直至冷却周期开始（点6）。冷却周期中，填料被冷却到最低温度点4。将加热周期和冷却周期的温度变化叠合起来，填料温度变化也是一闭合的曲线，即温度滞后回线。

从滞后回线可以看出，填料在加热期的平均温度 θ_m 高于在冷却期的平均温度 θ'_m，二者之差称为滞后回线的平均高度 h_m，即 $h_m = \theta_m - \theta'_m$。很明显，由于滞后回线的存在，间接降低冷、热气体之间的传热温差，减少了传热量。滞后回线的高度 h_m 愈大影响也愈大。

不仅在端部，在距离端部一定距离的断面上也存在填料温度的滞后回线，只不过滞后回线的高度比端部小，距离端部越远，h_m 越小，直至消失。其状况见图5-18。

实际上蓄冷器的冷、热流体量并不相等，比热容也不相同，此时各截面的温度变化状况如图5-19。图中的 a 工况是冷气体的量与热容乘积与热气体的量

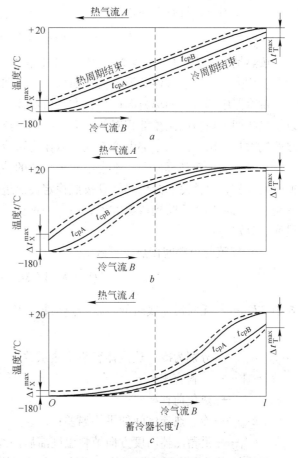

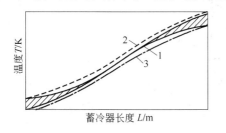

图5-18　蓄冷器高度上气体
和填料的温度变化

1—填料；2—空气；3—返回气体

图5-19　蓄冷器长度上不同气流比值时气体之间温度变化

与热容乘积相等。即：

$$G_A \cdot C_p^A = G_B \cdot C_p^B$$

式中 C_p^A，C_p^B——分别为热、冷流体的热容；

G_A，G_B——分别为热、冷流体的质量流量。

如果气体 A 经过蓄冷器冷却了 Δt_A，而气体 B 加热了 Δt_B，则

$$Q_P = G_A \cdot C_p^A \cdot \Delta t_A = G_B \cdot C_p^B \Delta t_B$$

Q_P 为蓄冷器冷、热气流间传递的热量。对照上述公式，得 $\Delta t_A = \Delta t_B$。即蓄冷器任何两断面间冷气体加热升高的温度和热气体冷却降低的温度相同，两断面上的温度差也是一样的。因此，冷、热气流的温度变化曲线是平行的。

图 5-19 中 b，具有下列条件：

$$G_A \cdot C_p^A > G_B \cdot C_p^B$$

按热量方程式，得 $\Delta t_A < \Delta t_B$，即热气体在蓄冷器内降低的温度比冷气体升高的温度小。因此，冷、热气体的温差沿蓄冷器高度上发生变化。下部比上部大，愈接近冷端温差愈大。冷、热气体在填料上传递的热量在蓄冷器上部减小，而在下部增加。冷热气体的温度变化在上部较小，下部较大，温度变化曲线形成向上弯曲的形状，中部温度高于第一种情况。

图 5-19 中 c，具有下列条件：

$$G_A \cdot C_p^A < G_B \cdot C_p^B$$

按热量方程式，得 $\Delta t_A > \Delta t_B$。冷、热气体之间温差在蓄冷器上部比下部大，愈接近热端温差愈大。冷、热气体的温度变化曲线向下弯曲。

蓄冷器中部截面的填料温度不存在滞后回线。这样，冷吹期时，冷气体与填料的温差以及热吹期与填料的温差都相对的较大，冷吹、热吹综合起来，冷、热气体之间的温差较之两端大且灵敏，因而中部温度工况可以作为蓄冷器调节的依据。

蓄冷器的传热计算简介：本来不稳定传热的传热工况比较复杂，因空分中的蓄冷器切换时间较长，故蓄冷器的传热计算按照稳定传热进行。将不稳定传热而形成的滞后回线的影响，用两种形式反映到传热方程式中。一种反映在传热温差之中，另一种放在传热系数里面。分别为：

（1）气流与填料间传热方程式为：

$$Q = K_{V0}V(\Delta t_m - h_{mH}) \tag{5-34}$$

式中 K_{V0}——无滞后回线时的容积传热系数，$K_{V0} = \dfrac{1}{\dfrac{1}{\alpha_{V1}} + \dfrac{1}{\alpha_{V2}}}$；

α_{V1}，α_{V2}——分别为冷、热流体容积换热系数；

V——填料容积；

Q——热负荷；

Δt_m——冷、热流体间的平均温差；

h_{mH}——沿蓄冷器高度方向填料温度滞后回线平均高度。

（2）将滞后回线影响寓于传热系数之中时，传热方程式为：

$$Q = K_V V \Delta t_m \tag{5-35}$$

式中 K_V——已考虑填料滞后回线影响后的容积传热系数。

对于填料的换热系数的计算，其简便公式可以查阅深冷手册。

与可逆式换热器不同，蓄冷器的切换周期主要取决于填料热容量。在一定切换时间内，填料必须贮存或释放出足够的冷量才能满足冷、热流体的传热要求。

蓄冷器切换时间的计算式为：

$$\tau_0 = \frac{60GC\Delta t}{Q} \tag{5-36}$$

式中 G——一个蓄冷器内填料重量；

C——蓄冷器平均热容量；

Δt——热吹或冷吹期中填料平均温度变化；

Q——填料传递的热量。

蓄冷器的切换周期：

$$\tau = 2\tau_0 + \tau_0' \tag{5-37}$$

式中 τ_0'——切换时阀门的动作时间。

$6000m^3/h$ 制氧机石头蓄冷器的传热特性汇总于表 5-11。

表 5-11　石头蓄冷器的传热特性

名　　称		空　气	污　氮	纯　氮	抽　气
流量/$m^3 \cdot h^{-1}$		17910	11280	6640	2620
温度/K	热　端	303	301	296	—
	抽气口	—	—	—	153
	冷　端	102	98.5	93	102
温差/℃	热　端		2	7	12.3(抽气口)
	冷　端		3.5	9	
平均温差/℃	积　分		4.68	9.4(热段)	
	计　算		4.18	10.5(冷段)	
热负荷/$kJ \cdot h^{-1}$	盘　管	17.6×10^5(一对)			
	石　头	29.7×10^5			
流速/$m \cdot s^{-1}$ (空筒)	上　部	0.137	0.394	7.9	
	下　部	0.0664			
填料高度/m	上　部	6.8			
	下　部	2.2			
传热系数/$W \cdot (m^2 \cdot K)^{-1}$	石　头	13.3			
	盘　管	25.8			
填料质量/t	石　头	58.2			
盘管传热面积/m^2		992			
后备系数/%	石　头	10			
	盘　管	11			

5.5　冷凝蒸发器

冷凝蒸发器是联系上、下塔的重要换热设备。常见的有板式和管式两种，其中管式又分长管、短管和盘管三种。盘管一般用于辅助冷凝蒸发器，其他用于主冷凝蒸发器。冷凝蒸发器用于液氧和气氮之间进行热交换。液氧从上塔底部来，在冷凝蒸发器内吸收热量而蒸发（汽化）。一部分氧气作为产品引出，大部分作为上塔的上升蒸气，参与上塔的精馏过程。气氮来自下塔上部，在冷凝蒸发器内放出热量而冷凝成液氮，作为上、下塔的回流液，参与精馏过程。液氧和气氮之间进行热交换时物态发生变化，当液氧的蒸发压力和气氮的冷凝压力及浓度一定时，它们之间的温差几乎是不变的。

短管式冷凝蒸发器，管长 1~1.2m，液氧在管间沸腾，气氮在管内冷凝，传热系数约为 500~550W/(m² · K)，一般置于上、下塔之间，适用于小型制氧机。长管式冷凝蒸发器的管长为 2.5~3.6m，传热系数约为 600~650W/(m² · K)，通常作为单独设备，放置在保冷箱内，用管道与上、下塔连接，适用于大型设备。

盘管式冷凝蒸发器，因管内的液氧为两相流换热，有较大的传热系数，但制造困难，所以应用较少。

板翅式冷凝蒸发器，从传热机理方面类似于长管式换热，传热系数很大，约为 750~800W/(m² · K)，且结构紧凑，适应性强，目前已经取代了管式冷凝蒸发器，已广泛应用于大、中、小型，以及超大型制氧机中。

现代板翅式主冷还依据板式单元的氧通道全浸于上塔底部的液氧中，还是部分浸于液氧，以及脱离液氧液面，而分为浴式主冷、半浴式主冷、膜式主冷。

5.5.1　液氧沸腾传热

液氧蒸发沸腾可分为管内沸腾和管间沸腾两种，如上述短管式主冷凝蒸发器为管间沸腾，长管式为管内沸腾，板式冷凝蒸发器也相当于管内沸腾。

5.5.1.1　液氧在竖直管内沸腾

沸腾情况见图 5-20。液氧在管内自下而上运动，并不断地被管外的液氮所加热。根据传热的情况的不同，管内液体的沸腾状态可分为三个区域，预热区、沸腾区和饱和蒸气区。仔细分析能够区分为六段：

（1）预热段。液氧逐渐被加热到沸腾温度。因管进口处的液氧有一定的过冷度，温度低于沸腾温度。

（2）始沸段。紧靠管壁处生成小气泡并往上升，开始沸腾。

（3）汽化段。管内充满气泡并形成均匀的气

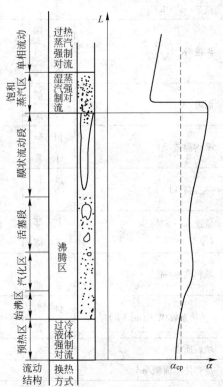

图 5-20　液氧在竖管内沸腾示意图

液混合物，小气泡在上升的过程中继续吸收热量而长大。

（4）活塞段。小气泡混合成大气泡，形成活塞状气团往上升。

（5）膜状段。活塞状气团冲破液层，蒸气上冲带上去的液氧被挤在管壁上形成薄层环形液膜。此液膜一面汽化，一面下流。这段的沸腾换热系数 α 值最大；这是因为液膜薄边界热阻小的缘故。

（6）饱和蒸气段。液膜全部蒸发，管内充满气体，故换热系数大为下降。

欲获得较大的平均沸腾换热系数，必须设法缩小预热区和饱和蒸气区，增大沸腾区，尤其是扩大活塞段和膜状段。据资料介绍，液氧管内沸腾的简化式为：

$$\alpha = 0.535 q^{0.7}\left(\frac{l}{d_i}\right)^{0.45} H^{-m} \tag{5-38}$$

式中　q——单位热流量；

　　　l——管长；

　　　d_i——管内径；

　　　H——液面高度。

m 指数随单位热流量 q 及管子的长径比 l/d_i 而变，可由图 5-21 查出。

从式（5-38）可见，随着 l/d_i 的增大，α 值上升，但实验表明，变化逐渐变得平缓。当 $l/d_i = 500$ 时已趋于定值。换言之，当热负荷一定的情况下，管子的长径比越大，热交换过程越激烈。所以一般管内沸腾均制成长管式，将 $l/d_i = 500$ 作为管长的界限。例如管式 $6000 m^3/h$ 制氧机的主冷凝蒸发器的管内径 $d_i = 9 mm$，管长 $l = 3000 mm$，其 $l/d_i \approx 333$。

液面高度低、预热段短、活塞流、液膜流区有可能长，沸腾换热系数增加，但液面过低，又会使过热蒸气段增加，平均换热系数又会下降，工业实验的示观液面（管内静液柱与管长之比）对传热系数的影响如图 5-22 所示。可见，液氧在管内液面保持在管长 $0.3 \sim 0.4$ 左右时，传热系数 K 最高，传热效果最好。

5.5.1.2　液氧在竖直管外沸腾

在管外空间沸腾空间较大且互相连通，

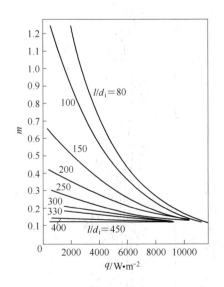

图 5-21　低温液体$(O_2 \cdot N_2 \cdot O_2 + N_2)$沸腾时指数 m 与单位热流量及管长径比的关系

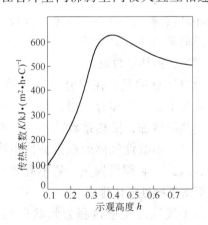

图 5-22　示观液面高度 h 对传热的影响

其过程近似于大容器内的沸腾过程。由实验整理换热系数 α 为：

$$\alpha = 4.5q^{0.7} = 150\theta^{2.33} \tag{5-39}$$

式中 q ——热流量；

       θ ——壁表面温度与液氧饱和温度差。

管外沸腾的特点是换热系数与加热面的尺寸无关。换热系数只依赖热负荷，也可以说只依赖传热温差。显然管外沸腾的换热系数比管内沸腾的换热系数小且不便于强化。

5.5.2 气氮冷凝

冷凝有两种不同的凝结形式。当蒸气与低于饱和温度的壁面相接触时，就被凝结成液体依附在壁面上。由于冷凝液体润湿壁面的能力不同，一种冷凝液较好的润湿壁面形成一层完整的液膜为膜状冷凝。另一种是冷凝液不能很好地覆盖壁面，而在壁面上形成一个个小液珠，这种状态为珠状冷凝。往往在清洁的壁面多形成膜状冷凝，气氮的冷凝为膜状冷凝。

冷凝液膜在壁面顶部初形成时总是很薄的，而在液膜沿壁下流的过程中，由于新的冷凝液不断在液膜表面生成，使液膜沿壁自上而下不断加厚。所以膜状冷凝时，冷却壁面被一层完整的液膜覆盖着，如图5-23所示，图中 t_w 为冷却壁面温度、t_s 为气氮冷凝温度、δ 为冷凝液膜厚度。气氮冷凝放出的潜热必须穿过这层液膜传给液氧。

气氮冷凝放热与冷凝液膜的薄厚有关，液膜越厚、热阻就越大，冷凝换热系数也就越小。实验证明，其与液膜的流动形态有关。壁面顶部的液膜总是成层流流动，而在沿壁面下流的过程中，由于液膜逐渐增厚，流速加快，发展到后来有可能从层流变为紊流（湍流）。层流时，热量通过液膜可能以导热方式传递，热阻较大。紊流时，仅在紧邻壁面有一薄层层流边界层以导热方式传递热量，因而热阻减小，冷凝换热系数增大。可见，紊流工况冷凝放热比层流工况好。

气氮冷凝的换热系数还与气氮的流向有关。当气体流动方向与液膜下流方向相同时，液膜易下流，液膜相对较薄，热阻小，换热系数较大。当气流与液膜逆向流动时，因阻碍了液膜下流，液膜增厚，热阻增加，换热系数减小。

值得注意的是：在空分主冷凝蒸发器的氮侧，氖、氦等不凝性气体存在时，将在传热面上形成气膜，使热阻增加，换热系数减小，严重阻碍气氮的继续冷凝。不凝性气体的积累会使主冷的传热大为恶化，因此，必须设置氖、氦不凝吹除口，及时将氖、氦等不凝性气体排放。

由于气氮冷凝全过程为膜状换热，热阻较小，所以气氮冷凝的换热系数大于液氧沸腾的换热系数。

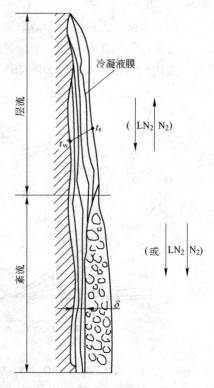

图 5-23 膜状冷凝过程示意图

因而若提高主冷的传热系数，强化传热，关键在于设法提高液氧侧沸腾换热系数。

管外蒸发就是液氧在管间蒸发，由于管间的空间较大，且是互相联通的，故生成的蒸气泡只能沿管壁上升，很难形成放热强度高的活塞状沸腾现象，难于把液氧挤在管壁上。管间沸腾时的蒸气速度（一般在 0.5m/s 左右）大大低于管内沸腾时的蒸气速度（一般在 1.5m/s 左右）也说明了这一点。所以在同样条件下，管间沸腾的换热系数比管内沸腾时为小，不如管内蒸发来得激烈。也正是由于这个缘故，管间沸腾的冷凝蒸发器气液混合物密度较大，液柱静压影响较大，管长一般不超过 1 ~ 1.2m。气氮在管内冷凝，冷凝液膜是层流工况（不能发展成紊流）故传热系数较小，在 550 ~ 700W/(m² · K) 范围内。

5.5.3 主冷的传热温差

冷凝蒸发器里液氧和气氮进行热交换时都要发生相变。液氧被加热而蒸发，气氮被冷却而冷凝。二者都处于饱和状态。但是在同一压力下氮的饱和温度低于氧的饱和温度，氮不能加热氧，氧也不能冷却氮。所以必须由压差来建立冷凝蒸发器的传热温差。提高下塔压力气氮的冷凝温度才有可能高于气氧的沸腾温度。不仅压力，而且液氧和气氮的纯度也影响冷凝蒸发器的温差，三者之间的综合关系见图5-24。例如上塔底部液氧压力 0.15MPa，液氧纯度 84%，即图中 A 点；可查知蒸发温度为 90.7K，即图中的 C 点。这时下塔顶部压力为 0.62MPa，气氮纯度为 90%，由 B 点表示，则冷凝温度为 98.8K 为 D 点。纵坐标的 $\overline{CD}$ 为传热温差即：$\Delta t = \overline{CD} = 98.8 - 90.7 = 8.1（K）$。

从传热方面考虑，传热温差大些好，因为主冷热负荷一定时，传热温差大可减少传热面积（$F = Q/K\Delta t$），体积小，省材料。但传热温差大，气氮冷凝压力要提高，即提高下塔压力，这将增加空压机的能耗，从降低运转能耗来说，传热温差小些好。因此，传热温差的大小要通过技术经济比较来确定，不能片面强调某一方面。

由于液氧面高度的静压作用，液氧上部表面和液氧底部所受的压力不同，所以沸点也不同，一般所说的液氧温度是指其平均温度，传热温差也是平均温差。平均温差所采用的数值与冷凝蒸发器的结构形式有关，对于短管冷凝蒸发器和辅助冷凝蒸发器常采用 2 ~ 3℃，对于长管式和板式冷凝蒸发器可

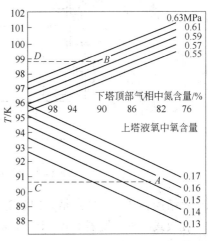

图5-24 主冷温差与压力、纯度的关系

取得小些（因传热系数大）采用 1.6 ~ 1.8℃。液氧工作温度为 -180℃ 左右，则气氮冷凝压力为 $4.5 \times 10^5 ~ 4.7 \times 10^5$ Pa。

由于中压小型制氧机的冷凝蒸发器采用短管式，传热系数较小，约为 500 ~ 550 W/(m² · K)，又因为小型制氧机的下塔压力并不直接影响能耗，所以其主冷温差为 2 ~ 2.5K。

5.5.4 主冷凝蒸发器的结构

板式 6000m³/h 制氧机中冷凝蒸发器的结构如图 5-25 所示。它是由板式单元组合而成

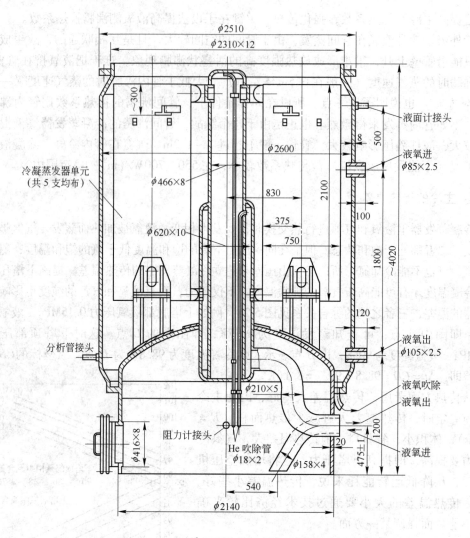

图 5-25　6000m³/h 制氧机冷凝蒸发器（板式）

的全铝结构容器。其特点是结构紧凑，节省材料，重量轻，是一种先进的传热设备。

　　在板式冷凝蒸发器的 φ2616mm × 8mm 的圆筒外壳内，共装有五个换热单元。每个单元的外形尺寸：长度 × 宽度 × 高度为 2100mm × 750mm × 620mm。其中液氧蒸发通道上、下两端不封死，埋于液氧液面中。氮气冷凝通道的上端装有气体进口封头，下端装有液体集液封头。中心管分两个隔层，内隔层作为气氮分配的集气管，外隔层是液氮的集液管。为防止氖氦气的积聚，分别在下塔顶端中心管顶端和集液室顶端装有吹除管。氖氦的沸腾点较低（4 ~ 27K），在液氮温度下是不凝性气体，约占 0.1% ~ 0.25%。由于它们以气泡形式覆盖在传热面上，使氮气的冷凝放热恶化，故必须吹除之。

　　板式单元共 81 层，其中液氧蒸发层 41 层，气氮冷凝层 40 层，冷凝、蒸发层相邻布置。

　　板式冷凝蒸发器装在上下塔之间。其优点是结构紧凑，缺点是检修不方便。

　　在传热方面，冷凝侧蒸发侧换热系数接近，因此两侧的肋片取一样高。设计时传热系数取 640W/（m²·K）。

氮气冷凝通道等用直齿形肋片，其肋片参数为：高度 6.5mm，厚度 0.3mm，节距 2.1mm，隔板厚度 1mm（不包括 0.2mm 镀覆层）。液氧蒸发通道采用打孔的直形肋片，以利于液氧中的乙炔在蒸发浓缩后排泄，不易形成局部逗留的死角。小孔的直径为 ϕ2.15mm，孔距 6.5mm，正三角形排列，打孔率约占 10%。侧向的气体、液体导流板均为开孔的直形肋片，以改善流体流动的均匀性，并使流动畅通。

管式 6000m³/h 制氧机中冷凝蒸发器的结构如图 5-26 所示。它是长管式冷凝蒸发器。外壳为铜制（H62）圆形容器。容器外径 ϕ2220mm，壁厚 10mm，高度 4960mm。气氮在管外冷凝液氧在管内蒸发。液氧从底部进入，气氧从管子上部出来，经过一层 275mm 的 ϕ14mm×14mm×1mm 的拉西加环分离器。分离出来的液滴回流入中心管，氧气从容器顶

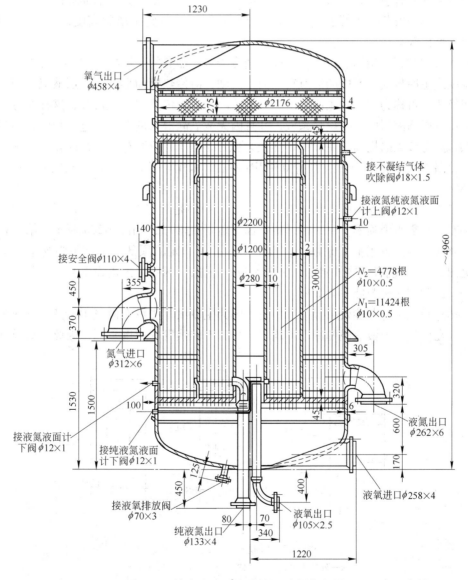

图 5-26　管式 6000m³/h 制氧机冷凝蒸发器

部出去，进入上塔。容器的上、下管板（HFe59-1-1）厚度为45mm。在其中装有16212根 ϕ10mm×0.5mm，长度约3000mm的紫铜管。管子采用同心圆周排列，管子与管板用锡焊密封。中心管是 ϕ300mm×10mm黄铜管（H62），起支撑管板的作用，同时还可使沸腾时带到上管板的乙炔含量较高的，液氧通过中心管回流入底部。然后经液氧泵，通过乙炔吸附器到上塔。

　　容器内还装有分凝筒。因6000m³/h空分装置要求生产高纯度氮气（纯度为99.99%），分凝筒是使气氮进入管间时，其中少量的高沸点氧气先在分凝筒外面冷凝掉，这样使进分凝筒内冷凝所得的液氮纯度更高。筒外为11424根管子，筒内4788根管子。筒内高纯度液氮供上塔作回流液，筒外纯度较低的液氮供下塔作回流液。

　　为了防止氖氦的积聚，在管间空间的上部设有围圈，不凝结气体从吹除管引出。

　　液氧从中心管引出，使得翻腾过来的液氧先引出，不足部分由下部来补充。

　　冷凝器单独安装，用管道与上下塔连接。这样可降低整个塔的高度，并且便于检修，缺点是管道比较复杂。

　　现代大型和超大型制氧机为了节能，其冷凝蒸发器有的采用降膜式、半浴式。

　　降膜式主冷板式单元中的液氧自上而下流动，沿传热壁面形成了一层液氧薄膜，与气氮进行换热又可称为溢流式主冷。由5.5.1节液氧沸腾传热的机理可知，这样充分的膜状换热，可以提高液氧的沸腾换热系数，并且因无液氧静液层的存在，进一步强化传热，因而传热系数有较大的提高，主冷的传热温差减小，只有0.7K左右。经计算及实际运行得知：主冷温差降1K，空压机排压降0.4MPa左右，采用降膜式主冷，空压机的轴功率下降4%~5%。

　　降膜式冷凝蒸发器液膜的形成有三种方式，一种是液氧在上塔下部的积液槽收集后，槽底部有孔，靠重力喷淋下来，沿通道壁面下流形成液膜，如图5-27a所示。第二种是将流入上塔底部的液氧用液氧泵抽出，再从主冷板式单元的顶部自上而下喷淋下来形成液膜，见图5-27b。也有主冷外置的，见图5-27c。显然后两种方式需设置泵，泵的驱动还需要耗功，因此空压机节能只有2%。

　　虽然降膜式主冷节能效果显著，但是，因为主冷没有浸没在液氧中，液氧形成膜状沿壁下流，在传热面上液氧膜的厚度不均匀，热阻不同蒸发的速度不同，因此乙炔及其他碳

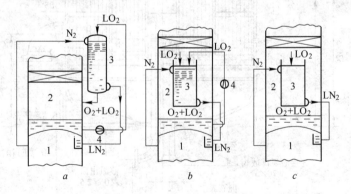

图5-27　降膜式主冷的三种型式

a—外置带泵式；b—内置带泵式；c—内置无泵式

1—下塔；2—上塔；3—主冷；4—液氧泵

氢化合物在液氧中的浓度不同，在液膜薄的地方，传热系数高，蒸发快，乙炔及其他碳氢化合物浓度高，甚至出现"干蒸发"，造成危险杂质的析出而发生爆炸。所以为了保证空分的安全，设置降膜式主冷的制氧机，尚需采取一些安全措施，以确保主冷的安全，通常有以下几点措施：

（1）采用双层床或多层床分子筛纯化器，加强吸附清除二氧化碳、氧化氮及碳、氢化合物的能力。

（2）提高液氧的循环倍率，保证不出现"干蒸发"的现象，液氧量增加，可以使溶解的碳、氢化合物稀释并带出，避免杂质局部积聚，超过溶解度而析出的危险发生。

（3）设置液氧循环吸附器，吸附器中装有细孔硅胶在低温条件下，液相吸附清除乙炔及其他碳氢化合物。

（4）加强监测，采用高精度的氢火焰等色谱仪对碳、氢化合物进行在线和离线分析。采用高精度的红外探测仪对氧化亚氮的分析，并在主冷的液体分配器中设置液位显示器，以避免"干蒸发"的现象发生。

（5）在压力塔上部设置氪、氙富集塔，将富含甲烷等碳、氢化合物的液氧，富集于此塔中，也可以起到确保主冷安全的作用。

鉴于降膜式主冷的安全问题，有的制造厂推出半浴式主冷，液氧依然自上而下流过板式单元的传热壁面，形成膜状换热，只是单元下部有一部分浸在液氧里，以使液氧中因膜状换热浓缩了的杂质在底部液氧中得到稀释而避免析出。可见，半浴式主冷虽然不能充分发挥膜状换热强化传热的作用，但比浴式主冷的热阻小，液氧沸腾换热系数提高，表现为主冷的传热温差可下降0.5K，相应全低压制氧的能耗可下降2%～2.5%。

据报导2001年我国杭氧与西安交通大学研制的"类环状流双相变换热器"和"双沸腾型冷凝蒸发器"获得了我国国家发明二等奖。这两种新型换热器，均利用膜状换热原理强化了主冷凝蒸发器，而且在30000m³/h以上制氧机上应用双沸腾型冷凝蒸发器，使得超大型制氧机的主冷安装在上、下塔之间成为可能，从而管路系统大为简化，冷箱占地面积也大为减少，同时降低了运输成本。

在大型制氧机中还采用双层或多层主冷，将板式单元分双层或多层排列，各层之间为并联，以降低液氧液面，降低了预热段长度，也就是减少了过冷液体与壁面的换热，增加了如图5-18所示的沸腾区的长度，增强了膜状传热。

超大型制氧机（大于50000m³/h）有的制造厂采用卧式主冷如图5-28所示。主冷板式

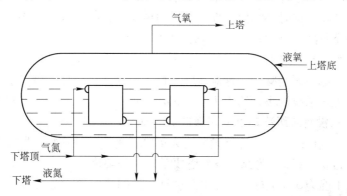

图5-28　卧式主冷凝蒸发器示意图

单元并列浸在液氧中，气氮同时分别进入各单元氮通道，各板式单元处于并联状态。卧式主冷既强化了传热，又解决了板式单元的布置问题。显然卧式主冷与上、下塔是分开设置的。

5.6　氮水预冷器

氮水预冷器安装在保冷箱外是常温换热器。它的作用是利用污氮含水的不饱和度冷却水，而后通过水再冷却加工空气，既降低加工空气的温度同时又减少加工空气的饱和含水量。

其次，在空气冷却塔中，空气和水直接接触，既换热又受到了洗涤，能够清除空气中的灰尘，溶解一些有腐蚀性的杂质气体如 H_2S、SO_2、SO_3 等，可避免板翅式可逆式换热器铝合金材质的腐蚀，延长使用寿命。由于空气冷却塔的容积较大，对加工空气还能起到缓冲的作用，使空压机切换时不易超压。对于分子筛流程，设置氮水预冷器可以起到保护分子筛的作用。

氮水预冷器主要由两个塔组成，一个是水冷却塔（也叫喷淋冷却塔），一个是空气冷却塔，系统如图 5-29 所示。由分离设备来的污氮温度较低，约 28℃，含湿量亦较小，相对湿度约 30%。在水冷却塔内与来自空气冷却塔的温度较高的冷却水相遇，进行热交换。同时由于干燥氮的吸湿作用，带走水分，而冷却水由于水分的蒸发放出潜热使本身温度降低，这是使冷却水降温的主要因素。因此污氮的含湿量是影响冷却效果的关键。经过氮气冷却的水，自水冷却塔出来，由水泵输送到空气冷却塔喷淋，与压缩空气相遇，进行热交换，使压缩空气温度降低，饱和含水量减少，一部分水分析出，从而使

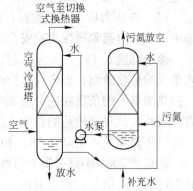

图 5-29　氮水预冷器系统图

塔内水量增加，水温升高。压缩空气出塔后，经分离器进一步分离水分后，进入切换式换热器。

由于空气冷却塔是在 0.6MPa 左右的压力下工作，而水冷却塔内为低压氮气，因此水自空气冷却塔至水冷却塔喷淋时不需要水泵。

当污氮传给冷却水的冷量不足以来冷却空气时，则水冷却塔与空气冷却塔的热负荷不平衡，水温不断升高，这时必须使一部分热水用单独设置的喷淋冷却塔进行冷却，或放掉一部分热水，补充一部分冷的自来水（或深井水）。

饱和空气中水分含量只取决于温度，因此，空气虽然经过水的喷淋，但温度降低了，因此水分含量不是增加而是减少。这对减轻切换式换热器自清除的负担是有利的。

氮水预冷器传热系数较小，约为 $7 \sim 16.5 W/(m^2 \cdot K)$。空气的温度对有末级冷却器的能降低 10～20℃；没有末级冷却器的能降低 70～80℃。

分子筛净化制氧机的氮水预冷器设置更为重要。通常分子筛纯化器吸附要求加工空气入纯化器的温度为 8～10℃，为此，空冷塔要采用两级喷淋。一级喷淋为常温水，二级喷淋用冷冻水，其水温为 5℃左右。常温水经过氟利昂制冷机冷却而成为冷冻水。其氮水预冷器系统见图 5-30。

氮水预冷器是一种混合式换热器。在水冷塔中空气与污氮逆向直接接触，由于污氮是不饱和的，所以一部分水蒸发变成水蒸气进入污氮，水蒸发时吸收大量潜热，而使水得到冷却。在空冷塔中，水与空气仍然是逆向直接接触，水与空气进行热、质交换。水的温度低，空气被冷却，随之空气的饱和含水量降低，冷凝析出的水进入喷淋水中。为了使污氮与水、空气与水充分接触。氮水预冷器采用填料塔或筛板塔。当塔径小于2400mm时，应用大孔径穿流式筛板，塔径大于（或等于）2400mm时，采用带溢流装置大孔径的筛板。

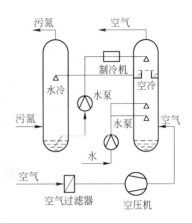

图5-30　配分子筛纯化器的氮水预冷器

影响氮水预冷器降温效果的因素很多。诸如喷淋水量、喷淋设备结构、筛板孔径、板数或者填料选择等。其中对设计和操作都十分重要的参数是水气比。它的定义是喷淋水量与气体流量的比值。水气比小，水与气之间的接触少，传质、传热条件变差。水气比过大，污氮和空气量一定，水过多既造成浪费又容易发生气体带水事故。由实验结果得知，在水冷塔中喷淋水量为 $0.4 \times 10^{-3} \, m^3/m^3 A$ 时，出水冷塔的水温最低，但趋近于零度有结冰的危险。喷淋水量一般在 $0.55 \times 10^{-3} \sim 1.4 \times 10^{-3} \, m^3/m^3 A$ 之间变化，既可以保证冷却效果又可以避免水冻结。

氮水预冷器结构 $10000 m^3/h$ 空分装置的空气冷却塔采用的是填料塔。图5-31是钢制圆形容器，其中放有 $35mm \times 35mm \times 4mm$ 的拉西哥环约35t，高约8m，容器总高16.56m。内径 $\phi 3024mm$，壁厚12mm。上部装有机械水分离器（惯性分离），还有高度为100mm，空隙率为96%的不锈钢填料分离器以防空气带出水滴，冷却水由喷淋装置喷出。经分配器沿填料层向下流动。在填料层每隔一定距离（约2.7m）设有再分配水的围流圈，使液体不致沿容器壁下流影响传热。热水从底部引出。为了防止气流速度太高塔内形成液泛，而使大量的水从空气出口处带走，在塔的上部机械水分离器溢水槽以上一定距离处装有紧急放水口。

$3200 m^3/h$ 空分装置的空气冷却塔采用的是筛板塔。它是钢制圆形容器，内径1000mm，筛孔直径 $\phi 5mm$，孔间距为9mm，以等边三角形排列。顶部有高度为200mm的金属网分离器，工作压力为 $6.37 \times 10^5 Pa$，5层穿流式筛板。

$10000 m^3/h$ 分子筛纯化流程制氧机的空冷塔也是穿流式筛板塔孔径 $\phi 12mm$ 气液穿行。塔板间距500mm，每块塔板的阻力控制在 $20 \sim 55Pa$。上部为4块塔板，下部为8块塔板。

而 $30000 m^3/h$ 制氧机的氮水预冷器直径大于2400mm为带溢流装置的筛板塔。

分子筛纯化流程，为了对二氧化碳的清除更为彻底，所以进分子筛纯化器的温度小于20℃，通常设冷水机组，将水进一步冷却，为空冷塔提供 $5 \sim 12$℃的冷冻水。目前冷水机组有四种类型：活塞式、螺杆式、氨冷水机、吸收式冷水机。前两种机型的制冷工质采用R717、R12、R22。由于R12、R22为氟利昂，会破坏大气的臭氧层，故将逐渐被新替代工质而代替。氨冷水机组的制冷工质为氨（R717），单位容积制冷量大、黏性小、流动阻力小，传热性能好，但氨泄漏不仅有臭味而且对人的毒害较大，它刺激人的眼睛及呼吸器。氨液溅到皮肤上，会引起肿胀甚至发生冻伤。当氨蒸气在空气中的体积含量达到 $0.5\% \sim 0.6\%$ 时，

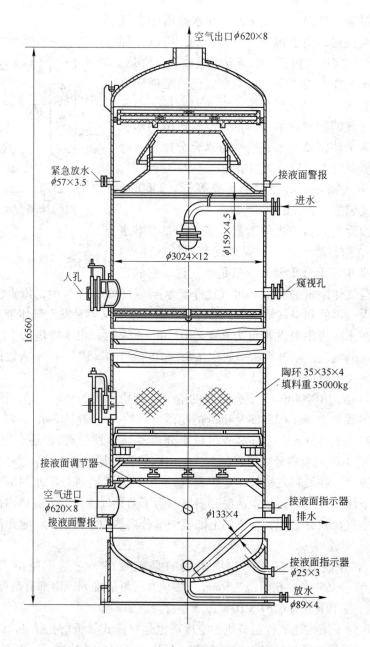

图 5-31   10000m³/h 制氧机空气冷却塔

可使人中毒。氨还是可燃的，它在空气中的含量达到 16% ~25%，可引起爆炸。

吸收式冷水机组工作原理是消耗热能而达到降温的目的。其制冷工质为具有相同压力的沸点不同的两种物质配制的饱和溶液，其中沸点高的物质为吸收液，另一种沸点低的为制冷剂。现代吸收式制冷机常用工质为溴化锂水溶液，其中水为制冷剂，溴化锂为吸收剂。

不论上述哪种类型的冷水机，都需要增加能耗，随着制氧机向大型化发展，节能是备受关注的问题，是否设置冷水机要根据纯氮产品产量而定，当氮产量与氧产量的比值 1：1

时可不设冷水机；当氮产量与氧产量的比值等于1：1时，可以设置也可以不设；当氮产量与氧产量的比值大于或等于1：1.5时，应设置冷水机。设置冷水机时，加工空气出空冷塔，进入分子筛纯化器的温度为8~10℃。不设冷水机组时，进入分子筛纯化器的加工空气的温度为10~20℃，此温度取决于供水量和进入水冷塔的氮的量和温度。当然随季节也会发生变化。据统计目前分子筛流程的制氧机普遍设置冷水机，在制氧机运行中，视加工空气入纯化器的温度来决定冷水机的开、停。一旦加工空气温度高于设计温度，用调节进水冷塔的污氮量，增加气-水比，也不能达到要求时，应及时投入冷水机。

另外，在原料空压机配有末端冷却器的空分装置的氮-水预冷系统还可以采用封闭式低温水循环。其流程示意图见图5-32。低温水来自水冷塔（E-1），由水泵打入空冷塔（E-2），冷却原料空气后，依靠空冷塔与水冷却塔的压力差返回水冷塔的顶部。在水冷塔中，水再被污氮冷却循环打入空冷塔。

由于在水循环中有蒸发损失，水中又会有杂质污染和积累，因此需要定期排放低温水，而后补充自来水或低硅水保证循环的低温水量不变。这种封闭循环除节省两个大水泵而节能外，还可以避免冷冻水被工业循环水中有害杂

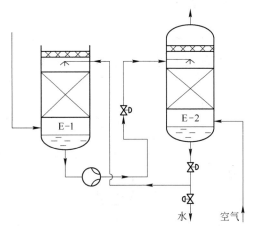

图5-32 封闭低温水循环
E-1—氮水冷却塔；E-2—空气冷却塔

质的污染。并且因循环水量很少可以根本杜绝空气带水造成分子筛纯化器进水事故的发生。

5.7 其他换热器

5.7.1 过冷器

在空分保冷箱内，无论何种流程都设置过冷器，过冷器的作用是将氮气、污氮气等冷气流的冷量回收，使液空、液氮过冷后再打入上塔，以减少节流气化率，增加上塔的回流比，也就是将冷量回收给上塔，可以提高产品产量。过冷器是液-气对流换热，冷、热流体均无相变。图5-33表示的为18000m³/h制氧机的过冷器简图。此过冷器为一层液体对应两层气体的复迭式板翅式换热器。液体侧为5.0mm×2.0mm×0.3mm的锯齿形翅片，气侧采用9.5mm×1.7mm×0.2mm的锯齿形翅片。

5.7.2 氩系统中的换热器

氩系统中的换热器包括粗氩冷凝器、粗氩液化器、精馏冷凝器、精氩蒸发器等。

粗氩冷凝器位于粗氩塔顶部，它的作用是：将粗氩气冷凝，为粗氩塔提供回流液。其冷流体通常选用从下塔底抽出液空节流后进入粗氩冷凝器。此冷凝器一般只有一个板式单元芯体，它是浴式冷凝器，液空通道上、下敞口浸入液空中，翅片为光直形翅片，液空侧翅片尺寸为6.35mm×1.7mm×0.2mm，粗氩气侧通道翅片为6.35mm×1.4mm×0.2mm。

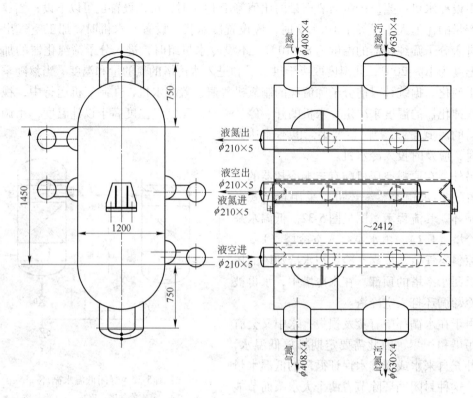

图 5-33　18000m^3/h 空分设备过冷器

冷流体与热流体的流动方式为逆流或错流，通道布置为一层液体、一层气体的单叠式。

　　精氩冷凝器设置在精氩塔顶部，它的作用是：将精氩塔顶部的纯氩部分液化后回流给精氩塔作为回流液。其冷源为主冷的液氮。它的结构为一只板翅式单元的浴式冷凝器。液氮蒸发通道上、下开口浸于液氮之中。液氮通道的翅片尺寸为 6.35mm × 1.7mm × 0.2mm；纯氩通道尺寸为 6.35mm × 1.4mm × 0.2mm。冷、热流体为逆向换热。通道布置为单叠式。

　　精氩蒸发器设置在精氩塔底部，它的作用是：将精馏塔底的液氩蒸发为精氩塔提供上升蒸气，同时将来自主塔的下塔顶部的气氮冷凝。其结构仍是一只板翅式单元芯体。液氩蒸发的通道上、下开口浸于液氩之中。液氩蒸发通道的翅片规格为 6.35mm × 1.7mm × 0.2mm；气氮冷凝通道的翅片规格为 6.35mm × 1.4mm × 0.2mm。冷、热流体的通道为逆向单叠布置。

　　为了保证精氩塔为全液相进料，以增加精氩塔的回流比，有的空分流程在粗氩入精氩塔的管路上设置了粗氩液化器。它的作用是：将从粗氩冷凝器抽出的粗氩中未冷凝的粗氩气进一步冷凝，液化后与液态粗氩一同进入精氩塔。其结构仍为一只板式单元芯体。冷源为液氮蒸发，液氮通道的翅片规格为 6.35mm × 1.7mm × 0.2mm；粗氩气侧通道翅片规格为 6.35mm × 2.0mm × 0.2mm，通道布置为单叠式。

6 空气的分离

低温法分离空气制氧主要分为两个步骤。首先使加工空气液化继而利用氧、氮等组分的沸点差，采用精馏的方法使空气分离获得氧气和氮气。得到液态空气需要液化循环，必须消耗液化功。同样分离空气也必须消耗分离功。我们力求以最少的耗功获得尽可能多的产品。为此，本章将着重阐述精馏原理以及实现空气分离的设备——精馏塔，还将介绍空气分离的最小功的计算。

6.1 空气分离最小功

众所周知，气体分离必须消耗外功。所消耗外功之大小是评价各种分离方法优劣的重要技术指标，而分离气体混合物所需的理论最小功是评价的标准。下面将阐明空气分离最小功的求法。

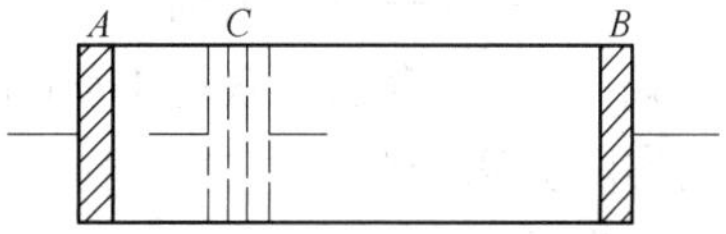

假想有一气缸内装有两个活塞 A 与 B，A 在左端，B 在右端。气缸内容有 5mol 的空气。若活塞 A、B 均由薄膜制成，设活塞 A 只能透过氧气而不能透过氮气；活塞 B 只能透过氮气不能透过氧气。当活塞向中间移动，至 C 相遇如图 6-1 所示。此时活塞左侧的体积与总容积比为：

图 6-1 假想活塞示意图

$$\frac{V_{AC}}{V_{AB}} = \frac{V_{O_2}}{V_{空}} = \frac{1}{5}$$

式中 V_{O_2}——氧气体积；

$V_{空}$——空气总体积。

对于氧组分而言，体积由原来的总体积压缩至 1/5。设气体为理想气体，在等温可逆压缩的条件下，它所消耗的功为：

$$W_{O_2} = \int p dV = RT \ln \frac{V}{\frac{1}{5}V} = RT \ln 5$$

对于氮组分而言，其体积由原来的总体积压缩至 4/5。同样在理想气体的条件下，氮组分被等温可逆压缩其耗功为：

$$W_{N_2} = \int p dV = 4RT \int \frac{dV}{V} = 4RT \ln \frac{V}{\frac{4}{5}V} = 4RT \ln \frac{5}{4}$$

需要说明的是，式中的 4 倍是因为氮组分是 4mol。

因此，分离 5mol 空气，即获得 1mol 纯氧气所需的功为：

$$W = W_{O_2} + W_{N_2} = RT \ln 5 + 4RT \ln \frac{5}{4}$$

若在 1 个大气压下，获得 $1m^3$（标）的氧气，所需的理论最小功应该是：

$$W = \left(RT \ln 5 + 4RT \ln \frac{5}{4} \right) \times \frac{1000}{22.4} = 274.2 kJ/m^3（标）$$

这一理论最小功是在理想气体等温可逆压缩，且将各组分分压力压缩至 1 个大气压下求出的。若写出普遍式则为：

$$W = W_{O_2} + W_{N_2} = \left(n_{O_2} RT \ln \frac{p}{p_{O_2}} + n_{N_2} RT \ln \frac{p}{p_{N_2}} \right)$$

$$= V \left(p_{O_2} \ln \frac{p}{p_{O_2}} + p_{N_2} \ln \frac{p}{p_{N_2}} \right) \tag{6-1}$$

式中　n_{O_2}，n_{N_2}——分别为氧、氮的物质的量；

　　　　p_{O_2}，p_{N_2}——分别为氧、氮组分的分压力；

　　　　p——代表总压力；

　　　　V——分离前气体的容积。

式（6-1）表示了获得 1mol 氧气的理论最小功。实际分离过程是非等温不可逆过程，因而实际分离功要比理论最小功大得多。分离功越接近于最小功的分离方法越完善，其不可逆损失越小。

值得注意的是，分离混合气体的耗功与分离后之气体纯度密切相关。很显然，分离后气体纯度愈高，愈难分离，则所消耗的分离功愈大。

6.2　气液相平衡

6.2.1　气液相平衡机理

空气主要由氧和氮组成。氧、氮与其他单一物质一样，在一定的条件下具有一定的状态。例如，在密闭容器中的水，由于液体内部分子能量分布不均匀，在任何温度下总有一部分分子动能较大的分子能够克服分子间的引力逸出液面，如图 6-2 所示，这就是汽化。在过程开始时，液面上的蒸气分子数目为零，分子很容易逸出液面，使液面上的空间中的蒸气分子数目不断增多，从而由蒸气分子所引起的蒸气压力也随之升高。由于蒸气分子在空间不断作无规则运动，相互碰撞，其中一部分蒸气分子会接近液面，被液相中的分子吸引而重新凝结回到液相。这样在气液相之间就产生了物量和能量的交换，整个气液系统处于不断运动之中。当汽化过程初期，由于液面上方空间中的蒸气分子较少，因此，从液面逸出成为蒸气的分子数比从蒸气凝结下来重新成液体的分子数多。随着汽化过程的进行，空间里的蒸气分子数将继续增多，蒸气压随之继续提高，同时，由蒸气凝结下来重新回到液相中的分子数也有所增加。到达某一时刻时，会出现这样一种状态，即在任一时间里飞离液面的分子数与飞回到液相中的分子数恰好相等。这时，气相中的分子数不再

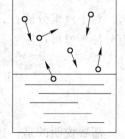

图 6-2　相平衡示意图

增多，液相中的分子数也不再减少，容器中的液相与液面上的蒸气建立了平衡，称之为气液相平衡，或简称为气液平衡。气液相平衡时，整个气-液系统是处于相同的压力和温度之下的，各部分状态参数将保持不变。

当气液处于平衡状态时，液面上方的蒸气叫饱和蒸气，饱和蒸气所显示的压力称为饱和蒸气压，相应的温度叫饱和温度，也叫"沸点"。

应当指出，运动是绝对的，静止则是相对的，处于气液相平衡系统并非分子运动停止，系统仍处于分子的不断运动之中，只不过是分子从气相飞离与从气相返回的分子数目相等而已，所以气液平衡实质上是"动态平衡"。只有在一定条件下才能成立，例如在压力、温度不变时。一旦压力或者温度条件发生变化，气液相平衡就会被破坏，直到与新的条件相适应时，系统又会重新建立起新的平衡。

当温度发生变化时，饱和蒸气压也要相应变化。如果温度升高，气相分子的平均动能相应增加，必然会有更多的分子能脱离液面而成为蒸气分子，所以蒸气压也相应的提高。对于单一组分的物质，对应于一定的温度只有一个饱和蒸气压，或者说一定的蒸气压只对应一个饱和温度，也就是温度与饱和蒸气压是一一对应的关系。饱和蒸气压随温度的升高而增大。

对于不同物质，由于它们的分子结构和分子间的引力不同，因此，在同一温度下也具有不同的蒸气压。图6-3为氧、氩、氮的饱和蒸气压与温度关系曲线。在同一温度下，对应的饱和蒸气压越高，表明该物质越容易气化。通常把液体气化的难易程度称作"挥发性"。容易气化的为挥发性大，同一温度下所对应的饱和蒸气压也高；反之，不易气化的为挥发性小对应的饱和蒸气压也低。

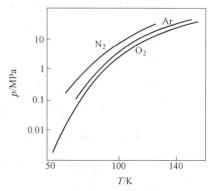

图6-3　不同温度下的氧、氩、氮的饱和蒸气压

在混合物中，我们把容易气化的组分称为"易挥发组分"，难气化的组分称为"难挥发组分"。空气可以大致看成氧、氮、氩的混合物。由6-3图可见，在相同温度下，氮的蒸气压总是大于氧的蒸气压，氩介于二者之间。故，氮对氧来说是易挥发组分，氧是难挥发组分。而氩对于氮来说是难挥发组分，相对于氧来说则是易挥发组分，可见其难易也是相对而言的。

由图6-3还可以看出，相对于同一蒸气来说，氮的饱和温度（沸点）比氧低，因此也可以根据沸点的高低来区分易挥发组分和难挥发组分，在同一压力下，沸点低的物质为易挥发组分，沸点高的为难挥发组分。

空气主要由氧、氮组成，在近似计算时，可以把空气看成是氧、氮的混合物，其中氧组分为20.9%（体积分数），氮组分为79.1%（体积分数），为氧、氮二元系。均匀混合物为液态时，通常称为溶液。任意数量的氧和氮混合时都能够得到氧和氮的均匀混合物，液氧和液氮以任何份额混合时都能获得均匀的混合溶液，所以氧和氮是完全互溶的，因此液空可以称为氧、氮完全互溶的二元溶液。

我们知道，对于单一组分在液态或气态时，需要有两个独立的状态参数（也称为自由度）才能确定它的状态。在溶液相平衡系统中究竟需要几个状态参数才能确定它的状态呢？这个规律称为"相律"，它说明了当物系中各相达到平衡时，物系的自由度数与组分数及相数的关系。其表达式如下：

$$f = c - \phi + 2 \qquad\qquad (6\text{-}2)$$

式中 f——自由度数；

      c——组分数；

      ϕ——相数。

例如：氧、氮混合物的液相与气相处于平衡时，确定系统的状态参数（自由度）应为几个？这可以根据相律，二元氧氮混合物组分数 $c = 2$，气液相平衡，相数 $\phi = 2$，则 $f = c - \phi + 2 = 2 - 2 + 2 = 2$，即氧、氮物系的状态参数压力、温度和浓度三个变数中，需确定其中两个参数方能确定混合物的状态。

表 6-1   氧、氮系统气液平衡时

x_3 /%（N_2）	$p = 0.1$		$p = 0.12$		$p = 0.13$		$p = 0.16$		$p = 0.2$		$p = 0.3$		$p = 0.4$	
	T /K	y_3/%（N_2）	T /K	y_3/%（N_2）	T /K	y_3/%（N_2）	T /K	y_3/%（N_2）	T /K	y_3/%（N_2）	T /K	y_3/%（N_2）	T /K	y_3/%（N_2）
0.0	89.88	0.00	91.66	0.00	92.93	0.00	94.64	0.00	97.08	0.00	101.85	0.00	105.53	0.00
2.0	89.32	7.63	91.06	7.31	92.6	7.10	94.07	6.84	96.52	6.48	101.31	5.89	105.00	5.89
5.0	88.54	17.71	90.29	17.03	91.56	16.58	93.27	16.02	95.72	15.26	100.52	13.93	104.23	13.93
10.0	87.37	31.52	89.12	30.47	90.36	29.80	92.07	28.92	94.52	27.78	99.33	25.67	103.04	25.67
15.0	86.31	42.50	88.06	41.25	89.29	40.46	90.98	39.40	93.42	38.02	98.22	35.54	101.94	35.54
20.0	85.33	51.30	87.07	50.06	88.30	49.24	89.97	48.12	92.40	46.68	97.19	43.92	100.90	43.92
30.0	83.65	64.52	85.38	63.37	86.60	62.58	88.26	61.52	90.63	60.10	95.38	57.41	99.06	57.41
40.0	82.29	73.83	84.00	72.85	85.20	72.19	86.84	71.25	89.19	70.00	93.86	67.60	97.48	67.60
50.0	81.15	80.72	82.84	79.95	84.03	79.41	85.65	79.65	87.97	77.65	92.55	75.68	96.12	75.68
60.0	80.18	86.06	85.85	85.47	83.03	85.07	84.62	84.50	86.91	83.73	91.41	82.17	94.93	82.17
70.0	79.30	90.40	80.95	90.00	82.11	89.70	83.69	89.30	85.95	88.75	90.37	87.61	93.85	87.61
80.0	78.48	94.04	80.11	93.77	81.26	93.59	82.82	93.34	85.05	92.98	89.43	92.27	92.83	92.27
85.0	78.12	95.63	79.74	95.47	80.88	95.33	82.43	95.14	84.64	94.88	88.99	94.37	92.37	94.37
90.0	77.76	97.18	79.37	97.06	80.50	96.97	82.04	96.84	84.25	96.68	88.56	96.35	91.91	96.35
95.0	77.42	98.62	79.02	98.56	80.15	98.52	81.67	98.46	83.86	98.38	88.15	98.21	91.47	98.21
98.0	77.23	99.46	78.82	99.43	79.93	99.42	81.47	99.39	83.63	99.36	87.90	99.30	91.20	99.30
100.0	77.08	100.0	78.67	100.0	79.79	100.0	81.31	100.0	83.48	100.0	87.74	100.0	91.03	100.0

6.2.2 氧、氮混合物气液相平衡状态及其应用

如上所述，对氧、氮二元混合物的气液相平衡系统，只要知道两个独立的状态参数，就对应系统的一定状态，相应地其他状态参数也就被确定了。因此，可以取两个状态参数为坐标的状态图来表示其性质。这些图可以叫做相平衡图。也是氧、氮混合物的热力性质图的一部分。下面将介绍几种常用的相平衡图。

6.2.2.1 温度-浓度图（T-x-y 图）

在工业生产中，气液平衡一般均在等压即压力不变的条件下进行。而对氧、氮二元系统，在一定压力下气液平衡时，液相的沸点还与物相的浓度有关；在一定的压力和温度下，处于平衡状态的气相浓度与液相浓度是固定的。在给定压力下进行一系列实验，得出不同温度时氧、氮混合物的液相浓度及与其平衡的气相浓度如表6-1所示。

气相浓度与液相浓度 （MPa）

$p=0.5$		$p=0.58$		$p=0.7$		$p=0.8$		$p=1.0$		$p=1.2$		$p=1.5$	
T/K	y_3/% (N_2)	T/K	y_3/% (N_2)	T/K	y_3/% (N_2)	T/K	y_3/% (N_2)	T/K	y_3/% (N_2)	T/K	y_3/% (N_2)	T/K	y_3/% (N_2)
108.58	0.00	110.70	0.00	113.52	0.00	115.61	0.00	119.27	0.00	122.44	0.00	126.55	0.00
108.06	5.17	110.19	4.97	113.02	4.73	115.12	4.56	118.81	4.29	121.99	4.06	126.14	3.79
107.30	12.36	109.45	11.92	112.29	11.37	114.40	10.98	118.11	10.36	121.33	9.86	125.50	9.24
106.12	23.02	108.27	22.29	111.13	21.37	113.24	20.72	116.97	19.64	102.21	18.77	124.41	17.70
105.02	32.35	107.17	31.39	110.03	30.22	112.16	29.40	115.90	27.99	119.14	26.85	123.37	25.45
103.98	40.40	106.13	39.38	108.99	38.05	111.12	37.08	114.86	35.48	118.12	34.17	122.35	32.60
102.11	53.86	104.25	51.77	107.10	51.30	109.21	50.30	112.94	48.50	116.18	47.02	120.40	45.20
100.51	64.42	102.62	63.40	105.43	62.01	107.52	61.03	111.21	59.32	114.41	57.85	118.59	56.01
99.10	72.98	101.18	72.07	103.95	70.87	106.00	72.06	109.62	68.56	112.78	67.25	116.89	65.51
97.86	80.05	99.91	79.35	102.62	78.39	104.64	77.70	108.21	76.44	111.31	75.31	115.35	73.86
96.72	81.04	98.74	85.50	101.41	84.80	103.39	84.29	106.90	83.29	109.95	82.43	113.91	81.32
95.66	91.24	97.64	90.91	100.27	90.43	102.22	90.08	105.67	89.19	108.66	88.84	112.55	88.07
95.18	93.60	97.14	93.36	99.75	93.01	101.68	92.74	105.09	92.26	108.05	91.83	111.91	91.25
94.69	95.84	96.64	95.68	99.22	95.44	101.14	95.26	104.51	94.96	107.45	94.66	111.26	94.26
94.23	97.97	96.15	97.89	98.71	97.78	100.61	97.68	103.95	97.35	106.86	97.38	110.63	97.18
93.95	99.20	95.86	99.17	98.41	99.12	100.30	99.07	103.62	99.02	106.51	98.96	110.26	98.98
93.76	100.0	95.67	100.0	98.21	100.0	100.09	100.0	103.40	100.0	106.27	100.0	110.0	100.0

由表6-1可见，氧、氮混合物在气液平衡时，气相中的氮的浓度总是大于液相中的氮浓度。这与溶液定律的结论是一致的。

由表还可以看出，在一定压力下混合物的沸点随液相中的温度而变化，低沸点组分的浓度愈大，则沸点也愈低。在不同浓度下，沸点处于纯低沸点组分的沸点和纯高沸点组分的沸点之间。

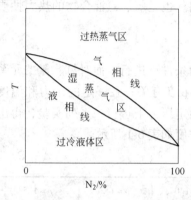

图6-4 *T-x-y* 示意图

如果取温度 T 为纵坐标，浓度 x、y 为横坐标，将实验得出的在一定压力下，混合物达到气液平衡时，气相组成与液相组成的关系表示在图中，这种图叫温度-浓度图（ *T-x-y* 图）。

图6-4是根据 $p = 0.1MPa$ 的数据绘出的 *T-x-y* 图。其横坐标可以取氮的液相及气相浓度，也可取氧的浓度。一定的温度对应有一个液相浓度及一个气相浓度。分别连接不同温度下的气相浓度点及液相浓度点，得出图中所示的双等压线。由液相浓度点构成的等压线叫液相线，也叫沸腾等压线，它表示不同组成的液体在该压力下开始沸腾的温度。由气相浓度点构成的等压线叫气相线，也叫冷凝等压线，它表示在该压力下不同组成的气相开始冷凝的温度曲线。

对一定组分的氧、氮混合物，当温度低于液相线所对应的温度时，为过冷液体，在液相线以下叫过冷液体区；当温度高于气相线对应的温度时，为过热蒸气。在气相线以上叫过热蒸气区；在气相线与液相线之间的区域为气液共存的湿蒸气区。

不同压力下的氧、氮气液平衡图（ *T-x-y* 图）如图6-5所示。由图可见，当压力愈低时，气相线与液相线距离愈远，表示在气液平衡时，气相浓度与液相浓度差愈大。对空气分离来说，气液相浓度差越大表示氧氮分离越容易，精馏过程所需的塔板数就少，因此在低压下分离空气比较有利。

由图可见：

（1）任一浓度下氧、氮混合物的沸点或冷凝温度既不等于同样压力下纯氧的沸点也不等于纯氮的沸点，而是介于二者之间。由于混合物中两种分子的相互作用和影响，当温度降至冷凝温度时，其中的氧组分并不能开始冷凝。例如在1个大气压下空气（含79.1% N_2）开始冷凝的温度可由图6-6查得约为81.8K（图中点 1″），它远低于纯氧的冷凝温度（89.88K）。

（2）气液混合物的冷凝温度是随着冷凝过程而逐渐降低，而液体的沸腾温度是随气化过程而逐渐升高。例如，空气在1个大气压下全部冷凝

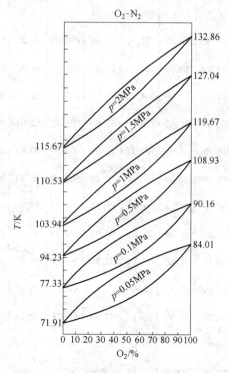

图6-5 *T-x-y* 图（氧、氮）

成液体时的温度约为 78.8K（图中的点 3'）。冷凝的最终温度高于纯氧的冷凝温度（77.08K）。因此，在 T-x-y 图上，气相线与液相线的纵向距离是反映了冷凝过程或沸腾过程温度的变化。

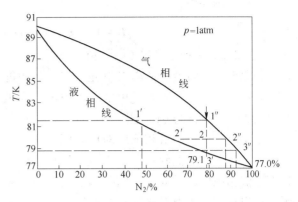

图 6-6　氧、氮混合物系蒸发、冷凝示意图

（3）在冷凝过程或沸腾过程中，液相和气相的浓度是在不断变化的，但是气相中的氮浓度始终大于液相中的氮浓度。

例如，当空气在 1 个大气压下温度降至 81.8K 时，开始出现第一滴液体，这时蒸气的含氮为 79.1%，与之平衡的液相点为图 6-6 中的点 1' 所示，它的氮浓度为 47%。在冷凝过程中，气液混合物的平均浓度始终为含氮 79.1%。所以它总在浓度为 79.1% 的垂直线上。随着温度的降低，当达到图中的点 2 时，它所对应的液相浓度为点 2' 所对应的值，气相浓度为点 2'' 所对应的值。随着冷凝量的增加，液相中的含氮量也增加（由点 1' 变至点 2'）而气相中的含氮量始终高于液相中的含氮量，所以气相中的含氮量也提高（由点 1'' 变至点 2''）。当空气即将全部冷凝时，液相的浓度接近空气的浓度（含氮 79.1%）如图中点 3' 所示，这时与其平衡的最后一点气体中的含氮量为点 3'' 所示，约为 93.6%。

蒸发过程是冷凝过程的逆过程，对含氧为 20.9% 的液空，在蒸发过程中它的气相液浓度由开始含氮 9% 到全部蒸发完时为含氮 79.1%。液相浓度则由含氧 20.9% 逐渐升高，到最后一滴液体时，含氧达 53%。

（4）在冷凝或汽化过程中，湿蒸气的蒸气量 G 占液总量 B 的百分比称为汽化率或干度，用 α 表示。液体量 g(g + G = B)占气液总量的百分比称为液化率或湿度，用 β 表示。它们均可从 T-x-y 图来确定。由图 6-6 可见，点 1'' 的汽化率 α 为 100%，液化率 β 为 0%，点 1'' 处在气液平衡线 1'1'' 的最右侧，而点 3'' 的液化率 β 为 100%，汽化率 α 为 0%，它是处在气液平衡线 3'3'' 的最左侧。因此，对湿蒸气区，气液所占比例可根据该点处于气液平衡线的位置来确定。例如图中点 2 的汽化率为：

$$\alpha = \frac{G}{G+g} = \frac{\overline{2'-2}}{\overline{2'-2''}} = \frac{x_0 - x}{y - x} \tag{6-3}$$

液化率为：

$$\beta = \frac{g}{G+g} = 1 - \alpha = \frac{\overline{2-2''}}{\overline{2'-2''}} = \frac{y - x_2}{y - x} \tag{6-4}$$

式中　x，y——点 2 的温度下处于平衡状态的液相和气相的浓度；

　　　x_0——气液混合物的浓度。

例　求含氧为 20.9% 的液空在 1 个大气压下加热至 79.3K 时的汽化率。

解　在 T-x-y 图上作 79.3K 的等温线，它与气相线交点对应的浓度为 y = 90.4% N_2，与液相线交点对应的浓度为 x = 70% N_2，x_0 = 79.1% N_2，则汽化率为：

$$\alpha = \frac{x_0 - x}{y - x} = \frac{79.1 - 70}{90.4 - 70} = \frac{9.1}{20.4} = 44.6\%$$

显然，液化率：

$$\beta = 1 - \alpha = 1 - 44.6\% = 55.4\%$$

6.2.2.2　平衡浓度图（y-x 图）

如果取二元溶液中低沸点组分（氮）的浓度 x 为横坐标，与其平衡的气相中的氮浓度 y 为纵坐标绘制成的图称为 y-x 图。在一定的压力下，气液平衡时，一定的液相浓度对应有固定的气相浓度值，并且，对低沸点组分来说，气相浓度总是大于液相浓度。根据表 6-1 的平衡数据，在 y-x 图上作出在不同压力下的气液平衡曲线，如图6-7所示。从这种图中可以明显表示出在溶液平衡状态下的一些规律性。

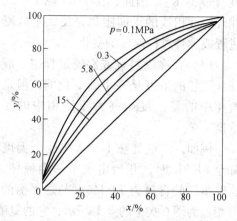

图 6-7　不同压力下氧-氮物系的平衡曲线 y-x

（1）当压力 p 为恒值时，由于气相中的氮浓度大于液相中的氮浓度（对高沸点组分的氧则相反）所以平衡线均在对角线（y-x 曲线）以上的向上凸的曲线。

根据拉乌尔定律及道尔顿分压定律可得：

$$y_{N_2} = \frac{p'_{N_2} \cdot x_{N_2}}{p} = \frac{p'_{N_2} \cdot x_{N_2}}{p'_{O_2} \cdot x_{O_2} + p'_{N_2} \cdot x_{N_2}}$$

$$= \frac{p'_{N_2} \cdot x_{N_2}}{p'_{O_2}(1 - x_{N_2}) + p'_{N_2} \cdot x_{N_2}} = \frac{p'_{N_2} \cdot x_{N_2}}{p'_{O_2} + (p'_{N_2} - p'_{N_2}) \cdot x_{N_2}} \tag{6-5}$$

由于在同样温度下氮的饱和压力 p'_{N_2} 总大于氧的饱和压力 p'_{O_2}，所以 $\delta = \dfrac{p'_{N_2}}{p'_{O_2}} > 0$，则式（6-5）可改写为：

$$y_{N_2} = \frac{\delta \cdot x_{N_2}}{1 + (\delta - 1) \cdot x_{N_2}} \tag{6-6}$$

显然 $\delta = 1$ 时，表示 $y = x$ 的对角线；当 $\delta > 1$ 时，则 $y > x$，为向上凸的曲线；δ 值越大，则向上凸的程度愈大。

（2）当压力愈低时，等压线离 $y = x$ 的对角线愈远，表示组分在两相中的浓度差越大，混合物越容易分离。

用 y-x 图了解气液平衡时气相浓度与液相浓度的关系非常清楚和方便，所以在分析精馏塔内塔板上液相浓度变化时常常要用到它。

6.2.2.3　温度-压力-焓-浓度图（T-p-h-x-y 图）

T-p-h-x-y 图反映了氧、氮二元混合物在气液平衡时，饱和温度、饱和蒸气压、气液相值及气液相浓度及焓值五个状态数参数间的关系，在计算中经常被使用。它的横坐标代表焓 h，纵坐标代表温度，图的左右两边分别表示气液平衡状态下的液相和气相的状态，在液相区和气相区均有等压线和等浓度线，如图6-8所示。

该图仅表示气液平衡时的气和液的状态。它们处在相同的温度（水平线）及相同的压

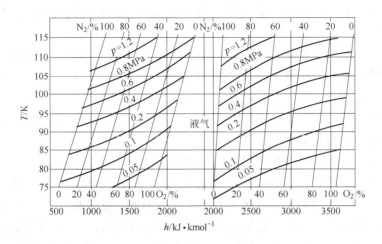

图 6-8　氧、氮二元系的 $T\text{-}p\text{-}h\text{-}x\text{-}y$ 图

力（等压线）上，由此可确定液相和气相的浓度及对应的混合物的焓值。对于过热蒸气和过冷液体的状态在该图上不能表示。

正式的 $T\text{-}p\text{-}h\text{-}x\text{-}y$ 图见附图 4，它的焓值所取的基准与空气的 $T\text{-}S$ 图等不同，因此当在查取不同的图解决同一个问题时，需要对焓值进行校正，如果以 $T\text{-}p\text{-}h\text{-}x\text{-}y$ 图查得的焓值为基准，从空气的 $T\text{-}S$ 图查得的焓值需加 2500kJ/kmol，氧的 $T\text{-}S$ 图查得的值需加 8235kJ/kmol；氮的 $T\text{-}S$ 图查得的焓值需加 1003kJ/kmol 的平均校正值。

为了减少校正过程中的误差，还可以采取如下的校正法：从 $T\text{-}S$ 图上查得已知状态的焓值 h_1 与饱和焓值 h_1'' 之差，再加上由 $T\text{-}p\text{-}h\text{-}x\text{-}y$ 图查得的饱和焓值 h''。得出以 $T\text{-}p\text{-}h\text{-}x\text{-}y$ 图为基准的实际焓值 h：

$$h = h'' + (h_1 - h_1'')$$

利用 $T\text{-}p\text{-}h\text{-}x\text{-}y$ 图，由已知的任意两个状态参数的数值，从图上可查到相应的其他参数的数值。实际应用的氧、氮二元系的 $T\text{-}p\text{-}h\text{-}x\text{-}y$ 图见附图 4。

例 1　已知 $p = 0.5\text{MPa}$，$T = 102\text{K}$ 的氧氮混合物处于平衡状态，求气液相浓度及焓值。

解　按图 6-8 中在液相 $T = 102\text{K}$ 的等温线与 $p = 0.5\text{MPa}$ 的等压线的交点表示液相物，其浓度为 $x_{O_2} = 66\%$，$x_{N_2} = 34\%$ 混合物的焓值 $h_混 = 7524\text{kJ/kmol}$。

在气相部分图表中，$T = 102\text{K}$ 与 $p = 0.5\text{MPa}$ 等压线的交点表示气相物的参数，$y_{O_2} = 45\%$，$y_{N_2} = 55\%$，混合物的值 $h_混'' = 11787\text{kJ/kmol}$。

例 2　已知主冷凝蒸发器液氧面上的压力为 0.14MPa 液氧浓度为 98% O_2，求气氧浓度。

解　先在液相区找出液氧浓度为 98% O_2 的等浓度线与 $p = 0.14\text{MPa}$ 的等压线的交点，得出液相状态点，相应的温度为 93K。由于主冷内气相与液相处于平衡状态，它们具有相同的温度和压力，所以在气相区根据 $T = 93\text{K}$ 的等温线与 $p = 0.14\text{MPa}$ 等压线得出交点即为平衡的气相状态点，查得其浓度为 92% O_2，由于氧是难挥发组分，所以气相中的浓度小于液相中的浓度。

例 3　已知下塔液釜上的压力为 0.6MPa，液空温度为 100.4K，求液空浓度。

解 由液相区找出 $T = 100.4K$ 等温线与 $p = 0.6MPa$ 的等压线的交点，查得其对应的浓度为 38% O_2。

由图可见，当压力一定时，如果液空的温度愈高，则对应的氧浓度也愈高。这是因为氧的沸点比氮高，在一定压力下，液空的沸点随着氧浓度的增加而提高。对主冷中的液氧浓度也具有同样的规律，当压力一定时，主冷温度越高表示氧纯度越好。

对氮来说则相反，当压力一定时，温度越低，则表示氮浓度越高。对上塔的顶部，可以根据压力和温度的变化来判断气氮的纯度。

例 4 求空气在 0.6MPa 的压力下的冷凝温度。

解 空气中的氧浓度为 20.9%，在气相区，$y_{O_2} = 20.9\%\,O_2$ 的等浓度线与 $p = 0.6MPa$ 等压线的交点所对应的温度表示气体开始冷凝时的温度，查得其温度为 100.6K。若切换式换热器的冷端温度低于此值，就可能出现液体，在实际操作中应予以避免。

由图可见，当压力愈低时，空气的冷凝温度也愈低。至于空气的冷凝过程，在 $T\text{-}p\text{-}h\text{-}x\text{-}y$ 图是无法表示的。

例 5 求空气在 0.1MPa 下的冷凝潜热。

解 冷凝潜热是指一定浓度的气体完全冷凝成液体时所放出的热量，因此，气相浓度与液相浓度是相同的。根据潜热的计算公式，它可由饱和蒸气的焓值与饱和液体的焓值之差来求取，即潜热为：

$$r = h'' - h'$$

式中 h''——饱和蒸气焓值；

         h'——相同压力和浓度下饱和液体的焓值。

对空气，某氧浓度为 20.9%，可在 $T\text{-}p\text{-}h\text{-}x\text{-}y$ 图的气相区与 $p = 0.1MPa$ 等压线的交点查得 $h'' = 9593kJ/kmol$，在液相区根据 $x_{O_2} = 20.9\%\,O_2$ 与 $p = 0.1MPa$ 等压线的交点查得 $h = 3720kJ/kmol$，因此，空气的冷凝潜热为：

$$r = h'' - h' = 9593 - 3720 = 5873(kJ/kmol)$$

例 6 求压力为 0.58MPa，温度为 102K 及含湿为 5% 的空气，以 $T\text{-}p\text{-}h\text{-}x\text{-}y$ 图为基准，校正后的焓值为多少？

解 如前所述，$T\text{-}p\text{-}h\text{-}x\text{-}y$ 图只能查到饱和状态的焓值，而由 $T\text{-}S$ 图查得其他状态的焓值若以 $T\text{-}p\text{-}h\text{-}x\text{-}y$ 为基准，需进行校正。

由 $T\text{-}p\text{-}h\text{-}x\text{-}y$ 图查得，当 $y_{O_2} = 20.9\%$，$p = 0.58MPa$ 时的饱和空气的值为 $h'' = 9940kJ/kmol$。

由空气的 $T\text{-}S$ 图得 $p = 0.58MPa$ 的饱和空气的焓值 $h''_1 = 7440kJ/kmol$。

在 $p = 0.58MPa$，$T = 102K$ 时，由 $T\text{-}S$ 图查得其值 $h_1 = 7524kJ/kmol$。

所以，若以 $T\text{-}p\text{-}h\text{-}x\text{-}y$ 图为基准，其校正方法为：

$$h = h'' + (h_1 - h''_1) = 9940 + (7524 - 7440) = 10024(kJ/kmol)$$

对 $p = 0.58MPa$，$a = 95\%$ 的空气，由 $T\text{-}S$ 图查得其焓值 $h_1 = 7189kJ/kmol$。所以，若以 $T\text{-}p\text{-}h\text{-}x\text{-}y$ 图为基准，其焓值为：

$$h = 9940 - (7440 - 7189) = 9689(kJ/kmol)$$

6.2.2.4 焓-浓度图（h-x-y 图）

在空气的精馏过程计算中，也经常使用焓-浓度图，即 h-x-y 图。它以混合物的焓值为纵坐标，以氮组分的摩尔分数 x、y 为横坐标。如图 6-9 所示。对一定的压力，在 h-x-y 图上分别对应有两条等压线。图中上面的曲线 AB 为冷凝等压线，曲线 CD 为沸腾等压线。冷凝等压线相当于蒸气开始冷凝时的状态，相当于 T-x-y 图中的气相线；曲线 CD 相当于液体开始沸腾时的状态，相当于 T-x-y 图中的液相线。两曲线之间的区域为两相区域或湿蒸气区。AB 曲线之上的区域为过热蒸气区，曲线 CD 之下的区域为过冷液体区。湿蒸气区域中的等温线为倾斜的直线，等温线的斜率不同，中间浓度的等温线斜率较小。图中 a 点表示下塔液空浓度 $x_{N_2} = 62\%$，过 a 点的等温线与上塔压力（0.13MPa）的冷凝等压线交于 c 点，与沸腾等压线相交于 b 点。b 和 c 点代表节流后气液平衡状态点。节流后的汽化率 $\alpha = \dfrac{\overline{ba}}{\overline{bc}}$。

根据相似三角形的关系，汽化率也可表示为焓差之比或浓度差之比。即由图可查得 $h_1 = 6960\mathrm{kJ/kmol}$，$h_b = 1692\mathrm{kJ/kmol}$，$h_a = 2633\mathrm{kJ/kmol}$，因此，节流后的汽化率为：

$$\alpha = \frac{2633 - 1692}{6960 - 1692} = 17.8\%$$

如果对液空进行过冷，对过冷液体它将处于在 0.58MPa 的沸腾等压线以下的区域。由于液空的浓度不变，所以该点位置将仍在 $x_{N_2} = 62\%$ 的垂直线上，例如图 6-9 中的 a' 点位置。通过 a' 作等温线与 $p = 0.13\mathrm{MPa}$ 的双压线分别交于点 b' 和 c'。它们分别表示过冷液体的液相和气相状态点。由图可见，点 a' 的位置更接近于 b' 点，说明节流后的汽化率将可减少。显然应用焓-浓度图求节流汽化率较为方便。

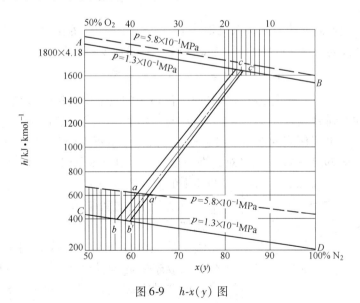

图 6-9 h-$x(y)$ 图

6.3 空气的精馏

如前节所述，氧、氮混合物在气液平衡时，气相中的氮浓度比液相中高，液相中的氧浓度比气相中要高。怎样利用这一规律来实现氧、氮的分离呢？首先要利用平衡相图研究一下空气的蒸发过程和冷凝过程。

6.3.1　空气的简单蒸发和简单冷凝过程

6.3.1.1　液空在密闭空间内的蒸发过程

液空在密闭空间定压下的汽化过程表示在 T-x-y 图上，如图 6-10 所示。若液空的浓度为 x_0（一般为 79.1% N_2），在 $p = 0.1MPa$ 下受热汽化，它的初始温度为 T_0，低于液体开始沸腾的温度 $T_1 = 78.8K$，则在 T-x-y 图上，过冷液体应在沸腾等压线以下 I 点，随加热过程的进行，液体的温度将不断地升高，当达到 $T = T_1$ 时，变成饱和液体，相当于图中 A 点的位置，此时即将产生蒸气。在最初产生的极少量的蒸气与 A 点饱和液体呈相平衡状态，即为图中 G 点的位置，它所相应的浓度 y_0（93.6% N_2），这时蒸气中氮浓度虽然相当高，但是它的汽化率接近于零，即蒸气的数量接近于 0。

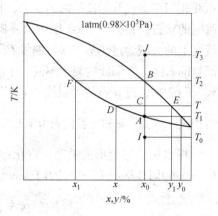

图 6-10　液空蒸发示意图

随着加热过程的进行。蒸气量会进一步增加，若把液体加热到某一温度 $T = 79.3K$ 时，相当于图中 C 点的位置，这时，容器内处于平衡的气液状态分别相当于 E 点和 C 点，E 点对应的气相浓度为 $y = 90.4\% N_2$，D 点对应的液相浓度为 $x = 70\% N_2$，这时的汽化率为：

$$\alpha = \frac{\overline{DC}}{\overline{DE}} = \frac{x_0 - x}{y - x} = \frac{79.1 - 70}{90.4 - 70} = \frac{9.1}{20.4} = 44.6\%$$

由此可见，随着温度的升高，汽化量将增加，但蒸气中的氮浓度将逐渐降低，而液体中的氧浓度有所提高，从 20.9% O_2 增加到 30% O_2，这时所剩的液体量为：

$$\beta = 1 - \alpha = 1 - 44.6\% = 55.4\%$$

当温度进一步提高，汽化量继续增加时，液体中的氧浓度将进一步提高，但液体量也越来越少。当加热到 B 点时（ $T_2 = 81.5K$ ）与之相平衡的液相点 F 对应的浓度为 47% N_2（53% O_2），但是，此时所剩的液体量接近于 0，汽化量接近 100%。蒸气的浓度接近原液态空气的浓度 $y = 79.1\% N_2$，如果对它进一步加热，则液体全部变成含氮 79.1% 的空气，与原来的液空浓度完全一样，如图中点 J 所示。

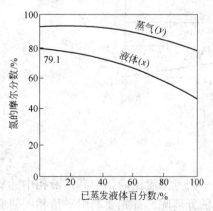

图 6-11　液空蒸发量与浓度

液空在汽化过程中蒸气和液体浓度随汽化量的变化如图 6-11 所示。由图可见：在汽化过程之初，蒸气中的氮浓度最高，但这时的蒸发的液体量很少；当液体接近全部蒸发时，液体中的氧浓度最高，但这时所剩的液体只是最后一滴。当液体蒸发 50% 时，可获得含氮 89.8% 的蒸气和含氧 31.5% 的液体。当液体蒸发 90% 时，可获得 10% 含氧 47% 的液体。因此，液空在密闭容器中的定压汽化过程不能实现氧、氮分离，不能获得高纯液氧或高纯气氮。

6.3.1.2 空气的简单的冷凝过程

空气的简单的冷凝过程是指密闭容器中定压下的冷凝过程，冷凝液与蒸气共同存在，互相接触，处于平衡状态。它完全是上述蒸发过程的逆过程，即由图6-10过热蒸气（点 J）逐渐冷却成液体（点 I）的过程，在冷凝之初产生第一滴液体时与 $20.9\%\ O_2$ 的蒸气相平衡的液相浓度为53%，随着冷凝量增加，液体中的含氧量降低所剩蒸气中的含氮量提高。当蒸气即将全部冷凝时，液体的氧浓度接近空气的初始浓度，含氧为20.9%。所剩最后一点蒸气时氮浓度达最大值为93.6%。冷凝中，蒸气和液体的浓度变化曲线也如图6-12所示。由图可见，

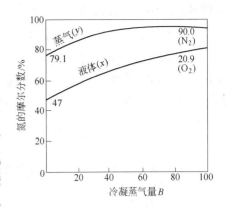

图 6-12　简单冷凝

采用简单冷凝的方法同样不能实现氧、氮分离。在简单冷凝时可获得氮浓度较高的蒸气或氧浓度较高的液体，但是，随着浓度的提高，数量不断地减少，它能获得的氮浓度最高为93.6%的蒸气，但只是最后一点；它所能获得的氧浓度最高为53%液体，但只是最初一滴，因此无法采用。

6.3.2　空气的部分蒸发和部分冷凝

6.3.2.1　液空的部分蒸发

正如上述，当液空部分蒸发时，可以使液体的氧浓度提高，但由于蒸发出的蒸气存在，使液体的氧浓度受到限制，假如能将蒸发出的蒸气不断从液体上方引出，使所剩的氧浓度较高的液体再继续蒸发，这种蒸发过程叫部分蒸发。

部分蒸发过程在 T-x-y 图上的表示如图6-13所示。

如前所述，当氧浓度为20.9%的液空从沸腾温度78.8K（点1）加热至79.3K时，将有44.6%的液体汽化，所剩的55.4%液体的氧浓度为30%（点2）。如果将所蒸发的蒸气全部引走，然后对含氧30%的液体继续加热，则在图中为2′至3′点的过程，这时，随着汽化过程的进行，液体中的氧浓度将进一步提高。例如，若将液体加热至80.5K，会有部分液体汽化，汽化后蒸气的浓度

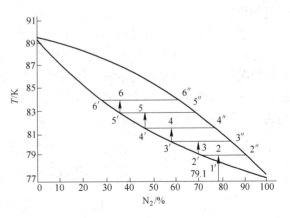

图 6-13　部分蒸发在 T-x-y 图上表示

为点3″所对应的浓度，$y_3 = 84\%\,N_2$，所剩的液体浓度为 $x_3 = 56\%\,N_2(44\%\,O_2)$。这时，液体的汽化量为：

$$\alpha_3 = \frac{x_2 - x_3}{y_3 - x_3} = \frac{70 - 56}{84 - 56} = \frac{14}{28} = 50\%$$

即所剩的液体量为最初的：

$$55.4\% \times (1 - 50\%) = 27.7\%$$

如果将蒸发的蒸气再全部引走，让氧浓度为 44% O_2 的所剩液体继续部分蒸发，例如加热至 81.8K（点 4），这时产生的蒸气浓度为点 $4''$ 对应的值，$y_4 = 79.1\%$ N_2；所剩液体的浓度为点 $4'$ 对应的值，$x_4 = 47\%$ N_2（53% O_2）。液体的汽化率为：

$$\alpha_4 = \frac{x_3 - x_4}{y_4 - x_4} = \frac{56 - 47}{79.1 - 47} = \frac{9}{32.1} = 28.1\%$$

所剩的液体量为最初液量的比例为：

$$27.7\% \times (1 - 28.1\%) = 19.9\%$$

与简单蒸发相比较，当液相含氧浓度为 53% 时，简单蒸发所剩的液量接近于零，而部分蒸发则还有 19.9% 的液体，还可以继续蒸发来进一步提高氧的浓度。

如果将蒸气再全部放掉，所剩的氧浓度为 53% 的液体再部分进行蒸发，例如加热至 83K（点 5），则处于平衡的气相浓度为 $y_5 = 70\%$ N_2（点 $5''$），液相浓度为 $x_5 = 35.7\%$ N_2（64.3% O_2），这时液体又汽化了。

$$\alpha_5 = \frac{x_4 - x_5}{y_5 - x_5} = \frac{47 - 35.7}{70 - 35.7} = \frac{113}{34.3} = 33\%$$

所剩的液体还有：

$$19.9\% \times (1 - 83\%) = 13.3\%$$

当需要继续提高液体的氧浓度时，可再延续上述的过程，因此，采用液空部分蒸发的方法，可以得到氧浓度极高的液体，但是含氧愈多则产量愈少。采用这种方法只能得到极少量的纯氧。

上述的部分蒸发过程可用图 6-14 示意表示。

随着蒸气引出次数的增加，获得同样浓度的液氧产品数量将增加，在连续引出蒸气的极限情况下，液体氧浓度与蒸发液体量的关系如图 6-15 所示，由图可见，尽管是极限情况，要获得氧浓度为 95% 的液体，起码要蒸发掉 94.5% 的液体，显然，产品极少。因此，用此法只能得到极少量的纯液氧。

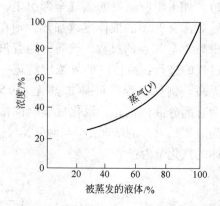

第一次		第二次		第三次		第四次	
温度/K		温度/K		温度/K		温度/K	
78.8	79.3	79.3	80.5	80.5	81.8	81.8	93.0

图 6-14　部分蒸发过程　　　　图 6-15　液体氧浓度与蒸发量关系

6.3.2.2 空气的部分冷凝

所谓部分冷凝是指空气在冷凝过程中不断将冷凝液引走，使所剩的蒸气中的氮浓度不断提高。部分冷凝过程在 T-x-y 图上的表示如图 6-16 所示。

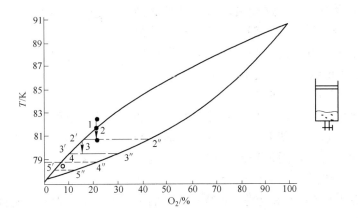

图 6-16 部分冷凝在 T-x-y 图上表示

当含氮为 79.1% 的空气在 1 绝对大气压下冷却到 81.8K 时（点 1）开始冷凝，若将空气冷至 80.5K 后（点 2），将所产生的冷凝液（点 2′）全部放掉，让所剩的蒸气（点 2″）继续部分冷凝，这时，由于所剩蒸气中的氮浓度提高（含氮 84%），在继续部分冷凝时，蒸气中的氮浓度将进一步提高，但蒸气量也相应减少。

所示的四次部分冷凝的结果如图 6-17 所示。

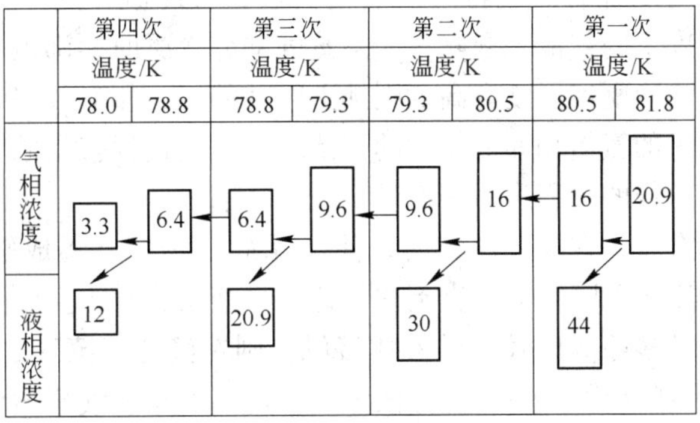

	第四次		第三次		第二次		第一次	
	温度/K		温度/K		温度/K		温度/K	
	78.0	78.8	78.8	79.3	79.3	80.5	80.5	81.8
气相浓度	3.3	6.4	6.4	9.6	9.6	16	16	20.9
液相浓度	12		20.9		30		44	

图 6-17 部分冷凝过程

由此可见，采用部分冷凝的方法不能制取纯氧，但可得到数量很少的高纯度氮气。在连续部分冷凝时，所剩蒸气中的氮浓度与已冷凝的蒸气量的关系如图 6-18 所示。

综上所述可以得出如下结论：简单的蒸发或冷凝不能实现氧、氮分离；对液空进行部分蒸发，最后可以得到少量纯度很高的液氧，对空气进行部分冷凝，最后可以得到少量纯度很高的气氮。

6.3.3 空气的精馏过程

部分蒸发和部分冷凝虽然可以得到纯液氧或高纯度的气氮，但是这两个过程单独进行将存在两个问题：

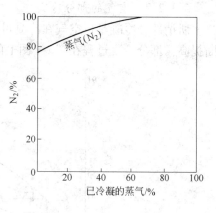

图 6-18　气相中氮浓度与冷凝量关系

一是由于要得到高纯度液氧，必须将部分蒸发的蒸气不断地引出，并且，要求的氧浓度愈高，则部分汽化过程的次数愈多，这样最后所得到的高纯度的液氧量也愈少。同样对于部分冷凝过程，若最后获得的蒸气中氮浓度愈高，则部分冷凝过程的次数也愈多，最后所得到的高纯度氮的蒸气量也愈少。即存在着产品质量与数量之间的矛盾。

另一个问题是部分汽化过程是吸热过程，要使汽化过程得以连续进行，就需要一个热源；而部分冷凝是放热过程，要使冷凝过程得以连续进行就需要一个冷源。如果要进行多次的部分汽化与部分冷凝，就分别需要许多的热源和冷源，这样在能量的利用上是不合理的，而且在实际工业装置中也难以实现。

能否将部分冷凝和部分蒸发过程结合起来，把部分冷凝所放出的热量使液体部分蒸发，同时使气、液量也得到互相补充呢？这样的过程就是靠精馏来实现的。

所谓精馏就是同时并多次地运用部分汽化和部分冷凝的过程，使低沸点组分（例如氮）不断地从液相蒸发到气相中去，同时使高沸点（例如氧）不断地从气相冷凝到液相中来，最后实现两种组分的分离。

当温度较高的饱和蒸气与温度较低的饱和液体互相均匀混合时，由于蒸气的温度高于液体的温度，因此均匀混合后蒸气将放出热量而被部分冷凝，液体将吸收热量而部分蒸发。最后达到相同温度下的气液平衡状态。当蒸气部分冷凝时，沸点较高的氧，相对较多地冷凝进入液相中，使冷凝液温度升高，则沸点较低的氮，相对较多地蒸发到气相中，最后达到平衡时，气相中的氮增加和液相中的氧浓缩。上述过程就是同时进行部分汽化和部分冷凝过程的简述。这样的过程进行多次就实现了精馏。

精馏过程的实质在于，在某一压力时，使二元混合物的互不成平衡的蒸气和液体接触，蒸气和液体的浓度将不断变化，直到它们达到平衡状态时为止。如果有某一浓度的蒸气与含有易挥发组分较多即温度较低的液体接触，则在液体与蒸气之间就将进行热交换，并且靠着蒸气部分冷凝的冷凝热将一部分液体蒸发。当液相和气相达到平衡时，蒸气中易挥发组分的浓度将增高。液体中易挥发组分的浓度将减少。多次重复上述的蒸发和冷凝过程即构成精馏。

精馏过程的实现，可用图 6-19a 来说明，图内有三个容器Ⅰ、Ⅱ、Ⅲ，设其压力均为一个绝对大气压，在容器Ⅰ中，加入欲分离的液体（易挥发组分含量为 x_1），并且通入经冷却到冷凝温度的空气加热，使液体蒸发，蒸发产生的蒸气（易挥发组分的含量为 y_1）导出而引入容器Ⅱ中，在容器Ⅱ中盛有组成与 y_1 相同的液体（易挥发组分含量 x_2，$x_2 = y_1$）。蒸气与液体在这里直接接触，同时蒸气的凝结温度又高于溶液的沸点，因而发生以下两方面的效果：

（1）来自容器Ⅰ的蒸气被部分冷凝、冷凝出的是含难挥发组分较多的液体，未被冷凝的蒸气中易挥发组分含量进一步提高。

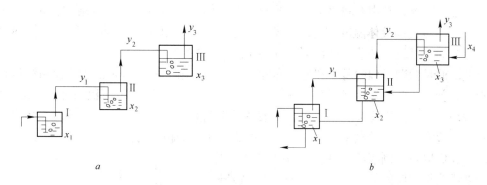

图 6-19 精馏过程示意图

（2）容器Ⅱ中的液体部分蒸发，蒸发出的是含易挥发组分较多的蒸气，其组成为 $y_2（y_2 > x_2）$，未被蒸发的是含难挥发组分较多的液体。

因此，从容器Ⅱ中导出的蒸气中易挥发组分含量更高（$y_2 > y_1$），导入容器Ⅲ中，在容器Ⅱ中所导出的蒸气的摩尔数差不多与容器Ⅰ中所导出的相等，在容器Ⅲ中同样发生部分汽化和部分冷凝的过程。

从而可见，对液体而言，$x_3 > x_2 > x_1$，对蒸气而言，$y_3 > y_2 > y_1$（同时 $y_1 = x_2, y_2 = x_3, \cdots$）。若 T_1、T_2、T_3 分别为各容器中的温度，则 $T_1 > T_2 > T_3$。

因此，只要有足够多的容器串联起来，从最后一个容器中就可得到几乎为纯粹易挥发组分的蒸气。

然而，上述情况仅仅是开始时的情形，随着蒸馏过程的进行，容器中相组成就发生了变化。以Ⅱ为例，液体中易挥发组分因逐步蒸发越来越少。难挥发组分逐步积累，就越来越多。故液体的沸点必然随着升高，于是从容器Ⅰ来的蒸气逐渐失去部分冷凝作用，致使它可以不经过热交换而直接从容器Ⅱ的液体中流出，失去了蒸馏能力。这样，由于各个容器中组成的改变，就不可能使过程持续进行下去。

为了能使这个过程持久地进行，可以将各容器中的一部分液体引回前面一个容器，如图6-19b所示的那样。例如将容器Ⅱ得到补充。最后一个容器所需的补充溶液，可以从冷凝器的冷凝液中取出一部分回流使用。这样，由各容器分出的蒸气，易挥发组分含量仍然递增，但就任何一个容器而言，它得自后面一个容器的液体，其中易挥发组分含量多于它送往前一容器去的液体中的含量，倘若各容器中液体所获得的易挥发组分含量足以弥补蒸气所带走的含量，则各容器内液体组成将可维持不变，操作就能持续地进行。

这种引回的液体称为回流。

每一个容器内进行的过程可用 T-x-y 图表示于图 6-20 上。假设互不成平衡的蒸气和液体接触。液体处于点 2 状态，蒸气处于点 1 状态，二者温差 δt。蒸气与液体在容器内混合后产生热交换，液体受热蒸发，温度上升，其中有较多的氮组分逸至蒸气中，本身的氧组分增加，状态由点 2 变至为 $2'$。蒸

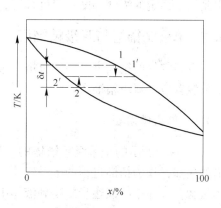

图 6-20 气液间热质交换

气冷凝，温度下降，其中有较多的氧组分冷凝至液体中，本身的氮组分增加，状态由点 1 变至点 1′，当蒸气和液体温度相等时，蒸气和液体处于平衡状态（点 2′ 和点 1′）热交换停止，液体的蒸发过程和蒸气的冷凝过程终止。

以上说的是精馏过程的基本概念，实际情况还要复杂一些，这是因为要使精馏过程进行得较为完善，要使气液接触后接近平衡状态，就要增大气液接触面积和延长接触时间，于是，将每一个容器简化为一块塔板，使塔板成为气液进行热、质交换的场所，并将一块块塔板重叠起来，成为层数很多的一座塔，即成为所谓的精馏塔。

现在我们以我国制氧机中用得最多的筛板塔作为例子来说明精馏塔内的工作过程，图 6-21 就是这种塔的示意图，它为一直立的圆柱筒，筒内安装着许多块水平放置的筛板，筛板上布满直径为 0.7 ~ 1.3mm 的小孔，孔与孔之间距离一般为 3.25mm，蒸气自下而上经过塔板上的小孔，只要通过小孔的蒸气速度足够大，液体就不会从小孔中漏下来。上升的蒸气与塔板上的液体相遇，就在两块塔板之间的空间产生鼓泡、泡沫、雾沫、达到气、液充分接触，塔板上的液体经溢流管流向下一塔板而形成回流。这样，整个塔的作用就与图（6-19b）所示的装置相当。

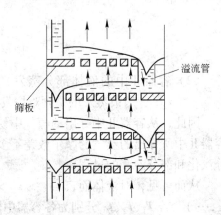

图 6-21　筛板塔示意图

必须注意，回流是精馏的必要条件，没有回流，则部分蒸发和部分冷凝就不可能持续进行，精馏过程也就无法实现。由于蒸气和回流液之间存在着温度差和浓度差，上升蒸气含有比较多的氧组分，温度也相对地比较高，它与塔板上的液体接触而部分冷凝，借此蒸气的冷凝潜热，使塔板上的液体沸腾而部分蒸发，其结果就使塔板上分出含氮更多的蒸气和含氧更多的液体，而且蒸气和液体互相平衡。氮组分增加以后的蒸气上升到上一块塔板，遇到氮组分浓度更低的回流液，蒸气相对于液体仍然具有较高的温度和较多的氮组分，重复地进行部分冷凝和部分蒸发的过程，所以越往上蒸气中氮浓度越高，温度越低，越往下回流液中氧组分浓度越高，温度也越高。就这样筛孔塔板提供的气、液两相接触面积以进行热、质交换，并通过逐层塔板的分隔和诱导，使得在精馏塔中沿着塔的整个高度得到一个稳定的浓度梯度和温度梯度，以保证生产过程的正常进行。

6.4　单级精馏塔与双级精馏塔

分离空气的精馏塔又叫空分塔，常有两种形式：单级精馏塔和双级精馏塔，绝大部分空分装置应用双级精馏塔。

6.4.1　单级精馏塔

图 6-22 所示的是单级精馏塔的一种，压缩并经冷却至冷凝温度的空气送入单级精馏塔的底部，作为精馏过程的上升气体。在塔内空气自下而上地穿过每块塔板与塔板上的液体接触，气体中的氧逐步冷凝到液体中去，而液体中的氮被蒸发到气体中去。每经过一块塔板，气体中的氮浓度便提高一次，只要塔板数足够多，在塔的上部便可得到纯度较高的

氮气（纯度可达 99% 以上）。氮气进入安装在塔的最顶部的冷凝蒸发器管内空间，一部分氮气被冷凝，另一部分作为产品从冷凝蒸发器的顶盖引出。冷凝液向下流入塔内，就作为精馏过程的回流液。这部分液体沿塔板自上而下的流动，每经一块塔板液体中的氧浓度便提高一次，最后流到塔底部的塔釜内，塔釜内的液体也叫做釜液。

釜液中的氧的浓度不可能提得很高，这是因为它最多只能达到与空气中的氧浓度平衡。空气中氧的浓度只有 20.9% O_2，塔内压力在 0.35~0.4MPa，所以液体中氧浓度要小于 42%，这可从平衡图中查出。

塔釜的液体（富氧液空）通过节流阀将压力降低至 0.15MPa 左右，其蒸发温度小于氮气在 3.5MPa 下冷凝温度，因而釜液流入冷凝蒸发器管间之后，就使管内的氮气冷凝而釜液本身受热蒸发。

显然这种单级精馏塔分离空气是很不完善的。而且只能制取纯氮而不能制取纯氧。

要想在单级精馏塔中制取较高纯度的氧，只有把作为原料的加工空气送到塔的上部，如图 6-23 所示。

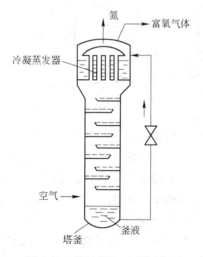

图 6-22　单级精馏（纯氮塔）

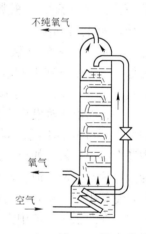

图 6-23　单级精馏（纯氧塔）

为了得到上升的蒸气，可以使预先冷却至低温的加工空气经过塔釜内的盘管，只要盘管内空气压力较高，空气的冷凝温度高于釜液的蒸发温度，就能使管外的釜液加热到沸腾而蒸发。空气本身冷凝变成液空，则可节流降压到塔内工作压力（0.12~0.13MPa）送到塔的上部喷淋下来作为精馏的回流液。这部分液体沿塔板向下流与上升蒸气接触，使液体中含氧量不断增加，只要塔板数足够多，在塔的底部便得到纯度较高的液氧，液氧被盘管中的空气加热而蒸发成气氧，一部分作为产品引出，另一部分就是精馏的上升气体，在塔顶部的气体的氮的浓度最多只能达到与节流降压后的液空处于平衡的程度，一般含 92%~93% 的氮还含有约 7% 的氧。这部分气体是放空的，这就造成加工空气中含氧量的 1/3 是损失了，所以这种单级精馏塔虽能制取纯度较高的氧气，但是不经济。

为了制取纯度高的氧气和氮气并要尽可能减少空气中氧的损失，克服单级精馏塔存在的缺点，可以采用双级精馏塔。

6.4.2　双级精馏塔

6.4.2.1　双级精馏塔简述

双级精馏塔如图 6-24 所示，它是由下塔、上塔和上下塔之间的冷凝蒸发器组成。

压缩并冷却后的空气进入下塔底部，自下而上地穿过每一块塔板，至下塔上部得到高纯度的氮气。下塔塔板数越多，氮气纯度越高。氮气进入冷凝蒸发器管内时由于它的温度比管外液氧温度高，所以氮气被冷凝成液氮。一部分作为下塔回流液，自上而下沿塔板逐块流下，至下塔塔釜便得到含氧 36% ~ 40% 的富氧液空；另外一部分聚集在液氮槽中经液氮节流阀降压后送入上塔顶部作为上塔的回流液。

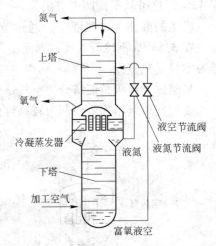

图 6-24　双级精馏塔

在下塔塔釜中的液空经节流阀降压后送入上塔中部，由上往下沿塔板逐块流下，与上升的蒸气接触，每经过一块塔板要蒸发掉部分氮，同时得到从气体中冷凝下来的氧，只要塔板数足够多，可在上塔的最后一块塔板上得到纯液氧。液氧流入冷凝蒸发器管间蒸发，蒸发出来的气氧一部分作为产品引出去；另一部分气氧由下往上和塔板上的液体接触。由于气体温度较高，所以气、液接触后使气体中氧冷凝到液体中去，而液体蒸发出来的氮掺入到气体中。气体越往上升，其中氮纯度越高。

此处需指出，与单塔不同，双塔引入了液氮回流以获取高纯度氮。在液空进料口以上，气体中还含有很多氧，如果就这样把气体放出去，氧损失很大，因此利用下塔高浓度的液氮作为上塔顶部的回流液，使液空进料口以上的气体继续精馏，这样从上塔顶部引出的气体中氧含量就很少，得到了高纯度的氮，同时，氧产量也提高了。

可以看出，在双级精馏塔中空气的分离过程分为两个步骤，空气首先在下塔进行初步分离，制得液态氮和富氧液空；富氧液空再送往上塔进行最后精馏，得到纯氧。上塔上部的回流液就是下塔送来的液氮，因此也可得到纯氮。

在上塔液空进料口以上部分，是用来不断提高气体中的易挥发组分（氮）的浓度，称为精馏段或浓缩段。进料口以下的部分是为了将液体中的易挥发组分（氮）分离出来，以增高液体中的难挥发组分（氧）的浓度，称为提馏段或蒸馏段。

上、下塔之间的冷凝蒸发器是上塔的蒸发器，下塔的冷凝器。在蒸发器中可以取出气氧，在冷凝器中可以取出液氮。在冷凝蒸发器中液氧蒸发和气氮冷凝是需要一定的温差的，这温差是由上、下塔的压力差来保证。下面将介绍双级精馏塔的温度及压力的确定。

6.4.2.2　双级精馏塔内温度、压力确定

A　上塔顶部压力和温度确定

在上塔顶部设有氮气排出管，氮气从塔顶引出后，通过过冷器、液化器、切换式换热器等设备回收冷量后送至空分装置外部。因此，上塔顶部压力应该等于氮气克服流过各换热器、阀门和管道阻力及由装置排出时所必须的压力之和。即：

$$p_{上塔顶} = \Delta p_{设备} + p_{排氮}$$

(6-7)

氮气排出压力要求比周围大气压力稍高，绝对压力为 $p_{排氮} = 0.105 \text{MPa}$。

设备阻力 $\Delta p_{设备}$ 为氮气流过各热交换器、阀门及管道时的阻力之和，可根据有关经验统计数据选定，一般约为 $0.015 \sim 0.02 \text{MPa}$。

$$p_{上塔顶} = (0.015 \sim 0.02) + 0.105 = 0.12 \sim 0.125(\text{MPa})$$

上塔顶部温度与压力及排氮浓度有关，根据顶部压力 $p_{上塔顶}$ 及排氮浓度可根据气、液平衡图查得上塔顶部温度 $T_{上塔顶}$。显然，如果排氮浓度越高，对应的饱和温度越低。例如，当 $p_{上塔顶} = 0.12 \text{MPa}$ 时，氮浓度为 96% 时，可由气、液平衡图查得 $T_{上塔顶} = 79.9 \text{K}$；如果压力不变，氮浓度提高至 98%，$T_{上塔顶} = 79.15 \text{K}$，因此上塔顶温度与氮浓度的测定数据可以互相校核，从温度高低的变化来判断氮纯度的好坏，上塔顶部在整个精馏塔内氮浓度最高，所以它是空分装置中温度最低点。

B　上塔底部压力和温度的确定

上塔底部压力是指上塔最下一块塔板下部，液氧面上压力。由于上升蒸气克服上塔各块塔板的阻力才到上塔顶部，因此，上塔底部压力必定要高于上塔顶部压力，它等于上塔顶部加上塔塔板总阻力。即：

$$p_{上塔底} = p_{上塔顶} + \Delta p_{上塔板} \tag{6-8}$$

一般每块塔板的阻力约为 $20 \sim 25 \text{mmH}_2\text{O}$，因此，如果上塔的塔板数目越多，塔板的总阻力越大，则上塔底部的压力越高。如果上塔的塔板数为 70 块，取每一块塔板的阻力为 $21.5 \text{mmH}_2\text{O}$，则块板的总阻力为：

$$\Delta p_{上塔板} = 70 \times 21.5 = 1500 \text{mmH}_2\text{O} = 0.015 \text{MPa}$$

若上塔顶部的压力为 $p_{上塔板} = 0.12 \text{MPa}$，则：

$$p_{上塔底} = 0.12 + 0.015 = 0.135(\text{MPa})$$

上塔底部的温度也就是液氧面上氧气的饱和温度，它由氧纯度和压力决定，当 $p_{上塔底} = 0.135 \text{MPa}$，气氧纯度为 99.5% 时，由气、液平衡图可查得其温度为 92.8K；当气氧纯度为 96.5% 时，则温度为 92.6K，即氧纯度越低，上塔底部的温度也越低，根据上塔底部的温度也可判断氧纯度的高低。

C　冷凝蒸发器中液氧的平均压力和平均温度的确定

冷凝蒸发器液氧面上的压力即为上塔底部的压力，根据液氧面压力 $p_{上塔底}$ 和液氧浓度，利用氧、氮气液平衡图可确定液氧面温度 $T_{液氧面}$。

由于冷凝蒸发器中盛有一定高度的液氧，液氧柱产生一定的静压力使液氧底部的压力大于液氧面上的压力，因而在冷凝蒸发器中虽然液氧的浓度相同，由于底部的压力高，所以相应的液氧沸腾温度高于液氧面的沸腾温度。

液氧柱产生的静压与液氧柱的高度及液氧密度成正比，即：

$$p_{液氧静压} = h_{液氧} \times \gamma_{液氧} \text{kg/m}^2 = h_{液氧} \times \gamma_{液氧} \times 10^{-5} \text{MPa} \tag{6-9}$$

式中　$h_{液氧}$——冷凝蒸发器内液氧柱高度，m；

　　　$\gamma_{液氧}$——液氧密度，kg/m^3。

因此，液氧底部压力为：

$$p_{液氧底} = p_{上塔底} + h_{液氧} \times \gamma_{液氧} \times 10^{-5}$$

根据 $p_{液氧底}$ 和液氧浓度可从氧、氮气液平衡图查得液氧底部温度 $T_{液氧底}$。

在冷凝蒸发器内气氮与液氧的传热温差是取气氮与液氧的平均温度之差。液氧的平均的温度可取液氧面与液氧底部温度的算术平均值，即：

$$T_{液氧平均} = \frac{T_{液氧面} + T_{液氧底}}{2}$$

必须指出的是，液氧的密度 γ 与液氧温度有关，它是根据液氧平均温度查表确定的。因此在确定液氧底部压力时，首先要假定一个液氧平均温度，根据查得的液氧的密度再求出冷凝蒸发器底部的压力和底部温度。如果求得的液氧平均温度与假设温度一致，计算就算完成。如果二者不一致，还需重新假定一平均温度，按上述方法重新计算，直到两个温度完全一致为止。

例　已知冷凝蒸发器中液氧面高度为 400mm，上塔底部压力 $p_{上塔底}$ = 0.135MPa，气氧纯度为 99.5%，求主冷中液氧的平均温度。

解　根据 $p_{上塔底}$ 和气氧纯度，由气、液平衡图查得液氧面温度 $T_{液氧面}$ = 92.8K。先假定液氧平均温度是 93K，为简化计算，用纯液氧的密度代替液氧密度，由表1-13查得 93K 时的液氧密度为 $\gamma_{液氧}$ = 1131.8kg/m³，则根据式（6-9）可求得：

$$p_{液氧底} = 0.135 + 0.4 \times 1131.8 \times 10^{-5} = 0.1395(MPa)$$

根据 $p_{液氧底}$ 及气氧纯度可由平衡图查得 $T_{液氧底}$ = 93.2K，则液氧平均温度为：

$$T_{液氧平均} = \frac{92.8 + 93.2}{2} = 93(K)$$

计算结果与假定一致，所以冷凝蒸发器中液氧的平均温度即为 93K。

液氧的平均温度还与主冷液面的高低有关。主冷中液氧液面增加，使底部液氧的压力增加，相应地使液氧沸腾温度升高，液氧的平均温度升高。如果下塔压力不变，即气氮的冷凝温度不变，则主冷的温差缩小；如果保持主冷温差不变，则必须相应提高下塔压力，以提高气氮的冷凝温度。因此，从设计考虑，液氧面不宜过高，即冷凝蒸发器的高度（管长或板式高度）不宜过高，一般对大型空分装置，液氧面的设计高度取 1.2～1.8m 左右，对中、小型空分装置，一般取 0.4～0.5m。在操作时，液氧面要保持在设计规定的范围。当外界因素干扰使液氧面产生波动时，需要作相应的调整。

D　下塔顶部压力和温度的确定

下塔顶部压力即为主冷凝器氮侧的冷凝压力。根据下塔顶部压力 $p_{下塔顶}$ 和气氮的纯度，根据氧、氮气液平衡图查得气氮的冷凝温度 $T_{氮冷凝}$。由此可求得主冷的平均传热温差：

$$\Delta t_{主冷} = T_{氮冷凝} - T_{液氧平均} \tag{6-10}$$

在设计时，先选取主冷温差 $\Delta t_{主冷}$，再根据液氧平均温度来确定气氮的冷凝温度，从而求得下塔顶部的压力。

主冷温差取的越大，则下塔顶部压力越高，对于全低压空分装置，空压机的排气压力就要升高，电耗相应也增加，所以主冷温差总是力求取的小些，以降低电耗。

但是，对一定的主冷热负荷（传热量），如果主冷温差取的太小，冷凝蒸发器的传热面积就要增加，使金属消耗量增加，甚至在某些情况下，由于传热面积太大，结构上不允许，因此，在选取主冷温差时，要根据上述两方面的影响加以综合考虑。

对于中压带膨胀机的空分装置，空压机的排出压力与下塔压力没有直接关系，因此主冷温差增大不导致电耗增加，而可以减小冷凝蒸发器的传热面积，所以对中压带膨胀机的空分装置，主冷温差都取得比全低压空分装置大，设计时一般取为 2 ~ 4℃。

对于全低压大型空分装置，为了降低空压机的排出压力，主冷温差取得尽可能小些，一般为 1.6 ~ 1.8℃。现代空分装置采用新型主冷凝蒸发器，主冷温差一般为 1 ~ 1.1℃。

在操作时，当冷凝蒸发器的传热面显得不足时，主冷温差会自动扩大，反映出下塔顶部压力升高，从而会影响到空压机的排气量，进一步使氧产量减小。

例　已知液氧平均温度为 93K，主冷温差为 2.5℃，气氮纯度为 96%，求得下塔顶部压力。

解　由式（6-10）可求得气氮冷凝温度为：

$$T_{氮冷凝} = T_{液氧平均} + \Delta t_{主冷} = 93 + 2.5 = 95.5(K)$$

再根据气氮纯度和 $T_{氮冷凝}$，由气、液平衡图查得 $p_{下塔顶}$。

下塔顶部压力还与气氮的纯度有关，在同样的压力下，若气氮的纯度越低，其冷凝温度越高。在保证一定的主冷温差时，气氮的纯度越低，则下塔顶部的压力可降低，其关系如图 6-25 所示。

E　下塔底部压力的确定

进入下塔底部的饱和空气要克服下塔各块塔板的阻力上升到下塔顶部，因此，下塔底部的压力应为下塔顶部压力与下塔塔板阻力之和。即：

$$p_{下塔底} = p_{下塔顶} + \Delta p_{下塔} \qquad (6-11)$$

下塔塔板总阻力 $\Delta p_{下塔}$ 与下塔的塔板数有关，一般在 0.01MPa 左右。

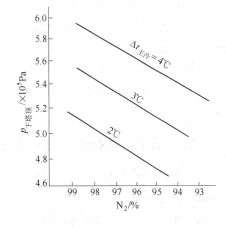

图 6-25　下塔压力与主冷温差及氮气纯度关系
（ $p_{上塔} = 0.13MPa$，$x_{O_2} = 95\%$，$h = 1m$ ）

综上所述可知，对于双级精馏塔的压力影响因素有：

（1）上塔顶部压力取决于换热设备中氮气通道的阻力、阀门管道的阻力。应尽可能减少流动阻力，以降低上塔压力。压力越低，越有利于氧、氮的分离，同时，对全低压空分装置，可相应降低下塔压力，以减少电耗。

（2）主冷温差越小，下塔压力也相应越低。

（3）当主冷温差一定时，则下塔压力随氮气纯度和液氧纯度降低而减小。

（4）液氧液柱高度低，利于降低液氧平均温度及下塔压力。

在精馏塔内，温度和压力最高点在下塔底部，温度和压力最低点在上塔顶部。氮浓度最高点在上塔顶部，氧浓度最高点在上塔底部。

现代空分装置采用分子筛纯化流程，且通常同时生产纯氧、纯氮、纯氩产品，其所设置的双级精馏塔的压力的确定，是由污氮排出冷箱的压力作为起点进行计算。通常污氮作为分子筛的再生气源，再生时污氮必须具备一定的压力，才能克服分子筛床层阻力，具有一定的流速顺利通畅地将解吸下来的水分、二氧化碳、乙炔及其他碳氢化合物带出。设计时污氮出冷箱的压力通常取 0.11 ~ 0.115MPa(绝对压力)。

6.4.2.3　膨胀空气吹入上塔

在全低压空分设备中，为了维持设备在低温下工作需要产生冷量，而产冷的主要办法是靠空气在膨胀机中膨胀作功产冷。全低压制氧机的膨胀机进口压力通常为下塔压力，出口压力接近大气压。如果这一部分空气只去冷却加工空气后排出装置，就会使这部分作为制冷工质的空气中的氧、氮组分得不到分离，以致氧提取率低而不经济。实践证明这部分空气可以适量地进入上塔参与精馏，因上塔精馏段有较充裕的回流液，所以既可以保证产品纯度，又可以在同样的加工空气量的条件下，显著地提高氧气产量。这股空气被称为"吹入上塔膨胀空气"或"拉赫曼进气"。它进入上塔的位置略低于液空进料口的位置如图6-26所示。

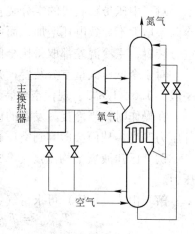

图6-26　进上塔膨胀空气示意图

需要指出的是，上塔精馏段具有一定的富余的回流比，具有一定的精馏潜力，可以将部分空气直接送入上塔，称为拉赫曼原理。对于不同工况的精馏塔而言其富余的回流比的大小有所不同。维持冷量平衡所需要的膨胀空气量的多少也有差异，所以吹入上塔的膨胀空气是有限度的，通常应小于$25\% V_k$（加工空气量），否则将破坏精馏工况，使产品纯度下降。

6.5　双级精馏塔的物料平衡和能量平衡

在对精馏塔进行设计计算或在运行工作中，需要知道精馏塔各物料数量之间的关系、热量之间的关系，因此就有一个物料平衡和能量平衡的问题：

物料平衡包括两方面的含义：

（1）物料平衡。即入塔的空气量应等于出塔的分离产品氧、氮之和。对塔的某一部分（如下塔、上塔，或塔的某一段）来说，就是进来的物料量的和应该等于出去的物料量的和。

（2）组分平衡。空气分离后所得的各气体中某一组分的量（例如氧的量或氮的量）的总和必须等于加工空气量中该组分的量。对塔的某一部分来说，就是进来的物料中某一组分数量的总和等于出来的物料中该组分数量的和。

能量平衡即进入塔内的热量（包括冷损）总和应等于出塔产品的热量之和。对于塔的某一部分来说，就是进去的热量总和等于出来的热量的总和。

下面分别叙述下塔和上塔的物料平衡、能量平衡以及全塔的物料平衡、能量平衡问题。

6.5.1　下塔的物料平衡与能量平衡

对图6-27所示的双级精馏塔的下塔作物料平衡及氮的组分平衡得下列二式：

$$V_{空} = V_{液空} + V_{液氮}$$

$$V_{空} y_{空} = V_{液空} x_{液空} + V_{液氮} x_{液氮}$$

由以上二式得：

$$V_{液空} = V_{空} \frac{x_{液氮} - y_{空}}{x_{液氮} - x_{液空}} \tag{6-12}$$

$$V_{液氮} = V_{空} \frac{y_{空} - x_{液空}}{x_{液氮} - x_{液空}} \tag{6-13}$$

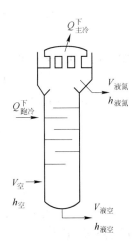

图 6-27 下塔物流示意

式中　$V_{空}$——每小时进入的原料空气量，kmol/h 或 m³/h；

　　　$V_{液空}$——每小时送到上塔的釜液数量，kmol/h；

　　　$V_{液氮}$——每小时送到上塔的液氮量，kmol/h；

　　　$y_{空}$——空气中氮的摩尔分数（79.1%）；

　　　$x_{液空}$——釜氮中氮的摩尔分数；

　　　$x_{液氮}$——液氮中氮的摩尔分数。

若公式（6-12）、式（6-13）中的 $V_{空} = 1$，则可计算出 1kmol 或 1m³/h 空气时所产生的液空或液氮量，即：

$$V_{液空} = \frac{x_{液氮} - y_{空}}{x_{液氮} - x_{液空}} \tag{6-14}$$

$$V_{液氮} = \frac{y_{空} - x_{液空}}{x_{液氮} - x_{液空}} \tag{6-15}$$

对下塔作热量平衡时，设：

$Q_{跑冷}$ 为下塔的跑冷损失（kJ/h），$Q_{主冷}$ 为主冷凝器的热负荷（kJ/h），h 为物料的焓（kJ/m 或 kJ/kmol），则有：

$$V_{空} h_{空} + Q_{跑冷} = V_{液氮} h_{液氮} + V_{液空} h_{液空} + Q_{主冷} \tag{6-16}$$

若 $V_{空} = 1m^3$，则上式为：

$$h_{空} + q_{跑冷} = V_{液氮} h_{液氮} + V_{液空} h_{液空} + q_{主冷} \tag{6-17}$$

$q_{跑冷}$ 及 $q_{主冷}$ 为按单位加工空气量计算的跑冷损失及主冷凝器热负荷，单位为 kJ/m³ 加工空气或 kJ/(h·kmol) 加工空气。

$$q_{主冷} = (h_{空} + q_{跑冷}) - (V_{液氮} h_{液氮} + V_{液空} h_{液空}) \tag{6-18}$$

$V_{液氮}$ 和 $V_{液空}$ 的数量由式（6-14）、式（6-15）计算出，它们的状态均为饱和液体，浓度及塔中压力已知，则由 T-p-x-y 图（附图4）中可查出 $h_{液氮}$ 及 $h_{液空}$。加工空气进入下塔时的压力为下塔底部压力，它的状态一般达到饱和或有一定的过热度，因此 $h_{空}$ 也可由空气 T-S 图（附图1）查得，$q_{跑冷}$ 为经验数据，所以主冷的热负荷 $q_{主冷}$ 能够求出。

6.5.2　上塔的物料平衡与能量平衡

按图 6-28 所示的上塔作物量平衡及氮组分数量的平衡可得：

$$V_{氧} + V_{氮} = V_{液氮} + V_{液空} = V_{空}$$

$$V_{氧} y_{氧} + V_{氮} y_{氮} = V_{空} y_{空} \tag{6-19}$$

所以

$$V_{氧} = V_{空} \frac{y_{氮} - y_{空}}{y_{氮} - y_{氧}}$$

$$V_{氮} = V_{空} \frac{y_{空} - y_{氧}}{y_{氮} - y_{氧}} \qquad (6\text{-}20)$$

式中　$V_{氧}$，$V_{氮}$——每小时的氧、氮产量，m^3/h；

　　　　$y_{氧}$，$y_{氮}$——分别为氧气、氮气的含氮量，% 。

1m^3 空气时能生产的氧、氮数量，为：

$$V_{氧} = \frac{y_{氮} - y_{空}}{y_{氮} - y_{氧}} \qquad (6\text{-}21)$$

$$V_{氮} = \frac{y_{空} - y_{氧}}{y_{氮} - y_{氧}} \qquad (6\text{-}22)$$

　　若已知氧、氮产量，也就可以用上面这些关系确定所需要的加工空气量。

　　以上诸式是对物料中氮组分作平衡，若对氧组分作平衡，也得到相似的公式。

　　上塔的热平衡：

　　按图6-28 的示意图，由于塔内的过程为稳定流动过程，单位时间内进入上塔和离开上塔的热量相等，所以可和下塔一样写出的热平衡式，求出 $Q_{主冷}^{上}$ 或 $q_{主冷}^{上}$。此值与下塔的 $Q_{主冷}^{下}$ 或 $q_{主冷}^{下}$ 相比较，一般允许误差小于 3% ，这样表明塔的物料及热力计算正确，否则需要重新计算。

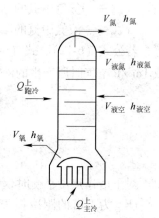

图 6-28　上塔物流动示意图

6.5.3　全塔的物料平衡与能量平衡

　　式（6-21）和式（6-22）实际上是全塔物料平衡之间的关系，式（6-19）及式（6-20）是已知产品纯度及加工空气量求取氧、氮产量的公式，反过来也可用在已知氧或氮的产量而确定加工空气量的场合。

　　在精馏塔的物料平衡中，必须着重指出的是氧的提取率。氧提取率表示氧产品中的含氧量占加工空气中氧含量的比例，通常以 ρ 表示。

$$\rho = \frac{V_{氧}\, y_{氧}}{V_{空}\, y_{空}} \times 100\% \qquad (6\text{-}23)$$

式中　$V_{氧}$——氧气产量；

　　　　$V_{空}$——加工空气量；

　　$y_{空}$，$y_{氧}$——分别为空气、氧气的含氧量。

　　若加工空气量以 1m^3 计算，则：

$$\rho = \frac{V_{氧}\, y_{氧}}{20.9} \times 100\%$$

　　提取率是空气分离装置完善度的标志之一。提取率越高，就意味着氧损失越少，也就是氮气带走的氧越少。所以在操作制氧机时，应在保证氧纯度的前提下，力争提高氮纯度，以使氮气带走的氧量减少，从而提高氧产量。

　　全塔的热量平衡以简单的双级精馏塔为例。其热平衡式为：

$$V_{空} h_{空} + Q_3 = V_{氧} h_{氧} + V_{氮} h_{氮} \tag{6-24}$$

式中　$h_{空}, h_{氧}, h_{氮}$——分别为入塔空气焓、出塔氧气、氮气的焓；

　　　　Q_3——塔的冷损。

式中出塔氧气、氮气的纯度和压力一定而且它们都是饱和气体。而等号左边存在着跑冷损失，加工空气的压力又高于氧、氮气的压力，所以加工空气的焓值 $h_{空}$ 小于加工空气压力下的饱和气体焓值 $h''_{空}$，因此，入精馏塔的空气状态必然处于含有液空的湿气体状态。换言之，进塔空气处于湿状态才能满足精馏塔热平衡的要求。

6.6　氧-氮二元系精馏计算

在精馏塔中把空气分离一定浓度的氧和氮，就要求设置一定数量的塔板。下流的液体和上升的气体多次而又比较充分地接触，就要靠一定数量的结构合理的塔板来保证。另一方面，在确定塔板数时，也要以一定数量的上升气体和下流的液体作为考虑的根据。在这一节中，主要在探讨塔板上的工作过程、塔内各物流浓度的关系等基础上确定精馏塔所需要的塔板数。

6.6.1　精馏塔塔板上的工作过程

讨论精馏塔塔板上的工作过程，也就是探求沿精馏塔高度气液浓度的变化规律。

设空气由氧 20.9% 及氮 79.1% 混合而成。现在讨论塔中相邻两块塔板间物流及浓度变化，从而求出塔中精馏过程物流数量和浓度变化的基本规律。图 6-29 表示相邻两块塔板 1 及 2 上物流数量、浓度及焓，设于稳定工况时：G 为塔中上升的气体数量，g 为塔中下流的液体数量，x 为液体中氮的浓度，y 为气体中氮的浓度，h' 为液体的焓，h'' 为气体的焓，r 为汽化潜热。

计算假设为：

（1）塔板上气相和液相物流达到完全平衡状态；

（2）氧和氮的气化潜热相差很小，可视为相等；

（3）精馏塔与外界没有热量交换；

（4）塔中的工作压力沿塔高度上均相同。

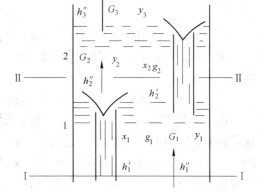

图 6-29　相邻塔板物流示意图

这样，在稳定工况下，建立物料平衡，组分平衡得：

$$G_1 + g_2 = G_2 + g_1$$

组分的数量是平衡的，即：

$$G_1 y_1 + g_2 x_2 = G_2 y_2 + g_1 x_1$$

总的热量也是平衡的，即：

$$G_1 h''_1 + g_2 h'_2 = G_2 h'_2 + g_1 h'_1$$

上列三式中消去 G_1 及 G_2 得：

$$g_2 = g_1 \frac{h_1'' - h_1' + (h_2'' - h_1')\dfrac{y_1 - x_1}{y_1 - y_2}}{h_2'' - h_2' + (h_2'' - h_1')\dfrac{y_2 - x_2}{y_1 - y_2}}$$

考虑到相邻两块塔板上气体的焓差别不大，故假设 1kmol 气体的焓值不变，即 $h_2'' = h_1''$，则上式变为：

$$g_2 = g_1 \frac{h_1'' - h_1'}{h_2'' - h_2'} = g_1 \frac{r_1}{r_2}$$

根据上述第 2 个假设，$r_1 = r_2$，则上式为：

同样：

$$\left.\begin{aligned} g_2 = g_1 = \cdots = g = 恒值 \\ G_2 = G_1 = \cdots = G = 恒值 \end{aligned}\right\}$$

这就是说，在精馏塔中流经各塔板的上升气体数量以及回流液的数量都是维持不变的。

根据这一结果，组分的数量平衡式可写为：

$$Gy_1 + gx_2 = Gy_2 + gx_1$$

所以

$$\frac{g}{G} = \frac{y_2 - y_1}{x_2 - x_1} \tag{6-25}$$

或：

$$y_2 = \frac{g}{G}(x_2 - x_1) + y_1 \tag{6-26}$$

式（6-25）说明：塔板上气体和液体浓度变化比为一恒值（等于 g/G）。

式（6-26）说明：任意一块塔板的上下截面气液浓度变化所应遵守的关系是直线关系。

另一方面，在塔板上气液接触后，按照理想的情况可以达到平衡状态。

这样，我们可以在 y-x 图上把塔板 1 及 2 上物流浓度变化表示出来。如图 6-30 所示，在塔板 1 下面的 Ⅰ—Ⅰ 截面，气液浓度分别为 y_1、x_1，在 y-x 图上 Ⅰ—Ⅰ 截面气液浓度如图的 1 点所示。在塔板 1 上面的 Ⅱ—Ⅱ 截面，气液浓度分别为 y_2、x_2，如图上的点 2 所示。在理想情况下，离开塔板 1 上升的气体与从塔板 1 流下的液体平衡，即 y_2 是与 x_1 平衡的气体浓度。因此过 1 点作垂直线与平衡曲线相交于 2′ 点，则 2′ 点的气相浓度 y_2' 就是离开塔板 1 上升到 Ⅱ—Ⅱ 截面的气体浓度，即 $y_2 = y_{2'}$，所以，过 2′ 点作水平线必过 2 点。

在 $\triangle 12'2$ 中，$\overline{2'-1} = y_2 - y_1$ 表示气体由下往上流过一块塔板时浓度的变化，$\overline{2'-2} = x_2 - x_1$ 表示液体自上往下流过同一块塔板时浓度的变化，$\overline{1-2}$ 直线在 y-x 图上的斜率 $\tan\alpha = \dfrac{y_2 - y_1}{x_2 - x_1}$。

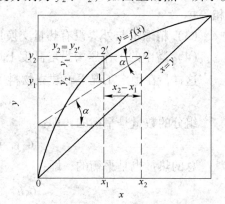

图 6-30　在塔的截面上气液浓度的变化

由式（6-26）：

$$g/G = \frac{y_2 - y_1}{x_2 - x_1} = \frac{\Delta y}{\Delta x} = \tan\alpha$$

g/G 是流经塔板的液体量与气体量之比，称为回流比或液气比。因此，在 y-x 图上回流比的数值是表示1—2直线的斜率。因为沿塔高度上 g/G 值保持不变，所以表示任何一块塔板上、下两截面气、液浓度变化关系的直线斜率也保持不变。因此，表示其他塔板上、下截面气液浓度变化的直线是与1—2在同一条直线上，这条直线称为操作线，它表示沿塔高度任何两截面上气、液浓度变化的规律。式（6-26）就是这条操作线的方程式。

根据以上所述，y-x 图上的 △12′2 的三个顶点可以表示出一块塔板上下两截面气液浓度和塔板上互成平衡的气液之间浓度变化的关系。这一个三角形代表了精馏塔内的一块理论塔板（因为这个结论是在前述的假设条件下得出的，所以称为理论塔板）。因此，只要在 y-x 图上作出操作线，就可以利用作图法确定理论塔板数。

如图6-31所示，1—9为某段精馏的操作线。过1点作水平线与平衡曲线相交，从交点作垂直线与操作线相交，又从垂直线与操作线的交点作水平线，如此往复，直至9点。

这样，在操作线上就作出了4个三角形，说明理论塔板数是4块。而位于操作线上的1、3、5、7、9诸点表示各块塔板上下两截面的气液浓度情况，位于平衡曲线上的2、4、6、8诸点则表示各块塔板上气液处于平衡状态时的浓度。

下塔的操作线方程及理论塔板数。

我们以图6-24的双级精馏塔为例，来讨论塔内各工作段中物流浓度的关系式。即操作线方程式。图6-32画出了该双级精馏塔的下塔。设 $V_空$ kmol/h 的空气干饱和状态或接近

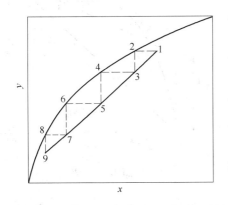

图6-31　用 y-x 图图解法求理论塔板数

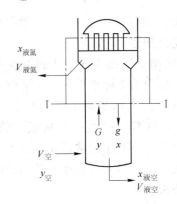

图6-32　下塔物料示意图

饱和状态进入下塔，下塔工作压力为恒值，下塔中引入上塔的液氮数量为 $V_{液氮}$ kmol/h，浓度为 $x_{液氮}$，下塔底部引出的液空为 $V_{液空}$ kmol/h，浓度为 $x_{液空}$。据前所述，塔中横截面上物流 G 和 g 为恒值，对于任意截面I—I到塔上部作一系统，如点划线所示，则该系统的物料平衡有：

$$G = g + V_{液氮}$$

$$G = gx + V_{液氮} x_{液氮} \tag{6-27}$$

所以

$$y = \frac{g}{G}x + \frac{V_{液氮}}{G}x_{液氮}$$

或：

$$y = \frac{g}{g + V_{液氮}}x + \frac{V_{液氮}}{g + V_{液氮}}x_{液氮} \tag{6-28}$$

设

$$g/V_{液氮} = \nu$$

则下式可写为：

$$y = \frac{\nu}{1 + \nu}x + \frac{1}{1 + \nu}x_{液氮} \tag{6-29}$$

以上诸式中的 g、$V_{液氮}$ 和 $x_{液氮}$ 均为定值，所以它们表示塔中任意截面上平衡物流的浓度关系，也就是说它们表示塔板上流下的液体中易挥发组分浓度 x，与从下一层塔板往上流的气体中易挥发组分浓度 y 的关系，它们就是下塔的操作线方程式，在 y-x 图上为一直线，其斜率：

$$\tan\alpha = \frac{g}{G} = \frac{g}{g + V_{液氮}} = \frac{\nu}{\nu + 1}$$

对于冷凝蒸发器下的第一塔板而言，若以 y_1 表示自第一块塔板上升之蒸气的浓度，以 x_1 表示自冷凝蒸发器内回流到第一块塔板的液体的浓度，由于进入冷凝蒸发器内的蒸气全部冷凝，故：

$$y_1 = x_1 = x_{液氮}$$

说明下塔操作线与 y-x 图的对角线相交，其交点为 1。如图 6-33 所示，点 1 为操作线的一个端点。

当 $x = 0$ 时，$y = \dfrac{1}{1 + \nu}x_{液空}$，此即操作在 y 轴上的截距。在设计中，$x_{液氮}$ 是已知数值，g/G 的比值也是已知数，因而就可在对应于下塔压力的 y-x 图上作出下塔操作线。然后由点 1 开始，作阶梯线与相应的坐标轴平行，与平衡曲线操作线相交，直到横坐标相应于塔的底部的液空浓度 $x_{液空}$ 为止，这样，就在图上构成了许多三角形（或称梯级），三角形的数目就表示下塔所需的理论塔板数。图 6-33 中是四个三角形，就表示是四块理论塔板。

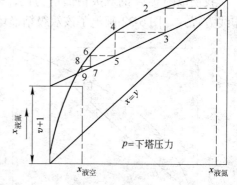

图 6-33　下塔操作线示意图

因为在冷凝器中浓度不发生变化，则流经顶部第一块塔板上方空间的蒸气浓度相同即图 6-33 点 1，由第一块塔板逸出的蒸气组成和由它流到第二块塔板液体组成与平衡曲线上的点 2 相当。由第一块塔板流到第二块塔板的液体组成和由第二块塔板上升的蒸气的组成与操作线上的点 3 相当。位于平衡曲线上的点 4，其纵坐标与点 3 同，该点表示第二块塔板逸出来的蒸气和流到第三块塔板去的液体的组成。其余类推。

6.6.2　上塔的操作方程及理论塔板数

按图 6-24 所示双级精馏塔，液氮和液空自下塔引出经过节流后进入上塔，如图 6-34 所示。上塔被液空进料口分为两段，液空进料口以上称精馏段。各段中物流量按前述为不同的恒值，但也存在一定的联系。求出各段的操作线后。和前述的方法相似可在与下塔压力相对应的 y-x 图中求得理论塔板数。

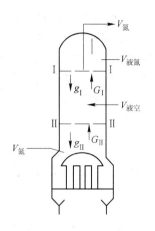

6.6.2.1 精馏段的操作线

图6-34中精馏段的任意截面 I—I 不平衡物流氮浓度为 x_I 和 y_I，自塔顶到该截面作为一个系统的物料平衡有：

$$G_I + V_{液氮} = g_I + V_{氮}$$

及 $\quad G_I y_I + V_{液氮} x_{液氮} = g_I x_I + V_{氮} y_{氮}$（式中，$y_{氮}$ 表示产品氮气中的含氮量，即产品氮浓度）

所以 $\quad y_I = \dfrac{g_I}{G_I} x_I + \dfrac{V_{氮} y_{氮} - V_{液氮} x_{液氮}}{G_I}$ （6-30）

图 6-34 上塔示意图

这就是精馏段的操作线方程式。此操作线的斜率 $\tan\alpha = \dfrac{g_I}{G_I}$ 而在 y 轴上的截距 $b = \dfrac{V_{氮} y_{氮} - V_{液氮} x_{液氮}}{G_I}$。

式中的 G_I 和 g_I 的确定如下：

设液氮节流后产生的液体和气体为平衡状态，液体数为 $\beta V_{液氮}$，气体数为 $(1-\beta) V_{液氮}$，β 称为节流液化率。则由精馏段内的物料平衡有：

$$g_I = \beta V_{液氮}$$

$$G_I = V_{氮} - (1-\beta) V_{液氮}$$

将此代入式（6-26），则精馏段操作线方程式为：

$$y_I = \frac{\beta V_{液氮}}{V_{氮} - (1-\beta) V_{液氮}} x_I + \frac{V_{氮} y_{氮} - V_{液氮} x_{液氮}}{V_{氮} - (1-\beta) V_{液氮}}$$ （6-31）

若节流液化率 $\beta = 1$，则上式为：

$$y_I = \frac{V_{液氮}}{V_{氮}} x_I + \frac{V_{氮} y_{氮} - V_{液氮} x_{液氮}}{V_{氮}}$$ （6-32）

设精馏段操作线在 y-x 图上与对角线的交点 I(x_I, y_I)，由于对角线上的点应该是 $x = y$，故代入式（6-32）可得到此交点：

$$x_I = y_I = \frac{V_{氮} y_{氮} - V_{液氮} x_{液氮}}{V_{氮} - V_{液氮}}$$

在精馏塔中一般使 $\quad y_{氮} = x_{液氮}$

因而点 I 的坐标 $\quad x_I = y_I = x_{液氮}$

所以，在求出操作线的斜率（即精馏段回流比 $\dfrac{g_I}{G_I}$）后，在 y-x 图上即可作出精馏段的操作线，如图 6-35 所示。

6.6.2.2 提馏段操作线

图 6-34 中截面 Ⅱ—Ⅱ 为提馏段的任意横截面，该面有关的不平衡物流氮浓度为 $x_Ⅱ$ 及 $y_Ⅱ$，在稳定工况时，若自 Ⅱ—Ⅱ 截面至冷凝蒸发器作为一个系统，这时的物料平衡有：

$$G_Ⅱ + V_氮 = g_Ⅱ$$

$$G_Ⅱ y_Ⅱ + V_氮 y_氮 = g_Ⅱ x_Ⅱ$$

式中，$y_氮$ 表示产品氧气中的含氮量。

所以

$$y_Ⅱ = \frac{g_Ⅱ}{G_Ⅱ} x_Ⅱ - \frac{V_氮}{G_Ⅱ} y_氮 \tag{6-33}$$

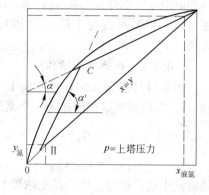

图 6-35 上塔操作线示意图

这就是提馏段的操作线方程式，它的斜率 $\tan\alpha$ 或提馏段回流比为 $g_Ⅱ/G_Ⅱ$，它在 y 轴上的截距为 $V_氮 y_氮/G_Ⅱ$。它与精馏段操作线相交于 C 点，它的另一端点用 Ⅱ 表示（图 6-35），因为可以认为上塔最下截面上气相与液相浓度相等，所以另一端点是在 $y = x$ 的对角线上，用 $y = x$ 代入式（6-33）可得 Ⅱ 点坐标 $y_Ⅱ = x_Ⅱ = y_氮$。

至此，精馏段操作线与提馏段操作线在 $y\text{-}x$ 图上的位置均已确定，就可在平衡曲线与操作线之间绘出一系列连续的梯级，每一个梯级即代表一块理论塔板，而梯级总数就是所要求的理论塔板数，跨过 C 点的梯级代表液空进料层塔板，该层以上的梯级数代表精馏段的理论塔板数，该层以下（包括加料层在内）代表提馏段的理论板数。

6.6.3 液空进料口位置的确定

前面所说的精馏段和提馏段操作线的交点 C 在 $y\text{-}x$ 图中的坐标 (x_C, y_C) 表示液空进料口横截面上不平衡物流的浓度。当气体产品的纯度一定，塔中各段回流比及液空进料状态即液空节流后的汽化率一定时，液空进料口位置也就确定。若液空进料状态即液空节流后的汽化率改变，则进料口位置也随着改变。下面讨论液空节流汽化率与进料口位置的关系。

图 6-36 为上塔液空进料口物流示意图，δ 为液空节流汽化率，按定义：

$$\delta = \frac{每\,kg\,分子原料转变为饱和蒸气所需的热量}{每\,kg\,分子原料的汽化潜热}$$

或

$$\delta = \frac{h''_空 - h_空}{r}$$

式中 $h_空$——原料进塔时的焓，kJ/kmol；

   $h''_空$——原料为饱和气体时的焓，kJ/kmol；

   r——原料的汽化潜热。

因此，若进料的空气为饱和液体时，$\delta = 1$；

   空气为饱和气体时，$\delta = 0$；

   空气为过冷液体时，$\delta > 1$；

   空气为过热气体时，$\delta < 0$；

   空气为气液混合物（或含湿蒸气）时，$0 < \delta < 1$

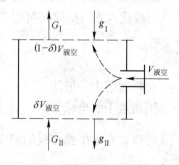

图 6-36 液空进料

按进料口处的物料平衡有：

$$\left.\begin{array}{l} g_{II} = g_I + \delta V_{液空} \\ G_I = G_{II} + (1 - \delta) V_{液空} \end{array}\right\} \qquad (6\text{-}34)$$

所以

$$\left.\begin{array}{l} g_{II} - g_I = \delta V_{液空} \\ G_{II} - G_I = (\delta - 1) V_{液空} \end{array}\right\} \qquad (6\text{-}35)$$

设两条操作线的交点为 $C(x_C, y_C)$，则按式（6-30）及式（6-33）：

$$y_C G_I = x_C g_I + V_{氮} y_{氮} - V_{液氮} x_{液氮}$$

$$y_C G_{II} = x_C g_{II} - V_{氧} y_{氧}$$

二式相减得：

$$y_C(G_{II} - G_I) = x_C(g_{II} - g_I) + (V_{液氮} x_{液氮} - V_{氧} y_{氧} - V_{氮} y_{氮}) \qquad (6\text{-}36)$$

由下塔及双级精馏塔的氮组分物料平衡有：

$$V_{空} y_{空} = V_{液氮} x_{液氮} + V_{液空} x_{液空}$$

$$V_{空} y_{空} = V_{氮} y_{氮} + V_{氧} y_{氧}$$

于是：

$$V_{液氮} x_{液氮} - V_{氧} y_{氧} - V_{氮} y_{氮} = - V_{液空} x_{液空}$$

将此式及式（6-34）代入式（6-35）后得：

$$y_C(\delta - 1) = x_C \times \delta - x_{液空}$$

所以

$$y_C = \frac{\delta}{\delta - 1} x_C - \frac{1}{\delta - 1} x_{液空} \qquad (6\text{-}37)$$

此式为精馏段和提馏段操作线的交点 C 在 y-x 图坐标系中的轨迹，为一直线。称为 δ 线，它的斜率：$\tan\theta = -\dfrac{\delta}{1 - \delta}$，设它与对角线交于 C_1，则当 $x_{C_1} = y_{C_1}$ 时，由式(6-37) 得：

$$x_{C_1} = x_{液空}$$

即

$$x_{C_1} = y_{C_1} = x_{液空} \qquad (6\text{-}38)$$

这表示此直线与对角线的交点 C_1 的横坐标于任何进料条件下均为 $x_{C_1} = x_{液空}$，也就是说，此直线于任何进料条件下均通过 $x_{C_1} = x_{液空}, y_{C_1} = x_{液空}$ 这一点，如图 6-37 所示。知道进料状态后，经该点作斜率为 $\tan\theta$ 的直线即为式（6-37）所示的直线，例如：

当进料状态为饱和液体，即 $\delta = 1$ 时，由式(6-37)可得 $x_C = x_{液空}$，即两条操作线的轨迹在 $x = x_{液空}$ 这一直线上。

当进料状态是饱和气体，即 $\delta = 0$ 时，由式

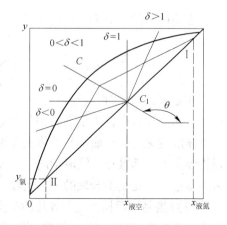

图 6-37 液空进料口的确定

（6-37）可得到 $y_C = x_{液空}$，即两条操作线交点的轨迹在 $y = x_{液空}$ 这一直线上。

进料状态不同，则 $\tan\theta$ 值不同，在图 6-37 上表示出五种不同进料状态，即五种不同 δ 值的五条直线。

当作出精馏段的操作线和 δ 线后，它们的交点 C 就随着确定，因而就可以从 C 点开始作提馏段的操作线。

从前面的讨论中可以看出，作为实现精馏分离作用的重要条件之一，就是在塔中有一定量的沿塔板向下流动的回流液体，如果塔内没有向下流动的回流液，从理论上讲，精馏塔就起不到分离作用，从 y-x 图用图解法确定理论塔板数的过程中可以看出，若进料状态已定，则在规定的产品纯度条件下，操作线的位置随回流比的大小而变，塔的经济性也取决于合理的回流比的选择。回流比的大小也对精馏操作有着很大影响，所以在实际生产中也必须很好地加以控制。

上塔的精馏段对产品的纯度和数量起主要的保证作用，因此选取上塔精馏段的回流比对制取预定产品的经济性有着重要的意义。如氧气、氮气产品的纯度已定，液空浓度和节流后汽化率已知，则两条操作线交点 C 的位置随精馏段回流比的不同沿着 δ 线变化，如图 6-38 所示。若交点在对角线以下的 A 点时，产生蒸气浓度将低于液相的浓度，若交点在平衡曲线以上的 B 点时，产生的蒸气浓度将高于平衡浓度，这两种情况都是不可能的。所以交点位置只可能在 C_1、C_0 之间变动。以下就讨论回流比与此交点的关系。

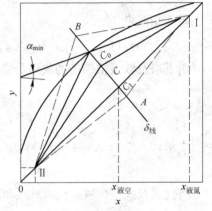

图 6-38　回流比极限示意图

（1）当精馏段操作线与 δ 线的交点落在平衡曲线上的 C_2 点时，这时操作线的倾斜角 α 为最小值 α_{min}，因此这时的回流比是最小值，称为最小回流比，用 $\tan\alpha_{min}$ 表示。

由图 6-38 可见：

$$\tan\alpha_{min} = \frac{x_{液氮} - y_{C_2}}{x_{液氮} - x_{C_2}}$$

而当进料的液空为饱和状态时：

$$\tan\alpha_{min} = \frac{x_{液氮} - y_{C_2}}{x_{液氮} - x_{液空}}$$

在最小回流比时，所需的回流液少，制取回流液所消耗的能量也少。但是从式（6-37）可知，回流比减少，表示塔的相邻截面物流浓度差 Δy 相应减少，甚至使塔板上下两截面的气体浓度无变化，而都与液体完全平衡，塔中物流接触时不发生精馏作用，也就是精馏过程停止了，而且在继续流动的条件下要达到这种情况，理论上需要无穷多的塔板，所以采用最小回流比是不合理的，在实际上也是不可能的。

（2）当精馏段操作线与 δ 线的交点落在对角线上的 C_1 点时，两条操作线与对角线重合在一起，这时 $\tan\alpha = 1$，精馏段的回流比达最大值。这种条件下塔板上物流浓度变化最大，因此所需要的理论塔板数也最少，由于物流浓度变化大，因而物流温差也大，这样就使不可逆损失增加。而且，最大回流比需要较多的回流液，这样就需要更多的冷量来液化气体，因而就需要消耗较多的电能。

因此，一般的工作回流比是介于上述最小回流比和最大回流比两个极限值之间。当 C 点愈靠近平衡曲线的 C_0 点时则回流比减少，理论塔板数有所增加，当 C 点接近 C_1 点时，则回流比增大，理论塔板数有所减少。一般说来，实际回流比较最小回流比大 30% ~ 50%，最佳回流比的选择涉及的方面较多，是一个比较复杂的问题。

上面讨论的是精馏段的情况，在精馏段中，$g_I < G_I$，所以 $g_I/G_I < 1$。而在提馏段中，因为 $G_{II} + V_氧 = g_{II}$，故 $g_{II} > G_{II}$，它的回流比 $g_{II}/G_{II} > 1$。

从两条操作线的斜率变化可以看出精馏段的回流比越大，则提馏段的回流比越小，所需的理论塔板数越少。

从操作运行角度来看，对现有的精馏塔来说，塔板数已经固定，如果精馏段的回流比大于原设计值，提馏段的回流比小于原设计值，那么塔板数就显得富裕，这样带来的效果就是使精馏工况得到改善。我们通常说精馏段回流液增多（回流比增大），氮的纯度提高，上塔提馏段上升气体量增加（回流比减少），氧的纯度提高，就是这个道理。

我们也可以从气、液传热传质方面来初步解释一下在操作中回流比对精馏效果的影响。

例如，对上塔精馏段来说，回流比加大就意味着较冷的回流液量相对多，而较热的上升气体量相对少，那么，回流液因加热而蒸发的量相对地变少，它达到平衡状态所升高的温差小，塔板前、后的浓度变化小；而上升的气体由于量少，因冷却而冷凝的量相对地变多，它达到平衡状态所降低的温差大，塔板前、后的浓度变化大。这就是说上升气体中氧组分冷凝较充分，较多地进入回流液，因而气体中氮气纯度就高，对精馏段来说，氮纯度高说明精馏效果好。

对上塔的提馏段来说，回流比减少就意味着较冷的回流液量少而较热的上升气体量较多。和前述的道理相仿，塔板前、后回流液的浓度变化大而上升气体的浓度变化小，这就是说下流液体的氮蒸发较充分，较多地进入到气体中去，因而液体中氧的纯度就高，所以提馏段回流比减少就使产品氧的纯度提高。

上面的解释由于没有全面考虑各方面因素，有一定局限性，但有助于理解精馏塔工作的一些变化情况。

6.6.4　全塔效率及板效率

我们在前面讨论精馏过程及计算理论塔板数时，是假设了每个塔板上液体与蒸气相互作用达到平衡状态：塔板上的液体均匀混合，各点的浓度都一样；横截面上物流流量都一样；液体的蒸发潜热为恒值，气体的焓相同等。

但在实际的精馏塔中所有的塔板均不可能达到理想的完善，气液的组成不可能合乎平衡曲线所规定的关系，故实际所需塔板数要比理论塔板数多。理论塔板数与实际塔板数之比称为全塔效率，或全塔平均塔板效率，以 η 表示，故：

$$\eta = N_T/N \tag{6-39}$$

式中　N_T——理论塔板数；

　　　　N——实际需要的塔板数。

　　应用全塔效率的概念来求实际塔板数的优点在于使工程计算得以简化。但应指出，由于这一概念没有理论依据，要经过类似生产条件下的试验，才能确定全塔效率，即取经验值。

　　根据气液二相作用的分析，影响全塔效率的因素大致分三类：

　　（1）气相与液相质量交换的快慢；

　　（2）塔板上气、液混合的程度；

　　（3）蒸气进入上一块塔板时雾沫夹带数量。

　　这三方面因素又受塔板的设计和布置，操作条件及所处理物料的物理性能等各方面的影响。因而设计得当，操作合理对精馏塔的工作有着重要的意义。精馏塔以二元系计算时，平均塔板效率上塔 $\eta = 0.25$，下塔 $\eta = 0.3 \sim 0.35$。所以如此之低，是由于忽视了氩组分的影响，若改为三元计算，平均塔板效率 $\eta = 0.6 \sim 0.8$。

　　塔板的板效率是就每一块塔板而言，根据理论塔板的定义，离开塔板的气相与液相应达到平衡状态。而实际塔板是不可能的。实际塔板的浓度变化与达到平衡时的浓度变化之比称之为板效率，用 $\eta_{板}$ 表示。显然，对于一块塔板来说，有气相板效率和液相板效率。就整个精馏塔的各块塔板的板效率也不尽相同，因此，全塔效率即平均塔板效率更有实用价值。

　　例　求图 6-39 所示的双级馏塔的塔板数。

　　已知：上塔压力 $p_2 = 0.13\text{MPa}$。

　　　　　氧气纯度　99% O_2

　　　　　氮气纯度　$y_氮 = 98\% N_2$

　　　　　液氮纯度　$x_{液氮} = 97\% N_2$

　　进上塔膨胀空气量 $V_膨 = 20\%$，加工空气量，为饱和状态进料。

　　液氮节流进入上塔时的液化率 $\beta = 0.87$，即汽化率 $\alpha = 0.17$。

　　下塔工作压力　$p_下 = 0.55\text{MPa}$。

　　加工空气量　$V_{加工} = 1\text{m}^3$，$V_空 = 1 - 20\% = 80\% V_{加工}$，饱和状态进入下塔。

　　液空的纯度　$x_{液空} = 63\% N_2$

　　液空的节流汽化率　$\alpha = 5\%$

　　（1）求下塔理论塔板数。

　　按式（6-29），$y = \dfrac{\gamma}{1+\gamma}x + \dfrac{1}{1+\gamma}x_{液氮}$

　　其中　　　$\gamma = \dfrac{g}{V_{液氮}} = \dfrac{V_{液空}}{V_{液氮}}$

　　按式（6-12），$V_{液空} = V_空\dfrac{x_{液氮} - y_空}{x_{液氮} - x_{液空}}$

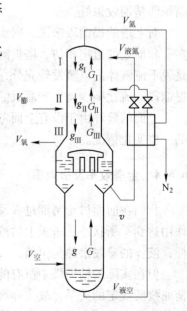

图 6-39　例题双级精馏塔

$$V_{空} = 0.8, \quad x_{液氮} = 0.97,$$

$$x_{液空} = 0.63, \quad y_{空} = 0.791$$

所以 $\quad V_{液空} = 0.8 \dfrac{0.97 - 0.791}{0.97 - 0.63} = 0.422 \mathrm{m^3/(m^3 \cdot A)}$

$$V_{液氮} = V_{空} - V_{液空} = 0.8 - 0.422 = 0.378 \mathrm{m^3/(m^3 \cdot A)}$$

则 $\quad\quad\quad \gamma = 1.117$

故 $\quad\quad\quad y = 0.515x + 0.458$

应用图解法，在相应于下塔压力的 y-x 图（见图6-40）上找出 $x = 0$，$y = 0.458$ 和 $x = 0.97$，$y = 0.97$ 的两点连线，即得出操作线，如图作直角三角形，直至 $x_{液空} = 63\% \, N_2$ 时，三角形的个数为7，即理论塔板数 $n_{下} = 7$。

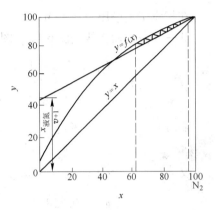

图6-40 下塔理论塔板图解

（2）求上塔理论塔板数。上塔由于有膨胀空气进料和液空进料顶部又有液氮馏分进料，底部液氧面上设有氧气抽口，因而整个上塔分为三个段。在前面的图中以 Ⅰ、Ⅱ、Ⅲ 等表示，各段中物流的数量不同，回流比也就不同，精馏过程也就不一样，各段可按前述方法求出相应的操作线，之后利用 y-x 图，图解得出所需的理论塔板数，液空进料口到顶部（Ⅰ—Ⅰ段）称为精馏段，精馏段对产品纯度影响很大，回流比也较小，因此一般计算最小回流比时均以这段为准。

按整个双级精馏塔的物料平衡有：

$$V_{空} + V_{膨} = V_{氧} + V_{氮}$$

$$(V_{空} + V_{膨}) y_{空} = V_{氧} y_{氧} + V_{氮} y_{氮}$$

所以 $\quad V_{氧} = (V_{空} + V_{膨}) \dfrac{y_{氮} - y_{空}}{y_{氮} - y_{氧}}$

$$V_{空} + V_{膨} = 1 \mathrm{m^3}, \quad y_{氮} = 0.98, \quad y_{空} = 0.791, \quad y_{氧} = 0.01$$

所以 $\quad V_{氧} = 0.195 \mathrm{m^3/(m^3 \cdot A)}$

$$V_{氧} = 1 - 0.195 = 0.805 \mathrm{m^3/(m^3 \cdot A)}$$

精馏段 Ⅰ—Ⅰ 的操作线方程式：

Ⅰ—Ⅰ 段的物料平衡可参看图6-41写出：

$$G_1 + V_{液氮} = g_1 + V_{氮}$$

$$G_1 y_1 + V_{液氮} x_{液氮} = g_1 x_1 + V_{氮} y_{氮}$$

所以 $\quad y_1 = \dfrac{g_1}{G_1} x_1 + \dfrac{V_{氮} y_{氮} - V_{液氮} x_{液氮}}{G_1}$

而 $\quad\quad V_{氮} = (1 - \beta) V_{液氮} + G_1$

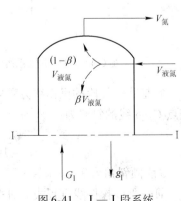

图6-41 Ⅰ—Ⅰ段系统

$$G_{\mathrm{I}} = V_{氮} - (1 - \beta)V_{液氮}$$

$$= 0.805 - (1 - 0.87)0.378 = 0.756$$

又　　　　　　　　$g_{\mathrm{II}} = \beta V_{液氮} = 0.87 \times 0.378 = 0.328$

$$y_{氮} = 0.98, \quad x_{液氮} = 0.97$$

所以　　　　　　　$y_{\mathrm{I}} = 0.433 x_{\mathrm{I}} + 0.55$

当　$x_{\mathrm{I}} = 0$ 时，　　$y_{\mathrm{I}} = 0.55$

$x_{\mathrm{I}} = y_{\mathrm{I}}$ 时，　　$y_{\mathrm{I}} = x_{\mathrm{I}} = 0.98$

在相应于上塔压力 0.13MPa 的 y-x 图上作出相应的操作线。

Ⅱ—Ⅱ段的操作线按图6-42、图6-43的物料平衡有：

$$G_{\mathrm{II}} + V_{液氮} + V_{液空} = g_{\mathrm{II}} + V_{氮}$$

$$G_{\mathrm{II}} y_{\mathrm{II}} + V_{液氮} x_{液氮} + V_{液空} y_{液空} = g_{\mathrm{II}} x_{\mathrm{II}} + V_{氮} y_{氮}$$

所以　　　$y_{\mathrm{II}} = \dfrac{g_{\mathrm{II}}}{G_{\mathrm{II}}} x_{\mathrm{II}} + \dfrac{1}{G_{\mathrm{II}}}(V_{氮} y_{氮} - V_{液空} x_{液空} - V_{液氮} x_{液氮})$

又　　　　$g_{\mathrm{II}} = g_{\mathrm{I}} + \delta V_{液空}, \quad G_{\mathrm{II}} = G_{\mathrm{I}} - (1 - \delta)V_{液空}$

$$g_{\mathrm{I}} = 0.328, \quad G_{\mathrm{I}} = 0.756, \quad \delta = 0.95$$

$$V_{液空} = 0.422, \quad g_{\mathrm{II}} = 0.328 + 0.95 \times 0.422 = 0.729$$

$$G_{\mathrm{II}} = 0.756 - (1 - 0.95) \times 0.422 = 0.735$$

故　　　　　　　$y_{\mathrm{II}} = 0.99 x_{\mathrm{II}} + 0.218$

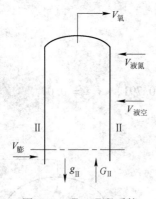

图 6-42　Ⅱ—Ⅱ段系统

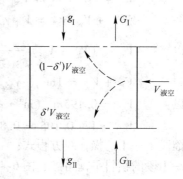

图 6-43　液空进料

它是Ⅱ—Ⅱ段的操作线方程式，它与Ⅰ—Ⅰ段操作线的交点按式（6-37）应为 δ 线的交点 C，δ 线的斜率为：

$$\frac{\delta}{\delta - 1} = \frac{0.95}{0.95 - 1} = \frac{0.95}{-0.05} = -19$$

δ 线倾斜角为93°。

Ⅲ—Ⅲ段操作线方程式。Ⅲ—Ⅲ段的物料平衡有：

$$g_{\mathrm{III}} = G_{\mathrm{III}} + V_{\text{氧}} \qquad g_{\mathrm{III}} x_{\mathrm{III}} = G_{\mathrm{III}} y_{\mathrm{III}} + V_{\text{氧}} y_{\text{氧}}$$

所以
$$y_{\mathrm{III}} = \frac{g_{\mathrm{III}}}{G_{\mathrm{III}}} x_{\mathrm{III}} - \frac{V_{\text{氧}}}{G_{\mathrm{III}}} y_{\text{氧}}$$

$$V_{\text{氧}} = 0.195 \qquad G_{\mathrm{III}} = G_{\mathrm{II}} - V_{\text{膨}} = 0.735 - 0.2 = 0.535$$

所以
$$g_{\mathrm{III}} = 0.535 + 0.195 = 0.73$$

$$g_{\mathrm{III}} = 1.36 x_{\mathrm{III}} - 0.0036$$

当 $x_{\mathrm{III}} = y_{\mathrm{III}}$ 时，$x_{\mathrm{III}} = 0.01$。

因为膨胀空气为饱和状态进料，所以连接点（0.01，0.01）与点 D 的直线即为Ⅲ—Ⅲ段的操作线。而点 D 为 $y_{\mathrm{III}} = 0.791$ 的直线与Ⅱ—Ⅱ段操作线的交点。

通过点 C 往下作阶梯形直线，可得到各段的理论塔板数：$n_{\mathrm{I-I}} = 3.1$ 块，$n_{\mathrm{II-II}} = 0.3$ 块，$n_{\mathrm{III-III}} = 4.6$ 块。

上塔理论塔板数图解见图 6-44。

（3）实际塔板数：若取塔板效率 $\eta = 0.25 \sim$ 0.3，则下塔的实际塔板数 $n_{\text{下}} = \dfrac{7}{0.25} = 28$ 块

上塔 I—I 段的实际塔板数 $n_{\mathrm{I}} = \dfrac{3.1}{0.25} = 12.4$ 块，取 13 块。

Ⅱ—Ⅱ段的实际塔板数 $n_{\mathrm{II}} = \dfrac{0.3}{0.25} = 1.2$ 块，取 2 块。

Ⅲ—Ⅲ段的实际塔板数 $n_{\mathrm{III}} = \dfrac{4.6}{3} = 15.4$ 块，取 16 块。

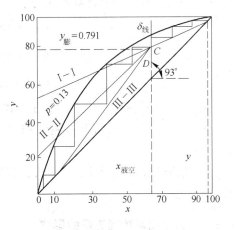

图 6-44 上塔理论塔板数图解

上塔共计塔板数 $n_{\text{上}} = 13 + 2 + 16 = 31$ 块。

对于实际应用的精馏塔氧的纯度为 99.6%，氮的纯度为 99.99% 时，下塔的塔板数为 36 ~ 42 块，上塔塔板数 70 ~ 80 块。

6.6.5 逐板计算法

逐板计算法顾名思义也就是逐块塔板一块一块地进行计算的方法。

如前所述，在一块塔板上进行一次部分蒸发和部分冷凝的结合。进入塔板的气体，经过与塔板上的液体进行充分的质、热交换后而离去，下流至塔板上的液体，与上升气体进行充分质、热交换后，继续下流。在 6.6.1 节中假设的前提下，离去的气、液相之间处于相平衡，而处在塔板上方气、液相或下方气、液相浓度的关系受操作线方程的约束。这样，已知进入 n 块塔板的气、液相浓度，再从塔的物料平衡中求出回流比（液气比），即可得知塔板上方的气、液相浓度，而这气、液相又是进入 $n+1$ 块塔板的气、液相，可以再根据相平衡以及操作线方程，求出 $n+1$ 块塔板上方的气、液相浓度，继续下去，直至达到我们所需要的产品浓度，计算就可以停止，所求出的塔板数即为理论塔板数。

逐板计算法分为二元计算和三元计算。在二元逐板计算中将空气看作氧、氮二元组分，忽略了氩组分的影响。设任意一块塔板下的物流浓度为 x_i、y_i，而塔板上的浓度为 y_{i+1}、x_{i+1}。作一块塔板的组分平衡：

$$Gy_i + gy_{i+1} = Gy_{i+1} + gx_i$$

整理为：

$$y_{i+1} = \frac{g}{G}(x_{i+1} - x_i) + y_i$$

在式中的回流比 $\frac{g}{G}$ 可以由全塔的物料平衡得出这式为操作线方程。这样若已知 y_i、x_i，以 x_i 查相平衡图得出 y_{i+1}，再由操作线方程就能确定出 x_{i+1}。

由于氩的沸点处于氧、氮之间，它相对于氧为易挥发组分，相对于氮为难挥发组分，在空分精馏塔中有的部位上处于易挥发状态而易进入气相，而在某一部位又处于难挥发而易进入液相，这势必造氧、氮分离计算有较大的误差。如果将空气看作氧、氮、氩三组分的混合物而进行的逐板计算就成为了三元计算。这对组分平衡式为三个：

$$\left.\begin{array}{l} Gy_i^O + gx_i^O = Gy_{i+1}^O + gx_{i+1}^O \\ Gy_i^N + gx_i^N = Gy_{i+1}^N + gx_{i+1}^N \\ Gy_i^{Ar} + gx_i^{Ar} = Gy_{i+1}^{Ar} + gx_{i+1}^{Ar} \end{array}\right\}$$

由于 $y_i^O + y_i^N + y_i^{Ar} = 1$，三个方程式中独立的为两个。先已知，$x_i^O$、$x_i^N$、$x_i^{Ar}$ 其中的两个，y_i^O、y_i^N、y_i^{Ar} 中的两个查三元相平衡图 y_{i+1}^O、y_{i+1}^N、y_{i+1}^{Ar}，再由线方程即可求得 x_{i+1}^O、x_{i+1}^N、x_{i+1}^{Ar}。

精馏塔的逐板三元计算量很大，很繁琐，现在已经将相平衡关系用数学式表达，采用计算机计算。

6.6.6 回流比对精馏工况的影响

回流比 $\frac{g}{G}$，也可用 $\frac{L}{V}$ 表示。它决定了塔板上气、液浓度的变化规律，也就影响到精馏塔中分离后的产物的纯度。

现以下塔为例，设理论塔板数为 8 块，不考虑塔板的阻力，取整个下塔的平均压力为 0.55MPa，进入第一块塔板下部的气体为饱和空气氧浓度为 20.9% O_2（$y_1 = 79.1\% N_2$），由平衡图可查得其温度为 99.5K。从第一块塔下流至塔釜的液空浓度与进入第一块塔板的饱和空气并不是处于平衡状态，液空的纯度与回流比及压力有关。现分别对不同的回流比进行计算，假设回流比 $\frac{g}{G} = 0.511$ 时，下流液的浓度 $x_1 = 62\% N_2$（38% O_2）。下流液 x_1 与离开第一块塔板的上升气 y_3 处于平衡状态，可用气、液平衡图查得与 $x_1 = 62\%$，$p = 0.55MPa$ 相平衡的气相浓度为 $y_2 = 81\% N_2$，温度二者相等，根据操作线方程可求得流至第一块塔板上的液相浓度为：

$$x_2 = x_1 + \frac{y_2 - y_1}{g/G} = 62 + \frac{81 - 79.1}{0.511} = 65.7\% N_2$$

由 $p = 0.55MPa$，$x_2 = 65.7\% N_2$，便可从气、液平衡图查得下流液 x_2 的温度为 98.7K。

因为离开第一块塔板的蒸气就是进入第二块塔板的蒸气，进入第一块塔板的液体就是离开第二块塔板的液体。所以，首先可根据压力和 x_2 由气液平衡图查得的与它平衡的离开第二块塔板的气相浓度 y_3，再由操作线方程求得流入第二块塔板的液相浓度 x_3。这样逐块计算下去，可求得各块塔板上的气相浓度。

当回流比为 0.563，液空中氧纯度为 36% O_2；回流比为 0.45，液空中氧纯度为 40% O_2，进气条件都是 20.9% O_2 的饱和空气的情况下，回流比大则液空的氧浓度低，但顶部气氮的浓度高；回流比小则液空的氧浓度高而氮的浓度低。

产生上述现象的原因是回流比增大时，使塔板上的冷凝体量相对增多，上升的蒸气量相对减少，因此气、液混合后的温度就偏于低温的液体一边，即上升气液混合物的温差 $\Delta t'$ 就大，进入塔板的液体与气液混合物的温差 $\Delta t''$ 就小。当回流比减小时，则塔板上的冷液体量少，上升的蒸气量多，因此气液混合物的温差 $\Delta t'$ 小，流入塔板的液体与气液混合物的温差 $\Delta t''$ 大。以第一块塔板为例。不同回流比下的气、液温差如表 6-2 所示。

表 6-2　第一块塔板上的气液温差与浓度差

回流比 $\dfrac{g}{G}$	不平衡气液物流的总温差	流入塔板的气体与气液平衡后的温差 $\Delta t'$	流入塔板的液体与气液平衡后的温差 $\Delta t''$	塔板上进出气体的浓度差	塔板上进出液体的浓度差
0.563	1.3	0.7	0.6	3.4	6.05
0.511	0.8	0.4	0.4	1.9	3.70
0.45	0.35	0.1	0.25	0.6	1.33

就浓度变化来说，当回流比大时，由于上升气的温降相对较大，所以它部分冷凝就较充分，气相中的氧能较多地冷凝到液体中去，因而气相氮浓度提高得就快，在每一块塔板上都是如此，这样在塔顶获得的氮气纯度就高；就下流液而言，由于温升小，所以部分蒸发差，液体中氮蒸发出来就少，因而液相氧浓度提高得就少，每块塔板都是如此，这样流到塔底的液体浓度就低。当回流比减小时则相反，蒸气的部分冷凝不充分，塔顶的氮气浓度降低；液体的部分蒸发较充分，塔底的液空中的氧浓度较高。

在操作上就是利用这个道理进行纯度调整的。当需要提高氮纯度时就可关小液氮节流阀，增加下塔回流量来增加回流比；若要提高液空的氧浓度就要设法减少回流比。

由此可见，回流比大，则进入塔板的蒸气和液体与气液混合平衡后的温差都大，同时气、液的浓度变化也大，这表示气液间的传热与传质均强，因此，为获得同样浓度的气氮产品，所需的进行部分冷凝和部分蒸发的次数可以减少，即精馏塔板数可以减少，但分离功耗高。总之，回流比代表了塔的温度工况，产品的产量和纯度；设计时决定了塔板数的多少。

下塔回流比小可使液空中的氧浓度提高，但是用减小回流比的方法来提高液空的氧浓度是有一定限度的。由于随着回流比减小，进入第一块塔板的气、液与混合后的温度差及气、液的浓度变化均小。当回流比减小到温差为零，即浓度差为零时，意味着进入塔板的气液和离开塔板的气液温差浓度相同，不再发生传热与传质，即精馏停止，因此，液空氧浓度在极限情况下最多与入塔的空气呈平衡状态，由气液平衡图可查得，在 0.55MPa 下，与 20.9% O_2 的饱和空气呈平衡状态，液体浓度为 40.8% O_2。实际上液空与进塔空气并不处于平衡状态，而是液空浓度小于 40.8% O_2。当压力为 0.6MPa 时，与 20.9% O_2 的饱和空气呈平衡的液体浓度为 40% O_2 ，实际上下塔液空的氧浓度在 38% ~ 40% 左右，随着压力的升高而降低。

6.7　筛板塔

6.7.1　筛板塔的典型结构

由于筛孔板结构简单、便于制造、塔板效率高等主要优点，筛板塔在空分精馏塔中被广泛采用。筛板塔是由筒体和筛板组合而成。筛板是一块冲有许多直径为 0.9 ~ 1.3mm 小孔的薄板，厚度约为 1mm，其上有溢流装置和隔板，如图 6-45 所示。

在大型制氧机的精馏塔中，筛板往往是由一块块的扇形孔板拼接成为整块塔板，采用扇形结构主要是为了便于拼接成圆形塔板以及满足塔板刚度的要求。

溢流斗的作用除了引导回流以外，还起到液封的作用，溢流装置的形式有直溢流（有冲击式）与斜溢流（无冲击式），这两种溢流装置都用于环形流流动的塔板上。如图 6-46 所示。

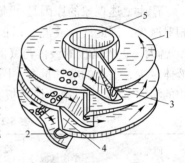

图 6-45　筛板示意图

1—筛板；2—溢流出口；3—溢流装置；
4—垂直隔板；5—内筒

受液盘是承受上一块塔板溢流装置流下来的液体，其上无筛孔，故又称为无孔板，它有凹形和平形两种，对于直溢流装置受液盘上应具有液封，以进口溢流堰保证，使塔板上升气不至于直接经溢流装置而"短路"，同时应使溢流装置内流出的液体均匀地进入塔板。对于斜溢流装置，它的液体出口处本身就有液封，因此受液盘上无进口堰。

溢流装置的面积约占塔板面积 F_m 的 $\frac{1}{16}$ ~ $\frac{1}{12}$ 。无孔板的面积与溢流装置一样。

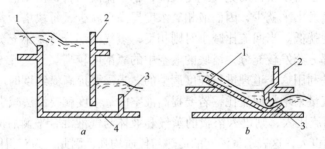

图 6-46　溢流装置

a—直斗；b—无冲击斜斗

1—出口堰；2—垂直隔板；3—进口堰；4—受液盘

塔板上还设置出口堰，使塔板上造成一定的液层高度，液层高度多少对气、液接触好坏有一定影响。

在中、大型制氧机中常采用无冲击式溢流装置。

塔板与筒体的固定有专门的结构保证，以免安装不当造成塔板不平整或液体有泄漏。其固定方式主要是在筒体上轧槽，这些槽要求严格平行并使其相互间的距离等于塔板间距，这是为保证塔板水平度所必需的。塔板与筒体的固定元件采用如图 6-47 所示的几种形式，其中图 a 用于铜制的精馏塔，圆环压条与铜壳用锡焊连接。图 b、图 c、图 d 均用于铝制精馏塔，固定元件与筒壳用氩弧焊点焊固定。

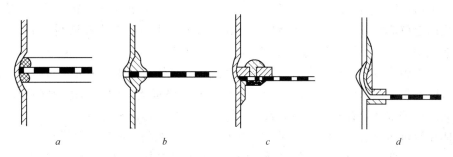

图 6-47 筛孔塔板的固定

a—圆环压条（铜塔）；b—T 形压条（铝塔）；
c—圆形压钉（铝塔）；d—角环点焊（铝塔）

6.7.2 筛板塔的气液流动工况及主要参数选择

筛板结构已如前述，当气体由下部上升时，穿过各层筛板上的孔，从筛板上的液体层中鼓泡通过，气液相互接触，进行传质传热。液体则经过溢流装置，逐层往下流动，由于穿过小孔的气流的托持，液体不会从筛孔漏下。

液体在塔板上的流动情况，塔板上液层高度和气体速度对气液间的接触有很大影响。

如图 6-48 所示，当上升气体达到一定速度时，在正常情况下，筛板上气液层可分成三个区域：

（1）鼓泡层。是紧接塔板的一层清亮的液层，其中有一个个气泡鼓泡穿过，这层大部分是液体，所以是清澈透亮的，它的厚度很薄，而且随着上升气体速度的大小发生变化。

（2）泡沫层。处于鼓泡层上面呈蜂窝状的结构，泡沫层中气流和气泡激烈地搅动着液体，使液体成为薄膜状而半悬浮地运动着。由于气液的剧烈运动降低了气相和液相的传质阻力，同时由于泡沫频繁地生成和破裂，接触的表面不断地更新，在泡沫层中气相和液相间具有很大的接触面积，这就使得泡沫层成为主要的传质区域。

（3）雾沫层。在泡沫层的上面，这里液体被气体喷流成雾沫和飞翔的液滴分散在气相中。

三个区域的大小随着气流速度的大小而定，气流速度越大，鼓泡区域的范围越小，泡沫区的范围扩大。

影响塔板流体力学状况的主要因素示于图 6-49。

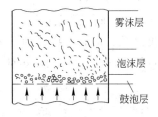

图 6-48 筛板上的气液结构

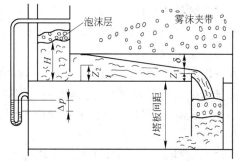

图 6-49 塔板流体力学示意图

　　图中的液体自右方由上层塔板的溢流装置流入塔板，液体从溢流装置出来时要越过进口堰向右进入塔板，在流过塔板时要克服阻力，故在塔板上产生了液面落差（Δ）。然后液体流过出口堰进入右边的溢流装置流向下一块塔板。由于要流出一定的回流液体量，在出口堰顶以上就造成了一小段液面高度，这是由流动引起的，叫做动液封（h_1'）。出口堰顶端以造成静液封（Z_1）。液体流过出口堰时夹带有气泡，气泡在右边的溢流装置的自由空间与液体得到分离，这些气泡又回升到主气流中。气体从塔板的下面穿过筛板的许多小孔，经过鼓泡层、泡沫层、雾沫层，最后在相邻两块塔板之间的空间里，气液基本分开。上升的气体还常常夹带着一些液滴进入上一层塔板，称为雾沫夹带。

　　气体在流过两块塔板之间的空间的阻力很小，可以忽略，但在流过塔板时的阻力就不能忽略，当气体穿过塔板时，首先必须克服通过筛孔的摩擦阻力，叫做干塔板阻力，其大小与筛孔的大小及制造加工情况有关，随着气体速度增大，筛孔阻力也增大。其次必须克服由于蒸气鼓泡进入液体时由表面张力而引起的表面张力阻力，然后还要克服塔板上气、液混合物的重量而产生的液柱静压力。因此，塔板的阻力是由三部分组成，即：

$$\Delta p = \Delta p_干 + \Delta p_{表张} + \Delta p_{静压} \tag{6-40}$$

　　一般要求每块塔板阻力控制在 250～350Pa 之间。从操作运行角度来看，塔的阻力是需要注意的一个参考数据。例如阻力过大，有可能是气体量过多气体流速过大，或者塔板有堵塞情况发生等等。

　　由图可见，气液在塔板上的流动是比较复杂的。在这里，气体的流速是对筛塔板工作有重大影响的一个主要的因素。衡量气体的速度可以采用气体通过筛孔时的速度，也可以采用气体在没有筛板的空间截面流速，即空塔速度。气体速度过低或过高都会也现许多不正常现象，并破坏了精馏工况，如不均匀鼓泡（漏液）、雾沫夹带和液体等，分别说明如下：

　　（1）不均匀鼓泡。当上升气体的速度小于一定数值时将出现不均匀鼓泡的工况，此时鼓泡只在塔板的局部范围进行，就是说塔板的局部地方形成蜂窝状的泡沫层而塔板的其他部分则为清亮液层。当气体的速度很小时，气体只是以链状气泡的状态穿过液层，而且鼓泡的范围不稳定地来回变换位置，在没有气体穿过的部分，由于气体顶托不了清亮液层的静压而使液体从塔板上泄漏下来。

　　不均匀鼓泡是筛板塔的工作遭到破坏的一种不正常工况，它使得气液之间的接触面积大为减少，同时由于液体从塔板上泄漏，减少了回流液的路程，造成"短路"和液体的纵向混合，破坏了气液在接触混合以前所必须的浓度梯度，同时在不均匀鼓泡时，上升蒸气集中穿过局部鼓泡地区使接触时间缩短，使塔板上液层厚度更加不均匀，反过来静压降变化又加剧了塔板工作的不均匀性，所有这些都是对精馏工况十分不利的。所以，在操作中不允许出现不均匀鼓泡的情况。不均匀鼓泡工况的发生是通过筛孔蒸气速度小于允许的最小蒸气速度（临界速度），此速度按气体通过小孔的速度来衡量时，上塔约为 3～3.5m/s，下塔为 1.5m/s。实际上气体的孔速应大于下限气速的 1.5～2.0 倍，使操作负荷有较大的变化范围。

　　（2）雾沫夹带。当气体穿过小孔进入上一块塔板时，总是夹带着下一块塔板上的部分液滴，这样就使一部分含氧量较高的液体（对上面的塔板而言）带入到上层含氧量较少而含氮量较高（对下面的塔板而言）的液体中，从而抵消了一部分精馏效果。影响雾沫夹带的因素有气体速度和塔板间距。从操作运行来说，塔板间距已经固定，这时雾沫夹带随着上升气体速度的增加而增加。一般认为夹带量不超过10%是允许的，再大则认为将破坏精馏工况。雾沫夹带的增减趋势一般是和泡沫层高度的增减趋势一致的，从增加两相接触面积强化传质的角度希望泡沫层高度高一些，但是又使雾沫夹带增加，解决矛盾的办法，就是要恰当地确定结构参数特别是选择合适的塔板间距，并保证适宜的气速。

（3）液悬。塔板正常工作时，塔板上的液面比出口堰要高一些，液体不允许从筛孔中漏下，而是越过出口堰流到溢流管里，溢流管的液面比塔板液面要低，但比下一块塔板的液面要高。当塔板上泡沫层升高到一块塔板上，或溢流装置内流体液面上升至上一块塔板时，液体不能顺利下流，积累在塔板上，这种情况称为液泛。这是由于液体负荷过大或气体流速过大引起的，当出现这种情况时，塔内精馏工况被严重破坏。

在正常工作的情况下，塔板下面的工作压力为 $P + \Delta P$，塔板上面的压力为 P，塔板上下的压差也就是塔板阻力 ΔP，另外，回流液通过溢流斗也存在着流动阻力，这个阻力用溢流斗中液体流速压头 $\dfrac{r_{液} W_{液}^2}{2g}$ 与阻力系数 ξ 的乘积表示。溢流斗的水位压头应该克服上述这两部分阻力（见图6-50），才可使液体不断流下，所以：

$$h\gamma_{液} \geqslant \Delta P + \xi \frac{\gamma_{液} W_{液}^2}{2g} \tag{6-41}$$

式中　h——溢流装置的液柱高度，m；

$\gamma_{液}$——回流液密度，kg/m^3；

ΔP——塔板阻力，kg/m^2；

ξ——溢流斗中的流动阻力系数；

$W_{液}$——溢流斗中的液体流速，m/s；

g——重力加速度，$9.81 m/s^2$。

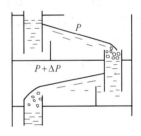

图6-50　正常工作时
塔板流体分布

当流阻的和大于溢流装置内液柱压头的最大值时，即溢流斗的液位增加到与上一块塔板的液位一样高时，则液体将在塔板上积累和悬浮，也就产生液泛现象。

所以塔内允许的蒸气速度必须小于能引起液泛现象的速度。同时塔板锈蚀或变脏堵塞均会引起蒸气流动阻力大为增加，这时也可能造成液泛。

综合以上各方面的情况，精馏塔内气流速度不能过高，也不能过低，而有一定范围，这个范围与塔板的型式、塔板间距离、操作压力等有关。一般根据经验推荐，对于大型空分设备（产量大于3000m^3/h）的精馏塔，气体的空塔速度，可在如下范围内选取：

对于上塔：

精馏段（液空进料口以上）　　$W_k = 0.3 \sim 0.8 m/s$

提馏段（液空进料口以下）　　$W_k = 0.25 \sim 0.5 m/s$

对于下塔：　　　　　　　　　　$W_k = 0.1 \sim 0.25 m/s$

空塔速度的计算公式：

$$W_k = \frac{G}{3600 F} \tag{6-42}$$

式中 G——上升蒸气的容积流量，m^3/h；

         F——塔板的有效面积，m^2。

环形塔板 $F = \dfrac{\pi}{4}(D_{外}^2 - D_{内}^2)$

式中 $D_{外}$，$D_{内}$——环状塔板的外径与内径，m。

一般 $D_{外}/D_{内} = 2.4 \sim 3.0$，故在选定 W_k 后，也就可算出 $D_{内}$ 和 $D_{外}$。

以上着重考虑了上升气体流动这一方面，现在来讨论液体流动方面的一些特点：液体在塔板上流动时，为了克服阻力而形成了液面落差。可见在塔板上各处液面的高度是不均匀的，在靠近进口堰的地方液面高，在出口堰的地方液面低。假若落差太大上升气体不能均匀地通过塔板，造成气液混合不良从而影响精馏工况。液体在塔板上的流动强度，常用溢流挡板单位长度上所流过的液体量来衡量，即溢流强度。对于环形塔板：

$$溢流强度 = \frac{L}{b} = \frac{L}{\dfrac{i}{2}(D_{外} - D_{内})}[\, m^3/(m \cdot s)\,] \tag{6-43}$$

式中 L——液体在工作状态下的容积流量，m^3/s；

         b——溢流挡板宽度，也称溢流周长，m；

         i——溢流斗数。

溢流强度的计算在设计时可以确定溢流斗数。反之流量 L 由工艺流程计算得出，内、外径可以按前述方法确定，溢流斗数一旦定下来，溢流强度也就可以很方便地计算出来。溢流斗数也可以根据塔板外径参考下列数据选取：

$$D_{外} \leqslant 1500mm \qquad i = 1$$
$$D_{外} = 1500 \sim 3000mm \qquad i = 2$$
$$D_{外} \geqslant 3500mm \qquad i = 3$$
$$D_{外} > 4000mm \qquad i = 4$$

另根据溢流强度选择溢流斗数时，只有溢流强度 $\dfrac{L}{b} > 15m^3/(m \cdot s)$，方可以考虑增加溢流斗，而且增加溢流斗以后要求溢流强度大于 $7m^3/(m \cdot s)$，否则将使泡沫层高度过分降低，影响精馏。对于大型的径流塔板，溢流强度 $\dfrac{L}{b} > 25m^3/(m \cdot s)$ 采用双溢流。

众所周知，液体往低处流，如果塔板倾斜，塔板低处液层变厚，阻力也增大，气体在液体较薄的地方通过，这样气相和液相混合变差。所以每块塔板都应该水平安装，塔板也要求比较平整，整个塔板应该安装垂直（垂直度要小于 1∶1000），一般对塔板水平度的要求见表 6-3，塔板水平度示意图见图 6-51。

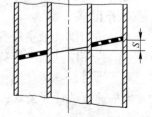

图 6-51   塔板水平度示意图

表 6-3   塔板的水平度

塔板外径	$D < 1000mm$	$1000mm < D < 2000mm$	$D > 2000mm$
水平度 S/mm	1	1.5	2

大型塔板液面落差较大，可采用双溢流、三溢流和四溢流，以减少液面落差。

我们从平面上看，按照塔板上溢流斗布置方式的不同，液体的流动方向也不相同。现在常用的有如图6-52所示的几种，图中箭头所表示的为塔板上液体流动方向：a 为液体走直径距离的；b 为液体走半径距离的；c 和 d 为液体走环形的。

在国产 1000m³/h、1500m³/h 制氧机中，液体是围绕筒体的中心作圆周运动的，塔板做成环形，液体在环形塔板的内圆周和外圆周之间流动。图 6-45 所示塔板就是环形板。

如图6-52中 c 所示，环形塔板上一小段 b 为无孔板，是上一块塔板的溢流装置的部位，液体在这里流下来，a 为本块塔板的溢流口，溢流装置就设在这里，让液体流到下一块塔板去。a 和 b 之间用隔板隔开。除 a 和 b 段以外，塔板的大部分 $\left(\dfrac{5}{6} \sim \dfrac{7}{8}\right)$ 都是有孔的筛板，它是由好多块扇形塔板拼接而成的。相邻两块塔板之间的关系可在图6-45上看得很清楚。

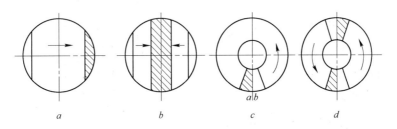

图 6-52　液体流向与溢流斗布置的关系

a—对流（中小型）；b—径流（大型）；c—环流（单溢流）；d—环流（双溢流）

液体在环形塔板上做圆周流动时，由于接近内环的液体路程比较短，因此液体在塔板上的流动阻力也较小，所以靠近内环的地方单位时间内流经的液体数量较离内环远处的多，从而形成了液体厚度不均匀，靠近内环的较厚，而气体却在外环液层薄处较多地流过，这样就使精馏的效果变差。

为减少这种流动不均匀性，环形塔板内外径差别不宜大，一般控制外径与内径之比在 2.4～3.0 之间，此外还可采取双溢流的办法以缩短液体流过路程，如图6-52中 d 所示。

综上所述，从操作运行来看，了解气液在塔板上的流动工况是很重要的。当然这要以塔板的合理结构为基础。

环流塔板，中心筒占据了一部分塔板面积，而且液体在塔板上的流动阻力很大，因此目前的精馏塔都设计成对流或径流塔板，如图6-52a、b所示。目前空分装置精馏塔，通常上塔采用规整填料塔，下塔为筛板塔。规整填料塔的结构及参数在下节阐述。由于空分装置的大型化，下塔几乎都采用径向流筛板。

6.7.3　筛板塔的板间距

板间距的大小不仅关系到塔的高度，而且也关系到分离效果。在确定板间距时有两个限制：（1）气、液相有充分的接触面积，且有足够的分离空间，以避免严重的雾沫夹带；（2）液体能够顺利地从上一块塔板流到下一块塔板，克服溢流斗的阻力，顺利下流而不发生液泛。也就是两块塔板的板间距，在满足不发生液泛所要求的板间距和不发生雾沫夹带所要求的板间距的情况下，尽量减小板间距，以降低塔高。

（1）防止严重雾沫夹带的板间距。避免发生严重的雾沫夹带，首先要确定塔板上的泡沫层高度，而后留有适当的气液分离空间即可。其计算式为：

$$H_T = h_p + l_f \qquad (6\text{-}44)$$

式中　h_p——塔板上泡沫层高度，mm，

　　　　$h_p = Z_1 + 3.5h_1$　（Z_1 为出口堰高度，约为 10mm；h_1 为出口堰动液封，可以
　　　　　　　　由溢流强度确定，$3.5h_1$ 通常为 70～80mm）；

　　　l_f——气液分离空间，取值为 15～20mm。

（2）防液泛板间距。防液泛的板间距首先必须确定溢流斗的型式，计算出回流液经过溢流斗的流动阻力。塔板上初始液封情况见图 6-53。防液泛的最小板间距表达式为：

$$H_F = Bh_{cr} + 0.95a + 0.95\frac{\Delta p_i}{9.81 \cdot \rho_L} - Z_1$$

$$(6\text{-}45)$$

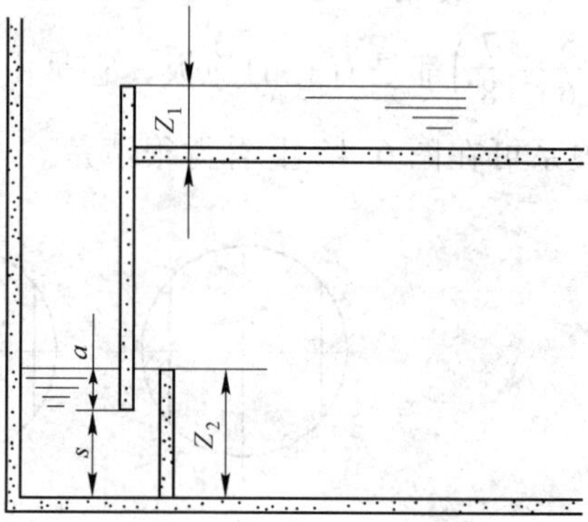

式中　a——初始液封，mm；

　　　h_{cr}——临界深度，mm，

　　　　$h_{cr} = \sqrt[3]{\left(\frac{L}{b}\right)^2 \cdot \frac{42.5}{g}}$　（$\frac{L}{b}$ 为溢流强度）；

图 6-53　初始液封示意图

　　B——溢流斗系数，直溢流斗为 3.6。

设计时将 H_T 和 H_F 求出，选其中大值并规范化。我国空分筛板塔的板间距已经规范化，其系列为 90mm、100mm、110mm、120mm、130mm、150mm。

6.8　填料塔

早在 19 世纪中期就已出现了填料塔。填料塔是在空塔壳内充装拉西环、鲍尔环或波纹板填料的塔。蒸气从下向上升，液体自上向下流，在填料的表面和空隙内充分接触，进行热、质交换。填料塔的特点是，沿塔高气、液浓度是连续性变化，且结构简单、阻力小、操作灵活，以前都应用在小型的塔设备上。精馏塔直径小于 0.8m，高度不大于 7m，可应用填料塔。

这种填料塔所用的填料为散装填料。在精馏塔的直径增大时，易产生沟流和壁流现象，所以出现了放大问题。

在 20 世纪 70 年代因出现了规整填料且美国精馏公司（FRI）通过实验提出了：液体的初始分布与填料的形状及塔径的大小无关。这一结果具有很重要的实际意义。解决了放大填料塔直径的关键问题。它表明在大直径填料塔中只要液体初始分布均匀，则填料塔填料层的流体分布将不受高度的影响。在此结论的指导下，已出现大于 10m 直径的填料塔。近十年来，填料塔也受到空分行业的青睐。

填料塔的设计首先要选择填料，而后确定塔径、塔高，求出填料塔的阻力。再设计内部件结构。

6.8.1 填料

可想而知，填料是填料塔的核心，它提供了气液两相接触的表面积，填料塔的传质工况、分离效率取决于填料的选择。

填料分为散装填料和规整填料。原始的散装填料为焦炭、石块之类的不定形物。1914年拉西环（Rashing Ring）出现，因其具有较大的表面积，大大强化了填料塔的传质，因此是填料塔的重大突破，随之不断出现高效填料鲍尔环（Pall Ring）阶梯环（CMR），1930年以后又出现了鞍形环。1978年美国 Norton 公司推出了金属环矩鞍形填料，它巧妙地将环状和鞍形结构相结合，形成了压降低、通量大、液体分布均匀的高效操作弹性大的优良散堆填料。散堆填料的材质常采用金属、陶瓷和塑料。

近年来散堆填料向格子结构形发展，典型的填料是塑料派克环（Nor-pak Ring）。

6.8.1.1 散堆填料

在空分装置的氮、水预冷系统中的空冷塔和水冷塔应用的散堆填料有拉西环和鲍尔环等。

（1）拉西环。拉西环是高与外径相等的空心圆环，见图 6-54。拉西环可以在塔内乱堆或整砌。相对于整砌，乱堆的拉西环层液体的分布性能较差，壁效应较为严重。拉西环最常见的为瓷环，此外还有碳拉西环、铜拉西环。国产瓷拉西环特性数据列于表 6-4。

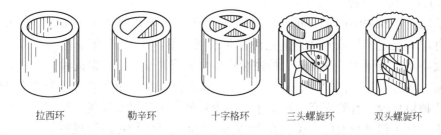

拉西环　　　　勒辛环　　　　十字格环　　　　三头螺旋环　　　　双头螺旋环

图 6-54　拉西环填料及其衍生填料

表 6-4　国产瓷拉西环填料特性数据（乱堆）

外径/mm	高×厚/mm×mm	堆积个数/个·m^{-3}	堆积密度/kg·m^{-3}	比表面积/m^2·m^{-3}	自由体积/%
16	16×2	192500	730	305	0.73
25	25×2.5	49000	505	190	0.78
40	40×4.5	127000	577	126	0.75
50	50×4.5	6000	457	93	0.81
80	80×9.5	1910	714	76	0.68

（2）鲍尔环。这种填料是在拉西环的基础上改进而制作出来的。它与拉西环的主要不同在于在侧壁上开两层长方形的窗孔，其形状如图 6-55。正因为窗孔的作用，促使填料层内的气、液更充分地接触。气、液分布有较大的改善，使环内的表面积得到充分利用，因而提高了分离效率，生产能力也提高 50% 以上，而压降却降低一半，同时操作的弹性也进一步加大。国产鲍尔环的特性数据见表 6-5。

图 6-55　金属鲍尔环

表 6-5　国产鲍尔环填料特性数据（乱堆）

材　质	公称尺寸 /mm	外径×高×厚 /mm×mm×mm	堆积个数 /个·m^{-3}	堆积密度 /kg·m^{-3}	比表面积 /m^2·m^{-3}	空隙率 /m^3·m^{-2}
金　属	16（铝）	17×15×0.8	143000	216	239	0.928
	38	38×38×0.8	13000	365	129	0.945
	50	50×50×1	6500	395	112.3	0.949
塑　料	16	16.2×16.7×1.1	112000	141	188	0.911
	25	25.6×25.4×1.2	42900	150	174.5	0.901
	38	38.5×38.5×1.2	15800	98.0	155	0.890
	50（井）	50×50×1.5	6500	74.8	112	0.901
	50（米）	50×50×1.5	6100	73.7	92.7	0.90
	76	76×76×2.6	1930	70.9	73.2	0.92

6.8.1.2　规整填料

规整填料（Structured Packing）是一种在塔内按均匀几何形状排布、整齐堆砌的填料。这种填料规定了气液流路，避免沟流和壁流现象。在 1962 年瑞士苏尔寿公司首先推出了效率高、通量大、压降低、持液量小的金属网波纹填料，但此种规整填料造价高且易堵塞。经过十几年的研究，在 1977 年苏尔寿公司又推出了板片波纹型的 Mellapak 填料。此种填料因具有效率高、压降小、造价较低、不易堵塞等优点被广泛地应用，此种填料也受到了制氧行业的青睐，在 20 世纪 90 年代开始板片波纹规整填料迅速地被制氧机的低压精馏塔、粗氩塔、精氩塔所采用。随后规整填料的新品种层出不穷，例如：瑞士 Kuhni 公司的朗博帕克（Rombopak）、德国 Montz 公司蒙茨派克（Montz-pak）、美国 Norton 公司的因塔洛克斯（Intalox）规整填料等。国外高效规整填料主要类型列于表6-6中。

表 6-6　国外高效规整填料的主要类型与规格

国　别	公司名称	填料牌号	填料类型	材　料	比表面积/m^2·m^{-3}
美国	Koch Eng. Co.	Flexipac	带孔波纹板	不锈钢等	70~500
		Katamax	专利性丝网型		
		Flexeramic		陶瓷	
		Flexigrid	格栅		
	Glitsch Inter. Inc	Gempak	带孔波纹板	不锈钢等	45~450
		Glitschgrid	格栅，C 型和 FF-25A 型	不锈钢等	40~45
	Norton	Intalox	专利性双重波纹片	不锈钢	Intalox 2T: 220
		Intalox grid	格栅		

续表6-6

国 别	公司名称	填料牌号	填料类型	材 料	比表面积/m² · m⁻³
英国	Nutter	BSH	金属织物结构金属片	不锈钢	500
		Snap-grid	开槽条片		
瑞士	苏尔寿	AX	带孔波纹丝网	不锈钢等	250
		BX	带孔波纹丝网	不锈钢等	500
		CY	带孔波纹丝网	不锈钢等	700
		Mellapak	带孔波纹板	不锈钢等	64～750
		Kerapak	陶瓷波纹板	硅酸盐	450
		Melladur	陶瓷波纹板	陶瓷	160、250
		DX、EX	波纹丝网	不锈钢	350、450
		Mellacarbon	波纹状	碳纤维	125～1700
		Optiflow	菱形	不锈钢等	40、64、90
		Mellagrid	波纹状	不锈钢等	
	Kuhnni	Rombopak	网板	不锈钢等	230
德国	Montz	Montz-pak A₃	带孔波纹板	不锈钢	500
		Montz-pak B₁	波纹状穿孔板	不锈钢	100～300
		Montz-pak B₅	波纹状穿孔板	不锈钢	500
		Montz-pak C₁	板片	聚四氟乙烯	300
	Raschig	Ralu-pak	带缝隙波纹板	不锈钢	250
		250YC		碳钢	
	D. D. R	Pyrapak G	板网片	不锈钢等	180
		Pyrapak F			350
		Perform Grid	网孔格栅	不锈钢	
	Paul Ran schort	Impulse packing	脉冲填料		
英国	Jaeger pro.	Max-pac		不锈钢等	

我国从1960年以后也开展了对规整填料的研究工作，至今已研制开发出与国外水平相当的系列的规整填料产品。

在空分装置精馏塔应用的规整填料是金属板波纹填料，其填料形状见图6-56。此类填料由瑞士苏尔寿公司首创，它是由0.2mm厚的铝合金薄板冲压而成，板上冲有ϕ4mm的小孔，开孔率约为12.6%。后来为了提高有效的传质表面，美国诺顿公司在其穿孔的板片表面加工有特殊纹理。

金属波纹填料由若干波纹板平行且垂直排列组成，排列方式参见图6-57，波纹的顶角α约90°，波纹形成

图 6-56　金属板波纹填料形状

的通道与垂直方向呈 45°或 30°，相邻两波纹片流道呈 90°角，上、下两盘波纹填料旋转 90°叠放，这样可使流体在塔内充分混合。波纹片的形状及排列见图 6-57。

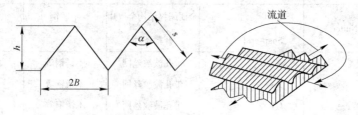

图 6-57　波纹片形状及排列

表示波纹片性能参数有：

h——峰高即波纹片波峰的高度，m；

$2B$——相邻波纹之间的距离，一般为峰高的二倍，m；

δ——波纹片的厚度，mm，通常为 0.1~0.2mm；

s——波纹片的边长，m；

σ——开孔率，波纹片上开孔面积除以波纹片 1 片的表面积；

a——比表面积，即单位体积内的填料表面积，m^2/m^3，

$$a = \frac{2s}{hB}(1 - \sigma)$$
(6-46)

ε——孔隙率，即单位体积填料中的空隙所占体积，

$$\varepsilon = 1 - \frac{s\delta}{hB} = 1 - \frac{a\delta}{2}$$
(6-47)

ρ_p——堆积密度，单位体积填料的重量，kg/m^3，

$$\rho_p = (1 - \varepsilon)\rho_M$$
(6-48)

式中，ρ_M 为填料材质的密度；

d_h——水力直径，m。

$$d_h = \frac{4\varepsilon}{a} = \frac{4}{a} - 2\delta$$
(6-49)

在这些特性参数中，波纹片的峰高是最重要的基础数据，它可以反映填料气、液流道的大小，处理能力、传质效率等方面的性能，而且波纹板的峰高与填料的比表面积呈比例关系，所以波纹板规整填料依据比表面积进行分类，国内生产的板波纹填料的基本几何形状和性能与瑞士苏尔寿公司所生产的 Mellapak 填料相类似。国内生产的板波纹填料的几何特性见表 6-7。

表 6-7　金属板波纹填料几何特性

型　号	比表面积 /$m^2 \cdot m^{-3}$	波纹倾角 /(°)	孔隙率 /%	峰高 /mm	型　号	比表面积 /$m^2 \cdot m^{-3}$	波纹倾角 /(°)	孔隙率 /%	峰高 /mm
125X	125	30	98	25	350X	350	30	94	9
125Y	125	45	98	25	350Y	350	45	94	9
250X	250	30	97	12	500X	500	30	92	6.3
250Y	250	45	97	12	500Y	500	45	92	6.3

6.8.2　填料塔的流动工况

欲掌握填料塔的操作特性，首先必须了解填料塔的流动工况。依据液体的喷淋强度及气体流速的不同，其流动工况有五种情况：

（1）当液体喷淋密度不大，气流速度不高时，液体在填料表面形成薄膜和液滴，气体连续不断地上升与填料表面的液膜接触，进行热、质交换，这称为稳流工况。

（2）当液体喷淋密度及气体速度增加到一定程度时，液体不能畅通地往下流动，在气流中产生涡流，这种状况称之为中间工况，它加强了气、液之间的热、质传递。

（3）若继续提高喷淋密度及气体流速，就会出现气流托持液体，阻止其下流的现象，此时，蒸气破坏液膜并在液体中形成涡流，此状况为湍流工况，这种工况的热、质交换更为强烈。

（4）若再增喷淋速度及气流速度，就会发生气、液剧烈混合，在自由空间中充满泡沫，形成气、液难分的乳化状，这种状况具有最大的气、液接触面积，热、质交换工况最佳。该工况为乳化工况。

（5）一旦气流速度增加到极限值，形成气流夹带液体上升，正常的热、质交换工况被破坏，已经不能进行精馏，这就是填料塔的液泛。在此时的气流速度为"泛点"速度。在设计填料塔时，首先要求出"泛点"速度，取其值的 70% ~80% 作为填料塔的工作速度，而后，再计算塔径。至于填料塔的操作最好控制在乳化工况或湍流工况。

6.8.2.1　泛点气速的确定

泛点气速的计算通常采用贝恩—霍根公式：

$$\lg\left[\frac{v_{Gf}^2}{g}\cdot\frac{a}{\varepsilon^3}\left(\frac{\rho_G}{\rho_L}\right)\cdot\mu_L^{0.2}\right] = A - 1.75\left(\frac{L}{G}\right)^{1/4}\cdot\left(\frac{\rho_G}{\rho_L}\right)^{1/8} \tag{6-50}$$

式中　v_{Gf}——泛点空塔气速，m/s；

　　　g——重力加速度，9.81 m/s²；

　　　a/ε^3——干填料因子，m⁻¹（a 为比表面积，ε 为孔隙率）；

　　　μ_L——液相黏度，mPa·s；

　　L，G——分别为液体、气体的质量流量，kg/h；

　　ρ_L，ρ_G——分别为液体、气体的密度，kg/m³；

　　　A——系数，通过实验数据回归求得。不同种类的填料 A 值不同。瓷拉西环的 A 值为 0.022、金属鲍尔环和塑料鲍尔环的 A 值为 0.942、金属板波纹规整填料为 0.291。

6.8.2.2　持液量

填料塔内的持液量是指在一定操作条件下，单位体积填料层内，在填料表面和填料空隙中所积存的液体体积，以 m³液体/m³填料来表示。影响填料持液量的主要因素有：（1）填料的形状尺寸、填料的材质、填料的表面特性、装填特性；（2）气液两相流的物理特性，如黏度、密度、表面张力等；（3）塔内件的结构及安装特性；（4）塔的操作条件。如气液两相的流量、操作温度及操作压力。实验结果表明：在气流速度低于泛点负荷的 70% 的操作范围内，持液量受气体负荷的影响不明显，而主要的影响因素是液体负荷及填料尺寸、材质。一旦气流速度超过 70% 泛点速度时，持液量显著增加，当接近泛点时，持液量急剧增加。

198

持液量还分为静持液量 H_s、动持液量 H_o 和总持液量 H_t。静持液量为当填料表面充分湿润后，停止气、液进料时，经过适当长时间的排液，仍留在填料层中的液体量。排出去的为动持液量，总持液量为在一定操作条件下，存留在填料上液体的总量。显然 $H_t = H_o + H_s$。持液量的计算需要使用通过实验数据回归成关联式。需要时查阅专业资料。

就持液量而言，制氧机的精馏塔采用筛板塔时，塔板上必须覆盖一定高度的液体层，才能与上升气体进行质、热交换。而规整填料塔液体只需要润湿填料表面，形成液膜就可以开始精馏，显然，规整填料塔的持液量远远小于筛板塔的持液量，因此规整填料塔能够较迅速地建立起精馏工况。

6.8.2.3 气体通过填料层的阻力

Leva 提出的填料层阻力计算式为：

$$\Delta p = \alpha 10^{\beta L} \cdot \frac{v^2}{\rho_G} \tag{6-51}$$

式中 Δp——每米填料层的压降，kPa；

L——液体的质量流率，$kg/(m^2 \cdot s)$；

v——气体的质量流率，$kg/(m^2 \cdot s)$；

$\alpha，\beta$——常数。

这一计算式适用于湍流条件下填料层阻力计算，新型填料需要通过实验数据给出 α、β 常数。因填料层的阻力随填料的特性、流动工况、装填情况等因素而变化，所以较为复杂。在设计计算时通常应用泛点压降通用关联图，这需要根据所选择的填料的种类和规格查阅填料塔设计资料专门的图表进行阻力的计算。

6.8.3 填料塔的传质规律

气、液在塔内逆向流动，在填料层内充分地接触，进行热、质交换的过程中，低沸点组分（氮）不断地转移到气相，高沸点组分（氧）不断地进入液相。沿着塔高，气相中的氮浓度不断地提高，从塔顶至塔底液相中氧的浓度逐渐增大，若有足够高度的填料层，在塔顶可以获得氮气产品，塔底可以获得氧气产品。

填料塔的传质分离过程，物质依靠扩散由一相穿过界面传向另一相，这一相际传递过程既与两相流的流体工况有关，又与气、液相的物理化学性质及相平衡有关，因而是一个复杂过程。解释填料塔内的传质过程一般应用双膜理论。

6.8.3.1 双膜理论

双膜理论是 20 世纪 20 年代惠特曼（W. G. Whitman）提出的，该理论有以下假设：（1）相互接触的气液相存在稳定的相界面，在相界面处两侧均有一层虚拟的停滞的薄膜层。（2）相界面处气液两相达到相平衡，在界面处不存在传质阻力。（3）薄膜层外的气、液两相流体，由于充分的湍动，而浓度均匀。双膜理论的物理模型示意图见图6-58。

图中 Z_G 为气膜厚度，Z_L 为液膜厚度。双

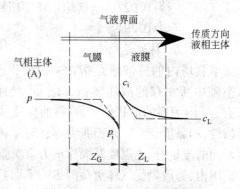

图 6-58 双膜理论物理模型图

膜理论认为：两相流的主体均无阻力存在，整个相际间的传质过程的阻力全部集中于气膜和液膜之中，膜内的传质过程归结为分子扩散过程，两膜层的阻力大小决定了传质速率的大小，这样就使复杂的相际传质过程简化为双膜中分子扩散过程。因双膜阻力决定传质速率，因此双膜理论也称之为阻力理论。

6.8.3.2 传质速率方程式及传质系数

传质速率方程式是描述气相间传质速率的数学模型。由于传质系数的表达方式不同，传质速率方程的形式也不同。以气液两相摩尔浓度为总推动力的传质速率方程式为：

$$N_A = K_{气}(y - y^*) \tag{6-52}$$

$$N_A = K_{液}(x^* - x) \tag{6-53}$$

式中　N_A——A 组分的传质速率，$kmol/(m^2 \cdot s)$；

　$K_{气}$，$K_{液}$——分别为气、液相传质系数，$kmol/(m^2 \cdot s \cdot \Delta y)$；

　　y，x——分别为气、液相中 A 组分的摩尔浓度；

　　y^*——与液相 A 组分 x 成平衡的气相摩尔浓度；

　　x^*——与气相 A 组分 y 成平衡的液相摩尔浓度。

从式中可见传质速率由平衡浓度差及传质系数所决定。

依据双膜理论，相际间的传质过程归结为两流体停滞膜层的分子扩散过程，对于气相的传质为在图 6-58 Z_G 膜中 A 组分稳定的分子扩散，所以气膜传质过程可以写成：

$$N_A = k_G(p - p_i) = \frac{p - p_i}{\frac{1}{k_G}} = \frac{p - p_i}{\Delta p_{气}} \tag{6-54}$$

式中　k_G——气膜传质系数，$kmol/(m^2 \cdot s \cdot kPa)$。

从式中可见，气膜传质系数的倒数是气膜阻力，从稳定的分子扩散可以得出：

$$k_G = \frac{D_G}{RTZ_G} \cdot \frac{p_{总}}{p_{Bm}} \tag{6-55}$$

式中　D_G——A 组分在气相中的扩散系数，$kmol/(m^2 \cdot s)$；

　　Z_G——气膜厚度，m；

　　$p_{总}$——系统总压力，kPa；

　　p_{Bm}——组分 B 在气相与相界面处分压的对数平均值，kPa；

　　R——通用气体常数，$8.314kJ/(kmol \cdot K)$；

　　T——系统温度，K。

在一定的工况下，温度 T 和扩散系数 D_G 可以确定，在一定的流动工况下，虽然气膜厚度 Z_G 难以直接测知，但可计算出 Z_G 值，因此气膜传质系数 k_G 就确定了，可视为常数。

同样，液膜传质以浓度差为传质推动力，传质速率方程为：

$$N_A = k_L(c_i - c) \tag{6-56}$$

$$k_L = \frac{D_L \cdot c}{Z_L \cdot c_{Bm}}$$

式中　D_L——A 组分在液相中的扩散系数，m^2/s；

Z_L——液膜厚度，m；

c——液相中 A 组分浓度，$kmol/m^3$；

c_i——界面处 A 组分浓度，$kmol/m^3$；

c_{Bm}——B 组分在液相中和相界面处浓度的对数平均值，$kmol/m^3$；

k_L——液膜传质系数，$kmol/m^3$。

$1/k_L$ 为液膜的传质阻力。显然在液膜中的传质速率是由液膜传质系数决定的，而 k_L 又取决于 A 组分在液相中的扩散系数 D_L。当相际传质达到相平衡时，气、液膜传质系数与总传热系数 $K_气$、$K_液$ 的关系列于表 6-8 中。

表6-8   传质系数间的换算关系

相 平 衡	$p = c/H'$①		$y = mx$ 或 $y = mx + b$	
总传质系数与膜间传质系数的关系	$K_气 = \dfrac{1}{\dfrac{1}{k_G} + \dfrac{1}{Hk_L}}$	$K_液 = \dfrac{1}{\dfrac{H}{k_G} + \dfrac{1}{k_L}}$	$K_气 = \dfrac{1}{\dfrac{1}{k_y} + \dfrac{m}{k_x}}$ ②	$K_液 = \dfrac{1}{\dfrac{1}{mk_y} + \dfrac{1}{k_x}}$
膜内气、液相传质系数的关系	$k_y = P \cdot k_x$， $k_x = c_0 k_L$			
总传质系数间关系	$K_气 = P \cdot k_G$， $K_液 = k_L \cdot c_0$		$K_气 \cdot m = k_x$ $K_气 = \dfrac{k_L}{H}$	

①$P = c/H'$ 为亨利定律，式中 H' 为溶解系数，$kmol/(m^3 \cdot kPa)$；

②k_x，k_y 分别为以两相摩尔浓度差表示传质速率方程时的液膜传质系数，气膜传质系数。

总之，尽管传质速率方程式的表达形式不同，依据双膜理论均可以表达为推动力与阻力之比的形式，或写成传质系数与推动力的乘积形式，其计算的结果相同。用摩尔浓度表示传质的推动力，计算时较为方便。

6.8.4 填料层高度的确定

6.8.4.1 基本方程式

上节所叙述的是在填料层某一截面上的传质。沿着塔高，两相流的浓度不断变化。为定量研究填料塔沿塔高的传质规律，可以取塔的一微元高度 dH（如图 6-59）进行研究，在稳定流动的条件下，作物料衡算，再结合传质速率方程，经过积分，可得出计算填料高度 H 的公式：

$$\left.\begin{aligned} H &= \frac{V}{K_气 aA} \int_{y_2}^{y_1} \frac{\mathrm{d}y}{y^* - y} \\ H &= \frac{L}{K_液 aA} \int_{x_2}^{x_1} \frac{\mathrm{d}x}{x - x^*} \end{aligned}\right\} \qquad (6\text{-}57)$$

式中 $K_气$，$K_液$——分别为气、液相传质系数；

y^*，x^*——与 x、y 相平衡浓度；

a——填料的比表面积；

A——填料塔的截面积；

V，L——分别为气体、液体量。

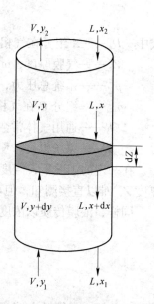

图 6-59 微分填料单元示意图

与传热相似，传质的微分速率方程为如下形式：

$$\mathrm{d}G = g\mathrm{d}F = k_\mathrm{G}(y^* - y)\mathrm{d}F = k_\mathrm{L}(x - x^*)\mathrm{d}F \tag{6-58}$$

式中　$\mathrm{d}G$——传递的微分质量；

　　　$\mathrm{d}F$——填料微元内的相际接触面积，$\mathrm{d}F = aA\mathrm{d}H$；

　　　$y^* - y$——气相浓度差为气相传质的推动力；

　　　$x - x^*$——液相浓度差为液相传质的推动力。

式（6-57）表明了填料塔的传质规律。式右边为两项之积。前边 $\dfrac{V}{K_气 aA}$ 和 $\dfrac{L}{K_液 aA}$ 项可想象为与填料有关的每个传质单元的填料层高度，称为"传质单元高度"。后边积分项中有浓度差即传质推动力，它反映了分离过程的难易程度，表现出欲达到一定浓度，所需填料层总高度。该项被称为传质单元数。对于空分的填料塔，可以理解为，需要有足够数量的传质单元才能将空气分离成氧气和氮气。

令：

$$H_{0\mathrm{V}} = \frac{V}{K_气 aA} \qquad N_{0\mathrm{V}} = \int_{y_2}^{y_1} \frac{\mathrm{d}y'}{y^* - y}$$

$$H_{0\mathrm{L}} = \frac{L}{K_液 aA} \qquad N_{0\mathrm{L}} = \int_{x_2}^{x_1} \frac{\mathrm{d}x}{x - x^*}$$

式（6-57）可表示为如下形式：

$$\left. \begin{array}{l} H = H_{0\mathrm{V}} N_{0\mathrm{V}} \\ H = H_{0\mathrm{L}} N_{0\mathrm{L}} \end{array} \right\} \tag{6-59}$$

从式中可以看出：V、L、a、A 均已知，只要求出总传质系数 $K_气$、$K_液$，则传质单元高度即可以求出。通常 $K_气$、$K_液$ 是由实验方法确定的。

6.8.4.2　理论当量高度法（HETP 法）确定填料层高度

理论当量高度（Hight Equivalent to a Theoritical Plate）即缩写成 HETP。它表示与一块塔板分离能力相当的填料层高度。它受气、液相的物理化学性质，气、液两相流动状况、气液两相在填料层内的接触状态，及填料的几何形状、塔径等因素的影响。理论当量高度法，它将整个填料高度分成若干平衡级，每一平衡级相当于一块理论塔板。此时填料高度的计算式为：

$$H = N_\mathrm{T} H_\mathrm{T} \tag{6-60}$$

式中　N_T——理论塔板数；

　　　H_T——理论板当量填料层高度，m。

与 6.6.5 节叙述的相同一块理论塔板气、液相浓度变化如图 6-60 所示，在一块理论塔板上、下的气、液相浓度应符合操作线方程。而离开塔板的气相浓度 y_n 与下流液体的液相浓度应呈相平衡关系，可由氧、氮物系的相平衡图查得。与筛板塔计算相同，根据产品的纯度和产量的要求就可以确定理论塔板数 N_T。

当填料已选定时，H_T 主要由总传质系数决定，通常为实验值。

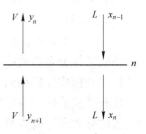

图 6-60　理论板示意图

与筛板塔相同实际的塔板数要比理论塔板数多，也就是填料塔也需要考虑塔效率，这样实际填料层高度要增高。从设计计算结果得知，就空分塔而言，筛板高度在 200 ~ 240mm，因而填料塔比筛板塔高，又因填料塔内还需设置液体分配器等塔内件，使填料塔的高度更加增高。随着空分用规整填料的改进，传质能力的强化，新型塔内件的应用，填料塔的高度将随之而降低。

6.8.5　填料塔塔内件

填料塔的塔内件包括：液体分布器、填料紧固装置、填料支撑装置、液体收集再分配装置和进出料装置、气体进料及分配装置以及除沫器。在诸多的塔内件中液体分布器尤为重要。填料及塔内件在塔内安装位置见图 6-61。

6.8.5.1　液体分布器

液体分布器设置在填料最上端。它的作用是将回流液和液体进料均匀地分布到填料的表面，形成液体的最初分布。优良的液体分布器应该具有液体分布均匀、气体通过时的自由截面积大、阻力小、操作弹性大、不易堵、不易发生雾沫夹带，制造也较容易等特点。分布器设计时，要从分布点密度、分布点的布液方式、各分布点布液量均匀性、各分布点液体的均匀性等方面着手。评价液体分布器的简易方法是用单位面积内实测的液体流率 L 与相同面积内的标准流率 L_0 的相对偏差来判断。即 $\Delta L/L = (L - L_0)/L$。其值小于 4% 为优，$\Delta L/L = 4\% \sim 6\%$ 为良；$\Delta L/L = 6\% \sim 10\%$ 为中；$\Delta L/L > 10\%$ 为差。

空分的规整填料塔分离精度要求高，填料塔很高，为了节能要求阻力尽量小，而且塔的进、出料口很多，塔的分段数也多，因此要求液体分布器分布性能优良，且阻力小，低空间。

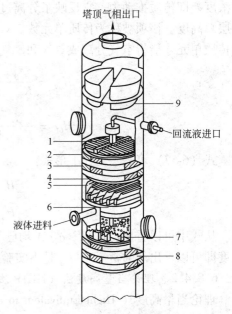

图 6-61　填料塔示意图

1—排管式液体分布器；2—床层定位器；3—规整填料；
4—填料支承栅板；5—液体收集器；6—集液槽；
7—槽式液体分布器；8—规整填料；9—除雾器

液体分布器主要分为压力型和重力型两大类。重力型液体分布器是靠液位分布液体，压力型是靠液体的压头分布液体。液体分布器按结构可分为槽式、管式、盘式、喷淋式。

适合空分的规整填料塔的液体分布器是重力型的。通常应用的有底开孔槽式、侧开孔槽式及盘式三种。

A　槽式液体分布器

槽式液体分布器的结构如图 6-62 所示。它由主槽和数根平行排列的支槽组成。

液体在槽中维持相同的液面。槽式液体分布器有底开孔和侧开孔两种，如图 6-63 所示。底开孔式液体分布器必须与液体收集器配合使用，所以所占空间高度较高。侧开孔的槽式液体分布器开孔在槽的侧面，槽内保持一定的液面。液体从侧孔喷出，喷到散液板上，散液板起到了液体初分配的作用，液体不是直接与填料端面接触的液滴点接触，而是

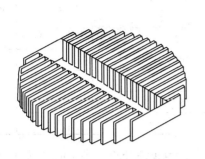

图 6-62 槽式液体分布器

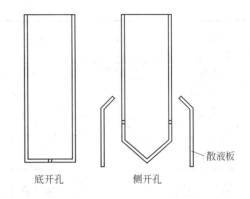

散液板

底开孔　　　侧开孔

图 6-63 槽式液体分布器的两种开孔方式

液体在散液板流下来成为流线流到填料的表面，不会发生飞溅而引起的液体夹带，从而改善了液体分布质量。由于侧开孔可以在槽两个侧面开孔，即底开孔为一排孔，而侧开孔为两排孔。可想而知，在保证相同的喷淋密度的前提下，槽数可以减少50％，气流自由流通空间加大，阻力小。其气流自由流通面积占塔截面70％以上。而且侧开孔与底开孔相比不容易堵塞。正因为槽式侧开孔式液体分布器比底开孔式槽式分布器具有上述优点，因此在空分精馏塔中应用更为普遍。

　　B 盘式液体分布器

　　盘式液体分布器的结构见图6-64，盘内槽间停留液体。槽内是上升的气体，因而称之为升气槽，升气槽顶设有挡液盖。气体从槽侧开的条形孔上升，见图6-65。所有液体都收

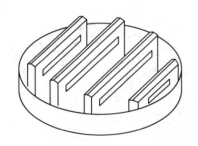

图 6-64 盘式液体分布器结构简图

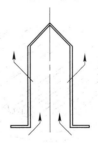

图 6-65 盘式液体分布器升气槽开孔方式

集在盘中，在盘中的槽间充满液体，盘底板上开孔进行液体的再分布。可见，盘式分布器可以具有液体收集器和液体分布器双重功能，因而所占空间高度小，可以降低填料塔塔高。但是由于空中设置升气槽，槽的阻挡，致使液体混合不均匀，尤其是有液体进料时，易产生浓度差，而影响分离工况。分布器性能比较列于表6-9中。

　　依据表中三种液体分布器的性能，在空分装置上塔采用规整填料塔时，液体分布器通常如下设置：上塔顶液体分布器即初始液体分布器采用侧开孔槽式分布器；污氮出口至膨胀空气进口塔段，采用液体收集器与侧开孔槽式液体分布器形成再分布器分布液体，其液体收集器还可以起到气体分配的作用，液空进料口至氩馏分抽口塔段，由于有液体进料也采用液体收集器与侧开孔槽式分布器，液空进料口至塔底段，由于无进、出料口，故采用盘式液体分布器为再分布器。

表 6-9　分布器性能

型式 项目	槽式		盘式	型式 项目	槽式		盘式
开孔形式	底开孔	侧开孔	气侧开/液底开	易堵程度	易堵	不易堵	易堵
分布质量	优良	优秀	优良	操作弹性	中	中	中
混合能力	均匀	均匀	不均	高　度	高	高	低
气体阻力	低	极低	较低	重　量	较轻	轻	较轻
液沫夹带	少	极少	较少				

氩塔顶部液体的初始分布采用侧开孔液体分布器，由于塔径小，塔中间的液体再分布器采用盘式液体分布器。

6.8.5.2　液体收集器

液体收集器的作用是在侧出料、进出口处填料需要分段，填料层过高也需要分段，在分段处进行液体收集。而后由再分布器进行液体的再分布。液体收集器应使上段填料层流下来液体全部收集并混合均匀，对于上升蒸气应起到气体分配器的作用，使气体均匀地分配到上段填料层中，而且阻力尽量减小。

空分装置精馏塔的液体收集器通常为遮板式。它分为单流式和双流式。沿塔的圆周设置环形集液槽和横槽导液槽，集液流入环槽和横槽中，用横槽中心管导入液体再分配器进行液体的混合及再分布。这种收集器（见图 6-66）就是一组遮板，其阻力可以忽略不计。塔径大于 2.5m，可制成双流式结构（见图 6-67），避免导液槽中液体落差过大，致使挡液板过高造成气体阻力增加。

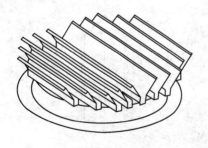
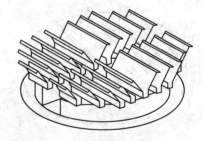

图 6-66　单流式液体收集器　　　　　图 6-67　双流式液体收集器

正如本节前面所述，除了液体分布器，液体收集器外，填料安装时，还需要紧固装置和支撑装置。空分精馏塔的紧固装置采用压紧格栅。支撑装置采用梁式支撑。

6.8.6　对填料的评价及填料塔与筛板塔对比

6.8.6.1　对填料的评价

评价填料通常根据效率、通量及压降三要素进行衡量。对于精馏塔而言，在允许压降的情况下常用填料的分离能力 S 来进行对比。但是，用分离能力还不能表示填料的经济性，所以引入单位分离能力的填料重量 W' 和单位分离能力的比表面积 a' 共同来评价填料。

$$
\left.\begin{aligned}
S &= n_t \cdot F \\
W' &= \frac{W}{S} \\
a' &= \frac{a}{S}
\end{aligned}\right\}
\tag{6-61}
$$

式中　S——分离能力，$(kg/m^3)^{0.5} \cdot s^{-1}$；

　　　n_t——每米填料的理论板数，m^{-1}；

　　　F——动能因子，$F = \dfrac{v}{A \cdot \sqrt{\rho_v}}$（$v$ 为气体流率，A 为塔截面，ρ_v 为气体密度），$m/s \cdot (kg/m^3)^{0.5}$；

　　　W'——单位分离能力的填料重量，$kg^{1/2} \cdot m^{-1} \cdot s$；

　　　W——填料密度，kg/m^3；

　　　a'——单位分离能力的填料比表面积，$m \cdot s \cdot kg^{-1/2}$；

　　　a——填料比表面积，m^2/m^3。

国产板波纹规整填料的性能列于表6-10。

表6-10　板波纹规整填料的性能

填料种类	F 因子	每米填料理论板数 n_t	每理论板压降 n_t/Pa	分离能力 S	比重量 W'	W'	比表面积 a	a'
125Y Mellapak	3.2	1.2	170	3.8	125	33	125	33
250Y Mellapak	2.6	2.5	110	6.5	200	31	250	38
350Y Mellapak	2.2	3.5	57	7.7	280	36	350	45
500Y Mellapak	1.8	4	75	7.2	300	42	500	69
125X Mellapak	3.5	0.9	156	3.2	125	39	125	39
250X Mellapak	3.2	2	90	6.4	200	31	250	39
350X Mellapak	2.7	2.6	50	7	280	40	350	50
500X Mellapak	2.4	3	60	7.2	300	42	500	69

从表6-10可见，比表面积大的规整填料，其分离能力高但 W' 和 a' 也大，其费用也高。同时比表面积大的填料，必然自由空间小，气体通量小，为保证气体流率，势必增大塔径，同时要求液体分布器分布点增加，分布性能提高，因而塔内件的造价也提高。选择填料塔时，在达到分离能力的前提下，要选择总体费用最低的填料塔。在初始设计时首先推荐中等比表面积的填料。

6.8.6.2 填料的改进

为了提高填料的传质效率，填料的改造一般从两方面着手。一方面增加气体通流面积或在波纹板上开孔增加气体的扰动，提高分离能力。例如，我国在1977年开发研制成功的压延刺孔板波纹填料，即在金属板上先碾出直径为 $\phi 0.4 \sim 0.5mm$ 的小刺孔，然后压制成波纹板，再制成板波纹填料，这种填料比光波纹板填料分离能力，抗堵能力均增强且价格便宜。

另一方面增加比表面积及改善填料表面的润湿性能。增加比表面积的措施，可以在波纹金属片上压出特殊的纹理，冲出 $\phi 5mm$ 小孔及长约 $5mm$ 的细缝而形成双面渗透均能增加比表面积。但实际运行中，由于各种原因填料的比表面，并不能充分润湿而全部形成有效的比表面积，即真正的气液传质界面。为了改善填料的润湿性能，在填料制作过程，需要进行填料表面处理。据资料报道，填料表面处理的好坏对传质效率影响甚大，尤其在液体负荷小时，影响更大。另外，新型填料在各层的接触角处也进行了改进，以避免发生局部液冷。

空分精馏塔采用的金属板波纹填料，它的表面处理，首先应该表面除油，而且表面有一定的粗糙度，并通常在金属表面上轻度氧化生成一层氧化膜。氧化的方法有化学法与物理法两大类。化学法有：（1）高锰酸钾法，使金属表面形成二氧化锰附着层；（2）碱液空气氧化法，此法用于磷青铜材质的填料，用4%碱液处理并在空气中氧化，形成暗黑色的氧化膜；（3）热空气氧化法，用100～400℃热空气进行氧化处理；（4）硫酸处理，用20%硫酸，加入少许无水铬酐和磷酸，在80℃左右，处理30min。这种方法一般处理不锈钢材质的填料。

物理法有：（1）烤蓝处理，用苛性钠或亚硝酸钠溶液进行煮黑或镀黑处理，此法对于碳钢材质更为有效，因为处理后可防锈。（2）喷镀法，用40～50μm的粉粒，其粉粒成分为Ni24%、Ti16%、TiC60%。将其喷镀到填料表面形成多孔陶瓷相覆盖层，可以大大提高填料的润湿性能。

6.8.6.3 规整填料塔与筛板塔对比

筛板塔与规整填料塔的流动和传质机理不同。筛板塔的精馏只在每块塔板的液池中进行是逐板阶段式传质如图6-68所示。规整填料塔的精馏是下流液体和上升蒸气在填料表面以双膜扩散机理进行连续性传质由图6-69所表示。

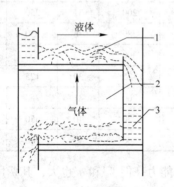

图6-68 板式塔传质机理示意图
1—气液传质区；2—气液分离区；3—降液区

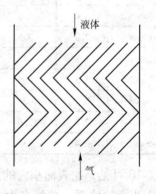

图6-69 填料塔传质机理示意图

两种塔比较，规整填料塔具有如下优点：

（1）生产能力大，筛板塔的开孔率只占塔截面积的8%～15%，规整填料塔的开孔率占50%以上，其空隙率高达90%以上，因此泛点较高，同塔径生产能力大。若同样生产能力塔径小。

（2）分离效率高，规整填料塔属于膜状的传热和传质，传质阻力为液膜和气膜的阻力，其阻力小，且比表面积大，气液接触充分，因而分离效率高。

（3）压降小、节能，空分筛板塔每块塔板阻力为200～350Pa，规整填料塔的等板阻力30～50Pa，其整塔阻力为筛板塔的1/5～1/7。

（4）操作弹性大，操作弹性是指塔对生产负荷变化的适应性。筛板塔受到液泛、雾沫夹带、漏液等不正常精馏工况的限制，负荷变化范围一般为70%～105%。填料塔的泛点高，在液体分布器性能优良的条件下，不易发生雾沫夹带，也不易发生漏液，因此，操作弹性大，负荷的变化范围一般为50%～110%，甚至可以达到130%～150%，这一特点为变负荷操作打下了良好基础。

（5）持液量小，持液量是指正常操作时填料表面或塔板上所持有的液体量。显然，筛板塔的塔板需要铺上一定高度的液层，才能实现精馏，它的持液量人，塔液体量的8%～12%。而填料塔的持液量仅占塔液体量的6%以下。

除具有以上的优点外，规整填料塔在操作方面，还有精馏工况建立快，短期停车恢复快，产品纯度高，氧、氩提取高等优点。但是规整填料塔高，造价也高。两种塔的综合对比列于表6-11中。

表6-11 筛板塔与规整填料塔比较表

塔 型 项 目	筛板塔	规整填料塔	塔 型 项 目	筛板塔	规整填料塔
精馏机理	阶段式	连续式	塔 高	低	高
生产能力	小	大	精馏工况建立	慢	快
分离效率	低	高	短期停车恢复速度	慢	快
压 降	大	小	氧提取率	低	高
操作特性	70%～105%	50%～110%	氩提取率	低	高
持液量	8%～12%	<6%	造 价	低	高
塔 径	大	小			

7 活塞式压缩机

7.1 压缩机分类

气体的压缩即提高气体的压力是通过压缩机来完成的。压缩机按照其压缩原理可以分成容积型和速度型两大类。容积型压缩机是靠缩小工作容积，使气体分子间的间距变小，增加单位容积内的分子数，来提高气体的压力。而工作容积的变化由在气缸内做往复运动的活塞或旋转的转子来实现。速度型的压缩机以高速旋转的离心力而使气体获得高速度，利用气流的惯性，在减速运动中，气流后面的气体分子挤压前面已经停止下来的气体分子，而使分子间距缩短，提高了压力。也就是说气体的压力是由气体的速度转化来的。

将压缩机按其结构详细划分如图7-1所示。

小型制氧机的空气压缩所采用活塞式空气压缩机，乃为典型的容积型空气压缩机。中、大型制氧机则采用螺杆式或离心式压缩机。螺杆压缩机虽然也有回转的转子，但它靠阴、阳转子齿间容积与气缸壁所构成工作容积的变化而使气体压缩，因而仍属于容积式压缩机。而离心式空压机（也称为透平式空压机）则是典型的速度型空压机。

至于氧、氮产品的压缩，依用户所需求的压力的不同以及供应方式的区别，大多数采用活塞式，也有采用透平与活塞两级压缩，螺杆与活塞两级压缩；或者采用中压透平式。

压缩机按照排气压力分类，有低压、中压、高压、超高压之分。排气压力小于0.2MPa的为气体鼓风机或送风机。排气压力大于0.2MPa的才称为压缩机。低压压缩机的排气压力为0.2~1MPa；中压为1~10MPa；高压为10~100MPa，超高压的压缩机其排气压力大于100MPa。为制氧机所配套的压气机几乎全属于低、中压压缩机。只有充瓶的氧压机、氩气压缩机，或氮压机因充装压力为15MPa大于10MPa属于高压压缩机。

几种常用压缩机的应用范围见图7-2。

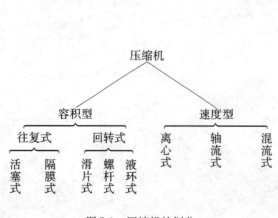

图7-1 压缩机的划分

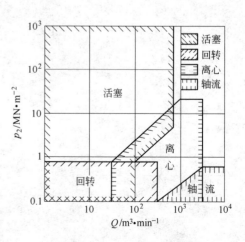

图7-2 各类压缩机应用范围

7.2 活塞式压缩机概述

活塞式压缩机是在工业上应用最早、最广泛的一类压缩机。我国制造活塞式压缩机的技术很成熟，型号也很齐全。目前我国能够生产 350MPa 的超高压活塞式压缩机。

活塞式压缩机按其气缸的排列形式不同分为卧式、立式、对称平衡式、角式、对置等机型。

为了制氧机的安全运行，空分装置也常需配套无油润滑压缩机。所谓无油润滑只不过是气缸内不使用油润滑而已，缸外的运动部件当然仍然采用油润滑。

无油润滑有两种形式：

（1）接触式无润滑。活塞在气缸内往复运动不进行油润滑，其活塞环和密封圈必须采用自润滑材料（聚四氟乙烯）为基体加填充材料（如：石墨、青铜粉、二硫化钼）而制成。此外，为避免运动部件带油，活塞杆上需设隔油装置。

（2）隔膜式。它的工作容积由膜腔和膜片组成，工作腔内无油。活塞往复运动产生油压驱使膜片动作，改变工作容积而完成气体压缩。

我国的活塞式压缩机型号由以下几个单元组成：

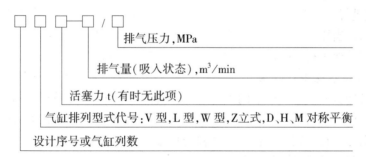

例如：5L-5/50 空压机，5 表示固定活塞式压缩机 L 系列第五种基本产品。L 为气缸，成 L 型排列；

      5——排气量 5m³/min（吸气状态）；

      50——排气压力为 5MPa。

又如 2Z-6/8 型无油润滑压缩机

      2——气缸为两列；

      Z——立式；

      6——排气量为 6m³/min（吸入状态）；

      8——排气压力为 0.8MPa。

7.3 活塞式压缩机工作原理

7.3.1 工作过程

图 7-3 为活塞式压缩机结构简图，各组成元件就是任何活塞式压缩机所必备的基本原件。

气缸 4 紧固在机身 10 上，机身安装在基础上。活塞 5 靠曲柄连杆机构（由曲轴 9 和连杆 8 所组成）驱动，沿气缸 4 圆柱形的内表面做往复运动。当活塞由上面的极限位置（称上止点）

向下运动时，由气缸和气缸盖3以及活塞的端面所构成的容积（称为气缸容积）逐渐增大，这时气体即沿着进气管7推开进气阀6而进入气缸容积，一直持续到活塞抵达下面的极限位置（称下止点）当活塞由下止点开始返回运动时，进气阀关闭，气体停止进入气缸。由于活塞继续向上运动气缸的容积不断缩小，容纳在气缸中的气体不断受到压缩。当活塞向上运动行至某一位置时，气缸容积内的气体压力达到或略高于排气管1内的气体压力，原属关闭着的排气阀2即行开启。于是被压缩的气体开始从气缸容积中排出，一直持续到活塞抵达上止点时为止。在这期间，气缸内的气体压力不再升高。当活塞由上止点再次向下开始运动时，排气阀关闭，气体停止排出，而进气阀再次开启，新鲜气体再次进入气缸容积，上述的过程重复进行。

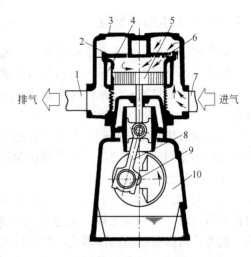

图 7-3　活塞式压缩机结构简图
1—排气管；2—排气阀；3—气缸盖；4—气缸；
5—活塞；6—进气阀；7—进气管；
8—连杆；9—曲轴；10—机身

由上述可知，当压缩机的主轴旋转一周时，由于曲柄连杆机构的作用，活塞往返一次，气缸容积相继地进行了一次气体的进气、压缩和排气过程，即完成了一次工作循环。

7.3.1.1　单级理论工作过程

压缩机的级是压缩机连续压缩的独立单元。所谓单级压缩，是指气体自吸入条件一次压缩至排气的过程。对活塞式压缩机一个单级理论工作过程也可以称为一次理论循环，它是曲轴回转一周时，在气缸所进行的各过程的总括。

理论工作过程应满足以下假设条件：

（1）气缸中的压缩气体在压缩终了时，完全被排出气缸，亦即假设气缸中没有余隙容积。

（2）吸入期间进入气缸的气体状态不变。

（3）排气期间气体的状态也保持不变。

（4）气体在吸入和压出期间流经气阀时没有能量损失，气缸绝对严密，工作时没有任何气体的泄漏。

（5）压缩过程曲线指数 n = 常数。

因此压缩机的理论循环功由吸入、压缩和排气三个过程构成，可以用 p-V 坐标图上的曲线来表示，如图7-4所示。

从图7-4上可以分析：

4—1表示吸入过程。因为进气期间压力不变，所以4—1是平行 V 轴的直线。1—2表示压缩过程，压力从 p_1 到 p_2。2—3表示排气过程。气体在不变的压力 p_2 下排气。

所以由线段4—1、1—2、2—3、3—4所围成的面积□41234，表示理论循环消耗的功，其值为吸入、压缩和排气三个过程的总和，所以也称为示功图。

在压缩机的理论循环中，有三种典型压缩过程：等温压缩、绝热压缩和多变压缩。

（1）等温压缩循环。气体在压缩机压缩过程中，其温度保持不变。在 p-V 图中的表示见图 7-4 的 1—2 线。而实际是不能实现的，但它是衡量实际工作过程的标准。

等温过程的 $T =$ 常数，根据理想气体状态方程 $pv = RT =$ 常数，所以对于单位气体的等温压缩功 $N_{等温}$ 为：

$$N_{等温} = RT\ln\frac{p_1}{p_2} = p_1v_1\ln\frac{p_1}{p_2} \tag{7-1}$$

式中　p_1，p_2——初始与终了压力；

　　　　R——气体常数；

　　　　T——压缩过程中的温度。

（2）绝热压缩循环。该压缩过程的特点是气体受压缩时，与周围的环境没有热交换。在图 7-5 中由线 1—2″ 表示。实现绝热压缩的条件是气缸壁为热绝缘体。

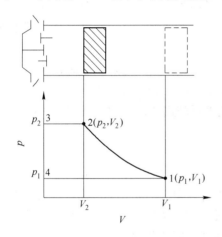

图 7-4　活塞式压缩机级的理论循环

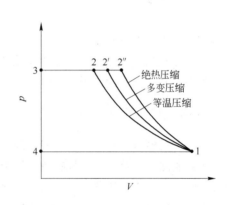

图 7-5　压缩过程曲线

理想气体绝热过程方程为：

$$pV^k = 常数$$

式中　k——理想气体绝热过程指数。对于原子数相同的气体，k 值大体相等。而且

　　　　单原子气体　　　　　　$k = 1.66 \sim 1.67$

　　　　两原子气体　　　　　　$k = 1.4 \sim 1.41$

　　　　三原子气体　　　　　　$k = 1.1 \sim 1.33$

理想气体绝热压缩循环功 $N_{绝热}$ 为：

$$N_{绝热} = p_1v_1\frac{k}{k-1}\Big[\Big(\frac{p_2}{p_1}\Big)^{\frac{k-1}{k}} - 1\Big] = RT_1\frac{k}{k-1}\Big[\Big(\frac{p_2}{p_1}\Big)^{\frac{k-1}{k}} - 1\Big] \tag{7-2}$$

式中　p_1，p_2——原始压力与终了了压力；

　　　　v_1——压缩开始时气体的质量体积；

　　　　T_1——原始温度，K。

（3）多变压缩循环的论述见 7.3.1.2 节。

7.3.1.2　多变压缩循环

凡是气体在压缩过程中与周围环境具有部分热交换的称为多变压缩，在 p-V 图 7-5 上的气体压缩过程曲线表示为 1—2′。实际上压缩机的气缸总是受到水或空气的冷却作用。

同时，活塞在气缸中运动时因摩擦而产生热量，并向气体与气缸扩散。因此，实际上热交换总是存在而且相当复杂。一般说来，多变压缩过程介于等温与绝热之间。上述的等温与绝热压缩纯系理论情况。

理想气体的多变压缩过程方程为：

$$pV^n = 常数$$

式中　n——多变压缩过程指数。

理想气体多变压缩循环功：

$$N_{多变} = p_1 v_1 \frac{n}{n-1} \left[\left(\frac{p_2}{p_1} \right)^{\frac{n-1}{n}} - 1 \right] = RT_1 \frac{n}{n-1} \left[\left(\frac{p_2}{p_1} \right)^{\frac{n-1}{n}} - 1 \right] \tag{7-3}$$

不难看出，前面列举的两个过程都是多变过程的特例。当 $n=1$，方程（7-1）就变成了 $pv=$ 常数，表示等温过程；当 $n=k$ 时，方程（7-3）就变成 $pv^k=$ 常数，表示理想绝热过程。

从图 7-5 明显可以看出，绝热压缩所需的功最大，这是因为绝热压缩时，气体因压缩而升高的温度使气体受热而膨胀，更难以压缩，所以当压缩到同等压力，所耗功最大。而等温压缩耗功最少。因此，压缩指数 n 的大小，能够反映出压缩过程的耗功的多寡。

7.3.2　实际过程及示功图

在实际的压缩机气缸中，存在着余隙容积，进、排气阀的作用，进、排气管中压力的波动，气体的泄漏，以及气体和气缸壁间复杂的热交换等现象，因此它的工作过程与理论的工作过程不同。其示功图如图 7-6 所示。该图是在压缩机气缸内用示功器绘出的 p-V 图。它表示气缸中气体压力沿着活塞行程的变化情况，亦即表明实际工作过程中压力和容积的变化关系。图中 a 点相应于进气阀关闭终了；b 点相应于排气阀开始开启；c 点相应于排气阀关闭终了；d 点相应于进气阀开始开启。曲线 da 相应于气体的进气过程；曲线 ab 为压缩过程；曲线 bc 为排气过程；曲线 cd 为排气终了时残存在气缸余隙容积中气体的膨胀过程。

图中的 V_m 表示了余隙容积。整个循环由余气膨胀—吸气—压缩—排气四个环节组成。

从理论上来看，压缩至 2 点就应排气，但排气阀有阻力，只有压力升高到 b 点才能克服阻力而排气。c—3 线表示了排气阀提前关闭。同样理论上来讲，余气膨胀到 4 点就应吸气，但吸气管中的气体也需要克服吸气阀阻力，才能打开吸气阀，因而余气应继续膨胀至 d 点，才开始吸气。吸气过程延后到 a 点是因为吸气阀关闭滞后而造成的。

综上所述形成上述形状示功图的原因可归纳为：

（1）外界气体必须克服空气过滤器，进气管路以及进气阀等阻力才能被吸入气缸，因此，进气压力低于外界压力 p_1。

（2）在吸气和排气过程，由于阀片及弹簧的

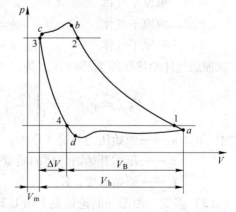

图 7-6　实际循环的示意图

V_m—余隙容积；V_B—吸入容积；

V_h—行程容积；ΔV—容积损失

惯性使之有提前和滞后的现象。

（3）气体排出时，由于排气阀、排气管也有阻力，所以排气压力高于排气管压力 p_2。

（4）余气膨胀过程为多变过程。

（5）压缩过程也是多变过程。

7.4 活塞压缩机的参数计算

7.4.1 排气温度

正如上述分析，其压缩过程为多变过程，根据多变过程的参数之间的关系，排气温度 T_2 与进气温度 T_1，压力比 $\varepsilon = \dfrac{p_2}{p_1}$，以及过程指数 n 有关。它的数学表达式为：

$$T_2 = T_1 \left(\frac{p_2}{p_1}\right)^{\frac{n-1}{n}} \tag{7-4}$$

为了计算方便，表 7-1 列出了在不同的多变指数 n 与压力比 ε 时，因子 $\left(\dfrac{p_2}{p_1}\right)^{\frac{n-1}{n}}$ 的数值。从表中查出数值代入上式，可以很容易计算出排气温度。

表 7-1 不同的多变指数 n 与压力比 ε 时因子 $\left(\dfrac{p_2}{p_1}\right)^{\frac{n-1}{n}}$ 的数值

$$\left(\frac{p_2}{p_1}\right)^{\frac{n-1}{n}}$$

$\dfrac{p_2}{p_1}$ \\ n	1.1	1.2	1.3	1.4	$\dfrac{p_2}{p_1}$ \\ n	1.1	1.2	1.3	1.4
1.1	1.009	1.016	1.022	1.028	3.1	1.108	1.208	1.298	1.382
1.2	1.017	1.031	1.043	1.053	3.2	1.112	1.214	1.308	1.394
1.3	1.024	1.045	1.062	1.078	3.3	1.115	1.220	1.317	1.406
1.4	1.031	1.058	1.080	1.101	3.4	1.118	1.226	1.326	1.413
1.5	1.037	1.070	1.098	1.123	3.5	1.121	1.232	1.335	1.430
1.6	1.044	1.081	1.115	1.144	3.6	1.124	1.238	1.344	1.442
1.7	1.050	1.092	1.130	1.164	3.7	1.126	1.244	1.352	1.453
1.8	1.055	1.103	1.145	1.183	3.8	1.129	1.249	1.361	1.464
1.9	1.060	1.113	1.160	1.201	3.9	1.132	1.255	1.370	1.475
2.0	1.065	1.123	1.174	1.219	4.0	1.134	1.260	1.378	1.486
2.1	1.070	1.132	1.187	1.236	4.1	1.137	1.265	1.386	1.497
2.2	1.074	1.141	1.199	1.253	4.2	1.139	1.270	1.394	1.507
2.3	1.078	1.149	1.212	1.269	4.3	1.142	1.275	1.401	1.517
2.4	1.083	1.157	1.224	1.284	4.4	1.144	1.280	1.408	1.527
2.5	1.087	1.165	1.235	1.299	4.5	1.147	1.285	1.415	1.537
2.6	1.091	1.173	1.247	1.314	4.6	1.149	1.290	1.422	1.547
2.7	1.095	1.180	1.258	1.328	4.7	1.151	1.295	1.429	1.557
2.8	1.098	1.187	1.268	1.342	4.8	1.153	1.299	1.436	1.566
2.9	1.101	1.194	1.279	1.356	4.9	1.155	1.304	1.443	1.575
3.0	1.105	1.201	1.289	1.369	5.0	1.157	1.308	1.450	1.584

压缩机的排气温度还可以利用图 7-7 直接查出，它与计算出的排气温度数值误差很小。

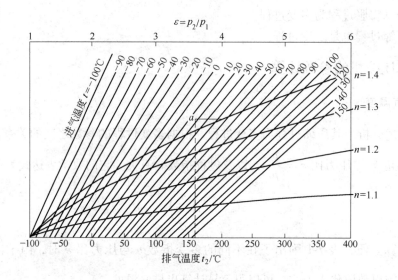

图 7-7   排气温度图

例 1   当进气温度 $t_1 = 20℃$，压比 $\varepsilon = 4$，过程指数 1.4 时，求排气温度。

解   查图 7-7 a 点所对应的温度为 162℃。

查表 7-1 可得 $\left(\dfrac{p_2}{p_1}\right)^{\frac{n-1}{n}} = 1.486$

$$T_2 = (273 + 20) \times 1.486 = 435\text{K}$$

所以 $t_2 = 162℃$

排气温度是压缩机很重要的参数，不能过高。

排气温度过高，不利于压缩机的安全运转，影响使用寿命。对于气缸有润滑油的压缩机，排气温度过高，使润滑油的黏度下降，失去了润滑作用并造成积炭，使阀片或活塞环卡死，甚至造成燃烧爆炸事故。因此空气压缩机标准规定，固定式空压机排气温度不得超过 160℃，移动式不超过 180℃。氟塑料密封无润滑压缩机的氟塑料活塞环及填料密封圈，在排气温度过高时，会产生塑性变形，甚至汽化，并使磨损速度上升。因此，一般规定排气温度不超过 180℃。由公式（7-4）可见，降低排气温度的途径有：

（1）降低压力比；

（2）加强气缸冷却，降低压缩过程指数 n。

在现代的压缩机中，由于转速较高，气缸冷却对缸内气体的热交换作用很小，压缩过程近于绝热压缩，因此排气温度一般按绝热压缩（$n = k$）计算。

7.4.2   排气量

压缩机的排气量通常是指单位时间内压缩机最后一级排出的气体经换算到第一级进口状态时的气体体积值，排气量常用的单位为 m^3/min 或 m^3/h。

计算压缩机排气量的公式：

$$Q = V_h n \lambda_0 \tag{7-5}$$

式中　Q——排气量，m^3/min；

　　　V_h——行程容积，m^3；

　　　n——转速，r/min；

　　　λ_0——排气系数。

单作用的压缩机其行程容积为：

$$V_h = \frac{\pi}{4} D^2 S \tag{7-6}$$

双作用的压缩机其行程容积为：

$$V_h = \frac{\pi}{4} (2D^2 - d^2) S \tag{7-7}$$

式中　D——气缸直径，m；

　　　S——行程，m；

　　　d——活塞杆直径，m。

压缩机的实际排气量为活塞在气缸内每分钟的行程容积（即理论排气量）乘上排气系数 λ_0，λ_0 的数值按各种不同压缩机统计，约在 $0.55 \sim 0.85$ 之间。较大型、较完善的压缩机排气系数较高（ZY-33/30 型氧压机设计 1 级排气系数为 0.74）。

排气系数 λ_0 又由容积系数等四项系数组成。对压缩机排气系数的具体分析研究，可以找出机器在实际运转中气量不足等问题的原因，并为解决问题指出方向。

$$\lambda_0 = \lambda_v \lambda_p \lambda_t \lambda_1 \tag{7-8}$$

式中　λ_v——容积系数；

　　　λ_p——压力系数；

　　　λ_t——温度系数；

　　　λ_1——泄漏系数。

下面具体介绍各系数的计算及选取。

（1）容积系数 λ_v。由于气缸内存在余隙容积，当压缩机排气过程结束时，余隙容积中的高压气体开始膨胀，膨胀终了占据了部分气缸容积 $V_m + \Delta V$，使气缸的吸入气量减少。用来表征由于余隙容积的存在而使气缸充气能力降低程度的系数，称容积系数。

$$\lambda_v = \frac{V_B}{V_h} = 1 - a(\varepsilon^{\frac{1}{m}} - 1) \tag{7-9}$$

式中　a——相对余隙，%，$a = \frac{V_m}{V_h}$；

　　　V_m——余隙容积，m^3。

　　　V_h——行程容积，m^3；

　　　V_B——吸入容积，m^3；

　　　m——膨胀过程指数；

　　　ε——压力比。

相对余隙 a 值一般在 $8\% \sim 20\%$，它的数值视气缸和气阀的结构和布置而异。低压压

缩机 a 值低些，高压压缩机 a 值高些。如 ZY-33/30 型氧压机的余隙，Ⅰ、Ⅱ、Ⅲ级缸各为 10%，12.5% 及 21%。膨胀指数 m 值视进气压力的高低在 $1.2 \sim 1.4$ 之间选取。

由容积系数 λ_v 的公式可知，压力比 ε 愈高则容积系数愈小。当 ε 值达到极限值时，气缸中被压缩的气体不再排出，而全部容纳于余隙容积 V_m 内，而在膨胀时又全部充满整个气缸容积。此时压缩机不再吸气和排气，容积系数为：

$$\lambda_v = 1 - a(\varepsilon^{\frac{1}{m}} - 1) = 0$$

此时：

$$\varepsilon = \left(\frac{1}{a} + 1\right)^m \tag{7-10}$$

若 $a = 0.1$，$m = 1.2$

代入上式，则 $\varepsilon = 17.8$

以上计算说明，当 $a = 0.1, m = 1.2$ 时，压力比的极限值为 17.8（实际上由于排气温度的限制，压力比不可能达到此极限值）。

在压力比 ε 及指数 m 一定时，相对余隙也有一个极限值。举例如下：

若 $\varepsilon = 3$，$m = 1.2$

则

$$a = \frac{1}{\varepsilon^{\frac{1}{m}} - 1} = \frac{1}{3^{\frac{1}{1.2}} - 1} = 66.7\%$$

即相对余隙 a 值增加到 66.7% 时，气缸既不再进气也不排气。

容积系数 λ_v 是排气系数 λ_0 中影响最大的因素，为简化计算，可根据已知的压力比 ε、相对余隙 a 和指数 m，从图查出 λ_v 的大小。

例如，压力比 $\varepsilon = 3.3$，$m = 1.2$，相对余隙 $a = 10\%$，从图 7-8 上可以查得 $\lambda_v \approx 0.82$。

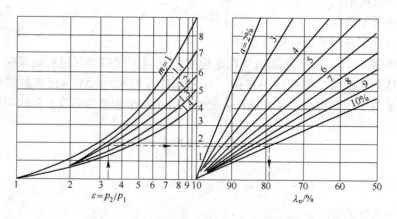

图 7-8 确定容积系数 λ_v 的曲线图

相对的余隙容积 a 很难直接测出，通常根据统计数据参照选取。

低压压缩机　$a = 7\% \sim 12\%$

中压压缩机　$a = 9\% \sim 14\%$

高压压缩机　$a = 11\% \sim 16\%$

超高压压缩机 $a = 25\%$

而膨胀过程指数 m 的数值与进气压力 p_1 和绝热指数 K 有关。膨胀指数 m 愈大，则膨胀曲线越陡，膨胀后所占容积 ΔV（容积损失）越小，因而容积系数 λ_v 也就增大。m 值可以按表 7-2 所列数据确定。

表 7-2 膨胀指数 m 的确定

进气压力 p_1/MPa	m 值		进气压力 p_1/MPa	m 值	
	任意 k 值	$k = 1.4$ 时		任意 k 值	$k = 1.4$ 时
≤0.15	$m = 1 + 0.5\ (k-1)$	$m = 1.2$	0.4~1	$m = 1 + 0.75\ (k-1)$	$m = 1.3$
			1~3	$m = 1 + 0.88\ (k-1)$	$m = 1.35$
0.15~0.4	$m = 1 + 0.62\ (k-1)$	$m = 1.25$		$m = k$	$m = 1.4$

转速在一定程度上能够反映出余气膨胀时间。实验表明，当气体组成不变即 k 值一定时，吸气压力并非是影响膨胀指数的唯一因素，转速对膨胀指数的影响较大，它们之间的关系见表 7-3。

表 7-3 转速（旋转频率）与膨胀指数的关系

膨胀指数	转速/r·min^{-1}	300	400	500	600	700
m	$\varepsilon = 3$	1.327	1.310	1.225	1.111	1.107
	$\varepsilon = 5$	1.367	1.363	1.268	1.242	1.197

（2）压力系数 λ_p。由于进气阀弹簧过强或过弱以及进气管中存在压力脉动，使进气终了时的压力高于或低于进气管内的气体压力（即公称进气压力），这要引起气缸进气量增加或下降。用来表征这种现象所造成进气量变化的程度称为压力系数，用 λ_p 表示：

$$\lambda_p = \frac{V'_B}{V''_B}$$

式中 V''_B——只考虑有余隙容积存在时气缸的进气量；

V'_B——考虑了进气终了压力与公称进气压力的差别后，气缸的进气量。

λ_p 的数值，低压级为 $0.95 \sim 0.98$，中压级和高压级为 1。如果进气管内有显著压力脉动存在，则当进气终了时为波谷，则 λ_p 比一般值要低；当进气终了时为波峰，λ_p 可能大于 1。

（3）温度系数 λ_t。在进气过程中，气缸内壁温度高于吸气温度，使吸入气体加热，温度提高，从而影响了吸入气量。用来表征进入气缸内的气体因受热温度升高而使实际进气量下降的程度称为温度系数，用 λ_t 表示。压力比高时，排气温度高，气缸内壁的温度也高，因此对气体的加热强化，所以 λ_t 就下降。

气缸的冷却条件、气阀布置、转数、绝热指数都对热交换有影响，从而影响 λ_t 的数值。λ_t 值约在 $0.90 \sim 1.0$ 的范围内。如 ZY-33/30 型氧压机计算的各级 λ_t 值均为 0.95 左右。温度系数的取值可以根据压比参照图 7-9 进行选取。

（4）泄漏系数 λ_1。压缩机主要泄漏部位是气阀、活塞环及填料函。气体直接漏入大气或漏入一级进气管路的称为外泄漏。外泄漏直接降低排气量。气体由高压级漏入低压级

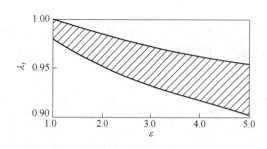

图 7-9　温度系数 λ_t 与压力比 ε 的关系

或级间管道时称内泄漏。内泄漏不直接影响气量，但由于这部分气量的重复压缩，增加了功的消耗。并影响压力比及温度。

压缩机在运行中，如果发现级间压力不正常，排气温度升高，往往是由内泄漏引起的。

气密性系数 λ_1 的值与气缸排列方式、气缸和活塞杆直径、压缩机的转速、吸、排气压力以及气体性质等有关，一般取 0.9 ~ 0.98。无油润滑压缩机的气阀、活塞环及填料均在干摩擦条件下工作，泄漏系数要小些，ZY-33/30 型氧压机泄漏系数 $\lambda_1 = 0.96$。

相比之下，压力系数 λ_p、温度系数 λ_t 以及泄漏系数 λ_1 对排气系数的影响比容积系数小得多，通常三者的乘积为 $\lambda_p \cdot \lambda_t \cdot \lambda_1 = 0.85 \sim 0.95$。三级压缩的氧压机的总排气系数只有 0.65 ~ 0.73。一级压缩的空压机排气系数 $\lambda = 0.72 ~ 0.82$。

7.4.3　实际功及功率

实际循环功，可以用示功器在现场运行的压缩机上画出示功图来。

如图 7-10 所示，在 p-V 图上气缸压力指示曲线所围面积，即为该缸一个循环中消耗的功，称为指示功。

单位时间内消耗的指示功称为指示功率。

为了能利用前面介绍过的功的公式来计算功率，对实际工作过程压力指示图须进行必要的简化。进排气过程的阻力损失影响功的消耗，由此造成功的增加。这部分功，如图 7-10 所示就等于进排气压力线与公称压力线 p_1、p_2 之间所包围的面积。用等功的方法作直线，进行进排气过程的简化。

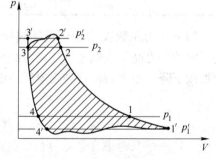

图 7-10　实际示功图

在实际的压缩机中，气体的压缩过程指数 n 与膨胀过程指数 m 是不断变化的，为了能应用公式计算功及状态参数，采用不变的过程指数来代替变化的过程指数。通过上述简化后，就可以利用循环功的公式进行计算。若压缩过程和膨胀过程指数相等，均为 n 值，则功的公式为：

$$W = p_1'V_1'\frac{n}{n-1}\Big[\Big(\frac{p_2'}{p_1'}\Big)^{\frac{n-1}{n}} - 1\Big] \tag{7-11}$$

式中　p_1'——简化后进气过程中气缸内的压力；

　　　V_1'——实际吸进的气体体积；

　　　p_2'/p_1'——简化后的实际平均压力比。

若近似地取：

$$p_1' = \lambda_p p_1$$

$$V'_1 = \lambda_v V_{\mathrm{h}}$$

则：

$$\frac{p'_2}{p'_1} = \frac{p_2(1 + \delta_{\mathrm{d}})}{p_1(1 - \delta_{\mathrm{s}})}$$

式中　λ_p——压力系数；

　　　λ_v——容积系数；

　　　V_{h}——行程容积；

　δ_{d}，δ_{s}——分别为进、排气损失。

　　δ_{d} 及 δ_{s} 值可参照图 7-11 选取，压力损失较大的压缩机按实线取，压力损失较小的压缩机按虚线取。图 7-11 的相对压力损失是按空气密度，在活塞平均速度 $C = 3.5\mathrm{m/s}$ 的条件下而制作的。当气体的密度及活塞的平均速度不同时应加以修正。

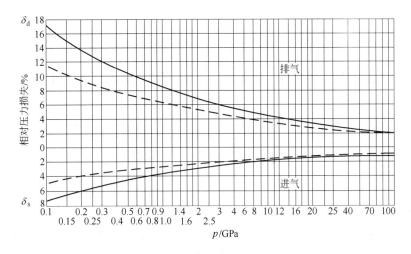

图 7-11　相对压力损失曲线

　　对密度的修正：

$$\delta' = \delta\left(\frac{\rho}{1.293}\right)^{2/3} \tag{7-12}$$

式中　ρ——真实气体的密度。

　　对平均速度的修正：

$$\delta' = \delta\left(\frac{C}{3.5}\right)^2 \tag{7-13}$$

式中　C——压缩机活塞平均速度，$C = \dfrac{Sn}{30}\ \mathrm{m/s}$。

　　单位时间内，压缩机所消耗的指示功称为指示功率（kW）在转速为 $n(\mathrm{r/min})$ 时，其数学表达式为：

$$N_{\mathrm{i}} = 1.634n\lambda_p\lambda_{\mathrm{i}}p_1V_{\mathrm{h}}\frac{n}{n-1}\left\{\left[\frac{p_2(1+\delta_{\mathrm{d}})}{p_1(1-\delta_{\mathrm{s}})}\right]^{\frac{n-1}{n}} - 1\right\} \tag{7-14}$$

　　所谓压缩机的轴功率是驱动机（如电机）传给压缩机主轴的实际功率。用 N 来表示：

$$N = \frac{N_i}{\eta_m \eta_c} \tag{7-15}$$

η_m 为机械效率。对于小型压缩机（排气量 $1 \sim 10\text{m}^3/\text{min}$），$\eta_m = 0.85 \sim 0.9$；中型压缩机（排气量 $10 \sim 100\text{m}^3/\text{min}$）和大型压缩机（排气量大于 $100\text{m}^3/\text{min}$），$\eta_m = 0.9 \sim 0.95$。

η_c 为传动效率。视传动方式不同而选值不同。直联时，$\eta_c = 1.0$；皮带传动时，$\eta_c = 0.96 \sim 0.99$；齿轮传动时，$\eta_c = 0.97 \sim 0.99$。

当选用配套电机时，电机功率应为 $(1.05 \sim 1.15)N$。

除上述两个效率外，为了衡量压缩机的经济性，又引出了两个效率。

（1）绝热效率。绝热效率 η_j 为绝热功率 N_j 与轴功率 N 之比：

$$\eta_j = \frac{N_j}{N} \tag{7-16}$$

通常用来衡量风冷式压缩机的经济性。

（2）等温效率。等温效率 η_T，为等温功率 N_T 与轴功率 N 之比，即：

$$\eta_T = \frac{N_T}{N} \tag{7-17}$$

可以用它衡量水冷式压缩机的经济性。

7.5　多级压缩

单级压缩机的压力比一般 $\varepsilon = 3 \sim 4$，特殊情况下可达到 $\varepsilon = 8$。当压力比达到极限值时，压缩机就不能吸气，所以，欲达到较高压力不能只采用单级压缩。所谓多级压缩，就是将气体分成若干次压缩，每一次称为一级，并在级间将气体引入中间冷却器等压冷却后再进入下一级。多级压缩简图见图7-12。

7.5.1　多级压缩工作原理

多级压缩机的理论循环为各个级的理论循环叠加而成。图7-13为二级压缩机理论循环图。在第一级中，气体沿着绝热线1—2压缩至中间压力 p_2（图中2点所示），随后进入中间冷却器冷却至初始温度。由于冷却气体的体积缩小了，由图中的2—2′线表示，2′在

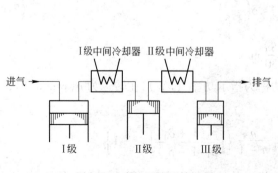

图7-12　多级压缩机简图

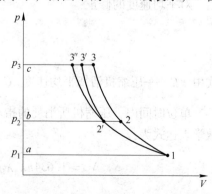

图7-13　二级压缩图

1—3″等温线上。从2′开始，第二级沿着绝热线2′—3′，继续压缩至终了压力p_3。图中 a-1-2-2′-3′-c-b-a 表示了两级压缩的理论循环。

7.5.2 多级压缩优点

（1）省功。从图7-12可见，由一级压缩改为二级压缩，节省了面积□2-2′-3′-3-2所表示的功，可以想象级数越多越省功，而且级数越多越趋于等温压缩。

如果中间冷却不完善，冷却后气体温度高于第一级进气温度，此时压缩功增大，图7-14中，面积2-2″-3″-3-2为所增加的功，据计算，气体每增加3℃，使下一级功耗增加1%。

（2）降低排气温度。在气体进行压缩时，它的温度随着气缸内的压力比和吸入温度的升高而上升。由公式（7-4）可知，排气温度T_2随进气温度T_1及压力比$\dfrac{p_2}{p_1}$成正比增加。采用多级压缩后，每级的压力比$\dfrac{p_2}{p_1}$降低，压缩终了的气体温度也下降。

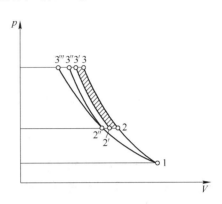

图7-14 冷却不完善的二级压缩图

排气温度是限制压比的主要因素。式（7-4）也可以写成：

$$\varepsilon = \left(\frac{T_2}{T_1}\right)^{\frac{n}{n-1}} \tag{7-18}$$

设吸气温度$t_1 = 20℃$，排气温度$t_2 = 180℃$，$n = 1.4$，则单级压缩的允许压比为：

$$\varepsilon = \frac{p_2}{p_1} = \left(\frac{T_2}{T_1}\right)^{\frac{n}{n-1}} = \left(\frac{180 + 273}{20 + 273}\right)^{\frac{1.4}{1.4-1}} = 4.6$$

可见，在上述条件下，单级压比最高值为4.6。如果压比超过此值，排气温度就会过高，压缩机不能安全运行，此时必须采用多级压缩。

（3）提高容积系数。多级压缩可以降低每一级的压比，余气膨胀所占的容积减小，容积系数提高，这实质上可以增加排气量。

（4）降低活塞受力。单级压缩，比较高的终压作用在比较大的活塞面上，活塞受很大的气体力。多级压缩，高压级活塞直径小，活塞所受气体力减小，且各级受力可以均衡。

（5）级数选择。如上所述，采用多级压缩，可以节省压缩功，可以降低排气温度。但是，多级压缩也不是级数越多越好，因为级数过多：1）使结构趋于复杂，整个装置的费用、尺寸、重量都要上升；2）气体的通路增加，气阀和管路的压力损失增加；3）运动件数增多，发生故障的可能性也要增加。

现有的压缩机，虽然最终排气压力相同，但采用的级数是很不一致的。表7-4列出了终了压力和级数的统计值，供选择级数时参考。

表7-4 压缩机终了压力与级数的关系

压缩终了压力 $p/10^5$ Pa	5～6	6～30	14～150	36～400
级数 Z	1	2	3	4

对无润滑氟塑料氧压机来说，级数多些，压力比较小，排气温度低，对氟塑料密封件的工作寿命有利。如 $30 \times 10^5 \mathrm{Pa}$ 终压的氧压机一般都取三级压缩，没有用二级压缩的。日本氧压机 $30 \times 10^5 \mathrm{Pa}$ 终压用四级压缩，除了考虑对活塞环的寿命有利外，同时也与它的结构形式有关。对称平衡型机器的列数是成双的，采用四级便于结构布置。

在一定终了压力下，压力比的分配是按机器各级总功率消耗最少的原则确定的。理论上压力比平均分配时功率消耗少。因此：

$$\varepsilon = \sqrt[z]{\frac{p_Z}{p_1}}$$

式中 ε——压力比；

   Z——级数。

例如：$p_Z = 31 \times 10^5 \mathrm{Pa}$（绝对压力）时，

$$\varepsilon = \sqrt[3]{\frac{31 \times 10^5}{1 \times 10^5}} = 3.15$$

实际设计时往往将一级压比取值比其他各级低 $5\% \sim 10\%$。一级压比低，容积系数高，缸径可以缩小。压比的选择可参照图 7-15。

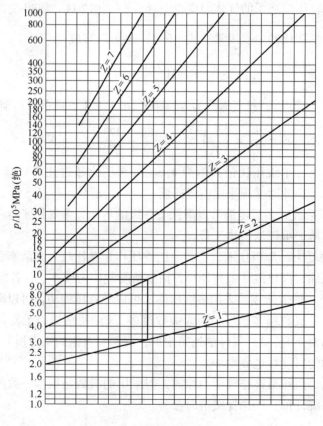

图 7-15　级间压力选择图

例　$1\mathrm{m}^3$ 空气由 $0.1\mathrm{MPa}$ 经两级压缩至 $0.9\mathrm{MPa}$，确定级间压力及各级压比。

解　由图 7-15，终压为纵坐标 $0.9\mathrm{MPa}$，作一压力水平线与 $Z = 2$ 的线交于一点，再自

交点向下引垂线与 $Z=1$ 相交，其交点对应的压力值即为级间压力。级间压力为 0.31MPa。
故：

$$\varepsilon_1 = \frac{0.31}{0.1} = 3.1$$

$$\varepsilon_2 = \frac{0.9}{0.31} = 2.9$$

多级压缩机各级实际循环指示功的计算与单级压缩机相同。示功图也可以实测。多级压缩机的总指示功为组成多级压缩机各个级的指示功之和。

而多级压缩机的吸气量等于第一级吸气量。虽经过多级压缩，气体体积渐次缩小，但只要不泄漏，各级的质量流量相同。

7.6 活塞压缩机的结构

我国从 1966 年开始自行设计制造为制氧配套的氟塑料密封的无油润滑氧压机，这是空分装置所应用的典型的活塞压缩机。由于气缸不用水润滑，能够有效地减轻机器及管道的腐蚀，提高了机器运转的可靠性。而且压送的氧气中不含水分，保证了供氧质量。

近代的无油润滑氧压机的结构形式有立式及对称平衡式两种。

立式无油润滑氧压机为三列三级压缩。它结构紧凑、占地面积小、重量轻。旋转力矩也比较均匀，因此运转平稳、振动小。而对于无油润滑氧压机更有突出的优点：（1）导向环、活塞环不承受活塞重量，所以环的磨损均匀，寿命较长。（2）垂直活塞杆，刮油干净，润滑油不容易进入气缸，比较安全。但高度较高，不利于维护和检修。

卧式采用对称平衡式，因相邻两列分布在曲轴两侧，曲柄错角 $180°$，其运动是相对的，相邻两侧的活塞向相反方向运动，活塞力可以相互抵消，惯性力也可以完全平衡，它也具有良好的动平衡性，运转平稳，安全可靠，因此也被氧气厂、氧气站广泛采用。常用典型的氧压机的性能及结构参数列于表 7-5 中。ZY-33/30 型氧压机的结构见图 7-16。

表 7-5 几种典型氧压机性能结构参数表

型 号	ZY-33/30	4B46F	2DY-61.7/30 型
结构形式	立式三列三级压缩	对动四列四级压缩	对动四列三级压缩
排气量/$m^3 \cdot h^{-1}$	1760	1750	3700
终压/10^5Pa	30	30	30
吸入温度/℃	30	30	30
排气温度/℃	40（冷却后）	40（冷却后）	<45（冷却后）
进气压力/10^5Pa	1.02~1.08	1.04	1.05
冷却水温/℃	30	30	<32
冷却水量/$m^3 \cdot h^{-1}$	27	35	50
轴功率/kW	269	310	590
电机功率/kW	400（350）	340	630
最大活塞力/N	55000	—	—
转数/$r \cdot min^{-1}$	500	375	375
行程/mm	230	200	250

续表 7-5

型　号	ZY-33/30	4B46F	2DY-61.7/30 型
缸径/mm	500（Ⅰ级）	460×2（Ⅰ级）	530（Ⅰ级、二缸）
	300（Ⅱ级）	385（Ⅱ级）	420（Ⅱ级）
	170（Ⅲ级）	350（Ⅲ级）	240（Ⅲ级）
		230（Ⅳ级）	
压缩外形/mm×mm×mm	2352×1110×2440	—	—
机组占地面积/m	3.6×7.2	8.5×7.5	—
压缩机质量/kg	5710	16200	7000
机组总质量/kg	13825	—	—

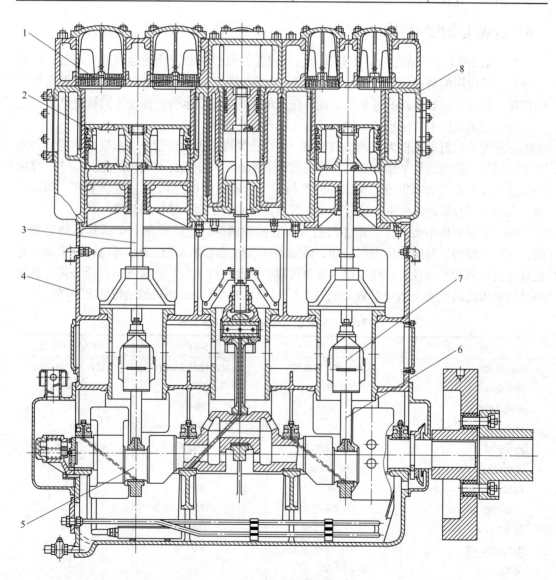

图 7-16　ZY-33/30 型氧压机结构图

1—气阀；2—活塞；3—活塞杆；4—机身；5—曲轴；6，7—连杆；8—机头

活塞压缩机的主要结构包括工作部件及运动部件和机身。工作部件用来构成工作容积和防止气体泄漏。运动部件用于传递动力。工作部件有气缸、气阀、活塞组件、填料函；运动部件有曲轴、连杆、十字头。工作部件之中包括易损件。

7.6.1 工作部件

7.6.1.1 活塞及活塞环

氟塑料密封无润滑氧压机的活塞由活塞体、活塞杆、螺母、活塞环及导向环（或支承环）组成，参阅图7-17。

ZY-33/30型氧压机Ⅰ级活塞是铸铝的，Ⅱ级是铸造锌合金的，Ⅲ级是青铜的实心铸件。三者设计重量接近相等，保证了压缩机的往复惯性力平衡良好。活塞上部设导向环，导向环下为活塞环。

无润滑压缩机气缸内无润滑剂，不允许活塞与缸壁接触干摩。因此，活塞外径与气缸内径间留有较大间隙（ZY-33/30氧压机各级气缸活塞直径分别为 $\phi500/\phi495$，$\phi300/\phi297$，$\phi170/\phi168$），并用氟塑料导向环来定心导向。导向环

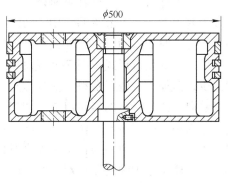

图7-17　ZY-33/30氧压机Ⅰ级活塞

的内外径分别等于活塞上导向环槽的底径及气缸内径，但在厚度上留有膨胀间隙，以免工作时胀死。导向环装配时外圆凸出在活塞外圆上。当导向环磨损到凸出部分接近磨完时，就不能再用，应更换新的备件。立式压缩机的导向环不承受活塞重量，理论上没有侧向载荷，所以不需要很大的宽度，寿命也较长。但当机器加工装配质量不好，活塞与气缸中心不正时，也会造成导向环承受侧压偏磨而寿命较短的情况。另外导向环一般是有切口的，当磨损到一定程度时，环槽内有相当大的间隙，高压端的气体进入后将导向环压向缸壁，造成一定的压力，也使它磨损加快。

卧式压缩机的支承环除了为活塞定心导向外，还必须支承活塞的重量及部分活塞杆重量。因此，一般寿命不如立式机器的导向环长，它的宽度要比立式的导向环大得多（宽度一般按比压$\leq0.3\times10^5\mathrm{Pa}$来计算），图7-18为4B46F氧压机Ⅰ级焊接活塞结构图。

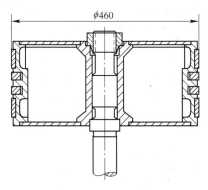

图7-18　4B46F氧压机Ⅰ级焊接活塞

这种焊接结构的活塞体，可以减轻重量，减小比压。为了减少比压，在卧式压缩机上，往往安装两道支承环，而且宽度尺寸较大，支承环宽度为44.4mm（ZY-33/30氧压机导向环仅30mm）。此导向环的特点是整体的，不带缺口，壁薄。它是用加热的方法，加热至胀大后用工具压到活塞上去的。整体的支承环不受气体压力的作用，所以寿命较有切口的为长。

活塞的密封作用主要依靠外圆及端面贴合在气缸镜面及活塞环槽端面上，来堵住气流通路，称为

堵塞作用。它的密封压力主要来自气体本身，如图 7-19 所示。气体从活塞环外圆上部入槽底，将环推向气缸镜面形成密封。外圆上部为高压压力 p_1，下部为低压压力 p_3。高压气体通过端面间隙进入槽底，将环推向气缸镜面形成密封。外圆上密封比压的平均值 $\Delta p \approx \dfrac{p_1 - p_3}{2}$。而在槽端面上的密封比压为气体的压差 $p_1 - p_3$。活塞环的密封也部分依靠气体的节流效应。高压侧部分气体通过环的切口密封面上的间隙漏出时速度很高，压力降低，进入到第二环前的空间时，流通截面增大，速度降低，部分动能转化为热量。这样每通过一个环，压力降低一次，这就是所谓节流作用。活塞式压缩机上的活塞环及填料的密封，都是以阻塞为主，兼有节流的作用。活塞环的泄漏主要是在接口处，其次是端面与环槽在压差方向变更时的泄漏，以及外圆不贴合的泄漏。

　　活塞环的切口形式见图 7-20 塑料活塞环的接口形式以往推荐用塔接口，因为它的泄漏最少，但加工时费工费料，而且氟塑料强度不高，易在削薄部分的根部折断。因此近几年来趋向于改用简单的斜切口或直切口。斜切口的切口通流截面小于直切口，所以漏损较直接口为小。由于氟塑料密封体的膨胀系数很大，约为铸铁的 5 ~ 10 倍。顺压制方向（轴向）的膨胀系数为垂直方向的膨胀系数的一倍。因此塑料环的端面及切口间隙均远较金属环为大，使用维护中要注意保证间隙的正确。间隙过小造成环在工作中膨胀卡死，引起泄漏或变形破坏。活塞环是需要更换的易损件。

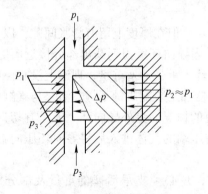
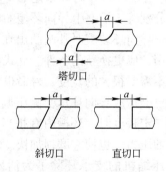

图 7-19　活塞环上的压力　　　　　图 7-20　活塞环的切口形式

ZY—33/30 型氧压机活塞环导向环的尺寸间隙列于表 7-6。

表 7-6　ZY-33/30 型氧压机活塞环导向环的尺寸间隙 　　　　　　　　（mm）

分　类		Ⅰ　级	Ⅱ　级	Ⅲ　级
断面尺寸（宽度×厚度）	导向环	30 × 15	30 × 12	30 × 10
	活塞环	15 × 15	12 × 12	10 × 10
端面间隙	导向环	0.55 ~ 0.69	0.4 ~ 0.55	0.4 ~ 0.55
	活塞环	0.32 ~ 0.38	0.27 ~ 0.34	0.24 ~ 0.28
切口间隙		13	8	5
活塞外径		495	298	168
气缸内径		500	300	170

氧压机的活塞杆采用不锈钢制造，表面经淬火处理。ZY-33/30 型氧压机的活塞杆为 3Cr13 不锈钢。

7.6.1.2 填料函及刮油器

填料的作用是密封活塞杆与气缸之间的间隙。ZY-33/30 型氧压机的填料函各级缸通用，均由六盒填料组成。参阅图 7-21，ZY-33/30 型氧压机填料函靠近气缸的第一盒内，装节流圈两件。节流圈是整体的，内圆车有环形槽，气体通过环形槽时降低了压力，减轻了各盒填料密封圈的负荷。第二至第六盒内均装有两瓣及四瓣密封圈各一件。盒中处于缸侧的是两瓣的，轴侧的为四瓣的。切口互相错开，由销子定位。外圆由弹簧箍紧，在活塞杆上造成预应力。两瓣密封圈的主要作用是在轴向将四瓣密封圈的切口遮住，并让由气缸来的高压气体通过其径向切口流入盒内，产生轴向及径向密封压力。起主要密封作用的是四瓣的密封圈，它有两个半月形小块挡住径向切口，使盒内气体不能径向进入切口漏入下一盒。装配时注意两种密封圈不能装反，如果将带径向切口的两瓣密封圈装在轴侧（图 7-22 所示），则盒内气体可经切口漏出，形成自上而下的通路，填料函就失去密封作用。还要注意，塑料密封圈内圆的边缘要保持锐边，不能修成倒角，倒角将使上下两圈的切口连通，造成漏气，如图 7-23 所示。塑料密封圈在盒内要保证设计规定的端面间隙。间隙过小造成工作时胀死而致漏气。此外密封圈及密封盒的密封面要保持完整清洁，不能碰伤拉毛，这是很重要的。密封圈弹簧过紧时，活塞杆温度上升（正常在 80℃以下），密封圈磨损加快，此时可适当拉长弹簧。

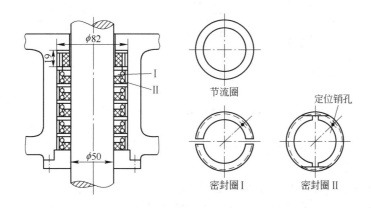

图 7-21 ZY-33/30 型压缩机填料函

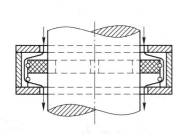

图 7-22 密封圈装反造成泄漏

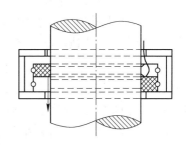

图 7-23 倒角造成泄漏

4B46F氧压机填料函由六盒填料组成。填料盒带冷却水套，以降低活塞杆及填料密封圈的温度。每盒填料由三瓣的直切口及钩形密封圈，以及整圈的阻流圈各一件组成，参看图7-24。密封作用与前述相同，而阻流圈是用来阻止密封圈受热受压后发生固态变形的。

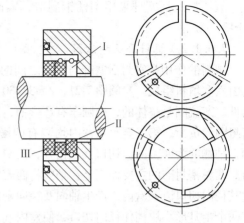

图7-24　4B46F 氧压机填料函
Ⅰ，Ⅱ—密封圈；Ⅲ—阻流圈

刮油器的作用是将从连杆十字头飞溅到活塞杆表面上的机油刮净回流，不使活塞杆带油进入气缸，造成爆炸事故。它是保证氧压机安全运转的重要环节。刮油器及刮油环有各种不同的结构，它的作用要点是：（1）刮油环内圆要与活塞杆贴合良好；（2）刮油刃口要保持锐利；（3）刮下的油要有足够的通路回流入曲轴箱而不停留在刮油器内。ZY-33/30 型氧压机的刮油器如图7-25 所示。下面的两环的上部铣有回油槽。为了防止活塞杆上未刮净的油形成油膜沿活塞杆进入气缸、在活塞杆上套一个橡皮挡油圈以挡住油膜去路。

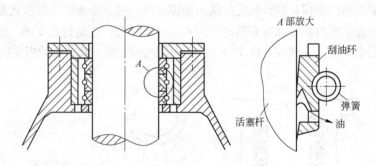

图7-25　ZY-33/30 型氧压机刮油器

填料函和刮油环也是易损件，需有备件以备检修时使用。

7.6.1.3　气阀

气阀是压缩机的重要部件，也是最易损坏的部件之一。它的质量好坏直接影响压缩机的运转可靠性、排气量与功率消耗。活塞式压缩机的气阀采用自动阀，它的开启与关闭是依靠活塞在吸气、排气过程中造成的阀片两边的压差来实现的。

图7-26 表示环状阀在进气过程中的开启情况。活塞向内止点运动而使气缸内压力低于进气管道中压力。当所造成的压差 Δp 足以克服弹簧 p_{sp} 与阀片及弹簧的惯性力 p_m 之和时，阀片打开而气体开始进入气缸内。此后阀片继续开启并贴到升程限制器上，气体继续进入气缸内。当活塞将达内止点时，其速度急剧降低，作用在阀片上的气流动压也变小了，当它小于全开启状况的弹簧力时，气阀就开始关闭，并最终落到阀座上而完成一个进气过程。排气阀的启闭道理相同。对气阀的要求是：

（1）寿命长；

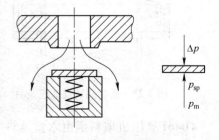

图7-26　环状进气示意图

（2）阻力小；

（3）不漏气；

（4）余隙容积小。

无润滑氧压机的气阀目前国内外使用的大致有下列三种：

（1）环状阀。环状阀是压缩机中应用最广的气阀。图 7-27 所示为 ZY-33/30 氧压机的Ⅱ级进气阀。环状阀的阀片是环状的，形状简单，加工容易，可以套料。环状阀片的起落依靠升程限制器上的凸台导向。凸台在圆周上有 3～4 处。凸台与阀片内外圆间有较大间隙，以保证起落顺利不会卡死。环状阀的阀座有几个同心的环形通道，靠径向筋条连接，气体即由环形通道流过。升程限

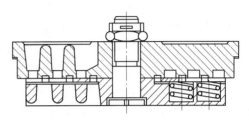

图 7-27　氧压机二级进气阀

制器的结构与阀座相似，它的作用是限制阀片升起高度，并作为气阀弹簧的支座。气阀的阀座与升程限制器用双头螺栓或螺栓以及开口销的冕形螺母固紧，防止松动。气阀的紧固机构很重要，如发生松动而致升程限制器落入气缸，会造成重大事故。气阀弹簧一般用圆柱形弹簧。图 7-27 所示的进气阀，用两圈八个弹簧顶住三圈阀片。这样，弹簧直径较大。相应的钢丝直径较粗，不易折断，寿命较长。其缺点是各圈阀片上的弹簧力不大一致。此氧压机气阀阀片厚为 1.2mm。在靠弹簧的一面有厚度 0.8mm 的缓冲片。缓冲片的作用是缓和阀片对升程限制器的冲击，而且由于阀片不与弹簧接触，阀片就可翻面使用。环状阀用于无润滑氧压机要解决两个问题：材料的抗腐蚀问题：ZY-33/30 氧压机的环状阀阀片及缓冲片材料为 3Cr13 不锈钢，弹簧钢丝材料是 50CrVA，表面镀镍防锈，阀座及升程限制器用 QT50-1.5 稀土镁球铁经抗蚀氮化处理。

（2）导向凸台的摩擦问题。环状阀片依靠升程限制器上的凸台导向起落，并可能有旋转运动。在无润滑条件下凸台的导向面较易磨损，造成与阀片的间隙过大，使阀片不能对准座上的密封面。由于升程限制器材料采用耐磨的球铁，并经氮化处理，提高了表面硬度，这个问题也基本上得到解决。

（3）网状阀。网状阀工作原理与环状阀相同，它相当于将环状阀的各环阀片以筋条连成一体。图 7-28 与图 7-29 分别为网状阀阀片和网状阀缓冲片，它们本身具有弹性，在从中心数起的第二圈上，一方面将径向筋条铣出一个斜切口，另一方面在很长弧度内铣薄。阀片中心圈被夹紧在阀座与升程限制器之间，阀片的外面各圈是起密封作用的部分，能同时上下起落。网状阀片加工困难，应力集中处较多，容易损坏，所以以往国内使用较少。

图 7-28　网状阀阀片

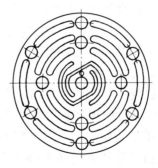

图 7-29　网状阀缓冲片

但近年来有的制造厂开始用电加工方法制造网状阀片，效率大大提高。阀片中心夹紧的网状阀，阀片不需导向，没有摩擦，因此是适合无润滑运转的。国外无润滑压缩机一般都采用此种网状阀结构，杭州制氧机厂生产的氟塑料密封氧压机也采用网状阀。

7.6.1.4　气缸

气缸是压缩机的一个重要部件。气体的压缩直接在气缸内进行。它除了提供气体在其中压缩的工作容积外，还包括进气、排气的气流通道，进排气阀、填料的安装及密封结构，以及冷却水套等等。因此气缸的结构较复杂，一般中低压气缸都用铸铁制造。

图 7-30 所示为 ZY-33/30 氧压机的 Ⅰ 级气缸。它主要由气缸体、气缸盖及气缸座三大件组成。上部气阀布置在气缸盖上，下部气阀布置在缸体两侧，进排气管口分别在两侧的端面上。气缸体内装湿式气缸套，缸套的外圆直接与冷却水接触，冷却效果较好。缸套与气缸体的水套间有上下两道共四圈橡胶"〇形环"密封。缸套用 38CrMoAlA 氮化钢制造。经氮化处理，硬度在 HRC70 左右，耐磨抗腐蚀。工作镜面并经超精加工（研磨）。在此气缸中，气阀直接用阀罩压住，阀罩与气缸体间也用橡胶"〇形环"密封，结构简单，密封良好。"〇形环"的密封依靠被密封介质的压力使"〇形环"变形，堵住密封部位的间隙。它的密封原理如图 7-31 所示。

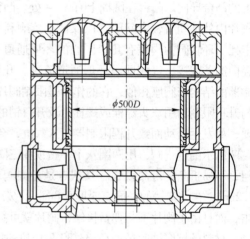

图 7-30　ZY-33/30 氧压机 Ⅰ 级气缸

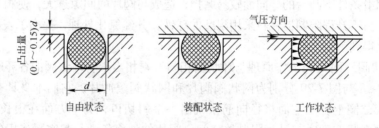

图 7-31　密封原理图

阀罩及缸套上的"〇形环"均用耐热的硅橡胶制造，在工作温度下不会老化。"〇形环"装拆时注意不要被锐边毛刺割破影响密封效果。

如图 7-30 所示，气缸盖上安装部分气阀，因而使气缸结构简单，但顶部气阀检修不便。气缸盖与气缸体间水道气道密封依靠一张面积很大的垫片（橡胶石棉板制）。为了保证压紧气缸盖，用了 16 个 M24 双头螺栓及螺母，装拆不方便。

在 2DY-61.7/30 型氧压机的 Ⅰ 级气缸的所有气阀全部侧置，布置在气缸的外圆上。气缸的缸盖结构简单，气阀的维修也方便。它的气缸用稀土球铁铸造而成，没有缸套，气缸镜面研磨后达 $Ra \leqslant 0.32 \mu m$。气缸为两层壁结构，没有气体流道及冷却水流道。

7.6.2 运动部件

曲轴、连杆、十字头是活塞压缩机的主要运动部件。它们把电动机经曲轴传入的扭矩转化为活塞的往复力，用以压缩气体。

7.6.2.1 曲轴

图 7-32 所示为 ZY-33/30 型氧压机的球墨铸铁曲轴。球墨铸铁具有强度较高、耐磨，对应力集中不敏感及良好的吸振性。

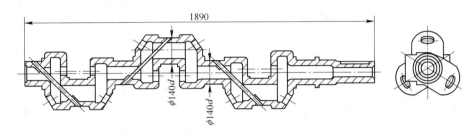

图 7-32   ZY-33/30 氧压机球铁曲轴

实际采用稀土镁球铁抗拉强度 70kg/mm^2 以上，硬度 HB260～300。

据统计，采用铸造球墨铸铁曲轴代替锻钢曲轴，材料消耗减少一半以上，加工工时节约 2～3 倍，降低成本 2～4 倍。因此，在我国中小型压缩机的曲轴采用球墨铸铁的很多，部分大型压缩机柴油机曲轴也有采用球墨铸铁的。

球铁的缺点是韧性较低，铸造时易产生疏松皮下气孔等缺陷。

ZY-33/30 氧压机曲轴有三个曲拐，曲拐夹角 120°，曲拐由主轴颈、曲臂及曲柄销（或称连杆轴颈）三部分组成。在四道主颈中，飞轮端的第一道主轴颈两侧有轴肩，是配止推轴瓦供曲轴轴向定位用的。各主轴颈及曲柄销直径的宽度均相同，为 $\phi140 \times 105$，经磨削表面粗糙度 Ra 应小于 $0.32 \mu\text{m}$。轴颈两侧有较大的圆角以减小应力集中系数。主轴颈与曲柄销间钻孔，插入 $\phi10 \times 1$ 黄铜输油管，以供油润滑连杆十字头。铜管两端是用黏结剂黏结的。曲轴两端曲臂的下方，各装平衡铁一块，以平衡运转中产生的力矩。铸造的空心曲拐，不但减轻重量，而且大大提高曲轴疲劳强度。

对称平衡型压缩机的曲轴结构的特点是在相对两列的曲拐（相差 180°）之间，没有主轴颈，而是由曲臂直接连在一起的。第一对列与第二对列之间的主轴颈长度较长，以保证有足够的列间距离布置气缸。对称平衡型压缩机的曲轴是锻钢的。

7.6.2.2 连杆

图 7-33 所示为 ZY-33/30 型氧压机的连杆，杆身用球铁铸造，工字形断面。大头瓦是巴氏合金薄壁瓦结构，带调节垫片，尺寸与主轴瓦相同。它的钢背上铣有两个圆弧形缺口，供穿过连杆螺钉用。连杆大头的剖分面靠四只销钉定位。小头铜套是薄壁多油槽结构。连

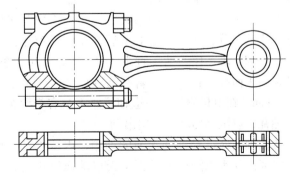

图 7-33   ZY-33/30 氧压机连杆

杆螺钉的断裂大多是由于疲劳破坏，会造成重大事故。因此，连杆螺钉杆身颈部直径缩小，以增加柔性，提高疲劳强度。由于连杆螺钉不起定位作用，所以杆身光滑无台肩。

7.6.2.3　十字头

压缩机十字头的结构形式很多。在滑动工作部分有整体结构的与可拆换的滑板，十字头销有浮动式的和固定式的。在与活塞杆的连接方面，更有多种不同的螺纹联结形式。整体滑板带浮动销的十字头结构简单，重量轻，在中小型压缩机上得到广泛采用。

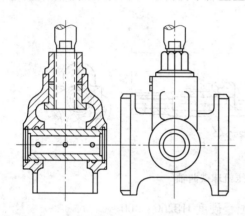

图 7-34　ZY-33/30 氧压机十字头

图 7-34 所示 ZY-33/30 氧压机的十字头，它是整体滑板结构的。这种结构的十字头外圆磨损后，无法调整十字头间隙，为此，在设计上采用较低的比压。十字头外圆经磨削，粗糙度、精度较高。小头滑道（套筒）内圆经珩磨加工，从而保证十字头有较长的磨损寿命。浮动式十字头销与十字头体的配合有间隙，因此在连杆小头作摆动运动时，销子可在十字头的销孔内缓慢转动，这样十字头销的磨损较均匀。十字头销的内孔是润滑油的通道，由连杆小头铜套来的润滑油，经销子上的排孔进入销子内孔，再经滑油孔进入十字头滑板工作面进行润滑。

十字头与活塞杆的连接用一个螺套及一个螺母拧紧。装配时气缸余隙可在此处调节。

4B46F 氧压机的十字头带可分式滑板，滑板表面并挂有巴氏合金，滑板下带调节垫片，以调节十字头间隙。十字头销是固定式的，两端带锥度，与十字头联结，一端用螺栓拉紧。

7.6.3　机身

立式压缩机的机身结构比较简单。图 7-35 表示 ZY-33/30 氧压机的机身，主要由上部机身及下部曲轴箱两部分组成。机身上部法兰面与气缸连接，中部装入可拆卸的筒形十字头滑道——套筒。此套筒经单独加工珩磨，粗糙度、精度可以达到较高的要求。机身与下部曲轴箱用螺栓连接，并有锥销定位。曲轴箱的两端墙板及两中间墙板上装有四个主轴承的轴承座。轴瓦是汽车柴油机所用的薄壁瓦。瓦背与轴承座、轴承盖的贴紧压力是依靠轴瓦半圆高出轴承座的部分，在轴承盖上紧后被压缩而产生的。为了便于修理，轴承座及轴瓦的部分面上有垫片可调整间隙。轴瓦内表面挂巴氏合金，直径 $\phi140$，与曲轴间隙 $0.1 \sim 0.13\text{mm}$。在电机侧的第一道轴承座上装有带两个止推边的轴瓦，以限制曲轴的轴向窜动。

曲轴箱底部是存润滑油的油箱，内装冷却蛇管。夏天可通冷却水以降低油温，冬天启动压缩机时，可通蒸汽首先加热润滑油。

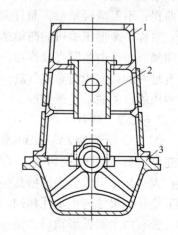

图 7-35　ZY-33/30 氧压机机身
1—机身；2—十字头滑道；3—曲轴箱

对称平衡式压缩机机体由曲轴箱及中体两部分组成。为了吊装曲轴，曲轴箱一般制成上面开口的匣型结构。曲轴箱的两侧板上借凸台定位，与中体法兰连接。对称平衡型曲轴箱的两侧板同时受交变的拉压载荷，因此需在主轴承上方的开口部分加装拉压杆装置，同时在侧板上及曲轴箱底部配置足够数量的加强筋，以提高刚性。

7.6.4 润滑系统

无润滑压缩机的润滑系统仅供运动机构的润滑，主轴承、曲柄销、十字头销和十字头导轨等摩擦表面的润滑。润滑的目的除了减少摩擦功、降低磨损外，还起冷却摩擦面以及带走摩擦下来的金属微粒作用。运动机构的润滑，一般用 30 号、40 号、50 号等牌号的机械油。或者新牌号的 DAA68、DAA100 润滑油。新牌子润滑油在高温下不易积炭。

中小型压缩机的润滑系统的油泵，过滤器、冷却器等装在压缩机内部，油泵由曲轴带动。图 7-36 所示 ZY-33/30 型氧压机的润滑系统即是这种类型。

它的齿轮油泵装在曲轴箱上，油泵的轴头插入曲轴端部一端盖的槽内，由曲轴带动旋转。润滑油经浸沉在曲轴箱油面下的铜丝网过滤器过滤后被油泵吸入。油泵出口油管并联通往四个主轴承，再经曲轴上的油管润滑各曲柄销，最后到达十字头滑板工作面。各润滑点返回的润滑油，落

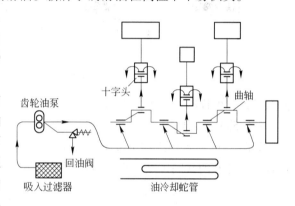

图 7-36　ZY-33/30 型氧压机润滑系统图

入曲轴箱油池内。油池内装有蛇管式油冷却器，用以降低油温。冬季启动油压过高时，还可以往蛇管内通蒸汽加热润滑油。油泵出口端设有回流阀，当油压过高时顶开回油。ZY-33/30 氧压机的润滑系统结构简单、紧凑。但由于油泵由曲轴传动，不能在压缩机启动前开动油泵，因此在较长时间停车后，启动前需由人工在十字头、主轴承、曲柄销等处注油润滑。另外，它的过滤装置过于简单，只有一道吸入滤网，压出端没有细滤及精滤器，因而是很不完善的。过滤效果不好，对运动部件的磨损有很大的影响。较大型的压缩机往往设单独的油泵。油泵由电机传动，它与油冷却器、过滤系统、回油阀和油箱等组合在一起。

7.6.5 冷却系统

活塞式压缩机的冷却包括气缸冷却、级间冷却及某些压缩机的最终排气的后冷却。冷却方式分为风冷和水冷。空分装置所采用的活塞压缩机全都采用水冷方式。

水冷却系统一般分为串联式、并联式和混联式。

7.6.5.1　串联式

图 7-37 是两级压缩机的串联式冷却系统。冷却水先进入中间冷却器，而后再进入一级气缸水套，接连进二级气缸水套，最后进入后冷却器。串联式的冷却系统简单，但又适用于两级压缩，因为级数多时，后面各级的冷却效果渐次变差。

7.6.5.2　并联式

其系统见图 7-38，由图可见，冷却水分别同时通入各冷却部位，可以方便地调节各部

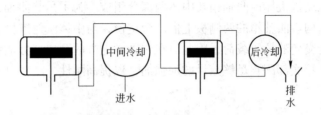

图 7-37　串联式冷却系统

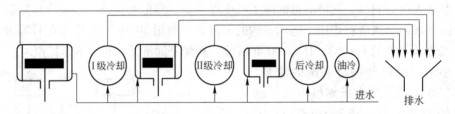

图 7-38　并联式冷却系统

位水量，以保证冷却效果。它适用多级压缩机。

7.6.5.3　混联式

如图 7-39 所示，冷却水先通入中间冷却器，然后同时进入各气缸水套。显然此系统具有串、并联的共同优点，它的应用不受级数限制。

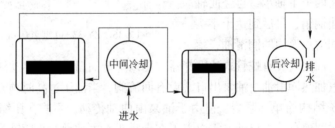

图 7-39　两级混联式冷却系统

7.6.6　无油润滑氧压机结构特点

氧气的化学性质活泼，非常容易与其他物质产生氧化反应。氧气还有助燃性与可燃气体按一定比例混合时易发生爆炸。各种油脂与压缩的氧气相接触，一旦温度超过燃点，将会发生燃烧。为了保证氧压机的安全运行，对氧压机的结构有以下要求：

（1）排气温度比空压机低，所以氧压机的级数相对较多。如终压为 3MPa 的氧压机，采用四级压缩。

（2）气缸内采用水润滑或无油润滑。

（3）活塞杆加长 1~1.5 倍，以避免润滑油进入气缸。

（4）有密封性好的刮油装置。其装置由刮油环和挡油板组成，阻止油及油雾从曲轴箱漏出。

（5）有漏气回收装置，严防氧气外漏。

（6）凡与氧气接触的零部件，均采用不锈钢（3Cr13）、铜合金或铝合金等抗氧化不易产生火花的材料制造。

无油润滑氧压机采用聚四氟乙烯塑料代替金属制造密封件（活塞环及填料密封圈）从而氧压机的结构与普通压缩机的结构有所不同。这是因为聚四氟乙烯的材料特点所造成的。它的特性有：

（1）摩擦系数低，只有 $0.02 \sim 0.10$，适用于干摩擦工作。

（2）耐化学腐蚀性强。可以耐各种酸、碱腐蚀，因而被称之"塑料王"。

（3）比较耐温。一般可在 $-80 \sim 200℃$ 的温度下工作。有时可用于 $-200 \sim +25℃$ 低温。在常压下 $300℃$ 时开始软化，$320℃$ 变成透明胶状物，到 $400℃$ 开始气化分解，放出有毒的含氟气体，$450℃$ 升华为气体。

（4）吸湿系数小。吸水率只有 0.01%。

氟塑料的主要缺点为：

（1）线膨胀系数大，约为铸铁的 $10 \sim 20$ 倍。

无填充料的纯氟塑料的线膨胀系数：

$$20 \sim 60℃ \quad \alpha = 10 \times 10^{-5}(1/K)$$

$$100 \sim 200℃ \quad \alpha = 20 \times 10^{-5}(1/K)$$

而灰铸铁的膨胀系数：

$$20 \sim 200℃ \quad \alpha = 9 \times 10^{-6}(1/K)$$

（2）导热能力差。热导率不到铸铁的 $\dfrac{1}{100}$。

氟塑料：
$$\lambda = 0.465W/(m \cdot K)$$

铸　铁：
$$\lambda = 62.8W/(m \cdot K)$$

（3）固态变形。在不到软化温度（$300℃$）时，随着温度、压力的增高，会发生塑性变形，导致密封件的破坏；

（4）机械强度差，硬度低，弹性小。为了克服氟塑料的上述缺点，在压制活塞环、填料密封圈时，必须在塑料中加入各种填充料，以提高其机械强度、耐磨性、尺寸稳定性及导热能力。常用的填充材料有：

耐磨剂：玻璃纤维或二氧化硅粉（SiO_2）；

导热剂：纯铜粉或青铜粉；

润滑剂：石墨粉或二硫化钼粉（MoS_2）。

上述填充料的加入都同时起增加强度、硬度、弹性及减小膨胀系数的作用。各种填充料加入氟塑料的比例，视压缩机工作温度、压力以及气体性质等条件而定。

配方举例如表7-7（按质量分数）。

表 7-7　填充料比例

项　目	玻璃纤维/%	纯铜或青铜粉/%	二硫化钼/%	聚四氟乙烯/%
开封空分厂 ZY-33/30 氧压机	10～15	10～15	5	65～75
日本 4B46F 氧压机	15～25	—	—	75～85

氟塑料制品用烧结法制造。将粉末状聚四氟乙烯原料烘干，与填充料（粒度为 $30\mu m$ 左右）搅拌均匀，放入模子内用油压机加压（压力为 50MPa 以上）成形后，在电炉内预热。逐步升温至烧结温度 380℃，保温烧透后出炉。然后再重新装入模子内用油压机补压一次，使尺寸准确。冷却后即成坯料，经机械加工后即为成品。

由于使用氟塑料密封件及压缩介质氧气的要求，氟塑料氧压机在结构上有下列特点：

（1）膨胀间隙。塑料活塞环及填料密封圈的端面间隙必须保证在工作温度下不致膨胀卡死。因此，比相应金属件的间隙大得多，须按塑料件的实际配方及工作温度、零件的实际尺寸试验测定。

（2）活塞及活塞环结构。由于塑料强度低，活塞环断面尺寸较金属环加大。断面一般是方形的。为了保证环在气缸镜面上的预压力，一般塑料环内衬有金属弹力环。近年来经过试验证明，塑料环在保证压制质量的情况下本身具有一定的弹性，因此，金属弹力环可以取消。氧压机 ZY-33/30 型等均已取弹力环，工作正常。为了避免活塞在干摩擦情况下与气缸接触，发生氧气爆炸危险，活塞上要增设支承环或导向环，以托起活塞不使与缸壁摩擦；同时活塞与气缸的间隙也较一般有润滑压缩机为大（一般间隙为缸径的 $\frac{1}{100}$ 左右）。活塞的材质最好用有色金属，这样万一发生摩擦时不致发生火花。

（3）材质。由于氧气对金属有一定腐蚀性，因此，接触氧气的部件应用防锈材料或作防锈处理。如活塞杆用不锈钢；氧阀阀片弹簧用不锈钢；气缸及阀体最好用抗腐蚀性的合金铸铁铸造。

（4）加强冷却。由于塑料环导热能力差，摩擦面上的热量不易传出，使表面温度升高。在高温下环的磨损加速，并有塑性变形的危险。因此，气缸及填料函部分要加强冷却，尽可能降低工作温度。

（5）活塞杆刮油问题。要有完善的刮油器，保证运动机构的润滑油不沿活塞杆进入气缸与氧气接触。为此，刮油环必须与填料分开，中间相隔一定距离（一般为行程的 1.5 倍左右）。因此，无润滑氧压机的活塞杆要长些。

（6）气阀。无润滑压缩机气阀在干摩擦条件下工作，阀片弹簧的使用寿命下降，泄漏也要大些。

7.7　排气量调节

设计的排气量往往是用气系统的最大排气量。系统的排气量可能会发生变化，当用气量小于排气量时，排气压力会不断升高，这是因为活塞式空压机的排气量不会随背压的升高而自动降低。所以，下面有必要将排气量调节的方法加以介绍，排气量的调节方法主要有转速调节、管路调节、吸气阀调节、辅助容积调节。

7.7.1　转速调节

转速调节分连续式和间断式调节两种。

（1）连续变速调节。当活塞式压缩机用可变转速驱动机，如内燃机、直流电动机、三相交流整流子电机时，改变转速、降低单位时间的循环数，来达到减少排气量的目的。

连续变速调节优点为：压缩机不需增设专门的调节机构。在降低排气量时，压缩机耗功成比例地减少，调节的经济性好。这种调节方法简单可靠。但是受驱动机的限制，一旦驱动机的转速低于额定转速，效率将下降，经济性会降低。

（2）间断地停转调节。当压缩机采用不可变速的驱动机驱动时，采用压缩机停机办法调节气量。这种调节的实施，在压缩机后必须设置储气罐。储气罐压力升高超过规定上限时，压力继电器切断驱动机电源，驱动机停转，于是储气罐压力下降，当压力降至规定下限时，压力继电器接通电源，压缩机启动。

这种方法易于自动控制，停机时不耗功，经济性好，但频繁启动，启动时动力消耗大，且增加零部件的磨损。

7.7.2 管路调节

管路调节包括切断吸气调节、进气节流调节以及回流调节。

（1）切断吸气调节。这种调节要设置专门阀门切断吸气管路使排气量为零。此时虽然空压机仍然在运转但不吸气，所消耗的指示功只为正常工况指示功的2%～3%。

这种调节方法的缺点是气缸内的气体温度过高，容易引起润滑油热分解，还有可能从活塞环处吸入空气及润滑油，所以氧压机是绝对不能采用此种方法调节气量。

（2）节流吸气调节。在压缩机的进气管路上装节流阀，使吸入气缸的气体节流降压，减少排气量。这种调节方法简单易行，可实现无级调节，但是节流调节，气体功耗增大，压缩机的效率降低，很不经济。

（3）回流调节。回流调节即吸、排气管连通调节。将吸、排气管连通加装旁通阀门。当需要降低供气量时，打开旁通阀，将排气的一部分返回吸气管。这种调节部分气体在吸、排气管路中形成封闭循环流动，并在经过旁路阀时被节流。它可以使排气量在100%到0的范围内进行分级或连续调节。

此方法调节方便，但因气体反复压缩，功耗会增加，且节流阀受到高速气流冲击，而易于损坏。制氧机所配套的活塞氧压机，鉴于不能浪费氧气以及安全问题，多数采用回流调节。

7.7.3 顶开吸气阀调节

在空压站的活塞式空压机上常装设有卸载装置，这就是顶开吸气阀的装置。顶开吸气阀调节有全行程和部分行程顶开吸气阀之分。全行程顶开吸气阀调节是借助卸载装置的压叉使吸气阀的阀片在压缩机工作循环的全行程中始终处于开启状态，机器空转排气为零。

部分行程调节是在压缩工作循环的部分行程中顶开吸气阀，当活塞运行到预定位置时，吸气阀恢复工作状态。

在全行程调节中，当一级气缸设置多个吸气阀时，也可以顶开其中一个或几个以获得分级调节效果。

这种调节方法操作方便，设备简单。因为依靠卸载装置的弹簧力驱动压叉顶开阀片，所以调节的稳定性较差。

7.7.4 辅助容积调节

每台活塞式压缩机都有固定的余隙容积，辅助容积调节即是再增设辅助余隙容积。调节时将辅助容积与余隙容积接通，使余隙容积增大，余气膨胀影响增强，吸气量减少，达到调节排气量的目的。其示意图见图7-40。

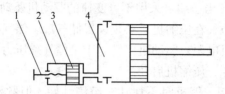

图7-40　调节排气量的辅助容积
1—螺杆；2—小气缸；3—小活塞；4—气缸

此调节方法方便可靠，只是调节范围小，辅助容积所占的空间又大，故多用于高压力比的压缩机。

8 离心式压缩机

8.1 离心式压缩机概述

与活塞式压缩机相比，离心式压缩机有下列优点：

（1）结构紧凑，尺寸小，排气量大，机组重量轻，原材料消耗少；

（2）没有气阀、填料、活塞环等易损件，连续运转周期长；

（3）在转子与定子之间，除轴承和轴端密封之外，没有接触摩擦的部分，气缸内不需要油润滑，所以加工空气中不带油；

（4）供气连续、稳定，无循环脉动。

主要缺点为：

（1）稳定工作范围较窄，一旦偏离设计工况，效率降低，甚至发生故障，也就是可调性相对较差；

（2）在高速、高温下旋转的叶轮和轴，要求用高级合金钢制造，而且制造工艺要求高。

我国离心压缩机的型号规定如图 8-1 所示。

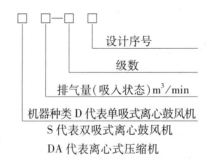

图 8-1 离心式压缩机型号说明

3200m³/h 制氧机配套的空气压缩机的型号为 DA350-61，即离心压缩机，排气量 350m³/min；6 级压缩，1 型设计。

离心压缩机适用于排气量较大、压力较低的场合。随着金属材料性能的提高和机械加工技术的发展，离心压缩机正向高压力、大流量、高转速、大功率的方向发展。目前采用钛合金叶轮，叶轮圆周速可达 400m/s，压缩机的转速达到 20000 ~ 25000r/min，最大流量可达 $500 \times 10^3 m^3/h$，最大功率为 50 ~ 60MW。

大、中型制氧机所配套的空压机全部为离心式。氧气、氮气压缩机有的也采用离心式。

离心压缩机按结构大致可分为：水平剖分型、垂直剖分型（筒型）、等温型，如图 8-2

所示。水平剖分型是机壳剖分成上、下两部分，制氧装置所配套的空气压缩机多数采用此种类型。筒型抗内压能力强，对温度和压力所引起变形也比较均匀，用在压力较高的化工循环机上。近年来制氧行业已开始采用等温型空气压缩机。这种压缩机的冷却效果较好，因此等温效率较高，而且叶轮双轴对称布置，也有利于提高效率，也就是可以在较小的动力消耗的情况下进行高效的压缩。

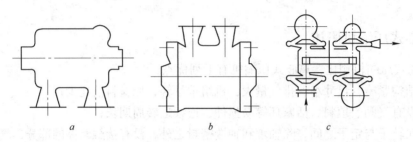

图 8-2　离心压缩机类型

a—水平剖分型；b—筒型；c—等温型

8.2　基本参数及基本方程式

8.2.1　级及段

离心压缩机之所以能够提高气体的压力，是因为气体在叶轮高转速的带动下（6000～20000r/min），气体产生很大的离心力和很高流速。离心力使气体的压力增高，高速度则使气体的动能增加，气体从叶轮四周甩出后进入扩压器，气体的流速降低，使动能转化为压力能。进一步提高了气体的压力。单级离心压缩的升压约为进口压力的 1.3～2 倍。为了获得所需压力，就必须采用多级离心压缩。

所谓压缩机的"级"，由一个工作轮及其配套的固定元件所组成。依固定元件的不同，级的结构可分为中间级与末级两种。图 8-3 为中间级结构图。它由工作轮、扩压器、弯道、回流器组成。气体从中间级流出后，将进入下一级继续压缩。而末级是由工作轮、扩压器及蜗壳组成，也就是蜗壳取代了弯道和回流，有的还取代了级中扩压器，从末级排出的气体进入排气管。

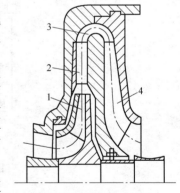

图 8-3　中间级结构图

1—工作轮；2—扩压器；

3—弯道；4—回流器

当压缩机的压比超过 4 时，为了节能以及避免压缩终了的压力过高，并且使压缩机各级压力比较均衡，因此将气体压到某一压力，引到冷却器进行冷却，而后继续压缩，这样依冷却的次数多少离心压缩机又分成几段。一段可以包括几个级，也可仅有一个级。

8.2.2　主要元件的作用

8.2.2.1　吸气室

吸气室的作用是将所需压缩的气体，由进气管或中间冷却器的出口均匀地吸入工作轮中去，一般有轴向、径向、径向环流式，见图8-4。

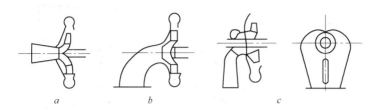

图 8-4 吸气室结构

a—轴向；b—径向；c—径向环流

8.2.2.2 工作轮

工作轮也称为叶轮，它是压缩机中的一个最重要的部件。气体在工作轮叶片的作用下，跟着工作轮做高速旋转。气体受旋转离心力的作用，以及在工作轮里的扩压流动，使气体通过工作轮后的压力得到了提高。此外，气体的速度也能同样在工作轮里得到提高。因此可以认为工作轮是使气体提高能量的唯一部件。

8.2.2.3 扩压器

气体从工作轮流出时，具有较高的流动速度。为了充分利用这部分速度能，常常在工作轮后设置了流通截面逐渐扩大的扩压器，用以把速度能转化为压力能，以提高气体压力。

8.2.2.4 弯道与回流器

为了把扩压器后的气体引导到下一级工作轮去继续提高压力，在扩压器后常常设置了使气流拐弯的弯道，以及把气体均匀地引入下一级工作轮进口的回流器。

8.2.2.5 蜗壳

蜗壳的主要目的是把扩压器后面或工作轮后面的气体汇集起来，把气体引到压缩机外面去，使它流向气体输送管道或流到冷却器去进行冷却。此外，在汇集气体的过程中，在大多数情况下，由于蜗壳外径的逐渐增大和流通截面的渐渐扩大，气流起到一定的降速扩压作用。

图8-5为离心压缩机简图，从图中可以直观地看出，工作轮、扩压器以及蜗壳之间的配合。

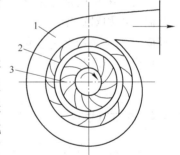

图 8-5 离心压缩机简图

1—蜗壳；2—扩压器；3—工作轮

8.2.3 主要参数的表示法

因为离心压缩机的工作原理是要讨论气体在通流部分中的流动情况以及如何提高气体的压力，所以主要参数有3部分，其一流动参数，包括气体的绝对速度c，在工作轮上可观察到的相对速度w，工作轮转动的圆周速度u。其二热力参数，包括工质的温度T、压力p、焓值h。其三几何参数，如叶型、轮径等。

图8-6是离心压缩机级内气体参数变化简图，从中可以明显地看出各通流部分的作用。

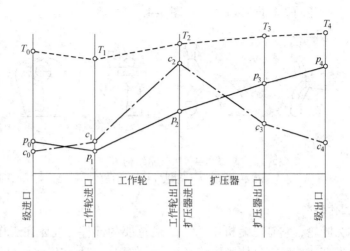

图 8-6   压缩机级气体参数变化

    热力参数和热力过程，在热力学基础知识中已经叙述，一般可以应用焓-熵图（h-s 图）或者温-熵图（T-s 图）。离心压缩机大体上可视为稳定流动，其理想过程是等熵过程。

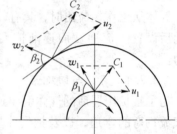

图 8-7   叶轮进、出口速度三角形

    流动参数速度是有方向性的，所以用向量来表示。为了清楚地表示气体运动时圆周速度、相对速度和绝对速度之间的关系，我们通常将它们画成一个速度三角形，如图 8-7 所示。

    离心压缩机通常还采用气流角度来表示气流速度的方向。如相对速度与该点转动切向反方向（圆周速度反向）的夹角命名为 β 角，见图 8-7 的 β_1 和 β_2 角。

    速度三角形及气体的 h-s（或 T-s）图是分析离心压缩机工况的常用工具，应予以熟练掌握。

8.2.4   基本方程式

    离心压缩机的工作原理及流体参数的变化规律是建立在某些热力学和流体力学方程式运用的基础之上的。主要的方程式有连续方程、动量矩方程及能量方程。

    8.2.4.1   连续性方程

    压缩机任意两个通流截面上质量流量 G 是不变的。数学表达式为：

$$G = r_1 c_{1n} A_1 = r_2 c_{2n} A_2 \tag{8-1}$$

式中 r_1，r_2——分别为截面 1，截面 2 气体的密度；

       c_{1n}，c_{2n}——分别为垂直截面 1、2 的气流法向分速度；

       A_1，A_2——截面 1、2 的面积。

    因为体积流量 Q 等于法向分速度乘以截面积，因而式（8-1）亦可写成：

$$G = r_1 Q_1 = r_2 Q_2 \tag{8-2}$$

    又由于质量体积是密度的倒数，所以亦可变形为：

$$G = \frac{c_{1n}A_1}{v_1} = \frac{c_{2n}A_2}{v_2} \tag{8-3}$$

当同一截面上各点的气流速度、密度为变化值时，其式（8-1）的积分式为：

$$G = \int_{A_1} r_1 c_{1n} dA_1 = \int_{A_2} r_2 c_{2n} \cdot dA_2 \tag{8-4}$$

连续性方程实质是物质不灭定律在此处的体现。应用连续性方程可以决定离心压缩机的流量以及通流面积的大小。

8.2.4.2 能量方程

根据能量守恒定律，在稳定流动中，如果忽略了位能的变化，那么对于单位质量气体而言，外力对气体所做的功减去气体向外界所传出的热量等于气体的焓值增加和气体流动的动能变化之和。可写成：

$$AW \pm Q = (h_2 - h_1) + A\frac{c_2^2 - c_1^2}{2g} \tag{8-5}$$

式中　W——外界对气体所做的功；

　　　Q——气体与外界的热交换；

　　　A——功的热当量；

　h_1，h_2——分别为截面1、2处气体焓值；

　c_1，c_2——分别为截面1、2处气流速度。

当气体与外界无热交换时，对于离心压缩机的级进出速度相等，则：$AW = h_2 - h_1$，这表明只要确定级的进、出口焓值，即可求出工作轮所做的功。

对于固定元件而言，因无外功，而气体与外界热交换也认为零时，式（8-5）为：

$$h_1 + \frac{c_1^2}{2g} = h_2 + \frac{c_2^2}{2g}$$

这时，可以通过气体速度，得出焓值；当然得知气体的状态，也就可以知道气体在通流截面上的温度。总而言之，利用能量方程可以确定离心压缩机各通流截面上的气体状态参数。

8.2.4.3 动量矩方程

离心压缩机是靠转子转动而向气体做功的。转动就要涉及到动量矩定理。对于稳定的开口体系而言，对体系作用的所有外力矩的总和等于单位时间内进、出该体系的动量矩之差。其数学表达式为：

$$M_z = \frac{G}{g}(C_{2u}r_2 - C_{1u}r_1) \tag{8-6}$$

式中　M_z——工作轮给气体的扭矩；

　　　G——气体的质量流量；

　　　g——质量加速度；

　C_{2u}，C_{1u}——分别为截面1、2处气体的绝对速度在切向方向的分速度；

　r_1，r_2——分别为截面1、2到轴心的平均半径。

动量矩方程揭示了转子转动的扭矩与气体流速变化的关系。

8.2.5 音速及马赫数

气体在离心压缩机内高速流动，显然密度是在不断地变化。密度在流动中有明显变化时称为压缩流。此时会产生冲击波，造成较大的压力损失；如果冲击波增强，就会产生冲击失速，于是通道变窄，导致"气塞"。密度随压强的变化率与音速有密切的关系。

音速是微弱压强的传播速度，通常用符号 a 来表示。它与密度随压强的变化率的关系为：

$$a^2 = \frac{\mathrm{d}p}{\mathrm{d}\rho} \tag{8-7}$$

音速很快，可以认为它的传播过程为等熵过程。对于理想气体而言：

$$\frac{p}{\rho^K} = 常数，\quad p = GRT = \rho gRT$$

因此，

$$\frac{\mathrm{d}p}{\mathrm{d}\rho} = \frac{Kp}{\rho} = KgRT$$

由式（8-7）可以得出理想气体的音速公式：

$$a = \sqrt{\frac{Kp}{\rho}} = \sqrt{KgRT} \tag{8-8}$$

式中　K——气体的绝热指数；

R——气体常数；

g——质量加速度；

p——压力；

ρ——密度。

当气体的流速远远小于音速时，气体的密度相对变化很小，甚至可以忽略不计。由于密度几乎不变，此气流为不可压缩气流。但是，在气流速度与音速相比是可观的情况下，气体密度、温度、压力的相对变化都较大，此时气体为可压缩流。可见，气体的流动状态与流动速度与音速之比有关。

在气体动力学中的一个重要参数称为马赫数，用符号 M 表示。它是气流速度 c 和气体音速 a 的比值。即：

$$M = \frac{c}{a} \tag{8-9}$$

式中　c——气流速度；

a——音速。

在给定介质的情况下，叶轮的转速越高，则马赫数越大。马赫数的变化会对离心压缩机的性能有较大的影响。在离心压缩机设计时，限制叶轮圆周速度，其马赫数不超过0.9，以防"气塞"现象的发生。

8.3 离心式压缩机的工作原理

8.3.1 叶轮的构造与工作原理

叶轮是离心压缩机对气体做功的唯一元件。气体在工作轮中流动，其压力、流速都增加，同时气体的温度也升高。

叶轮也是决定离心压缩机性能的关键元件，因此需要满足如下要求：

（1）叶轮应对流过气体传递较多能量，以使气体在叶轮内获得较大的动能和压力能；

（2）在叶轮流动时，各种能量损失较小；

（3）叶轮出口参数值适当，以保证在扩压器或排气室内能量损失较小；

（4）叶轮的结构、热力、流动参数为最佳值，为提高效率和工况稳定创造条件。

8.3.1.1 叶片

叶片带动气流旋转，向气体传递能量。叶片形式见图 8-8。

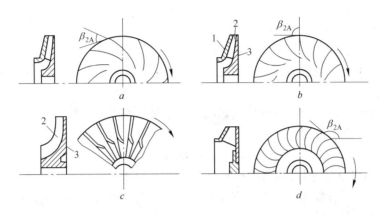

图 8-8 叶轮的叶片

a—后弯叶片；*b*—径向曲叶片；*c*—径向直叶片；*d*—前弯叶片

1—轮盖；2—叶片；3—轮盘

图中 *a* 为后弯叶片。叶片的弯曲方向与叶轮旋转方向相反。如果将叶轮叶片出口处的切线方向与叶轮圆周切线方向的夹角称为安装角，记为 β_{2A}，则后弯叶片 $\beta_{2A} < 90°$。

径向叶片，叶片出口方向与半径一致，即 $\beta_{2A} = 90°$。它又有两种形式，图 8-8*b* 为径向曲叶片，叶片的流道基本上在旋转平面内，气流从叶轮的中央沿径向进入叶片流道。另一种气流在叶轮中央沿轴向进入逐渐转向径向，如图 8-8*c* 所示，称之为径向直叶片。

前弯叶片，叶片弯曲方向与叶轮旋转方向一致。即 $\beta_{2A} > 90°$。

从图 8-9 可以看出，后弯叶片式叶轮出口气体的绝对速度 C_2 以及圆周分速度 C_{2u} 比较小，前弯叶片最大，径向式叶片介于二者之间。

叶片组成的流道出口宽度 b_2 也是很重要的结构参数。b_2 太大会造成气流的速度沿宽度方向分布不均，引起涡流及其他能量损失，同时也影响叶轮强度。b_2 太小又会使气流的阻力损失太大。对后弯叶片式和前弯叶片式，应取 $b_2/D_2 = 0.025 \sim 0.05$；径向叶片式 $b_2/D_2 = 0.02 \sim 0.04$。D_2 是叶轮出口直径。

8.3.1.2 叶轮

叶轮也称为工作轮。凡是由轮盘、叶片、轮盖 3 部分组成的称之为闭式叶轮，如图 8-8*a*、*b*、*d* 所示。闭式叶轮的轮盖因中心开孔直径较大，故限制了叶轮旋转的

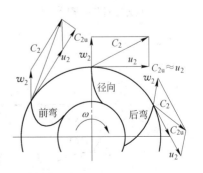

图 8-9 不同叶片型式时的
出口速度三角形

圆周速度，通常只能控制在320m/s以下，为了提高增压比，提高圆周速度是最有效的，此时应采用没有轮盖的半开式径向直叶片叶轮。半开式叶轮允许圆周速度为450～500m/s。但是，半开式叶轮气流在叶片与固定壁面间隙中泄漏较大，所以级效率较闭式叶轮为低。

8.3.1.3　叶片功

由式（8-6）动量矩方程式，叶片对质量1kg气体所做的功$L_{叶片}$应为：

$$L_{叶片} = \frac{M_2\omega}{m} = (C_{2u}r_2 - C_{1u}r_1)\omega = C_{2u}u_2 - C_{2u}u_1 \tag{8-10}$$

式中　ω——角速度；

m——质量；

u_1，u_2——分别为进、出口平均直径上的圆周速度。

利用式（8-10）可以很方便地计算出叶片对1kg气体所做的功，而不必顾及气体在工作轮内的流动情况。

依据能量守恒定律，叶轮对气体所做的功等于气体所得到的能量。用$h_{叶片}$表示1kg气体所获得的能量，名为能量头，则：

$$h_{叶片} = L_{叶片} = C_{2u}u_2 - C_{1u}u_1 \tag{8-11}$$

$h_{叶片}$又称为叶片功。因为前弯叶片的圆周速度u_2最大，所以叶片功也最大，后弯式最小，径向式居中。尽管如此，由于前弯叶片级效率较低，多数采用的仍是后弯叶片式。

离心压缩机，通常叶轮进口处气流的绝对速度与圆周速度的夹角$\alpha_1 \approx 90°$，故$C_{1u} \approx 0$，这样式（8-11）简化为：

$$h_{叶片} = C_{2u}u_2 \tag{8-12}$$

C_{2u}是出口处绝对速度C_2在圆周方向的分速度。它需要借助速度三角形来确定。在无限多叶片的情况下，图8-10出口速度为C_2'。这时，气体的流动路线必然和叶片形状完全一致，即工作轮出口处气流的相对速度方向与叶片出口安装角一致。而气体在有限叶片的实际工作轮中流动时，气体并不是完全沿着出口安装角方向流出，方向为C_2所示。

令$\varphi_{2u} = \dfrac{C_{2u}}{u_2}$为叶轮出口气流圆周分系数，简称周速系数。$\varphi_{2r} = \dfrac{C_{2r}}{u_2}$为叶轮出口气流径向分系数，简称流量系数。而$\Delta C_{2u} = \Delta w_{2u}$为圆周分速度变化，它表明气体在有限叶片所组成的流道中流动所产生的与叶轮旋转方向相反的轴向涡流所引起C_{2u}的减小。这是由于气体的惯性，加之气体的黏度又很小，当工作轮旋转时，气体不能紧跟工作轮一起旋转所产生的，其示意图见图8-11。

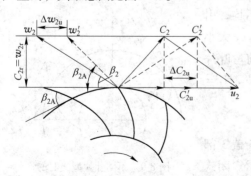

图 8-10　工作轮出口速度三角形

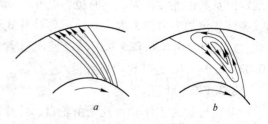

图 8-11　工作轮叶道中的气流流动

a—正常；b—涡流

ΔC_{2u}可以大致按照一个旋涡速度计算，其旋涡转速等于叶轮转速，旋涡直径等于工作轮叶道出口有效宽度，这时Δw_{2u}为：

$$\Delta w_{2u} = \frac{\pi n_{涡} D_{涡}}{60}$$

$$D_{涡} = \frac{\pi D_2 \sin\beta_{2A}}{Z}$$

所以
$$\Delta w_{2u} = \frac{\pi n_{涡}}{60}\left(\frac{\pi D_2 \sin\beta_{2A}}{Z}\right) = \frac{\pi D_2 n_{涡}}{60}\left(\frac{\pi}{Z}\sin\beta_{2A}\right)$$

$$= u_2\left(\frac{\pi}{Z}\sin\beta_{2A}\right)$$

式中　Z——叶片数；

$n_{涡} = n$——工作轮转速；

D_2——工作轮外径。

由于
$$\Delta C_{2u} = \Delta w_{2u} = u_2\left(\frac{\pi}{Z}\sin\beta_{2A}\right)$$

此时在实际叶轮里的叶片功为：

$$h_{叶片} = u_2 C_{2u} = u_2^2 \varphi_{2u}$$

$$h_{叶片} = u_{2u}^2\left(1 - \varphi_{2r}\cot\beta_{2A} - \frac{\pi}{Z}\sin\beta_{2A}\right) \tag{8-13}$$

现在只要知道下列 4 项数据即可得出叶片功。

（1）工作轮缘的圆周速度 u_2。显然，只要知道工作轮外圆直径 D_2 以及转速，即可确定；

（2）工作轮出口叶片的安装角 β_{2A}；

（3）工作轮的叶片数；

（4）工作轮的流量系数 φ_{2r}。

安装角 β_{2A} 的选取：

对于后弯式工作轮，它的安装角 β_{2A} 为：

水泵型工作轮　　　　　　$\beta_{2A} = 15° \sim 30°$

压缩机型工作轮　　　　　$\beta_{2A} = 30° \sim 60°$

叶片数 Z 的确定：

工作轮叶片用来使气体在工作轮旋转的条件下获得能量（压力能和速度能）。气体在叶道中流动时具有流动摩擦损失和扩压损失，而使压缩机的效率下降。为了减少上述损失，合理地选择叶片数是很必要的。在一般的情况下：

当 $\beta_{2A} = 15° \sim 30°$ 时，叶片数 $Z = 6 \sim 14$ 片；

当 $\beta_{2A} = 30° \sim 60°$ 时，叶片数 $Z = 12 \sim 28$ 片。

工作轮流量系数 φ_{2r} 的选取：

从工作轮叶片功公式（8-13）可以看出，对一般压缩机工作轮来说，随着流量系数 φ_{2r} 的增大，会使叶片功 $h_{叶片}$ 下降，这对于级的压力提高是不利的。反之，如果把流量系数

φ_{2r}取得太小，则工作轮叶道里的平均流速必然下降。这时叶道中的轴向旋涡的影响，会使叶道的气流产生倒流现象，级的性能恶化。所以对不同的工作轮选用适当的流量系数是十分重要的。

在一定的圆周速度 u_2 的条件下，为了保证工作轮叶道中有一定的平均速度，则叶轮出口径向分速度 C_{2r} 将随叶片出口安装角 β_{2A} 的增大而增加。因此，流量系数 $\varphi_{2r} = \dfrac{C_{2r}}{u_2}$ 常常随着叶片出口安装角 β_{2A} 的增加而选用较大的值。此外，还要按照扩压器的形式、叶片出口的相对宽度 $\dfrac{b_2}{D_2}$ 和流量的大小，来考虑流量系数的选取。

图 8-12 表示了工作轮不同的出口安装角 β_{2A}，在中等相对宽度 $\left(\dfrac{b_2}{D_2} = 4\% \sim 5\%\right)$ 的条件下，一般设计中所取用的流量系数。

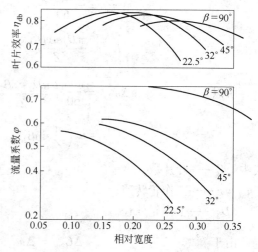

图 8-12 流量系数与叶片出口安装角的关系

例 DA350-61 型离心压缩机的第一级工作轮外径 $D_2 = 600\text{mm}$，叶片出口安装角 $\beta_{2A} = 45°$，工作轮的叶片数 $Z = 18$ 片，工作轮转速 $n = 8600\text{r/min}$，求工作轮对质量 1kg 气体所做的叶片功 $h_{叶片}$。

解

从图 8-12 查出 $\varphi_{2r} = 0.248$，

$$u_2 = \frac{\pi D_2 n}{60} = \frac{3.14 \times 0.6 \times 8600}{60} = 270(\text{m/s})$$

按照式（8-10）叶片功为：

$$
\begin{aligned}
h_{叶片} &= u_2^2\left(1 - \varphi_{2r}\text{ctg}\beta_{2A} - \frac{\pi}{Z}\sin\beta_{2A}\right) \\
&= 270^2\left(1 - 0.248\text{ctg}45° - \frac{3.14}{18}\sin45°\right) \\
&= 270^2 \times 0.629 \\
&= 45.85(\text{kJ/kg})
\end{aligned}
$$

8.3.2 扩压器的工作原理

从工作轮出来的气体流速相当大，一般的工作轮出口气体的速度可达 $300 \sim 500\text{m/s}$，为了使这部分动能转变为压力能，在工作轮后面均设置扩压器。

扩压器实质上就是一个扩压通道，它的流通截面逐渐扩大。工作轮出口气体速度愈大，扩压所起的作用也就愈大。扩压器按结构可分为无叶扩压器、叶片扩压器、直壁扩压器等几种类型。

无叶扩压器是一种结构最简单的扩压器，如图 8-13 所示。这种扩压器一般有两个平行壁面构成的等宽环形流道。工作轮后的气流是以 c_3 的速度和 α_3 的方向角向无叶扩压器的进口截面流去，随着直径的增大，流通截面积将与直径成正比增大，气流速度则随着直径的增大成反比降低，但气流方向角则始终不变。当气流方向角 α_3 愈小，则流动轨迹愈长，流动损失也愈大。因此，当工作轮气流出口角 α_2 小于 18° 时，通常不采用无叶扩压器。从无叶扩压器的结构和气流的流动情况可以看出，无叶扩压器的显著特点是在变工况流动时具有良好的适应性，工况变化时附加损失小。

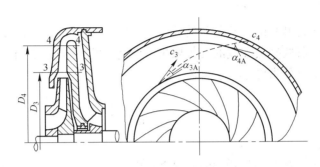

图 8-13　无叶扩压器

设无叶扩压器的进口速度为 c_3，出口速度为 c_4，根据气体流动的连续性方程，可以推导出气流进、出口的径向速度 c_{r3}、c_{r4} 与直径成反比。即：

$$\frac{c_{r4}}{c_{r3}} = \frac{D_3}{D_4} \tag{8-14}$$

再根据动量矩定律又可导出：

$$\frac{c_{u4}}{c_{u3}} = \frac{D_3}{D_4} \tag{8-15}$$

无叶扩压器气体流动特点为气流速度的方向不变，即切向方向的夹角 α 始终相同。而速度随直径的增加按比例的减小。因此，要达到一定的扩压度，就必须增大扩压器的直径。

图 8-14 是叶片扩压器的结构简图。图上叶片由等厚度薄板弯成。为了改善流动情况，扩压器叶片经常采用机翼形，叶片中心线均呈圆弧形。扩压器叶片进口安装角 α_{3A} 与气流进口方向角 α_3 相同，使进口冲角为零，以减少损失。叶片出口角 α_{4A} 一般比进口角 α_{3A} 约

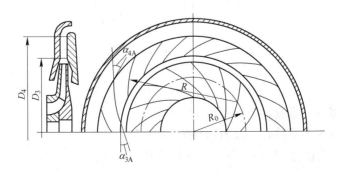

图 8-14　叶片扩压器

大 $10° \sim 17°$。这样，叶片对气流的限制，迫使气流在流动路线短，直径增大不多的条件下，即可获得较大的降速与增压。这样，采用叶片扩压器可以减少压缩机的外径尺寸，也可减少气流在扩压器中的流动损失，因此，使整个压缩机级有较高的效率和压力比。但是，从级的稳定工作范围来看，当工况变化时，由于叶片不能适应气流方向角的改变，因此稳定工作范围比无叶扩压器来得窄，性能恶化也厉害些。

叶片扩压器的等厚度叶片可用钢板弯成，对于机翼形叶片则用模锻或仿形铣加工成形。叶片采用螺钉连接或焊接的方式固定在扩压器圆环或隔板上。叶片数一般为 20 ~ 28 片。

在叶片扩压器中，叶片的安装角总是进口小于出口，沿着气流方向，α 角也随之逐渐增加，根据连续性方程式气流速度的变化规律，设进口叶片宽度 b_3 与出口叶片宽度 b_4 相等；扩压器进、出处气体密度 $\gamma_3 = \gamma_4$。

则：

$$\frac{c_4}{c_3} = \frac{D_3 \sin\alpha_3}{D_4 \sin\alpha_4} \tag{8-16}$$

从式中可以看出，在 D_3 / D_4 相同的情况下，由于 $\alpha_4 > \alpha_3$，所以，叶片扩压器气体速度下降的程度一定比无叶扩压器大。换言之，若扩压程度相同，叶片式扩压器比无叶扩压器的尺寸小。又因在叶片式扩压器中气体的流动路线短，因此流动损失也比无叶扩压器小，效率高。但是，由于叶片的存在，当离心压缩机的工况变化时，扩压器进口的气体速度大小及方向会发生变化，这样在叶片扩压器的进口会产生冲击损失，甚至会发生喘振，这在以后将详细说明。正因为如此，叶片式扩压器的稳定工作范围较窄。

叶片扩压器根据叶片的形线不同分为圆弧形、直线形或者机翼形。它们的流动工况以机翼形为最好，但加工工艺要求高。显然，叶片扩压器加工制造比无叶扩压器复杂。

8.4 级的实际耗功、损失及效率

工作轮除了通过叶片对气体做功 $h_{叶片}$，还存在着工作轮的轮盘、轮盖的外侧面及轮缘与周围气体的摩擦产生的轮阻损失；还存在着工作轮出口高压气体通过轮盖气封漏回到工作轮的进口低压端的漏气损失。所以外界输入的功，要大于叶片功。实际级的耗功为：

$$h_{实} = h_{叶片} + h_{轮阻} + h_{漏}$$

$$h_{实} = h_{叶片}\left(1 + \frac{h_{轮阻}}{h_{叶片}} + \frac{h_{漏}}{h_{叶片}}\right)$$

令：

$$\beta_{阻} = \frac{h_{轮阻}}{h_{叶片}} \qquad \beta_{漏} = \frac{h_{漏}}{h_{叶片}}$$

则：

$$h_{实} = (1 + \beta_{阻} + \beta_{漏})h_{叶片}$$

式中 $\beta_{阻}$——轮阻损失系数，一般为 0.02 ~ 0.13；

         $\beta_{漏}$——漏气损失系数，一般为 0.005 ~ 0.05。

若流过的流体质量为 G kg/s，级的实际耗功为 $N_{实}$，则：

$$N_{实} = G(1 + \beta_{阻} + \beta_{漏})h_{叶片} \tag{8-17}$$

例1 已知气体的质量流量为 $G = 6.95\text{kg/s}$，漏失损失系数 $\beta_{漏} = 0.012$，轮阻损失系数 $\beta_{阻} = 0.03$，叶片功 $h_{叶片} = 45.85\text{kJ/kg}$，求级的实际耗功以及 $N_{阻}$、$N_{漏}$。

解
$$N_{实} = (1 + \beta_{阻} + \beta_{漏})Gh_{叶片}$$
$$= (1 + 0.012 + 0.03) \times 6.95 \times 45.85$$
$$= 332(\text{kW})$$
$$N_{阻} = \beta_{阻}Gh_{叶片}$$
$$= 0.012 \times 6.95 \times 45.85$$
$$= 3.82(\text{kW})$$

占级的实际耗功的百分比：
$$\frac{3.82}{332} \times 0.0116 = 1.16\%$$

$$N_{漏} = \beta_{漏}Gh_{叶片}$$
$$= 0.03 \times 6.95 \times 45.85$$
$$= 9.55(\text{kW})$$

占级的实际耗功的百分比：
$$\frac{9.55}{332} = 0.0288 = 2.88\%$$

叶片功 $h_{叶片}$ 也不能全部用来提高气体的压力，它也包括三部分。首先用于多变压缩过程气体的压力由叶片的进口压力 p_1 上升到出口压力 p_2，这部分是有效功称之为多变功，用 $h_{多变}$ 表示。根据多变过程的热力计算 $h_{多变}$ 为：

$$h_{多变} = \frac{n}{n-1}RT_1\left[\left(\frac{p_2}{p_1}\right)^{\frac{n-1}{n}} - 1\right] \tag{8-18}$$

式中　n——多变指数；

T_1——级的进口温度；

p_1，p_2——分别为级的进、出口压力；

R——气体常数。

第二部分气流在级中叶片流道中的流动损失。第三部分气体进入叶轮后在离心力的作用下流速增加，即级出口处的动能增加。$\Delta h_{动能} = h_{2动能} - h_{1动能}$。它的计算式为：

$$\Delta h_{动能} = \frac{c_2^2 - c_1^2}{2} \tag{8-19}$$

式中　c_1——级进口气流速度；

c_2——级出口气流速度。

级的动能增量对提高本级压力不利，因此作为本级的余速损失来看待。

依上述分析结果，压缩机的实际耗功，由五部分组成：

$$h_{实} = h_{叶片} + h_{轮阻} + h_{漏} = h_{多变} + \Delta h_{动能} + \Delta h_{流动} + h_{轮阻} + h_{漏} \tag{8-20}$$

其中多变功是有用功，其他全是无用功以损失来看待，为了表示级中提高气体静压能的有用功大小，引出了多变效率的概念。多变功与级的实际耗功之比称之为多变效率记为 $\eta_{多变}$：

$$\eta_{多变} = \frac{h_{多变}}{h_{实}} = \frac{\frac{n}{n-1}RT_1\left[\left(\frac{p_2}{p_1}\right)^{\frac{n-1}{n}} - 1\right]}{(1 + \beta_{漏} + \beta_{阻})h_{叶片}} \tag{8-21}$$

离心压缩机级的多变效率一般在 70% ~ 84% 之间。可以计算求得也可以查图 8-15 得出。

为了评价级中气体流动工况，将多变功与叶片功进行比较，引出流动效率 $\eta_{流动}$，又称水力效率。它是多变功 $h_{多变}$ 与叶片功之比，即：

$$\eta_{流动} = \frac{h_{多变}}{h_{叶片}} = \frac{h_{实}\,\eta_{多变}}{h_{叶片}} = (1 + \beta_{阻} + \beta_{漏})\eta_{多变} \tag{8-22}$$

图 8-16 为压缩机耗功分配图。为了反映出各种损失的数值比例，下面举例说明。

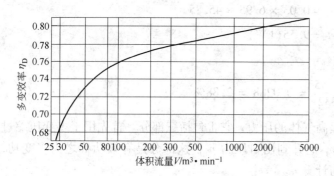

图 8-15　离心压缩机的多变效率   图 8-16　离心压缩机功耗分配

例 2 已知某离心压缩机第一级的多变效率 $\eta_{多变} = 81\%$，级的实际耗功 $h_{实} = 47.77$ kJ/kg，级的叶片功 $h_{叶片} = 45.85$kJ/kg，级的进口速度 $c_1 = 31.4$m/s，级的出口速度 $c_2 = 69$m/s，求第一级叶轮的多变功 $h_{多变}$、级的流动损失 $\Delta h_{流动}$、级的出口动能增量 $\Delta h_{动}$ 以及多变效率 $\eta_{多变}$、流动效率 $\eta_{流动}$。

解

（1）多变功：

$$h_{多变} = h_{实}\,\eta_{多变} = 38.69 \text{kJ/kg}$$

$$\eta_{多变} = \frac{h_{多变}}{h_{实}} = \frac{38.69}{47.77} = 81\%$$

$$\eta_{流动} = \frac{h_{多变}}{h_{叶片}} = \frac{38.69}{45.85} = 84.4\%$$

（2）级的出口动能增量 $\Delta h_{动}$：

$$\Delta h_{动} = \frac{c_2^2 - c_1^2}{2} = \frac{69^2 - 31.4^2}{2} = 1887.5 \text{J/kg} = 1.8875 \text{kJ/kg}$$

$$\frac{\Delta h_{动}}{h_{实}} = \frac{1.8875}{47.77} = 3.95\%$$

（3）级的流动损失 $\Delta h_{流动}$：

$$\Delta h_{流动} = h_{叶片} - h_{多变} - \Delta h_{动}$$
$$= 45.85 - 38.69 - 1.8875 = 5.0025 \text{kJ/kg}$$

$$\frac{\Delta h_{流动}}{h_{实}} = \frac{5.0025}{47.77} = 10.47\%$$

从图 8-16 及例题都可以看出，级中总耗功只有约 80% 变为气体的压力能，其余全为损失。在各项损失中流动损失为最大，通常占总耗功的 10%～15%。轮阻损失系数与漏气损失系数之和在 0.02～0.13 之间，对于低压大流量级取小值，对于高压小流量级取大值。至于动能的增量所占比例较小，在已知进、出口速度值时，可以很方便的计算出来。究其存在损失的原因，是由于气体存在黏性而引起的。

除上述损失外，级内还存在着冲击损失。冲击损失往往在偏离设计工况的情况下发生。离心压缩机工作轮叶片进口安装角 β_{1A} 是根据在设计工况下气流进口角 β_1 而决定的。在设计工况时，$\beta_1 = \beta_{1A}$ 称为无冲击进气。若工况偏离设计工况时，无论是 $\beta_1 > \beta_{1A}$ 或是 $\beta_1 < \beta_{1A}$ 都将会发生气流冲击叶片的现象，气流与叶片表面脱离，在叶片流道内形成涡流区，造成能量损失即冲击损失。据实验测定，冲击损失与流量偏离值的平方成正比，因此冲击损失与流量是二次曲线关系。通常将叶片进口安装角 β_{1A} 与气流进气角 β 之差叫作冲击角，简称冲角，记为 i。当 $\beta_1 > \beta_{1A}$，$i < 0$ 为负冲角，$\beta_1 < \beta_{1A}$，$i > 0$ 为正冲角。

压缩机的级效率，除已经引出的多变效率 $\eta_{多变}$ 及流动效率 $\eta_{流动}$ 以外，有时也采用绝热效率 $\eta_{绝热}$，它是绝热压缩功 h_K 与级的实际总耗功之比。即：

$$\eta_{绝热} = \frac{h_{绝热}}{h_{实}} = \frac{\dfrac{K}{K-1}RT_1\left[\left(\dfrac{p_2}{p_1}\right)^{\frac{K-1}{K}} - 1\right]}{(1 + \beta_{漏} + \beta_{阻})h_{叶片}} \tag{8-23}$$

在有冷却的压缩机中，还常常采用等温效率 η_T 来评价功的利用程度。等温效率是等温压缩功 h_T 与级总功耗 $h_{实}$ 之比。即：

$$\eta_T = \frac{h_T}{h_{实}} = \frac{RT_1\ln\dfrac{p_2}{p_1}}{(1 + \beta_{漏} + \beta_{阻})h_{叶片}} \tag{8-24}$$

机械效率及传动效率等各种效率的关系可以汇总成下面形式：

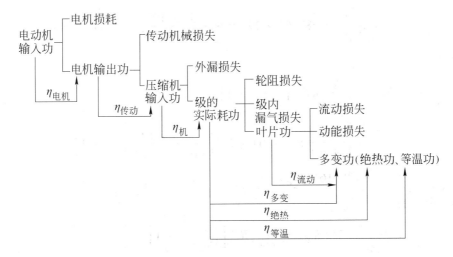

已知压缩机的各级功率，整个压缩机的内功率 $N_内$ 等于各级功率之和。即：

$$N_内 = N_{实1} + N_{实2} + \cdots \tag{8-25}$$

内功率只是压缩机转子的功率。而轴功率 $N_轴$ 中包括轴承和传动部分的摩擦损失的功率 $N_{机损}$，则：

$$N_轴 = N_内 + N_{机损} = \frac{N_内}{\eta_{机械}}$$

或

$$\eta_{机械} = \frac{N_内}{N_轴} \tag{8-26}$$

$\eta_{机械}$ 为压缩机的机械效率。

$N_内 > 2000\text{kW}$，　　　　　$\eta_{机械} \geqslant 97\% \sim 98\%$

$N_内 = 1000 \sim 2000\text{kW}$，　　$\eta_{机械} = 96\% \sim 98\%$

$N_内 < 1000\text{kW}$，　　　　　$\eta_{机械} \leqslant 96\%$

电机通过传动设备将动力传到离心压缩机转子。传动可能有损失，故引出传动效率 $\eta_{传动}$：

$$\eta_{传动} = \frac{N_轴}{N_{电出}} \tag{8-27}$$

当齿轮传动时，　　$\eta_{传动} = 0.93 \sim 0.98$

直接传动时，　　　$\eta_{传动} = 1.0$

综上所述，级的效率有多变效率、流动效率、绝热效率、传动效率四种。

例3　某空气离心压缩机，空气进口温度 $t = 20℃$，$p_1 = 101.3 \times 10^3\text{Pa}$，$p_2 = 155 \times 10^3\text{Pa}$，空气的气体常数 $R = 287.64\text{J}/(\text{kg} \cdot \text{K})$，绝热指数 $K = 1.4$，多变指数 $n = 1.59$，求压缩质量 1kg 空气的，等温功 h_T、绝热功 $h_{绝热}$、多变功 $h_{多变}$。

解

$$T_1 = 273 + 20 = 293K$$

（1）等温功：

$$h_T = RT_1\ln\frac{p_2}{p_1} = 287.64 \times 293 \times \ln\frac{155 \times 10^3}{101.3 \times 10^3} = 35847(\text{J/kg})$$

（2）绝热功：

$$h_{绝热} = \frac{K}{K-1}RT_1\left[\left(\frac{p_2}{p_1}\right)^{\frac{K-1}{K}} - 1\right]$$

$$= \frac{1.4}{1.4-1} \times 287.64 \times 293\left[\left(\frac{155 \times 10^3}{101.3 \times 10^3}\right)^{\frac{1.4-1}{1.4}} - 1\right]$$

$$= 38116(\text{J/kg})$$

（3）多变功：

$$h_{多变} = \frac{n}{n-1}RT_1\left[\left(\frac{p_2}{p_1}\right)^{\frac{n-1}{n}} - 1\right]$$

$$= \frac{1.59}{1.59-1} \times 287.64 \times 293 \left[\left(\frac{155 \times 10^3}{101.3 \times 10^3} \right)^{\frac{1.59-1}{1.59}} - 1 \right]$$

$$= 38830 (\mathrm{J/kg})$$

从计算的结果得知，在相同的进气条件与压比条件下，等温压缩功为最小，只有压缩过程向低温过程靠近，才能达到节能的目的。

8.5 级内气体参数

级内的几个典型截面如图 8-17 所示。这一节将介绍级的典型截面上气体状态参数温度、压力、质量体积的变化情况。

为便于分析，对气体在级中的流动，作如下的假设：

（1）气体在级内流动是绝热的，即 $q=0$；

（2）级内气体的流动为一元流动；

（3）级内气体的流动为稳定流动。

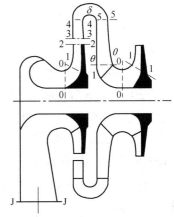

图 8-17 级流通截面图

J—J 级的进口截面；0—0 工作轮进口截面；
1—1 工作轮叶片进口截面；2—2 工作轮叶片出口截面；
3—3 扩压器进口截面；4—4 扩压器出口截面；
5—5 回流器进口截面

8.5.1 温度

对于级中的任意截面 i 其气流温度为 T_i。根据能量平衡方程式可得：

$$i_\mathrm{j} + \frac{c_\mathrm{j}^2}{2} + h_\mathrm{实} = i_i + \frac{c_i^2}{2}$$

$$h_\mathrm{实} = i_i - i_\mathrm{j} + \frac{c_i^2 - c_\mathrm{j}^2}{2}$$

$$= c_p (T_i - T_\mathrm{j}) + \frac{c_i^2 - c_\mathrm{j}^2}{2}$$

$$= \frac{K}{K-1} R (T_i - T_\mathrm{j}) + \frac{c_i^2 - c_\mathrm{j}^2}{2}$$

则：

$$\Delta T_i = T_i - T_\mathrm{j}$$

$$= \frac{h_\mathrm{实} - \dfrac{c_i^2 - c_\mathrm{j}^2}{2}}{\dfrac{K}{K-1} R}$$

$$= \frac{h_\mathrm{实}}{\dfrac{K}{K-1} R} - \frac{c_i^2 - c_\mathrm{j}^2}{2 \dfrac{K}{K-1} R} \tag{8-28}$$

式中 i_i，i_j——分别为 i 截面、进口截面焓值；

$\quad\;\; c_i$，c_j——分别为 i 截面、进口截面气体流速；

$\quad\;\; h_\mathrm{实}$——级的实际耗功；

K——绝热指数；

R——气体常数。

在工作轮以前的各截面温度，因工作轮尚未对气体做功，所以级的实际耗功 $h_{实} = 0$，则：

$$\Delta T_i = -\frac{c_i^2 - c_j^2}{2\frac{K}{K-1}R} \tag{8-29}$$

例   计算压缩机第一级几个截面上的气体温度。已知条件如下：工质为空气，级的进口截面 $t_j = 20℃$，$c_j = 31.4\text{m/s}$，$R = 286.7\text{J/(kg·K)}$，工作轮的实际功 $h_{实} = 47.77\text{kJ/kg}$。各截面位置见图8-17。

工作轮进口截面 0—0，流速 $c_0 = 92.8\text{m/s}$；

工作轮叶片出口截面 2—2，流速 $c_2 = 183\text{m/s}$；

扩压器出口截面 4—4，流速 $c_4 = 69.3\text{m/s}$。

解

列表计算如下：

截 面	气流温差 $\Delta T_i/℃$	所求截面温度 $t_i/℃$
0— 0	$\Delta T_0 = -\dfrac{c_0^2 - c_j^2}{2\dfrac{K}{K-1}R} = -\dfrac{92.8^2 - 31.4^2}{2 \times \dfrac{1.4}{1.4-1} \times 286.7} = -3.8$	$t_0 = \Delta T_0 + t_j = 16.2$
2—2	$\Delta T_2 = \dfrac{h_{实}}{\dfrac{K}{K-1}R} - \dfrac{c_2^2 - c_j^2}{2\dfrac{K}{K-1}R}$ $= \dfrac{47.77}{\dfrac{1.4}{1.4-1} \times 286.7} - \dfrac{183^2 - 31.4^2}{2 \times \dfrac{1.4}{1.4-1} \times 286.7} = 31.3$	$t_2 = \Delta T_0 + t_j = 51.3$
4— 4	$\Delta T_4 = \dfrac{h_{实}}{\dfrac{K}{K-1}R} - \dfrac{c_4^2 - c_r^2}{2\dfrac{K}{K-1}R}$ $= \dfrac{47.77}{\dfrac{1.4}{1.4-1} \times 286.7} - \dfrac{69.3^2 - 31.4^2}{2 \times \dfrac{1.4}{1.4-1} \times 286.7} = 45.5$	$t_4 = \Delta T_0 + t_j = 65.5$

8.5.2   压力及质量体积

在计算中，设整个级中气体的状态参数都按照同一个多变指数 n 变化。根据热力学原理，在多变过程中，参数的变化规律如下：

$$\frac{p_i}{p_j} = \left(\frac{T_i}{T_j}\right)^{\frac{n}{n-1}}$$

$$\frac{v_j}{v_i} = \left(\frac{T_i}{T_j}\right)^{\frac{n}{n-1}}$$

令 $\sigma = \dfrac{n}{n-1}$ 为指数系数,

$\varepsilon_i = \dfrac{p_i}{p_j}$ 为压力比,

则:
$$\varepsilon_i = \left(\frac{T_i}{T_j}\right)^{\sigma} = \left(1 + \frac{\Delta T_i}{T_j}\right)^{\sigma} \tag{8-30}$$

令 $K_{vi} = \dfrac{v_j}{v_i}$ 为质量体积比,

则:
$$K_{vi} = \left(\frac{T_i}{T_j}\right)^{\sigma-1} = \left(1 + \frac{\Delta T_i}{T_j}\right)^{\sigma-1} \tag{8-31}$$

式中 p_j, v_j, T_j——级进口的压力、质量体积、温度;

p_i, v_i, T_i——级任一截面的压力、质量体积、温度。

根据式(8-30)、式(8-31),只要求出指数系数 σ,即可确定压力比及质量体积比。通常可以根据多变效率的关系式求得。

$$
\eta_{多变} = \frac{h_{多变}}{h_{实}} = \frac{\dfrac{n}{n-1}RT_j\left[\left(\dfrac{p_c}{p_j}\right)^{\frac{n-1}{n}} - 1\right]}{\dfrac{K}{K-1}R(T_c - T_j) + \dfrac{c_c^2 - c_j^2}{2}}
$$

$$
= \frac{\dfrac{n}{n-1}R(T_c - T_j)}{\dfrac{K}{K-1}R(T_c - T_j) + \dfrac{c_c^2 - c_j^2}{2}}
$$

级中的速度增量很小,忽略 $\dfrac{c_c^2 - c_j^2}{2}$ 得:

$$
\eta_{多变} = \frac{\dfrac{n}{n-1}}{\dfrac{K}{K-1}} = \frac{\sigma}{\dfrac{K}{K-1}}
$$

所以
$$\sigma = \frac{K}{K-1}\eta_{多变} \tag{8-32}$$

式中,下标 c 表示级出口。

例 计算压缩机第一级下列截面的气流压力、质量体积。

已知级的多变效率 $\eta_{多变} = 81\%$,级的进口压力 $p_j = 0.0952 \times 10^6 \mathrm{Pa}$,质量流量 $G = 6.95\mathrm{kg/s}$,级的进口温度 $t_j = 20℃$,空气的气体常数 $R = 286.7\mathrm{J/(kg \cdot K)}$,级的进口流速 $C_j = 31.4\mathrm{m/s}$。其他参数如下表。

截 面	速流 $C_i/\mathrm{m \cdot s}$	温度 $t_i/℃$	气流温差 $\Delta T_i/℃$
级的进口 j—j	$C_j = 31.4$	$t_j = 20$	$\Delta T_j = 0$
工作轮进口 0—0	$C_0 = 62.8$	$t_0 = 16.23$	$\Delta T_0 = -3.77$
工作轮叶片出口 2—2	$C_2 = 183$ $C_{2r} = 67$	$t_2 = 51.3$	$\Delta T_2 = 31.3$
扩压器出口 4—4	$C_4 = 69.3$	$t_4 = 65.6$	$\Delta T_4 = 45.5$

解

（1）指数系数 σ 的计算：

$$\sigma = \frac{n}{n-1} = \frac{K}{K-1}\eta_{\text{多变}} = \frac{1.4}{1.4-1} \times 0.81 = 2.835$$

（2）上述已知截面的气流压力 p_i 的计算（见下表）：

截　面	计算公式	p_i/Pa
工作轮进口 0—0	$p_0 = p_j\left(1+\dfrac{\Delta T_0}{T_j}\right)^\sigma \approx p_j\left(1+\sigma\dfrac{\Delta T_0}{T_j}\right)$	$p_0 = 0.0952 \times 10^6\left(1+2.835\dfrac{-3.77}{293}\right) = 0.0917 \times 10^6$
工作轮叶片出口 2—2	$p_2 = p_j\left(1+\dfrac{\Delta T_0}{T_j}\right)^\sigma$	$p_2 = 0.0952 \times 10^6\left(1+\dfrac{31.3}{293}\right)^{2.835} = 0.1269 \times 10^6$
扩压器出口 4—4	$p_4 = p_j\left(1+\dfrac{\Delta T_4}{T_j}\right)^\sigma$	$p_4 = 0.0952 \times 10^6\left(1+\dfrac{45.5}{293}\right)^{2.835} = 0.1432 \times 10^6$

注：在 $\dfrac{\Delta T}{T_j}$ 值较小时，可作如下简化 $\left(1+\dfrac{T_i}{T_j}\right)^\sigma = 1 + \sigma\dfrac{\Delta T_i}{T_j}$。

（3）主要截面的质量体积比 k_v 及密度 γ_i

级的进口气流密度 γ_j：

$$\gamma_j = \frac{p_j}{RT_j} = \frac{0.0952 \times 10^6}{286.7 \times 293} = 1.13(\text{kg/m}^3)$$

则各截面的计算数值如下表：

截　面	质量体积比 $k_v = \left(1+\dfrac{\Delta T_i}{T_j}\right)^{\sigma-1}$	密度 $\gamma_i/\text{kg}\cdot\text{m}^{-3}$
0—0	$k_{v0} = \left(1+\dfrac{\Delta T_i}{T_0}\right)^{\sigma-1} \approx 1+(\sigma-1)\dfrac{\Delta T_0}{T_j} = 1-(2.835-1)\dfrac{3.77}{293} = 0.9764$	$\gamma_0 = k_{v0}\gamma_j = 0.9764 \times 1.13 = 1.098$
2—2	$k_{v2} = \left(1+\dfrac{\Delta T_2}{T_j}\right)^{\sigma-1} = \left(1+\dfrac{31.2}{293}\right)^{2.835-1} = 1.204$	$\gamma_2 = k_{v2}\gamma_j = 1.204 \times 1.13 = 1.357$
4—4	$k_{v4} = \left(1+\dfrac{\Delta T_4}{T_j}\right)^{\sigma-1} = \left(1+\dfrac{45.5}{293}\right)^{2.835-1} = 1.303$	$\gamma_4 = 1.467$

知道质量体积、密度，我们要进一步计算各截面上的容积流量 V_i 和级的各主要截面面积就很容易了。

各主要截面的体积流量，可按式计算。

$$V_i = \frac{G}{\gamma_i}$$

式中 V_i——任一截面通过的体积流量，m^3/s；

G——质量流量，kg/s；

γ_i——任一截面的气体密度，kg/m³。

任意截面的截面积 F_i

$$F_i = \frac{V_i}{C_i}$$

式中　C_i——任一截面的气流速度，m/s。

8.6 性能曲线及调节

8.6.1 性能曲线

压缩机不仅要在设计工况下工作，而且还要在与设计工况不同的更广的范围内工作。随着转速、进气量以及进气条件的变化，压缩机的主要工作参数、压力比、效率、功率等亦随之发生变化。为了把压缩机的特性反映出来，将 Q 与 ε（或 P），Q 与 N，Q 与 η 用曲线形式表示出来称之为特性曲线。图 8-18 为性能曲线示意图。

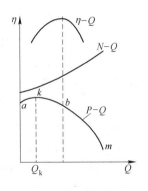

图 8-18　离心压缩机性能曲线

从图中可以看出，P-Q 线是一抛物线。在转速一定的情况下，流量 $Q = 0$ 时，为离心压缩机的空转。而后随 Q 增加，压力也逐渐上升。当流量增加到 Q_k 时，对应压力 P_k 是最高压力。随后再增加流量，压力将下降。以 k 点为界，曲线分为两部分，ak 段是压缩机性能的不稳定区，km 段为稳定区。b 点为效率最高点。N-Q 线表明，随着流量 Q 的增加，消耗的功率总是在增加的。离心压缩机的性能曲线一般是用实验方法测得的。离心压缩机有两种不正常工况：即喘振和阻塞。

8.6.1.1 喘振工况

当转速一定，离心压缩机的流量减少到一定值时，此时进口气流方向与进口安装角之间产生了正冲角。同时，由于轴向旋涡等的影响，造成叶道里的速度很不均匀和出现倒流，这样就很容易在叶片非工作面上出现严重脱离现象。这时压缩机中会突然出现不稳定工作状态，称之为喘振。

喘振出现时的外部现象为：

（1）气流出现脉动，产生强烈噪声；

（2）压缩机压力突然下降，且变动幅度大，很不稳定，气体流动规律被破坏；

（3）级后或压缩机后的高压气体出现倒流到工作轮里来的现象；

（4）压缩机出现强烈振动，严重的会引起整个装置的振动。

喘振出现后不仅使压缩机的工作不稳定，而且有可能使压缩机和整个装置破坏，因此，应当绝对防止压缩机在喘振区工作。一般压缩机都具有防喘振装置，对压缩机起保护作用。

发生喘振的机理是叶栅（叶片）边界层分离。开始边界层的分离不可能在所有叶栅中同时发生，只是在局部区域发生，随着叶轮转动，这种分离区，会以一定速度相对运动，这种现象被称作"旋转脱离"，压缩机级中旋转脱离区的扩大是压缩机出现不稳定工况的基本原因。

旋转脱离区的扩散过程是这样的：假设叶栅以速度 u 转动，当进口容积流量减少到一定值时，气体冲角很大，若在某一叶栅非工作面发生脱离，出现漩涡区，此时它与临近叶栅所组成的通道部分或全部堵塞，在流道进口处将形成气流低速区（或停滞区），由于叶轮的旋转，顺着叶轮的旋转方向临近的下面叶道，处于这低速区进气，此时气体的冲角更大，临近的第一个通道又发生了更严重的脱离，依次顺延，下一个通道又会处于低速区进气，就这样以此类推，传递并扩散下去，正如上述，旋转脱离扩大是与转子转动方向同向的。由此可见，旋转脱离的出现，会使压缩机的进、出口压力、流量等产生强烈的脉动，对叶片产生周期性交变作用力，导致叶片振动加大，甚至发生损坏。

8.6.1.2 阻塞工况

当压缩机中的流量不断增大，气流冲角会不断地减小，以致成为负值，这时会在叶片的工作面上发生边界层脱离。因气量大，在叶片流道进气处不会形成低速区（或滞流区），因而不产生旋转脱离扩散。但是由于流量的加大、摩擦损失及冲击损失都在显著地增加。当流量达到最大值时，气体所获得的理论能量全部用于克服流动损失上，显然级中气体的压力不能提高，即压缩比 $\varepsilon = 1$，即压缩机不能压缩。或者当气体流量达到一定流量时，叶道喉部截面上的气流速度达到音速时，流量不可能再增大，这就是最大流量。此种工况为压缩机"阻塞工况"，即压缩机流量最大的极限工况。

在阻塞工况下，压缩机的压比很小，甚至不能压缩，效率很低。工况也很不稳定，既使流量微小的变化也会引起很大的波动。

稳定工况区应该在性能曲线上，喘振区与阻塞工况区之间。这个区域的大小可用

$$K_Q = \frac{Q_{\max}}{Q_{\min}}$$ 来表示。显然 K_Q 愈大就意味着级间的稳定

工况区域愈宽。同时还可用此值 $\dfrac{Q_{\min}}{Q_{\mathrm{d}}}$ 来衡量设计工况流

量 Q_{d} 时距离喘振工况的程度。当然我们希望这个比值尽量小，这说明设计工况远离喘振点，此台离心压缩机的工作工况更稳定。

衡量一台离心压缩机的性能，不仅要求在设计流量下，有最大的效率和较高的压缩比，还应有较宽的稳定工作范围，这样才能确保离心压缩机高效率稳定可靠地运行。

压缩机的性能曲线应尽可能的平坦，以使喘振界限尽可能移向小流量，压缩机高效率工作区可以扩大，在较大范围内压缩机的工况都会很稳定。图 8-19 为 DA350-61 型离心压缩机的性能曲线。利用性能曲线能够判断各种不同的运转因素，如转速、进气条件等对压缩机主要参数的影响。

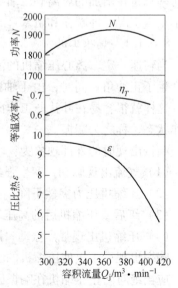

图 8-19 DA350-61 离心压缩机
的性能曲线

$p_{\mathrm{j}} = 0.098\mathrm{MPa}$；$n = 8600\mathrm{r/min}$；$t_{\mathrm{j}} = 20℃$

8.6.2 管网的特性曲线

气体通过管网的流量与保证通过这个流量所必须的压力值之间的关系，称作管网的特性曲线。管网特性曲线的形状取决于它的构造和输送介质的性能。压缩机的使用场合非常广泛，而各种不同的压缩机用户可以归纳为下列三种常用管网特性：

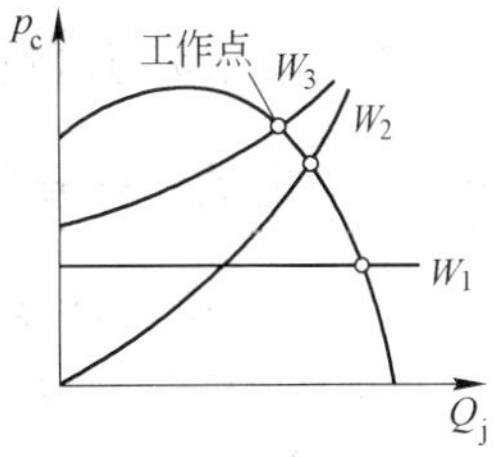

（1）管网阻力与流量无关。图 8-20 中的 W_1 为直线，p–定值。例如化工和冶金工业中气体流过液体后所遇到的阻力，以及向储气罐输送气体而气罐压力保持为恒值时的特性。

（2）管网阻力与流量平方成正比。图 8-20 中的 W_2，可写成 $p = AQ^2$。对于绝大部分管网都具有这种管网特性。例如，各种输气管道、高炉鼓风、燃气透平等等，系数 A 为定值，它是由管网的构造和输送工质的性质而决定。当这二者发生变化时，其值就发生变化，整个管网特性曲线也立刻改变。

（3）由上述两种阻力总合组成的管网特性：

$$p = p_0 + AQ^2$$

如图 8-20 中的 W_3 所示，这也是一种较普遍的管网。例如，由转炉组成的管网，气流不但要克服管道和喷嘴的阻力，而且还要克服钢液层的阻力，因此就具有这种特性。对于图 8-20 W_3 所示的管网特性，严格地说，只要有管道存在，都应该具有这一种管网特性。

图 8-20 管网特性曲线

8.6.3 压缩机和管网的联合工作

离心压缩机和管网形成一个能量供给与使用的统一系统，压缩机是这个能量系统的能量供给者，它的供给特性为压缩机的特性曲线。管网为这个系统中的能量使用者，它的使用特性为管网的特性曲线。在压缩机与管网联合工作时，只有当通过压缩机的流量与通过管网的流量相等时，以及压缩机产生的能量头等于管网的阻力时，即当能量的供给与使用相等时，此能量系统才可以保持平衡工况。压缩机和管网的特性曲线一般以能量头或压力与流量的关系曲线表示见图 8-20，这些特性曲线的交点就决定了压缩机和管网系统的工况，称为工作点或工况点。

管网特性改变时，工况点随之改变。见图 8-21 上的交点，而这些交点一般并不一定能保证用户所要求的参数。因此就有必要在管网特性曲线改变的同时，改变压缩机的特性曲线。

在运转时，用压缩机的调节方法改变压缩机对于用户的供给特性，使管网（或压缩机）在工况变动的情况下，工况点仍然保持在用户所规定的变化规律上。这个规律我们称为工况线。

对于不同的压缩机用户来说，所要求的工况线一般可以有下列三种：

（1）$p =$ 定值。例如作为机械制造厂的空

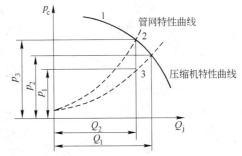

图 8-21 压缩机与管网联合特性曲线

压站，就要求在气体消耗量变化时，保持压力为恒定值。

（2）Q = 定值。例如冶金工业（高炉）及化工厂，为了使压缩空气（或气体）的输送不受阻力变化或背压影响，就要求在不同工况时保持流量为恒定值。

（3）压力 p 与流量 Q 按一定规律变化。

8.6.4 常见的几种调节方法

在用户管网特性变化时，为了要保证用户提出的工况线，就要求对压缩机进行相应的调节，改变压缩机对管网的供给特性曲线。

常见的调节方法有下列几种。

（1）变转速调节。采用变转速调节方法具有如图8-22所表示的特性曲线图，可以使得工况变动时，效率的变化不大，并且机器的机构不要求具有可变动部件。因此它具有运行经济性高、制造简便、构造较简单的优点。但是采用变转速调节时，压缩机的工作区域受机器最大转速及喘振区的限制，而且因为这种调节方法需要用可变速的原动机，因此这种调节方法还未普遍被采用。

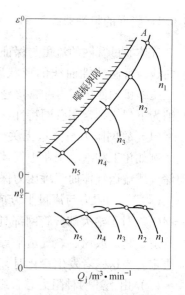

图 8-22 变速调节的性能曲线

（2）转动叶片的调节。转动叶片的调节包括进口导流器、叶片扩压器及工作叶片可转动的调节。采用转动叶片调节大大地扩大了压缩机的工作范围，并且在运行经济性上可以与变转速调节相接近，而它的喘振区域要比变转速调节时小，也就是说在流量小的时候用这种调节方法可以比转速调节时得到更高的能量头。采用这种调节方法的唯一缺点是，由于有可转动的元件，使机器的构造复杂。但是，由于它可用于原动机不变的机器，并且这种调节方法本身也有较大的优点，因此，虽然结构上比变转速调节复杂，但随着调节构造的不断改进与简化，将广泛地用于压缩机调节。

（3）进气节流。采用进气节流调节时，在压缩机进气端装一个节流阀门。对应节流阀的一个位置就可得到一条压缩机的特性线，一组特性线如图 8-23 所示。从运转经济性来看，它比转速调节和叶片转动调节要低。但是采用这种调节方法，可以在不需要变速，也不需要转动压缩机叶片的情况下，满足工况变动时的要求。由于构造简单，成本低，调节简单，而且在吸气调节时比上述两种调节方法具有较小的喘振区，也就是说，在小流量时具有较高的能量头，因此在一般电机拖动的压缩机中应用得较广。

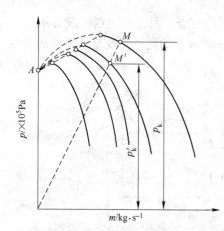

图 8-23 进气节流时的性能曲线

（4）排气端节流调节。这种调节方法实际上只是相当于改变管网的特性曲线，而对压缩机供给特性曲线没有影响。出气节流所带来的损失将使整个装置的效率大大降低，因此这种调节方法最不经济。而且喘振界限仍然为压缩机原来的喘振点，故一般都不用它作为压缩机的正常调节。

（5）放气调节。离心压缩机所用的放气调节多为排气管旁通管路调节。如果用户要求输气量在较大范围内变动，而压力变动较小，而且所需气量小于机器本身喘振时的流量时，用变转速或进气节流调节显然是不合适的。这时为了满足工况要求，可采用在压缩机的排气端开启旁路阀，使多余一部分气体排至大气或回到吸气管的方法进行调节。采用这种调节方法，可使用户获得对应于旁路阀全闭时的某一最大流量起到流量为零时为止的这个范围内的任何一个流量。采用旁路气流调节的唯一好处就是它的调节区域比任何其他调节方法都来得大。由于经济性太差，不能作为压缩机正常调节方法，而一般只是在防止喘振发生时才采用这种调节。

目前大型离心压缩机都采用了自动调节装置来保证压缩机安全运行，防止喘振发生。这种自动调节器主要由感受元件、调节机构、传动机构三部分组成。这在自动控制章节中再作介绍。

8.6.5 离心压缩机的并联

当一台压缩机供气不足需要增加气量时，当用户用气量经常变动时，用量小时用一台供气，用气量大时用两台供气；或需要供气量很大，设计一台压缩机尺寸过大时，设置两台或多台压缩机并联工作，如图8-24所示。

我们所关心的是并联后，离心式压缩机的性能曲线和工况点的变化，进而，知道每台压缩机的工况点及各台压缩机的排压和排量的情况。

当两台性能不同的压缩机并联时，排出压力相同 $p_1 = p_{II} = p_c$，排气量 $Q_{II} = Q_1 + Q_2$。在图8-25中，Ⅰ、Ⅱ线分别代表Ⅰ、Ⅱ台压缩机单独运行的性能曲线，Ⅲ线表示并联后的性能曲线，排出压力 p_c 与Ⅲ交于 A 点，此点为并联后的工作点。$0A$ 管网曲线分别与Ⅰ、Ⅱ线交于 a_1、a_2 点，这两点分别为Ⅰ台和Ⅱ台离心压缩机并联后的工况点。此时 p_{a1}、p_{a2} 均小于 p_c，而流量 $Q_{a1} + Q_{a2} > Q_3$。

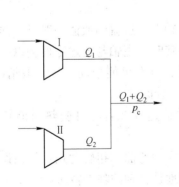

图 8-24 两台并联示意图

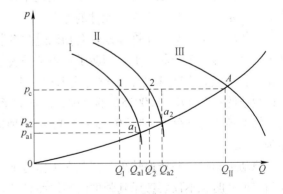

图 8-25 并联工况点

8.7 离心压缩机组

离心压缩机组是由压缩机本体，传动系统，气体冷却系统，润滑油系统，电器、仪表控制及安全系统等组成的。空分装置所用的压缩机都是多级的，结构较为复杂。

8.7.1　离心压缩机本体

离心压缩机本体由转子和固定元件组成。转子包括工作轮、转轴等元件，固定元件包括扩压器、弯道与回流器、蜗壳、密封、机壳等。

8.7.1.1　转子

A　转子的结构

离心压缩机的转动部分称为转子。一般它由主轴、工作轮、轴套、平衡盘，推力盘等组成。图 8-26 为 DA350-61 离心压缩机的转子图。

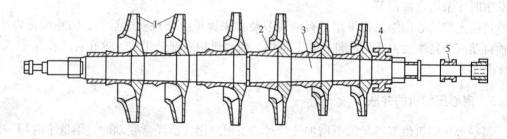

图 8-26　DA350-61 转子

1—工作轮；2—轴套；3—轴；4—平衡盘；5—推力盘

工作轮与主轴用键连接，用来传送转矩并防止轮子在意外情况下转动。为了保持平衡，各工作轮的键呈错开 180°配置。

轴套主要作用是使各工作轮在轴向方向保持固定位置，并且还可以保护主轴免受机械或化学的作用而损伤。有时还在轴套上车有曲径梳齿，作为主轴通过隔板处的气封。

平衡盘是为平衡轴向推力而设置的。平衡盘外径均车有曲径梳齿，以减少高压气流外泄。平衡盘可以平衡掉各工作轮总轴向推力的 70% ~90% 。

推力盘将剩余的轴向力通过油膜作用在止推轴承上，它除了承受转子轴向力之外，推力盘还确定了转子相对于固定元件的位置。

工作轮、平衡盘、止推盘及轴套均以过盈套装在主轴上。过盈的数值一般以这样的原则来选择，即在工作状态下，当转子在正常的转数下旋转时，主轴与上述零件仍以一定紧力相配合，只有当转速高于工作转速 1.05 ~ 1.15 倍时，方有可能松动。在一般情况下，该过盈值约在 0.001 ~0.0015D 的范围，此处 D 系指配合处的轴径。

轴上各零件之间均留下 0.15 ~ 0.3mm 的轴向间隙，这样在各零件受热时能够自由膨胀。

原动机通过主轴传递转矩。主轴在工作时承受着一定的弯曲和扭转力矩。但在设计主轴确定尺寸时，不仅要考虑到强度问题，而且还要仔细地计算轴的临界转速。

所谓临界转速是指轴的转速等于轴的固有频率时的转速。由于轴及在其上装配的零件虽然经过仔细的平衡，但仍不可能完全没有偏心，即主轴的几何中心与转子重心不可能完全重合，因此在旋转过程中就产生了周期变化的离心力。这个力的大小与平衡的精度有关，其频率等于转子的转速。当转子在某一转速下旋转，产生的离心力的频率与轴的固有频率一致时，则轴会发生共振，产生强烈振动以致折断。这个转速即称为轴的临界转速。

因为轴有多阶的固有频率，所以轴也就有多阶的临界转速，分别称为一阶临界转速、二阶临界转速……。

压缩机的转子必须避开在各阶临界转速下工作。一般把工作转速低于一阶临界转速的轴称为刚性轴，工作转速高于一阶临界转速而低于二阶临界转速的轴称为柔性轴。根据经验，对于刚性轴，要求其工作转速小于 0.7 倍一阶临界转速；对于柔性轴，要求其工作转速大于 1.3 倍一阶临界转速而小于 0.7 倍二阶临界转速。空分装置中采用的离心压缩机大都属于柔性轴。

图 8-26 所示的主轴称为阶梯式主轴。还经常见到各轴节呈内凹圆弧状的节鞭轴。它具有较高的自振频率，亦即具有较高的临界转速。当阶梯式主轴不能满足上述工作转速与临界转速间的关系时，常采用节鞭轴。

采用节鞭轴的转子没有轴套，部分轴的表面成了气流通道的一部分。工作轮与主轴除了用过盈配合外，常采用四个或两个销钉来定位。销钉同时也起到键的作用。

由于转子是在高速下旋转，微小的偏心就可能产生很大的离心力，从而引起振动，因此在制造时应尽可能使工作轮转子的重心与其几何轴心相重合。一般每个工作轮均单独进行平衡实验，整个转子做动平衡测试，采取措施消除运转中可能出现的惯性力及惯性力矩。

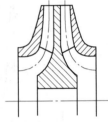

动平衡的精度与转速有关，一般重心偏移控制在 $1 \sim 2\mu m$。

图 8-27　闭式双进气

B　工作轮结构

除本章第二节所叙述的工作轮形式外，为了适应大流量的需要，工作轮还采用双进气结构，如图 8-27 所示。这种结构能够满足大流量级的要求，而且本身可以平衡轴向力。

图 8-28 表示了工作轮叶片截面经常见到的几种形式。对于叶片出口宽度 b_2 在 $20 \sim 30mm$ 以上的叶片，采用图 8-28a 所示的槽形，叶片由薄钢板压制而成。对于叶片出口宽度在 $10 \sim 20mm$ 的叶片或当工作轮为双进气结构时，为铆接方便起见，一般采用图 8-28b 所示的 Z 字形结构，也由薄钢板压制而成。上述两种叶片厚度一般约在 $\delta = (0.0035 \sim 0.007)D_2$ 的范围。图 8-28c 是整体铣制叶片，叶片从轮盘的本体上直接铣制而成，然后采用贯穿铆钉把轮盘与轮盖铆接起来。这种工作轮可减少轮盖上的受力情况，又可提高气流通道的粗糙度，而且这种形式不受叶片出口宽度 b_2 的限制，但在材料消耗上来看，则是不利的。叶片厚度一般约在 $\delta = (0.012 \sim 0.035)D_2$ 的范围，比由薄钢板压制的要厚得多。

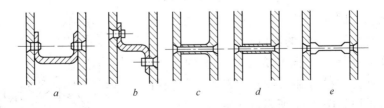

图 8-28　叶片不同截面形式

除上述三种常用叶片的形式外，也有采用图 8-28d、e 截面形式的叶片。形式 d 用于叶片出口宽度 b_2 较窄的情况。形式 e 为带有铆接榫头的叶片，比起整体铣制叶片来它具有厚度较薄的优点。但在铆接和叶片铣制的工艺上要求比较高。

　　按叶片扭曲形状来分，可分为一元叶轮、二元叶轮及三元叶轮。一元为不扭曲，这种叶片阻力损失大、效率低，离心压缩机中已不应用。二元叶片为非空间扭曲；三元叶片表面为扭曲的空间曲面。三元叶片又分两种，若空间曲面的母线为直线为直纹面叶轮；若空间曲面不具有直线的为自由曲面叶轮。三元叶轮比较复杂，加工制作也比较困难，但因其流阻小、效率高，在现代离心式压缩机已被广泛采用。

　　离心压缩机的工作轮在高速旋转时，轮盘、轮盖、叶片均承受很大的应力。因此在高的圆周速度时，轮盖、轮盘通常作成锥形或双锥形，如图 8-29 所示。同时采用高强度的合金钢来制作。国内轮盘及轮盖常用 35CrMoVA、34CrNi3MoA；压制叶片常用 30CrMnSiA；铆钉则常用 20Cr 及 25Cr2MoVA。

　　气体流过工作轮提高了压力，这样就使工作轮前后承受了不同的气体压力。图 8-30 表示了工作轮受力情况。工作轮两侧从外径 D_2 到轮盖密封圈直径 D_f 的轴向受力是相互抵消的，因此它所受的轴向力可以看成是由下面三部分组成。

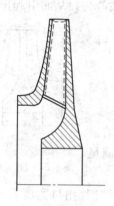

图 8-29　双锥形结构

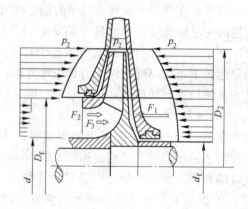

图 8-30　工作轴的轴向推力

　F_1——在轮盘的外侧，从直径 D_f 到轴颈密封圈直径 d_f 这块面积上所承受的气体压力。由于在轮盘与隔板之间的缝隙中，气体也受到工作轮轮壁的影响而做旋转流动，旋转流动的离心力作用使气体压力随着半径减小而下降。

　F_2——在工作轮进口部分，从直径 D_f 到 d 这块面积上所承受的气体压力。

　F_3——由于进口气流以 C_0 的速度对轮盘的冲击所产生的冲力。

　　在一般情况下，作用在轮盘上的力 F_1 比其他两个力的合力要大，因此，工作轮的轴向推力的方向由轮盘的高压面推向工作轮的进口面。

　　对于工作轮按同一方向套置在主轴上的转子，每个工作轮轴向推力的叠加会使止推轴承的轴向推力过大，常常采用如图 8-31 所示的平衡盘。利用平衡盘两侧的压力差产生与转子轴向推力方向相反的力来进行平衡。为了使压缩机转子始终维持一定的方向不变的轴向推力，平衡盘仅平衡掉各工作轮总轴向推力的 70% ~ 90%。

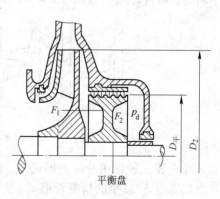

图 8-31　平衡盘示意图

8.7.1.2　定子

定子是压缩机的固定元件，它由扩压器、弯道、回流器、蜗壳及机壳等组成。

前面已说明了扩压器的作用及结构。在此将说明弯道、回流器及蜗壳的结构。

A　弯道与回流器

在压缩机的级中，为了把扩压器后气流引导到下一级去进行增压，需要在扩压器后设置弯道及回流器见图8-32。弯道的作用仅仅是使气流转弯进入回流器。气流在转弯时往往略有加速。

从扩压器出来的气体具有切向分速度，经过弯道以后仍有切向分速度。为了不至于使气流以强的旋转流向

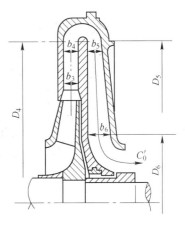

图8-32　弯道与回流器

下一级工作轮进口，在回流器上必须设置叶片。一般回流器叶片进口安装角与叶片扩压器进口安装角大致相同。而出口角取为90°，即呈径向，以使从径向速度进入下一级叶轮。常取叶片数为12～18片。

回流器的叶片有两种叶片，一种是变厚叶片，一种是等厚叶片。如图8-33所示，变厚叶片回流器的宽度一般保持相等。而等厚叶片回流器宽度由外向内增大。回流器叶片中线都呈圆弧形。由于气流在回流器中的流速不大，回流器一般可以直接与隔板一起铸成，叶道间不经机械加工即可。

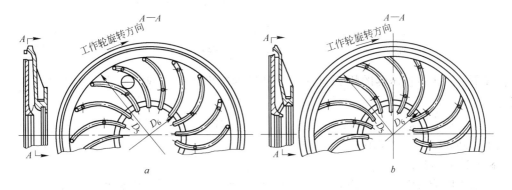

图8-33　不同叶片型式的回流器

a—变厚度的叶片型式；b—等厚度的叶片型式

B　蜗壳

为了把扩压器后面或工作轮后面的气体引到压缩机外面，使它流向压缩机气体的输送管道或流到冷却器去进行冷却，都需要在压缩机各段的末级设置蜗壳。

图8-34表示了蜗壳的结构。图8-34a所示的蜗壳是设置在扩压器后面，称为带扩压器的蜗壳。图8-34b所示的蜗壳直接设置在工作轮后面，称为不带扩压器的蜗壳。

蜗壳的截面沿气流流动方向逐渐增大，而截面形式多种多样。图8-35为常用的几种截面形式。其中有梯形，等宽梯形，半梯形，半等宽梯形，矩形和圆形。在一般情况下，梯形和圆形截面采用的比较多。半梯形、等宽梯形和半等宽梯形截面用于轴向尺寸受限制

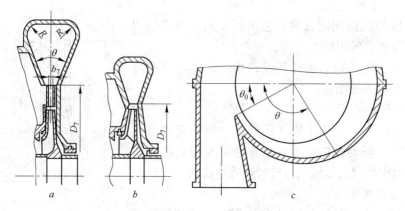

图 8-34　蜗壳的结构

a—带扩压器的蜗壳；*b*—不带扩压器的蜗壳；*c*—蜗壳的横截面

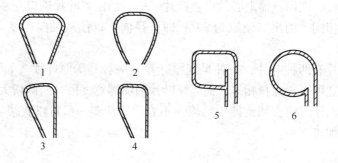

图 8-35　蜗壳的几种截面形式

1—梯形；2—等宽梯形；3—半梯形；4—半等宽梯形；5—矩形；6—圆形

的情况下。对于带扩压器的蜗壳也常用等外径的矩形或圆形截面形式，这样可减少外径尺寸。

为了在蜗壳之后进一步降低气流速度，提高气体压力，还可以采用扩压管道，使气流速度下降到 20% ~ 40% 以内。

8.7.1.3　密封

在离心压缩机中，为了减少转子与定子之间的间隙漏气，在机壳两端设有轴封、平衡盘密封，工作轮的轮盖密封。图 8-36 为梳齿状密封结构。其中 *a* 为整体式梳齿密封，*b* 和 *c* 为镶嵌式梳齿密封。梳齿密封的作用原理是由于两梳齿间的空间与间隙比较起来大得多，气流按图 8-37 方向由高压向低压泄漏时，在每个梳齿下进行的是绝热流动。压力和温度随之降低，而速度增加。但增加的速度在相邻两梳齿间的空腔中消失，空腔中的压力不变。这样梳齿间压力逐渐下降。对每一梳齿而言，两侧

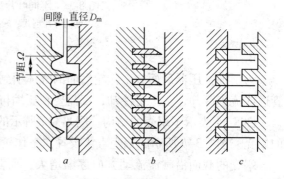

图 8-36　梳齿状密封结构

a—整体式；*b*—镶嵌式；*c*—薄片镶嵌式

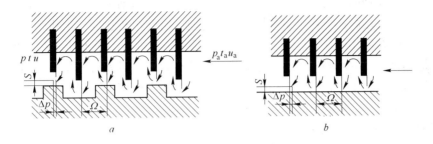

图 8-37　梳齿形和光滑形密封示意图

a—梳齿形；b—光滑形

压差小，而使泄漏量减少。

密封齿数一般为 4~35 片。齿数过少，泄漏量增加；齿数过多，所占空间大，但泄漏量减少不多。

梳齿的径向间隙 S 希望尽可能少，但是要考虑运行安全，一般为：

$$S = 0.2 + (0.3 \sim 0.6)\frac{D}{1000}$$

式中　D——密封直径。

整体式梳齿一般采用铝铸件车成。镶嵌式密封体用钢或铸铁制作，而镶片多采用薄黄铜板或铝板加工而成。梳齿的材料一定要比转子相应部分软，这样当密封互相接触时不会损伤转子。

8.7.2　传动

空分装置所配用的离心压缩机，由于转速高，通常用电动机通过齿轮增速箱来拖动。

齿轮传动的优点是传动速比不变，工作可靠耐用，效率高，传递功率的范围广，结构紧凑，但是，制造较复杂，要求较高。离心压缩机增速器的齿轮加工精度往往要求在 6 级以上。

目前离心式压缩机的齿轮传动结构形式有平行轴人字齿和斜齿两种。人字齿轮传动采用左、右旋斜齿，其优点是轴向力相抵消，传递载荷大。但缺点是人字齿轮中间需留有退刀槽，使装置的尺寸和重量增大，同时加工制造困难。

斜齿轮传动可大大减小装置的尺寸和重量，加工也比人字齿方便，但是有轴向推力，近年来采用了锥面推力盘装置来承受斜齿轮产生的轴向推力。另外选用较小的螺旋角（10°~15°），可使轴向力减少以减轻锥面推力盘的负荷。目前 6000r/min 以下的增速器一般均优先采用斜齿传动。此传动见图 8-38。

除了两种结构外，还有采用行星齿轮增速器的。这种结构尺寸紧凑，速比

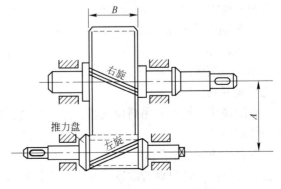

图 8-38　斜齿轮传动

大，主动轴与从动轴同轴心。但制造复杂，工艺要求高，目前采用还不很普遍。

离心压缩机常用高速异步电机或同步电机拖动。异步电机比同步电机价格低，而且使用也较方便，但在使用经济性上，同步电机则好些。电机类型根据压缩机站的设计来选择。为了拖动大容量的离心压缩机，也时常采用汽轮机。这时就可不用增速器，压缩机由汽轮机直接拖动。由于汽轮机拖动可以改变转速，从调节经济性来看是最好的，因此在大功率及工况经常变化的情况下，常得到采用。但在功率不大时，由于汽轮机效率低，而且投资费用大，常多用电机拖动。

电机增速器在压缩机之间用联轴器相连。常用的联轴器有齿轮联轴器、刚性联轴器及弹性柱销联轴器等，但以齿轮联轴器为常见。

齿轮联轴器的优点是允许两轴安装时有较大的偏差，但制造较困难。这种类型联轴器的外套是用侧盖与内套定位，在工作时，有一油管给联轴器供油，利用离心力将喷油嘴喷射出来的油甩到齿间进行润滑。

8.7.3　润滑

压缩机的轴承、增速器的齿轮及轴承以及联轴器和电机的轴承等，均需用油来润滑和冷却。压缩机的液压式轴向位移安全器亦需供给一定的压力油。因此，油路系统对整个压缩机组的安全运行具有重要的意义。

一般经常采用强制润滑。整个油路系统由下列主要部件组成：油箱、主油泵、启动油泵、油过滤器、油冷却器、高压安全阀、低压安全阀、止回阀、旋塞以及备用油泵、高位油箱等。经常将除高位油箱以外的各部分设备组装在油箱上面，组成一个独立的供油装置，称为油站。

图 8-39 为油路系统图。主油泵从油箱中吸油，增压至 0.5～0.6MPa。少部分高压油引向液压式轴位移及液压调节器，其余经旋塞减压至 0.08～0.12MPa，再经过油过滤器去除机械杂质，经油冷却器降低温度后引向各润滑点。在供油管路上接有一高位油箱，高位油箱中心离机组中心高约 5～6m。开车时油泵先向高位油箱灌油，灌满之后，油从上部回油管上一小孔（约 ϕ2mm）溢出，回至油箱。如果机组突然停电停车，当油压低于 0.05～0.06MPa 时，高位油箱即通过下部管子向各润滑点供油，从而避免造成事故。

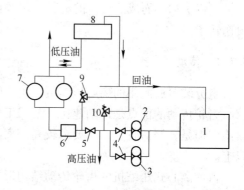

图 8-39　油路系统简图
1—油箱；2—主油泵；3—启动或备用油泵；
4—止回阀；5—旋塞；6—过滤器；7—冷却器；
8—高位油箱；9—低压安全阀；10—高压安全阀

有的油路系统不采用高位油箱，而采用直流电机拖动的备用油泵或压力油箱，也可起到同样的应急作用。

油管中油的流速在供油管中一般为 0.63～1.84m/s，在回油管中一般为 0.23～0.69m/s。在各润滑点的油进口处，设置一节流孔来控制进油量。

总的润滑系统统称为油站。我国油站已经系列化，可根据所需的供油量及供油压力选择供油站。

离心压缩机为高速运转机械，必须保证润滑油的质量。离心式压缩机通常采用22号透平油。

8.8 典型离心压缩机举例

8.8.1 带中间冷却器的单轴离心压缩机

用于3200m³/h制氧机所配套DA350-61型空压机是我国生产较多的一种典型离心压缩机，如图8-40所示。它的设计流量为370m³/min，出口压力为0.735MPa，由2500kW电机驱动，通过增速齿轮箱增速到8600r/min，压缩机主要由一个带6个叶轮的转子及其与之配合的固定元件所组成。为了节省压缩机的功耗和不使气体的温度过高，整个压缩机被分为三段。空气经过第一段压缩后，由蜗壳将空气引出，到中间冷却器中进行冷却。而后由吸气室进第二段，再引出冷却后进入第三段增压到0.735MPa后排出。这种国产单轴压缩机型号至DA350。

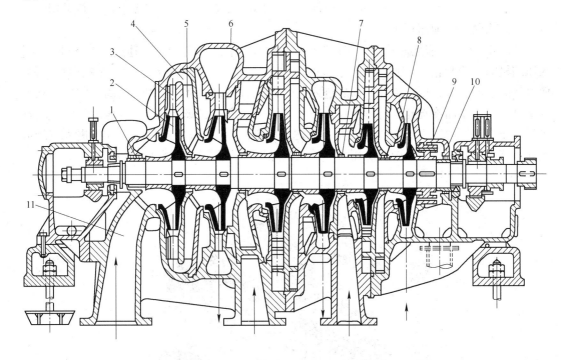

图 8-40　DA350-61 离心式压缩机简图

1—吸气室；2—工作轮；3—扩压器；4—弯道；5—回流器；6—蜗壳；
7—前轴封；8—后轴封；9—轴封；10—气封；11—平衡盘

8.8.2 H型离心压缩机（双轴离心压缩机）

图8-41所示为H型离心压缩机示意图。叶轮安装在齿轮箱两个齿轮轴的悬臂上，第3、4级的转速比第1、2级转速高，因而使效率提高。所有各级蜗壳都是无扩压度的，有的在第1级叶轮进口处安装可调节导向叶片。此类压缩机可以获得最佳转速，效率高；轴

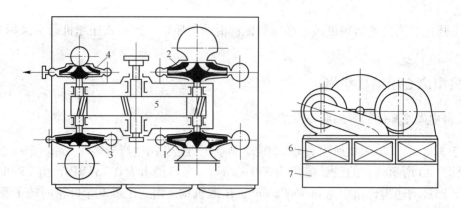

图 8-41 四级离心压缩机示意图

1~4—压缩机的各个级；5—齿轮箱；6—3 个冷却器；7—底座和油箱

向力平衡较好，止推轴承受力较小，运行平稳；因为采用了超短轴设计，也就意味着轴产生的力矩小，机组振动小噪音小；机组的全部零部件都安装在一个底盘上，一般采用箱式设计，结构紧凑占地面积小。

从图 8-42 可以清楚地看出气体在双轴压缩机中的流路。外界空气通过进口导叶 1，进入压缩机的一级叶轮 2，叶轮对空气做功，提高了空气速度，压缩后经过一个径向扩压器，使气体的速度降低，压力提高，而后进入蜗壳到流出一级流道。压缩后的高温空气经级间管道进入一级中间冷却器 3 进行冷却，冷却后的空气进入二级叶轮 4，压缩后的空气再次经过扩压提高压力后进入蜗壳，再进入二级中间冷却器 5，被冷却后的空气再进入三级叶轮 6 继续压缩并在扩压器中提高压力后进入蜗壳出口管 7，最后经过后冷却器冷却后输出。

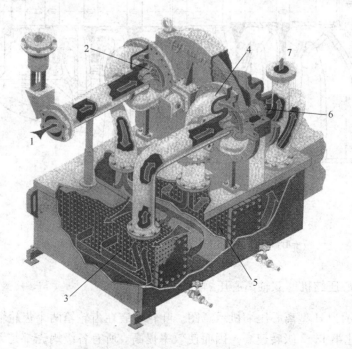

图 8-42 双轴压缩机流程

8.8.3　内置冷却器的单轴离心压缩机

最新型的为大型和超大型空分配套离心压缩机，多为德国曼透平（MANTURBO）公司生产的 RIK 系列等温压缩机，其等温效率可达 76%，如图 8-43 所示。这种类型的压缩机进口处设置导叶调节机构，可实现连续地自动调节运行工况，满足空分装置分子筛纯化器切换和变工况的需要。也可以根据工艺要求实现恒压或恒流量控制，调节范围 70%～105%。若采用汽轮机拖动，采用变转速作为辅助调节措施。

冷却器进行优化设计的结果，其气体工质在压缩过程中随时都能得到充分地冷却，进入下一级气体的温度几乎接近前一级的入

图 8-43　RIK 系列离心压缩机外形图

口温度，因此被称为"等温"压缩机。此压缩机的冷却器为高效内置式翅片管冷却器。冷却器的换热面积大，结构紧凑，体积小，不但确保了冷却效果，而且维修也十分方便，机组上方预留一定的空间，不用拆卸机壳，打开冷却器的上盖可以直接抽出冷却器的管束。此机组冷却器没有交叉管道，没有膨胀接口，因此机组简单体轻，基座占地面积小，从而可减少基建费用。从图中可见，冷却器出口设有水气分离器，冷凝水在重力作用下分离效果非常高，冷却器出口气体温度略高于空气的露点温度，防止气体含水对机组零、部件的冲击腐蚀现象的发生。并且气路短，气体流动阻力小，功耗低、噪音小。

RIK 系列空压机的结构特点，在设计时既具有标准化、系列化、通用化设计特点，又根据用户特殊需求可进行专门设计。与其他离心式压缩机的结构相同，其压缩机的本体由定子、转子、冷却器、轴承、联轴器等组成。与其他系列压缩机不同之处是它具有水冲洗系统。结构简图见图 8-44。

机壳为水平剖分形式，材料为优质合金钢焊接而成。机壳由主体、进气室、进口导叶调节装置及排气蜗壳组成。机壳内装有转子和三对内置式冷却器。轴向进气，进口处设置进口导叶调节装置。进气室和排气室采用球墨铸铁铸造成型。

转子由主轴、叶轮等零部件组成。主轴为高合金钢（28NiCrMo85）锻造后精加工而成。主轴是节鞭轴结构。叶轮的材质为 X3CrNiMo13-4，叶轮采用先进的后倾式，其轮盘、轮盖叶片经数控加工后焊接成型。叶轮在装配前进行 115% 额定转速的超速试验。叶轮和主轴用销钉定位，以确保同心度。

轴承为可倾瓦轴承。此种轴承可保证在任何运行条件下均能形成均匀的最佳油膜，抗油膜振荡能力强，抗振性能好，确保转子安全、可靠、平稳地运行。在每个轴承上，在两个瓦块靠近巴氏合金处预埋两支互为备用的热电阻，检测轴瓦温度，以确保转子安全运行。推力轴承的作用是承载轴承剩余的轴向力，其推力轴承为双面金斯贝雷轴承。它的主副推力面承载能力相同，轴承瓦块调节灵活，载荷在瓦块上均匀分布，轴承的承载能力和减振能力强。

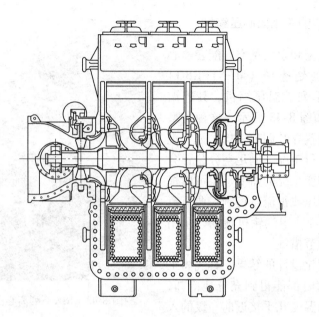

图 8-44　内置冷却器的离心压缩机剖面图

此类离心压缩机在每级叶轮的进口处都安装有 4 个喷嘴，可以定期在压缩机运行中进行喷水操作，以冲洗叶轮、流道以及内置冷却器传热表面上的积灰，从而可以保证转子的动平衡精度和流道的清洁度，同时可保证冷却器的冷却效果。喷水系统中设有装有蒸馏水的水箱，通过水泵将冲洗水引至各叶轮入口处的喷嘴，水雾能够覆盖叶轮表面并充满整个流道，雾滴撞击高速旋转的叶轮，从而达到冲流的目的。冲洗后的污水由冷却器的冷凝水排放口排出。

RIK 系列压缩机级间密封采用迷宫式，其密封主要由密封体及密封片构成。密封片为不锈钢片牢固地镶嵌在叶轮和主轴的密封槽中，密封体由软材料制作的，密封片与密封套间的间隙非常小，以此提高密封效果，将内漏和内回流降至最小。压缩机进气侧设置的轴端密封系统可有效防止润滑油及油雾渗漏到气体流道内，以及气体带油现象的发生。压缩机排气端的平衡盘上也镶嵌有密封片，以防止漏气。此类压缩机将密封片嵌装在转子上，可以保证压缩机运转时，在离心力的作用下，密封片之间不积灰，以使其密封效果始终保持在最佳状态。

8.8.4　筒型离心压缩机

内压缩空分装置所需的一部分高压空气通常采用筒型离心式压缩机增压。由于气体压力较高，机壳由外缸、内缸（含端盖、闷盖）等构成。外形如图 8-45 所示。外缸采用优质合金锻钢锻造成筒形，垂直剖分如图 8-46 所示。内缸分别与闷盖、端盖相连。其内缸和闷盖、端盖可一同从外缸内抽出并吊起，检修很方便。

图 8-45　筒形压缩机外形图

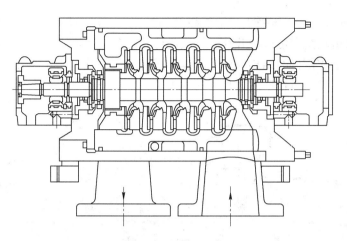

图 8-46　筒形压缩机剖面图

采用优质合金钢铣制成型的隔板构成扩压器、回流器。筒型压缩机的密封均采用迷宫密封，密封片为"J"形不锈钢环片，由密封压条镶嵌在转子上的"U"形槽内，确保完全密封。这种密封形式有以下 3 个优点：（1）密封片安装牢靠且更换密封片的操作非常简单。（2）当机组振动异常时，若密封片与静子相碰相摩擦，所产生的热量大部分由静止的定子所吸收，只有极少的热量传到转子上，可以有效地保护转子。（3）气体中夹杂的灰尘等固体杂质在离心力的作用下，不会积存在密封片的根部，因而可以使密封效果始终保持良好。

叶轮与轴连接采用销钉的连接方式，既可以提高转子的刚度及稳定性，又便于检修时拆卸叶轮。轴承仍然采用可倾瓦轴承。

级间冷却器为外置式冷却器，一般设置两个中间冷却器和一个末端冷却器。中间冷却器采用高效的翅片式冷却器。末端冷却器为列管式冷却器。

8.8.5　轴流加离心压缩机

空分装置向大型化和超大型化方向发展，一般当加工空气量大于 $300000 \mathrm{m}^3/\mathrm{h}$ 时，采用离心压缩机时，一级叶轮因进气量太大，故设计时叶轮直径太大或转速太高，因此，对叶轮的材质要求太高，加工制造也很困难。这时通常选用轴流加离心式压缩机（ARI 系列），全离心压缩机和轴流加离心压缩机选取范围的区分见图 8-47。

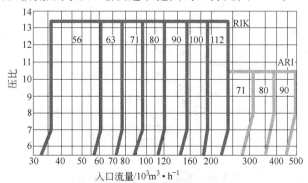

图 8-47　RIK 与 ARI 系列应用范围

图 8-48 为轴流加离心压缩机的轴流级结构简图。此压缩机为 6 级轴流和 3 级离心所组成。每一级轴流均配有可调静叶片，以满足分载时有效运转。可调叶片由气压或液压伺服马达驱动。其他零部件的结构与全离心压缩机相同。但是，由于采用了 6 级轴流代替 1 级进气离心叶轮，其气体在压缩过程中的损失较大，整个机组的效率会有所下降。轴流压

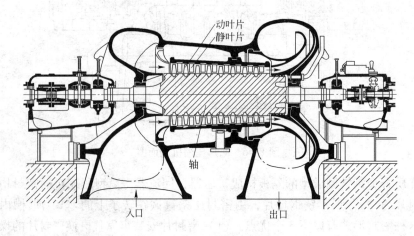

动叶片
静叶片

轴

入口   出口

图 8-48 轴流压缩机

缩机的叶片分为动叶片和静叶片，动叶轮镶嵌在转子的槽中，随转子一起转动。静叶片固定在机壳上，静叶片的角度可调，改变静叶片的角度即改变了轴流压缩机的通流面积，因而可以改变风量和风压。轴流压缩机的工作原理就是气体在气缸流道中，由动叶片与静叶片之间构成的流道容积的改变使得气体的压力上升，气体从前一级"挤"向下一级。轴流加离心压缩机剖面图见图 8-49。

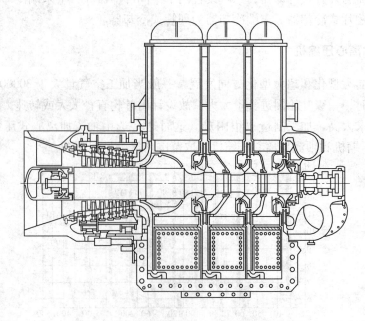

图 8-49 轴流加离心压缩机剖面图

8.8.6 汽轮机简介

压缩机的拖动可以由电机拖动，在用户蒸汽源比较充足的条件下，也可以采用蒸汽轮机拖动。尤其在大型或超大型空分装置的离心式空压机应该采用汽轮机的拖动，内压缩流程中所配的空压机、增压机往往采用蒸汽轮机拖动的一体机。

8.8.6.1 汽轮机的工作原理

蒸汽轮机的工质是水蒸气，它的工作原理与膨胀机相同。蒸汽作用在汽轮机叶轮（动叶栅）上，使蒸汽轮机转动，将蒸汽的能量转变成机械功。汽轮机做功的基本单元是汽轮机的级。汽轮机的级由喷嘴（静叶栅）和叶轮（动叶栅）组成。汽轮机可由单级或多级串联而成。汽轮机的能量转换分成两步，首先在喷嘴中将具有一定温度和压力的水蒸气的热能转换成蒸汽高速流动的动能，然后进入动叶栅使动叶栅旋转，将动能转变为机械能。在这种转变的过程中，主要利用蒸汽通过动叶栅时发生了动量变化，而对叶栅产生力的作用同时对动叶栅做功。其做功的大小取决于水蒸气的质量流量和速度的变化量。这种作用力与膨胀机原理相同，分为冲动力和反动力。当气流在动叶道内不膨胀加速，而仅随汽道的形状变化改变其流动方向时，气流对该叶道所产生的作用力为冲动力，这种级称为冲动级。当蒸汽在动叶道中不仅随汽道形状变化而改变方向，并且同时继续膨胀加速，此蒸汽流流出叶道后，还会对动叶栅施加与流向相反的反作用力（反动力），依靠冲动力和反动力共同推动动叶栅转动的级，称之为反动级。动叶道中膨胀焓降占总焓降的比例用反动度表示。反动式蒸汽轮机的反动度一般为 0.5。

8.8.6.2 汽轮机分类

工业汽轮机的分类归纳如下：

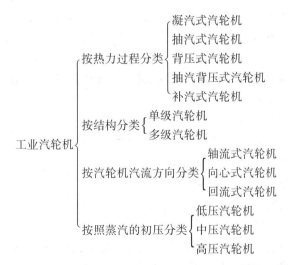

小型工业汽轮机常采用凝汽式汽轮机。这种汽轮机是蒸汽在汽轮机中作功后，全部排入压力比大气压低的凝汽器中；抽汽凝汽式汽轮机是从中间抽出一股或两股供工业用蒸汽或取暖用蒸汽，其余蒸汽仍排入凝汽器凝结成水；背压式汽轮机，蒸汽在蒸汽轮机中作功后，以一定压力排出，排出的蒸汽可作为需要压力等级比较低的用户和汽轮机使用；抽汽

背压式汽轮机，此种汽轮机在级间有部分蒸汽抽出，蒸汽作功后，还要有一定的背压排出以供压力等级较低的用户需要；补汽式汽轮机就是将工艺过程中的某种压力等级的富余蒸汽补注到汽轮机的某个中间级的汽轮机。

8.8.6.3 凝汽式汽轮机的结构

汽轮机主要由汽缸、动叶栅（转子）、静叶栅（喷嘴）、轴承润滑油系统、调节系统等部分组成。驱动空压机的凝汽式汽轮机的外形图示于图 8-50。

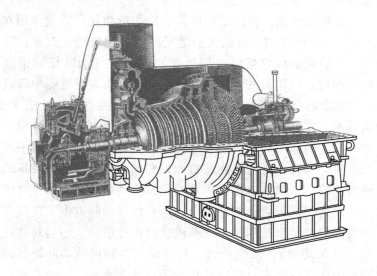

图 8-50 驱动空压机的汽轮机

此类工业汽轮机通常为两级。它的气缸通常由高压缸和低压缸组成，高压缸的前端通常与调速汽门室连接。低压缸排汽端与冷凝器相连。汽轮机也分为冲动式和反动式两类。

转子的结构，冲动式汽轮机的转子由叶轮、动叶、联轴器、汽封套等部件组成。反动式汽轮机转子由转鼓、平衡盘、速度级叶轮、叶片、轴、汽封、联轴器等部件组成。其叶片第一级装在叶轮上，其他各级直接装在转鼓上。叶片的高度由高压级到低压级逐渐加长，其材质依据蒸汽参数的不同而采用不同的材质，通常蒸汽温度在 $400 \sim 450 \, ^\circ\!C$ 的范围内采用 1Cr13 或 2Cr13 合金钢。为了增加叶片的强度，汽轮机的动叶片顶部加有围带或中间穿有拉筋。叶片越长，其叶片顶和叶根处的圆周速度差越大。为了减少流动损失，叶片为扭转型见图 8-51。动叶片安

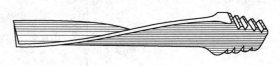

图 8-51 扭转型叶片

装在转子上除承受强大的蒸汽轮冲击外，还要承受强大的离心力，因此叶根必须具有足够的强度。常用根形有：叉形、"T" 形、菌形、轴向枞树形叶根等。

汽轮机的主轴承一般采用可倾瓦轴承，一般由五块瓦组成，每块瓦都有一个供油孔。由于每块瓦都有一定的油动量，因此在转动时始终都可以形成均匀的油膜。汽轮机还设置止推轴承以承受转子的轴向推力，确保转子同汽缸的轴向位置。

汽轮机的调节系统主要由变频器来调节汽轮机的转速。由调速器发出信号，以执行机构操纵汽轮机的蒸汽进口调节阀（汽门），以使其转速改变。

汽轮机工作需要不断提供蒸汽工质，工作后的蒸汽（泛汽）又不断地变成冷凝水，冷凝水需要返回锅炉继续变成蒸汽，因此需要热力系统和辅助设备。主要的辅助设备有冷凝器、凝水泵、高压加热器、低压加热器，以及主、补抽汽器等。

冷凝器的作用是将已在汽轮机中做完功的蒸汽即泛汽变成水，同时由于体积缩小还可以形成真空度，以此来增大蒸汽的焓降，从而提高汽轮机的效率。

凝水泵的作用是将冷凝器中的冷凝水送至除氧器再返回锅炉。

高、低压加热器的作用是利用汽轮机中间抽汽的热量将锅炉给水和凝水加热，以回收热量，减少热力系统的热损失，提高系统的热效率。

主抽汽器的作用是将冷凝器中不能凝结的气体抽出后排放，以保证汽轮机排汽侧保持较高的真空度。

补助抽汽器的作用是在汽轮机启动时抽汽，建立汽轮机排汽侧真空度，或在主抽汽器发生故障时使用。

8.8.7 离心式氧压机和氮压机

空分装置产品氧从精馏塔上塔下部抽出的压力一般只有 0.13～0.15MPa，需要设置氧气压缩机提高压力送至用户。钢厂氧气输送压力设计一般为 3.1MPa。因压送气体为氧气，它是强氧化气体，易燃烧和爆炸，所以氧气压缩机的设计和制造是以安全为第一位的。对氧压机的具体要求：（1）在压缩过程中无二次污染，以保证氧气产品质量；（2）润滑油不能与氧气接触；（3）运行工况稳定，连续运转时间不少于两年；（4）具有十分可靠的安全措施；（5）具有比较高的等温效率。

氧气透平式压缩机（氧气透平）通常选用转子动力特性较好的单轴型离心压缩机，如图 8-52 所示。与离心式空压机相比，设计时氧气的流速选取较低，压缩后氧气温度也要

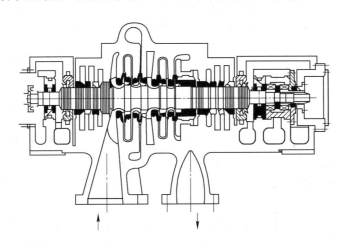

图 8-52　单轴六级氧压缩机

严格控制，因此氧气透平每段压比较小。根据压力要求可分为单段、二段和三段压缩。图中所示的氧透为六级叶轮三段压缩。六级叶轮的背面设置一个平衡盘平衡大部分轴向力，其余轴向力由止推轴承来承受。某三段氧压机的第一段组装示意图见图 8-53。

氧气离心压缩机的安全措施主要有以下几点：

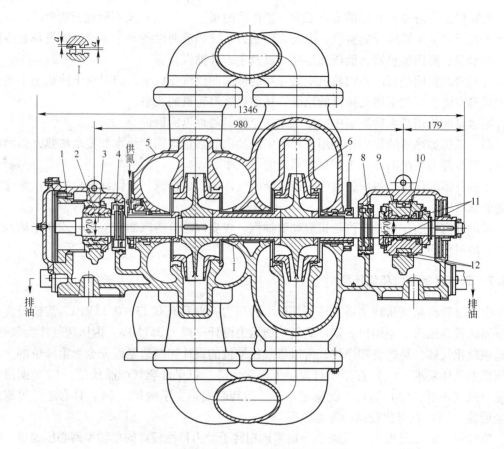

图 8-53　透平氧压机一段组装示意图

1—减振套；2—径向轴承；3、10—轴承顶间隙（0.13～0.18mm）；4、8—油封；5—装配式机体；6—转子；
7—氮气密封供氮；9—止推轴瓦；11—止推瓦轴向间隙（0.20～0.30mm）；12—调整垫片

（1）材质选择。凡是与氧气接触的金属表面，必须采用化学稳定性好，不易氧化的金属材料。转子、扩压器氧气管道、油管道、冷却器、过滤器等均采用不锈钢。密封器采用高燃点的铜镍合金，也称为蒙乃尔合金，有的采用银块。氧气流道及密封腔表面镀铜。蜗壳采用球墨铸铁，密封垫片和填料必须用不含有机物的弹性材料制造。

（2）零部件脱脂除油。铸铁件加工过程中要保持无油，氧气透平制造完成出厂前，凡是与氧气接触部机必须进行严格脱脂处理，并清洗干净，经过对油分分析化验合格后，充氮密封出厂。到安装现场还需要复检，并对现场安装的氧气管道、阀门、管件等进行脱脂处理。

（3）防止氧气和油气泄漏。氧透的轴封采用氮气差压密封。在压缩机的轴承处，轴承箱内的油雾与油蒸气，设置排烟风机或喷射器抽出，以保证油系统的真空度，并在轴承处充入一定压力的氮气保证油的密封。在控制系统设置相应的压力表控制差压。

（4）防静电。氧压机、管道、冷却器等，凡是与氧气接触的一切设备、零部件和管道均需接地。

（5）设置防火墙。把全部氧气机组、管道和阀门用阻燃材料筑成的墙体与外界隔开，操作在防火墙外，以确保人身安全。

单轴氧透设置双推力轴承保证安全。氧透与增压机刚性连接,第一推力轴承安装在大齿轮轴端,氧透正常运转时起承受推力的作用。氧气透平的本体还设有一个推力轴承,当第一推力轴承损坏后,承受轴向推力,来保证氧透仍然正常运行,防止叶轮撞缸事故的发生。

至于氮气压缩机,因其压缩介质氮气是惰性气体,化学性质不活泼,在压缩过程中比较安全,所以与空压机结构形式相类似,在压力较低的情况下,可以选单轴等温型;在需要压力较高时可以采用单轴多级型;在氮气产品压力不同时,可以采用多轴式(整体齿轮型),可以采双轴型、三轴型的离心压缩机。

透平氧压机的发展分为三个阶段,在 1957~1967 年只能生产 0.2~0.6MPa(G)的低压透平氧压机;1968~1972 年为了满足钢铁企业转炉炼钢用氧,生产出口 2.6~3.0MPa(G)的三缸高压氧压机;1980 年以后生产 3.0MPa(G)双缸氧压机。从 1980 年以后,为了节能及降低氧压机的投资,透平氧压机的研制向着降低压力设计点、尽量提高透平氧压机的等温效率的方向发展。

氧气压缩机的能耗公式见式(8-33)。

$$N = 1.634F \cdot Bp_1 V_1 \frac{K}{K-1} (\varepsilon^{\frac{K-1}{BK}} - 1) \eta_P \tag{8-33}$$

式中　　B——压缩机的级数;

　　　　F——中间冷却器压力损失校正系数;

　　　　ε——总压比;

　　　　K——绝热指数;

　　　　η_P——多变效率;

　　　　p_1——压缩机入口压力,MPa;

　　　　V_1——压缩机入口流量,m^3/h;

　　　　N——氧压机功耗,$kW \cdot h$。

从式中可以得出,减少压缩机的缸数,降低压比可以显著节能。若使氧压机从两缸改为一缸,可以使氧压机的结构大为简化,既减少投资又节能,因此近年透平氧压机向单缸方向发展。

众所周知,氧压机的安全是第一位的。一缸氧压的压比最大只能达到 $\varepsilon = 16$,这么高的压比还得由氧压机的材质、设计及具有高的制造水平等才能达到。用户的供氧压力又不能降低,如钢铁企业氧气的管网压力为 3.1MPa(A),出空分装置氧气的压力通常为 0.13MPa(A),即氧压机入口压力,这时如果氧压机为一缸一段压缩,其压比为 24,这种情况透平氧压机就必须为二缸串联。

为了实现透平氧压机一段压缩供氧,就应该提高入透平氧压机气体的压力。采取在冷箱内增设低位安装的液氧蒸发器,利用液氧的静液柱来提高液氧的蒸发压力,通常可将氧压机的进口压力由 0.13MPa(A)提高到 0.197MPa(A),这种方法被称为无功增压法。采用此法既为先进的一缸透平氧压机的制造创造了条件,又以此使氧压机节能 13%。

9 低温液体泵

低温液体泵是用来输送低温液体（如液氧、液氮、液氩、液氖、液氢、液态烃及液化天然气）的特殊泵。在空分中它主要用于输送液态产品，如液氧泵、液氮泵及液氩泵等产品泵。在空分工艺流程中也设置工艺泵，例如：在主冷防爆系统中的液氧循环泵；上、下塔分开时，将上塔底部的液氧送入下塔顶的主冷凝蒸发器；粗氩塔分成粗氩塔Ⅰ和粗氩塔Ⅱ，两塔之间设置的液氩泵等。

低温泵与一般通用泵不同，它要在液体输送过程中保持低温，尽量减少冷损，否则低温泵会由于液体的汽化而不能工作。因在低温条件下工作，其泵的材质、结构、运行，安装等方面都与通用泵有所不同。

按照工作原理来分，低温泵可分为两大类，即离心式和往复式。在往复式中，因输送介质接触的工作构件的结构不同又可分为活塞式低温泵和柱塞式低温泵两种。低温液体泵具体分类如下：

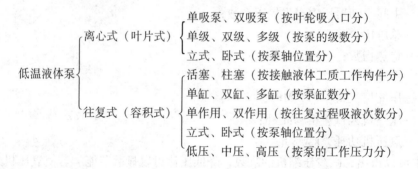

9.1 离心式低温液体泵

9.1.1 离心泵的工作原理

离心式低温液体泵的工作原理与离心水泵相同。离心泵是依靠旋转叶轮对液体作功，将原动机的机械能传递给液体。当泵内充满液体工作时，由于叶轮高速旋转，液体在叶轮作用下产生离心力，驱使液体在从叶轮进口向出口流动的过程中，压力能和速度能均增加，继而在扩压室内又将速度能进一步转化成压力能后输出。简单概括：离心泵的工作原理是：离心泵工作时，依靠泵内、泵外的压差，将液体不断吸入泵内，靠叶轮的高速旋转使液体获得动能；靠扩压管或导叶将液体的动能转换成压力能。

经离心泵后，低温液体所获得的能量叫泵的扬程，通常用"液柱"作为单位。

其理论扬程可表示为：

$$H_{\text{理}} = \frac{u_2 C_{u2} - u_1 C_{u1}}{g} \tag{9-1}$$

式中　$H_{理}$——泵的理论扬程，m；

$\qquad$ u_2——工作轮叶片出口处的圆周速度，m/s；

$\qquad$ u_1——工作轮叶片入口处的圆周速度，m/s；

$\qquad$ C_{u2}——流体在工作轮出口处的绝对速度 C_2 在圆周方向的分速度。$C_{u2} = C_2 \cdot \cos\alpha_2$

$\qquad$（α_2 为 C_2 与圆周切线方向的夹角），m/s；

$\qquad$ C_{u1}——流体在工作轮叶片入口处的绝对速度 C_1 在圆周方向的分速度。$C_{u1} = C_1 \cdot$

$\qquad$ $\cos\alpha_1$（α_1 为 C_1 与圆周切线方向的夹角），m/s；

$\qquad$ g——重量加速度，m/s²。

从式（9-1）可以看出，离心式液氧泵的理论扬程只与流体在叶轮中的运动有关，而与流体本身的物理性质无关。

9.1.2　泵的特性参数

泵的特性参数包括流量、扬程、转速及功率和效率。现分述如下。

9.1.2.1　流量

在单位时间内，泵所抽送的液体体积，称为泵的容积流量，以 Q 表示，单位为 L/s、m³/s 或 m³/h。

9.1.2.2　扬程

单位重量流体通过泵所得到的能量增值，以 H 表示。其单位为所输送液体的液柱高度。其理论值用式（9-1）计算。

实际扬程的计算式为：

$$H = \frac{(p_2 - p_1)10^5}{\rho} \tag{9-2}$$

式中　p_1——泵的进口压力，MPa；

$\qquad$ p_2——泵的出口压力，MPa；

$\qquad$ ρ——液体密度，kg/m³。

9.1.2.3　效率

包括容积效率、水力效率、机械效率和总效率。

（1）容积效率。（见图9-1）流体在叶轮进口处的压力为 p_1，离开叶轮时，由于获得了能量，具有较大的压力 p_2。在压力差作用下，有少量液体经叶轮和泵壳间的缝隙重新回到叶轮进口处，因而产生容积损失，或称为泄漏损失。如果泵的实际输液量为 Q，漏回入口的量为 q，则叶轮内的流量为 $Q + q$。其比值称为泵的容积效率：

$$\eta_0 = \frac{Q}{Q + q} \tag{9-3}$$

在现代技术水平下，η_0 可达 99.5%。

（2）水力效率。液体从泵进口到出口的过程中，有一部分能量 $h_水$ 在流动中损失掉了。其中包括叶片进口处可能发生的冲击损失；叶轮及蜗壳流道内流动的摩擦损失；通道断面改变

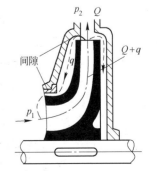

图 9-1　容积效率说明图

产生的局部涡流损失等等。$h_水$ 称为泵的水力阻力损失。若泵的理论扬程为 H_T，流体实际能量增值 $H_T - h_水$ 与 H_T 之比称为泵的水力效率（或称为流动效率）：

$$\eta_水 = \frac{H_T - h_水}{H_T} \tag{9-4}$$

（3）机械效率。泵运转时，由于轴与轴承、填料之间，叶轮两侧的轮盘和液体之间发生摩擦而引起能量损失，这些损失相应地减少了有用功率，对应的效率称为机械效率，以 $\eta_机$ 表示。

以上 3 种效率的乘积称为泵的总效率：

$$\eta_泵 = \eta_机 \, \eta_0 \eta_水 \tag{9-5}$$

一般液体泵的总效率 $\eta_泵 = 0.5 \sim 0.85$，即由原动机输入的功率，只有 50% ~ 85% 能够使液体增加能量。

9.1.2.4　功率

由泵实际输出的流量 Q 和实际扬程 H，可计算出泵的有效功率：

$$N_e = \rho Q H \text{ kg} \cdot \text{m}/\text{s} = \frac{\rho Q H}{102} \text{ kW} \tag{9-6}$$

由泵的总效率 $\eta_泵$ 可求得泵所需的轴功率：

$$N = \frac{N_e}{\eta_泵} \tag{9-7}$$

在选择配套电机的功率时，为防止电机因泵变工况而超载，通常配套电机的功率 $N_电$ 为：

$$N_电 = (1.1 \sim 1.2)N \tag{9-8}$$

9.1.3　离心泵的性能曲线

离心泵的性能曲线是将主要参数之间的关系用曲线形式表示出来。通常有三种曲线即流量-扬程（Q-H）；流量-功率（Q-N）；流量-效率（Q-η）。其性能曲线的实质是，液体工质在泵内流动规律的外部表现形式。从性能曲线上可以找出工况点，设计和选择泵时，应以最佳工况点为设计工况点；运行时，应在最佳工况点附近运行，这样才能保证泵高效率节能。可见，在运行中确定工况点的位置很重要。典型的离心泵的性能曲线见图9-2。

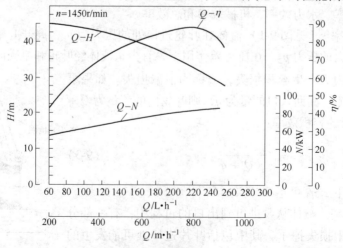

图 9-2　离心式低温泵的性能曲线

离心泵稳定工作时的工况点是由管网曲线与性能曲线的交点。管网曲线是输送的流量与系统压头 H' 的关系曲线，即（H'-Q），在泵稳定工作时，H' 就是泵的扬程 H。将管网曲线与泵性能曲线绘制在一起见图9-3。

图中 H'-Q 线与泵性能曲线 H-Q 的交点 A，就是泵的工况点。离心泵正常工作时，其工况点应在泵效率大于80%的范围内运行，即在高效区运行。

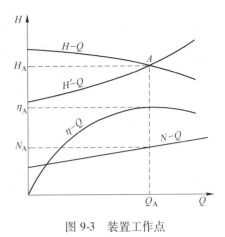

图9-3　装置工作点

9.1.4　离心泵的汽蚀

离心泵的汽蚀现象是离心泵较严重的破坏性事故。当离心泵在运行中产生较大的噪声和振动，并且流量、扬程及效率均降低，甚至不能工作时，往往是泵产生了"汽蚀"。即泵内的液体夹带了汽泡。

产生汽蚀的原因是：

由于沿叶轮进口流道的水力阻力和流速的增加，在叶轮进口缘后不远处的压力 p_K 比进口管道处的压力 p_1 有所降低。当 p_K 降低到等于液体在该处温度下的饱和蒸汽压 p_n 时，液体开始沸腾、汽化，于是，在流体中形成气泡。夹带着气泡的液体沿叶轮离心力方向流动。当它到达叶轮内压力升高的区域时，蒸汽又重新冷凝，使汽泡破裂。汽泡破裂的极为迅速，因此它周围的液体以极高的速度冲向汽泡所占有的空间，在该区域叶轮的表面上产生局部冲击作用。上述过程总称为离心泵的汽蚀现象。

汽蚀的危害性很大。首先，由于汽泡重新凝结而产生的局部冲击作用，在叶轮内表面上产生极大的应力。大量小汽泡的形成和破裂过程极快，而且叶轮长期受到反复不断的冲击，会使叶轮材料受到超过其极限强度的冲击力，从而在材料表面上出现蜂窝状的蚀点，甚至产生孔洞，故称现象为"汽蚀"。

其次，汽蚀现象的产生，改变了叶轮内流通部分的有效面积和液流方向，破坏了叶轮内液体的稳定流动和正常的速度及压力的分布，致使其阻力增加。因此，泵的扬程骤然下降，功率增加，效率急剧下降，流量显著减少，甚至迫使泵中断工作。

此外，产生汽蚀时，泵发生强烈振动和异常噪声，严重时使泵不能继续运转。

为了尽可能避免汽蚀现象，在流程设计时，应该使液体进入液体泵前有一定的过冷度（一般为 $6 \sim 12℃$）。同时泵体要安装在较低位置，使液体进口处有一定的静压头。此外，作为低温泵，要注意绝热保冷，尽量减少冷损失。

9.1.5　离心泵的结构

离心泵的基本结构有吸液室、叶轮和压液室。这三部分组合在一起，形成泵的流通部分，如图9-4所示。

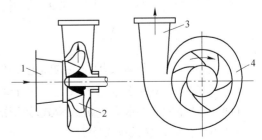

图9-4　离心式液氧泵基本结构示意图
1—吸液室；2—叶轮；3—扩散管；4—蜗壳

9.1.5.1　吸液室

吸液室的作用是将液体从吸液管路引入叶轮。为了提高泵的效率，能够使泵稳定地工作，要求液体进入叶轮时，速度分布均匀，在吸液室内流动损失最小。最常用的吸液室形式有环状吸液室（图9-5）和轴流锥形吸液室（图9-6）。后者是液体流入吸入口最好的一种形式，但只能用于单级单吸式离心泵。

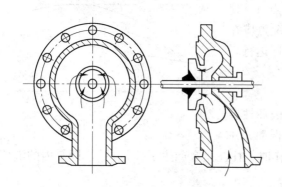
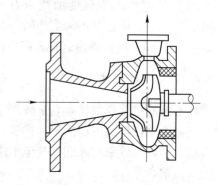

图9-5　环状吸液室　　　　　　　　　　图9-6　轴流锥形吸液室

9.1.5.2　叶轮

叶轮是离心泵最重要的部件，液体就是通过叶轮而获得能量的。因此，要求叶轮有良好的流动特性。在损失最小的情况下，加给单位重量液体以一定的能量。为减少液体在叶轮内的流动损失，叶片采用后弯形式。叶片数为5～12片。液氧、液氮、液氩等是一种清洁的并且流动性很好的（黏度较小）液体，常采用闭式叶轮，以提高泵的效率。

叶轮固定在轮轴上，由电动机驱动转轴，带动叶轮旋转。

9.1.5.3　压液室

压液室包括泵壳、扩压管。它的作用是把叶轮内压出的液体汇集起来，在流动损失最小的情况下，将其送入压液管路或送往下一级叶轮的吸入口。压液室还要降低叶轮出口的液体流速，使其动能转换为压力能。

泵壳是螺线形，随着通过流量的增加，其径向截面从隔舌口处开始逐渐增大。末端是扩散管形式，以便把动能转换成压能。

泵壳径向截面形状，可以是梯形、等宽梯形、圆形等。

低温液体泵的工作温度在 −180℃ 以下，因此构件的材料应保证其低温韧性，叶轮材料通常采用铝合金，泵壳采用 CHSi80-3 铜材料，转轴采用不锈钢。

9.1.6　离心泵的轴封

离心泵的轴封是指旋转轴与泵的固定壳体间的密封。轴封不严会使泵内的低温液体泄漏，影响泵的工作和空分装置的安全，因此离心泵的轴封是极其重要的问题。

目前，常用的密封装置有波纹管式端面密封、充气迷宫密封和填料式密封。

9.1.6.1　波纹管式端面密封

波纹管式端面密封又称为机械密封。它是用固定在转轴上的动环和固定在静止机壳上的静环，依靠波纹管弹性元件实现其紧密配合，使转轴缝隙和液氧通路隔绝，而达到阻止液氧泄漏的作用,如图 9-7 所示。

静环和动环组成一对摩擦副(即密封元件)。静环材料可用石墨或充填有玻璃纤维的聚四氟乙烯混合物。动环材料用不锈钢(9Cr18MoV)或 QSnP10-1。至于最适合液氧密封摩擦副的材料。

摩擦副材料磨损的补偿,一般采用金属波纹管这一弹性元件来实现。而且波纹管还能减弱和消除因种种因素引起的机械振动,起到吸振、缓冲作用。波纹管是静止不动的,这有利于泵的运转。

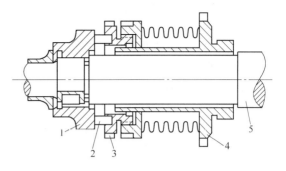

图 9-7 波纹管式端面密封
1—动环;2—静环;3—静环座;4—密封环;5—轴

为了便于更换磨损的密封圈,把密封圈座与波纹管盒分开,它们之间用螺纹连接。

采用波纹管式端面密封,操作维护简单。但其运转周期受到摩擦材料磨损率的限制,适用于短期运转的离心泵。

9.1.6.2 充气迷宫密封

按迷宫结构型式,可分为单齿充气迷宫密封与双齿充气迷宫密封,如图 9-8 所示。

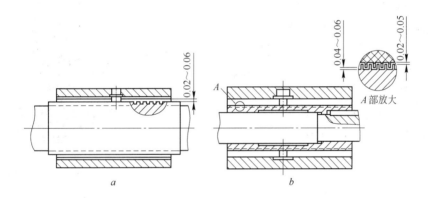

图 9-8 充气迷宫密封结构图
a—单齿;b—双齿

图 9-8a 为单齿充气迷宫密封。迷宫齿在转动轴上,外迷宫套里面浇有铅基轴承合金,其内表面是光的。这种结构密封间隙难以控制,迷宫密封长度也比较短(相对于双齿迷宫而言),密封效果不太好。

图 9-8b 为双齿充气迷宫密封。在转动的内迷宫套和静止的外迷宫套上均有密封齿,二者互相啮合。这种迷宫密封长度长,间隙小,密封效果好。

密封气为常温氮气或干燥空气,压力要高出液氧泵的密封入口压力 $0.02 \sim 0.03MPa$。

液氧泵装有压力表、控制阀,以调节密封气源。在迷宫密封结构完善和气封控制良好的情况下,可以获得理想的密封效果。

充气密封不存在材料的磨损问题,适于长期运转。但它在运转过程中需要有一定流量、一定压力的密封干燥气体,操作维护方面比端面密封要复杂些,制造安装要求高,维修不方便。

以液氧泵为例说明离心低温泵的整体结构。

国内大、中型全低压配套用的液氧泵均为单级、单吸、立式离心泵。小型制氧机使用单级、单吸、卧式离心液氧泵。

比较典型的结构为1LB-4.5/1.5型液氧泵如图9-9所示，带有闭式叶轮的转子，由两个对置向心推力滚珠轴承悬挂支承。在泵座上装有油杯，用来添加润滑油脂润滑轴承。最下端泵盖内，装有用聚四氟乙烯混合物制成的滑动轴承，以作径向定位。此滑动轴承采用泵本身排出的高压液氧来润滑。

氧气是一种化学性能极强的助燃气体，要严格禁油。因此，对液氧泵密封结构的设计与布置要求很高。滚动轴承润滑油脂的密封要设在轴承的下部，用以阻止轴承内的油气进入中间座。液氧的密封安装在叶轮上方，若波纹管式机械端面密封处有液氧微量泄漏，可在中间座内气化放空。为了减少叶轮与泵壳之间的泄漏，在叶轮的前后，以及泵壳、泵盖均装有防漏环（或叫承磨环），此环的间隙为0.3～0.5mm，磨损时，及时更换，以确保良好的密封性。

1LB-4.5/1.5型液氧泵的主要技术参数为：

工作介质	液氧
工作温度	-183℃
进口压力	0.15MPa
总扬程	15m
流量	4.5m³/h
转速	2800r/min
电机功率	1.5kW

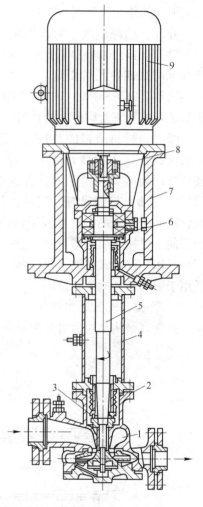

图9-9　1LB-4.5/1.5型液氧泵

1—叶轮；2—泵壳；3—密封；

4—中间座；5—轴；6—轴承；

7—中间体；8—联轴器；9—电机

9.1.7 低温离心泵的维护及故障

维护中应注意以下几点：

（1）在低温离心泵的管路系统中吸入管路上应有排气装置，以保证泵在启动前或运行中及时排出泵内的气体，防止汽蚀的发生，确保泵的正常运行。

（2）在低温离心泵的排出管路上必须安装止回阀，以避免突然停泵时液体倒流。

（3）泵体及管线必须有良好的保冷效果，以防止从环境吸热，致使液体汽化而影响泵的工作。

（4）管路接头处必须严密无泄漏。否则会发生"气缚"现象。所谓气缚，是吸入管处不严，空气漏入泵内，因空气的密度小，不能被叶轮甩向压力较高的出口处，而会积累在吸入口附近，造成叶轮的部分通道堵塞，致使液体流量减少，流动工况不稳定，此时压力波动，噪声加大，严重时堵塞叶轮全部流道，使排液中断。

为了保证管路接头处的密封性，在泵管路安装时，无论是进口端或出口端，管路系统的自重必须由设置支架承担。否则，会使泵运行时振动过大，易造成泄漏。

（5）低温泵在启动前，必须进行充分的预冷，如果是液氧泵同时还要彻底吹除乙炔及其他碳氢化合物，在泵壳上必须开有吹除孔和泄液孔。

离心式低温泵的常见故障归纳起来有以下几点：

（1）	启动时压力不升	原因	转动反向，泵内有气，吸入管堵	处理	电机两相接线对调，继续冷却放气，吹扫管路
（2）	运行时流量不足	原因	流道堵塞，密封气压力过高	处理	吹扫，调节密封气压力
（3）	吸不上液体压力表跳动	原因	气蚀，堵塞，泄漏，吸入阀未开	处理	预冷和放气，吹扫，查漏堵漏，开阀
（4）	法兰结霜或突然停车	原因	保冷效果差，轴承卡死，密封气不足	处理	保冷材料烘干、装实，清洗更换轴承，增加密封气量
（5）	振动过大噪声过大	原因	机身与转子不同心，运动件与固定件摩擦，转子零件松动，汽蚀	处理	调整同心度，调整间隙，紧固，放气
（6）	电机温度过高	原因	电机内绝缘问题，迷宫密封有擦痕	处理	修理电机，调整密封间隙

9.2 往复式低温泵

往复式低温泵按工作部件的形式不同分为活塞式低温泵和柱塞泵。往复式低温泵可以适用于低压、中压和高压。泵排出压力 $p_d < 1.0\mathrm{MPa}$ 为低压泵；$1.0\mathrm{MPa} < p_d < 10.0\mathrm{MPa}$ 为中压；$p_d > 10.0\mathrm{MPa}$ 为高压。当流量小压力高时，应选择往复式泵。

9.2.1 往复式低温泵的工作原理

往复式低温泵与往复式压缩机的工作原理相类似，是一种容积式的压缩机械。它由活塞（柱塞）在液缸工作腔内往复运动，使工作腔容积产生周期性变化，来实现吸液—压缩—排液全过程。往复式低温泵工作原理示意图见图 9-10。

当活塞（柱塞）向右移动时，泵缸容积增大，压力随之降低，当进口管中的液体压力大于泵缸内压力时，吸入阀开启，液体流入泵缸。当曲柄转过 180° 以后，活塞（柱塞）向左移动时，泵缸的容积减小，因液体是不可压缩流体，因此压力将迅速升高，当其压力

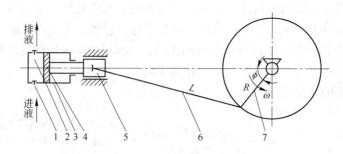

图 9-10   单作用往复式低温泵工作原理示意图

1—吸入阀；2—排出阀；3—泵缸；4—活塞（柱塞）；5—十字头；6—连杆；7—曲柄

升至可以打开排出液时高压液体经排出阀排出，这就是往复式液体泵的一个工作周期。

    由此可见，往复式泵的流量是脉动的、不连续的。脉动的次数由转速决定。往复式泵的排压是由管路特性所决定的，这是因为只有泵缸内液体的压力高于排出管的压力时，排出阀才能打开。正因如此，只要电机功率充足泵密封性良好，往复式泵的排液压力，可以满足低、中、高压的各种管网的压力需求。

9.2.2   往复泵的性能参数

9.2.2.1   泵的流量

    在忽略泵的容积损失的情况下，泵在单位时间内所排出的液体体积为泵的理论流量用 Q_L 表示：

$$Q_L = \frac{ASni}{60} \tag{9-9}$$

式中 A——活塞（或柱塞）面积，m^2；

        S——活塞（或柱塞）行程，m；

        n——泵转速，r/min；

        i——泵缸列数。

    泵在运行中存在着各种损失，因此单位时间内泵的实际流量一定小于理论流量。实际流量用 Q_s 表示：

$$Q_s = Q_L \cdot \eta_v \tag{9-10}$$

式中 η_v——往复式泵的容积效率，%。

    式中可见欲提高泵的排出量，必须提高往复泵的容积效率 η_v。影响泵容积效率的因素主要有以下几点：

    （1）活塞或柱塞在泵缸内运动时的泄漏损失；

    （2）吸入阀、排出阀关闭滞后造成的容积损失；

    （3）闭门不严的泄漏损失；

    （4）吸入管路阻力过大；

    （5）保冷效果不好；

    （6）汽蚀现象，即吸入管中存在气体；

（7）当往复式低温泵工作压力很高时，液体的压缩性对容积效率的影响不可忽略；

（8）活塞（或柱塞）到前"死点"即泵缸容积最小的极限位置时工作腔容积称为余隙容积（V_c），其大小影响容积效率。通常取 $\eta_v = 0.8 \sim 0.9$。

9.2.2.2　泵的压力

泵的吸入压力 p_L 与排出压力 p_Z 均由管网的特性所决定。

A　吸入压力

吸入压力是依据泵运行时不发生汽蚀的要求，确定其最小的吸入压力 $p_{L,min}$，而实际吸入压力 $p_{LS} > p_{L,min}$，否则将会发生气堵，液体吸不上来，泵将不能工作。最小吸入压力的计算公式为：

$$p_{L,min} = p_V + \Delta p_L + \Delta p_F + \Delta p_{LM} - 10^{-6}h\rho \tag{9-11}$$

式中　p_V——贮槽的气相压力，MPa；

Δp_L——吸入管的阻力，MPa；

Δp_F——阀门阻力，MPa；

h——液体液面高出吸入阀中心线的垂直距离，m；

ρ——液体密度，kg/m³。

B　排出压力

泵的最大排出压力是泵电机所能拖动及泵体强度所能承受的最大压力。用 $p_{Z,max}$ 表示：

$$p_{Z,max} = p_Z + \Delta p_Z + \Delta p_{Zm} \tag{9-12}$$

式中　p_Z——系统所需的排出压力，MPa；

Δp_Z——排出管路阻力，MPa；

Δp_{Zm}——排出管路液体脉动损失，MPa。

液体的脉动损失一般比管路阻力损失大 7～8 倍，其总阻力损失的大小，与管长成正比，与管径成反比，随转速的增加而加大。

9.2.2.3　功率与效率

泵的功率有三种：有效功率、轴功率和所配电机功率。

A　有效功率

单位时间内排出液体所获得能量，即泵所作的有效功称为有效功率，用 N_c 表示：

$$N_c = p_Z Q \times 10^3 \tag{9-13}$$

式中　p_Z——排出压力，MPa；

Q——泵的实际流量，m³/s。

B　轴功率

泵轴上从传动箱中得到的功率为轴功率，用 N 表示。

$$N = N_c / \eta \tag{9-14}$$

式中　η——泵的效率，%。

泵的效率包括泵的容积效率、水力效率及机械效率。水力效率与液体的流动工况有关。机械效率取决于机械运转时摩擦损失的大小。泵效率是一综合指标，它反映了泵的能量损失的多少。

　　C　电机功率

　　拖动泵所配电机的功率 N_T 一定要大于轴功率，在选用电机时，由下式计算：

$$N_T = k_T \cdot N \qquad (9\text{-}15)$$

式中　k_T——功率贮备系数，$k_T = 1.2 \sim 1.4$。

　　D　总效率

　　泵机组的总效率为泵的有效率与电机输入功率之比，用 η_t 表示。

$$\eta_t = \frac{N_e}{N_t} = \eta \eta_m \eta_d \qquad (9\text{-}16)$$

式中　η_m——电机效率,%；

　　　　η_d——传动效率,%。

　　电机效率是电机输出功率与电机输入功率之比，一般为95%～98%。传动效率是通过传动装置的输出功率与输出功率之比，它反映了传动装置的损耗大小。总效率对于活塞式泵一般为0.6～0.9；柱塞式泵的 $\eta_t = 0.2 \sim 0.5$。

9.2.3　往复式低温泵的结构

　　往复式低温泵由两大部分组成，即泵本体和电机。其泵的本体又分为液力端和传动端。液力端又称为泵头，它的作用是将低温液体压缩，将泵的机械能转变为液体的压力能。传动端的作用是将电机的电能转变成机械能。同时起到减速并通过连杆机构将旋转运动转换成直线的往复运动。

　　往复式低温泵的液力端由活塞（或柱塞）、推杆、泵体、缸套、入出口阀、密封器等组成。依据运动部件上有无密封元件区分为，有密封件（活塞环）的为活塞式泵；无密封件的为柱塞式泵。图9-11为活塞式低温泵液力端结构示意图。

　　活塞式低温泵，活塞上设有活塞环和导向环，活塞运动时，活塞环起到密封作用，活塞环与缸套会发生摩擦，因此，活塞环和导向环都是易损件。为了使缸套耐磨，缸套采用

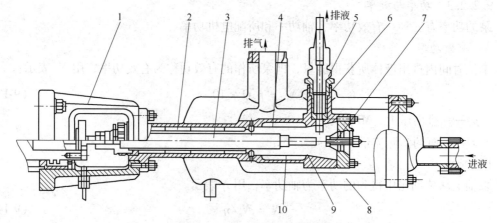

图 9-11　低温活塞泵液力端结构图

1—泵头支撑；2—密封器；3—活塞；4—缸套；5—泵体；6—排出阀；

7—吸入阀；8—真空夹套；9—活塞环；10—导向环

3Cr17Mo 材料，表面镀铬。活塞式低温泵为了保冷采用真空夹套代替保冷箱，这样提高了保冷效果，并且泵在启动时的预冷时间可以缩短。

泵的进、出口阀是泵的工作过程的重要部件之一。泵往复多少次泵阀也自动开闭相同次数。泵阀与活塞压缩机阀相类似，通常由阀座、阀瓣、弹簧及升程限制器所组成。泵阀因每分钟开闭几百次，因此也是易损件，需要备件。

图 9-12 为柱塞泵结构图。与离心泵不同，柱塞泵一般没有进液阀，而是利用吸液窗的大小和柱塞的停留时间来保证吸液量的多少。

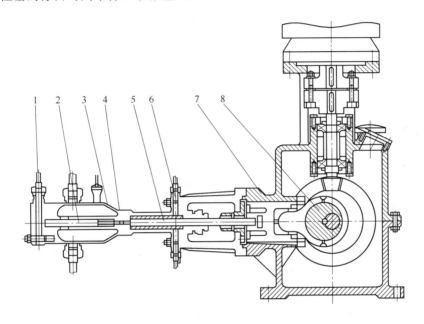

图 9-12　柱塞式液氧泵结构图
1—出口阀；2—前柱塞；3—泵体；4—缸套；5—推杆；
6—密封器；7—十字头；8—凸轮

往复泵传动端的结构由机体、曲轴（凸轮）、连杆、十字头等组成。其机体由机身、机盖和轴承盖等零件构成。机体材料为 HT200 铸铁。曲轴的作用是将旋转运动转变成活塞的直线运动，它本身要承受周期交变的扭力和弯曲应力，通常采用 40 号、45 号钢锻造而成。连杆是连接曲轴和十字头的部件。十字头在滑套中做直线往复运动，实际上起到活塞运动的导向作用。

如前述往复泵的流量是脉动的，为了稳压往复式泵常设置阻尼器稳压。阻尼器的液体上部有一定量的空气形成气囊，以室内的空气压缩和膨胀来贮放高于或低于平均流量的液体，以保证泵出液体的压力平稳。

9.2.4　往复泵的维护及故障

往复低温泵的启动与离心泵启动相同，首先需要预冷，在冷却过程中需要盘车，防止低温下轴卡住，打开泵的放气阀，见到低温液体溢出，说明泵体内充满液体，再点车验证转动方向正确后即可开车。

常见故障有以下两类：

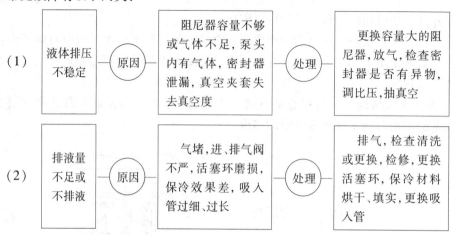

9.3 低温泵的选择及对比

选择泵是根据所需的流量和扬程进行设计或选用的，流量的选择要依照工艺设计中的最大流量去确定泵的流量。泵的扬程，因确定管路系统阻力计算误差较大，应留有适当的余量，一般取正常工作所需扬程的 1.05 ~1.1 倍，另外应考虑特殊工况时的最高扬程。

此外，系统的有效汽蚀余量必须大于泵允许的汽蚀余量，否则泵因汽蚀的影响无法正常工作。还应指出的是，泵抽取贮槽中的液面应以最低液面来进行扬程的计算。

在选择泵的型式时通常流量大，扬程较低时采用离心式；流量小，扬程高时选择往复式。

离心式低温泵和往复式低温泵的对比列于表 9-1 中。

表 9-1   离心泵与往复泵比较表

类型	主要构件	工作原理	性　能	操作与调节	结构特点
离心泵	叶轮与泵体	叶轮旋转产生离心力，使液体的能量增加，而后在泵的蜗壳扩散管中将速度能转变成压力能	（1）流量大而均匀（稳定）且随扬程而变； （2）扬程大小取决于叶轮外径和转速； （3）扬程与流量、轴功率呈对应关系，流量增大扬程降低，轴功率随流量增大而增加； （4）吸入高度较小且易产生汽蚀； （5）低流量时效率低，在设计点时效率最高，大型泵效率较高； （6）转速高	启动前需要灌泵，采用出口阀或转速调节。不宜在低流量下运行	结构简单紧凑，易于安装检修，占地面积小，与电机直接连接
往复泵	活（柱）塞与泵缸	活（柱）塞作往复运动，使泵缸容积间歇变化，用泵阀自动控制液体的吸入和排出而构成工作循环，间歇脉动排出液体	（1）流量小而不均匀（脉动）流量几乎不随扬程而变化； （2）扬程高，其大小取决于动力泵体强度及密封； （3）扬程与流量几乎无关，只是扬程高泄漏损失大，流量稍有减少；轴功率随流量和扬程的增大而增加； （4）吸入高度高，不易产生抽空，有自吸能力； （5）效率高，在不同扬程和流量下效率相差不大； （6）转速低	启动时必须打开出口阀进行预冷；运转时，出口阀全开不用出口阀调节；采用旁路阀或改变转速或活（柱）塞行程调节流量	结构复杂，易损件多，易出故障，占地面积大

10 膨 胀 机

10.1 膨胀机的作用及分类

在低温法制氧装置中膨胀机是十分关键的机组。因为在启动制氧时，需要膨胀机提供大量的冷量使空气液化，而在正常运行时，也要依靠膨胀机制冷以补偿冷损失。虽然制冷的方法如第 3 章所述有两种方法，即等温节流循环制冷及膨胀机制冷，但膨胀机制冷量比等温节流循环制冷量大，而且动力消耗小。以中压流程为例，1kg 空气从 300K，5.0MPa，节流至 0.6MPa，温降只有 9℃，制冷量也只有 9kJ；而空气在膨胀机膨胀，即使效率只有 50%，温降也高达 75℃，制冷量在 82kJ 左右，约为等温节流循环制冷量的 9 倍。

在 20 世纪初制氧机刚刚诞生之时，因节流阀结构简单，制冷量全靠等温节流效应提供。而后随膨胀机的诞生和发展，出现了中压活塞式膨胀机制冷与等温节流循环制冷相结合的制氧流程。又由于冲动式透平膨胀机制造成功以及高效透平膨胀机产生，在世界上广泛采用全低压制氧流程。直至今日，这种制氧机已占统治地位，这表明了膨胀机的发展决定了制氧机的发展和变革。

膨胀机按结构分类有两种形式，即活塞式膨胀机与透平式膨胀机。透平膨胀机除了比活塞式膨胀效率高，还有以下优点：

（1）透平机级的流通部分，工作气体可以高速并且连续地通过，流动损失小。因此，可以在尺寸较小的机器中膨胀大量的气体，减少热流对工质的影响，而且可以节约金属。

（2）透平机级的流通部分没有机械摩擦部件，因此无需润滑，既对空分装置的可靠运转有利，又利于保证分离产品的纯度。

（3）在透平机级流通部分中，气体可以充分膨胀到给定的背压，因此，理论上全部理想焓降 h，都可用来产生功对外输出，致使气体强烈地冷却。因此透平膨胀机的效率可以很高，达 80% 以上。近年来由于透平膨胀机设计和制造水平的提高。其等熵效率通常大于 85%，甚至高达 90%。

（4）透平膨胀机的结构简单，制造和维修工作量较小。由于流通部分无摩擦表面，在运转期间气体泄漏的间隙实际上是不变的。故它的效率与机器的工作年限几乎无关。而活塞式膨胀机则相反，由于密封磨损，它的效率随机器的工作年限而降低，需经常维修。另外透平膨胀机可直接安装在保冷箱内，它可以缩短与空分装置连接的低温管道的长度，减少冷损，无需建造笨重的地基。

气体在喷嘴内全部膨胀到工作轮出口压力，而在工作轮叶道中不再膨胀，这种膨胀机习惯上称为冲动式，如图 10-1 所示。在冲

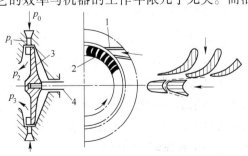

图 10-1　径流冲动级简图

动式透平膨胀机级中，气体能量转换全部发生在导流器的喷嘴中，作用在工作轮叶片上的力只是气流的冲击力。

气体在透平膨胀机内的能量转换，分别在导流器和工作轮叶道中先后进行，即气体在喷嘴中部分膨胀，而后在工作轮叶道中再继续膨胀，直到透平膨胀机的背压，这种透平膨胀机称为反动式透平膨胀机，如图10-2 所示。气体通过导流器 Ⅰ 以后，压力从 p_0 膨胀到 p_1，穿过间隙 δ，进入工作轮 Ⅱ。因为工作轮的进口压力 p_1 高于出口背压 p_2，故气流在工作轮中继续膨胀，

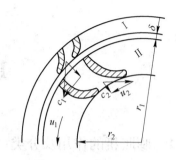

图 10-2 反动式透平膨胀机的级简图
Ⅰ—导流器；Ⅱ—叶轮

同时得到加速。工作轮出口的相对速度大于进口相对速度，产生反作用力与原冲击力方向一致，产生旋转力矩。反动式透平机级的焓降为喷嘴焓降与工作轮焓降之和。为了表示工作轮焓降占级总焓降的比例，用反动度 ρ 来表示，其数学表达式为：

$$\rho = \frac{h_{12}}{h_0}$$

式中 h_0——透平膨胀机级的等熵焓降；

h_{12}——工作轮的等熵焓降。

显然，冲动式透平膨胀机的反动度 $\rho = 0$。反动式透平膨胀机 $\rho < 1$，工作轮焓降越大，反动度也越大。制氧机所配套的透平膨胀机的反动度为 $\rho = 0.5$。

透平膨胀机按压力分，可分为低压、中压和高压。低压透平膨胀机压力从 0.5 ~ 0.6MPa 膨胀到 0.13 ~ 0.14MPa。中压从 2.0 ~ 5.0MPa 膨胀到 0.5 ~ 0.6MPa。高压透平膨胀机一般采用二级膨胀。

按膨胀机的容量来分，有大、中、小及微型。大型指容积流量大于 10000m³/h；中型为 4000 ~ 10000m³/h；小型其容积容量小于 1000m³/h；微型的有 250m³/h 以至更小。

按转速分有高速、中速、低速。1500 ~ 3000r/min 为低速；7000 ~ 15000r/min 为中速；大于 15000r/min 为高速。

近年来，我国的透平膨胀机生产发展很快，已能生产各种低温透平膨胀机。新型的性能良好、结构轻巧的气体静压轴承透平膨胀机已用于小型制氧机。效率高的三元流动闭式整体叶轮广泛地应用于制氧机中。液体膨胀机也被某些内压缩流程所采用，以达到进一步节能的目的。

10.2 透平膨胀机工作原理

在制氧机中，流程给出的透平膨胀机的工作参数范围有限，如在低压流程中，压力范围为 0.6 ~ 0.125MPa，入口温度在 -90 ~ -140℃，故焓降不大，因此透平膨胀机一般作成单级型式。因为膨胀气体容积流量不太大，而它的密度较大，一级的膨胀比相对比较大，因而采取通常的单级轴流透平是困难的。在上述条件下要实现单级结构，以径流向心式最为合理，容易满足上述要求。但是，在规定的叶轮外径尺寸下，径流向心式通过气量的能力小于轴流式，因此对于中压流程，更大流量与更大焓降的透平膨胀机，并不排斥将透平膨胀机设计成具有反动度的多级轴流式。但目前向心度较大的反动式透平膨胀机并没

有达到它本身通过气量的极限值，特别是因为它的结构简单，又有很高的等熵效率，所以它被广泛地应用在目前国内外低温技术上。

本节将针对反动式径流向心膨胀机进行讨论。

10.2.1　气体对外作功的实现

根据能量转换和守恒定律可知，气体在透平膨胀机内进行绝热膨胀对外作功时，气体的能量（焓值 h）一定要减少，从而使气体本身强烈地冷却，而达到制冷的目的。

怎样使气体对外作功呢？活塞膨胀机通过气缸容积的改变，使气体绝热膨胀，推动活塞对外作功，达到制冷的目的。在透平膨胀机中，气体的能量转换发生在导流器的喷嘴叶片间与工作叶片内。和所有的叶片式机械一样，向心式透平膨胀机的工作原理是根据气流动量矩变化的规律，即通过旋转工作轮一定形状的流道时，动量矩发生改变，对外输出功，而消耗气体本身的内能，降低温度。从原理上讲，透平膨胀机就是一种冷气发动机，和蒸汽透平与燃气透平的原理是相同的，只不过是透平膨胀机的根本用途是着眼于工作气体焓值降低而制取冷量这一点上，至于它对外输出功的回收问题则是次要的。

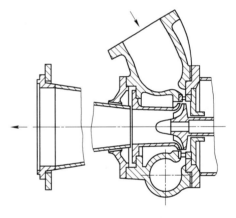

向心式透平膨胀机的主要元件是固定的导流器（喷嘴）系统和旋转工作轮。导流器与工作轮安装在蜗壳中，膨胀气体自进气管进入蜗壳，由蜗壳均匀地将气体送到所有喷嘴，再经工作轮、扩压器从排气管排出。此通路总称为透平膨胀机的流通部分，如图 10-3 所示。

导流器使气体获得很高的速度，并相对于工作轮旋转轴心线具有一定的动量矩。因此，必须使由喷嘴进入工作轮的气流速度 C_1 具有圆周分速度 C_{1u}，即喷嘴应当与工作轮外圆周的切线方

图 10-3　透平膨胀机的流通部分

向有一夹角 α_{1k}。气流在喷嘴内发生能量转换，具有很高的绝对速度 C_1，是气体压力由 p_0 膨胀到 p_1 转换成动能而得到的。

工作轮是将气体的能量转换到轴上，对外输出机械功，致使工作气体本身强烈地冷却。为使气流能量能够传递给工作轮叶片，气流在工作轮出口处的动量矩应小于进口处的动量矩。这可以从结构上利用工作轮叶片间流道形状与旋转速度之间一定的配合来达到。气流在经工作轮流动过程中，动量矩减小，气流对叶轮施以旋转力矩，除去损失外，变为外部机械功，由膨胀机转轴带动发电机或制动风机而消耗。

膨胀机在低温下运转，密封极为重要。对于反动式透平膨胀机，导流器与工作轮的间隙处的压力 p_1 较机器的背压 p_3 要高，所以要在转轴上严格密封，以减少冷气体泄漏。由于透平膨胀机转速很高，常采用迷宫式密封结构。

10.2.2　能量平衡式

与离心压缩机相同，在稳定流动中，根据能量守恒定律，在以任意截面 I - I 和 II - II 系统中（如图 10-4），气体以压力 p_1，质量体积 V_1，热力学能 u_1 和流速 C_1 流入系统。

Ⅰ-Ⅰ截面的标高为 Z_1，Ⅱ-Ⅱ截面标高为 Z_2，气体以压力 p_2，质量体积 V_2，热力学能 u_2 和流速 C_2 流出系统。假设每千克气体，从外界吸收 q 热量和对外作功 W 时，根据能量守恒定律，可得：

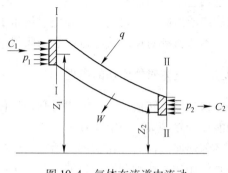

图 10-4　气体在流道中流动

$$u_1 + \frac{C_1^2}{2} + Z_1 g + p_1 V_1 + q$$

$$= u_2 + \frac{C_2^2}{2} + Z_2 g + p_2 V_2 + W$$

由于焓 $h = u + pv$ 则：

$$h_1 + Z_1 g + \frac{C_1^2}{2} + q = h_2 + Z_2 g + \frac{C_2^2}{2} + W$$

整理后可得：

$$W = (h_1 - h_2) + g(Z_1 - Z_2) + \frac{C_1^2 - C_2^2}{2} + q \qquad (10\text{-}1)$$

式中　g——重力加速度，m/s^2。

一般位能可以忽略，得：

$$W = (h_1 - h_2) + \frac{C_1^2 - C_2^2}{2} + q \qquad (10\text{-}2)$$

对于膨胀机，再根据实际情况进一步简化：

气体在膨胀机内绝热膨胀 $q = 0$，而且在进、排气管的流速相近，$C_1 \approx C_2$，则：

$$W = h_1 - h_2 \qquad (10\text{-}3)$$

即膨胀机所输出的外功等于气体在膨胀机中的焓降。

在导流器中，气体不作外功，$W = 0$，而且绝热 $q = 0$，则导流器（喷嘴）的能量方程为：

$$\frac{1}{2}(C_2^2 - C_1^2) = h_1 - h_2 \qquad (10\text{-}4)$$

可见，在喷嘴中气流速度的增加是由气体工质能量（焓）降低转换而成的。

10.2.3　速度三角形

气体在工作轮流道内随工作轮一起做旋转运动。与离心压缩机相同，速度三角形有着很重要的作用。气体工质的作功表现在推动工作轮转动时速度三角形的变化上。如果气流在膨胀机流道内任一点的圆周速度用 **u** 表示，同一点上气流沿流道以相对速度 **w** 流动，则该点气流的绝对速度 **C** 应该是圆周速度 **u** 和相对速度 **w** 的矢量和，如图 10-5 所示。矢量 **u**、**w** 及 **C** 所形成的三角形为速度三角形。**u** 和 **C** 夹角为 α 角，**u** 和 **w** 的夹角为

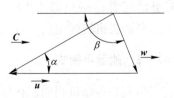

图 10-5　速度三角形

β 角。

对于透平膨胀机，自喷嘴出来的气流以绝对速度 C_1，角度 α_1 穿过固定喷嘴与工作轮之间的间隙 δ，进入工作轮的动叶道内。由于动叶道固定在工作轮上，随着工作轮一起旋转，因此工作轮进口处具有圆周速度 u_1。这样，气流进入动叶道时，相对于动叶片它具有相对速度 w_1，且与圆周速度 u_1 的方向成 β_1 角度。绝对速度 C_1 应该是圆周速度 u_1 和相对速度 w_1 的矢量和这样就构成了工作轮进口处的速度三角形。根据同样的道理，在工作轮出口处有类似的出口速度三角形。

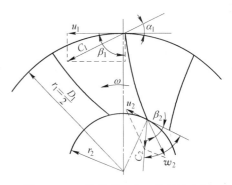

在研究透平机械时，工作轮的进、出口速度三角形有着很重要的作用。通常，工作轮进口处的速度三角形的三个矢量注以脚标 1，并规定绝对速度角 α_1 与相对速度角 β_1 是从圆周速度正方向读数；工作轮出口处的速度三角形的三个矢量注以脚标 2，α_2 和 β_2 从圆周速度反方向读数。如图 10-6 所示。

图 10-6　工作轮进、出口处的速度图

根据速度三角形的几何关系，可求出下列参数：

$$u_1 = \frac{D_1}{2}\omega \tag{10-5}$$

$$u_2 = \frac{D_2}{2}\omega \tag{10-6}$$

$$w_1 = \sqrt{C_1^2 + u_1^2 - 2u_1 C_1 \cos\alpha_1} \tag{10-7}$$

$$\beta_1 = \arctan \frac{\sin\alpha_1}{\cos\alpha_1 - \dfrac{u_1}{C_1}} \tag{10-8}$$

式中　ω——转轴的角速度。

工作轮气流出口参数，由热力过程终态参数所确定。

当气流进入动叶道的相对速度 w_1 的方向角 β_1 和动叶片进口处的安装角 β_{1A}（叶片进口处的中心线与该点圆周速度方向之夹角）相等时，气流循环叶片平滑地进入动叶道，这样的进气规律称为无冲击进气。亦即无冲击进气规律的条件是 $\beta_1 = \beta_{1A}$。

由于相对速度角 β_1 是由矢量 w_1 与 u_1 所确定的，因此，对于某工况下所确定的喷嘴气流速度 C_1，即相应的工作轮进口绝对速度，其大小和方向都是确定了的情况下，要保证 $\beta_1 = \beta_{1A}$，只能有一对应的圆周速度 u_1，亦即工作轮只能有一对应的转速 n_0，才能保证建立无冲击进气的规律。

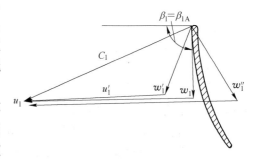

如果气流进入工作轮的相对速度角 β_1 不等于进口叶片安装角 β_{1A}，即 $\beta_1 \neq \beta_{1A}$ 时，（图10-7），则气流就会脱离进口边，引起动叶道内气流的局部漩涡，产生能量损失，称为冲击

图 10-7　无冲击进气速度图

损失。设计工况是按无冲击进气条件来设计工作轮的结构参数与动力参数的。如果在变工况条件下运转，无冲击进气条件遭到破坏，就要产生所谓冲击损失。

10.2.4　蜗壳内的气体流动

在透平膨胀机中气体所经历的过程与离心压缩机刚好相反，气体工质依次所流经的主要元件为，蜗壳→导流器→工作轮→扩压器→排气管。

蜗壳的作用是把进入膨胀机的气体均匀地分配到导流器的每一个喷嘴中，使整个工作轮能够均匀地进气。它的截面沿着流动方向逐渐变小，其截面的形状有圆形、矩形、梯形。蜗壳还可以分为单蜗室、双蜗室、半蜗室。半蜗室虽然布置简单一些，但气流只有一半顺着导流叶片进入膨胀机的导流器，而另一半进气损失较大。

在蜗壳内气体的流动符合环量原则即 $C_u r =$ 常数。即半径 r 小，速度 C_u（绝对速度在切向方向的分速度）大，若 C_u 小，r 大，这样就能保证进导流器的速度不论在哪一截面，只要半径相等，速度均相等。

10.2.5　导流器的气体流动

导流器是由很多喷嘴组成的喷嘴环。导流器的作用是使气体的压力降低，速度增加，温度下降。气体在喷嘴的出口处具有很高的速度并冲击工作轮的叶片使之旋转而作功。

它的结构可分为固定叶片式和转动叶片式两种。中、小型膨胀机多采用固定叶片式，大型的采用转动叶片式。转动叶片式喷嘴见图 10-8。叶片通过蜗杆传动而做摆动运动，从而改变了喷嘴流道截面，达到改变流量的目的。

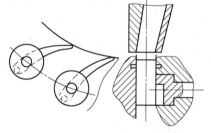

图 10-8　转动喷嘴叶片

为保证喷嘴叶片和工作轮之间的间隙，要求转动中心应尽可能地靠近叶片出口端，同时要保证转动安全。盖板和叶片之间应贴紧，保证严密不漏气。有的采用把盖板和叶片固定在一起的办法，但此法到一定时候，盖板和叶片间仍会由磨损产生间隙而漏气。有的采用了一整套把盖板压紧在叶片上的装置。

由于导流器出口部分磨损严重，通常导流器采用黄铜 HFe59-1-1，HPb59-1 制造，其流通部分抛光并镀铬，以增加耐磨性。也有采用 2Cr13 不锈钢材料制作的以保证其耐磨性。

在反动式透平膨胀机中，气体经过导流器时，从初压 p_1 膨胀到间隙中的压力 p_2。其 $p_1 > p_2$，其中 p_2 为导流器后压力。根据式（10-4），气体焓值的降低等于气体流动动能的增加。气流在进入工作轮之前，就获得了一定的绝对速度以及一定的动量。为了使气流相对于工作轮旋转中心线有一定的动量矩，就必须使速度 C_1 具有一定的圆周分速度，为此，喷嘴就与工作轮外圆的切线方向形成一锐角 α_1，此角为导流器叶片的安装角。

导流器所获得的气体流速值的大小与喷嘴的形状密切相关。导流器中每两个叶片之间构成了一个通道，这就是喷嘴。透平膨胀机的导流器喷嘴有渐缩喷嘴和缩扩喷嘴。渐缩喷嘴是进口处流道面积最大，沿着流动方向渐渐缩小，出口处为最小。这种喷嘴在出口处气体的流速可以达到音速。若出口处有斜切口，其流速可以稍大于音速。

如图 10-9 所示形状的喷嘴为缩放喷嘴。开始一段截面逐渐缩小，达到最小值后又逐渐扩大。最小截面处称为喉部。气流速度由小到大，达到喉部为音速，而后仍然逐渐扩大，在出口处为超音速。由于超音速流动，损失大而且噪声也大，所以反动式透平膨胀机不采用缩放喷嘴而采用渐缩喷嘴。缩放喷嘴在冲动式透平膨胀机中曾采用过。

气流流过喷嘴时速度很快，可以认为是绝热过程。若忽略损失就是一个等熵过程，在 T-S 图上的表示见图 10-10。在喷嘴的理论焓降可以记为 h_{01}。

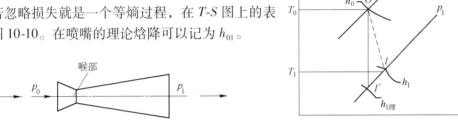

图 10-9　缩放喷嘴示意图　　　　　　　　图 10-10　喷嘴热力图

$h_{01} = h_0 - h_{1理}$，根据能量平衡方程式，理论焓降转变为出口的动能即：

$$h_{01} = h_0 - h_{1理} = \frac{C_{1理}^2}{2} - \frac{C_0^2}{2}$$

式中　$C_{1理}$——喷嘴出口的理论速度；

C_0——喷嘴进口处的速度。

相对于 $C_{1理}$，C_0 可以忽略不计，则：

$$h_{01} = \frac{C_{1理}^2}{2}$$

所以：
$$C_{理} = \sqrt{2h_{01}} \tag{10-9}$$

实际上流动存在着不可避免的摩擦损失，部分动能转变成热能传给气体，于是喷嘴出口状态点由 $1'$ 点移至 1 点，此时喷嘴的实际焓降为 $h_0 - h_1$，比理论焓降小。喷嘴出口的实际速度 $C_1 < C_{1理}$。

用速度系数 ϕ 来修正速度：
$$C_1 = \phi C_{1理} \tag{10-10}$$

速度系数与损失有关的系数，由实验确定，一般为 $\phi = 0.95 \sim 0.98$。损失大时，速度系数小，损失小，速度系数大。欲使导流器流动损失小，流道变化应尽可能平滑、光洁，流动型线应平顺，且在满足强度要求的条件下尽量减薄出口边厚度。为保证流动型线，叶片有圆弧形和曲线形。相比之下，曲线形叶片的流动损失为小。

例　已知某空气透平膨胀机进口压力 $p_0 = 0.45\text{MPa}$，进口温度 $t_0 = -145℃$，导流器后压力 $p_1 = 0.286\text{MPa}$，求喷嘴出口速度 $C_1 = ?$

解　查空气 T-S 图，

$$h_0 = 8424 \text{kJ/kmol}, \quad h_{1理} = 7821 \text{kJ/kmol}$$

则 $$h_{01} = 8424 - 7821 = 603 \text{kJ/kmol}$$

由式（10-9），空气视在分子量为 28.97，

$$C_{1理} = \sqrt{2h_{01}} = \sqrt{2 \times \frac{603 \times 10^3}{28.97}} = 204 \text{m/s}$$

取 $\phi = 0.96$

则 $C_1 = \phi \cdot C_{1理} = 0.96 \times 204 = 195.5 \text{m/s}$。

10.2.6 工作轮的气体流动

工作轮是气体作功的重要部件。由导流器出来的高速气流，具有很大的动能，推动叶轮转动变成机械功输出。正如前述，反动式透平膨胀机的反动度 ρ 约为 0.5，即整个级内的焓降。在导流器喷嘴及工作轮中焓降各占总焓降的 50% 。

反动式透平膨胀机的工作轮流道截面沿流动方向逐渐缩小，并且采用径轴流式叶轮。叶片进口为径向排列，而出口转为轴向，叶片为扭曲状的导风轮结构。在工作轮中气体继续膨胀，出口压力 p_2 小于进口压力 p_1，出口的相对速度 w_2 大于进口相对速度 w_1，加速的气流将在气流流动的相反方向上对工作轮施加反冲力。它的方向与从喷嘴出口高速气流施加于叶轮的冲动力方向一致，共同推动叶轮旋转作动，这也就是反动式的含义。气体在工作轮出口速度一般约为 50m/s。

下面用速度三角形来分析工作轮进、出口各速度之间的关系以及对膨胀机性能的影响。

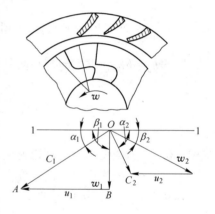

图 10-11 径流级简图

先引一条基准线，如图 10-11 中 1-1 线。定一个基准点 O，以 O 点作一条与基准线夹角为 α_1（喷嘴叶片安装角）的直线，在这条线上以一定的比例截取 $\overline{OA}$ 代表气流速度 C_1，再从 A 点作一条水平线以同样的比例截取 $\overline{AB}$ 代表 u_1，再把 B 和 O 连线即可得到相对 w_1，它与基准线 1-1 的夹角为 β_1，$\triangle OAB$ 即为工作轮进口速度三角形，与此法相同，也可以画出，出口速度三角形。用下标 "2" 表示出口各矢量。

在设计工况下，气流与工作轮进口 β_1 角相一致。一旦偏离设计工况，由于绝对速度 C_1 改变相对速度 w_1 的大小和方向都将改变，形成有冲击进气，而损失增加。下面举例说明相对速度的变化值。

例 已知某导流器出口气流速度 $C_1 = 195.5 \text{m/s}$，导流叶片安装角 $\alpha_1 = 16°$，工作轮圆周速度 $u_1 = 188 \text{m/s}$，求气流进工作轮的相对速度 w_1 的大小和方向角 β_1 为多少？是否产生冲击。

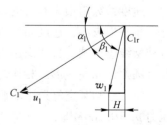

解 膨胀机为径向式 $\beta_1 = 90°$ 才为无冲击进气。先按比例作出速度三角形，如图 10-12 所示。

$$C_{1r} = w_1 \sin\beta_1 = C_1 \sin\alpha_1$$

图 10-12 速度三角形

$$w_1 = \frac{C_1 \sin\alpha_1}{\sin\beta_1}$$

又

$$\tan\beta_1 = \frac{C_{1r}}{H} = \frac{C_1 \sin\alpha_1}{C_1 \cos\alpha_1 - u_1}$$

整理得:

$$\tan\beta_1 = \frac{\sin\alpha_1}{\cos\alpha_1 - \dfrac{u_1}{C_1}}$$

将已知条件代入:

$$\tan\beta_1 = \frac{\sin16°}{\cos16° - \dfrac{188}{195.5}} = \infty$$

所以 $\beta_1 = 90°$ 即无冲击进气

$$w_1 = \frac{C_1 \sin\alpha_1}{\sin\beta_1} = \frac{195.5 \cdot \sin16°}{\sin90°} = 54(\text{m/s})$$

在工作轮中气体作功的过程,流速高可以认为是绝热,如不考虑损失也是等熵过程。在工作轮中气体的理论焓降为 $h_{12} = h_1 - h_{0理}$,它转变成相对速度的增加,动能的增大。另外,径向向心式叶轮以角速度 ω 旋转,离心力的作用阻碍气流顺利通过,离心力作负功,可用圆周速度的变化来表示。

工作轮的能量平衡式为:

$$h_1 + \frac{w_1^2}{2} - \frac{u_1^2}{2} = h_{2理} + \frac{w_{2理}^2}{2} - \frac{u_2^2}{2}$$

令 $h_{12} = h_1 - h_{2理} = \rho \cdot h_0$

式中 ρ——反动度。

$$w_2 = \psi w_{2理}$$

式中 ψ——工作轮速度系数。

由于存在损失影响工作轮的出口相对速度,速度系数从实验得出,一般 $\psi = 0.75 \sim 0.9$,则:

$$\begin{aligned}
w_2 &= \psi w_{2理} = \psi \sqrt{2h_{12} + w_1^2 - (u_1^2 - u_2^2)} \\
&= \psi \sqrt{2\rho h_0 + w_1^2 - (u_1^2 - u_2^2)}
\end{aligned} \tag{10-11}$$

从工作轮出来的气流速度约为 50m/s。为了减少这部分损失将动能转变成压力能,在工作轮出口处设置扩压器,扩压器的张角 8°～12°,经扩压器后,气流速度降至 5～10m/s。气体在扩压器中焓值有所提高,温度稍有回升,速度降低。

综上所述,气体在膨胀机中之所以发生强烈冷却,获得较多冷量,产生较大的温降,完全是因为能量转换的结果,气体工质本身的能量因对叶轮作功而减少,即发生焓降。作功的方式是以高速流动的气体冲击叶轮带动转子转动,因此透平膨胀机气流速度最高的截面是喷嘴出口。

反动式透平膨胀机,工作轮入口处的绝对速度 C_1 大于工作轮出口处的绝对速度 C_2。但工作轮进口处的相对速度 w_1 却小于工作轮出口相对速度 w_2,只有这样出工作轮的气体才有反冲力与进口高速气流的冲击力一起推动工作轮旋转作外功。

10.3 透平膨胀机的损失、产冷量及效率

10.3.1 损失

透平膨胀机中存在着各种损失。这些损失分为内部损失与外部损失。气体在膨胀机内各部件的流动过程中，其焓值升高，效率下降的各种损失属于内部损失，不影响膨胀机出口气体状态的损失为外部损失。本节着重讨论内部损失。

在透平膨胀机内主要存在着下列几种损失：导流器流动损失，工作轮流动损失，余速损失，轮盘摩擦和鼓风损失，内泄漏损失。

10.3.1.1 导流器流动损失

气体流经导流器时，由于喷嘴叶片壁面、导流器底盘与盖板三个端面的摩擦阻力，而产生流动损失。由于叶片出口边厚度的影响，气体流出导流器后产生所谓尾迹损失。这些都属于导流器流动损失。流动损失使气体的焓值升高，从而降低了透平膨胀机的效率。

导流器流动损失与气体流动速度有关，也与叶片表面粗糙度、叶片出口边厚度以及喷嘴型线等因素有关。

边界层内的摩擦损失与流体流动的速度有关，与叶片表面的粗糙度与叶片型式有关。边界层分离损失主要是边界层气流与壁面分离产生漩涡而使能量消耗的损失。要减少流动损失，应尽量防止气流产生边界层分离，要求叶片有正确的型线，使其符合流动规律，在运行中应尽量使膨胀机在设计工况附近范围内运转。叶片尾迹损失主要由于叶片出口边有一厚度，气流到尾部离开壁面产生了漩涡，而造成能量损失，所以尾迹损失主要取决于叶片出口边的厚度。为了减少尾迹损失，应当把叶片出口边在材料强度与工艺允许条件下做得薄而尖。

端面损失主要是二次流动引起的损失。由于气流在曲线流道中流动，因而受到垂直于流线方向的离心力的作用。而上、下有盖板，气流与两端端面盖板有摩擦，两端的速度就要小些，中间部分离心力较大，这样就造成了气流在垂直于主气流方向上的流动，这种流动成对的出现，称为二次流动。二次流动的出现导致漩涡的产生，因此引起工质能量的损失。

在一般情况下，当反动度 $\rho = 0.5$ 时，导流器中能量损失约占透平膨胀机理论焓降的 5%。

正因为导流器内存在损失，所以出口的实际速度比理论值小。导流器的能量损失可以按式（10-12）计算。

$$q_{导流} = \frac{1}{2}(C_{1理}^2 - C_1^2) = \frac{1}{2}\left[C_{1理}^2 - (\phi C_{1理})^2\right] = \frac{1}{2}C_{1理}^2(1 - \phi^2) \qquad (10\text{-}12)$$

10.3.1.2 工作轮流动损失

气体在工作轮中高速流动产生摩擦，漩涡等损失，在上一节已经提出。在变工况的条件下还存在着冲击损失。与导流器相类似，这些损失的大小与叶片的弯曲程度和型式、流道的粗糙度，进出口边缘厚度，叶片进出口角度等都有关系。工作轮的流动损失使出口气体的相对速度降低 10% ~ 25%。工作轮的流动损失可按下式计算：

$$q_{工作轮} = \frac{1}{2}(w_{2理}^2 - w_2^2) = \frac{1}{2}(w_{2理}^2 - \psi w_{2理}^2)$$

$$= \frac{1}{2} w_{2理}^2 (1 - \psi^2) = \frac{1}{2} w_2^2 (\frac{1}{\psi^2} - 1) \qquad (10-13)$$

工作轮的流动损失大约为膨胀机理论焓降的 6%。

10.3.1.3 余速损失

气体从工作轮排出仍具有相当高的速度。若以 C_2 速度排出,气体的这部分动能不能对工作轮作功,成为余速损失。显然,这部分损失为:

$$q_{余速} = \frac{C_2^2}{2} \qquad (10-14)$$

在膨胀机的设计中,尽量降低 C_2,使气体沿法线方向排出,否则,气流会在叶轮端面形成螺旋形流动,增加损失。

10.3.1.4 轮盘鼓风损失

高速旋转的工作轮外表面和固定静止的机壳壁面之间的空间内,由于轮盘外表面相对于该空间内气体的黏性摩擦,产生的摩擦热传给了气体,产生轮盘摩擦鼓风损失。这种损失主要取决于工作轮直径、转速以及工作轮进口处的气体密度与黏性。

若轮盘摩擦所消耗的功率为 $N_{轮盘}$,实验所得经验式为:

$$N_{轮盘} = K \lambda D_1^2 v_1^3 \gamma_1$$

式中　K——与工作轮有关的系数,光盘 $K=1$、闭式 $K=3$、半开式 $K=4$、全开式 $K=5$;

　　　λ——摩擦系数,经验式为 $\lambda = \frac{17.5}{10^6} \frac{1}{\sqrt[5]{Re}}$ (Re 为雷诺数);

　　　v_1——工作轮进口处圆周速度;

　　　D_1——工作轮进口圆周直径;

　　　γ_1——工作轮进口处气体密度。

轮盘鼓风损失为:

$$q_{轮盘} = \frac{0.735 N_{轮盘}}{G} \qquad (10-15)$$

式中　G——膨胀气体的重量流量,kg/s。

轮盘损失约占膨胀机理论焓降的 3% ~4%。

10.3.1.5 泄漏损失

从喷嘴出来的气流压力为 p_1,高于膨胀机的背压 p_3,因此有一小股气流不经工作轮的动叶道进行膨胀,而沿轮盖与气缸壁之间的缝隙漏出,之后又和工作轮出口的膨胀气体汇合,这一小股泄漏气体,称为内部泄漏。内泄漏气体的温度比膨胀气体的温度要高,当它与膨胀气体汇合时,升高了工作轮出口气体的温度,致使透平膨胀机的效率下降,这种损失称为泄漏损失。

外泄漏是从喷嘴流出气体,经轮盘间隙从后端沿轴漏出装置以外的小股气流。它不与膨胀气体汇合,故不影响膨胀气体的温度。尽管如此,外泄漏使整个装置的产冷量下降了,因此,必须设置密封装置。

对于半开式叶轮透平膨胀机,计算内泄漏的半经验公式为:

$$相对泄漏损失 = \frac{内漏损失}{总理论焓降} = 1.3\frac{\delta}{l_{平均}}(\eta_{流道} - \xi_{轮盘}) \tag{10-16}$$

式中　δ——间隙；

　　　$l_{平均}$——工作轮进、出口叶片高度平均值；

　　　$\eta_{流道}$——工作轮流道效率；

　　　$\xi_{轮盘}$——轮盘相对损失。

10.3.1.6　透平膨胀机制冷量

气体通过膨胀机所制取的冷量用气体在膨胀机前、后的焓差来计算。在与外界没有热交换时，气体在膨胀机内进行绝热膨胀，当全部过程都不存在损失的情况下，膨胀过程是等熵的，则机器产生数值最大的外功，气体有最大的焓降 h_0，机器产生最大的制冷量。这个过程是气体从膨胀机进口状态等熵膨胀到机器背压的等熵线上，（h-S 图上为垂直线）进行的。如图10-13所示，透平机的理想工作过程为 O-O''，气体的等熵焓降为 h_0 kJ/kmol（或 J/mol），即透平膨胀机的理想单位制冷量。气体从初始状态（p_0，T_0）经过理想的绝热膨胀到机器的背压 p_3，对外输出功，而气体的温度由 T_0 降低到 T_0''。

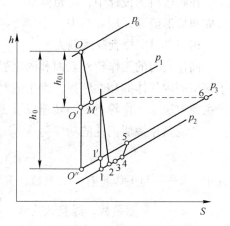

图 10-13　透平膨胀机的工作过程

由于存在各种损失，气体不可能膨胀到理想终态（p_3，T_0''）。在导流器内，等熵过程为 O-O'，由于导流器的流动损失，终态从 O' 提高到 M。由于喷嘴叶片出口边厚度的影响，产生尾迹损失，因此进入工作轮动叶道前，状态点提高到位置1。在 h-S 图上，工作轮内的理想过程为1-1$'$。因为叶轮损失，动叶道内的膨胀过程按1-2线进行。因为轮盘损失与泄漏损失，出工作轮而进入扩压器前的气体状态点由点2提高到点4。扩压器内由于扩压损失和余速损失，膨胀气体离开膨胀机的状态为背压 p_3 的等压线上的点5。它的实际焓降为 $h = h_0 - h_5$。h_5 是存在各种损失的情况下，单位重量气体在机器出口处的实际焓值 kJ/kmol（或 J/mol）。显然 $h < h_0$。

10.3.2　等熵效率

膨胀机的根本用途是制取冷量，故机器的实际制冷量 h 与最大的理想制冷量 h_0 之比，表示了膨胀机制取冷量的完善度，用下式表示：

$$\eta_s = \frac{h}{h_0} = \frac{h_0 - h_5}{h_0} \tag{10-17}$$

式中，η_s 称为透平膨胀机的等熵效率，可高达80%以上。

上面指出，$h = h_0 - \Delta h_{喷} - \Delta h_{叶} - \Delta h_{余} - \Delta h_{盘} - \Delta h_{漏} = h_0 - \Delta h$

$$\eta_s = \frac{h}{h_0} = \frac{h_0 - \Delta h}{h_0}$$

由式中看出，Δh 越小，则膨胀机的等熵效率越高，表明机器工作性能越好。

除了上述介绍过的流动损失、轮盘鼓风损失和泄漏损失以外，机器在运转过程中还存在外界热量传入、部分机械摩擦热传给气体等其他损失，无法计算确定。这些损失的数值很小，对透平膨胀机的等熵效率影响不大。

已知透平膨胀机的等熵效率 η_s 和重量流量 G，根据工况运行参数可计算出膨胀机的总制冷量为：

$$Q = G h_0 \eta_s \qquad (10\text{-}18)$$

式中　G——膨胀气体的重量流量，kg/h；

h_0——单位重量气体的理想制冷量，即等熵焓降。

$h_0 \eta_s$——单位重量气体的实际制冷量。

例　某膨胀机机前压力 $p_0 = 0.58\text{MPa}$，温度 $T_0 = 134\text{K}$，出口空气压力 $p_2 = 0.12\text{MPa}$，温度 $T_2 = 93\text{K}$，求该透平膨胀机效率。

解

由空气 T-S 图查出：

$p_0 = 0.58\text{MPa}$，$T_0 = 134\text{K}$，$h_0 = 8608\text{kJ/kmol}$

$p_2 = 0.12\text{MPa}$，$T_2 = 93\text{K}$，$h_2 = 7532\text{kJ/kmol}$

由 $(p_0 、 T_0)$ 点作垂线交于 O'' 点，得 $h_0'' = 7264\text{kJ/kmol}$

则：实际焓降 $h_{实} = h_0 - h_2 = 8608 - 7532 = 1076（\text{kJ/kmol}）$

理论焓降 $h_0 = h_0 - h_0'' = 8608 - 7364 = 1344（\text{kJ/kmol}）$

等熵效率 $\eta_s = \dfrac{h_{实}}{h_0} = \dfrac{1076}{1344} = 80\%$

10.4　透平膨胀机的性能曲线及调节

10.4.1　性能曲线

透平膨胀机的性能是我们最关心的问题。有许多因素影响透平膨胀机的性能，将其中一些主要参数之间的相互关系用曲线形式表示出来称之为透平膨胀机的性能曲线。性能曲线通常用实测的方法得出。譬如：测得透平膨胀机的进口压力 p_0，进口温度 T_0 和出口压力 p_2，出口温度 T_2 并已知转速 n，利用热力性质图查出有关的焓值，并计算出效率 η_s 及理论流速 C_0，再查知膨胀机的工作轮直径 D_1，然后再计算出圆周速度 u_1，得出 u_1/C_0，被称为相对速度系数，也可叫作特性比。以 $\dfrac{u_1}{C_0}$ 为横坐标，效率 η_s 为纵坐标画出关系曲线，即为透平膨胀机的性能曲线，如图 10-14 所示。

从膨胀机的性能曲线可以看出：在较小特性比时，效率随特性比的增加而增加。假若转速降低，圆周速度 u_1 将减小

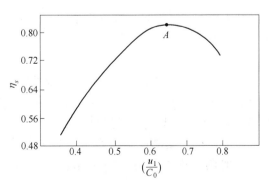

图 10-14　透平膨胀机 η_s 与 $\left(\dfrac{u_1}{C_0}\right)$ 关系曲线图

在同样进口参数的条件下，膨胀机的效率会降低。

图中的效率最高点 A，其点所对应的特性比称为最佳特性比。随着特性比的增加，效率反而降低。制氧机所配置的反动式透平膨胀机的最佳特性比为 $\left(\dfrac{u_1}{C_0}\right)_{最佳} = 0.6 \sim 0.7$。

10.4.2 制动器形式

每一台透平膨胀机都配置有制动器。制动器的作用是消耗透平膨胀机的功，控制其转速，维持膨胀机在最高效率点运行，同时也防止透平膨胀机"飞车"。

透平膨胀机的制动形式常用有 3 种，即风机制动、电机制动和增压器制动，此外还有油制动。

风机制动即在工作轮同轴上装有风机轮，风机轮吸入空气，压缩后放空。这种制动方式的优点是设备简单、机组紧凑、造价低、维护操作方便。但不能回收功，而且噪声大。只能用于中、小型透平膨胀机的制动。

电机制动是在工作轮同轴装上发电机转子、将膨胀机的功转变为电能送入电网。显而易见，这需要一套发电机设备，而且又因膨胀机的速度大大超过发电机转速尚需减速装置，所以设备成本高。但是可以回收电能，电机制动还具有运转无噪声的优点，所以多数大型制氧机上都配套电机制动的透平膨胀机。10000m³/h 制氧机的电机制动的透平膨胀机可以回收 125kW 功率的电能。究竟能够回收多少电能才采用电机制动呢？在国内、外尚无统一标准，有的国家认为回收 15kW 以上，有的国家认为 50kW 以上。尽管如此，只要有条件应尽量采用电机制动，以回收一次能源——电能。例如 3200m³/h 制氧机所配套的透平膨胀机若采用电机制动，也能回收 50 ~ 60kW 的电能。但一定要考虑电机制动的投资，以综合效益来确定。

增压器的叶轮装在膨胀机同轴的另一侧，气体对工作轮作功使之转动，增压器的叶轮也同速转动。将膨胀气体增压后再引入膨胀机的工作轮。这样就将透平膨胀机的功回收给膨胀工质本身，提高了膨胀工质的进口压力，增加了单位制冷量。这种制动型式是目前比较先进的制动型式，此种制动方式可以将膨胀功回收给制氧机本身。使制氧机的能耗降低。

10.4.3 透平膨胀机的调节方法

膨胀机是制氧机的冷量主要来源。它的调节对空分装置的良好运行具有很重要的意义。从膨胀机制冷量的公式，可以看出：

$$Q = G \cdot h_0 \cdot \eta_s$$

如果要改变制冷量 Q，可以通过改变气体的流量 G、等熵焓降 h_0 及其等熵效率 η_s 三个因素中的任何一个来实现。这三个因素彼此相互影响。而在运转中应尽可能使机器在高效率工况下运转，即 η_s 应尽量提高。

通常，把改变膨胀气体在进出口处状态参数的调节，称为"质"的调节；改变气体流量的调节称为"量"的调节。在调节过程中，有时质和量同时发生改变，难以截然分开。

目前，实际中应用的冷量调节方法，主要有以下几种。

10.4.3.1　进口节流调节

在膨胀机的进口管道上装有气动薄膜调节阀，如图 10-15 所示。通过调节阀开度的变化，改变膨胀前的气流压力，从而膨胀机的焓降 h_0 及其等熵效率 η_s 同时发生变化，以实现调节产冷量的目的。

例如，由于进口节流，气体的压力从 p_0 降低到 p_0'，气体的有效焓降亦从原来的 h_0 减少到 h_0'（图 10-16），损失了 Δh。对于膨胀本身来说因为其内的工作焓降减少，偏离了设计时的最佳工况，产生了附加能量损失，所以等熵效率也下降了。由于进气节流，气体流量 G 也减少，产冷量明显地减少了。

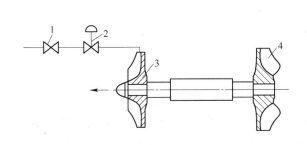

图 10-15　进口节流调节示意图
1—手动截止阀；2—气动薄膜调节阀；
3—工作轮；4—风机轮

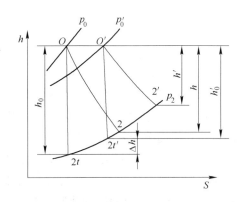

图 10-16　进口节流调节过程

从以上的叙述中，可以看出，进口节流调节是质和量同时改变的一种调节方法。

由于进口节流，膨胀机的有效焓降 h_0 减少，等熵效率 η_s 急剧下降。因此，这种调节方法在经济上是很不合算的。但是，因为这种调节系统结构简单，操作方便，有时在操作中也可以使用。

10.4.3.2　部分进气度的流量调节

如图 10-17 所示，把膨胀机的导流器分成几个相互隔绝的喷嘴组，每组分别用一个阀门控制，即所谓部分进气度的流量调节。当所有导流器调节阀全部开启时，具有最大的流量，这时它的产冷量最大。当需要减少制冷量时，可以关闭其中一个或几个控制阀门，切

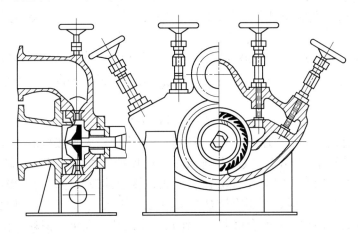

图 10-17　部分进气调节的膨胀机结构

断部分喷嘴组进气，这样，膨胀机产冷量就减少了。

这种调节方法对于冲动式膨胀机，由于气体在工作轮内不膨胀，前后压力相等，不存在泄漏，所以对效率影响不显著。对径流向心反动式膨胀机，也有采用部分进气度调节流量的。但是，伴随着部分进气，在膨胀量减少的同时，等熵效率也有所下降。例如，太原钢铁公司 $10000\mathrm{m}^3/\mathrm{h}$ 空分装置所配套的膨胀机，它的调节系统就是采用这种结构。喷嘴分成四组，每一组容量分别为7%、13%、30%、50%。运转过程中需要调节冷量时，根据需要，选择开启喷嘴控制阀门数。

部分进气度用 ε 表示：

$$\varepsilon = \frac{开启的喷嘴数}{总喷嘴数}$$

部分进气度的调节，不改变气体在膨胀机进、出口处的状态参数，主要改变膨胀气体流量 G。因此它比进口节流调节的经济性高，但调节机构相应复杂一些。

10.4.3.3　转动喷嘴叶片角的流量调节

这种调节是利用转动喷嘴叶片角度来改变其喉部截面的流通面积，以达到改变膨胀机的流量，从而改变其制冷量。这种调节不但不改变气体在膨胀机进出口的状态参数，而且又不像部分进气那样影响沿工作轮圆周进气的均匀性，因此可在较大的范围内（例如 $\pm20\%$ 额定制冷量）调节冷量时，仍然保持机器有较高的等熵效率，效率下降幅度小于2%，所以这种调节的经济性好。并且可以灵活地掌握改变叶片角的大小，得到比较精细的调节效果。因此，这是一种先进的调节方法。虽然在结构上，这种调节系统相对复杂，加工精度要求高，但就目前的制造水平，已完全能够达到设计要求，因此普遍应用于现代膨胀机的调节系统中。

图10-18为转动喷嘴叶片角调节系统结构示意图。

10.4.3.4　改变风机转速调节

改变风机转速调节冷量采用风机制动的膨胀机，可以通过变化制动风机的进风量来改变膨胀机的转速，达到调节冷量的效果。国产 $300\mathrm{m}^3/\mathrm{h}$、$800\mathrm{m}^3/\mathrm{h}$、$3200\mathrm{m}^3/\mathrm{h}$、

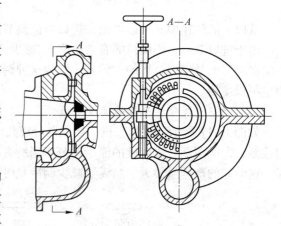

图10-18　转动喷嘴叶片角调节机构

$6000\mathrm{m}^3/\mathrm{h}$ 空分装置的膨胀机，普遍采用风机制动，在一定的范围内，可以采用改变风机转速来调节制冷量。

运转过程中，空分装置的冷量总是有一定的调节裕量的。如膨胀气体流量没有达到最大值，或转速没有达到额定转速时，当装置冷量不足需要增大膨胀机的产冷量时，可以关小制动风机排气管道上的阀门，减少其排风量，增加膨胀机的转速。在转速升高的过程中，按照膨胀机特性曲线，它的等熵效率 η_s 增大，接近其最大值，而等熵焓降 h_0 固定不变。如果流量 G 变化不大时，则制冷量 Q 是增加的。亦即工作轮产生的外功要增加。这时风机由于转速升高，制动功率也会增大，工作轮产生的功为风机所消耗，在新的平衡位置上二者最终达到平衡，机器便能稳定地工作。如果风机阀门关得过小，工作轮产生的功不

能全被风机所消耗，这时就会发生"飞车"的现象。因此，风机阀门的开启度要控制好。在增加转速的同时，一般要辅之适当加大膨胀气体的流量。这样，可使膨胀机的制冷量增加得比较大。当然，这种方法的调节范围是有限的。风机阀门的关小，不能简单地认为制动功率减少。很明显的例子是在膨胀机的启动过程中，依靠风机阀门的关小，使膨胀机转速升高，以转入正常状态运转。这时，膨胀机产生最大的冷量，亦即发出最大的输出功，为制动风机所消耗，二者相平衡，使机器稳定地工作。制动风机所消耗的功率，除了与它的排风量有关之外，更与它的转速有关。

如果膨胀机的转速已达最佳转速，再增加转速时，则等熵效率 η_s 下降，流量 G 也减少，制冷量反而明显减少。因此，超过最佳转速的调节是不合理的，并且从机器的强度方面看也是危险的。

阀门开大时，与上述情况相反。但用降低转速来降低制冷量是不经济的，而且效果也不显著，因降低转速同时会导致流量 G 增加。这时应采用进口节流来减少制冷量。

10.4.3.5 多机组调节

全低压流程的空分装置，其冷量储备有限，因此，需要用增加膨胀机台数的办法，来解决启动过程中需要大量冷量的矛盾。这样，在决定冷量调节方案时，可以在一套空分装置中，配置不同容量的膨胀机。如在 6000m³/h 制氧机中，配有容量分别为 7000m³/h、8000m³/h、9000m³/h 的三台膨胀机，它们的导流叶片高度分别为 6.8mm、7.3mm 和 7.9mm，其他结构尺寸完全相同。根据季节不同，提取液氧和氩气与否，以及在启动过程或正常操作阶段、选择使用相应容量的膨胀机。

这种调节方法，只宜在调节幅度较大，而且是跳跃式变化的场合下采用。

空分装置的配套膨胀机中，可以是一式多台，或多式多台。例如太原钢铁公司 10000m³/h 空分装置，两台膨胀机的容量、形式完全相同。武汉钢铁公司的 6000m³/h 空分装置，则是采用 3 台容量不同的膨胀机。

目前，因为配套多台膨胀机闲置备用时间太长，很不经济，所以通常配套两台膨胀机。有的还只配一台调节范围较宽的透平膨胀机。

10.5 透平膨胀机的结构

透平膨胀机组由主体、制动器、润滑系统、气封系统、自动保护系统所组成。

正如前述，根据工质在工作轮中膨胀程度（反动度）膨胀机又分为冲动式和反动式透平膨胀机，因反动式膨胀机效率高、焓降大、制冷量多，所以当前制氧机中所配套的膨胀机均采用反动式。此外，依据工质在工作轮中的流动方向，透平膨胀机又有径流式、径轴流式、轴流式之分。由于采用三元流叶片气体的流动方式多为径轴流，因此目前制氧机中的膨胀机几乎均为径轴流式。径轴流式膨胀机依照工质从外周向中心流动或中心向外周流动又分为向心式和离心式。由于离心式的流动损失大、效率低，故向心式被广泛采用。总之，在制氧机中所设置的膨胀机为单级，卧置向心径-轴流式反动膨胀机，它具有比焓降大、结构简单、效率高、允许转速高等优点。

10.5.1 透平膨胀机的本体结构

透平膨胀机的结构示于图 10-19。

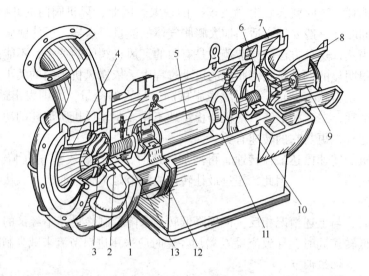

图 10-19　向心径-轴流反作用式透平膨胀机的典型结构

1—蜗壳；2—喷嘴；3—工作轮；4—扩压器；5—主轴；6—风机轮；

7—风机蜗壳；8—风机端盖；9—测速器；10—轴承座；

11—机体；12—中间体；13—密封设备

　　除图中所示的主要部件、蜗壳、导流器、工作轮、扩压器外，还有制动器（风机轮、或增压轮或电机），密封装置等。

10.5.1.1　转子

　　转子是透平膨胀机的关键部件。它由工作轮、轴与增压轮组成如图 10-20a 所示，电机制动示于图 10-20b。在单级透平膨胀机中，一般常采用悬臂式的刚性轴。在大型透平膨

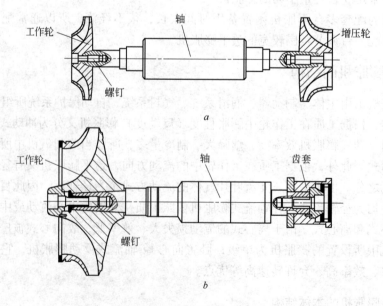

图 10-20　透平膨胀机转子图

a—风机制动；b—电机制动

胀机中，也有采用柔性轴的。对于刚性轴要求伸出端长度尽可能小，以减少刚性轴直径，并减少了冷量损失（热交换表面积小）。但是过分小也会使冷损增加（低温部分离外界的距离小）。这段距离至少应等于工作轮的直径。

当外界干扰频率与转子的自振频率相同时，就产生共振。共振时的转速称为临界转速。当工作轮的转速低于一阶临界转速轴称为刚性轴。当工作轮转速高于一阶临界转速而低于二阶临界转速的轴为柔性轴。

转子在高速旋转的条件下，要求作精确的动平衡。静平衡实验为消除不平衡重量。动平衡实验为消除不平衡力矩 M，标准为偏心值 $\rho = \dfrac{M}{G}$。我国试行的透平膨胀机的动平衡标准如表 10-1 所示。

表 10-1 透平膨胀机动平衡要求

转速/r·min^{-1}	5000 ~ 10000	≤20000	≤30000	≤40000	≤50000
偏心值 ρ	1.2	1.0	0.8	0.3	0.2

叶轮即膨胀机工作轮，它是高速旋转膨胀机工作性能好坏最关键的零件。它不仅需要具有良好的气体流动特性，流动损失少，而且必须具有较高的机械强度。工作轮依据叶片两侧是否具有轮背和轮盖分为开式叶轮、半开式叶轮和闭式叶轮。开式叶轮叶片两侧不具有轮背和轮盖；只有轮背的称为半开式；既有轮背也有轮盖的则为闭式叶轮。由于开式叶轮泄漏损失大，所以空分装置不采用。半开式叶轮和闭式叶轮型式见图 10-21。

两者相比，半开式叶轮加工容易，结构强度高，但泄漏损失大，效率降低。现代高效膨胀机普遍采用闭式叶轮。早期的闭式叶轮是将轮盖以铆接方式装配在叶片上，这种连接方式结构强度低、动平衡效果差，目前国内、外膨胀机制造厂普遍采用钎焊工艺。最近据资料报导，国外已

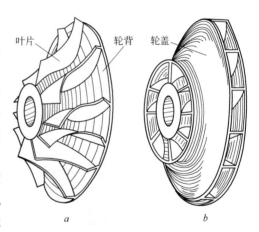

图 10-21 半开式叶轮与闭式叶轮

a—半开式；b—闭式

经可以制造整体铣制的闭式叶轮，当然此种闭式叶轮结构强度更高，叶轮的寿命更长。

叶轮是在低温下高速旋转，所以叶轮的材质不仅要耐低温，考虑在低温条件下的材料的屈服极限，而且要考虑叶轮材料克服离心力的强度极限。离心力所产生的应力与材料密度成正比。因钢材的密度比铝材大，故钢制叶轮允许的圆周速度比铝合金或钛合金低得多，因此现代空分用的膨胀机工作轮的材料全部采用硬质的铝合金。在工作轮制造的过程中，为了提高流道表面硬度，增加其耐磨及耐腐蚀性，叶轮加工后需进行阳极氧化处理，在工作轮表面上生成一层 0.04 ~ 0.08mm 厚的保护膜。

叶片采用三元型叶片，它的进气角为 90°，径向无冲击进气，并带有扭曲的轴向出口导向段。具有这种叶片的叶轮制作复杂困难，必须采用五轴联轴铣在数控中心内程序控制加工制作。

10.5.1.2　轴承

透平膨胀机的轴承有滑动轴承、滚动轴承、气体轴承及磁轴承。透平膨胀机转速较低可采用滚动轴承；高速小型膨胀机大多数采用气体轴承；微型膨胀机采用气体轴承。

滑动轴承，它的承载能力大，单位比压可达 $200N/cm^2$ 以上。轴颈的圆周速度可达 $60m/s$，转速可以达到 $200000r/min$。

空分用的透平膨胀机一般采用滑动轴承。采用滑动轴承比采用滚动轴承更加合理，因为转子转速很高，所以轴颈圆周速度很大，就能实现纯粹的液体摩擦，减少了磨损，这对运转安全性也是有利的。为了保证温度均衡，通常必须在压力下强制润滑。

为了避免轴弯曲时卡死在轴瓦中，同时为了改善载荷沿轴瓦承压表面的分布，轴颈长度 L 与其直径 D 之比，应采用中等数值。在透平膨胀机的实践中，比值 $L/D = 0.9 \sim 1.2$ 的轴瓦是合适的。为了使转子能承受在运转过程中的轴向力，两个轴承中的一个应制成止推轴承。止推轴承具有两个止推面。

轴承有剖分的和整体的两种形式。这要取决于机器是水平装配还是轴向装配。一般较大的机器，例如配 $6000m^3/h$ 空分装置的膨胀机采用水平装配的剖分形式。而较小的机器，例如配 $3200m^3/h$ 的空分装置的膨胀机，采用轴向装配的整体形式，可以使结构简单，拆装方便。

图 10-22 为 $3200m^3/h$ 空分装置透平膨胀机的止推轴承与径向轴承的结构简图。

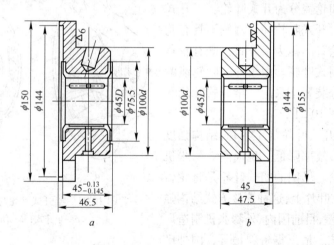

图 10-22　止推轴承与径向轴承
a—止推轴承；b—径向轴承

轴承与转轴之间的径向间隙要适当，过大时，使转轴旋转产生振动，润滑油膜分布不均匀，间隙过小，会导致轴承温度超过允许值。一般推荐径向间隙在轴颈直径的 $2mm/1000mm \sim 3mm/1000mm$。

10.5.1.3　轴封

轴封的作用是防止膨胀机的低温气体外漏。若轴封不严，低温气体外漏，这不仅会降低膨胀机的制冷量，而且还会发生轴承润滑油冻结的事故。膨胀机的密封装置普遍采用的有迷宫式密封和石墨环密封，分别见图 10-23 和图 10-24。迷宫式密封的密封齿片可以装于壳体上或轴上，目前大多数采用密封齿镶嵌在轴上，这样密封齿片不会因与轴碰撞而退

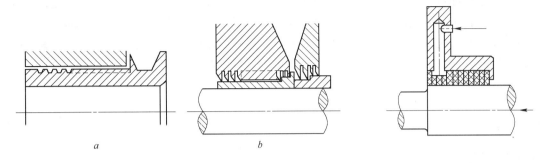

图 10-23　迷宫式密封

a—装于轴上的密封；*b*—装于壳体的密封

图 10-24　石墨环密封

让，密封效果好。此种密封结构，为了减少密封间隙，通常在壳体的内圆面上镶有巴氏合金。

为了确保冷气不外漏和润滑油内渗，密封往往分成两段中间通入密封气。空分用膨胀机一般采用氮气作为密封气。其密封气的压力需与工作轮轮背的压力相平衡。

石墨环密封因石墨本身有自润滑作用，磨损较小，所以密封间隙更小，可达 0.05mm。为了保护石墨和便于拆卸，石墨密封环需要安装在填料函中，石墨环一般分成 3～4 段，外周以弹簧圈箍紧，这种结构能自动保证密封间隙。

10.5.1.4　蜗壳

膨胀机的壳体，为了把气流从进口管均匀地分配到喷嘴环上，并尽量减少流动损失一般采用蜗壳。可见蜗壳的作用是导向和气流分配。蜗壳的基本形式见图 10-25。我国生产的膨胀机大多数采用单蜗式，相比半蜗室和双蜗室，单蜗室气体的流动性能好，损失小，且结构简单。

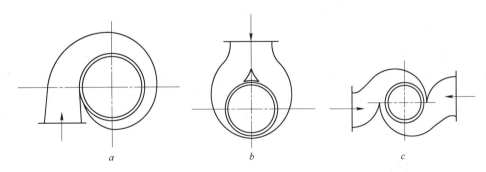

图 10-25　蜗壳的基本形式

a—单蜗室；*b*—半蜗室；*c*—双蜗室

半蜗形式只有一半工质可以顺利地分配到喷嘴，另一半蜗壳不进气，故流动损失大，但半蜗形式可以减少外形尺寸，在安装空间所限的情况下可以采用。双蜗壳双向进气，进气量大，但低温管路比较复杂。

10.5.1.5　喷嘴环

喷嘴环是整体铣制的，其叶片是在底盘上直接铣成的。叶片之间构成喷嘴流道。喷嘴是膨胀机进行能量转换的主要部件，因此需要尽量减少在喷嘴中的流动损失，以提高膨胀机的效率。在加工制造时，喷嘴叶片表面应尽量光滑，其粗糙度要求 $Ra \leqslant 2.5 \mu m$。气流工质通过喷嘴时的速度很高，所以喷嘴材料需要有足够的耐磨性，它的材质可采用黄铜、硬铝合金铣制，铣制后再镀铬。也有的采用不锈钢直接铣制。

10.5.1.6　扩压器

扩压器的作用是将从工作轮流出的气体流速进一步降低，减少其流动损失，通常采用圆锥形筒。

10.5.2　膨胀机的润滑系统

润滑系统的作用是给轴承、齿轮及其他摩擦件提供润滑油使之润滑和冷却。由于透平膨胀机的转速高，一般都采用带压力的润滑油循环润滑，润滑油的压力要求大于 0.2MPa。这样的润滑系统称为强制润滑系统，润滑系统的组成见图 10-26。

从图 10-26 可见，润滑油系统中润滑油由齿轮油泵 2 从油箱 1 中抽出，经冷却器 4 冷却使之供油温度小于 35℃，以保证轴承温度小于 65℃，油过滤器采用微孔纸质滤芯，将大于 5μm 直径的微粒全部滤除，确保高速旋转的透平膨胀机安全运行。

油泵除主油泵外还设置辅助油泵或高位油箱或压力油箱，以保证紧急情况下的供油。图中的油压容器的作用就是储存一定量的压力油，一旦电源和油泵发生故障时可以保证供油 3~5min，用来保护膨胀机。

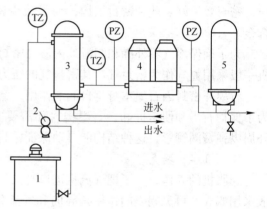

图 10-26　透平膨胀机润滑系统图
1—油箱；2—油泵；3—油冷却器；
4—油过滤器；5—油压容器

油箱可以一台膨胀机设置一个，也可以多台膨胀机共用一个油箱，现代空分用的透平膨胀机，为了安装方便且占地面积小，常常组装成撬装机组，在撬装机组中以油箱作为机座，将透平膨胀机主体安装在油箱之上。此外，由于膨胀机往往安装在室外，空分保冷箱侧的单独小冷箱内为了保证冬季油箱中的润滑油黏度，故油箱中需设置电加热器或热水加热器。

10.6　典型透平膨胀机举例

10.6.1　低压透平膨胀机

外压缩流程空分装置所配套的透平膨胀机全部是低压透平膨胀机。透平膨胀机的进口压力为 0.55~0.58MPa，膨胀后的压力为 0.135~0.137MPa 进入空分精馏塔的上塔。它的结构参见图 10-19。在 20 世纪 90 年代以前，国内生产的 1000m³/h、1500m³/h、3200 m³/h、6000m³/h、10000m³/h 制氧机所配套的透平膨胀机，基本上都是卧置、单级、向心、径—轴流式反动式膨胀机。工作轮为半开式叶轮，其主要技术参数见表 10-2。

表 10-2　膨胀机主要技术参数

所配套装置	3200m³/h 空分装置	6000m³/h 空分装置	10000m³/h 空分装置
形　式	单级、向心卧置、径—轴流、反动式		
型　号	PLK4500×3/4，83—0.37 型	PLK7000×3/4.5—0.35 型	PLK175×1/4.75—0.35 型
流　量	1 号 4000m³ 2 号 4500m³ 3 号 5000m³	1 号 7000m³ 2 号 8000m³ 3 号 9000m³	10500m³
进气压力(绝压)/Pa	5.83×10^5	5.5×10^5	5.5×10^5
进气温度/K	130	128	140
排汽压力(绝压)/Pa	1.37×10^5	1.35×10^5	1.35×10^5
转速/r·min⁻¹	23190	19000	20700
制动方式	风　机	风　机	电机（250kW）

　　这种类型的透平膨胀机的等熵效率为80%，制动方式多数采用风机制动，膨胀未能得到回收。配套大于10000m³/h空分装置的透平膨胀机有的采用电机制动，将膨胀功回收发电。

　　从20世纪90年代的后期，空分装置流程发展到第五、六代流程，其空分装置中所配套的透平膨胀机全部采用增压透平膨胀机。其结构见图10-27。膨胀机的工质通过增压轮增压后，再进入同轴的膨胀轮膨胀。由于机前压力的提高，膨胀比的增大，从而膨胀机的制冷能力增加。将图10-19与图10-27相比较，两种膨胀机的结构大致相同。只是增压透

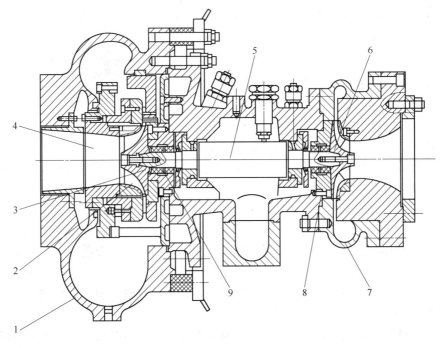

图 10-27　增压机制动透平膨胀机结构

1—蜗壳；2—喷嘴；3—工作轮；4—扩压器；5—主轴；6—增压轮；

7—增压机蜗壳；8—轴承；9—密封

平膨胀机的叶轮已采用闭式整体叶轮，设计更为优化，加工精度更高，因此现代增压透平膨胀机的等熵效率大于85%。甚至可达到90%。在调节方式方面均采用可调喷嘴调节。

10.6.2　中压透平膨胀机

目前内压缩流程需要采用中压透平膨胀机。在全液化空分装置不仅需要中压透平膨胀机，而且常常采用两台串联。中压透平膨胀机均采用增压轮制动。它的结构与图10-27结构相同。但是中压膨胀机往往采用大膨胀比。低压透平膨胀机的膨胀比只有4～4.5，中压透平膨胀机的膨胀比一般都大于5，有的甚至大于10。据报道国外膨胀机生产厂家有的膨胀比可达到19。

低压膨胀机膨胀后的气体要求有一定的过热度，为了发挥气体工质的制冷能力，往往提高膨胀前的温度，使工质的单位熵降增大，即"高温高熵降"。这样膨胀后气体的温度也随之提高，膨胀后气体的过热度甚至达到20～30℃。而中压透平膨胀机气体工质在膨胀的过程中，由于高膨胀比膨胀后的气体不仅可能达到饱和而且可能带液。液体的出现对膨胀机工作部件的材质及强度要求更高，工作轮材质常采用表面电镀的铝材或硬质的合金铝。加工制作更为困难。所以透平膨胀机的允许带液量，能够反映出膨胀机的制造水平和性能。目前国产的中压透平膨胀机的出口允许带液量小于5%。国外有的膨胀机制造厂报道允许带液量高达20%。

中压透平膨胀机由于膨胀比大，轴向推力也大，这加重了止推轴承的负担。现代透平式膨胀机通常采用整体式滑动轴承，并且较多的采用三油楔、四油楔、可倾瓦、椭圆轴承等润滑效果更为良好的轴承。透平膨胀机的两个轴承中的一个轴承为径向止推轴承为一体的轴承，为了使其具有良好的动态性能，且结构简单，常采用三油楔或四油楔轴承。止推轴承由油槽分成多块小轴瓦，每块轴瓦都具有一定斜度的斜面和止推平面。轴承由SAE660青铜制作，轴瓦带有耐磨的巴氏合金衬里，但一般不允许刮瓦。四油楔的径向止推轴承见图10-28。

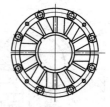

图 10-28　四油楔轴承

为了很好的平衡中压透平膨胀机的轴向推力，俄罗斯的深冷机械公司采用气体平衡腔自动平衡轴向力。此平衡腔处于增压机的进口，当机器运转时，该平衡腔内充满压力气体，一旦停车时，立即自动打开放气阀放气，以保证整个转子轴系的平衡。在膨胀机的两侧设置压差计，根据压差自动调节平衡腔中的气体压力和气体量。此外轴上还设有多个振动探头，能够随时观察转子运行状况，确保透平膨胀机稳定运行。

还有一种自动推力平衡系统，它在转子轴承上安装两个压力表，见图10-29，这两块压力表可以检测作用在止推轴承面上的油压，根据两表的差压，控制差压开关和一个液压活塞，对增压轮的进气补偿阀进行调整，使之增加进气或减少进气，来平衡轴向推力。这种自动推力平衡系统实质上是以增压轮进气侧与增压轮轮背侧（出口侧）的压差，来自动平衡轴向推力的。

中压透平膨胀机因压力高，膨胀比大容易泄漏，其防外泄漏轴封仍然选择用迷宫式密封，并且采取措施尽量减小密封间隙。对于内泄漏气体短路易发生在透平膨胀机内部的两个位置见图10-30a，图中的2、3位置表示的是喷嘴与叶轮的衔接处，此处易产生喷嘴进、出口间短路。为了避免内泄漏，此处设置压紧装置，见图10-30b，以使喷嘴端面无间隙。

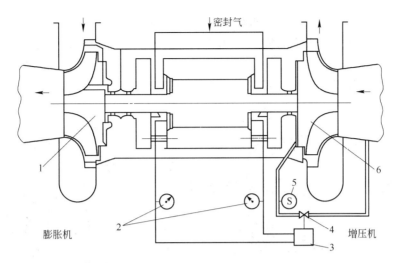

图 10-29 轴向力自动平衡系统

1—膨胀机工作轮；2—推力轴承压力表；3—阀门执行机构；
4—补偿阀；5—密封气压力表；6—增压轮

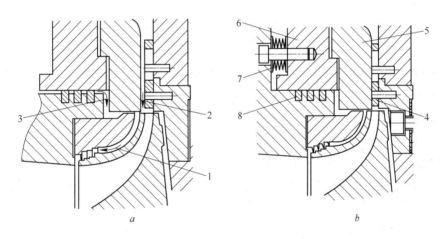

a

b

图 10-30 防内漏密封示意图

a—内漏位置；*b*—喷嘴压紧机构

1～3—内漏位置；4—喷嘴；5—喷嘴压盖；6—滑圈；7—弹簧；8—活塞环

另一个容易泄漏的位置是图中 1 指示的位置。此处工作轮的进、出口气体易短路。为防止其短路，在其叶轮的顶部设置阶梯式迷宫密封，参见图 10-30 中 1 点处的密封。

中压透平膨胀机组均采用整体撬装式即主机、润滑油系统、就地仪表柜、冷箱和支架共同安装在同一底架上。快速切断阀安装在膨胀机的蜗壳上。整个机组占地面积小，结构紧凑、安装检修十分方便、快捷。

10.6.3 气体轴承透平膨胀机

小型透平膨胀机转速高达 10 万 r/min 以上，可采用气体轴承。气体轴承的轴功耗小，轴磨损小，又不使用润滑油，因此膨胀工质绝不会混入油。鉴于这些优点，从 20 世纪 80 年代开始气体轴承透平膨胀机被广泛地应用于小型空分装置中。但是由于气体黏度小，显而易见，其承载能力小，大约为油压轴承的 1%。一般承载能力只有 1～5N/cm² 。因而气体轴承只能应用于小型透平膨胀机。图 10-31 为空气的气体轴承的透平膨胀机。

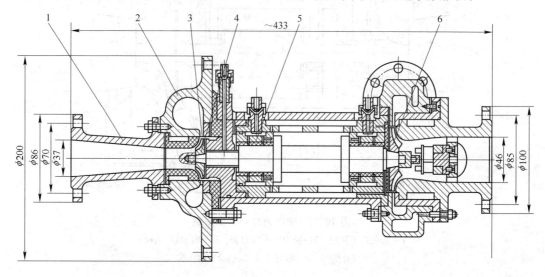

图 10-31   PLK-8.33×2.60-2 型透平膨胀机
1—扩压器；2—蜗壳；3—喷嘴；4—工作轮；5—气体轴承；6—风机

图 10-31 所示的膨胀机为 150m³/h 空分装置所配套的中压小型透平膨胀机型号为 PLK-8.33×2/20-6。此机为卧式、单级、径流、向心反动式。流量 500m³/h，进口压力 1.96MPa，出口压力 0.588MPa，进口温度 -100℃，转速 107000r/min，制动方式为风机制动。轴承供气压力为 0.49～0.588MPa，轴承气耗量 15～17m³/h。

气体轴承也分为静压轴承和动压轴承。静压轴承需要外界不断地供气，根据供气压力的提高承载能力可以有所增加。因需要耗气，则消耗一些能量，并且轴承气易混入膨胀工质中，结构上需要密封，采取措施相隔离。气动动压轴承不需要连续供气，它由三块可以自由摆动的轴瓦组成。轴与轴瓦之间可以形成均匀地约 2.54μm 厚的气膜。

10.6.4   液体膨胀机

现代空分装置的内压缩流程中,有一股中压(2.5～5.0MPa)的液空,在流程组织中这股液空需要节流至 0.50～0.55MPa 进入下塔底部,为了回收这部分液空的压力能,使制氧机进一步节能降耗,在中压液体膨胀机进入下塔之前设置一台透平式液体膨胀机,将膨胀功以电能形式回收,也就是采用电机制动,据资料报导,内压缩流程设置液体膨胀机能够节能 3%～5% 。

对液体膨胀机设计的总体要求大致有以下几点:

(1) 液体工质应按含氧 30% 的氮、氩混合液体即富氧液空来设计;

(2) 液体膨胀机的入口工质为过冷液体,出口液体的汽化率小于 5%;

(3) 液体膨胀机连续运转时间大于 8000h;

(4) 液体膨胀机需要经常开、停,要求能够达到每天都可以启动;

(5) 液体膨胀机可以在 10% 设计转速的条件下逆转;

(6) 与空分装置冷箱的连接方式与空分配套的气体膨胀机相同,有利于安装和检修。

其拆装时不影响空分冷箱。

液体膨胀机的结构特点：

（1）转子。其转轴采用刚性轴，由不锈钢锻造加工而成。它的第一屈服极限高于最高连续运转转速的120%。工作轮采用闭式叶轮，材质为硬质铝合金，其最高圆周速度为330m/s。轴与叶轮采用柱键或圆柱多边形键连接。

（2）蜗壳。液体膨胀机因液体的冲击，要求蜗壳的强度高，它的设计压力为工艺要求的最高工作压力的110%。对材质的温度要求为 $-196 \sim +60$ ℃。它的材质选用不锈钢采用铸造后加工而制成。蜗壳底部设置排液口，安装手动排液阀。此阀为不锈钢阀。

（3）轴承采用可倾瓦油轴承。径向轴承与推力轴承合为一体，材质为青铜，轴瓦内衬巴氏合金。这种轴承可以有效地避免在轴与轴瓦之间，润滑油产生涡流，能够形成厚度均匀的油膜，起到良好的润滑作用，以确保转子的平稳运转。

采用迷宫密封，密封片用青铜制作。采用进口导流叶片调节。为了保护膨胀机在膨胀入口设置气动快速切断阀，故障时小于1s的时间内快速切断。在液体膨胀机出口设置一个气动节流阀，用此阀控制液体膨胀机出口液体的汽化率小于5%。

液体膨胀机的工作原理与水车或水力发电机相似这里不再赘述。

电机制动的液体透平膨胀机的组成参见图10-32。

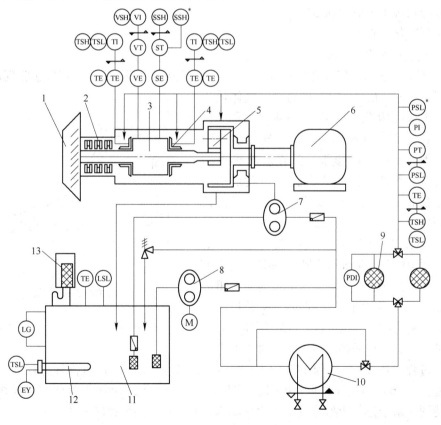

图10-32　电机制动的液体透平膨胀机的组成示意图

1—叶轮；2—轴封；3—轴；4—轴承；5—齿轮减速箱；6—电机；7—主油泵；8—辅油泵；
9—油过滤器；10—油冷却器；11—油箱；12—油加热器；13—油雾分离器

10.7　活塞式膨胀机

随着制氧机的大型化，透平膨胀机已有取代活塞式膨胀机的趋势，但透平膨胀机不适应高压小流量的情况。在这种条件下，透平膨胀机的效率还不能超过活塞式膨胀机。按工艺制造水平，透平膨胀机气量下限为 $100 \sim 200\mathrm{m^3/h}$；而活塞式膨胀机无下限限制。所以有些小型制氧机仍然应用活塞式膨胀机。海兰德循环液化装置也采用活塞式膨胀机。

10.7.1　工作过程

与活塞压缩机的工作过程相类似，理想工作过程有以下假设：

（1）工质为理想气体；

（2）膨胀机没有余隙容积；

（3）气体在膨胀机中完全膨胀到终了压力 p_K；

（4）进、排气阀瞬间开闭，且无阻力；

（5）绝热，无损失。

理想的工作过程由进气→膨胀→排气所组成。此时在膨胀机内的膨胀过程为等熵过程。其制冷量等于等熵焓降 Δh_s。

而实际工作过程：

（1）气缸内有余隙容积；

（2）不完全膨胀，气体在气缸内并不是完全膨胀到排气压力 p_K，而只膨胀到压力 p'_3，见图 10-33 点 3′。在此处排气阀打开，气体从压力 p'_3 膨胀到 p'_4 并从气缸排出。3′~4′过程称为祛气过程。在过程中气量不断变化，气体继续膨胀制冷，但不是在缸内膨胀而是在膨胀机外的管路及设备中膨胀。活塞式膨胀机一般是不能达到完全膨胀的，因完全膨胀，活塞行程太长且摩擦损失及漏气损失会增加。

（3）不完全压缩，排气阀一般在上止点前关闭，如图 10-33 点 5′所示，则活塞继续向上正点运动时，产生 5′~6′压缩过程。阀提前关闭可以防止吸气过程发生窜气，并可以减少开启进气阀的力。进气阀一般依靠凸轮机构顶开，力小能减轻凸轮的磨损。

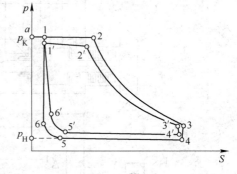

图 10-33　活塞式膨胀机理论示功图与工作示功图

归纳起来，工作循环由以下几个过程所组成：

进气过程（1—2）→膨胀过程（2—3）→祛气过程（3—4）→排气过程（4—5）→压缩过程（5—6）→充气过程（6—1）。图 10-33 中 □1-2-3-4-5-6-1 为活塞压缩机的理论工作示功图。由于排气阀阻力以及摩擦热影响，实际示功图为 □1′-2′-3′-4′-5′-6′。

10.7.2　配气相图

活塞膨胀机的配气相图是表示工作循环各个过程开始或终了时曲轴的转角。如图

10-34所示。曲轴每转一圈就完成一个循环。小
于 206°是进气凸轮的作用角。小于 305°为排气
凸轮的作用角。

　　进气角 α_2 和排气角 α_5 可以根据相应的活
塞位置求出。

　　活塞位置与曲轴转角的关系式为

$$S = r(1 - \cos\alpha) + l(1 - \sqrt{1 - \lambda_{\gamma,1}^2 \sin^2\alpha})$$

$$(10\text{-}19)$$

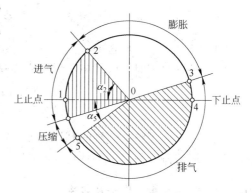

式中　S——活塞离开上止点距离；

　　　　r——曲柄旋转半径；

　　　　l——连杆长度；

　　　　$\lambda_{\gamma,1} = \dfrac{r}{l} = \dfrac{1}{4} \sim \dfrac{1}{5}$。

图 10-34　活塞膨胀机工作
循环的配气相图

　　进、排气提前角大小受膨胀机转速以及配气机构运动的影响。充气过程、进气阀提前
开启，相应于这一位置曲轴转角 α_6 为进气提前角，一般为 5° ~ 8°，排气提前
角 $\alpha_3 = 8° \sim 10°$。

10. 7. 3　主要参数

10. 7. 3. 1　相对进气系数 ε_2

相对进气系数是进气过程所占工作容积与气缸整个工作容积的比。

$$\varepsilon_2 = \frac{V_{12}}{V_g} = \frac{S_2}{S} \qquad (10\text{-}20)$$

式中　V_{12}——进气过程所占工作容积；

　　　　V_g——气缸容积；

　　　　S——活塞行程；

　　　　S_2——进气过程活塞行程。

相对进气系数的大小表明了进气过程时间的长短，进气量的多少。

10. 7. 3. 2　相对余隙容积系数 a_0

它是余隙容积与气缸工作容积之比。

$$a_0 = \frac{V_0}{V_g} \qquad (10\text{-}21)$$

式中　V_0——余隙容积。

10. 7. 3. 3　膨胀比 ϕ

进气压力 p_H 与排气压力 p_K 之比为膨胀比 ϕ。

$$\phi = \frac{p_H}{p_K} \qquad (10\text{-}22)$$

实际膨胀比 ϕ' 由于进、排气有阻力而比 ϕ 小。

$$\phi' = \frac{p_1}{p_6}$$

10.7.3.4 充气度 δ_2

它为进气终了时，气体所占气缸容积与整个气缸容积之比。

$$\delta_2 = \frac{V_0 + V_{12}}{V_0 + V_g} = \frac{a_0 + \varepsilon}{a_0 + 1} \tag{10-23}$$

充气度代表了整个气缸的利用程度。运行中可以用改变充气度的方法，改变膨胀机的进气量，调节制冷量。

10.7.4 气体流量、损失及效率

10.7.4.1 气体流量

膨胀机每转气体流量为：

$$G = G_2 - G_5 = (a_0 + \varepsilon_2)V_g \cdot \gamma_2 - (a_0 + \varepsilon_5)V_g \cdot \gamma_5 \tag{10-24}$$

式中　ε_5——压缩比，$\varepsilon_5 = \dfrac{V_5}{V_g} = \dfrac{S_5}{S}$；

γ_2，γ_5——气体在 2、5 点处的密度。

10.7.4.2 损失及效率

活塞式膨胀机存在着很多损失，概括起来有以下几项：

（1）不完全膨胀损失。这是由于排气压力大于膨胀背压，克服排气阻力，形成了祛气过程而造成的冷量损失，这约占冷量损失的 3% ~5%。

（2）不完全压缩损失。从图 10-33 可以看出，进气压力 p_6 需要高于 p_H 才能打开进气阀，6-1 充气过程，高于 p_H 的气体充入气缸所造成的损失，约占总冷损的 1% ~1.5%。

（3）进、排气阀阻力损失，相对总冷损为 3% ~5%。

（4）摩擦热损失，占总冷损的 3% ~10%。

（5）外界传热损失，占总冷损的 2% ~3%。

（6）内部传热损失，占总冷损的 1% ~5%。

这些冷损失造成膨胀机的实际焓降低于理论焓降，两者的比值称之为等熵效率也叫作绝热效率。

$$\eta_s = \frac{\Delta h_{实}}{\Delta h_s} \tag{10-25}$$

Δh_s 可以由膨胀工质的热力性质图 $T\text{-}S$（或 $h\text{-}S$）求出，这时膨胀机的实际焓降 $\Delta h_{实} = \Delta h_s \eta_s$。活塞式膨胀机的效率一般只有 0.6~0.7。

与透平膨胀机相同其制冷量为：

$$Q = G\Delta h_s \eta_s$$

10.7.5 冷量调节方法及调节机构

10.7.5.1 调节方法

活塞膨胀机冷量调节方法通常有 3 种，分别为进气节流调节，转速调节以及改变气量

或叫改变充气度调节。

节流调节是十分简单的调节方法，但致使效率降低，很不经济。

转速调节方法可以应用于膨胀机用压缩机及直流电机制动的场合，采用交流电机制动时不能应用。活塞膨胀机应用最广泛的方法为充气度调节，即是利用配气机构来改变进气角。充气度增加，通过膨胀机的进气量增加，制冷量增大，反之则减小。实践已经证明，在接近最佳充气度附近范围内调节，对活塞膨胀机的效率影响不大。可见，在塞式膨胀机设计时，选择最佳进气度是很重要的。

用改变充气度调节制冷量时，进入膨胀机气缸内的进气量，决定于进气阀升高的高度及开启时间。这由调节机构来完成。调节机构如图 10-35 所示。凸轮直接驱动顶杆，在凸轮与顶杆之间另有一个摇杆机构以改变凸轮和顶杆的相对位置。由于滚轮相对移动，顶杆和阀杆的间隙发生了变化，从而也改变了进气角。

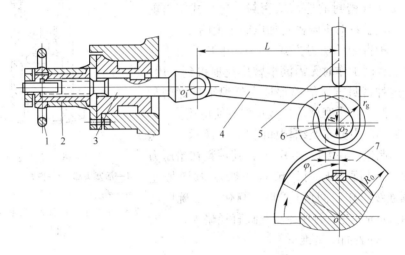

图 10-35　制冷量调节机构
1—手轮；2—螺母；3—轴杆；4—带滚轮的摇杆；5—顶杆；6—滚轮；7—凸轮

当手轮 1 转动时，滚轮 6 向图中左方移动。零位时，滚轮与顶杆的间隙为 0.3mm 左右，移动后滚轮的中心线移动 l 距离，高度变化了 h，即顶杆螺钉与阀杆间隙增大了 h。顶杆螺钉与阀杆接触。气阀开启；顶杆螺钉与阀杆脱离，气阀关闭。仅改变顶杆螺钉与阀杆的间隙，还不能保证气量的调节，虽然间隙改变了，但进气阀迟开和早关也会影响调节的效果，所以充气度的调节必须既改变了顶杆螺钉与阀杆的间隙也同时改变进气时间。

图 10-35 所示的机构进气时间大体不变，但进气阀关闭时间变化，所以改变了进气量。活塞膨胀机的调节范围为 100% ~ 60%。

10.7.5.2　活塞及密封

活塞式膨胀机的活塞与活塞式空压机不同，为了提高效率，采用长活塞的结构形式，且活塞头采用低温强度好，导热系数低的材料制造。如采用（1Cr18Ni9）不锈钢材料。活塞内部充填保冷材料碳酸镁。

活塞上开有迷宫槽，安装活塞环和导向形既密封又保证导向，使活塞与气缸的接触。活塞环应有足够的耐磨性。对于导向环在油润滑时上导向环用稀土球墨铸铁制造，这样既

耐磨又可以将工质中小固体颗粒研碎，而下导向环采
用巴氏合金制造，来减少摩擦热损失。当无油润滑时，
全部采用四氟乙烯制造。长活塞结构见图10-36。

　　活塞在气缸中往复运动，实现工作循环必须有可
靠的密封，否则膨胀机效率下降，甚至被迫停机。对
活塞密封的要求有：有较长的使用周期；良好的密封
能力；运动产生的摩擦热少，且这些热传给低温气体
少。这诸项要求很难同时满足。

　　根据密封的工作原理不同，密封分为两类：其一，
以阻塞为主的摩擦密封，如皮碗、金属活塞环、氟塑
料活塞环等。其二，利用气体通过活塞与气缸小间隙
的流动阻力来实现密封的迷宫式密封。迷宫式密封前
面已有介绍，这里只对皮碗密封加以简单说明。

　　皮碗是一种古老的密封方式。1912年开始用于活
塞式膨胀机上，因工作时无需润滑曾广泛地得到应用。
近期，由于这种密封方法能够保证在低温下良好密封
性能，即小泄漏量和小摩擦热，故仍然有所应用。

　　皮碗密封的压力分布及结构如图10-37所示。皮碗
为浸石蜡皮革制造。在温度200K时，其预紧初始压力
为1.5MPa；在温度50K时，预紧初始压力增加至
2.5MPa。其连续工作时间可达800~1000h。皮碗厚度
不超过4~4.5mm，皮碗的外径较气缸直径略大，一般
约大2~3mm，外表面略呈锥形。

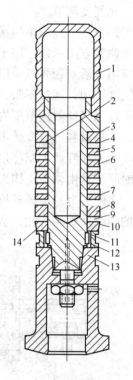

图 10-36　长活塞结构图
1—活塞头部；2—弹力环；3—导向环；
4—活塞环；5—隔圈；6,10,14—衬圈；
7,8—上下导向衬套；9—刮油环；11—套筒；
12—圆头平键；13—活塞体

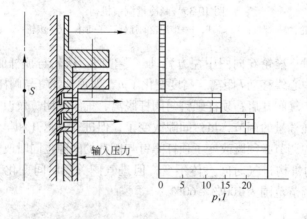

图 10-37　皮碗密封压力分布图

10.7.6　典型结构

　　典型的活塞膨胀机如图10-38所示，其性能规范如下：

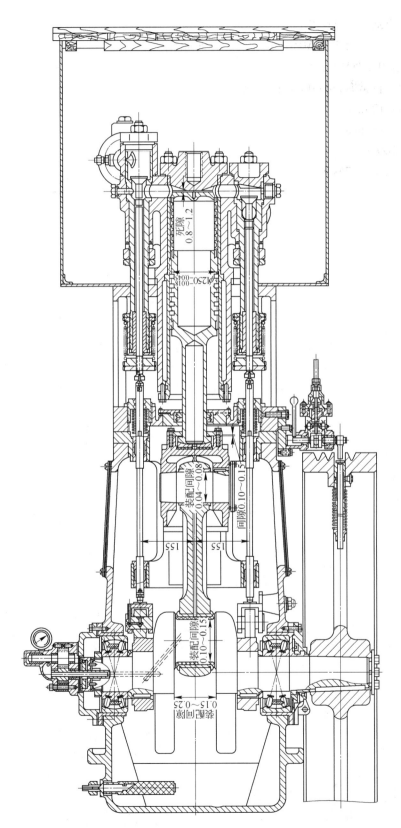

图 10-38 PZK14.3/40-6 活塞膨胀机

生产量：启动时 860m³/h，正常时，280~450m³/h；

进气压力：启动时 3.92MPa，正常时，1.96MPa；

排气压力：0.588MPa；

进气温度：正常时，-100℃；

气缸直径：125mm；

活塞行程：180mm；

转速：300r/min；

制动电机功率：175kW。

11 制 氧 流 程

低温法空气分离制氧，原料空气要经过压缩、净化、换热、冷却、精馏等过程才能得到氧气和氮气，而后还需要贮存、压送等工序送到用户。所以制氧流程是复杂的系统工程。

制氧流程主要由制冷系统和精馏系统所组成。详细可分为十大系统，即空气压缩系统、空气净化系统、换热系统、制冷系统、精馏系统、安全防爆系统、氧气压缩输送系统、加温解冻系统、仪表自控系统以及电控系统。

空分装置的流程组织需要根据设计任务书的要求，既要保证产品的质量和数量，又要低电耗、省投资，还要保证安全运转及便于维修，也就是首先进行流程的优化设计。现代制氧机流程的总体设计，在国内、外均采用 ASPEN 软件进行流程的计算和优化，在保证安全的前提下以获得最节能的空分装置。

11.1 概述

11.1.1 制氧机分类

制氧机的分类方法很多，按产品的状态分为产气氧、产液氧、既产气氧又产液氧的制氧机；按产品种类分有单高产品、双高产品（氧和氮）、带氩制氧机（氧、氮和氩）及全提取（氧、氮、氩及其他稀有气体）。

依照产量分有小型制氧机，产量小于 1000m³/h；中型制氧机，产量 1000～10000m³/h；大型制氧机大于 10000m³/h；超大型制氧机大于 30000m³/h。

根据操作压力分成高压制氧机，操作压力为 20MPa；中压制氧机操作压力通常为 1～5MPa；全低压制氧机其操作压力为 0.5～0.6MPa。制氧机的操作压力是由低温循环系统压力而决定的。高压流程的液化循环是以节流为基础的低温循环；中压流程的液化循环是以克劳特循环为基础的；而低压流程的液化循环的基础是卡皮查循环。

按换热器类型分，可分为板式、管式、管板式制氧机。

按压缩气体产品是出分离装置后采用压缩机压缩，还是采用在空分冷箱内设置低温液体泵增压后复热汽化送出，又可分为外压缩流程和泵压缩流程。在国内因压缩液氧、液氮、液氩的低温泵设置在空分装置的保冷箱内，故称之为内压缩流程。

近年来，由于市场对液态产品的大量需求，依照制氧机生产的产品是气态产品，或全是液态产品，又分为气体产品制氧机和全液体制氧机。

11.1.2 制氧机的性能指标及评价

制氧机除要达到的产品产量及纯度外，还有以下的性能指标：

（1）单位电耗，即生产 1m³ 氧气所消耗的电能，以 kW·h/m³ 为单位来表示。这代表制氧机的能耗大小。

（2）提取率，即在标准状态下 $1m^3$ 原料空气所制得的纯氧量。换言之，提取率是氧气产品中的含氧量与加工空气中的氧含量之比，一般以百分数表示。表达式为：

$$\rho_{O_2} = \frac{V_{O_2} \cdot y_{O_2}}{V_{空} \cdot y_{空}} \tag{11-1}$$

式中 V_{O_2}——氧气产量；

           $V_{空}$——加工空气量；

           y_{O_2}——氧气中的含氧量；

           $y_{空}$——空气中的含氧量。

显然，这一指标反映了空气分离的完善程度。

（3）启动时间。从空压机向装置通气开始，直至产品达到设计产量的全过程所需要的时间。以小时表示。它既反映了运行的方便灵活性，同时也是一项能耗指标。

（4）运转周期。这是指制氧机无机器和设备故障的前提下，连续运转的时间。它实质上反映了制氧机的净化能力，杂质清除的彻底程度。尤其是对二氧化碳的清除效果。假若，二氧化碳、水分残留较多，日积月累就会堵塞管路、设备，造成阻力上涨而无法运行。小型制氧机运转周期 30 天或 90 天；全低压可逆式换热器流程运转周期多数为 1 年；大型分子筛纯化器流程的运转周期大于 2 年。

（5）加温解冻时间。制氧机在启动前或停车后都需要加温解冻，以便清除水、二氧化碳。乙炔及其他碳氢化合物，还有固体杂质。加温解冻时间的长短说明了制氧机配置的加温解冻系统的合理性与否，以及解冻操作是否经济。

（6）单位产量的金属消耗量。依该指标能够比较制氧机的设备费用的多少，投资的多寡。诚然，对于制氧机产品水平的评价应该是综合性的，从技术、经济、社会方面全面考核，即综合评定 = 性能 + 寿命 + 可靠性 + 安全性 + 经济性 + 成套性 + 人机关系 + 服务性。产品的综合指标需要采取一套指标体系。杭州制氧机研究所陈允恺、华榴英提出了 8 个系列指标，如图 11-1 所示。

具体的评分法是用加权综合评价法。从图 11-1 可见，指标体系由 8 个系列为一级指标及 43 个分级指标即二级指标所组成。具体评价时采用加权平均值。

一级指标加权值 W_i：

$$\sum_{i=1}^{n} W_i = 1 \tag{11-2}$$

二级指标的加权值 W_{ij}：

$$\sum_{j=1}^{mi} W_{ij} = 1 \tag{11-3}$$

对于具体指标的优劣依据满足度来评判。国际单项指标的最高值，定满足度 $E = 90$ 分，满足度最低的合格值为 50 分，也就是 $E = 50$ 分 。于是产品指数 C 为：

$$C = \sum_{i=1}^{n} \sum_{j=1}^{m} C_{ij} = \sum_{i=1}^{n} \sum_{j=1}^{m} W_i W_{ij} E_{ij} \tag{11-4}$$

式中 C_{ij}——二级指标贡献值；

           E_{ij}——二级指标满足度；

           W_{ij}——二级指标加权值；

           W_i——一级指标加权值。

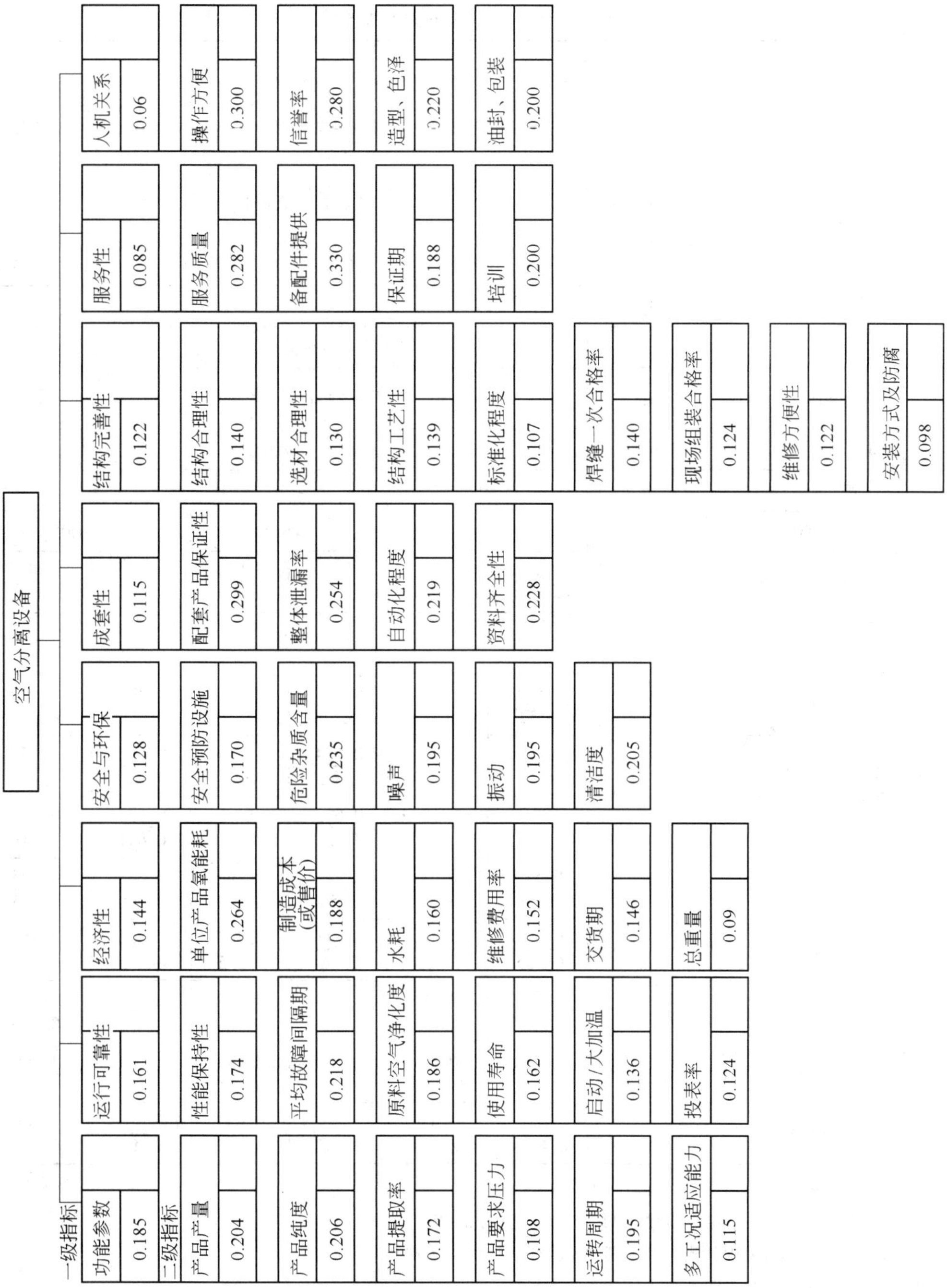

图 11-1 评价指标体系图

产品指数 C 值越大，产品水平越高。以上述评价法，可以全面地反映制氧机水平。

我国对于空分装置的性能指标制订了相关的规定。其要求的主要性能参数值列于表 11-1 中。

表 11-1 空气分离装置质量指标分等

性能指标		单位	产品等级					
			优等品		一等品		合格品	
产品氧、氮产量		m³/h	不得低于合同规定值					
产品氧纯度		%						
产品氮纯度		%						
氩稀有气体产量、纯度		m³/h、%						
运转周期		年	≥2		≥1			
振动	透平压机机壳	mm/s	≤6		≤6.2		≤6.3	
	透平压机主轴	μm	$\leq 25.4\sqrt{\dfrac{12000}{n}}+6$					
	活塞压缩机	μm	≤80		≤80		≤80	
投表率		%	≥99		≥98		≥95	
噪声、单元机组		dB(A)	≤95		≤100		≤100	
单位氧产量电耗	设备容量/m³·h⁻¹	kW·h/m³	$\dfrac{\text{I}}{\text{II}}$	$\dfrac{\text{III}}{\text{IV}}$	$\dfrac{\text{I}}{\text{II}}$	$\dfrac{\text{III}}{\text{IV}}$	$\dfrac{\text{I}}{\text{II}}$	$\dfrac{\text{III}}{\text{IV}}$
			≤					
	1000		0.655/0.72		0.675/0.73		0.707/0.74	
	1500		0.624/0.65		0.634/0.68		0.645/0.70	
	3200		0.60/0.62	0.55/0.528	0.615/0.63	0.60/0.58	0.624/0.641	0.615/0.60
	4500		0.534/0.54	0.52/0.51	0.56/0.58	0.54/0.518	0.603/0.62	0.595/0.575
	6000		0.524/0.535	0.51/0.485	0.541/0.56	0.537/0.515	0.562/0.58	0.556/0.534
	10000		0.50/0.51	0.48/0.458	0.53/0.55	0.525/0.504	0.541/0.572	0.538/0.526
	15000			0.45/0.432		0.46/0.441		0.47/0.45
	30000		—/0.44	0.42/0.403	0.452	0.433/0.415	0.46	0.44/0.424

注：1. 噪声采用隔音措施后应达到国家有关规定。

2. 按国际惯例，单位氧电耗可比表 11-1 中额定值增加 4%。

3. 透平主轴振动按表中公式计算，其中 n 为透平压缩机主轴转速（r/min）。

4. 空分装置按流程分为四类：

    I—带切换式换热器全低压流程；

    II—分子筛吸附流程；

    III—带分子筛增压流程；

    IV—带分子筛增压填料上塔全精馏制氩流程。

11.1.3 国产空气分离设备的型号规定

我国从解放以后开始制造制氧机，直至20世纪70年代，制氧机的型号尚无统一规定。为了使制氧机系列标准化，70年代末我国制订了制氧机即空分设备的型号规定。

我国空分设备的型号由汉语拼音字母、化学元素符号以及阿拉伯数字所组成。型号分首部、中部、尾部三个部分，中间以短横"—"隔开。

型号各单元的含义以及表示方法列于图11-2中。此型号规定为中华人民共和国国家标准 GB/T 10607—2001 的规定。

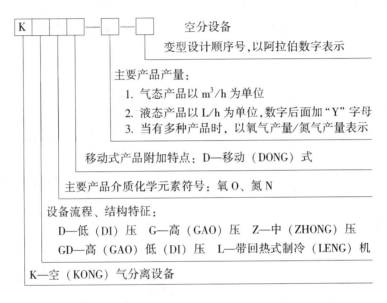

图 11-2 空分设备型号

11.1.4 制氧机的发展

自从1902年德国卡尔·林德（Carl. Linde）博士发明了以高压节流循环制冷，单级精馏塔空气分离制氧至今已经历经100多年。1903年林德公司制造出世界第一台 $10m^3/h$ 的制氧机。

1902年法国工程师克劳特发明了活塞式膨胀机，并建立了克劳特液化循环。在1910年法国液化空气公司设计制成世界第一台中压带膨胀机的 $50m^3/h$ 的制氧机。

1939年，苏联科学家卡皮查院士发明高效率（＞80%）径流向心反动式透平膨胀机，为全低压制氧机的诞生创造了条件。卡皮查透平膨胀机是近代世界各国透平膨胀机发展的基础，卡皮查低压液化循环是现代大型制氧机的基础。在低温技术领域是继1852年英国科学家焦耳和汤姆逊发现焦耳—汤姆逊效应为第一里程碑，"克劳特循环"的发明与实现为第二里程碑，"卡皮查循环"及全低压制氧机的问世被称为第三里程碑。

100多年间，制氧机流程经历了从高压流程到中压流程，高、低压流程，进而发展成全低压流程。在制氧机的容量方面，从 $10m^3/h$ 氧至今已到11万 m^3/h。制氧机的各配套部机和设备都在不断地研发、创新和变革，表现在制氧的能耗大幅度的下降。从制氧单耗

大于 $3kW \cdot h/m^3O_2$ 降至 $0.37kW \cdot h/m^3O_2$ 制氧机的产品也不再是单一的气氧，既有气体产品又有液体产品，而且产纯氧、纯氮、纯氩，以至稀有气体全提取。从控制方面，由手动发展到计算机集散系统控制。优化操作、自动变负荷，全自动控制均在实现。制氧技术和制氧机的发展始终围绕着安全、智能、节能，简化流程，减少投资的目标进行着。

我国制氧工业是从 1953 年底由哈尔滨制氧机厂仿制两台 $30m^3/h$ 制氧机开始的。杭州制氧机厂在 1955 年自行设计研制出第一台国产 $30m^3/h$ 制氧机，随后生产 $50m^3/h$、$150m^3/h$、$3350m^3/h$、$3200m^3/h$、$6000m^3/h$、$10000m^3/h$……制氧机。从 2000 年开始我国自行设计制成多套大于 $30000m^3/h$ 大型制氧机。目前正在制造 $60000m^3/h$ 和 $83000m^3/h$ 等级的超大型制氧机。我国制氧工业用 50 年的时间走完了国外 100 年的发展历程。尤其可喜的是近十几年我国制氧行业取得了长足的进展，与国外的技术差距进一步缩小。

纵观制氧机的发展，我国大中型制氧机流程经历了六代变革。其各代流程形式的主要参数列于表 11-2。

表 11-2　我国六代制氧流程主要参数表

	第一代	第二代	第三代	第四代			第五代	第六代
流程形式	铝带蓄冷器	石头蓄冷器	切换式板翅式换热器	切换式板翅式换热器	常温分子筛吸附		常温分子筛吸附、增压透平膨胀机	填料上塔全精馏无氢制氩
技术来源	仿制前苏联	测绘首钢 $6000m^3/h$ 空分设备	测绘太钢 $6000m^3/h$ 空分设备	引进林德技术	引进林德技术		自主开发	自主开发
开发制造年份	1958～1965	1966～1970	1970～1978	1979～1987	1979～1987		1987～1995	1996 至今
氧提取率/%		75	79	87	87		95～97	98～99
氩提取率/%			约48	27～39	27～39		50～55	70～85
氧气纯度/%	99	99.6	≥99.6	≥99.6	≥99.6		≥99.6	≥99.6
氩气纯度			99.999%	99.999%	99.999%		99.999%	$(1\sim2) \times 10^{-6}O_2$
空气切换损失/%	6	4	2	0.5	0.5		0.5	0.5
切换周期/min	3	3.5	4	≥108	120 或 240		120 或 240	120 或 240
蓄冷器或主换热器热端温差/℃	5	2.4～3(石头)6(蛇管)	3	≤3	≤3		≤3	≤3
冷凝蒸发器温差/K	1.8(主)3.2(辅)	1.8	1.3	1.3	1.3		1.3	1.1～1.3
空压机排气压力/MPa	0.53～0.5716～20	～0.5	～0.54	～0.56	～0.56		～0.56	～0.41
制氧能耗/kW·h·m⁻³		0.7	～0.6	0.53	0.54～0.56		0.471	0.41～0.43
运转周期/年		0.5	0.5	1	2		2	2

当今由于化工方面需要大量氧气和市场对液态产品需求的增加，世界上制氧机的流程已实现了多样化，设计的模块化。除常规的外压缩流程外，还有膨胀空气进上塔的内压缩流程、膨胀机进下塔的内压缩流程、单泵内压缩、双泵内压缩、膨胀空气进

下塔带氧气增压器的外压缩流程、部分氧自增压部分氧内压缩以及全部生产液体产品的流程等。

11.2 制氧机典型流程

11.2.1 150m³/h 制氧机（中压）

此种制氧机型号（KFS-860-Ⅱ），制冷系统为中压带活塞式膨胀机流程，即是以克劳特循环为基础的制氧机，采用分子筛纯化器净化空气，流程图见图 11-3。

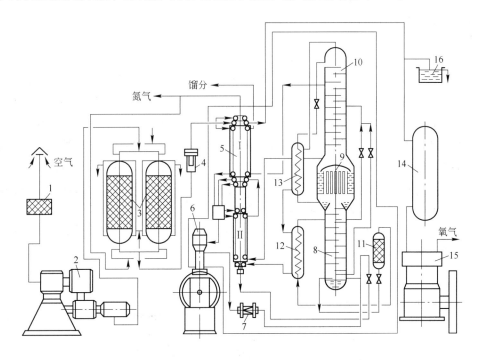

图 11-3 KFS-860-Ⅱ型空分设备流程图

1，4—过滤器；2—空压机；3—纯化器；5—热交换器；6—膨胀机；7—空气过滤器；
8—下塔；9—冷凝蒸发器；10—上塔；11—乙炔吸附器；12—液空过冷器；
13—液氮过冷器；14—贮气囊；15—氧压机；16—水封器

空气自大气吸入，经空气过滤器除掉灰尘等机械杂质而进入活塞式空压机，经三级压缩达 4.9MPa（启动时压力）冷却后除油及水分，再进入分子筛纯化器，清除水分、二氧化碳和乙炔及其他碳氢化合物，并在过滤器 4 中过滤分子筛粉末。洁净的空气分三路进入热交换器 5 的氧隔层、氮隔层及馏分隔层的管内经冷却后，一部分通过膨胀机 6 膨胀后，经过空气过滤器 7 后进入下塔。另一部分在热交换器Ⅱ中的氧、氮隔层的管内继续被冷却，而后经节流阀节流至 0.56MPa 进下塔。下塔的富氧液空经过乙炔吸附器 11 进一步除掉乙炔，并经过液空过冷器 12 过冷后节流入上塔。由上塔下部提取氧气，经热交换器氧隔层复热后，送入贮气囊 14，经氧压机压缩至 15MPa 充瓶。气氮由上塔顶引出，经液氮过冷器，液空过冷器以及热交换器的氮夹层复热后，送氮压机。馏分气从上塔第 37 块塔板处抽出，经热交换器馏分隔层复热后放空。

技术指标：

加工空气量：860m³/h

产品产量：氧气 150m³/h

氮气 600m³/h

氧气纯度：99.2%

氮气纯度：99.95%

空气压力：启动时 4.9MPa

正常时 1.96～2.45MPa

运转周期：2 个月

可以生产氩气。

11.2.2　3200m³/h 制氧机（蓄冷器自清除）

该类型制氧机型号为 KFS-21000 型，采用高效透平膨胀机制冷全低压制氧机，即以卡皮查循环为基础。用嵌有蛇管的石头填料蓄冷器冻结清除水分及二氧化碳，用中部抽气保证其不冻结性，用中抽二氧化碳吸附器 4 清除中抽气中的二氧化碳。富氧液空经液空吸附过滤器过滤二氧化碳干冰，吸附液空中的乙炔。设有液氧泵 13，将液氧循环经液氧吸附器清除液氧中的乙炔，以保证制氧机安全运行。装置中采用长管式冷凝蒸发器，以提高传热效率。管内是液氧沸腾，管间气氮冷凝。膨胀机的工质是空气。中抽气由中抽二氧化碳吸附器清除二氧化碳后与下塔来的旁通气汇合一起进入膨胀机，膨胀后气体进入上塔即拉赫曼气。详细流程见图 11-4。

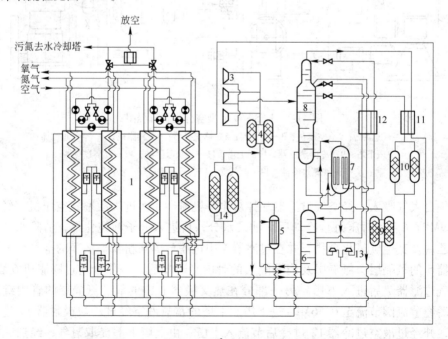

图 11-4　管式 3200m³/h 制氧机流程示意图

1—蓄冷器；2—自动阀箱；3—透平膨胀机；4—膨胀过滤器；5—液化器；6—下塔；

7—冷凝蒸发器；8—上塔；9—液氧吸附器；10—液空吸附器；11—液空过冷器；

12—液氮过冷器；13—液氧泵；14—二氧化碳吸附器

技术指标：

加工空气量：21000m³/h

产品产量：氧气 3200m³/h

氮气 4000m³/h

氧气纯度：99.6%

氮气纯度：99.99%

启动时间：48h

连续运转时间：1 年

11.2.3 10000m³/h 制氧机（可逆式换热器自清除）

型号为 KDON-10000/11000。制冷系统是以卡皮查循环为基础的全低压循环。采用高效透平膨胀机，膨胀工质为空气，利用电机制动回收部分膨胀功。净化系统采用板翅式可逆式换热器对水分、二氧化碳自清除。设置液空吸附器清除富氧液空中的乙炔。用液氧泵使冷凝蒸发器中的部分液氧循环利用液氧吸附器清除液氧中的乙炔及其他碳氢化合物。装置中的全部换热器都采用高效的板翅式换热器，因此也可称为全板式万立制氧机。精馏塔为带辅塔的双级精馏塔。膨胀后气体进入上塔，这股拉赫曼气使制氧机的制冷系统与精馏系统有机地联系起来，其工艺流程示于图 11-5 中。

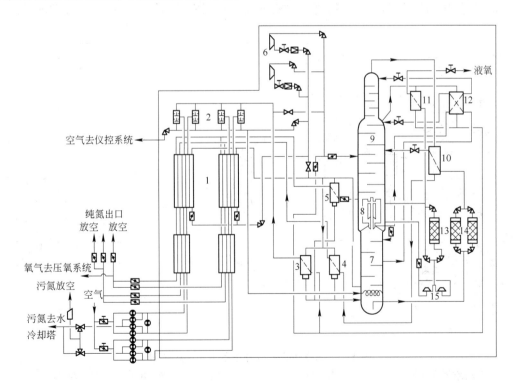

图 11-5 10000m³/h 制氧机流程示意图

1—可逆式换热器；2—自动阀箱；3—液化器（污氮）；4—液化器（纯氮）；5—液化器（氧气）；
6—透平膨胀机；7—下塔；8—冷凝蒸发器；9—上塔；10—液空过冷器；11—液氧过冷器；
12—液氮过冷器；13—液氧吸附器；14—液空吸附器；15—液氧泵

主要技术指标：

加工空气量：58300m³/h

产品产量：氧气 10000m³/h

　　　　　　氮气 11000m³/h

　　　　　　液氧 200m³/h（折成气态）

产品氧气纯度：99.5%

氮气纯度：99.99%

启动时间：约48h

加温解冻时间：约36h

连续运转时间：大于1年

11.2.4　30000m³/h 制氧机（外压缩）

该制氧机的流程图示于图 11-6。此制氧机流程为第六代空分流程。空气经离心式压缩机压缩后经分子筛纯化器净除加工空气中的 H_2O、CO_2、C_2H_2 及其他碳氢化合物。而后空气进入板翅式主热交换器冷却至饱和温度进入下塔。液化循环采用卡皮查循环，采用增压透平膨胀机制冷，膨胀后空气进入上塔。上塔为规整填料塔，下塔采用筛板塔。保冷箱内设置粗氩塔和精氩塔，粗氩塔与精氩塔均为规整填料塔，实现了无氩制氮。气氧出塔压力 21kPa，气氮出塔压力 8kPa，采用离心式氧压机和氮压机进行产品压缩。是典型的外压缩

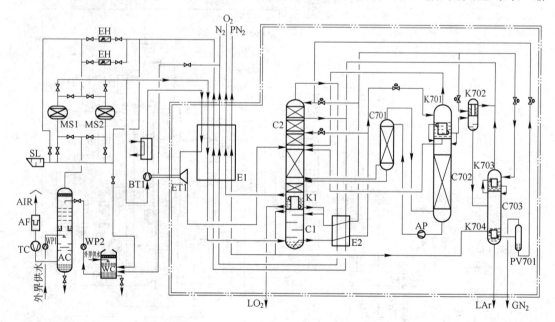

图 11-6　30000m³/h 空分设备工艺流程简图

AC—空气冷却塔；AF—空气过滤器；AP—液氩泵；TC—空气离心压缩机；BT1—增压机（膨胀机）；

C1—下塔；C2—上塔；C701—粗氩塔Ⅰ；C702—粗氩塔Ⅱ；C703—精氩塔；E1—主换热器；

E2—液空液氮过冷器；EH—电加热器；ET1—透平膨胀机；K1—主冷凝蒸发器；K701—粗氩冷凝器；

K702—粗氩液压器；K703—精氩冷凝器；K704—精氩蒸发器；MS1，MS2—分子筛纯化器；

PV701—液氮平衡器；WC—水冷却塔；WP1，WP2—水泵

流程，也可称为"冶金型"制氧机。

除了采用上述核心技术以外，还采用双层床分子筛纯化技术，双层主冷和氮-水预冷系统的高效蒸发降温（取消冷冻机）等技术，使此类流程的空分装置进一步节能降耗。

主要性能指标：

气氧产量及纯度　30000m³/h，≥99.6% O_2；

液氧产量及纯度　600m³/h，≥99.6% O_2；

气氮产量及纯度　40000m³/h，< $5 \times 10^{-6} O_2$；

液氮产量及纯度　500m³/h，< $5 \times 10^{-6} O_2$；

液氩产量及纯度　1050m³/h，< $2 \times 10^{-6} O_2$，$3 \times 10^{-6} N_2$。

11.2.5　52000m³/h 制氧机（内压缩）

图 11-7 所示为化工型 52000m³/h 制氧机流程。此制氧机为典型的内压缩流程。此流程及配套部机的特点是：

（1）原料空压机和空气增压机均采用离心式压缩机，由一台汽轮机拖动即一拖二。

（2）双层床分子筛纯化器，并在切换系统中采用了无冲击切换技术。

（3）采用中压增压透平膨胀机制冷，制冷工质为空气，膨胀后的空气进入下塔。

（4）主换热器为高效板翅式换热器，分为高、低压两组换热器。

（5）该空分装置设置 6 台产品泵，两台液氧泵、两台液氮泵和两台液氩泵。均为一用

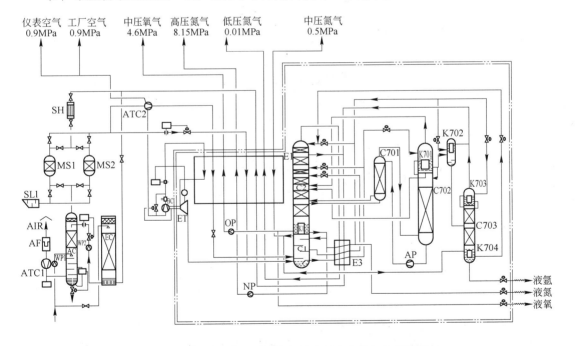

图 11-7　52000m³/h 双泵内压缩流程空分设备流程简图

AC—空气冷却塔；AF—空气过滤器；ATC1—空气离心压缩机；ATC2—空气循环增压机；AP—液氩泵；C1—下塔；

C2—上塔；C701—粗氩塔Ⅰ；C702—粗氩塔Ⅱ；C703—精氩塔；E1—主换热器；E3—过冷器；ET—膨胀机；

BC—增压机（膨胀机）；EC—水冷塔；SH—蒸汽加热器；K1—主冷凝蒸发器；K701—粗氩冷凝器；

K702—粗氩液化器；K703—精氩冷凝器；K704—精氩蒸发器；MS1，MS2—分子筛纯化器；NP—液氮泵；OP—液氧泵

一备即一台运转，另一台在线冷备用。

其主要参数见表11-3。

表11-3　52000m³/h 空分设备主要参数

产品	产量/m³·h⁻¹	纯度	压力/MPa	温度/℃	备注
氧气	43000	≥99.6%O_2	4.6	37.5	液氧泵内压缩
氮气（1）	60600	≤10×10⁻⁶O_2	0.5	20	下塔压力氮气
氮气（2）	9000	≤10×10⁻⁶O_2	8.15	37.5	液氮泵内压缩
氮气（3）	7000	≤10×10⁻⁶O_2	0.01	20	上塔低压氮气
液氩	1020	≤1×10⁻⁶O_2 ≤2×10⁻⁶N_2	0.15	−182	
仪表空气	2500	常压露点，−40℃	0.9	40	
工厂空气	2500	常压露点，−40℃	0.9	40	

11.2.6　全液体制氧机

图11-8 为空气膨胀全液体制氧机流程简图。

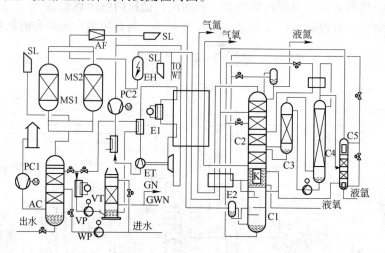

图11-8　空气循环膨胀制冷的全液体空分流程

SL—消音器；PC1—原料压缩机；PC2—循环增压机；AC—空冷塔；MS1，MS2—分子筛纯化器；
E1—主换热器；E2—过冷器；ET—增压膨胀机；C1—下塔；C2—上塔；
C3—粗氩塔Ⅰ；C4—粗氩塔Ⅱ；C5—精氩塔

此流程采用氮-水预冷器预冷从原料空压机 PC1 来的空气，温度降至 10～12℃ 进入分子筛纯化器。采用中、低压复合型板翅式主换热器。膨胀系统采用高效的增压中压透平膨胀机，膨胀后的气体，以循环增压机（PC2）增压，循环使用。制冷系统往往是双膨胀系统，根据使用条件的不同可以采用串联和并联形式，也可以采用增压端串联形式分热端膨胀机和冷端膨胀机。也有的设置冷冻机和膨胀机。其实质全液体制氧机就是全低压空分流程与液化装置流程的组合。

目前，国产的全液体制氧机大体有 2000L/h、3000L/h、6000L/h 几种型号。例如 KDONAr—2000Y/3700Y/70Y 型号全液体制氧机的主要技术参数如下：

（1）产品指标，见表 11-4。

表 11-4　2000L/h 全液体制氧机的产品指标

产品名称	出冷箱产量/L·h^{-1}（m^3·h^{-1}（标））	纯　度	出冷箱压力（G）/kPa
液氧（LO$_2$）	2000（1600）	99.6%（O$_2$）	50
液氮（LN$_2$）	3700（2400）	$< 10 \times 10^{-6} O_2$	60
液氩（LAr）	70（55）	$\leqslant 3 \times 10^{-6} N_2$	40

（2）加工空气量。

进装置原料空气量：11200m^3/h（标）

进精馏塔的加工空气量：10800m^3/h（标）

加工空气的压力及温度：

　　　低压　　　0.5MPa(G)　　　14℃

　　　中压　　　2.8MPa(G)　　　40℃

　　　高压　　　5.0MPa(G)　　　40℃

（3）其他指标。

　　　运转周期：　　　　　>2 年

　　　加温解冻时间：　　　36h

　　　启动时间：　　　　　24h

　　　变工况范围：　　　　80%～110%

11.3　外压缩制氧流程分析

11.3.1　外压缩制氧流程组织

流程组织首先要根据设计要求而进行，尽可能地优化组合，以满足下面要求：

（1）当自然条件和某些使用条件发生变化时仍然能够保证产品的质量及产量，即变工况适应能力强。

（2）尽可能降低电耗、投资和运转费用，以降低产品成本。

（3）安全运转和便于运转维修。

11.3.1.1　制冷系统组织

制冷系统包括空压机、膨胀机、节流阀及主换热器。制冷系统的选择也就是低温液化循环的选用。此系统的作用产生冷量补偿冷损，使加工空气降温、液化维持在精馏所需要的低温，为空气的精馏创造条件。

如上所述，高压流程是以林德循环（一次节流）为基础的；中压流程应用克劳特循环（中压膨胀机与节流相结合）；全低压流程以卡皮查循环（低压透平膨胀机）为依据。全低压流程因为能耗低、运转安全可靠等诸多优点，被广泛应用。对于高、低压因流程复杂，能耗高已被淘汰。这里重点讨论全低压制冷系统组织问题，附带说明中压制冷系统在流程组织方面与全低压流程的不同之处。

A　空气膨胀和氮气膨胀

在精馏一章已经阐述，全低压流程利用了拉赫曼原理，将膨胀后的空气吹入上塔，或者利用氮气为膨胀工质。这两者都可以利用上塔的精馏，从而提高了制氧机产量。

(1) 空气膨胀，空气膨胀的流程示意图如图 11-9 所示。从下塔底部抽出部分加工空气，一部分在切换式换热器环流通道复热后，再汇合进入透平膨胀机膨胀产生冷量，然后直接送入上塔精馏段参加精馏。这部分空气没有经过下塔的预精馏直接送入上塔。由于从下塔底部抽出部分空气，冷凝蒸发器的冷凝量减少，送入上塔的液氮量也减少，而膨胀空气又直接送入上塔中部作为精馏段的上升气，因而上塔精馏段的回流比减少，精馏潜力得到利用。这些送入上塔的膨胀空气称之为"入上塔膨胀空气"，有时也叫拉赫曼空气。这就是所谓空气膨胀，目前全低压流程大部分都采用这种方法。

(2) 氮气膨胀，氮气膨胀的流程示意图如图 11-10 所示，它是从下塔或冷凝蒸发器的顶盖抽出氮气，一部分经切换式换热器环流通过复热后再汇合进入透平膨胀机，膨胀后的氮气作为产品氮气引出，或者与污氮汇合经切换式换热器复热回收冷量后放空。由于从下塔引氮气，冷凝蒸发器的冷凝量减少，因而送入上塔的液体馏分量减少，精馏潜力得到利用。氮膨胀在国外的大型全低压空分装置上已被采用。

以上两种方法都是减少上塔液体馏分，使精馏时的气液间的温差减小，利用了上塔精馏潜力，使全低压空分装置具有更大的合理性，利用上塔精馏潜力后，塔板上气液之间的温差变化如图 11-11 所示。由图可见，由于空气膨胀不但减少上塔回流液，同时增加了上升蒸气量，所以液间的温差比氮膨胀更小些。

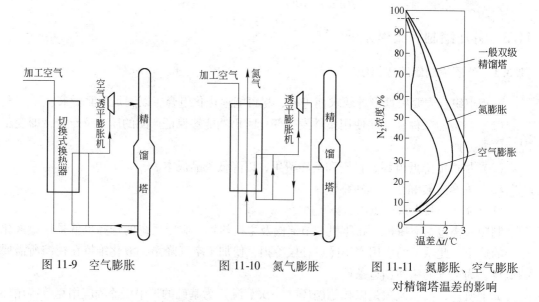

图 11-9　空气膨胀   图 11-10　氮气膨胀   图 11-11　氮膨胀、空气膨胀
                        对精馏塔温差的影响

B　关于膨胀空气进上塔量的限制

无论是空气膨胀还是氮膨胀都是利用上塔的精馏潜力，提高氧的提取率，减少不可逆分离功的损失。既然是精馏潜力的利用就有一定的限制。超出极限就会使分离产品纯度降

低，能耗增大，氧提取率下降。从理论上来讲，这一极限应取决于上精馏塔的最小回流比
（液气比）。可是，在最小回流比条件下，欲得到分离产品需无数块塔板，这样的精馏塔是
不存在的。在有限的一定塔板数的前提下，允许入塔的最大膨胀空气量是由最小工作回流
比所决定的。上塔精馏允许的最大膨胀空气量可以由上塔的物料平衡、能量平衡及物料参
数求出。式（11-5）是将空气视为二元混合物，取最小工作回流比为最小回流比的 1.3 倍
的前提下推导出来的。

$$M_{max} = 1 - \frac{x_D - x_E}{y_B - x_E} \cdot \frac{y_B - y_K}{y_A - y_K} \Big/ \Big[\alpha + \frac{(1 - \alpha)(x_{A_2} - x_e)}{1.3(y_{A_2} - y_e)} \Big] \tag{11-5}$$

式中　M_{max}——上塔允许最大膨胀量；

　　　y_B——空气组成；

　　　y_A——气氮平均纯度；

　　　y_K——氧气纯度；

　　　x_E——液空纯度；

　　　x_D——液氮平均纯度；

　　　α——平均液氮节流汽化率；

　　　y_{A_2}——污气氮纯度；

　　　x_{A_2}——与 y_{A_2} 相对平衡的液相浓度；

　　x_e，y_e——液空节流后的液、气组成。

　　式中可见进入上塔的允许膨胀量主要与上、下塔取出的产品纯度及入上塔液体的过冷
度有关。产品纯度低、允许膨胀量增加。氧、氮产品纯度通常是用户的要求。为了减少不
可逆分离功损失，降低能耗，在满足工艺要求的条件下，不应过分地追求产品的高纯度，
否则，提取率降低，能耗增大。入上塔液体的过冷度增加，这使上塔的回流比增加，即上
塔具有更富余的回流比，精馏潜力更大，也就表现出允许进塔的膨胀量增加。

　　需要指出，这里计算的允许最大膨胀量，其状态应是当时压力下的饱和气体。由膨胀
机结构所限制，膨胀后的气体不允许达到饱和或出现液体。膨胀后气体要保持过热状态。
膨胀后气体温度与相应压力下饱和温度之差为膨胀后气体过热度。显然，过热度增加，允
许进塔的最大膨胀空气量减少。

　　确切的允许进塔的最大膨胀量的数值要根据制氧机的具体流程计算确定。但是，一般
来说，空气进上塔的数量范围为加工空气量的 20% ~ 25%，抽氮膨胀为加工空气量的
15% ~ 20%。

　　德国林德公司推荐，计算上塔上部最小回流比的公式为：

$$\frac{L}{V_{min}} = \frac{1}{\alpha - 1}\Big(\frac{x_K}{x_M} - \alpha \frac{1 - x_K}{1 - x_M}\Big) \tag{11-6}$$

式中　α——相对挥发度 $\alpha = \dfrac{y_{N_2}/x_{N_2}}{y_{O_2}/x_{O_2}}$；

y_{N_2}，y_{O_2}——气相中的 N_2、O_2 浓度；

x_{N_2}，x_{O_2}——液相中的 N_2、O_2 浓度；

　　　x_K——塔顶部 N_2 浓度；

x_M——塔中部供给的 N_2 浓度；

　　L——下流液体量；

V_{min}——上升蒸气量。

　　式（11-6）中 α 与压力、物性及浓度有关。当上塔压力为 0.13MPa 时，液相氧浓度为 1%，$\alpha = 3.36$，液相氧浓度 $x_{O_2} = 10\%$ 时，$\alpha = 3.44$；$x_{O_2} = 40\%$ 时，$\alpha = 3.70$。

　　C　增压膨胀

　　增压透平膨胀机是用增压机制动，将膨胀工质增压后再进入膨胀机工作轮膨胀做功。因其膨胀前压力的提高，所以单位制冷量增加，膨胀量减少，吹入上塔膨胀空气量减少，有利于提高氧提取率。增压透平膨胀的实质是将气体所做的膨胀功回收给膨胀工质本身，其系统如图 11-12 所示。

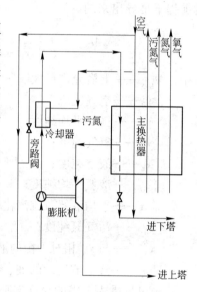

图 11-12　增压透平膨胀机系统

　　由于增压膨胀量的减少，经计算均小于加工空气量的 20%，故膨胀后的空气可以全部进入上塔，利用上塔的精馏潜力。从图中可见，膨胀机增压轮后需设置冷却器，因膨胀空气经增压轮压缩后温度升高，必须冷却后才能进入主换热器。该冷却器的冷流体，可以采用水冷，也可以采用出塔的污氮冷却。因分子筛纯化流程进主换热器的加工空气的温度比较低，一般为 12～15℃，用常温的水冷难以达到要求的温度时，采用污氮冷却，但冷却器的体积会增大。

　　增压膨胀系统中有的设有旁路阀，其理由是，增压膨胀机开车时，开始进入膨胀机工作轮的是 0.5～0.6MPa 的低压空气，随着膨胀机的运转增压轮才能起增压和制动作用，因而膨胀机开车时先开旁路阀，膨胀空气不经过增压轮直接进入工作轮，而后此阀逐渐关闭，膨胀机达到额定转速时全关。也有的增压膨胀机系统中取消了旁路阀，开车时膨胀空气以增压轮的流道作为通路，进入工作轮以低压推动膨胀机轮子转动，由于增压轮转动起来，逐渐使膨胀空气增压，显然不设旁路阀时无气体流路的转换操作。

11.3.1.2　精馏系统组织

　　精馏系统的组织与制冷系统、换热系统、净化系统的组织有关。

　　在组织精馏系统时，为了保证产品产量和纯度可以采取以下几种措施：

　　(1) 正确地确定进料口、抽口位置，保证正常分离足够塔板数。

　　(2) 抽馏分氮，在下塔抽出馏分液氮，在上塔抽出污氮，这样一方面使较多的氩随污氮放空有利于氧、氮分离，另一方面使下塔上部和辅塔中的回流比加大，有利于精馏工况，从而得到高纯度的产品氮气。

　　(3) 设置辅塔。辅塔的作用就是把经过主塔分离得到的产品再进一步提纯（再一次精馏），以得到高纯度的产品。

　　(4) 加工空气入口位置，以及膨胀空气入下塔还是入上塔，均将影响氩提取率。

　　(5) 抽氩馏分并使氩馏分抽口位置的正确合理，这样既可以保证氩的产量及提取率，又可以提高氧的提取率。

A　纯氧精馏系统

只生产纯氧的精馏塔见图 11-13。图中 a 纯氧塔，虽然可以生产纯氧，但因废气的纯度最高只能和液空达到相平衡，在近常压的操作条件下其纯度为 93% N_2，这就意味着有 7% O_2 随废气排出，因而其氧的提取率只有小于 70%。但在特殊用氧场合，例如航空用氧因受空间限制，不得已可采用单塔。图中 b 为只生产纯氧最常采用的双级精馏塔。加工空气进入下塔，液空由液空节流阀打入上塔作为原料液。下塔液氮由下塔顶部液氮槽、液氮节流阀打入上塔顶作为回流液。产品氧由上塔底送出。图 c 膨胀后的空气（拉赫曼气）吹入上塔，利用了上塔的精馏潜力，提高了氧产量。

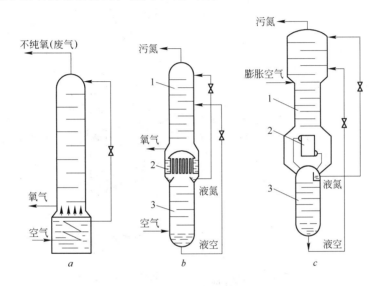

图 11-13　只生产氧气的精馏塔

a—纯氧塔；b—简单双级精馏塔；c—强化的双级精馏塔

1—上塔；2—冷凝蒸发器；3—下塔

B　多种产品精馏系统

随着空分流程的发展，产品向着多样化发展，空分装置不仅生产纯氧而且生产纯氮。现在多数制氧机生产纯氧、纯氮和纯氩三高产品，多种产品可以降低单耗，经济效益显著。典型的多种产品的精馏组织列于表 11-5。

表 11-5　多种产品的精馏组织

序号	适应场合	适应条件	所用措施	措施图示	优　缺　点
1	制取大量纯氮和高纯度氧	$\dfrac{V_{纯氮}}{V_氧} \geq 1.1$	上塔上部加辅塔		流程简单，电耗较大

序号	适应场合	适应条件	所用措施	措施图示	优 缺 点
2	制取少量纯氮和高纯度氧	$\dfrac{V_{纯氮}}{V_{氧}} = 0.2 \sim 0.5$	另设纯氮塔	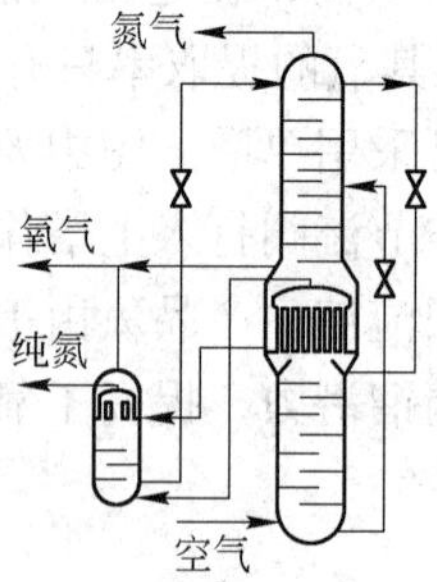	下塔压力降低，能耗小，流程复杂
3	制取工艺氧和少量工业氧	$\dfrac{V_{工业氧}}{V_{工业氧} + V_{工艺氧}} < \dfrac{1}{3}$	另设工业氧塔	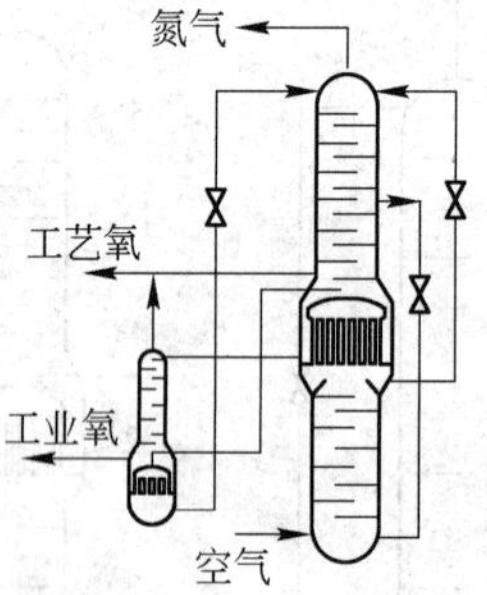	下塔压力降低，能耗小，流程复杂
		$\dfrac{V_{工业氧}}{V_{工业氧} + V_{工艺氧}} \geqslant \dfrac{1}{3}$	上塔同时抽工艺氧和工业氧	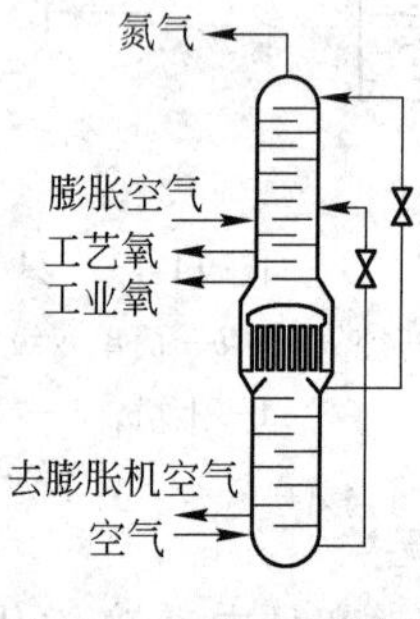	流程简单，下塔压力高，能耗大
4	制取纯氧、纯氮和纯氩	$\rho_{O_2} > 99\%$ $\rho_{Ar} > 70\%$ $V_{纯氮} : V_{纯氧} = 1 \sim 2.5$	上塔规整填料塔，下塔筛板塔	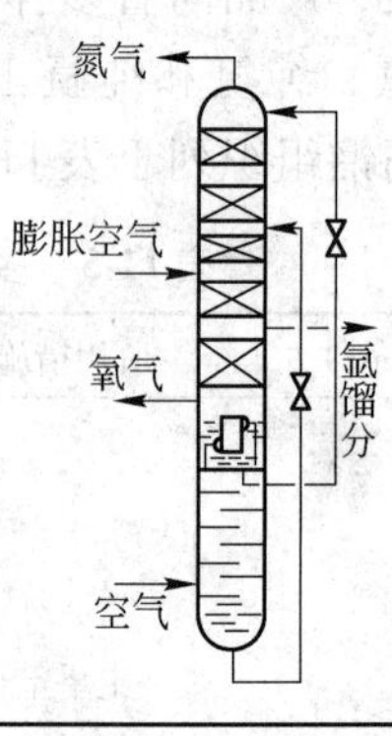	流程简单，上塔阻力小，能耗低分离效果好，提取率高。塔高度高

11.3.1.3　防爆系统组织

据统计空分装置爆炸部位多发生在主冷凝蒸发器液氧蒸发区域，其原因是危险杂质乙炔及其他碳氢化合物浓缩及析出所致。

A 碳氢化合物来源及爆炸危险性

危险杂质的来源主要随原料空气而带入。此外，如果空气压缩过程气体带油而裂解也会增加原料空气中的乙炔及碳氢化合物的含量。大气中碳氢化合物的含量见表11-6。

表11-6　大气中碳氢化合物含量　　　　　　　　　　　（×10⁻⁶）

甲烷	乙烷	乙烯	乙炔	丙烷	丙烯	正丁烷	异丁烷	正戊烷	异戊烷
1	0.01 ~ 0.5	0.01 ~ 0.5	0.01 ~ 0.1	0.01 ~ 0.5	0 ~ 0.1	0.01 ~ 1	0.01 ~ 0.1	0 ~ 0.2	0 ~ 0.2

这些微量的碳氢化合物随原料空气进入空分装置，在主换热器能够析出的有丁烯、丁烷，其他将进入下塔溶解液空中。它们尽管含量甚微，但由于不饱和碳氢化合物可能发生分解，产生大量的热及氢气而产生危险；或者因与氧发生氧化反应，放热且反应速度极快而造成爆炸。诸种碳氢化合物的爆炸危险性并不等同，这由它们的性质和在主冷凝蒸发器是否积聚而定。

碳氢化合物的爆炸下限在一定程度上可以反映其化学稳定性及危险性。通常，碳原子数相等的碳氢化合物，随未饱和度增加相对危险增加，即炔 > 烯 > 烷；不同碳原子数的碳氢化合物相对危险性随碳原子数增多而增大。表11-7列出了大气中所含的几种碳氢化合物在气氧及液氧中的爆炸下限。

表11-7　危险杂质在气氧及液氧内爆炸下限

爆炸混合物	在液氧中呈现状态	爆炸下限	
		气氧内体积/%	液氧内体积/%
氧—甲烷	溶解	5.1	20
氧—乙烯	悬浮	3	4.5
氧—乙炔	悬浮	2.5	2.8
氧—丙烷	分层	2.3	1.5
氧—丙烯	分层	2.1	0.37
氧—丁烷	悬浮	1.8	1.7

可见，液氧内爆炸危险性最大的似乎是丙烯，但丙烯在大气含量经常为零。加之，乙炔在液氧中的爆炸敏感性最强。爆炸敏感性的增强顺序为：甲烷 < 丙烷 < 丁烷 < 丁烯 < 乙烯 < 丙烯 < 乙炔。其实际上乙炔危险性最大。如果加工空气在进保冷箱前未能洗除 C_2H_2，随空气入塔的乙炔将进入液空并溶解在液空中。因液空对乙炔的溶解度约为 20×10^{-6}。乙炔随液空节流后进入上塔；随液体下流而到冷凝蒸发器的氧侧。在液氧中乙炔的溶解度只有 5.2×10^{-6} 左右。况且在液氧蒸发时，气氧中乙炔含量只占液氧乙炔量的3% ~ 5%，也就是95%以上的乙炔在液氧内积聚。气氧中乙炔与液氧中乙炔的比例与液氧温度关系列于表11-8。

表11-8　气氧中乙炔与液氧中乙炔的比例与液氧温度的关系

温度/K	90	91	92	93	94	95
气氧 C_2H_2/液氧乙炔	1/37	1/31	1/27	1/21	1/24	1/18.5

虽然进入"主冷"乙炔很少，但时时积累，很快就会超出液氧对乙炔的溶解度而析出。乙炔的三相点为 0.118MPa，温度 191.66K（−81.34℃），乙炔密度 1.1747kg/m³，所以乙炔析出时呈白色固体漂浮于液氧面上，在引爆因素作用下极易爆炸。综上所述，对于空分装置可爆炸的最危险杂质是乙炔。

B　净化方法

净化方法分述如下：

（1）液相吸附。以往中压小型制氧机空气净化应用干燥器除水，碱塔清除二氧化碳。为清除乙炔需要设置液空吸附器及液氧吸附器。

全低压切换式换热器流程因为自清除不能清除乙炔及其他碳氢化合物，也必须设置液空吸附器及液氧吸附器两道防线。设有液相吸附器主冷乙炔含量如图 11-14 所示。

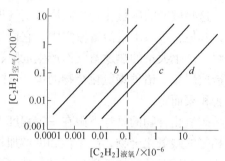

图 11-14　主冷液氧乙炔含量
a—使用液空及液氧吸附器；b—只使用液空吸附器；
c—只使用液氧吸附器；d—不使用吸附器

（2）气相吸附。无论是小型或大型应用分子筛纯化器在常温或近似常温的条件下，在分子筛吸附水分、二氧化碳同时气相吸附清除乙炔。进口含乙炔 1×10^{-6} 时，出口气体乙炔含量小于 0.005×10^{-6}，丙烯、丁烯、乙烯吸附 75%，丁烷等饱和烃 100% 吸附，乙烯吸附 50% 而甲烷及乙烷无法吸附清除，但并不能构成爆炸危险。

（3）定期排放少量液氧。排放液氧可以使溶解在其中的碳氢化合物排除，尤其是尚有用吸附法不能吸附的碳氢化合物存在，定期排放 1% 的液氧就更为必要。

（4）控制大气乙炔含量。世界各国规定值不同，我国以武钢氧气厂为例，吸入大气的乙炔含量小于 0.1×10^{-6}，甲烷小于 50×10^{-6}，其他碳氢化合物小于 10×10^{-6}。

（5）消除引爆源。乙炔等碳氢化合虽然是爆炸的危险杂质，但导致爆炸有三个条件：即危险杂质的积聚、液氧的存在和具有一定能量的引爆源。经各国的研究结果表明：摩擦与冲击、静电放电、压力脉冲、液态臭氧的存在、氮的氧化物以及有机过氧化物等都是引爆源。

为了消除引爆源，在安装时，要注意制氧机的设备接地以防静电放电；在正常操作中制氧机应尽量保持稳定工况以减少压力脉冲；有的操作规程中规定，主冷凝蒸发器的液氧液面应保持高于板式单元高度或管长，所谓的"全浸"，避免液氧沸腾与传热表面的摩擦而引爆。

上述诸方法往往结合起来应用。譬如，设分子筛纯化器与液氧排放结合，液空吸附器、液氧吸附器还与液氧排放相结合，即设几道"防线"确保制氧机安全运行。

C　切换式流程的防爆系统

就切换式外压缩流程防爆系统组织归纳如下：

（1）液氧循环，如图 11-15 所示，使主冷中液氧

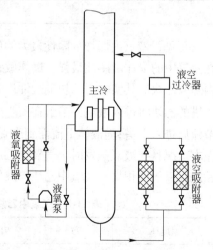

图 11-15　液氧循环法流程

不断流动，在吸附器清除乙炔。避免乙炔积聚。

液空乙炔吸附器和液氧乙炔吸附器的设置情况有以下几种：

第一种采用两支液氧乙炔吸附器和两支液空乙炔吸附器，分别切换再生使用。这样的单元设备多一些，冷损较大，但液氧和液空的乙炔是连续吸附的。

第二种采用两支液空乙炔吸附器和一支液氧吸附器。这样流程中单元设备可以减少一支，冷损小一些。而且，考虑到大部分的乙炔是在液空乙炔吸附器中除去的，所以采用两支液空乙炔吸附器，使液空乙炔的吸附是连续的，而液氧乙炔的吸附是间断的。当液氧乙炔吸附器再生时，液氧旁通，短时间不通过乙炔吸附器吸附，设备及流程简化了。

第三种只采用一个液空乙炔吸附和一支液氧吸附器。这样流程的单元设备就更少了，冷损当然也相应减少些。但是在操作时，应该使液空乙炔吸附器和液氧乙炔吸附器分别再生，而不要同时再生，以避免液氧中乙炔积累过多。

上述各种类型其液氧循环都靠液氧泵强迫流动，液氧泵的循环量必须等于或大于氧气量。若上、下塔分开，则液氧泵循环量约为氧产量的 5~6 倍。

（2）采用辅助冷凝器及乙炔分离器。冷凝蒸发器中的部分液氧经辅助冷凝蒸发器的盘管，并在管内蒸发，同时使液氧不断冲刷管壁。液氧在辅冷中并未全部蒸发，而需留下约 1% 的液体。这部分液体中浓缩了大部分乙炔，再经乙炔分离器将已蒸发的气体与含有乙炔的液体定期排放，流程示于图 11-16 中。

（3）自循环。自循环是指液体在不消耗外功，即不靠泵推动的情况下形成的自然流动。液氧是靠循环回路中局部受热，内部产生密度差而引起流动的，也可称为热虹吸作用或气泡泵作用。图 11-17 为管式自循环，图 11-18 为板式自循环。

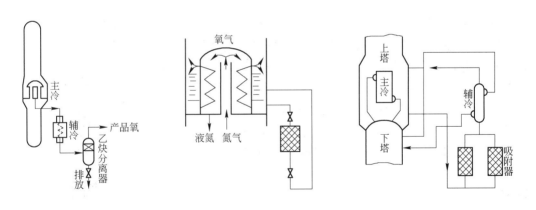

图 11-16 辅冷法　　　图 11-17 管式自循环示意图　　　图 11-18 板式自循环示意图

对于液氧自循环，从防爆及替代液氧泵的观点看，对循环量有两个方面要求：其一引出的液氧量通过吸附器后能将其中的乙炔和碳氢化合物得到清除，并带出装置。其二热虹吸蒸发器出口要有一定数量净化的液氧量返回主冷，以稀释主冷的液氧，降低主冷液氧中乙炔及碳氢化合物浓度。如果只满足其一也就相当于辅冷防爆方法。返回主冷筒体的液氧量与循环量的关系为：

$$W_{L_{O_2}} = W_T - x_E W_T = (1 - x_E) W_T \tag{11-7}$$

式中　　$W_{L_{O_2}}$——返回主冷液氧量；

x_E——循环液氧的汽化率；

W_T——液氧循环量。

$$x_E = \frac{W_{V_{O_2}}}{W_T} \tag{11-8}$$

式中 $W_{V_{O_2}}$——液氧气化量。

设
$$n = \frac{W_T}{W_{V_{O_2}}} \tag{11-9}$$

n 称之为循环倍率，可见：

$$n = \frac{1}{x_E}$$

自循环的循环倍率通常取 $n = 4 \sim 8$。

吸附器的配置直接影响乙炔的净除率，见表11-9。

表 11-9   吸附器的配置及其乙炔净除率

配置情况	除去乙炔的百分率/%	
	吸附器 + 气氧	排放液氧
一个液氧吸附器	95.2	4.8
一个液空吸附器	98.8	1.2
一个液空吸附器和一个液氧吸附器	99.5	0.5
两个液空吸附器和两个液氧吸附器	99.95	0.05

D 分子筛纯化器系统

在具有分子筛纯化器中、低压流程，因分子筛对水分、二氧化碳、乙炔及其他碳氢化合物的共吸附作用，从理论上讲，已经没有必要再设置液空吸附器及液氧吸附器。正如第4章所述，为了提高分子筛对二氧化碳的吸附能力，压缩空气进入分子筛纯化器需要预冷到 $8 \sim 15$℃。为确保制氧机的安全，个别流程除设置两只纯化器以外，还设有一只或者两只液氧吸附器，而液空吸附器就不必要了。分子筛纯化器系统见图11-19。

11.3.1.4 换热系统组织

在保证工艺流程需要的前提下，取消作用不大的换热器，尽可能减少换热器的数量，以简化流程，减少流体阻力，降低设备投资。

制氧流程中常见的换热器有7种。

（1）主换热器。其主要作用是使加工空气与返流氧气、氮气和污氮换热，使之冷却到液化温度，达到液化，进入精馏塔下塔底，作为原料。此种换热器设置在中压小型制氧机及带分子筛纯化器的全低压制氧

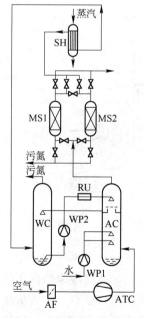

图 11-19   分子筛纯化器系统
AF—空气过滤器；ATC—空气透平压缩机；
AC—空冷塔；WC—水冷塔；WP1，WP2—水泵；
RU—氟利昂制冷机；MS1，MS2—分子筛
纯化器；SH—蒸汽加热器

机中。

（2）切换式换热器。该类换热器包括可逆式板翅式换热器及蓄冷器。它的主要功能是将加工空气冷却到接近液化温度，而后去参与精馏。同时回收返流气体的冷量，使氧气、氮气、污氮等股气流复热后送出装置。在换热的同时将空气中的水分、二氧化碳自清除。即起到换热和自清除双重作用，使制氧机的换热和杂质净化有机地结合起来。

（3）冷凝蒸发器。它是精馏所必需的换热设备，是联系上、下塔的纽带。其中上塔的液氧和下塔的气氮换热，液氧蒸发一部分作为产品，另一部分为上塔提供上升蒸气，气氮冷凝为上、下塔提供回流液。就其结构来分，可分为板翅式、管式两种，而管式又分为长管式、短管式、盘管式。短管式用于中压小型制氧机，因其传热系数较低，所以需要取较大的主冷温差，通常为 2～2.5℃；长管式、板式用于中、大型全低压制氧机。为强化传热液氧在管内沸腾，气氮在管间冷凝。结构紧凑的高效换热器正在逐渐取代管式换热器。因其综合传热系数高，在全低压流程中的主冷温差取得较小，一般取 1.6～1.8℃。正如精馏章所述，主冷温差还直接影响精馏塔的压力，决定了全低压流程操作压力。膜式主冷温差为 0.7～0.8℃，下塔压力为 0.42MPa，可节能 2%～3%。

（4）过冷器。常见有液空过冷器、液氮过冷器（纯液氮、污液氮）、液氧过冷器。过冷器的作用是使从下塔来的液空、纯液氮、污液氮和从上塔抽出的产品液氧过冷。液空、纯液氮、污液氮过冷，可以减少节流气化率，提高上塔回流比，改善上塔的精馏工况。产品液氧过冷可以保证液氧泵正常工作，防止汽蚀现象的发生。同时回收了从上塔出来的纯氮气、污氮气的冷量，因此，高压、中压、全低压流程中均采用。尤其是全低压切换式换热器流程，由于污氮气的部分冷量被过冷器回收了，提高了污氮入切换式换热器冷端的温度，缩小了冷端温差，有利于自清除。过冷器回收的冷量由液空、液氮带回了上塔，也就是减少了加工空气带入下塔的冷量，因此，过冷器客观上起到了上、下塔冷量分配的作用。就其结构来讲，有板翅式及管式两种。

（5）液化器。它是全低压切换式换热器流程所必需的换热器。就其冷流体的不同，分为污氮液化器，纯氮液化器及氧液化器。在切换式换热器流程中，由于自清除工况的要求以及切换系统的结构限制，加工空气在切换式换热器冷端不能出现液体，通常有 1～1.5℃过热度。而精馏塔由于有冷损的存在，要求进塔加工空气中含少量的液空。为解决此矛盾，设置液化器提供精馏塔所需的含湿量，保证精馏塔的热平衡，这就是液化器设置的必要性。此外，液化器在切换式换热器的全低压制氧机启动制氧时，起产生液体和积累液体的作用。在正常操作时，液化器将返流气体的冷量回收给部分加工空气，使之液化流入下塔，客观上起到切换式换热器与下塔之间的冷量分配作用。

值得指出的是液化器不必控制，能自动保证返流低温气体出液化器的温度恒定，这叫做"自平衡"。当经过液化器的低温气体温度低时，冷量较多地传给饱和空气，使之液化量增加，液化器的压力降低，与下塔压差增大，进液化器的饱和空气量就增加，反之则减少，这样就维持了出液化器的低温气体温度，保证了切换式换热器的冷端温差，满足自清除要求。

（6）空气预冷器。空气预冷器的作用是保证进切换式换热器或分子筛纯化器的加工空气的工艺要求温度。有的流程在空气压缩机后只设末端冷却器，而不设置氮、水预冷器。但在应用板翅式换热器作为切换式换热器及主换热器的流程中，应用氮水预冷器除使加工空气预冷外,在空冷塔中,喷淋的冷却水还能吸收空气中的二氧化硫、硫化氢等杂质,从而保护板翅式铝制换热器不被腐蚀。

值得注意的是,虽然切换式换热器流程与分子筛纯化器流程都设置氮水预冷器,但因预冷加工空气的要求温度不同,分子筛纯化器流程中的氮水预冷器其空气冷却塔通常采用冷却水两级喷淋。一股冷却水为循环水,另一股冷却水为冷冻水。冷冻水首先由弗利昂制冷机冷却到5℃左右再提供给空气冷却塔。经两次冷却空气的温度降至8~10℃后进入分子筛纯化器。

对于中、小型设置分子筛纯化器的流程,加工空气先经氮水预冷器冷却至常温,而后再经过氨制冷机冷却到8~10℃。这样组织预冷流程,能够减少传热损失,提高传热效率。

(7) 膨胀前或后换热器。在流程中有的设置膨胀前换热器,有的设置膨胀后换热器。

膨胀前换热器可以调节膨胀机前的工质状态,以满足膨胀后过热度的要求。这常常是设计时先选择拉赫曼进气温度的结果。但膨胀前换热器的设置,降低了入膨胀机的工质温度,不利于发挥膨胀机的高温高焓降的作用。虽然减小了膨胀后气体的过热度,但随之导致膨胀量的增加,仍然对精馏工况不利。正因上述原因,现在全低压流程中已不采用膨胀前换热器。况且膨胀前换热器还使膨胀工质的阻力增加。

膨胀后换热器的作用能够降低膨胀后气体的过热度又保持膨胀量不变。在膨胀后换热器中是用污氮气或纯氮气来冷却膨胀后气体,也就是将出上塔气体的冷量回收给上塔,可以提高上塔的回流比,改善精馏工况,提高氧提取率,减少膨胀空气吹入上塔对精馏工况的"干扰"。因此,有的全低压流程常采用膨胀后换热器。

11.3.1.5 氧气自增压系统

外压缩流程,氧气产品由氧压机压缩到用户所需要的压力送出。正如在8.8节中所述的那样,大型和超大型空分如果送氧压力为3.1MPa(A),目前均采用透平氧压机,为了降低压比,实现单缸压缩且使氧压机节能,提出提高氧压机的入口压力,即提高氧气出保冷箱的压力的问题。氧气出空分装置保冷箱的压力通常约为0.13MPa(A),通过在保冷箱内增设低位液氧辅助蒸发器又称为氧气增压器。在增压器中,加工空气通过主换热器E1,在冷端进下塔前抽出一小部分作为加热气体使液氧蒸发,本身被冷却成液空进入下塔。这种方法是美国APCI公司首先提出来的,其流程简图见图11-20,可将出塔氧气压力由0.13MPa增至0.19MPa。显然这种方法氧气出塔并不是由压缩机压缩而增压而是由静液柱及气化而形成的,因而也可称为氧气无功增压法。这一技术提高了氧压机的入口压力,使单缸透平氧压机一次就压缩到3.1MPa成为了可能。同时氧压节能

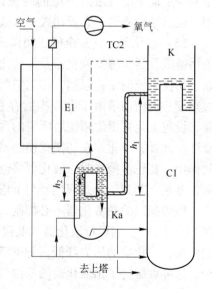

图 11-20 氧气自增压系统简图
K—主冷凝蒸发器;Ka—辅助氧气化器;
C1—下塔;E1—主换热器;
TC2—透平氧压机

约13%。

11.3.2 外压缩流程的主要参数

图11-6所示的目前普遍采用的第六代外压缩流程，它是应用了分子筛纯化、增压透平膨胀机、规整填料上塔，无氢制氩技术，及DCS控制等新设备和新技术的全低压流程制氧机，此类制氧机的制氧单耗已达到 $0.37 \sim 0.43 \mathrm{kW \cdot h/m^3 O_2}$ 的水平；运转周期大于2年，有的甚至连续运转了4年。由于流程的简化，部机制造水平的提高，国产制氧机的设备投资已将至切换式流程制氧机的一半。流程设计中的主要参数也有了较大的变化，将分述如下。

11.3.2.1 压力和阻力

A 空压机排压

空压机的排压对于全低压流程它是由精馏塔的压力及沿程阻力所决定的。在第6章已经阐述，双级精馏塔由气氮出塔的压力反推确定空压机排压 $p_{排压}$。从确定的过程可见，影响空压机的排压的影响因素有上塔阻力 $\Delta p_{上塔}$；主冷温差 $\Delta t_{主冷}$；主冷静液柱高度 L；下塔阻力 $\Delta p_{下塔}$；主换热器阻力 $\Delta p_{热}$；分子筛纯化器阻力 $\Delta p_{纯化}$ 以及空冷塔阻力 $\Delta p_{冷}$ 等。确定压力的顺序是：

$$p_{N_2} \xrightarrow{+\Delta p_{上塔}} p_{上塔} \quad \overset{\Delta t_{主冷}}{\underset{L}{\diagdown}} \quad p_{\substack{顶 \\ 下塔}} \xrightarrow{+\Delta p_{下塔}} p_{下塔} \xrightarrow{+\Delta p_{热} \ +\Delta p_{纯化} \ +\Delta p_{冷}} p_{排压}$$

B 氮出塔压力

p_{N_2} 原切换式换热器流程是以纯塔顶纯氮压力为起始点的，设计时一般取为 $p_{CN_2} = 0.112 \sim 0.115 \mathrm{MPa(A)}$。分子筛纯化流程需要用污氮作为分子筛的再生气体，污氮进入分子筛纯化器时的压力为 $0.11 \sim 0.115 \mathrm{MPa(A)}$，以克服分子筛床层阻力，再反推至上塔污氮的出口压力，污氮沿程经过主换热器及过冷器，故 p_{WN_2} 为 $0.12 \sim 0.125 \mathrm{MPa(A)}$。通过上述的分析好像是分子筛纯化流程的空压机排压要比切换式换热器流程要高约0.1MPa，但是由于上塔采用了规整填料塔，上塔阻力的下降使空压机排压还有所降低，从切换式流程的空压机排压 $0.58 \sim 0.6 \mathrm{MPa}$ 降至 $0.5 \sim 0.55 \mathrm{MPa}$。

C 精馏塔阻力

筛板塔的阻力是由干板阻力 $\Delta p_{干}$、静液柱阻力 Δp_L 及表面张力阻力 Δp_σ 构成，一般每块板的阻力为 $25 \sim 30 \mathrm{Pa}$，筛板塔的上塔阻力为 $2 \times 10^3 \sim 2.5 \times 10^3 \mathrm{Pa}$。下塔阻力为 $1.5 \times 10^3 \sim 1.8 \times 10^3 \mathrm{Pa}$。

规整填料的阻力小，每米填料高度的阻力损失通常为 $5 \sim 7 \mathrm{Pa}$，上塔改为规整填料塔其阻力是筛板塔的 $1/5 \sim 1/7$。

11.3.2.2 制冷系统的压力及温度

采用增压膨胀的示意图见图11-12。进增压轮的空气压力为加工空气的压力通常为 $0.55 \sim 0.6 \mathrm{MPa}$，而出增压轮的压力，在不考虑管路流动损失时，它也是膨胀机工作轮的入口压力。增压轮是起回收膨胀功使膨胀空气增压的作用同时对膨胀机起制动作用。增压比不是可以随意选取的，它受膨胀工质做功能力、膨胀机制造水平以及回收效率等多方面因素的影响。增压机将膨胀空气增压，其增压比可由林德公司整理的经验公式（11-10）确定。

$$\frac{p_2}{p_1} = \left(\frac{Q_\text{膨} \cdot \eta_B}{V_B \cdot T_B} \times 3.23 + 1 \right)^{3.5} \tag{11-10}$$

式中　p_1——进增压机前的压力，Pa；

　　　p_2——进增压机后的压力，Pa；

　　$Q_\text{膨}$——膨胀机的制冷量，kcal/h；

　　V_B——增压机的流量，m³/h（标）；

　　η_B——增压机的效率，%；

　　T_B——进增压机的气体温度，K。

在具体的设计计算中，先假定膨胀量 $V_\text{膨}$，当忽略增压轮的泄漏量时 $V_B = V_\text{膨}$，然后试凑来决定膨胀机的参数。

随着制氧机的容量不同，增压机的效率也不同。1000～6000m³/h，$\eta_B = 0.62 \sim 0.65$；10000～18000m³/h，$\eta_B = 0.66 \sim 0.69$；20000～30000m³/h，$\eta_B = 0.72 \sim 0.75$；30000m³/h以上，$\eta_B \geqslant 0.75$。

随着增压透平膨胀机的制造水平的提高，其膨胀侧的等熵效率 η_s 提高，膨胀机的制冷能力的提高同时增压侧的增压机效率 η_B 也提高，因此增压压比也提高，在20世纪80年代，增压透平膨胀机问世之初，增压比 p_2/p_1 只有1.5，至今已达到1.7以上。

增压膨胀机膨胀后的气体在外压缩流程组织中一般都吹入上塔即拉赫曼进气，因此膨胀后的压力为上塔液空进料口下方 1～2 块理论塔板处的压力约为 0.135MPa。

膨胀机的入口温度，为了发挥膨胀机工质的高温高焓降，增加膨胀机的制冷量，当今设计时，膨胀机的入口温度从以前 –120～–145℃ 提高到 –90～–100℃。这样虽然温降会加大，但膨胀后空气的温度只能达到 –160～–165℃，也就是膨胀后的过热度加大，但膨胀量显著减少，吹入上塔对精馏工况的影响并未加大，反而有所减少。而且减少膨胀后空气的过热度还可以采取加设膨胀后换热器。

11.3.2.3　温度与温差

（1）空气进主换热器的温度。切换式换热器流程进主换热器的空气温度一般是常温，设计时选303K。而分子筛纯化器流程为了提高分子筛对 CO_2 的吸附容量及减少空气中饱和水蒸气的含量，从而减少分子筛纯化器的分子筛用量缩小分子筛纯化器的体积，故进分子筛纯化器的温度设计时选为 8～12℃。为此正如第4章所述氮水预冷器中的空冷塔增加冷冻水喷淋。加工空气经过分子筛吸附杂质后，因吸附反应是放热反应，因此床层的温升一般为 2～3℃，故加工空气进主换热器的热端温度为 12～15℃。

目前，由于分子筛的分子结构的改进，新型分子筛的开发，使分子筛对 CO_2 吸附容量增大，分子筛纯化器的工作温度提高。从而将提高空气进主换热器的温度，使之逐渐趋近常温。这样既取消冷冻水对空气的冷却，又减少了污氮从塔中带出的冷量，从而减少冷损，空分装置更节能。

（2）主换热器的温差。主换热器的温差分为热端温差和冷端温差。主换热器的热端温差是指正流空气与返流气体（氧气、氮气及污氮）的温差。此温差能够反映出返流气体从塔中带出冷量的多少，因此，此温差也被称为"冷量回收不足的冷损"或"复热不足"冷损的标志。可想而知，为了减少复热不足冷损应尽量缩小主换热器的热端温差。但是温差取得过小，势必使主换热器的换热面积大幅度增加，单元尺寸增大，温差为零是不能实现的，所以空分装置不论是哪种流程，其主换热器的热端温差均取为2℃。

主换热器的冷端温差，在切换式换热器流程，它除反映传热的推动力外，主要受自清除的限制，只能控制在3℃。在分子筛纯化流程中，冷端温差的选取时主要考虑主换热器的传热工况并参考板翅式换热器的单元尺寸的大小。一般选为5~7℃。冷端温差选得大些，在热端温差不变的情况下，主换热器的平均温差就大，主换热器的传热面积就可以减少板式单元的尺寸就可以小些。这也意味着过冷器回收的冷量少些。可见主换热器的冷端温差也反映了主换热器与主塔的冷量分配的情况。

（3）主换热器的冷端温度。在切换式流程中由于自清除的限制，加工空气出切换式换热器的温度要比其压力所对应的饱和温度高1~1.5K，为了保证精馏塔的冷量平衡，在切换式换热器与下塔之间还需要设置液化器，以保证进下塔加工空气为饱和并含少量液空。

在分子筛纯化流程中，正流空气出主换热器的温度为当时压力下的饱和温度，通常为173K，并且进下塔空气是带有少量液空的气液混合物。

（4）过冷器的过冷度。为了减少液空和液氮的节流汽化率，增加上塔的回流比设置液体过冷器，用回收污氮或产品气氧、气氮的冷量使从下塔打入上塔的液空和液氮过冷，设计时过冷度取3~5℃。

（5）主冷凝蒸发器温差。主冷凝蒸发器的温差，在第5章已经阐述，目前新型的主冷凝蒸发器不断地出现和应用，主冷有浴式主冷、半浴式、降膜式、多层主冷、卧式主冷以及狭缝式主冷等。这些新型的板式主冷，都强化了主冷凝蒸发器的传热，因而都使得主冷温差降低，从而达到节能的目的。全低压制氧机的浴式主冷温差原设计值为1.6~1.8K；半浴式为1.1~1.2K；降膜式主冷温差为0.6~0.8K。

11.3.2.4　平均氮纯度

所谓平均氮纯度就是纯氮和污氮的平均纯度，它可由式（11-11）计算

$$\bar{y}_N = \frac{V_{CN} \cdot y_{CN} + V_{WN} \cdot y_{WN}}{V_{CN} + V_{WN}} \tag{11-11}$$

式中　$\bar{y}_N$——平均氮纯度，%；

　　　V_{CN}——纯氮产量，m^3/h；

　　　y_{CN}——纯氮纯度，%；

　　　V_{WN}——污氮量，m^3/h；

　　　y_{WN}——污氮纯度，%。

纯氮的产量及纯度都是制氧机设计之前的原始参数。而污氮量及污氮纯度是要在设计计算中确定的。也就是设计时需要选取平均氮纯度才能计算出污氮量及污氮纯度。在只生产纯氧和纯氮产品时，即使氧提取率为100%，$\bar{y}_N$也只能达到98.7%。原因是空气中的氩组分以及其他的稀有气体组分全部进入氮中。如果抽取氩馏分提取氩，$\bar{y}_N$就可以提高到大于99%。

另外，膨胀空气进入上塔的量及温度对氧的提取率有较大的影响，也直接影响平均氮

纯度。膨胀量减少和膨胀空气进入上塔的温度降低，$\bar{y}_N$ 就可以提高。采用增压透平膨胀机，可以减少进塔的膨胀空气量，从而对上塔的干扰减弱，精馏的提取率提高，所以污氮的纯度也提高，在各产品的产量和纯度不变的前提下平均氮纯度由原来取值 96% ~ 96.5%，提高到 $\bar{y}_N = 98\% \sim 99\%$。

11.3.2.5 物流损失

空压机排出的加工空气量在进入精馏塔之间需经分子筛纯化器净除水、二氧化碳、乙炔及其他碳氢化合物，由于分子筛纯化器的切换时放空，将损失一部分加工空气。也就是参与精馏的加工空气量要比空压机排量少一些，这就是物流损失。

切换式换热器为了自清除也需要切换，它的切换时间只有 10min，所以切换损失也比较大，设计时取为空气量（V_K）的 4%。

分子筛纯化器的切换时间最初是 1.5 ~ 2h，随分子筛纯化器的改进，现代制氧机切换式时间普遍为 4h，因而切换的物流损失也大为减少，设计取值为空气量的 0.4%。

11.3.2.6 跑冷损失

跑冷损失是指低温设备通过保冷箱表面所散的热量。显然跑冷损失和空分装置的容量大小有关。容量越大保冷箱的总表面越大，总跑冷损失越大。但跑冷损失一般以单位加工空气量为基准计算，可想而知空分装置容量越大其单位跑冷损失反而越小。

跑冷损失还与环境条件、保冷状况、阀门管路的严密性等因素有关，影响的因素较多，很难精确的计算。但对于一台已运行的制氧机跑冷损失是可以计算的。其计算式见式（11-12）：

$$Q_3 = \Delta H_T + V_{pk} \cdot \Delta h_{pr} - Q_2 \tag{11-12}$$

式中　Q_3——跑冷损失，kJ/kmol；

　　　Q_2——复热不足冷损，kJ/kmol；

　　　ΔH_T——等温节流循环制冷量，kJ/kmol；

　　　V_{pk}——膨胀量，$m^3/(m^3 \cdot A)$；

　　　Δh_{pr}——膨胀机的实际焓降，kJ/kmol。

在设计新制氧机时，跑冷损失的选取是参考容量及流程相近的已运行的制氧机的跑冷损失来进行的。即用统计值或经验公式来确定的。

切换式换热器流程因可逆式换热器的板式单元数多且流程复杂，冷箱中的冷设备多，保冷箱体积大，因而跑冷损失大。例如 6000m³/h 制氧机的跑冷损失约为 4.18 ~ 4.6 kJ/（m³·A），10000m³/h 制氧机约为 3.8 ~ 4.18kJ/（m³·A）。

分子筛纯化流程因主换热器板式单元数的减少，并取消了液化器等冷设备，所以分子筛纯化流程的跑冷损失将减少。但由于精馏塔采用规整填料塔，塔高度显著增加，保冷箱的高度随之增加，这将使跑冷损失增加，综上两个因素的影响，现代制氧机的跑冷损失只降低 10% ~ 20%。据统计跑冷损失随制氧机容量的变化逐渐趋于平缓，高于 10000m³/h 的制氧机的单位跑冷损失 q_3 几乎都在 3.35 ~ 3.76kJ/（m³·A）。

现代流程计算总体设计采用 Aspen plus 软件计算，空分装置的跑冷损失最好采用经验公式来计算确定。其林德公司推导的经验公式为：

空分主塔跑冷损失 Q_3'：

$$Q_3' = 0.8 \times 21.5 \times (V_K)^{0.671} \tag{11-13}$$

式中 Q_3'——空分主塔跑冷损失，kcal/h；

V_K——加工空气量，m^3/h(标)。

氩系统的跑冷损失 Q_3''(kcal/h)：

$$Q_3'' = 0.2 \times 21.5 \times (V_K)^{0.671} \tag{11-14}$$

液体泵的跑冷损失 Q_3'''(kcal/h)：

$$Q_3''' = 23.4 \times \frac{V_i \gamma_i \Delta P}{\eta_p \gamma_L} + V_i^{0.77} \tag{11-15}$$

式中 V_i——i 组分在标准状态下的流量，m^3/h；

γ_i——i 组分在标准状态下的密度，kg/m^3；

ΔP——液体泵的压差，ata；

η_p——液体的指示效率。

11.3.2.7 机器效率

现代空分装置由于配套机组制造水平的提高，机组的效率均有较大幅度的提高。离心空压机的等温效率（η_T）从原来的 70% 提高到 75%～76%。空压机的机械效率 η_m = 0.98～0.99。

透平膨胀机的绝热效率，也称为等熵效率（η_s）由 80% 提高到 85%～88%，甚至有的制造厂可达 90%。增压轮侧的增压机效率（η_B）可达到 75%。

11.3.2.8 提取率

规整填料塔分离更为完善，氧提取率可高达 99%～99.9%，国内制造的规整填料塔氧的提取率也在 95%～99%。

无氢制氩即全精馏制氩，粗氩塔和精氩塔均采用规整填料塔，氩的提取率从原来的传统的制氩方法的 30%～50%，提高到 70%～80%，甚至有的流程也达到 90% 以上。

11.4 内压缩流程分析

化工型的空分装置，用户要求的送氧压力 4.0～8.0MPa，而且送氧量也很大，这就造成了氧压机的选型问题和安全送氧问题，因此选用在保冷箱之内设置低温液体泵提高液氧、液氮、液氩产品的压力经主换热器复热后送至用户的内压缩流程。只设液氧泵的为单泵内压缩，设置液氧、液氮泵的为双泵内压缩。具有液氧泵、液氮泵、液氩泵的为三泵内压缩。

在内压缩流程的组织方面不仅仅是泵代替产品压缩机，为了回收高压液体的冷量使之汽化，使流程方面有许多变化。主要表现在主换热器系统的组织、制冷系统组织以及设置增压机等，其精馏系统组织也有所改变。

11.4.1 内压缩流程组织

11.4.1.1 主换热器的换热系统组织

就以单泵内压缩流程为例，来自主冷凝蒸发器的液氧经液氧泵压缩加压至 3.0～8.0MPa，为了使加压后液氧的高品位冷量转换成同一质量等级（同一温度水平）的冷量，使得整个装置的传热不可逆损失降至最小，实现冷量平衡，空分装置只有 0.5～0.6MPa 的低压空气是不能实现的。因低压空气的比热容很小，热容量很小，无法回收液氧的冷量，甚至低压的主换热器不能工作，因此必须有一股高压空气在主换热器与液氧进行交换，使液氧汽化复热的同时，其本身被冷却液化，然后进入下塔参与精馏。这样的传热过程，冷、热流体的压力都很高，因此也提出了高压板翅式换热器的设计和制造问题。

　　内压缩流程主换热器的换热系统组织形式有两种，一种是组合式，一种是分体式。组合式主换热器的设计及制造都较为复杂。本来主换热器就是多股流的板翅式换热器，再加上液体产品的相变换热和高压空气的相变换热，传热温差的均衡问题就更难解决，且高压板翅式换热器的制造更为困难。但组合式主换热器单元少，设备紧凑，配管简单。

　　目前国内采用分体式主换热器较多。主换热器分成低压板式和高压板式。低压主换热器系统与常规外压缩流程的主换热器基本相同。对于高压主换热器的设计中解决好液氧汽化段的流体分配及温差是换热系统能否组织成功的关键。外压缩流程主换热器的各流体换热主要是气-气换热，传热温差比较平均，一般为 4K。内压缩流程由于液氧汽化时温度不变且需要较多的汽化潜热，因而汽化段较长。在液氧开始汽化直至汽化结束，正流高压空气的温度在不断地降低，因而此段的传热温差从小变大很不均匀。从计算结果得出，此段温差从 3K 逐渐升至 15K，这样将会导致热端温差的扩大，不可逆损失大增。

　　为了使高压主换热器的传热优化，可以采用增加换热器的传热面积，增加液化段的长度的措施来解决，但一味增加传热面积并不是效果显著的好办法。实践证明，经过冷、热流体的合理匹配以及使高压空气液化段尽量与液氧汽化段相吻合，就可以使内压缩流程的高压主换热器设计成功。另外，设计中尚应尽量避免冷流体之间的横向传热。此问题可以通过合理地通道排列得以解决。运行效果比较好的某厂 10000m³/h 内压缩流程高压主换热器的设计参数列在表 11-10。

表 11-10　某高压主换热器设计参数

介　质	流量/m³·h⁻¹(标)	压力/×10⁻³(G)	进口温度/℃	出口温度/℃
高压空气	18000	53.9	15	-166
膨胀空气	3900	24.8	15	-115
高压液氧	10000	25.3	-178	12
氮　气	13600	0.27	-177	12
氩	150	30.3	-178	12

11.4.1.2　制冷系统

　　内压缩流程因为必须有一部分高压空气与低温液体换热，流程中必须设置增压机提供高压空气。这样在内压缩流程的制冷系统的组织中就出现多种组织形式，归纳起来大致有三种：

　　其一膨胀空气由增压机的中间抽出然后进入增压膨胀机的增压轮再增压，经主换热器冷却后再进入膨胀机工作轮，膨胀后进下塔，此种制冷系统被称为中抽制冷系统，见图 11-21。

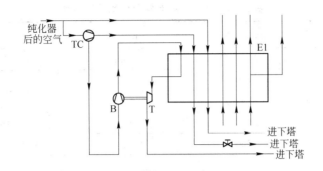

图 11-21　中抽流程增压空气流路简图
TC—增压压缩机；B—膨胀机增压轮；T—膨胀机工作轮；E1—主换热器

这种制冷系统气体的流程是，空气经空气过滤器过滤后，被原料空气压缩机压缩至 $0.55\sim0.65MPa(A)$，预冷后进入分子筛纯化器后抽出一部分进入增压机，这一部分气量包括高压空气和膨胀空气量。在增压机的 2 级抽出膨胀空气进入膨胀机增压轮增压经主换热器冷却后进膨胀机工作轮膨胀后进入下塔。显而易见，这种中抽流程膨胀空气进膨胀增压轮的压力低于高压空气压力。

其二是膨胀空气从增压机后分出。这种流程可称为全增压后部分增压膨胀流程。即包括高压原料空气和膨胀空气的那部分空气全部在增压机增压，增压后再分成高压原料空气进入主换热器冷却成高压液空进入下塔。另一部分膨胀空气由增压后的压力进入膨胀机，增压轮再增压冷却后进膨胀机工作轮膨胀后入下塔，其流程简图见图 11-22。

其三，高压原料空气和膨胀空气全部经过增压机增压之后，一起再经过增压膨胀机的增压轮再增压，压力进一步提高后的气体，一部分作为高压原料空气经过主换热器冷却成液空节流至下塔，另一部分作为膨胀工质进入膨胀机工作轮，膨胀后入下塔。因高压原料空气及膨胀空气全部进入膨胀机增压轮再增压，故可称为全增压后全增压膨胀流程。图 11-23 为其流程简图。

若判断这三种制冷系统的组成需要流程计算。在保证主换热器最小温差大于或等于 $1.5℃$ 和假定主换热器热端温差为 $3℃$ 的条件下，以 $30000m^3/h$ 制氧机为例，其原始设计参数列于表 11-11。计算结果列于表 11-12。

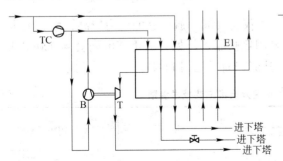

图 11-22　全增压后部分增压膨胀流程
TC—增压机；B—膨胀机增压轮；
T—膨胀机工作轮；E1—主换热器

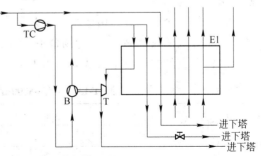

图 11-23　全增压后全增压膨胀流程简图
TC—增压机；B—膨胀机增压轮；
T—膨胀机工作轮；E1—主换热器

表 11-11　30000m³/h 空分原始设计参数

产品	产量/m³·h⁻¹	压力/MPa	纯度
氧　气	31500	3.1	99.8% O_2
液　氧	2000	常　压	99.8% O_2
氮　气	35000	常　压	$O_2 \leqslant 10 \times 10^{-6}$
液　氮	800	0.45	$O_2 \leqslant 10 \times 10^{-6}$
液　氩	1250	常　压	$O_2 \leqslant 2 \times 10^{-6}$；$N_2 \leqslant 3 \times 10^{-6}$

表 11-12　30000m³/h 空分设备三种冷流程计算结果

流　程 参　数	中抽流程	全增压后 部分增压流程	全增压后 全增压流程
加工空气量/m³·h⁻¹	161000	161000	161000
增压机排气压力/MPa	中抽　1.9 末级　5.1	4.5	4.5
增压机排气量/m³·h⁻¹	中抽　37420 末级　67705	96650	98700
增压机轴功率/kW	8635	8755	8941
膨胀机进气流量/m³·h⁻¹	37420	26200	26200
主换热器热端温差/℃	3	3	3
主换热器最小温差/℃	1.501	1.500	1.501
主换热器积分温差/℃	5.472	5.700	5.900

从表 11-12 可以看出中抽流程的增压机轴功率最小，主换热器的积分温差最小，这意味着主换热器的传热不可逆损失最小，这种流程最节能。其次是全增压后部分增压膨胀流程。对 10000m³/h、20000m³/h 等容量的空分进行流程计算所得的结论是相同的，所以内压缩流程空气膨胀的制冷系统推荐采用中抽流程。

在制冷系统组织中，膨胀工质的选择，因内压缩流程必须有高压空气，设置增压机压缩部分加工空气，所以增压膨胀的工质通常采用空气，否则还需另设氮气增压机，造成流程复杂，能耗增加。

但是化工企业空分，由于化工工艺所决定不仅需要氧、氮产品的压力较高，而且要求多种压力等级的氮产品，在这种场合下，可以采用氮膨胀。例如杭氧生产的两套 48000m³/h 空分装置，它的主要技术参数列于表 11-13，其流程简图见图 11-24。

表 11-13　两套 48000m³/h 空分设备主要技术参数

产品名称	产量/m³·h⁻¹		纯度	压力/MPa(G)
	1 号	2 号		
氧　气	48200（50610）	48200（50610）	$\geqslant 99.6\% O_2$	4.52
高压氮气	24300（29180）	24300（29180）	$< 10 \times 10^{-6} O_2$	8.2
中压氮气（Ⅰ）	28200（32000）	26407（29000）	$< 10 \times 10^{-6} O_2$	3.2

续表 11-13

产品名称	产量/m³·h⁻¹		纯　度	压力/MPa(G)
	1 号	2 号		
中压氮气（Ⅱ）	2500（3000）	—	$< 10 \times 10^{-6} O_2$	2.2
低压氮气（Ⅰ）	14300（21600）	14300（21600）	$< 10 \times 10^{-6} O_2$	0.7
低压氮气（Ⅱ）	16700（18700）	14500（16000）	$< 10 \times 10^{-6} O_2$	0.46
液　氮	1300（1300）	1300（1300）	$< 10 \times 10^{-6} O_2$	0.45
液　氩	1220（1270）	1260（1350）	≥99.999% Ar	0.18
仪表空气	2000（2500）	2500（3000）		0.75
工厂空气	600（1600）	2000（3000）		0.75

注：1. 括号内为最大工况产量；

　　2. 所有产量是指在 0℃、0.1013MPa(A) 状态下的体积流量。

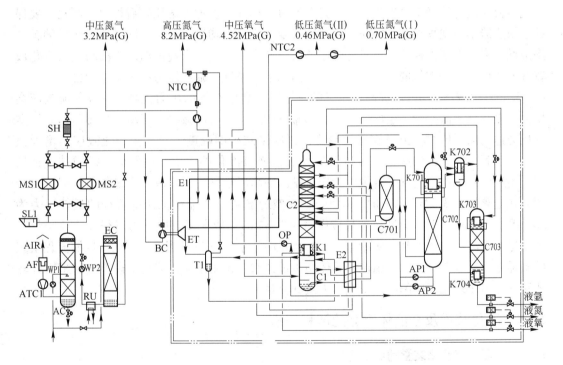

图 11-24　48000m³/h 氮气循环内压缩流程空分设备流程简图

AF—空气过滤器；ATC1—空气离心压缩机；AC—空冷塔；EC—水冷塔；MS1，MS2—分子筛纯化器；
SH—蒸汽加热器；NTC1—1 号氮增压机；NTC2—2 号氮增压机；BC—膨胀机增压轮；ET—膨胀机；
E1—主换热器；E2—过冷器；C1—下塔；C2—上塔；C701—粗氩塔Ⅰ；C702—粗氩塔Ⅱ；
C703—精氩塔；K1—主冷凝蒸发器；K701—粗氩冷凝器；K702—粗氩液化器；K703—精氩冷凝器；
K704—精氩蒸发器；AP1，AP2—粗氩泵；OP—液氧泵；T1—气液分离器

　　图中所示的内压缩流程实际上是采用氮气循环液氧单泵的内压缩。增压氮压机既作为产品氮的压缩机又作为膨胀工质氮气的循环增压机。这样巧妙合理地将氮产品的压缩和制冷系统结合起来，从而达到了最节能，使流程优化的目的。

11.4.1.3　精馏系统组织

至于内压缩流程的精馏系统组织与外压缩流程精馏系统组织的不同点：

（1）膨胀后的空气的流路不同，由于增压膨胀的膨胀比的限制，无法吹入上塔，而直接进入下塔。这样的流程组织好像是没有利用上塔的精馏潜力，但是氩的提取率高，据资料报道可高达92%。

（2）进下塔的原料空气有两股，一股是低压饱和空气，另一股是高压液空节流进下塔。这两股流体的混合状态为气液混合物。其中含湿量较外压缩流程多，因此下塔的回流比增大，从而造成下塔富氧液空的含氧量降低。

此外高压液空节流进下塔，这是压力能的损失，为了回收这部分能量，有的内压缩流程空分装置设置液体膨胀机代替节流阀，以电机制动回收其膨胀功转变成电能。

11.4.2　内压缩流程主要参数

内压缩流程的主要参数在低压部分大部分与外压缩流程相同。关键参数的选择是高压空气压力和流量的确定。确定的方法是要通过流程计算多种方案比较后得出。原则是要保证主换热器不出现零温差，能正常工作，又要其积分平均温差最小，同时使增压机的轴功率最低。为了保证主换热器有良好的温差线，使高压空气不出现恒温冷凝段与液氧汽化段较好的匹配，高压空气的压力应在临界压力以上。空气的临界压力在第1章中已介绍，为 $p_c = 3.765 \sim 3.773 \mathrm{MPa}$。当提高增压机的排压时，高压空气的压力提高，等温节流效应会增大，在空分所需冷量一定的情况下，膨胀机的进气量可以减少。当增压机排压即高压空气压力达到某一值时，由于膨胀量减少，制冷量减少的幅度大于等温节流效应的增加值时，为了满足制氧机的冷量平衡以及主换热器液氧汽化的需求，迫使增压机的排气量增加，增压机的轴功率上升。这说明增压机排压即高压空气的压力有一个最佳值。据资料介绍，在送氧压力3.1MPa(A)时，10000m³/h空分装置内压缩中抽制冷流程的最佳压力为5.1MPa，30000m³/h空分装置的最佳压力为5.8MPa。依据多台内压缩流程计算值统计结果得出对于产品为3.1MPa液氧内压缩最佳压力均为5.5MPa。当然此值因内压缩流程组织的多样化，会有所变化的。由流程总体初步设计时，运用主换热器计算模型进行多次计算才能确定内压缩流程中的高压空气压力及其流量。

11.5　液化装置及全液体空分的流程分析

11.5.1　氧、氮液化装置的流程组织

随着国内市场的不断发展，对氧气、氮气需求的增加，大型生产气态氧、氮气的生产厂家，投资建氧、氮液化装置，将放空或多余的氧、氮产品液化后提供给市场，可以获得非常可观的经济效益。因此氧、氮液化装置在我国迅速地发展起来。

氧、氮液化装置的典型流程有：低压流程和中压流程。

11.5.1.1　低压流程液化装置

此流程见图11-25。

此流程的气氧和气氮来自空分装置。制冷系统的工质是氮气，来自空分的低压氮与主换热器返流回来的氮气汇合经压缩机压缩和膨胀机的增压机压缩后，进入主换热器E1，

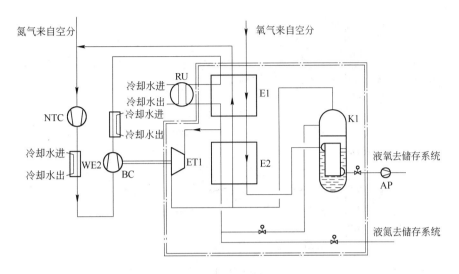

图 11-25　典型的低压氧氮液化装置流程

NTC—氮压机；WE2—水冷却器；BC—增压轮（膨胀机）；RU—冷冻机；AP—液氧泵；
ET1—膨胀机；E1—主换热器Ⅰ；E2—主换热器Ⅱ；K1—冷凝蒸发器

抽出 E1 进入冷冻机，预冷后再返回 E1 继续冷却后进入膨胀机膨胀。膨胀后的氮气经主换热器 E1 和 E2 复热返回，再经氮压机压缩进入下一个制冷循环。作为产品的气氮部分从主换热器 E1 后继续经过主换热器 E2 冷却直至液化送出。氧气经主换热器 E1 和 E2 部分液化后进入冷凝蒸发器，在其内被全部冷凝。

此流程制冷系统采用冷冻机预冷，以此提供温度等级较高的冷量，这样可以缩小主换热器的温差，减少传热的不可逆损失，从而节能。据报道如果设置普通冷冻机（蒸发温度约为 -5℃）比不设置冷冻机的装置节能 10% ~ 15%。设置低温冷冻机（蒸发温度约为 -40℃）时节能 25% ~ 30%。但设置冷冻机需增加设备投资，从投资所占比例考虑建议小于 500kg/h 的小型装置采用设置普通冷冻机。

该流程生产液氮时，因氮气已被压缩至 0.8MPa（A）以上，其对应的液化温度为 101K 以上，在主热交换器 E1 和 E2 被膨胀后的返流气体冷却，可以有足够的冷量，使之全部液化。

在生产液氧时，由于由空分装置送出的氧气只有 5 ~ 30kPa（G），其冷凝温度为 90 ~ 92K，返流氮气在主换热器中给出的冷量不足以使之全部液化，所以需要设置冷凝蒸发器，此装置才能同时使气氧和气氮全部液化。通过计算，若能提供带压气氧，例如从中压罐中抽出氧气，其压力大于或等于 0.9MPa 的气氧就能全部液化。另外，膨胀机带液量越大，氧的液化率越高。

液化装置的流程设计的优化是在投资尽量少的条件下，使装置能耗最低。此装置的能耗与压缩机的排压与循环量的关系见图 11-26。

从图中可以看出，随压缩机排压升高能耗下降，当 $p > 1.2$MPa 以后趋于平缓，所以低压液化装置压缩机的排压一般为 0.8 ~ 1.2MPa。

11.5.1.2　中压液化装置

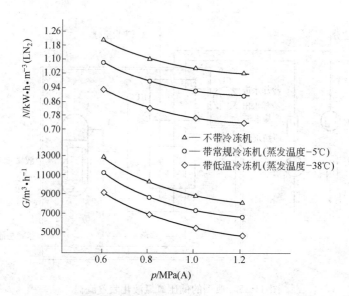

图 11-26　循环压缩机排压 p 与循环气量 G 及能耗 N 的关系

　　在中压液化装置中被液化氮气是在临界压力 3.35MPa 以上的条件下液化的，这样的液化过程不会出现恒温相变，所以优化了主换热器的传热，进一步减少传热的不可逆损失，从而更节能。中压流程分为带冷冻机和双增压膨胀机两种。分别见图 11-27 和图11-28。这两种流程工作原理相似，只是用高温膨胀机（ET1）代替了冷冻机（RU），生产温度水平较高的冷量，再由低温膨胀机生产低温级的冷量，这样的制冷系统组织可以达到进一步节能的目的。

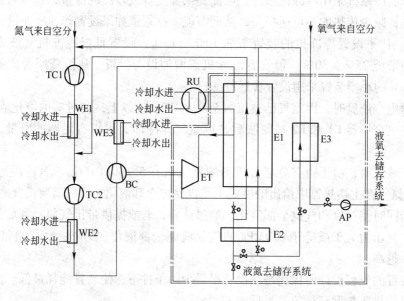

图 11-27　带冷冻机的中压循环液化流程

　　从图中可见，来自空分的低压氮与返流出主换热器热端的低压返流氮气汇合，由供应氮气的氮压机（TC1）压缩到 0.58MPa（A），再与膨胀后复热的氮气汇合经循环氮压机

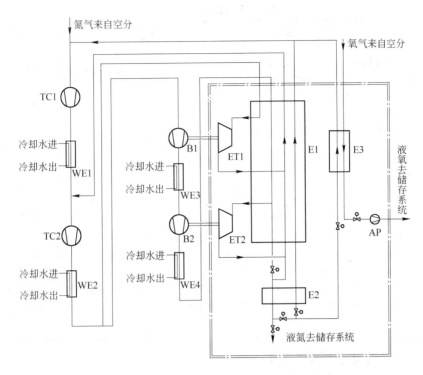

图 11-28　双增压膨胀机的中压循环液化流程

（TC2）以及高温膨胀的增压机，低温膨胀机的增压机再增压后压力达到 4.5～5.2MPa（A）进入主换热器 E1 冷却，在 E1 的不同截面抽出部分氮气去高温膨胀机膨胀和低温膨胀机膨胀。另一部分氮气经主换热器 E1、E2 冷却液化。来自空分的低压氧气在换热器 E3 由返流的低压氮气冷却并液化。

在双膨胀机流程中最关键的机组是增压透平膨胀机。尤其是高温膨胀机，它的焓降大，转速高（大于 60000r/min），还要求其效率高，通常为 85%～86%，所以制造的难度较大，投资也较多。据统计，中压循环的液化装置比带冷冻机的低压循环的能耗低 10%～15%，比不带冷冻机的低压循环液化装置约低 30%。在中压循环液化装置中，双增压膨胀流程比带冷冻机流程的能耗低 6%。实测采用双膨胀流程的 3000t/d 液化装置能耗 0.648kW·h/m³（LO₂ + LN₂）。

经过低压流程和中压流程特点的对比，小型液化装置小于 3000m³/h(LN₂)，因投资省推荐采用低压流程；大于 3000m³/h(LN₂) 的大、中型液化装置，因能耗低建议选择中压流程的液化装置。液化装置的几种流程选择归纳成表 11-14。

11.5.2　全液体空分装置

在 11.2 节中已阐述了全液体空分装置的典型流程举例。所谓全液体空分装置就是生产全液态产品（LO₂、LN₂、LAr）的空分装置，液态产品用槽车运送。其流程的实质就是液化装置与气态空分装置结合成一体。因具有压缩空气气源，所以制冷工质除与液化装置相同采用氮工质以外，主要可以采用空气膨胀。

表 11-14 液化流程的应用

液化流程	主要设备及部机	主要特点	应用场合
低压流程	循环氮压机(活塞或离心)1 台;增压膨胀机 1 台;主换热器(低压板式)1 套;氧液化器 1 套	流程简单、投资省、操作方便、能耗高	小于 500m³/h 液体量的小型液化装置
带冷冻机低压流程	循环氮压机 1 台;冷冻机组 1 套;主换热器 1 套,氧液化器 1 套,增压膨胀机 1 台	冷冻机提供高温级冷量使装置节能,投资较小	1000～1500m³/h 液体量的液化装置
带冷冻机中压流程	循环氮压机 1 台;低温冷冻机组 1 套;中压增压膨胀机 1 台;主换热器 1 套;氧液化器(低压氧)1 套	采用中压循环主换热器超临界换热,中压板式体积小,传热损失小,节能增加低温冷冻机进一步节能	1000～3000m³/h 液体量的液化装置
双膨胀机中压流程	原料氮压机 1 台;循环氮压机 1 台高温增压膨胀机 1 台;低温增压膨胀机 1 台;主换热器 1 套、氧液化器(低压氧)1 套	采用高效率高温增压透平膨胀机代替低温冷冻机进一步节能	大于 3000m³/h 液体量的液化装置

11.5.2.1 全液体空分装置流程

当前全液体空分装置流程形式归纳起来有三种,其情况见表 11-15。

表 11-15 全液体空分流程形式

制冷工质	制冷形式	操作压力等级	应用范围	液体产品
空 气	直接膨胀制冷 循环膨胀制冷	中压 中压	小型液体空分 中型液体空分	液氧或液氮 液氧、液氮、液氩
氮 气	循环膨胀制冷	中压	中型液体空分	液氧、液氮、液氩

A 空气直接膨胀制冷

此流程采用分子筛纯化,空气压缩机为两台活塞式压缩机,两级气体轴承增压膨胀机直接膨胀。膨胀后的空气经过冷器和主换热器复热后进入水冷塔,用于冷却水,被增湿后放空。主换热器为高压板式,精馏塔为筛板式双级精馏塔。正常工作时的工作压力为 2.5MPa。该流程简单,投资省,但能耗高,因受加工空气量的限制,无法提取液氩产品。

B 氮气循环膨胀制冷流程

此流程采用自下塔经复热后的氮气作为自冷工质,氮气循环使用,用氮气增压机(NC)增压。氮在循环过程中部分液化,经气液分离合并在产品液氮中。具体流程见图 11-29。

在这种流程中有的装置将空分精馏部分与氮气循环膨胀液化部分分开,名副其实的由空分装置与液化装置构成。空分正常生产时,所消耗的冷量由液氮提供,所设置的膨胀机仅启动时使用。

这种流程也可以根据所处理的加工空气量的大小选用,冷冻机预冷,以降低能耗。

C 空气循环膨胀制冷流程

这种全液体空分流程见图 11-8,这种流程被广泛地应用于中、大型全液体装置。它的

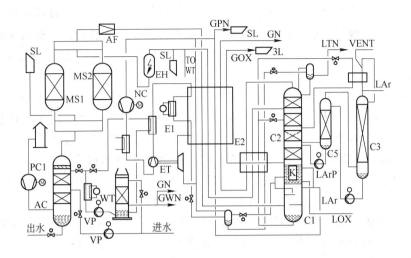

图 11-29　氮气循环膨胀制冷的全液体空分流程

制冷系统中可以采用冷冻机预冷，也可以采用高温增压膨胀机。因高温增压膨胀机的效率高，结构紧凑，易损件少，所以空气双增压膨胀流程成为发展趋势。

这种流程所配套的原料空气压缩机及增压机均为离心式，效率高、能耗低。主换热器为高、低压复合式板翅式换热器，采用高温增压膨胀机和低温增压膨胀机两台膨胀机，整体装置可制成以系统组装模块式，便于现场安装。

更主要的是这种流程的氩提取率较高，可以最大限度地提取液氩。

11.5.2.2　全液体空分装置的流程选择及参数

A　制冷系统

装置的能耗以及变工况能力都取决于制冷系统的组织。气体液化装置及全液体空分的制冷系统的组织的依据是海兰德循环，设置冷冻机组的蒸发温度 -35℃左右。设置双膨胀机的装置，高温膨胀机的进口温度为 -50 ~ -80℃，压力为4.0 ~ 5.5MPa；低温膨胀机的入口温度设计时取 170 ~ 153K。

对设置的冷冻机组选择时，需要解决的问题有两个，一是需要解决低温状态下冷冻机组中压缩机的低温润滑问题，二是要解决变工况的问题。在变工况方面，可以增加高压绕管式换热器，用来回收液体产品汽化充瓶的冷量，减少冷损失，从而减少冷冻机的负担，增加产量。

对于中压增压透平膨胀机的选择应使高效、低温膨胀机膨胀后的含湿量越多越好。这类膨胀机的效率（η_s）国外可达 85% ~ 87%，国内只能达到 82% ~ 83%。含湿量国外可达到 20% 以上，甚至无限制，而国内制造的中压透平膨胀机的含湿量只允许小于 5%。

B　精馏系统

全液体空分装置，因液态产品直接从塔中送出，因此精馏塔的冷损很大，要求进塔空气的含湿量很大。如果直接进下塔底，由于下塔回比的增大，部分冷凝不充分，液空含氧量下降。为解决此问题，在空气进下塔之前，将液空分离出来，自下塔9 ~ 12块塔板导入，这样既有利于提高液空纯度，又可以提高氧的提取率。

低温膨胀机膨胀后空气进入下塔，有利于提高氩的提取率，通过计算得出：全精馏制氩的全液体空分，液氮产量对氩的提取率影响较大。液氮产量越低，氩提取率越高。当液氮产量占加工空气量 10% 时，氩的提取率为 85%；当液氮产量占加工空气量的 16% 时，氩的提取率仅为 70%。

全液体空分由于生产液态产品，上塔回流比，比气体产品的空分装置小。尤其是在液空进料口至氩馏分抽口处这一塔段显著偏小，液体喷淋强度不够大，再加上规整填料塔的持液量小，无足够的液体缓冲，难以适应变工况。常表现在启动制氩系统很容易发生"氮塞"。因此在精馏塔的结构选择上应该考虑变径。鉴于规整填料塔变径困难且持液量少，可以考虑采用上塔上段为筛板，下段为规整填料的复合塔。并且在氩馏分抽出口处设置旁通装置，在空分启动时，气体旁通，保证主塔精馏工况的建立。

精氩塔的进料常采用液体进料，可以保证精氩塔的工况更稳定。总之，全液体空分精馏系统的上升蒸气量相对较少，若抽出气体较多对精馏的工况影响较大。

C   换热系统

主换热器采用高、低压复合换热器，否则会使全液体空分体积增大，管路复杂。多股流高、低压复合换热器，通道多、通道的排列复杂，制造较为困难。精馏塔的冷量平衡，要求进塔空气的含湿量大，也就意味着主换热器的热负荷集中在液化段，这就需要采用长板翅式换热器，以缩小热端温差，以减少复热不足冷损。尽管如此，设计时热端温差还得取得大一些，通常取 3℃，否则需要的板式过长，板式换热器的制造困难。

另外，由于采用中压循环，主换热器中的中压空气处于超临界状态，其液化过程不会出现恒温冷凝过程，因而主换热器不受相变点温差的限制，不会发生被迫扩大冷端温差的现象，这样主换热器的传热工况更为优化，冷量利用更充分，热交换的不可逆损失少。

与液化装置不同，全液体空分广泛采用空气膨胀，其原因是，精馏塔下塔抽氮气，会对上塔回流比影响更大，致使氧、氩提取率下降，产量减少，能耗增加。

11.6   小型空分装置的流程分析

小型空分装置以往采用以克劳特液化循环为基础的中压流程。典型的流程示于图 11-3。其能耗高。为了降低能耗，小型空分装置向全低压流程发展。全低压流程是以卡皮查循环为基础的。它的实现必须采用高效透平膨胀机，小型空分装置采用气体轴承透平膨胀机。

11.6.1   空压机

采用定型的无油空压机，空压机的排压为 0.65～0.7MPa。原本精馏下塔需要的压力为 0.50～0.55MPa，提高压力是为了膨胀机气体轴承供气。因空压机为定型产品，所以加工空气量的确定，只能根据空压机的排量选取。

11.6.2   纯化器

采用双床分子筛纯化器，设电加热器再生纯化器。污氮作为再生气源，切换时间一般为 8h。在分子筛纯化器前也设氮水预冷器，以保证进分子筛纯化器的加工空气的温度。纯化器再生时利用空压机排出的空气对再生氮气预热，以降低再生能耗。

11.6.3　膨胀机

应用气体轴承透平膨胀机，其轴承损失小，无润滑油系统，气体工质不会带油。膨胀制冷工质为空气，膨胀后气体进入下塔。

11.6.4　分馏塔

分馏塔指保冷箱及保冷箱的设备。精馏塔采用筛板塔冷凝蒸发器及过冷器为板翅式换热器。

保冷箱为密封冷箱，冷箱内采用全铝焊接结构。

整套空分多采用系统分块组合式，以减少安装工作量。

正流空气膨胀和返流氮气膨胀简图分别见图 11-30 和图 11-31。

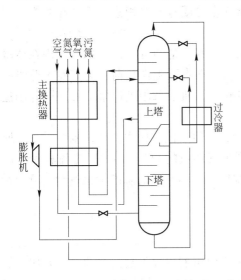

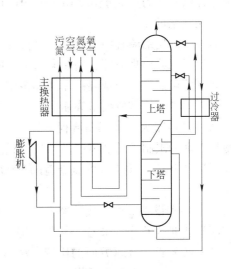

图 11-30　正流膨胀工艺流程简图　　　　图 11-31　返流膨胀工艺流程简图

现代的小型空分选择返流氮膨胀较为优越。因为小型空分的单位冷损失大，膨胀量占加工空气量的比例较高，如果采用正流空气膨胀，膨胀后的空气进入上塔，已超出上塔精馏潜力的限制，必然使部分膨胀空气放空，影响氧的提取率和能耗增加。采用返流氮膨胀同样应用了拉赫曼原理，又因氧的单位焓降大些，可以减少膨胀量。

由于近年来，空分装置所配套的部机及设备的制造水平的提高，全低压小型制氧机 KDON-170/100，KDON-80/40 型均已成功地运行。能耗分别为 0.72kW · h/m³、0.63kW · h/m³。原中压克劳特循环小型制氧机的能耗为 1～1.5kW · h/m³。

11.7　内、外压缩流程对比及流程的选择

11.7.1　内、外压缩流程的对比

内压缩流程并不是简单的泵代替氧压机，正如上节所述，内压缩流程使空分流程发生了很大的变化，而且形成了流程的多样化。首先表现在部机及设备配套方面的变化见表 11-16。

表 11-16　内、外压缩流程配套设备的比较

系统 ＼ 流程	外压缩流程	内压缩流程
产品压送系统	氧压机、氮压机、氩压机	液氧泵、液氮泵、液氩泵
换热系统	低压板翅式换热器	低、中压板翅式换热器
制冷系统	低压增压透平膨胀机	增压机、中压增压透平膨胀机

内压缩流程的特点有以下几点:

(1) 安全可靠性高,表现在两个方面:一取消了氧压机无高温气氧火灾的隐患。二因连续从主冷取出液氧,可以有效地防止碳、氢化合物在液氧中的积累。实验研究表明液氧压力为 0.5MPa 以上,C_nH_m 在液氧的溶解度较大且在主换热器汽化时会全部带出装置。内压缩流程供氧压力均大于 0.5MPa,C_nH_m 既不会在主冷凝蒸发器积累也不会在主换热器积聚,因此安全可靠。

另外,内压缩流程中所配置的低温液体泵采用一开一备的方式,备用泵采用在线冷备用,一旦运行泵出现故障,备用泵可在 10s 内自动启动直至工作负荷,无需专人监管,提高了装置的可靠性。但低温高压液体泵制造难度较大,通常采用进口泵,目前国外制造的流量较大的离心式液氧泵最高压力可达 10MPa。

(2) 产液量大。外压缩流程尽管采用增压膨胀,但因机前压力低单位制冷量少,所以受冷量平衡的限制,总液体产品产量为只能达到氧气产量的 8%。而内压缩流程液体产品总量可达到 10%~20%。杭氧制造的 50000m³ 制氧机液体产品的总产量也达到了氧产量的 12%。

(3) 转动设备减少,故障率低,便于维护。

(4) 占地面积小,节省了氧压厂房。

(5) 投资低。在这方面的比较说法不一,因为内压缩流程不是简单的液氧泵代替氧压机,在流程中,由于需要回收液体的冷量必须提供一股高压空气与之换热,因而需要设置增压机和高压板翅式换热器,也就是用高压板式、增压机及液体泵来代替气体产品压缩机。在国外,内压缩流程比外压缩流程投资显著降低。在国内若全部采用国产设备内压缩流程投资也低,但是为了确保其可靠性,目前普遍采用国外高压板式、液体泵等部机,在这种条件下经过调查和统计,一般内压缩流程的投资仍比外压缩的投资省 3%~5%。

(6) 能耗高。内压缩流程的复热不足冷损大,因此能耗高 5%~7%。

(7) 氧的提取率低。由于内压缩流程进塔空气的含液量大,影响精馏塔的回流比,因此氧提取率低 1%~2%。

11.7.2　流程的选择

因为内压缩流程就是为化工企业对氧气产品的需求条件应运而生的流程,当然化工型空分通常都采用内压缩流程。

对于冶金型的空分装置的流程选择是可以选择外压缩流程,也可以选择内压缩流程。

据统计,国内运行的几百台供钢铁企业用氧的中、大型制氧机大多数采用外压缩流程,新建的空分项目也多数采用外压缩流程,原因是:我国外压缩流程空分的制造及运行

技术都很成熟。国产 3.1MPa 等级的透平氧压机安全可靠，价格低，且外压缩流程能耗低。加之外压缩流程变负荷性好，调节灵活。

冶金型空分是否选择内压缩流程的依据归纳起来有以下四点：

（1）液态产品的需求。钢铁企业氧气厂除了保证冶炼及轧钢用气外，满足市场的需求，其经济效益十分可观。采用内压缩流程可以实现在不增加投资的前提下为市场供应更多的液态产品。据对某些钢铁企业氧气厂的统计，市场对液态产品的需求量已达到20%以上氧产量。在这种情况下，应该采用内压缩流程。

外压缩流程由于膨胀机低压膨胀制冷，其制冷量有限，因而限制了液态产品的产量，通常液态产品的总量低于5%氧产量，最高可达8%氧产量。而内压缩流程气体工质中压膨胀单位制冷量大所以可以生产更多的液态产品，通常可达到20%氧产量。正因如此，在流程选择时，当液态产品的产量低于8%时，首选外压缩流程。当液态产品8%以上时选内压缩流程。

（2）电费的高低。因内压缩流程的能耗比外压缩流程能耗高5%～7%。由计算得出：对于 20000m³/h 以上的大型空分而言，电费增加 0.1 元/(kW·h)，每年运行费用增加人民币达百万元以上，因此电费高的地区应考虑选择外压缩流程。

（3）占地面积大小。当场地面积较小（例如山区），在这种情况下，应选择内压缩流程。因节省了压氧、压氮厂房，使整套空分装置用地面积约减少1/3。空压机与增压机一体一拖二，占地面积并不增加。

（4）氩提取率高。由于内压缩流程膨胀后空气进入下塔，这可以进一步提高氩提取率，外压缩流程氩提取率达70%～83%，内压缩流程氩提取率可达90%以上。

关于炼铁用氧的空分流程的选择。绪论已阐述炼铁用氧的需要量越来越大，且所需要的氧纯度只有23%～25%，所以主要为高炉配套的空分流程的选择就提到了议事日程。有的厂采用 PSA 法制氧机，但受产氧量所限。采用低温法制氧机，是采用与炼钢配套的纯氧制氧机，还是采用富氧（90%O_2）的制氧机的问题目前国内、外均受关注。

就低温法制氧而言，显而易见，氧纯度越低制氧电耗越少。因纯度越低越容易分离，其分离功越小。法液空公司提供的纯度与制氧能耗系数的关系见图 11-32。

从图 11-32 可见，制氧能耗系数随氧纯度的降低而下降。从纯度98%开始下降的趋势变缓。制取 99.6% 纯氧的能耗系数为 1，则制取95%纯度的氧气的能耗系数为 0.864，制取90%纯度氧气的能耗系数为 0.842。

另一方面，氧气的纯度越低，压送氧气量越大能耗越高。若同样以输送 99.6% 纯氧的压氧能耗系数为 1，经计算则压送纯度 95%的氧气的压氧能耗系数为 1.048，压送纯度90%的氧气的压氧能耗系数为 1.107。就制氧和压氧的综合能耗系数而言，仍以生产纯氧99.6%O_2 的综合能耗系数为 1，则生产纯度为95%氧气的综合能耗系数为 0.9055；生产纯度为90%的氧气的综合能耗系数为 0.9321。

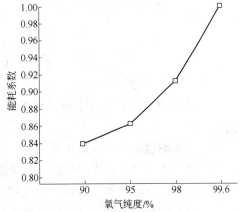

图 11-32　氧气纯度与制氧能耗系数关系示意图

据报道对年产 400 万 t 铁的高炉用氧，以制氧电耗 0.4kW·h/m³，压氧电耗 0.13kW·h/m³，按电价 0.5 元/(kW·h) 计算，生产 95% 的富氧比生产 99.6% 纯氧年节约电费 332.6 万元，折合吨铁成本下降 0.83 元。从上述的分析可以得出：用低温法生产 95% 纯度的富氧供炼铁用氧是最经济的。

但是低纯度的氧气，既不能用于炼钢，也不能供应市场，所以对于气体的统一供应，优化分配是不利的。因此大多数钢铁企业仍选用纯氧制氧机供炼铁用氧。为了降低炼铁用氧的能耗，在主要供炼铁用氧的空分装置中，将生产纯氧的精馏塔设计成既能生产纯氧也能生产 95% 富氧的精馏塔，必要时以 95% 富氧供应高炉。由于外压缩流程变负荷、可调节和操作性均比内压缩流程好，所以供炼铁用氧的空分流程应为外压缩流程。

对于流程的选择在满足用户对于产品和纯度需求的前提下，并无绝对的优劣。用户常常是在投资及长期的运转费用两者之间进行抉择。林德公司在 2000 年第 62 期《林德科技报告》中一篇名为"特定用途空分装置最佳化"的论文中给出了一个经验判断式 (11-16)：

$$N_{pv} = C \cdot T \cdot \frac{1+P}{1+R} \cdot \frac{1 - \left(\frac{1+P}{1+R}\right)^N}{1 - \frac{1+P}{1+R}} \tag{11-16}$$

式中　N_{pv}——净现值，马克；

　　　C——电费，马克/(kW·h)；

　　　T——装置运转时间；

　　　R——年收益率；

　　　P——年通货膨胀率；

　　　N——可使用时间，年。

将式中的马克用人民币元来代替。

设：电费：$C = 0.6$ 元/(kW·h)

　　装置运转时间：$T = 8000h$

　　年收益率：$R = 10\%$

　　年通货膨胀率：$P = 3\%$ （假定值）

　　可使用时间：$N = 10$ 年

$$N_{pv} = 0.6 \times 8000 \times \frac{1+0.03}{1+0.10} \times \frac{1 - \left(\frac{1+0.03}{1+0.10}\right)^{10}}{1 - \frac{1+0.03}{1+0.10}} = 34033 (\text{元})$$

计算结果表明，为了每小时节约 1 度电，制氧机一次性投资增加 34033 元以下是合算的。

低温空分制氧设备通常采用针对性设计，流程是多样化的。不存在某种流程是先进的，另一种流程是落后的绝对说法。选择低温法空分设备，首先根据本企业的需要和周边市场的调研分析，确定氧气含量、氧气终压、气液化等参数后，选择能够满足本企业需要，投资省、运行费用低、投入产出好的流程就是最适宜的流程，以此所制造出的空分设备就是用户最为满意的制氧机。

11.8 流程设计计算

11.8.1 设计计算方法

空分装置的流程设计是空分装置设计制造的基础。流程设计的目的是根据设计任务书的要求，进行多方案的流程计算，筛选确定流程中各点的工艺参数和工作介质的流量，计算各单元设备的热负荷，作为单元设备、部机设计依据，同时计算出空分装置的经济指标（能耗），以判断所组织流程的经济性。

流程设计计算的依据是物料平衡、组分平衡及冷量平衡。设计步骤是（1）先组织原理流程；（2）选择原始参数；（3）确定主要点性能参数；（4）由物料平衡计算出各点的物流量；（5）由装置冷量平衡求出膨胀量；（6）确定换热单元设备的热负荷及进、出口参数；（7）计算主要的技术经济指标。

一套空分装置是由多个系统许多机器及设备所组成的。在拟定原理流程及选择原始参数时应考虑安全性、先进性、经济性和可行性。在计算时应以气体液化原理及空气分离理论为依据，而且应该充分吸收以往的生产实践和科学实践的数据总结，才能得出可信的流程计算结果。

当代空分的流程设计计算均由 Aspen plus 软件进行计算。杭氧还自行开发了内压缩流程计算模块，对中压换热器进行优化设计计算。Aspen plus 软件本身带有 Air separation 模块，用于空分流程的模拟计算。在空分计算模块中物性参数的计算，采用 Peng-Robinson 状态方程求解物质的熵、焓、逸度系数（K 值）、吉布斯自由能、温度、压力、体积等热力学参数和物质的迁移性。

Peng-Robinson 状态方程式：

$$p = \frac{RT}{V-b} - \frac{a}{V(V+b)+b(V-b)} \tag{11-17}$$

$$b = 0.107780 R T_c / p_c$$

$$a = \alpha(T) 0.45724 R^2 T_c^2 / p_c^2$$

$$\alpha(T) = [1 + m(1 - T_r^{0.5})]^2$$

$$m = 0.37464 + 1.54226\omega - 0.26992\omega^2$$

采用的混合规则是：

$$b = \sum x_i b_i$$

$$a = \sum\sum x_i x_j (a_i a_j)^{0.5}(1 - K_{ij})$$

式中　p——压力，Pa；

　　　V——摩尔体积，m^3/mol；

　　　T——温度，K；

　　　T_c——临界温度，K；

　　　T_r——对比温度，T/T_c；

　　　p_c——临界压力，Pa；

    a，b——参数；

     R——气体常数；

     x——液相浓度，mol/m^3；

    K_{ij}——二元相互作用系数，无因次；

    ω——偏正因子。

    在进行流程的手工计算时，热力参数需要通过查热力性质图如本书后的附图（空气 T-S 图、氧 T-S 图、氮 T-S 图及 T-p-h-x-y）来确定。显然，查图的误差大，而且图表多为二元组分图，计算的准确性差，而且计算需要时间长，但对于了解流程中各参数之间的内在关系是有帮助的。同时对考核和评价制氧机是适用的和有参考价值的。

11.8.2 流程计算举例

11.8.2.1 外压缩流程计算举例

    下面是外压缩 $20000m^3/h$ 空分装置的流程计算。其计算采用查图和手工计算方法。

    为了流程计算的结果能够对比，通常是以 $1m^3$（标）加工空气为基准。记作 $1m^3A$。

    设计计算的步骤如下：（1）选择原始参数；（2）画出原理流程图，确定和计算主要点的状态参数；（3）由物料平衡计算出各点的物流量；（4）由装置的冷量平衡求出膨胀量；（5）由各换热单元设备的热量平衡确定其热负荷及进、出口参数；（6）计算主要技术经济指标；（7）参数汇总。

    A 原理流程图及设计参数

    （1）产品产量和纯度。

氧产量 $V'_{O_2} = 20000m^3/h$

氧纯度 $y_{O_2} = 99.6\% \, O_2$

氮产量 $V'_{CN_2} = 18000m^3/h$

氮纯度 $y_{CN_2} = 99.999\% \, N_2$

平均氮纯度 $\bar{y}_{N_2} = 98.8\% \, N_2$

液空纯度 $x_{LK} = 38\% \, O_2$

污液氮纯度 $x_{WN} = 98.4\% \, N_2$

纯液氮纯度 $x_{CN} = 99.999\%$

氧产量与氮产量之比 $V'_{O_2} : V'_{N_2} = 1 : 0.9$

    （2）温度及温差。

空气进主换热器温度 $T_1 = 288K$

空气出主换热器冷端温度 $T_2 = 100K$

中抽温度（进膨胀机温度）$T_3 = 183K$

主换热器热端温差：

空气与污氮温差 $\Delta T_{1-8} = 2K$

空气与氧气 $\Delta T_{1-13} = 2K$

空气与纯氮 $\Delta T_{1-11} = 2K$

主换热器冷端温差：

空气与污氮　　　　　　　　$\Delta T_{2\text{-}7} = 6\mathrm{K}$

空气与氮气　　　　　　　　$\Delta T_{2\text{-}10} = 6\mathrm{K}$

空气与氧气　　　　　　　　$\Delta T_{2\text{-}12} = 9\mathrm{K}$

冷凝蒸发器　　　　　　　　$\Delta T_{\mathrm{C}} = 1.6\mathrm{K}$

（3）跑冷损失及其分配。

总跑冷损失　　　　　　　　　　　　$q_3 = 4.00\mathrm{kJ/m^3 A}$

上塔及冷凝蒸发器跑冷损失　$q_{\mathrm{s}} = 1.75\mathrm{kJ/m^3 A}$

下塔跑冷损失　　　　　　　　　　　$q_{\mathrm{t}} = 0.75\mathrm{kJ/m^3 A}$

主换热器跑冷损失　　　　　　　　　$q_{\mathrm{E}} = 1.30\mathrm{kJ/m^3 A}$

过冷器跑冷损失　　　　　　　　　　$q_{\mathrm{g}} = 0.20\mathrm{kJ/m^3 A}$

（4）阻力与压力。

主换热器正流空气阻力　　　$\Delta p_{1\text{-}2} = 10\mathrm{kPa}$

污氮通过主换热器阻力　　　$\Delta p_{7\text{-}8} = 15\mathrm{kPa}$

氧气通过主换热器阻力　　　$\Delta p_{12\text{-}13} = 13\mathrm{kPa}$

纯氮气通过主换热器阻力　　$\Delta p_{10\text{-}11} = 13\mathrm{kPa}$

中抽经过主换热器阻力　　　$\Delta p_{3\text{-}4} = 5\mathrm{kPa}$

辅塔阻力　　　　　　　　　$\Delta p_{\mathrm{F}} = 1\mathrm{kPa}$

上塔阻力　　　　　　　　　$\Delta p_{\mathrm{s}} = 4\mathrm{kPa}$

下塔阻力　　　　　　　　　$\Delta p_{\mathrm{t}} = 10\mathrm{kPa}$

过冷器氮侧　　　　　　　　$\Delta p_{\mathrm{g}} = 2\mathrm{kPa}$

污氮进分子筛纯化器的压力　$p_{\mathrm{WN}} = 120\mathrm{kPa}$

空气通过纯化器阻力　　　　$\Delta p_{\mathrm{M}} = 10\mathrm{kPa}$

空气通过空冷塔阻力　　　　$\Delta p_{\mathrm{KC}} = 10\mathrm{kPa}$

氧氮产品出塔压力　　　　　$p_0 = 102\mathrm{kPa}$

（5）物流损失。

$$\Delta V = 0.4\%$$

（6）机器效率。

空压机等温效率　　　　　　$\eta_T = 0.70$

空压机机械效率　　　　　　$\eta_{\mathrm{m}} = 0.98$

透平膨胀机绝热效率　　　　$\eta_s = 0.85$

增压机效率　　　　　　　　$\eta_{\mathrm{B}} = 0.62$

冷凝蒸发器液氧液面　　　　$H_{\mathrm{LO_2}} = 1.4\mathrm{m}$

计算原理流程图见图 11-33。

B　计算主要点的状态参数

（1）污氮出上塔压力。

$$p_6 = p_8 + \Delta p_{7\text{-}8} + \Delta p_{\mathrm{g}} = 120 + 15 + 2 = 137(\mathrm{kPa})$$

（2）辅塔顶部压力。

$$p_9 = p_6 - \Delta p_{\mathrm{F}} = 137 - 1 = 136(\mathrm{kPa})$$

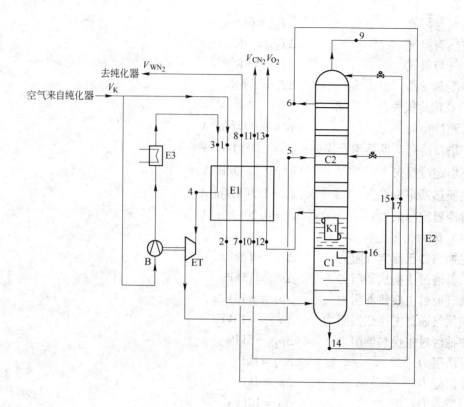

图 11-33　20000m³/h 空分原理流程图

E1—主换热器；E2—过冷器；E3—增压后冷却器；C1—下塔；

C2—上塔；B—增压机；ET—膨胀机；K1—冷凝蒸发器

（3）上塔底部压力。

$$p_{12} = p_6 + \Delta p_s = 137 + 4 = 141(\text{kPa})$$

（4）液氧底部压力。

主冷液氧面温度：由 $p_{12} = 141\text{kPa}$、$x_{O_2} = 99.6\%$，查氧-氮混合物的 $T\text{-}p\text{-}h\text{-}x\text{-}y$ 图得

$$T_{12} = 93.6\text{K}$$

液氧液面高度：　　$H_{O_2} = 1.4\text{m}$

液氧平均密度：　　$\rho_{LO_2} = 1130\text{kg/m}^3$

液氧底部压力：

$$p_{LO_2} = p_{12} + 98.0665 \times 10^{-4}\rho_{LO_2}H_{O_2}$$

$$= 141 + 98.0665 \times 10^{-4} \times 1130 \times 1.4$$

$$= 156.51(\text{kPa})$$

液氧底部温度：由 $p_{LO_2} = 156.51\text{kPa}$、$x_{O_2} = 99.6\%$，查 $T\text{-}p\text{-}h\text{-}x\text{-}y$ 图得

$$T_{LO_2}^{\text{m}} = 94.4\text{K}$$

（5）液氧平均温度。

$$T_{LO_2}^{\text{m}} = (T_{12} + T_{LO_2})/2 = (93.6 + 94.4)/2 = 94(\text{K})$$

冷凝蒸发器氮侧冷凝温度

$$T_{\mathrm{C}} = T_{\mathrm{LO_2}}^{\mathrm{m}} + \Delta T_{\mathrm{C}} = 94 + 1.6 = 95.6(\mathrm{K})$$

（6）下塔顶部压力。

根据 $T_{\mathrm{C}} = 95.6\mathrm{K}$、$y_{\mathrm{CN}} = 99.999\%$，查氧、氮混合物 $T\text{-}p\text{-}h\text{-}x\text{-}y$ 图得

$$p_{\mathrm{td}} = 554\mathrm{kPa}$$

（7）下塔底部压力。

$$p_{\mathrm{tb}} = p_{\mathrm{td}} + \Delta p_{\mathrm{t}} = 554 + 10 = 564(\mathrm{kPa})$$

（8）空气进主换热器压力。

$$p_{\mathrm{E}} = p_{\mathrm{tb}} + \Delta p_{\mathrm{1\text{-}2}} = 564 + 10 = 574(\mathrm{kPa})$$

（9）空压机排压。

$$p_{\mathrm{COMK}} = p_{\mathrm{E}} + \Delta p_{\mathrm{M}} + \Delta p_{\mathrm{KC}} = 574 + 10 + 10 = 594(\mathrm{kPa})$$

C 装置总物料平衡

（1）单位氧产量。

$$V_{\mathrm{O_2}} = \frac{\overline{y}_{\mathrm{N_2}} - y_{\mathrm{K}}^{\mathrm{N}}}{\overline{y}_{\mathrm{N_2}} - y_{\mathrm{O_2}}^{\mathrm{N}}} = \frac{98.8 - 79.1}{98.8 - 0.4} = 0.20(\mathrm{m^3/m^3 A})$$

（2）单位氮产量。

$$V_{\mathrm{CN_2}} = 0.20 \times 0.9 = 0.18(\mathrm{m^3/m^3 A})$$

（3）污氮量。

$$V_{\mathrm{WN_2}} = 1 - V_{\mathrm{O_2}} - V_{\mathrm{CN_2}} = 1 - 0.2 - 0.18 = 0.62(\mathrm{m^3/m^3 A})$$

（4）污氮纯度。

$$y_{\mathrm{WN_2}}^{\mathrm{N}} = \frac{(1 - v_{\mathrm{O_2}}) y_{\mathrm{WN_2}}^{\mathrm{N}} - V_{\mathrm{N_2}} y_{\mathrm{CN_2}}^{\mathrm{N}}}{V_{\mathrm{WN_2}}} = \frac{0.8 \times 98.8\% - 0.18 \times 99.999\%}{0.62} = 98.45\%$$

校核：$V_{\mathrm{O_2}} y_{\mathrm{O_2}}^{\mathrm{N}} + V_{\mathrm{CN_2}} y_{\mathrm{CN_2}}^{\mathrm{N}} + V_{\mathrm{WN_2}} y_{\mathrm{WN_2}}^{\mathrm{N}} = 0.2 \times 0.4\% + 0.18 \times 99.999\% + 0.62 \times 98.45\% = 79.12\%$ 与空气中含氮量 79.1% 相符。

D 装置总热量平衡

（1）等温节流效应。

$$\Delta H_T = Mc_p \Delta T = Mc_p \left[\frac{a}{98.0665} - \frac{b}{(98.0665)^2} p_{\mathrm{E}} \right] \left(\frac{273}{T} \right)^2 (p_{\mathrm{E}} - p_0)$$

$$= 28.95 \times 1.009 \times \left[\frac{0.268}{98.0665} - \frac{0.00086}{(98.0665)^2} \times 574 \right] \times \left(\frac{273}{288} \right)^2 \times (574 - 102)$$

$$= 33.20(\mathrm{kJ/kmol})$$

（2）总跑冷损失。

$$Q_3 = 22.4 V_{\mathrm{K}} q_3 = 22.4 \times 1 \times 4 = 89.6(\mathrm{kJ/kmol})$$

（3）复热不足冷损。

$$Q_2 = 22.4(V_{O_2}\rho_{O_2}c_{pO_2}\Delta T_{1-13} + V_{CN_2}\rho_{N_2}c_{pN_2}\Delta T_{1-11} + V_{WN_2}\rho_{N_2}c_{pN_2}\Delta T_{1-8})$$

$$= 22.4 \times (0.2 \times 1.429 \times 0.9127 \times 2 + 0.18 \times 1.251 \times$$

$$1.0467 \times 2 + 0.62 \times 1.251 \times 1.0467 \times 2)$$

$$= 58.61(kJ/kmol)$$

（4）膨胀机单位制冷量及膨胀量。

取增压比　　　$\dfrac{p_3}{p_1} = 1.6$

膨胀前压力　　$p_4 = p_3 - \Delta p_{3-4} = 1.6p_1 - \Delta p_{3-4} = 1.6 \times 574 - 5 = 913.4(kPa)$

膨胀后压力　　$p_5 = 139kPa$

膨胀前温度　　$T_4 = 183K$

$$Q_{PK} = V_{PK}\Delta h_s\eta_s = V_{PK}(h_4 - h_{5s})\eta_s = V_{PK}\Delta h_{PK}$$

由 $p_4 = 913.4kPa$，$T_4 = 183K$，查空气 $T\text{-}S$ 图得：

$$h_4 = 10011.10kJ/kmol \qquad h_{5s} = 8025kJ/kmol$$

$$\Delta h_{PK} = (h_4 - h_{5s})\eta_s = (10011.10 - 8025.00) \times 0.85 = 1688.18(kJ/kmol)$$

$$T_5 = 118K$$

膨胀量：由装置冷量平衡式

$$Q_{PK} + \Delta H_T = Q_2 + Q_3$$

$$V_{PK}\Delta h_{PK} = (Q_2 + Q_3) - \Delta H_T$$

$$V_{PK} = \frac{Q_2 + Q_3 - \Delta H_T}{\Delta h_{PK}} = \frac{89.6 + 58.61 - 33.20}{1688.18} = \frac{115.01}{1688.18} = 0.0681$$

校核：由增压比的经验公式

令　　　　　　　　　　　　　　$V_{PK} = V_B$

$$\frac{p_3}{p_1} = \left(3.23\frac{Q_{PK}\eta_B}{V_B T_B} + 1\right)^{3.5}$$

$$= \left(3.23\frac{V_{PK}\Delta h_{PK}\eta_B}{V_B T_B} + 1\right)^{3.5} = \left(3.23\frac{\Delta h_{PK}\eta_B}{T_B} + 1\right)^{3.5}$$

$$= \left(\frac{1688.18 \times 0.72}{4.18 \times 22.4 \times 288} \times 3.23 + 1\right)^{3.5} = 1.6079$$

增压比与假设值完全吻合。

（5）膨胀机制冷量占总冷量比例。

$$\frac{Q_{PK}}{Q_{PK} + \Delta H_T} = \frac{V_{PK}\Delta h_{PK}}{V_{PK}\Delta h_{PK} + \Delta H_T} = \frac{0.0681 \times 1688.18}{0.0681 \times 1688.18 + 33.20} = \frac{115.01}{148.21} = 77.6\%$$

（6）跑冷损失占总冷损比例。

$$\frac{Q_3}{Q_2 + Q_3} = \frac{89.6}{89.6 + 58.61} = 0.6045 = 60.45\%$$

E 主换热器热平衡

（1）参数（图 11-34）。

物料量 $\qquad V_{O_2} = 0.2 \, \mathrm{m^3/m^3 A}$

$$V_{CN_2} = 0.18 \, \mathrm{m^3/m^3 A}$$

$$V_{WN_2} = 0.62 \, \mathrm{m^3/m^3 A}$$

$$V_{PK} = 0.0681 \, \mathrm{m^3/m^3 A}$$

$$V_K = 1 \, \mathrm{m^3/m^3 A}$$

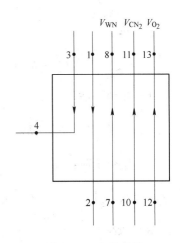

图 11-34 主换热器

按空气的 T-S 图查出：

$$p_1 = 574 \mathrm{kPa}, \quad T_1 = 288 \mathrm{K}, \quad h_1 = 13230.29 \mathrm{kJ/kmol};$$

$$p_2 = 564 \mathrm{kPa}, \quad T_2 = 100 \mathrm{K}, \quad h_2 = 7473.44 \mathrm{kJ/kmol};$$

$$p_3 = 918.4 \mathrm{kPa}, \quad T_3 = 288 \mathrm{K}, \quad h_3 = 13272.16 \mathrm{kJ/kmol};$$

$$p_4 = 913.4 \mathrm{kPa}, \quad T_4 = 183 \mathrm{K}, \quad h_4 = 10011.10 \mathrm{kJ/kmol}。$$

按氮的 T-S 图查出：

$$p_7 = 133 \mathrm{kPa}, \quad T_7 = 95 \mathrm{K}, \quad h_7 = 7607.42 \mathrm{kJ/kmol};$$

$$p_8 = 120 \mathrm{kPa}, \quad T_8 = 286 \mathrm{K}, \quad h_8 = 13188.42 \mathrm{kJ/kmol};$$

$$p_{10} = 134 \mathrm{kPa}, \quad T_{10} = 95 \mathrm{K}, \quad h_{10} = 7599.04 \mathrm{kJ/kmol};$$

$$p_{11} = 121 \mathrm{kPa}, \quad T_{11} = 286 \mathrm{K}, \quad h_{11} = 13209.35 \mathrm{kJ/kmol}。$$

按氧的 T-S 图查出：

$$p_{12} = 141 \mathrm{kPa}, \quad T_{12} = 93.6 \mathrm{K}(饱和), \quad h_{12} = 7535.24 \mathrm{kJ/kmol};$$

$$p_{13} = 128 \mathrm{kPa}, \quad T_{13} = 286 \mathrm{K}, \quad h_{13} = 13209.35 \mathrm{kJ/kmol}。$$

主换热器的跑冷损失：

$$Q_E = 22.4 q_E = 22.4 \times 1.3 = 29.12 (\mathrm{kJ/kmol})$$

（2）主换热器热平衡。

$$V_{PK}(h_3 - h_4) + (1 - V_{PK})(h_1 - h_2) + Q_E = V_{O_2}(h_{12} - h_{13}) + V_{CN_2}(h_{11} - h_{10}) + V_{WN_2}(h_8 - h_7)$$

$$V_{PK} = \frac{V_{O_2}(h_{12} - h_{13}) + V_{CN_2}(h_{11} - h_{10}) + V_{WN_2}(h_8 - h_7) - (1 - V_{PK})(h_1 - h_2) - Q_E}{(h_3 - h_4) - (h_1 - h_2)}$$

$$= \frac{0.2 \times (13209.35 - 7535.24) + 0.18 \times (13209.35 - 759904) + 0.62 \times (13188.42 - 7607.42) - 1 \times (13230.29 - 7473.44) - 29.12}{(13272.16 - 10011.10) - (13230.29 - 7473.44)}$$

$$= \frac{1134.82 + 1021.15 + 3460 - 5756.85 - 29.12}{3261.06 - 5756.85}$$

$$= 0.06803 (\mathrm{m^3/m^3 A})$$

（3）热负荷。

氧层热负荷：

$$q_{O_2} = \frac{1}{22.4}V_{O_2}(h_{12} - h_{13}) = \frac{1}{22.4} \times 0.2(13209.35 - 7535.24) = 50.66(kJ/m^3 A)$$

纯氮层热负荷：

$$q_{CN_2} = \frac{1}{22.4}V_{CN_2}(h_{11} - h_{10}) = \frac{1}{22.4} \times 0.18(13209.35 - 759904) = 45.59(kJ/m^3 A)$$

污氮层热负荷：

$$q_{WN_2} = \frac{1}{22.4}V_{WN_2}(h_8 - h_7) = \frac{1}{22.4} \times 0.62(13188.42 - 7607.42) = 154.46(kJ/m^3 A)$$

（4）校核。

主换热器热负荷：

$$q_r = \frac{1}{22.4}(V_K - V_{PK})(h_1 - h_2) + \frac{1}{22.4}V_{PK}(h_3 - h_4) + q_E$$

$$= \frac{1}{22.4}(1 - 0.06803) \times (13230.29 - 7473.44) + \frac{1}{22.4} \times$$

$$0.06803 \times (13272.16 - 10011.10) + 1.3$$

$$= 239.52 + 9.9 + 1.3$$

$$= 249.72(kJ/m^3 A)$$

$$q_r = q_{O_2} + q_{CN_2} + q_{WN_2} = 50.66 + 45.59 + 154.46 = 250.71(kJ/m^3 A)$$

结果吻合，计算正确。

F　下塔的物料平衡和热量平衡

（1）物料平衡和组分平衡。

$$V_K = V_{PK} + V_{LK} + V_{LN_2}$$

$$V_K y_K^N = V_{PK} y_K^N + V_{LK} x_{LK} + V_{LN_2} x_{LN_2}$$

由上两式得：

$$V_{LN_2} = \frac{(1 - V_{PK})y_K^N - x_{LK} + V_{PK} \cdot x_{LK}}{x_{LN_2}^N - x_{LK}^N}$$

$$= \frac{(1 - 0.0681) \times 79.1 - 62 + 0.0681 \times 62}{99.999 - 62}$$

$$= 0.419(m^3/m^3 A)$$

$$V_{LK} = 1 - V_{PK} - V_{LN_2}$$

$$= 0.5129(m^3/m^3 A)$$

校核：

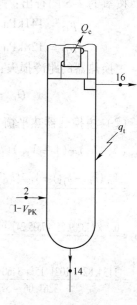

图 11-35　下塔

$$V_{LK}x_{LK}^{N} + V_{LN_2}x_{LN_2}^{N} + V_{PK}y_{K}^{N} = 0.5129 \times 62 + 0.419 \times 99.999 + 0.0681 \times 0.791$$

$$= 79.09$$

$$V_{K}y_{K}^{N} = 1 \times 79.1 = 79.1$$

（2）热量平衡。

各点参数，由 $T\text{-}p\text{-}h\text{-}x\text{-}y$ 图查得

$$p_{14} = 564\text{kPa}, \quad x_{LK}^{N} = 62\% \, N_2, \quad\quad h_{14} = 5828.026\text{kJ/kmol};$$

$$p_{16} = 554\text{kPa}, \quad x_{LN_2}^{N} = 99.999\% \, N_2, \quad h_{16} = 3705.318\text{kJ/kmol}。$$

空气 $T\text{-}S$ 图与 $T\text{-}p\text{-}h\text{-}x\text{-}y$ 图相差 2512.08kJ/kmol，

$$h_2 = 7473.44 + 2512.08 = 9985.52(\text{kJ/kmol})$$

下塔热平衡：

$$(1 - V_{PK})h_2 + 22.4V_{K}q_t = V_{LK}h_{14} + V_{LN_2}h_{16} + Q_c$$

$$Q_c = (1 - V_{PK})h_2 + 22.4V_{K}q_t - V_{LK}h_{14} + V_{LN_2}h_{16}$$

$$= (1 - 0.0681) \times 9985.52 + 22.4 \times 1 \times 0.75 -$$

$$0.5129 \times 5828.026 - 0.419 \times 3705.318$$

$$= 4780.58(\text{kJ/kmol})$$

$$q_c = \frac{Q_c}{22.4} = \frac{4780.58}{22.4} = 213.42(\text{kJ/m}^3\text{A})$$

G　过冷器热平衡计算

（1）各点参数。

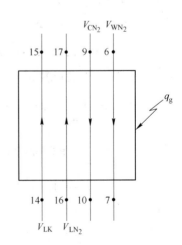

图 11-36　过冷器

$$V_{WN_2} = 0.62\text{m}^3/\text{m}^3\text{A} \quad\quad V_{CN_2} = 0.18\text{m}^3/\text{m}^3\text{A}$$

$$V_{LK} = 0.5129\text{m}^3/\text{m}^3\text{A} \quad\quad V_{LN_2} = 0.419\text{m}^3/\text{m}^3\text{A}$$

由氮的 $T\text{-}S$ 图查得：

$$p_7 = 133\text{kPa}, \quad T_7 = 94\text{K}, \quad\quad h_7 = 7607.42\text{kJ/kmol};$$

$$p_6 = 137\text{kPa}, \quad T_6 = 80\text{K(饱和)}, \quad h_6 = 7117.56\text{kJ/kmol};$$

$$p_{10} = 134\text{kPa}, \quad T_{10} = 94\text{K}, \quad\quad h_{10} = 7599.04\text{kJ/kmol};$$

$$p_9 = 136\text{kPa}, \quad T_9 = 79\text{K(饱和)}, \quad h_9 = 7109.19\text{kJ/kmol}。$$

液空按平均温度 $T = 96\text{K}$，液空比热容 $c_{pLK} = 2.1353\text{kJ/(kg·K)}$

液空密度　$\rho_{LK} = 0.38\rho_{O_2} + 0.62\rho_{N_2} = 0.38 \times 1.429 + 0.62 \times 1.251 = 1.319 \, (\text{kg/m}^3)$

液氮按平均温度 $T = 94\text{K}$，液氮的比热容 $c_{pLN_2} = 2.16\text{kJ/(kg·K)}$，$\rho_{N_2} = 1.251\text{kg/m}^3$

设液氮过冷度 $\Delta T_{LN_2} = 5\text{K}$

（2）热平衡。

$$V_{LK}\rho_{LK}c_{pLK}\Delta T_{LK} + V_{LN_2}\rho_{N_2}c_{pLN_2}\Delta T_{LN_2} + V_K q_g$$

$$= \frac{1}{22.4}V_{WN_2}(h_7 - h_6) + \frac{1}{22.4}V_{CN_2}(h_{10} - h_9)$$

$$\Delta T_{LK} = \frac{\frac{1}{22.4}V_{WN_2}(h_7 - h_6) + \frac{1}{22.4}V_{CN_2}(h_{10} - h_9) - V_{LN_2}\rho_{N_2}c_{pLN_2}\Delta T_{LN_2} - V_K q_g}{V_{LK}\rho_{LK}c_{pLK}}$$

$$= \frac{\frac{1}{22.4}\times 0.62(7607.42 - 7117.56) + \frac{1}{22.4}\times 0.18(7599.04 - 7109.9) - 0.419\times 1.251\times 2.16\times 5 - 1\times 0.2}{0.5129\times 1.319\times 2.1353}$$

$$= 8(K)$$

$$T_{15} = T_{14} - \Delta T_{LK} = 100 - 8 = 92(K)$$

（3）过冷后液空和液氮的焓值。

过冷后液空的焓值

$$h_{15} = h_{14} - 22.4c_{pLK}\rho_{LK}\Delta T_{LK} = 5828.026 - 22.4\times 2.1353\times 1.319\times 8 = 5323.31(kJ/kmol)$$

过冷后液氮的焓值

$$h_{17} = h_{16} - 22.4c_{pLN_2}\rho_{N_2}\Delta T_{LN_2} = 3705.318 - 22.4\times 2.16\times 1.251\times 5 = 3255.36(kJ/kmol)$$

过冷后液氮的温度

$$T_{17} = T_{16} - \Delta T_{LN_2} = 95.6 - 5 = 90.6(K)$$

（4）过冷器的热负荷。

$$q_{CL} = V_{LK}\rho_{LK}c_{pLK}\Delta T_{LK} + V_{LN_2}\rho_{N_2}c_{pLN_2}\Delta T_{LN_2} + V_K q_g$$

$$= 0.5129\times 1.319\times 2.1353\times 8 + 0.419\times 1.251\times 2.16\times 5 + 0.2$$

$$= 17.42(kJ/m^3 A)$$

$$q_{CL} = \frac{1}{22.4}V_{WN_2}(h_7 - h_6) + \frac{1}{22.4}V_{CN_2}(h_{10} - h_9)$$

$$= \frac{1}{22.4}\times 0.62(7607.42 - 7117.56) + \frac{1}{22.4}V_{CN_2}(7599.04 - 7109.9)$$

$$= 17.44(kJ/m^3 A)$$

H　上塔热平衡计算

（1）各点参数。

各点的焓值均以氧-氮混合物的 T-p-h-x-y 图为准。

$$p_6 = 137kPa,\quad y_{CN_2}^N = 98.45\% N_2,\quad h_6 = 8164.26kJ/kmol;$$

$$h_9 = 136kPa,\quad y_{CN_2}^N = 99.999\% N_2,\quad h_9 = 8080.52kJ/kmol;$$

$$h_{12} = 141kPa,\quad y_{O_2} = 99.6\% O_2,\quad h_{12} = 15281.82kJ/kmol;$$

$$h_{15} = 139kPa,\quad x_{LK} = 62\% N_2,\quad h_{15} = 5323.31kJ/kmol;$$

$$h_{17} = 136kPa,\quad x_{LN_2} = 99.999\% N_2,\quad h_{17} = 3255.36kJ/kmol。$$

以空气 T-S 图查出：

$p_5 = 139\text{kPa}, \quad T_5 = 118\text{K}, \quad h_5' = 8310.80(\text{kJ/kmol})$

比 T-p-h-x-y 图小 2512.08kJ/kmol

所以 $h_5 = 8310.80 + 2512.08 = 10822.89(\text{kJ/kmol})$

$$q_s = 1.75\text{kJ/m}^3\text{A}$$

（2）上塔热平衡。

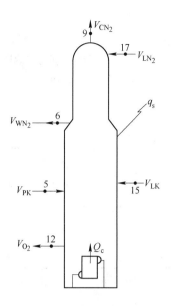

图 11-37　上塔

$Q_c + 22.4V_K q_s + V_{PK}h_5 + v_{LK}h_{15} + V_{LN_2}h_{17}$

$= V_{O_2}h_{12} + V_{CN_2}h_9 + V_{WN_2}h_6$

$Q_c = V_{O_2}h_{12} + V_{CN_2}h_9 + V_{WN_2}h_6 - V_{PK}h_5 -$

$\qquad V_{LK}h_{15} - V_{LN_2}h_{17} - 22.4V_K q_s$

$= 0.2 \times 15281.82 + 0.18 \times 8080.52 + 0.62 \times 8164.26 -$

$\qquad 0.0681 \times 10822.89 - 0.5129 \times 5323.31 -$

$\qquad 0.419 \times 3255.36 - 22.4 \times 1 \times 1.75$

$= 4703.15(\text{kJ/kmol})$

与下塔计算的冷凝蒸发器热负荷误差：

$$\Delta Q_c = \frac{4780.58 - 4703.15}{4780.58} = 0.016 = 1.6\%$$

I　技术经济指标

（1）加工空气量。

$$V_K = \frac{V_{O_2}'}{V_{O_2}} = \frac{20000}{0.2} = 100000(\text{m}^3/\text{h})$$

（2）氮产量。

$$V_{N_2}' = V_K V_{CN_2} = 100000 \times 0.18 = 18000(\text{m}^3/\text{h})$$

（3）空压机排量。

$$V_{COMK} = \frac{V_K}{1 - \Delta v} = \frac{100000}{1 - 0.4\%} = 100402(\text{m}^3/\text{h})$$

（4）氧的提取率。

$$\rho = \frac{V_{O_2} y_{O_2}}{1 \times y_K} = \frac{0.2 \times 99.6}{1 \times 20.9} = 95.3\%$$

（5）能耗。

$$N_{O_2} = \frac{RT\ln\dfrac{p_{COMK}}{p_0}\rho_K V_{COMK}}{\eta_T \eta_M V_{O_2}'}$$

$$= \frac{0.287 \times 303\ln\dfrac{594}{98.0665} \times 1.293 \times 100000}{0.7 \times 0.98 \times 20000}$$

$$= 1475.17(\text{kJ/m}^3\text{O}_2)$$

式中 R——空气的气体常数；

p_{COMK}——空压机排压，kPa；

T——吸气温度，T；

p_0——吸气压力，kPa；

ρ_K——空气密度，kg/m^3；

V_{COMK}——空压机排量，m^3/h；

η_T——空压机等温效率，%；

η_M——空压机机械效率，%。

J 计算结果

计算结果汇总在表 11-17 和表 11-18。

表 11-17 20000m^3/h 空分物流参数汇总表

物流名称	单位流量/m^3·(m^{3}A)$^{-1}$	总流量/m^3·h^{-1}	物流名称	单位流量/m^3·(m^{3}A)$^{-1}$	总流量/m^3·h^{-1}
氧产量	0.20	20000	液空量	0.5129	51290
氮产量	0.18	18000	液氮量	0.419	41900
污氮量	0.62	62000	加工空气量	1	100000
膨胀量	0.0681	6810	空压机排量	1.004	100400

表 11-18 20000m^3/h 空分设备热负荷及温差汇总表

设 备 名 称		温度/K		温差/K		单位热负荷/kJ·(m^{3}A)$^{-1}$	总热负荷/kW
		热端	冷端	热端	冷端		
主换热器	空 气	288	100			239.52	6653.33
	膨胀空气	288	183			9.90	275.00
	氧 气	286	93.6	2	6.4	50.66	1407.22
	氮 气	286	95	2	5	45.59	1266.39
	污氮气	286	95	2	5	154.46	4290.56
过冷器	液 空	100	92	6	12	11.55	320.83
	液 氮	95.6	90.6	1.6	11.6	5.66	157.22
	氮 气	94	79	1.6	11.6	3.882	107.83
	污氮气	94	80	6	12	13.558	376.61
冷凝蒸发器	氧 侧		94	1.6	1.6	213.42	5928.33
	氮 侧	95.6		1.6	1.6	213.42	5928.33

11.8.2.2 全液体空分计算举例

本计算是采用 Aspen 计算机软件进行计算的，只列出主换热器及膨胀机部分的各节点数据见表 11-19。原理流程如图 11-38 所示。

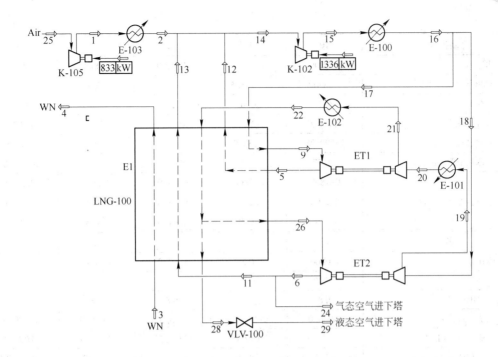

图 11-38　全液体设备原理流程图

E1—主换热器；K-105—空压机；K-102—增压机；E-103—空压机机后冷却器；E-100—增压机后冷却器；

E-101—热膨胀机增压机冷却器；E-102—冷膨胀机增压机冷却器；ET1—热膨胀机；ET2—冷膨胀机

表 11-19　全液体空分流程节点参数表

名　　称	1	2	3	4	5
气体比率	1.0000	1.0000	1.0000	1.0000	1.0000
温度/℃	229.7	40.0*	−175.0*	11.0*	−76.9
压力/MPa	0.6*	0.6	0.0*	0.0	0.6*
摩尔流量/m³·h⁻¹(标)	10800.0*	10800.0	6771.6*	6771.6	10300.0
质量流量/kg·h⁻¹	13958.77	13958.77	8489.60	8489.60	13312.53
实际体积流量/m³·h⁻¹	3006.22	1921.27	1574.48	5046.09	1127.52
基本组分摩尔比率	0.7800*	0.7800	0.9890*	0.9890	0.7800
	0.2100*	0.2100	0.0055*	0.0055	0.2100
	0.0100*	0.0100	0.0055*	0.0055	0.0100

名　　称	6	8	8R	9	9R
气体比率	0.9504	1.0000	1.0000	1.0000	1.0000
温度/℃	−171.5	−86.0	−86.0*	10.0*	10.0*
压力/MPa	0.6	6.7	6.7*	2.8	2.8*
摩尔流量/m³·h⁻¹(标)	8600.0	8600.0	8600.0*	10300.0	10300.0*
质量流量/kg·h⁻¹	11115.32	11115.32	11115.32	13312.53	13312.53
实际体积流量/m³·h⁻¹	403.95	68.62	68.62	367.38	367.38
基本组分摩尔比率	0.7800	0.7800	0.7800*	0.7800	0.7800*
	0.2100	0.2100	0.2100*	0.2100	0.2100*
	0.0100	0.0100	0.0100*	0.0100	0.0100*

名　称	10	11	12	13	14
气体比率	1.0000	0.9504	1.0000	1.0000	1.0000
温度/℃	−86.0*	−171.5	36.8	36.8	38.5
压力/MPa	6.7	0.6	0.5	0.5	0.5
摩尔流量/m³·h⁻¹(标)	10600.0	−200.0	10300.0	−200.0	20900.0
质量流量/kg·h⁻¹	13700.28	−258.50	13312.53	−258.50	27012.81
实际体积流量/m³·h⁻¹	84.57	−9.39	1841.81	−35.76	3757.20
基本组分摩尔比率	0.7800 0.2100 0.0100	0.7800 0.2100 0.0100	0.7800 0.2100 0.0100	0.7800 0.2100 0.0100	0.7800 0.2100 0.0100

名　称	15	16	17	18	19
气体比率	1.0000	1.0000	1.0000	1.0000	1.0000
温度/℃	212.7	40.0*	40.0	40.0	78.7
压力/MPa	2.8	2.8*	2.8	2.8	3.9
摩尔流量/m³·h⁻¹(标)	20900.0	20900.0	10300.0*	10600.0	10600.0
质量流量/kg·h⁻¹	27012.81	27012.81	13312.53	13700.28	13700.28
实际体积流量/m³·h⁻¹	1303.52	828.94	408.52	420.42	348.19
基本组分摩尔比率	0.7800 0.2100 0.0100	0.7800 0.2100 0.0100	0.7800 0.2100 0.0100	0.7800 0.2100 0.0100	0.7800 0.2100 0.0100

名　称	20	21	22	24	25
气体比率	1.0000	1.0000	1.0000	0.9504	1.0000
温度/℃	40.0*	110.3	40.0*	−171.5	20.0*
压力/MPa	3.9	6.8	6.7	0.6	0.0*
摩尔流量/m³·h⁻¹(标)	10600.0	10600.0	10600.0	8800.0*	10800.0
质量流量/kg·h⁻¹	13700.28	13700.28	13700.28	11373.81	13958.77
实际体积流量/m³·h⁻¹	307.68	221.65	177.27	413.35	1.15834e+0.4
基本组分摩尔比率	0.7800 0.2100 0.0100	0.7800 0.2100 0.0100	0.7800 0.2100 0.0100	0.7800 0.2100 0.0100	0.7800 0.2100 0.0100

名　称	27	28	29		
气体比率	1.0000	0.0000	0.0465		
温度/℃	−86.0	−170.0*	−173.4		
压力/MPa	6.7	6.7	0.6*		
摩尔流量/m³·h⁻¹(标)	2000.0*	2000.0	2000.0		
质量流量/kg·h⁻¹	2584.96	2584.96	2584.96		
实际体积流量/m³·h⁻¹	15.96	3.31	7.67		
基本组分摩尔比率	0.7800 0.2100 0.0100	0.7800 0.2100 0.0100	0.7800 0.2100 0.0100		

11.9 能耗计算及节能

11.9.1 能耗计算

由于空分的原料是空气，所以空分的生产成本是由能耗决定的。空分的能耗计算，在空分设计和制造阶段，由于用户的产品需求不同，压送产品的方式各异，所以压氧能耗难以确定。因而设计时，只计算主压缩机能耗。运行的空分装置的实际能耗应该包括各种动力机械的耗功，甚至应该包括空分车间的生活用电。

11.9.1.1 设计时制氧能耗计算

A 外压缩流程

只以空压机能耗计算，计算式为：

$$N_{O_2} = \frac{RT\ln\frac{p_2}{p_1}\rho_K V_{COMK}}{\eta_T \eta_M V_{O_2}} \tag{11-18}$$

式中 N_{O_2}——氧气的单耗，kJ/m^3O_2；

R——空气的气体常数，$0.287kJ/(kg \cdot K)$；

T——空压机的进气温度，K；

p_1——空压机进口压力，MPa；

p_2——空压机出口压力，MPa；

ρ_K——空气密度，$1.293kg/m^3$；

V_{COMK}——空压机排量，m^3/h（标）；

V_{O_2}——氧气产量，m^3/h（标）；

η_T——空压机等温效率，%；

η_M——空压机的机械效率，%。

B 内压缩流程

内压缩流程的原料空气的压缩，经原料空气压缩机及增压机压缩，所以所消耗的功应该是空压机及增压机耗功相加。其制氧能耗的计算式应为：

$$N_{O_2} = (N_C + N_B)/V_{O_2} = \left(\frac{RT\ln\frac{p_2}{p_1} \cdot \rho_K \cdot V_{COMK}}{\eta_T \cdot \eta_M} + \frac{RT\ln\frac{p_3}{p_2}\rho_K \cdot V_B}{\eta_B \cdot \eta_{BM}}\right)\bigg/ V_{O_2} \tag{11-19}$$

式中 N_C——空压机功耗，kJ；

N_B——增压机功耗，kJ；

p_3——增压机排压，MPa；

p_2——增压机入口压力（空压机排压），MPa；

η_B——增压机效率，%；

η_{BM}——增压机机械效率，%；

V_B——增压机气量，m^3/h（标）。

若内、外压缩流程相比较时，外压缩应以三大压缩机的功耗计算（空压机＋氧压机＋

氮压机）；单泵内压缩以三大压机（空压机 + 增压机 + 氮压机）；双泵内压缩以二大压缩机计算（空压机 + 增压机）。

11.9.1.2　实际能耗计算

生产氧气产品的实际功耗应该是全车间（厂）的生产电耗和生活电耗的总电耗再除以氧产量。即：

$$N_{O_2} = \Sigma N_C + \Sigma N_S / V_{O_2} \qquad (11-20)$$

式中　ΣN_C——为总生产用电，kW，$\Sigma N_C = N_K + N_F$；

　　　N_K——主空压机功率；

　　　N_F——辅机功率；

　　　ΣN_S——车间生活用电，kW。

生产总用电量包括所有用电设备，外压缩流程和内压缩流程主要用电设备表见表 11-20。

表 11-20　内、外压缩流程用设备汇总表

系　统	外压缩流程用电设备	内压缩流程的用电设备
空压系统	压缩机电机 油加热器 油　泵	空压机电机 油泵、油加热器 增压机、电机增压气体冷却器 油泵、油加热器
预冷系统	冷冻水泵 常温水泵 冷冻机组	冷冻水泵 常温水泵 冷冻机组
净化系统	电加热器	电加热器
精馏系统	循环氩泵	循环氩泵电机
膨胀机	油箱电加热器 油　泵	油箱电加热器 油　泵
压氧系统	氧压机电机 油　泵 油箱加热器	液氧泵电机
压氮系统	氮压机电机 油　泵 油箱电加热器	液氮泵电机
压氩系统	氩压缩机电机 油泵、油箱电加热器	液氩泵电机

总功耗应根据所有电机输入功率及各电机效率进行计算。

$$N = \sqrt{3} A V \cos\phi / 1000 \qquad (11-21)$$

式中　N——输入电动机端子的功率，kW；

　　　A——输入电流，A；

　　　V——输入电压，V；

　　$\cos\phi$——功率因数。

空气压缩机的功率：

$$N_K = N\eta_e \tag{11-22}$$

式中　η_e——电机效率,%；

　　　N_K——空压机功率，kW。

当空分装置生产多种产品时，应将其他产品的产量折算成氧产品，这样氧的单耗就随之降低，生产氧气的成本也就降低。这时氧气的单耗为折合单耗，其计算式为：

$$N_{O_2} = \frac{\Sigma N}{V_{O_2} + \Sigma\alpha_{j\cdot O_2}V_j} \tag{11-23}$$

式中　V_j——除氧以外其他气体产品，m^3/h；

　　　$\alpha_{j\cdot O_2}$——折算系数。

折算系数可以由空气的各组分分离功求得，氮气折算成氧气的折算系数 $\alpha_{N_2\cdot O_2} = 0.26826$；氩气折算成氧气的折算系数 $\alpha_{Ar\cdot O_2} = 22.527$。

制取液态产品的冷量比气态产品所需的冷量多，例如将 $1m^3$（标）的常温、常压氧气液化成液氧需要586.2kJ，因而制取单位液氧的能耗比制取同容量气氧高 $4300 \sim 5300kJ/m^3$（$1.2 \sim 1.47kW\cdot h/m^3$）。当然随着流程的不同，其值也有所不同。在当今制氧流程多样化的情况下，很难准确的计算，行业内一般采用生产液态产品（液氧、液氮、液氩），均按3倍的气态产品能耗估算，实际运用证明是简捷可行的，也基本上合理。因经过计算，在300K时，氧气的最小液化功为 $0.2529kW\cdot h/m^3$。氮气的最小液化功为 $0.2751kW\cdot h/m^3$，氩气的液化功为 $0.2391kW\cdot h/m^3$。三者相差不大。

目前国内能耗计算尚未有统一的计算方法，以上是从液化循环功耗和分离理论功耗和压缩功耗出发，所推荐的方法供参考。

11.9.2 空分的节能

空分的节能从第一台制氧机问世以来，一直是空分技术发展的主要课题。综合以往的努力，空分的节能是从两方面着手的，一方面在运行时，运用现代化控制手段优化操作和管理，减少气体产品的放散率；另一方面在设计制造时，不断改进流程并提高配套单元设备的技术水平。

11.9.2.1 流程的改进

流程的改进往往通过流程计算和㶲分析得出能耗损失的分布，寻找能耗损失的主要项目，以指导节能措施的实施及流程改进。空分装置的能耗分布列于表11-21。

表11-21　空分装置的能耗分布

项　目	能量损失/%	项　目	能量损失/%
压缩损失	23	分离功损失	26
预冷纯化损失	6	精馏损失	16
换热损失	22	其他损失	7

20多年来国内空分的设计和制造水平已有长足的发展。第六代流程空分装置的能耗已下降了15%~20%。制氧单耗随年度变化曲线见图11-39，预计2010年氧的单耗降至 $0.28 \sim 0.3kW\cdot h/m^3O_2$。

从表 11-21 可以看出，能耗损失主要项目是压缩损失、换热损失及精馏与分离功损失。

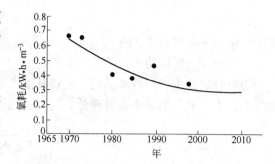

图 11-39　制取低压氧气的单位氧耗年度变化曲线

A　压缩系统节能

全低压流程空压机的排压是由精馏塔压力决定的。降低空压机排压就可以节能。具体的措施是：

（1）提高空压机的效率。

（2）加强压缩空气的冷却。

（3）减少空分各单元设备阻力，例如：采用规整填料塔，径向流分子筛纯化器等。

（4）降低主冷凝蒸发器的温差，如：采用降膜式和半浴式主冷；用多层、卧式主冷等。

（5）设置自动喷水系统。

B　压送系统节能

（1）提高氧压机、氮压机的效率。

（2）采用液体自增压后气化（无功增压），氧压机单缸（一段）压缩等。

C　换热系统节能

（1）主换热器采用长板式，缩小热端温差。采用高密度、锯齿形翅片等。

（2）采用绝热性能好的保冷材料，保冷箱密封，充填措施良好，以尽量减少跑冷损失。

D　精馏系统节能

（1）采用规整填料塔，既降低阻力损失又提高分离效率。

（2）减少通入上塔的膨胀空气量，采用高效增压透平膨胀机。

（3）内压缩流程采用液体膨胀机回收高压液空的压力能发电。

11.9.2.2　新流程

上述列举的各项措施已取得了显著的节能效果，但往往需要增加投资。现代制氧机精馏塔的氧提取率已达到了 99% 以上，甚至达到 99.9%，显然已接近了极限水平，这意味着节能潜力有限，需要寻求新的流程组织，以进一步降低下塔压力。图 11-40 为双冷凝蒸发器的新型精馏塔。

这种新流程上塔设置两个冷凝蒸发器。下塔的气氮与上塔中部的液体换热，使气氮冷凝。因上塔中部的液体含氮较多，故温度较低，因而气氮的冷凝温度也可以降低，其相应的下塔顶压力也低。设置在上塔底的冷凝蒸发器Ⅱ使下塔底的空气和液氧换热，空气的冷凝

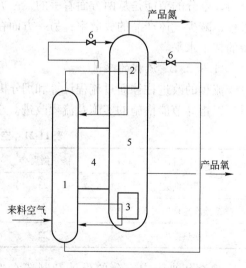

图 11-40　一种新型流程简图

1—下塔；2—冷凝蒸发器Ⅰ；3—冷凝蒸发器Ⅱ；

4—内部换热器；5—上塔；6—膨胀阀

温度高于气氮冷凝温度，使液氧汽化，所以要求下塔底压力降低。只要两个冷凝蒸发器很好地匹配，既能保证较高的精馏效率又可以降低下塔压力。文献报导，这种新流程下塔压力可降至0.36MPa，空压机排压也随之大幅度降低，能耗可减少29%。

11.9.2.3　运行和管理中的节能措施

A　减少氧气放散率

据对冶金型的已运行的空分装置的不完全统计，因炼钢的间断用与制氧机连续供氧的矛盾，使得在2003年以前平均放散率高达15%～20%。近几年由于采取了一些有效措施，使氧气放散率降至平均低于5%。具体采取的措施如下：

（1）自动或手动变负荷，这将在本书13章中详细叙述。

（2）设置大型的液体贮存和加压汽化系统，国内目前最大液体贮槽已达3000m³。国外最大可达5000m³。液氧贮备系统常备2/3液体高度以备用。

（3）改进氧气输送管网设置具有中压罐辅助调节系统。各台装置送氧联网、中压球罐，氧压机联合起来共用。

（4）提高送氧压力，例如：将送氧压力由3.0MPa（G）提高至4.0MPa（G），这样管网的压力等级未变（4.0MPa为限）但管网的贮存能力增加。

（5）配套炼钢制氧机容量要适宜，在国外制氧机容量与百万吨钢比值一般为1～1.1。据调查结果我国目前此比值选1.3～1.5较为合适。

B　加强维护优化操作

（1）减少冷损，杜绝一切跑、冒、滴、漏、保冷箱保证保冷效果，冷箱不结霜，以减少跑冷损失；努力缩小主换热器热端温差，严格控制在2℃以减少复热不足冷损。

（2）提高污氮纯度（含氮），以提高氧提取率和氩提取率。

（3）保证压缩机组的冷却效果，提高压缩机的等温效率。

（4）提高膨胀机效率，减少进入上塔的膨胀量。利用装置的多余冷量生产液态产品。

（5）用充液倒灌的方式缩短启动时间或短期停车再启动时间。具体的操作将在本书第14章进行详细阐述。

在空分节能方面设计人员和运行操作人员都在不断地探求，好的、有效的节能措施也将不断涌现，这将推动制氧技术水平的不断提高。

12 空分的稀有气体提取

工业上通称为"稀有气体"指的是氩、氖、氦、氪、氙五种气体。因为它们在空气中的含量十分稀少，故而得名。除氩而外，其余四种气体的含量都在 10^{-4} 以下。因提取困难，价格昂贵，尤其是氪气和氙气被称为"黄金气体"。

12.1 稀有气体的性质及用途

稀有气体最早发现的是氦，至今已有 120 多年历史。氪、氙、氖是在 1898 年最后被发现的。它们的发现几乎都是在光谱线中查知的。在这百余年中，由于它们的独特性质和广泛的用途，稀有气体的提取发展十分迅速。空气是稀有气体生产的主要原料之一，于是空气分离也就是生产稀有气体的最重要方法。

12.1.1 稀有气体的基本性质

稀有气体是无色、无嗅、无味、高密度、低导热性的惰性气体，既不燃烧，也不助燃，化学性质十分稳定，不与任何元素化合，在元素周期表内属于零族。

稀有气体在地球大气中均有一定的含量。它们都是两种以上同位素混合物，有一定的存在比，稀有气体在干燥空气中的含量列于表 12-1 中。

表 12-1 干空气中稀有气体的含量

组分名称	分子式	体积/%	组分名称	分子式	体积/%
氩	Ar	0.934	氪	Kr	0.000114
氖	Ne	0.00182	氙	Xe	0.0000085
氦	He	0.000524			

为了便于掌握稀有气体的性质，也列表说明，见表 12-2。

12.1.2 稀有气体的主要用途

由于稀有气体具有极为宝贵而特殊的化学性质和物理性质，所以在金属冶炼、半导体工业、电子工业以及医学、生理学等方面获得了广泛应用；在科学研究中用于电子计算机、遥控、遥测、气泡室、加速器、低温物理、超导技术等领域；国防工业上已成为人造卫星、潜艇、原子反应堆、火箭、导弹及飞船制造和运行中不可缺少的战略物质，已成为一重要的工业气体，近十年来，已引起了世界各国的高度重视。随着稀有气体应用范围的不断扩大，对其数量、质量等要求就越来越高，从而大大促进了稀有气体科研和生产的发展。

就其作用来讲，可分为以下几个方面：

（1）形成惰性环境，防止炽热金属和其他化学活性材料的组成和表面结构变化。

表 12-2　稀有气体的物理特性

稀有气体	氦 He	氖 Ne	氩 Ar	氪 Kr	氙 Xe
相对分子质量	4.003	20.18	39.95	83.80	131.30
沸点(0.1MPa,0℃)/℃	−268.9	−245.9	−185.7	−152.9	−108.1
熔点(0.1MPa,0℃)/℃	—	−248.7	−189.2	−157.2	−111.8
气体密度(0.1MPa,0℃)/kg·m^{-3}	0.1785	0.9002	1.7834	3.74	5.85
液体密度(0.1MPa、沸点)/kg·m^{-3}	147	1204	1402	2155	3060
临界压力/10^{5}Pa	2.25	269	48.0	54.3	58.0
临界温度/℃	−267.9	−228.7	−122	−63	16.6
临界密度/kg·m^{-3}	69	484	531	908	1105
蒸发潜热(0.1MPa、沸点)/kJ·kg^{-1}	22.99	91.13	166.364	115.368	99.066
热导率(0.1MPa,0℃)/kJ·(m·h·℃)$^{-1}$	0.514	0.163	0.059	0.033	0.018
定压热容(0.1MPa,20℃)/kJ·(kg·℃)$^{-1}$	0.523	1.037	0.531	0.251	0.159
汽化倍数(0.1MPa,20℃)	774	1486	867	715	579
气体黏度(0.1MPa,0℃)/kg·(m·h)$^{-1}$	0.067	0.107	0.076	0.084	0.070
对水的溶解度(0.1MPa,0℃)/cm^3·(100cm^{3}H$_2$O)$^{-1}$	0.97	1.14	5.6	11.1	24.2
气体常数/kJ·(kg·K)$^{-1}$	2.077	0.412	0.208	0.099	0.063
分子直径/nm	0.218	0.259	0.364	0.416	0.485
稳定同位素数目	2	3	3	6	9

（2）调节决定于活性气体或蒸气浓度的化学反应速度。

（3）用鼓氦泡的方法以熔化金属里解吸的气体。

（4）保证强的放热。

（5）形成低温和极低温度环境。

（6）用作不同光源和其他一些电真空技术的充填介质。

搜集到的有关稀有气体的某些用途分述于下：

12.1.2.1　在基础科学方面的应用

在原子物理学方面，稀有气体用途是最大的。氦的原子核被用作 α 粒子。盖革-弥勒计数器、闪烁计算机、比例计数器中均用到氩；液氢、液氦气泡室是高能物理和核物理研究不可缺少的工具。它用于研究过程中的粒子探测器，液氦还用于核反应研究中的减速剂，用以获得宽的中子光谱。高能粒子检出、研究用的气泡室中也都使用液体氖、氩、氙。

用氦液化器、氦制冷机可获得接近绝对零度的低温，此时分子运动大大减弱，有利于研究固体的分子和晶体结构，是固体物理研究的一种极重要的实验工具。此外，液氦、液氖的低温也被用于对自由基的研究。近年来，迅速把大空间抽成真空的大容量排气装置——

低温泵（使用液氮、氖）已实际应用。用液氦操作的低温泵，可以达到电子工业中需要的 133.32×10^{-9} Pa 的高真空和空间研究中需要的 $133.32 \times 10^{-10} \sim 133.32 \times 10^{-12}$ Pa 超高真空。

使用氦的检漏器及用氦、氩作色谱载气等，不论在实验室，还是在工业上都具有很重要的作用。

稀有气体在基础科学领域中的用途，还涉及到等离子体的研究，用氮、氦测定多孔性物质的真密度和表面积，氦气体温度计，用氪86进行长度的基准标定等许多方面。放射性同位素氪85应用于自发光光源、静电空气净化器、厚度规和超感应检漏器，还用来作为实现液相中化学反应的照射能源。

12.1.2.2　在金属焊接、切割方面的应用

化学惰性是稀有气体最大的特征，被广泛应用在电弧焊接及切割，以防止金属被空气氧化或氮化，氩气及氦气是焊接工艺中常见的保护气。不锈钢、铝、铝镁合金、镍、钛、钼及它们的合金的焊接是离不开氩气或氦气的。焊接操作时，与电极同心安装的喷嘴中，在不大的压力下送出氩气或氦气，从各方面包围钨极与焊件产生的电弧，操作得当，焊缝质量高，焊接后也不需要清洗。考虑到价格便宜及在交流电源下用氦气时，电弧不稳定，所以通常用氩气。在焊接熔点高的材料或厚的材料时，就需要较高的电压来提高温度，此时需要用氦气。

氩广泛应用于金属切割，等离子切割就是利用离解能小的氩或氩-氢混合气体（Ar + 5% H_2、10% H_2 或 30% H_2）来切割，温度可达 $5000 \sim 20000K$，不能用燃烧切割的非金属，如不锈钢、高合金钢、轻金属以及铜、黄铜等，多用等离子切割。

此外，氙灯凹面聚光后可以产生 2500℃ 高温，用焊接或切割难炼金属，如钛、钼等。

12.1.2.3　在冶金方面的应用

如果把纯氧转炉顶吹作为炼钢工业上的一次革命，那么稀有气体在冶金方面的推广使用至少可以说将是一次很大的革新。

在提取稀有金属如铀、铍、锆、钍、钛等以及冶炼半导体材料硅的过程中，需用氩气作环境气体。在硅冶炼中，氮在高温下要与硅反应生成氮化物。因此，通常用氢、氩和氖作环境气体，并要求其中含氮越少越好（10×10^{-6} 以内）。在钢材的轧制工艺中以及某些特种钢的冶炼中也要稀有气体保护。

在金属中假若溶解了气体（H_2、N_2）等，而造成铸件和金属锭呈多孔结构，这将会导致金属机械性能的下降。在有氩鼓泡的情况下，在熔化物上面溶解气体的分压降低，这就使溶解气体部分逸出，而最后送入纯氩，从而使金属中的气体夹杂物降至最小。

高碳钢（弹簧钢）和高级特殊钢（不锈钢、高强度钢、低温高抗张钢、电磁钢）等在 1200℃ 熔化，如果无氩保护气，则大气水分分解，O_2、H_2、CO 和 N_2 将被熔钢吸收，O_2 的存在使金属结合力减弱，H_2 的存在使材质结晶割裂而变脆，CO 使耐腐蚀变差，N_2 使材料变硬到难以加工。因此以吹氩进行气体置换。资料报道吹氩用量一般为 $10 \sim 40$ m^3/t 钢。

轴承钢、工具钢、型钢、飞机用钢等的精炼也少不了惰性气体氩和氦。氩-氧炼钢于1954 年开始研究，1968 年正式投产。这是冶炼不锈钢（尤其是超低碳钢）的新方法。

1968 年美国碳化物公司林德分公司发明了"氩-氧炼钢法",提高了钢材质量,缩短了冶炼时间,降低电耗。日本采用了炉顶吹氩的转炉炼钢法后,每生产 1t 粗钢成本可降低 250 日元。我国太原钢铁公司在 50t 电炉上也做过吹氩试验,吹氩钢的低倍组织全部消除了白点,机械性能延伸本和断面收缩本都有提高,冶炼时间每炉缩短 67min,产量提高 20% ~ 25%,每吨钢电耗降低 114 度,扣除氩费用后总成本降低 8.35 元。

氩氧炼钢一般情况每吨钢约需 10 ~ 23m³ 氩。

在不锈钢精炼时,顶部吹氧底部吹氩可减少铬的氧化飞溅,减少铬的损失。1 座 15t 的炼钢炉,约需氩 500m³/h,氧 600m³/h,压缩空气 150m³/h。目前此法已仅用粗氩(98% Ar,2% N_2),这就更进一步降低了冶炼成本。

氩的一个潜在用途是铝的生产中 SHIF(旋转喷嘴惰性浮选)系统以惰性气体精选来代替把金属钠放入熔炉内进行氯气选渣的方法。由美国碳化物联合公司研制的第一台 SNIF 工业设备,已安装在蒙大拿州哥伦比亚的一家制铝厂。

12.1.2.4 在电光源方面的应用

很久以来,稀有气体就被用于照明工业,灯泡工业的历史是按泡内充填 N_2 →14% N_3 + 86% Ar →Kr、Xe 的步骤发展起来的。为了升高灯丝温度,热导率要小;为了减少灯丝的蒸发,则相对分子质量越大越好,在这方面,氩比氯要好,氪、氙又要比氩好。

氩封入双线圈式灯泡的标准的白炽灯,寿命约 1000h。灯泡是充入氪、氙混合气(90% Kr,10% Xe),比封入氩气效率高、寿命长、体积小。使用双圈式封入氪、氙混合气制成的白炽灯,性能算是最好的。但是总的热能变成光能的效率仍很低,只达 10% ~12%,远不如荧光灯经济。荧光灯封入氩气或氪气和氙混合气与水银蒸气,一般比白炽灯效率高 4 ~5 倍,寿命可增长 2 ~ 3 倍。荧光灯内惰性气体起着保护电极和增加水银光亮的作用。充气压力为 266 ~399Pa。

其他各种电灯也应有稀有气体,如高压、超高压(0.2 ~20MPa,50 ~ 10 × 10^4 W)水银灯、钠灯、氙灯、特殊照明用的锆点光源、闪光灯、频闪观测器等都用到氪、氙。由于氙灯的放电强度超过太阳光的放电强度,所以用氙气充填的长弧氙灯俗称"小太阳",其穿雾能力特别强,可普遍用于机场、车站、码头等处照明,也通常用于拍摄优质彩色影片,霓虹灯则根据不同颜色要求使用氦、氖、氩等不同配比的气体,加上各种滤光玻璃,可获得整套颜色的字模灯光。

除照明以外,电压管、计数放电管、定电压放电管、气体继电器、闸流管等各种放电管也使用氖、氩、氙等稀有气体。氙气是"莱赛"装置中重要的受激光源。

12.1.2.5 在原子能工业方面的应用

原子能工业中普遍应用氦气,石墨减速材料上吸附的空气在原子反应堆内脱附,会产生不良影响,因此为防止这种现象发生,要在氦气氛中制造贮存。用液体金属冷却的原子反应堆,须用氦作 Na-K 合金的保护气体。铀的炼制也需要应用稀有气体。

Calder Hall 型原子反应堆用二氧化碳作冷却剂。但氦是最好的冷却剂。因为化学性质的不活泼,对燃烧和装置没有腐蚀作用,能提高反应堆温度和效率,受中子冲击也不具放射能,且热导率大,冷却效率好。但由于目前价格贵、资源不广,在技术上尚有泄漏及核分裂生成气体的纯化,除杂质困难等问题,因而尚未广泛应用。

但是人们对既经济又安全的原子炼铁、超导发电等方面的应用寄予很大希望,目前各国正在研究的高温气体反应堆,就是用氦作冷却剂。

12.1.2.6　在医学、生理学方面的应用

稀有气体在医学、生理学方面也起着重要作用。用1∶4的氧和氦混合成的人工空气，能很快地浸透肺部，加速氧和二氧化碳的交换，因此可用于治疗气喘、支气管哮喘病、喉部疾病等，对治疗潜水病特别有效。

在潜水工业中，若用普通空气，在深度为50m时，溶解在血液中的氮气会发生麻醉作用，潜水员就要发生危险。如果用氦空气，在200m以上的深度作业，也不会发生危险，但必须根据深度对氧气的浓度作适当的增减。

与氦相反，相对分子质量大的稀有气体有很强的麻醉作用，氙被认为是理想的麻醉剂。另外氙具有不透过X射线的性质，被用作脑X摄影的造影剂，也被用于遮蔽X射线。此外，氪^{85}、氪^{87}、氙^{133}等放射性稀有气体，可作为示踪来诊断大脑出血的位置。进行心、肺机能的检查和治疗脑、肾、卵巢肿大。

12.1.2.7　在航空上的应用

用氦气代替氢气来充填飞船，虽然He的举力（上升力）比H_2小8%，但应用He安全，通常用15%H_2和85%He的混合气充填，其举力差距可以大大减小（同纯H_2比较）。空气中的大型雷达站（几百吨甚至上千吨），气象气球等也是用He充填的。

12.1.2.8　低温技术中的应用

氖的蒸气潜热比H_2大3.3倍，比He大40倍，因而被用作-246℃时很安全的制冷剂；液氦是低温工程中最佳的制冷剂，能达到-268.94℃的低温。在液氦温度下某些金属就失去电阻，变成超导体。利用这种超导特性，可制造超导电机，从而大大提高电机能力，并用作发射装置和外层空间高灵敏度的通讯仪器。在电子学上，当用到很低温度（例如1.5~20K）时降低热噪声就可以大大提高无线电装置的灵敏度一百到一万倍。当今世界上各工业发达国家对超导和极低温领域的应用开发都给予了很大的注意，消耗着大量的氦气和氖气。

12.1.2.9　其他方面的应用

氩气在压力体铸造工艺中，半导体、集成电路中也得到应用，用作气体色谱法中的载气消耗着大量的氩气、氦气；由于氦气性质与理想气体接近，折光率很小，因而在光学仪器上采用氦气作充填气。可以获得更高的灵敏度；由于氦气的渗透性很强，可作为压力容器和真空系统的检漏指示器。液体氙加入乙烯气体可用来研究宇宙射线。

从20世纪70年代开始，由于炼钢工业对氩的需求量迅速增长，促使世界上氩的产量大幅度增加。据统计，美国的不锈钢冶炼90%以上采用氩-氧脱碳法，耗氩量占美国氩气产量的15%~20%。在日本，据介绍，从70年代开始每年以35%左右幅度增加。

12.2　提取方法简述

12.2.1　稀有气体在空分塔的分布

综合地分离空气除氧、氮产品外，全提取稀有气体，给空气分离装置会带来显著的经济效益，而且生产这些气体的投资和运行费用与生产氧气的耗费相比很小。因此，这是制氧机的发展方向。

稀有气体的原料气要从制氧机精馏塔中抽取。由于它们的沸点不同，在空气中的含量又相差悬殊，所以各组分汇集在精馏塔中的不同部位，其分布如图 12-1 所示。氮、氙的沸点最高，加工空气进入下塔后，氪、氙均冷凝在下塔液空中，并随液空经节流阀进入上塔，逐层塔板下流汇集于上塔底部的液氧及气氧中。所以从空分装置提取氪、氙时，通常将产品氧引入氪塔，用精馏法制取贫氪原料气。

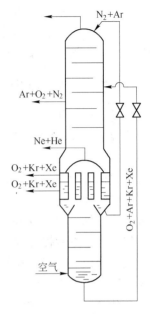

图 12-1 多级精馏塔
稀有气体分布

氖、氦沸点相对于氧、氮组分低了很多，所以加工空气中的氖、氦组分总与低沸点的氮组分在一起。加工空气进入下塔后，氖、氦组分随氮组分一起上升到主冷凝蒸发器，气氮被冷凝，而氖、氦由于沸点低，尚不能冷凝而形成"不凝性气体"，从主冷氮侧顶部引出作为原料。

氩是空气中含量最高的一种稀有气体，它的沸点介于氧、氮组分之间（在标准大气压下氩的沸点为 87.02K、氧为 89.97K、氮为 77.09K），且接近于氧，所以，进入下塔空气中的氩大部分随液空进入上塔，小部分随液氮进入上塔。在上塔提馏段的下部主要进行氧、氩分离。在精馏段上部为氮、氩分离，均有富集区。若上塔不抽馏分，则氩组分一部分随氧气带走，而另一部分随氮气带出。在抽馏分的情况下，则大部分的氩，随馏分抽出。

12.2.2 基本的提取方法

从基本原理来说，提取稀有气体所采用的方法的基础，仍然在于这些气体组分沸点和各分子的差异，不同于氧、氮分离的地方：一是这些稀有气体的含量非常微小，为此需要逐步浓缩分阶段提纯；二是这些稀有气体沸点的差异要比氧、氮来得大。这对于分离它们是有利的。因为，可以采用比氧、氮分离更多一些的分离办法，目前具体应用的方法有：

（1）精馏法。这是与氮、氧分离的精馏过程完全类似的，就是通过多次重复的蒸发、冷凝过程来使组分分离，粗氩塔中所进行的氧、氩分离；精氩塔中所进行氩、氮分离；氪塔中所进行的氧、氮、氪分离过程都是精馏法的具体应用。

（2）分凝法。由于稀有气体沸点的差异比较大，所以还可以采用分凝的办法。例如，氖、氦塔中以低压液氮作冷源，在低压液氮的蒸发温度下，进行分凝过程使得氮和氖、氦组分初步分离。而得到氖、氦浓缩物。

（3）冷凝冻结法。混合气体利用其沸点及凝固点的不同，其中的高沸点组分冷凝或冻结使之分离。例如以负压液氢为冷源进行氖、氦分离。液氢负压 10241Pa 柱时，沸点 13K，在此温度下，因氖的凝固点为 24.3K，所以已经冻结。因氦的沸点是 4.178K，所以尚未液化，据此，氖、氦就得到了分离。

（4）吸附法。利用分子筛、活性炭等吸附剂的选择性吸附的特性，使稀有气体的组分分离或者进一步提纯。例如：粗氩的净化，去除氧组分、氮组分可以用分子筛吸附。氖、氦、氪、氙的提纯也可以应用吸附法。

（5）催化反应法。粗氩加氢在催化剂的作用下发生化学反应以除去粗氩中的氧，以及氖、氩提纯时在催化下净除碳氢化合物都属于催化反应法的应用。

实际的制备方法并不是基本方法的单一使用，而是几种方法的联合，才能获得纯度高的稀有气体。譬如，氖、氦的提取中就应用了分凝、吸附、冻结等几种方法。

12.2.3　稀有气体的制备概述

12.2.3.1　氩的制备

世界上工业氩的生产主要是利用空分装置，从空气中直接制取。自 1915 年美国林德空气产品公司开始以液化空气分馏制氩以来，欧洲各工业国以及日本也相继开始从空气分离装置提氩。但在最初的几年里产量很少，仅供照明技术及科研用。直到 1943 年以后，随着钢铁工业和化学工业的发展，空分规模逐渐增大，为副产氩气奠定了基础，氩气的生产才迅速增加。20 世纪 60 年代以来，现代技术对氩的需要量的增加，使得世界上大型空分装置上几乎都带提氩设备。

利用合成氨尾气回收氩是工业氩的另一途径。合成氨尾气一般含氩 5%～8%，含氢 60%～70%，用它回收氢和氩能够更好地综合利用原料资源。在美国、德国、法国、荷兰、匈牙利、波兰等国已建有十几套从合成氨尾气回收氩的装置。一个年产 45 万 t 的合成氨装置其尾气，每年能回收 400 万 m^3 纯氩。合成氨尾气提氩工艺至今才只有十几年的历史，目前在提氩工业中所占的比例虽然不大，但这是一个很有发展前途的方法。

12.2.3.2　氖的制备

在工业上，是用空气，采用深冷分离法一次浓缩，采用吸附法等纯化提取的。1907 年克劳德（Claude）采用空气液化装置实现了氖的生产。空分装置冷凝蒸发器顶部导出气是氖的主要来源。目前德国、法国、俄罗斯、美国等许多国家都在部分大型空分设备配置氖、氦提取装置。例如前苏联 Бр-2 型制氧机（35000m^3/h）以 60% 提取率计算，每昼夜可生产氖 33.6m^3。

20 多年前液氖已开始在美、英等国进行工业生产，并提供使用。它具有沸点低（27.07K），蒸发潜热高，使用安全等宝贵的性质。

12.2.3.3　氦的制备

在工业上氦的制取，通常是以含氦 0.4%～2% 的天然气作为原料，采用深冷分离法一次浓缩，采用吸附法等纯化提取的。自空分装置中得到的氦气为数很少。只有少数缺乏含氦天然气资源的国家才从空分装置中副产少量氦气。目前世界氦年产约为 1 亿 m^3。有的科学家估计再过 50～100 年，天然气提氦资源将耗尽，不得不由空气提取氦。

美国和前苏联的天然气中含有高浓度的氦，这在目前是最经济的氦源。美国天然气提氦工业已有近 70 年的历史；前苏联是从 20 世纪 30 年代开始进行天然气提氦的研究的；我国也在四川威远建立起了天然气提氦的工业装置，年产氦气 10000m^3。利用天然气提氦的国家还有加拿大、法国、德国、波兰等。几十年来，氦的生产、销售、应用各方面都得到了重大的发展。二次大战后，为满足原子能、导弹的需要，1946 年美国制成一台氦气化装置——柯林型氦气化器，目前全世界大约有 600 台氦气化装置，最大的为 800L/h。

12.2.3.4　氪、氙的制备

氪、氙的提取已有 50 多年的历史。氪和氙有两个来源即空气和核反应堆裂变产物。由于裂变气回收复杂，且受核反应堆发展的限制，所以工业上一般不采用。也曾有过用合

成氨尾气制成氖、氙的报道，但均未见工业性生产。工业上制取氖、氙仍然以大型空分设备副产为主，采用深冷法由空气中提取。将液氧中氖、氙一次浓缩，经化学处理后，再经过精馏、吸附等工序净化分离提取纯氖、氙。现代大型制氧装置可以在消耗不增加的情况下制得相当数量的氖、氙，同时还可以起到降低氧气成本的作用。例如林德公司 10000m³/h 制氧机，每昼夜生产氖 $0.56m^3$，氙 $0.03m^3$；前苏联 Бр-2 型（35000m³/h）制氧机每年可生产氖 $865m^3$，氙 $65m^3$。

综上所述，目前供工业提取稀有气体的原料是空气和天然气，此外，就是由合成氨的过程中排出的尾气。

12.3 氩的制取

12.3.1 氩在主塔的富集

空气中氩的含量较高，仅次于氧和氮，约为 0.932%。正如前述氩的沸点介于氧、氮之间，更接近于氧，可以认为，它与氧有3℃沸点差，与氮有10℃沸点差，这就决定了氩必然对氧、氮分离的精馏过程产生一定的影响，而且它在精馏塔的分布也比较复杂。

12.3.1.1 氩在下塔的富集

随加工空气进入下塔的氩大部分在液空中。这是因为，在下塔的精馏过程中，由于釜液中含氧约40%或更少，含氮在60%左右，在下塔顶形成高纯度氮，因而在整个下塔无论液相或气相氮组分的浓度都较高，与氮相比，氩组分始终以高沸点组分出现。沿塔高自上而下在液相中氩浓度总是大于气相中氩浓度，虽然沿塔高氩也有些积聚，但积聚不大，一般在蒸气中最大氩含量不超过1.5%，在液相中不超过2.5%，其分布情况见图12-2。可见，氩对下塔精馏影响很小。

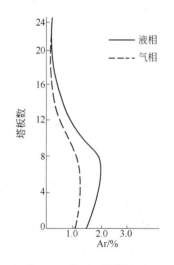

图 12-2　氩在下塔的分布

12.3.1.2 氩在上塔的富集

进入空分塔下塔空气中氩大部分随液空进入上塔，小部分随液氮进入上塔。在上塔液空进料口以上的精馏段，氩相对于氮是高沸点组分，因此氩浓度将沿塔高自下而上地逐渐增大，而且在液相中的含氩量大于同一块塔板上气相中的含氩量。当氩浓度增加到一定程度时，塔板分离效果变差，氩的浓度变化很小，甚至不再增高，氧浓度变化率也较小，即精馏过程出现精馏段恒浓度区。在该区内塔板上引入液空或膨胀空气以打破某种平衡，可以促使精馏过程更有效地进行。液空进料口以下的提馏段，在液空进料后的数块塔板上，氧和氩相对于氮仍是高沸点组分，因此液相中的氧、氩浓度沿塔高自上而下逐渐提高，经过一定数量塔板后，氩的浓度迅速下降，并趋于零，氩从原来的高沸点组分相对地转为低沸点组分，因此下流液氧中氩含量减少，气相中的氩含量也随着降低，而且氩在气相中的浓度大于同一块塔板上液相中的浓度。这样在上塔提馏段，便形成一个氩浓度很高的区域，气相中的氩浓度可达18%，这种现象称作氩的积聚，对空气精馏过程的影响很大。小型中压空分装置上塔氩分布情况如图 12-3 所示，有两个氩富集区。

在全低压空分装置上，以液空进料口和膨胀空气入塔为界，出现三个富集区。

12.3.1.3　影响富集的因素

A　影响下塔氩富集的因素

下塔氩的富集浓度及分布与液空、液氮纯度有关，其关系见图 12-4。从图中可见，液氮中的含氩量随液氮的纯度提高而降低；随液空含氧量的降低而减少。例如：液空含氧量为 36%，液氮纯度 99% 时，液氮中含氩 0.3%。若液氮纯度提高到 99.5% 时，液氮中含氩 0.22%。若液氮纯度仍为 99%，液空的纯度降至 32%，则液氮的含氩为 0.18%。

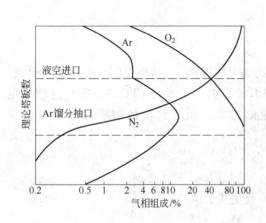

图 12-3　中压空分装置上塔组成的分布

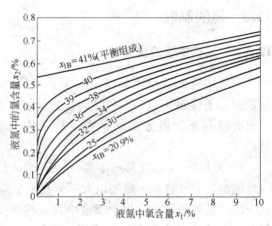

图 12-4　氩在空分下塔的分布与液空、
液氮纯度的关系（计算值）

x_{1B}—液空中的氧含量（%）

显然，为了提高氩提取率，希望液氮中含氩越少越好。欲达此目的，要么降低液空纯度，要么提高液氮纯度，显然前者不可取。只有增加下塔塔板数，提高液氮纯度才是唯一可行的办法。

B　影响上塔氩富集的因素

（1）抽馏分的影响。氩随馏分抽出，所以一般抽馏分时，液空进料口以上精馏段的氩富集浓度比提馏段小。不抽氩馏分时，氩的积聚现象正好相反。

馏分的抽取量大小对富集情况的影响也很大。当氧纯度 98% O_2 时，抽氩馏分量不同时，上塔氩的富集情况见图 12-5。从图可见，不抽氩馏分（$\varphi=0$）时，精馏段富集区氩的最大含量为 17.35%，提馏段只有 8%；当 $\varphi=0.045$ 时，精馏段富集区最大含氩量降低到 4%，提馏段富集区的最大含氩量提高到 12% ~ 13%。这说明了提馏段氩的积聚，随抽氩馏分量的增加而

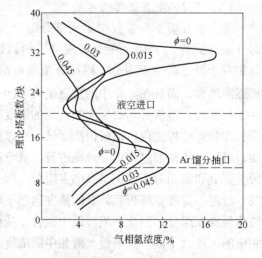

图 12-5　抽取氩馏分量不同时氩在上塔的分布

变大，而精馏段却与此相反，其原因是氩馏分抽取改变了上塔回流比。在氧纯度及上塔塔板数一定情况下，上塔回流比增加 5%，提馏段氩的最大含量可以提高 1.5 倍。

（2）产品产量及纯度影响。很容易理解，氩的富集受氧、氮产品产量和纯度影响。氧产量减少，氧纯度就提高，此时氩富集区上移，精馏段富集区的最大含氩量提高，而提馏段富集区的最大含氩量将减少。如果氮产量减少，氮纯度必然提高，此时富集区下移，即提馏段富集区的最大含氩将增加，而精馏段富集区的最大含氩量将减少。

（3）液空进料口位置的影响。图 12-6 为不同进料口位置上塔的浓度曲线，是在氩提取率为 40%，氧提取率 92.5% 绘制的。曲线 1 是在理论塔板上第五块与第六块之间进料，它的氩浓度最高，最大氩含量竟达到 20% 左右。曲线 4 是在理论塔板第八块与第九块进料，它的氩浓度最小，其最大氩浓度也不过 6.5%。曲线 1 虽然对氩富集有利，但要在上塔底部获得高纯氧困难，也就是对氧的生产不利。而在曲线 4 的条件下，又无法抽取氩馏分作为原料提取氩，因此也不可取。欲提取氩又保证主塔的生产，液空进料口既不能过高也不能过低。图 12-6 中的曲线 2 的进料位置较为合适，它既能满足抽取含氩 8%~12% 氩馏分的要求，又可保证氧气的生产。

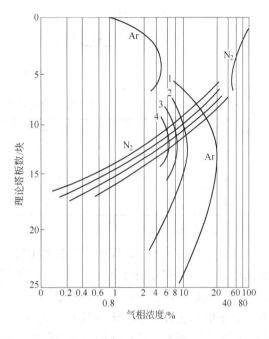

图 12-6 浓度曲线

综上所述，在保证主塔正常生产的前提下，欲提取氩，主塔下塔的塔板数应适当增加，液空进料口应适当上移。氩馏分不能在下塔抽取，因其富集浓度最高不过 2.5% Ar，馏分应在上塔抽取。由于粗氩塔主要为氧、氩分离，故其抽取位置应在提馏段富集区的最大含氩量稍下的位置，控制馏分含氩量为 8%~12% Ar，含氮量小于 0.1%，其余为氧。

12.3.2 配粗氩塔时主塔的技术改造

粗氩塔和主塔通过氮馏分、液空进料形式有机地联系着。主塔的塔板数、各段塔板的分配、液空进料位置和氮馏分抽口位置的改变都直接影响主塔和粗氩塔的精馏工况。因此，带粗氩塔和不带粗氩塔的主塔结构是不同的。在设计带粗氩塔的主塔时，其塔板数、各段塔板分配、液空进料位置要进行适当的改变，而且还要准确选择氩馏分的抽口位置。

12.3.2.1 上塔塔板数及各段塔板数的分配

图 12-7 为林德 10000m³/h 空分装置，带氩塔和不带氩塔的上塔分段示意图，其氧纯度为 99.5% O_2，氮纯度为 99.99% N_2，氩提取率为 0.35。各段的塔板数见表 12-3。从表 12-3 看出，全低压空分装置带氩塔的上塔塔板数比不带氩塔的上塔塔板数要多。这是因为膨胀空气直接入上塔后，氧和氩不易洗涤下来，容易被污氮带走。因此，只有取用较多的塔板数，才能保证氧的纯度和提取率。

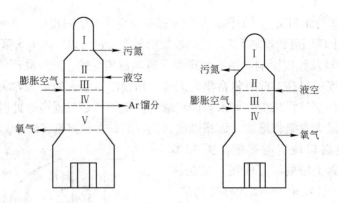

图 12-7　林德 $10000m^3/h$ 空分装置分段示意图

表 12-3　全低压空分装置塔各段板数

实际塔板数/块	不带氩塔	带氩塔	实际塔板数/块	不带氩塔	带氩塔
I	14	15	IV	39	32
II	13	15	V[①]	—	3
III	6	16	总塔板数	72	81

①提取氦、氖所用的塔板。

全低压空分装置，在提取氩气时其主塔上塔的塔板数一定增加。塔板的增加，主要在提馏段。增加氩馏分抽口至液空进料口段的塔板数，使液空进料后得到充分的分离，以保证抽出含氮量很低，含氩量较高的氩馏分。一般氩馏分抽口和液空进料口相距约 20 块塔板，对于低压装置由于膨胀空气吹入的影响，二者间距较高低压或中压装置的间距要大些，增加主冷凝蒸发器至氩馏分抽口段的塔板数，可以减少氩馏分中的氧含量，保证氩的提取率。精馏段塔板数稍增加 1~2 块，能够提高氩的提取率和主塔操作工况的稳定性。

表 12-4 列出了国内几种空分装置的主塔上塔塔板的分配情况。

表 12-4　国内空分装置主塔的上塔塔板数分配

空分装置的氧产量/$m^3 \cdot h^{-1}$ 塔板块数 段　别	中 压		全低压（空气膨胀）					
	1500	300	1000	1500	6000	12000	20000	30000
副　塔	—	—	18	12	22	16	15	14
液空进口至污液氮进口	21	13	7	11	10	6	7	10
膨胀空气进口至液空进口	氩馏分抽口至液空进口		2	4	2	10	10	3
氩馏分抽口至膨胀空气进口	77	25	17	20	12	12	12	15
氧气出口至氩馏分抽口	20	22	32	32	24	32	34	34
总塔板数	58	60	76	79	70	76	78	81

注：附设氩塔的低压空分设备为双高（99.5% O_2，99.99% N_2），其余均为单高（99.2% O_2）。

12.3.2.2 液空进料口的位置

带氩塔和不带氩塔的主塔，液空都应该在精馏段的氧恒浓度区进料。但是根据上塔带氩塔工况的三元计算，同时又考虑到液空进料的位置对氩积聚的影响情况，主塔带氩塔时的液空进料口位置应该比不带氩塔时液空进料口位置高。提高液空进料口的位置，可以增大富氩区的最大氩含量，因此就可以抽取含氩量高的氩馏分。但是液空进料口位置过高，将要影响氧产品的纯度，只有增加特别多的塔板，才能保证氧的纯度。

合理地确定抽氩馏分的上塔的液空进料口位置十分重要。特别是没有按带氩工况设计的空分装置，需要带氩塔时，由于液空进料口位置低，塔板分配不合理，使提氩发生困难。如6000m³/h空分装置的上塔，不带氩时的液空进料口位置为38块，至氩馏分抽口位置之间只具有14块塔板。因此带氩塔后，抽取的氩馏分中的含氩量很低只有把氧纯度降低到99%左右，表12-5列出了国外带氩空分装置上塔的特性。

表 12-5　国外带氩空分装置上塔的特性

特　性 ＼ 装置容量/m³·h⁻¹		前苏联 1600	日　本 1500	法　国 6500	德　国 10000
氧纯度/%O₂		99.2	99.5	99.5	99.5
氮纯度/%N₂		99.5	99.99	99.99	99.99
氩馏分纯度 Ar%/O₂%/N₂%		10/87.6/2.4	5~6/94~95/N₂ 少量		11/89/N₂ 少量
上塔总塔板数/块		66	70	79	
塔板数的分配 从下往上数	污氮抽口	66	—	64	68
	液空进口	46	52	52	59
	膨胀空气进口	—	48	44	53
	氩馏分抽口	31	24（或22）	34	35

注：除前苏联1600m³/h空分装置为高压外，其余均为全低压。

12.3.3　传统的制氩流程

传统的制氩工艺，分为三个步骤：（1）用低温精馏法制取粗氩；（2）用化学法脱除粗氩中的氧而获得工艺氩；（3）用低温精馏法提取纯氩。较典型的流程参见图12-8，其产量设计指标列于表12-6。

表 12-6　10000m³/h 全提取设计产量指标

产品名称	纯度/%	工况 I			工况 II		
		小时产量 /m³·h⁻¹	日产量 /m³·d⁻¹	提取率 /%	小时产量 /m³·h⁻¹	日产量 /m³·d⁻¹	提取率 /%
氧　气	99.52	10000			6200		
液　氧	99.68	100			1000		
纯氮气	99.999	10000			7000		
纯液氩	99.999	250		48.8	140		27.33

产品名称	纯度/%	工况 I			工况 II		
		小时产量/m³·h⁻¹	日产量/m³·d⁻¹	提取率/%	小时产量/m³·h⁻¹	日产量/m³·d⁻¹	提取率/%
纯　氖	99.99	0.54	13	54.5	0.208	5	21
纯　氪	99.99	0.025	0.6	45.95	0.01875	0.45	34
纯　氙	99.99	0.0013	0.03	45.5	0.0008	0.02	18.2
压力氮气	99.999		103	29.5			

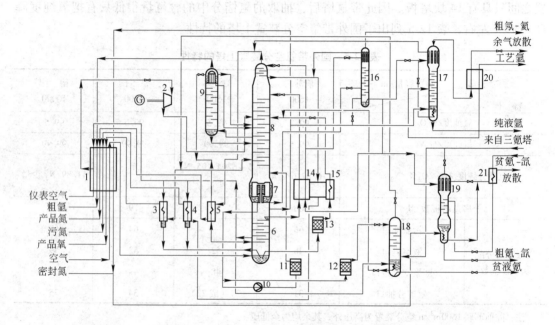

图 12-8　稀有气体全提取全低压空分装置流程

12.3.3.1　粗氩的制取

粗氩塔为筛板塔。若建立起粗氩塔的精馏工况，先讨论粗氩塔的精馏组织。

A　粗氩流程组织

依抽氩馏分的状态（液相或气相）以及粗氩塔的冷、热源的不同，可以组织多种流程。比较典型的并曾应用过的有 6 种流程（图 12-9）。

流程 1、2、3 都是从主塔提馏段的适当位置抽取 10% 左右的液态氩馏分。粗氩塔都是上有冷凝器，下有蒸发器的。氩馏分从粗氩塔中部导入，使粗氩塔分为精馏段和提馏段。不同点为流程 1，蒸发器的热源为下塔压力氮，冷凝器的冷源为其蒸发器冷凝下来的液氮。流程 2 蒸发器的热源为压缩空气，冷凝器的冷源为蒸发器冷凝下来的液空。流程 3 蒸发器的热源为下塔压力氮，其冷凝器的冷源是主塔来的液空。

这 3 种流程粗氩的提取率不同。流程 1 由于从下塔抽压力氮，受主塔限制，一般小于加工空气量的 15%，而冷源又是蒸发器冷凝下来的液氮，故造成它的冷、热源均不充足，所以提取率最低。当粗氩纯度只有 50% 时，其提取率也不超过 30%。流程 2 由于蒸发器

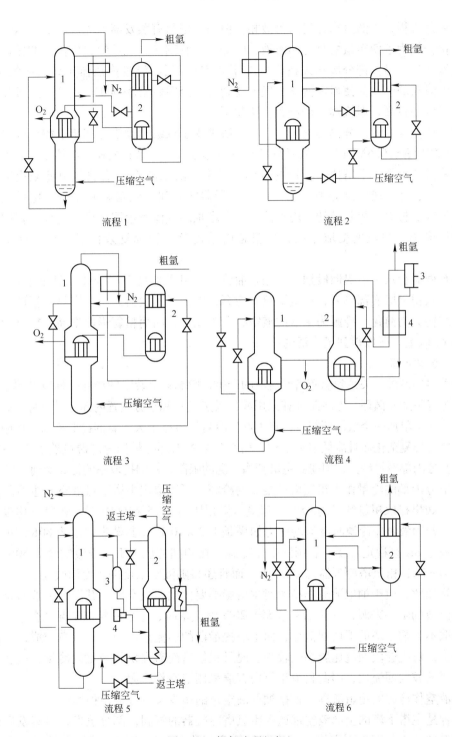

图 12-9 粗氩流程组织

的热源改为压缩空气，其提取率比流程 1 提高了 5% ~ 6% 。流程 3 由于冷凝器的冷源是下塔液空比较充足，使此流程的提取率有较大的提高。当粗氩纯度 90% 以上时，其提取也可达 60% 。

第 4 种流程，虽然氩馏分仍然为液相，但粗氩塔只有蒸发器而无冷凝器，这使粗氩塔得以简化，但为了使粗氩塔具有回流液，附加了一套制冷系统。粗氩塔排出的粗氩一部分作为粗氩产品，另一部分经压缩机 3 压缩至 0.5MPa 后，经过换热器 4 导入粗氩蒸发器，利用管间液氧的蒸发而使粗氩液化，经节流阀节流至粗氩塔塔顶作回流液。此种流程虽然粗氩的提取率较高，但流程及操作都复杂化了。

第 5 种流程，氩馏分仍为液相，而粗氩塔采用了双级精馏塔。液相氩馏分经过分离器 3，由泵 2 压缩至 0.5MPa 后，从粗氩塔下塔中部导入。氩馏分先在下塔预精馏，在下塔底是含氩较低的液氧，下塔顶冷凝器的液体贮槽中的液态氩-氧混合物经节流至粗氩塔上塔顶喷淋下来，在上塔继续分离，在上塔底冷凝器的管间得到粗氩液体经气化后为粗氩产品。为了减少损失，粗氩塔的下塔釜液以及上塔顶的气体都返回主塔。这种流程因为采用了双级精馏塔，粗氩的提取率高，但粗氩塔结构及流程都复杂化了。所以目前也很少采用。

第 6 种流程从主塔提馏段抽取气相氩馏分，其组成含氩 7% ～ 8%，氮小于 0.1%，其余为氧。从粗氩塔底部导入，粗氩塔只有冷凝，省去了蒸发器。粗氩塔只有精馏段而无提馏段，结构大为简化。冷源为主塔的液空，较为充足，因而粗氩提取率高，粗氩的纯度也在 90% Ar 以上，所以得到了广泛的应用。

B　冷源问题

冷凝器的冷源，关系到粗氩塔回流液的产生，影响整个装置的能耗指标以及粗氩的提取率。冷源有附加外循环、外冷源（如采用液化天然气）和空分装置内部冷量三种方式。上述的流程 5 就是附加一个氩循环制冷，其优点是冷量调节范围大，氩的提取率高，但附加一些设备，使流程复杂化而且能耗损失增加。用空分装置内部冷量作为冷源虽然工艺流程简单，挖掘了空分内部冷量潜力，但受到主塔精馏工况的限制，氩的提取率的提高受到约束。

用空分内部的冷量作为粗氩塔冷凝器的冷源，可以取用主塔下塔液空和主冷凝蒸发器的液氮。如果提取粗氩纯度为 95%，粗氩塔塔顶压力 $1.15 \times 10^5 Pa$ 时，粗氩平均冷凝温度为 88K。若用液氮作冷源时液氮的压力如果是 $1.3 \times 10^5 Pa$，其蒸发温度为 80K，粗氩塔的冷凝器温差 8K 且稳定不变。若用液空作冷源，在相同的压力下，设液空含氧 50%，其蒸发温度为 84K，粗氩塔冷凝器温差仅 4K，而且还将随液空浓度的改变而改变。

尽管如此，由于抽取液氮作冷源对主塔影响要比抽取液空大，其原因是液氮是上塔精馏段回流液的唯一来源，一旦抽取量大于 20% 液氮量时，上塔的精馏工况就会恶化。而液空的抽取不影响主塔的下塔回流比，而上塔提馏段的回流液由液氮和液空合成，即使抽取一半液空，对提馏段回流比影响也较小。况且粗氩塔尚需提供较充足的冷量，以氩、氧分离所需要的较大回流比，因此目前粗氩塔普遍采用液空作冷源。

用液空作冷源的粗氩流程，根据抽取液空量的多少又可分成三种类型：

一种是主塔下塔的全部液空都送入粗氩塔冷凝器的管间，部分蒸发，将蒸发后的空气和未蒸发的液空分别送入主塔上塔中部，该流程称为全回流型。其特点是粗氩塔冷量充足，冷凝器温差较大，粗氩塔精馏工况好，粗氩提取率高。但液空蒸发量大，对主塔的精馏工况影响大。

第二种在主塔液空过冷器后抽取部分液空送入粗氩塔冷凝器，待全部蒸发后送回主塔上塔。这称为全蒸发型。

第三种为半回流型。即主塔下塔液空一小部分直接节流送入上塔，而大部分液空导入粗氩塔冷凝器，其中一部分蒸发，再将蒸发后的空气和未蒸发的液空分别送回主塔的上塔，这种半回流型既能保证粗氩塔的正常工作，又减少了对主塔精馏的影响，因此获得了广泛地应用。

经过上述分析，粗氩流程是从主塔提馏段以气相抽出氩馏分进入粗氩塔底部，粗氩塔是筛板塔，粗氩塔顶设置冷凝器，冷凝器的冷源是下塔节流后的液空的一部分，而且是半回流型即将蒸发后的空气与未蒸发的液空分别送入上塔。其流程简图见图 12-10。据资料介绍设计时，$V_{馏分} = 35V_{粗氩}$，从主塔抽取的液空量 $L_{液空} = 50V_{粗氩}$。

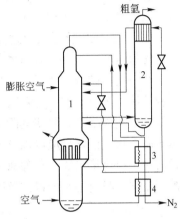

图 12-10 全低压空分装置提取
粗氩工艺流程示意图
1—主塔；2—粗氩塔；3—液氧过冷器；
4—液氮过冷器

12.3.3.2 粗氩中氧的脱除

粗氩的组成为 90% ~ 95% Ar，1% ~ 2% O_2，其余为氮组分。粗氩塔为氩、氮的精馏分离，在粗氩塔之前必须先将粗氩中的 1% ~ 2% 氧先脱除。通常用加氢催化法脱氧和活性铜脱氧，脱氧后的粗氩气习惯被称为工艺氩。

A 化学法脱氧原理

a 加氢催化脱氧原理

加氢催化脱氧法，是借助催化剂，使粗氩中的氧与氢直接化合成水分。催化剂本身不参与反应，起着加速反应过程的作用。这种化学反应的方程式为：

$$2H_2 + O_2 \xrightarrow{\text{催化剂}} 2H_2O + Q$$

为了使化学反应进行得完全，氢的加入量在实际操作中要略大于进行完全化学反应平衡所需要的量，这部分多余的氢（即工艺氩中的氢含量）就叫做过量氢。氧和氢的化学反应，理论上是不可逆的。因此达到平衡时，氧的转换率可达 100%，氧的转换率 Z 可按下式计算：

$$Z = \frac{y^{O_2}_{粗Ar} - y^{O_2}_{Ar}}{y^{O_2}_{粗Ar}} \times 100\% \tag{12-1}$$

式中 $y^{O_2}_{粗Ar}$——粗氩中的氧浓度，%；

$y^{O_2}_{Ar}$——工艺氩中的氧浓度，%。

反应过程将放出大量的热，使气体及催化剂的温度升高，气体绝热温升可按下式计算：

$$\Delta t = \frac{y^{O_2}_{粗Ar} Q Z}{22.4 c_v} \tag{12-2}$$

式中 Q——反应热，$Q = 485.7 \times 10^3$ kJ/kmol；

c_v——粗氩的等容热容，kJ/m^3。

粗氩由于氢氧反应而引起的温升将随粗氩中的氧含量的变化而剧烈变化。在绝热的情况下，按式（12-2）计算，每1%的氧含量要使气体温升233℃。反应温度过高，不仅催化剂的活性要降低，而且当温度超过500℃时，催化剂要烧结，使催化剂完全失去活性。因此加氢催化除氧要求粗氩中的含氧量不高于2% O_2。粗氩中含氧量过高，不仅要使催化剂因温度过高而烧结，使催化剂脱氧性能大大降低，而且有会形成爆炸混合物的危险。因为氢氧混合物中氢含量达到4.65%~9% H_2 时就能引起爆炸。试验证明当粗氩中含氧量大于5%时，加氢除氧化学反应过程中要产生爆鸣声。因此加氢催化除氧，要严格限制粗氩中的氧含量这样才能保证脱氧性能和设备人身安全。实际操作表明，只要控制好过量氢，氧浓度在一定范围内变化，对催化剂脱氧性能的影响是很小的。

脱氧后工艺氩中的氧含量就能低于 1×10^{-6}。粗氩中的水分以及氢氧反应所生成的水分，被催化剂吸附后，要使其除氧性能大大下降。为了保证催化剂高的脱氧性能及较长的使用寿命，加氢催化反应可以分两级进行。先经第一级催化除氧，然后将反应生成的水分干燥清除。再经第二级催化除氧，催化剂的温度一定要保持在130~400℃范围内，这样可使被催化剂所吸附的水分得到解吸，恢复了催化剂的活性。

b 活性铜除氧

粗氩气通过活性铜炽热表面，氧与铜发生化学反应生成氧化铜，化学反应式如下：

$$2Cu + O_2 \xrightarrow{\text{高温}} 2CuO + Q$$

式中 Q——反应热，$Q = 82.06 kJ/mol$。

这一化学反应条件是加温，活性铜先用电加热，而后用反应热来维持化学反应的进行。化学反应温度为300~400℃，大于400℃氧化铜分解，高于550℃活性铜烧结。气体的容积速率控制在300~500 h^{-1}。所谓容积速率是1 m^3 催化剂每小时所通过的气体量（m^3）。这种方法氧的转化率可达97%~99%，工艺氩中残余的氧含量小于5%。

这种方法的缺点，由于氧化反应是不可逆的，活性铜应用一段时间后，除氧能力变差，就必须使氧化铜还原。还原用氢气或25% N_2 与75% H_2 的混合气，容积速率为300~500 h^{-1}，反应温度150~300℃，还原时间4h。其还原反应为：

$$CuO + H_2 \xrightarrow{150~300℃} H_2O + Cu$$

用活性铜除氧还原不会完全彻底，氧化反应中铜也不能充分被利用，一般活性铜的利用率只有30%~50%，加之除氧时还得电加热，所以逐渐被催化加氢除氧所代替。

B 粗氩纯化流程

粗氩纯化系指化学法净除粗氩中的氧和清除氢、氧化合反应所生成的水。纯化工艺流程包括加压催化、冷却、干燥及加氢系统。为了克服阻力，要求系统压力高于0.08MPa，通常可以采用鼓风机加压。因为提高压力，有利于改善除氧效果，有的流程采用无油润滑空压机加压，使系统压力可达0.4~0.5MPa。借助催化剂加氢除氧，依照催化剂的活性，可以分为1次或2次加氢除氧。经除氧后的工艺氩先冷却到5℃左右再进入干燥器脱水。工艺氩的冷却一般先用循环水冷却，而后采用外加冷源的冷量来冷却。干燥器中装填硅胶或4A分子筛吸附水。干燥器的再生气应用纯氮或工艺氩。用工艺氩再生不影响主塔工况。而且再生用的工艺氩循环使粗氩得到稀释，提高催化除氧的净除率。

德国林德公司10000 m^3/h制氧机的纯化系统工艺流程见图12-11。

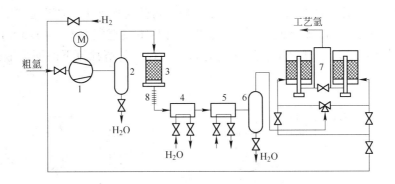

图 12-11　林德 $10000\mathrm{m}^3/\mathrm{h}$ 空分装置氩纯化工艺流程
1—粗氩压缩机；2，6—水分离器；3—反应器；4，5—冷却器；
7—分子筛干燥器；8—空气冷却器

常用的催化剂的性能列于表 12-7 中，钯触媒的除氧效果最好，应用最为广泛。

表 12-7　几种催化剂性能

名称 性能	钯催化剂	铂催化剂	105 型	201 型	活性铜
成分	活性氧化铝 镀钯	活性氧化铝 镀铂	4A 或 5A 分子筛 镀钯	13X 分子筛 镀银	紫铜
粒度	$\phi4\times5\mathrm{mm}$	$\phi3\times4\mathrm{mm}$	$<0.42\mathrm{mm}$ （>40 目）	$0.71\sim0.42\mathrm{mm}$ （20~40 目）	
堆密度/$10^4\mathrm{kg}\cdot\mathrm{m}^{-3}$	0.8~0.9	0.8	0.8	0.8	
工作温度/℃	常温	60	常温	常温	450~500
容积速率/h^{-1}	8800~14000	7500~10000	10000	10000	
净化后气体中氧含量/$\times10^6$	<0.15	<0.5	<5	<0.2	<0.5
还原气氛	氢	氢	25% N_2 +75% H_2	25% N_2 +75% H_2	氢或 25% N_2 +75% H_2
还原温度/℃	450~500	300	250~300	300~400	150~300
恒温时间/h	2	6			4
还原容积速率/h^{-1}	1000	>200	0.5~0.8 $\mathrm{m}^3/(\mathrm{kg}\cdot\mathrm{h})$	3000~12000	300~500

C　纯氩的制取

a　流程简介

用化学法除氧后获得的工艺氩，含有 1%～4% N_2 和 0.5%～1% H_2。欲提取纯氩，还必须进一步清除工艺氩中的氮和氢。由于氩-氮沸点相差较大（达10℃），用低温精馏法分离氩氮混合物，所获得的纯氩产品中，含氮量可低于 0.0001%。工业上用低温精馏法分离氩-氮混合物的工艺流程如图 12-12 所示。工艺氩经过热交换器 1，被粗氩塔排出的粗氩和纯氩塔顶排出的废气，冷却至饱和蒸气的温度。然后节流至压力 $1.3 \sim 1.5 \times 10^5 Pa$，以过热蒸气状态进入纯氩塔中部。工艺氩在纯氩塔精馏段。与塔顶流下的回流液进行热质交

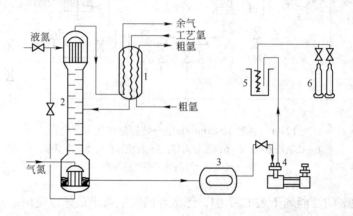

图 12-12　除氮工艺流程示意图

1—氩换热器；2—纯氩塔；3—液氩贮罐；4—液氩泵；5—汽化器；6—充瓶台

换，上升蒸气中的氩组分不断被凝结进入回流液中，而回流液中的氮组分不断蒸发进入上升蒸气。上升到塔顶的蒸气（温度约为 88K），被冷凝器管间的液氮（温度约为 79K）所冷凝形成纯氩塔的回流液。冷凝液体流至纯氩塔提馏段，与纯氩塔蒸发器蒸发形成的上升蒸气进行热质交换，回流液中的氮不断蒸发，使氩含量不断提高。最后在塔底可获得纯度大于 99.99% Ar 的纯液氩。产品液态氩排入液氩贮槽 3，用液氩泵 4 加压至 $150 \times 10^5 Pa$，经汽化器 5 汽化充瓶或管道输送到用户。

　　液氩排放时，为了避免液氩汽化，而引起液氩泵的汽蚀，影响液氩泵正常工作，可以在液氩排放至液氩贮槽前加液氩过冷器；用液空或液氮使液氩过冷，保持 $86 \sim 88K$ 的温度。

　　工艺氩中含有 $0.5\% \sim 1\% H_2$，甚至还有更大的波动，这些含量会使纯氩塔氮-氩分离的精馏过程不易稳定。为了改善纯氩塔的精馏工况，可以在工艺氩进入纯氩塔前，用分离器把工艺氩中的氢预先分离出来。

　　这种工艺流程如图 12-13 所示。工艺氩经热交换器 1 预冷后进入纯氩塔 2 的蒸发器，部分工艺氩被蒸发器管间的液氩液化，再经过氢分离器 3 分离后的氢气返回除氧系统，液态氩-氮混合物进入纯氩塔中部，由于回收了工艺氩中的过量氢，可以降低 $30\% \sim 50\%$ 的氢消耗量。

　　纯氩直接抽取会影响纯氩塔的稳定操作工况。因此在纯氩出口管路上附加液氩计量罐，定期排放液氩，有利于纯氩塔的稳定操作。

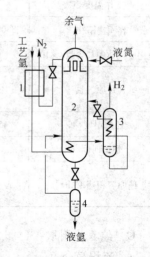

图 12-13　带氢分离器的纯氩
提取工艺流程示意图

1—热交换器；2—纯氩塔；

3—氢分离器；4—液氩计量罐

b 纯氩塔的结构

纯氩塔的结构如图 12-14 所示，它由冷凝器、塔体和蒸发器几部分组成。冷凝器和蒸发器均采用板翅式换热器。

为了保证纯氩塔建立起正常的精馏工况，冷凝器和蒸发器应具有 4～5℃ 的温差。因此选择合适的冷源和热源，是纯氩塔正常操作工况的重要保证。纯氩塔各液体组分和气体组分的冷凝温度、沸腾温度与工作压力、组分浓度有关。表12-8 列出了纯氩塔各组分的冷凝温度、沸腾温度与压力的关系。

表 12-8 纯氩塔各组分的沸腾温度、冷凝温度与压力的关系

压力/MPa	冷凝温度/沸腾温度/K			
	纯氩	液氮	$0.38O_2 + 0.62N_2$（液空）	$0.35Ar + 0.65N_2$（塔顶气）
1.3	90.4	79.8	84.6/82.6	83.1
2	94.2	84	88.4/87	87.2
5.8	—	95.7	103.7/100	

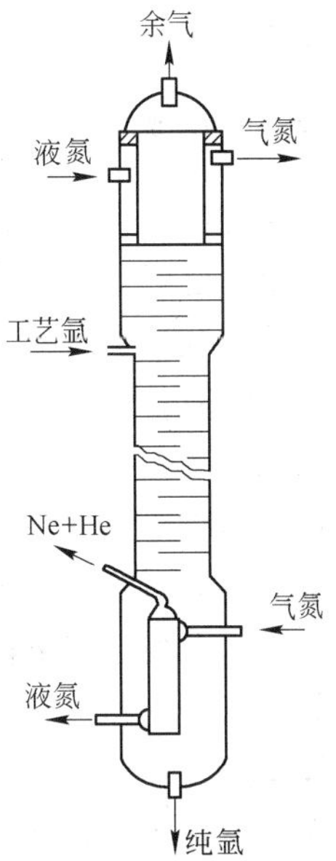

图 12-14 纯氩塔结构示意图

从表 12-8 可知，纯氩塔冷凝器的冷源一定要采用空分设备下塔的液氮，并且要节流至 $1.3 \times 10^5 Pa$ 的压力，冷凝器具有 3.3K 温差。若采用下塔液空，即使节流至 $1.3 \times 10^5 Pa$ 的压力，其温差仅有 0.5K。显然用液空作冷源很难保证纯氩塔的正常操作工况。

纯氩塔蒸发器热源采用空分设备下塔的氮气或液空蒸气，使蒸发器温差分别可以达到 5.7℃ 和 10℃。但是液空蒸气的冷凝温度随液空组分改变而改变。为了保证纯氩塔稳定操作，宜采用 $5.8 \times 10^5 Pa$ 的氮气作热源。

纯氩塔内的工作压力。当液氩不过冷时，应保持 $1.2～1.3 \times 10^5 Pa$，相应纯液氩的温度可达 88～86K。如果液氩需要过冷，为防止液氩固化（氩的三相点温度为 84K），纯氩塔的工作压力应保持 $2～2.2 \times 10^5 Pa$。液氩温度提高到 95～96K，这就允许液氩过冷 6～8K。

工艺氩在纯氩塔精馏时，由于氢的蒸气压大大超过氮的蒸气压。因此氢与氮一起从纯氩塔的塔顶作为废气排出。废气组成一般为 40%～50% N_2、2%～3% H_2，其余为氩。因此纯氩塔可看作为分离氩-氮二元混合物的分馏塔。纯氩塔内氩和氮组分沿塔高变化如图 12-15 所示。从图可知，纯氩塔精馏段塔板起着洗涤作用，用较少的塔板数就可保证纯氩塔有较高的提取率。精馏段的塔板为 15 块时，提取率可高于 99%。纯氩的纯度主要靠纯氩塔提馏段来保证。如氩中的氮含量从

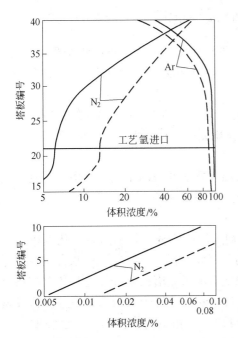

图 12-15 纯氩塔内的组分分布

0.1%降到0.005%，就要求有10块塔板数。因此，提馏段具有较多的塔板数，一般为50～55块。

12.3.4　全精馏制氩

全精馏制氩也称为无氢制氩技术，是国际上从20世纪90年代兴起的新技术。至今已十分普及，已经迅速取代传统的制氩工艺。

传统制氩工艺中，氩馏分在粗氩塔中不能完全实现氧和氩的分离，粗氩中仍含有1%～2%的氧，这部分氧需要加氢脱除，其工艺过程上节已详述。这意味着传统的制氩工艺需要稳定的氢气源。氢气站本身就是高等级的防火防爆单位。而且在制氩工艺中需将粗氩以粗氩压缩机从保冷箱中引出复热至常温进入净化车间，在反应器中氢和氧反应生成水，出反应器后的工艺氢又需要多级冷却和水分离后，由分子筛干燥器干燥后再返回冷箱冷却。这一系列过程不仅工艺过程复杂，而且能耗也大。加之需要一个净化车间。加氢制氧的弊端，一直困扰着业界人士，多年来一直是制氧行业首要科研攻关的课题。

12.3.4.1　全精馏制氩的实现

在标准状态下，氧的沸点为90.17K，氩的沸点为87.29K，两者温差只有2.89K，沸点差越小两组分就越难分离，需要的塔板数就越多，经过精馏计算，氩纯度与理论塔数的关系示于图12-16中。从图中可见，若获得含氧小于1×10^{-6}的纯氩需要180～200块塔板，筛板塔每块塔板的阻力为200～300Pa。如果粗氩塔采用筛板塔其总阻力将达到0.1MPa以上，从而引起上塔压力大幅度升高，空压

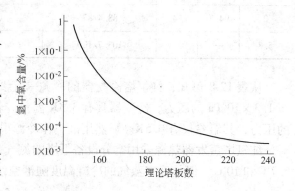

图12-16　氩中氧含量与理论塔板数的关系

机的排压将增加0.3MPa以上，这不仅能耗大为增加而且离心式空压机的结构也得改变，总之采用筛板塔是不可能实现的。从中得到启示，寻求阻力小的精馏塔才能实现无氩制氩。

填料塔的阻力小是其主要优点。如果用散装填料例如以φ16mm共轭环的粗氩塔，因其比表面积为$303m^2/m^3$比较小，所以造成粗氩塔体积庞大，且因为易产生沟流及壁效应，因而分离效率不高，也不能实现全精馏制氩。

规整填料塔的阻力只是筛板塔的1/7～1/10采用规整填料塔的粗氩塔总阻力仍然可以达到0.01MPa以下，因此规整填料的粗氩塔的采用，才使全精馏制氩技术得以实现。

12.3.4.2　全精馏制氩流程

全精馏制氩的流程见图12-17。现代空分装置均采用此流程。气相氩馏分从上塔提馏段抽出进入规整填料粗氩塔Ⅰ底部。在粗氩塔Ⅱ的顶部设置粗氩冷凝器，以来自液空过冷器的液空作为冷源。设置粗氩液化器是为了保证精氩塔液精氩塔的底部设置汽化器，顶部设有冷凝器。汽化器的热源为下塔顶部的压力氮。冷凝器的冷源为节流后的液氮。粗液氩从精氩中部进料，在粗氩塔中精馏完成氩-氧完全分离。在粗氩塔顶抽出的粗氩纯度（>98%Ar，O_2含量小于1×10^{-6}）。在精氩塔中精馏完成氩-氧完全分离获得纯氩（O_2含量

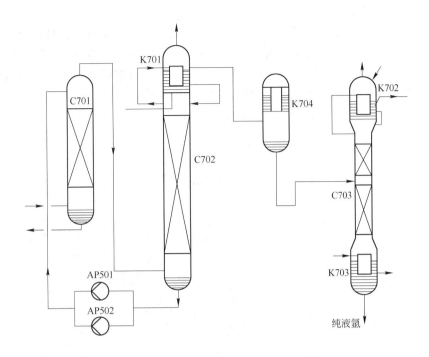

图 12-17　全精馏无氢制氩工艺流程图

C701—粗氩Ⅰ塔；C702—粗氩Ⅱ塔；C703—精氩塔；K701—粗氩冷凝器；K702—精氩冷凝器；

K703—精氩蒸发器；K704—粗氩液化器；AP501，AP502—循环液氩泵

小于 1×10^{-6}，N_2 含量小于 5×10^{-6}）。纯液氩产品由精氩塔底送出。工艺流程中所设置的三个精馏塔都是板波纹规整填料塔。

在流程中粗氩塔分成两个，粗氩塔Ⅱ底部的液体以液氩泵打入粗氩塔Ⅰ顶作为回流液。板波纹规整填料比表面积大，等板高度 $HETP = 170 \sim 280mm$，塔径比筛板塔小，但塔增高。粗氩塔塔板数多，等板高度高，再加上规整填料塔内还要设置液体收集器和分布器等，所以粗氩塔太高甚至达到 $70 \sim 80m$，因而被迫分为两段。随着规整填料和分布器的改进，规整填料塔的高度正在不断地降低，相信在不久的将来，一定会将两段合一，从而简化流程。

12.3.5　氩提取率

粗氩提取率的定义是粗氩中的含氩量占加空气中的含氩的百分比。它与空分装置的类型，主塔的塔板数、主塔产品纯度等许多因素有关。

氩在主塔的损失主要是随产品氧、氮排出而造成的损失，因此氩的提取率随氧、氮纯度的增加而减少。当氧纯度为 99.5% 时，氩的损失约为 9%；当氧的纯度为 99.2% 时，随氧带走损失约为 15%。

对于全低压空分装置，冷量紧张且膨胀空气进入上塔，使精馏段的回流比远不及于高压或中压流程，加上污液氮在上塔加入回流液，污氮气中含氩量较高，随污氮气带走的氩损失甚至可以高达 50%，因此全低压空分装置粗氩提取率较低，一般只有 20% ～50%；而中压装置粗氩提取率可达 60% ～70%；全低压分子筛纯化增压流程由于进塔膨胀量大为

减少，氩提取率80%以上。

除空分装置的类型外，主塔的上塔塔板数也直接影响粗氩提取率。只有上塔的塔板数足够多，才能获得较高纯度的氧、氮产品，从而减少氩的损失，粗氩提取率才能提高。

正如第6章所述，规整填料塔主塔分离效率高，氧提取率可达99%以上，因此，在现代采用规整填料上塔的外压缩流程空分装置的氩提取率可达70%～80%，膨胀空气进下塔的内压缩流程空分装置的氩提取率可达90%～92%。

12.3.6　两种制氩方法的对比

上述的两种制氩方法采用方块图示更为直观，见图12-18。

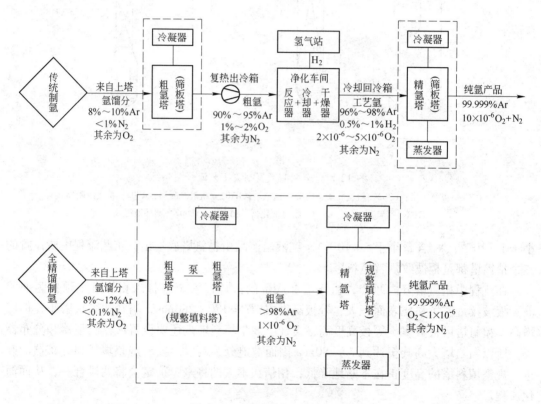

图12-18　两种制氩方法方块图

两种制氩方法对比得出，全精馏制氩具有以下优点：

（1）流程大为简化。取消了净化工序，粗氩塔和精氩塔全在保冷箱内。

（2）投资省。取消了净化车间和氢气站。

（3）能耗低。使空分装置能耗降6%～8%。除阻力小外，其中还包括：节省制氢能耗、粗氩压缩机能、反复加热和冷却的不可逆能耗等。

（4）氩的提取率高。规整填料塔的分离效率高且连续精馏。氩提取率从传统制氩方法只有30%～50%，提高到70%～90%。

（5）氩纯度高。氩中含氧可达到1×10^{-6}以下；因无H_2的影响，精氩塔的分离效率更高，氩和氮分离更彻底，可使氩中含N_2达到5×10^{-6}以下。

（6）阻力小，规整填料塔的阻力是筛板塔阻力的 $1/5 \sim 1/7$，采用规整填料塔，使得制氩系统的阻力低于 $0.01\,MPa$，比采用原筛板式的粗氩塔和精氩塔时，还降 10% 左右。

（7）负荷变化范围大。因其持液量少，运行稳定，所以变负荷的范围可达到$30\% \sim 110\%$。

（8）操作简便无维护工作量，还不需要专人看管，无氢气消耗，降低了制氩成本。

（9）工程建设和安装费用大为降低。因无净化车间和氢气站，不仅安装和建设时间大为缩短，当然也节约了投资。

（10）无占地面积的需求。

（11）消除了对环境的污染源。制氢时碱液对环境会造成污染、粗氩的压缩机噪声污染等。

12.4 氖、氦的提取

12.4.1 概述

正如前述，空气中的氖、氦相对于其他组分，其沸点为最低。在空分装置中，氖、氦以不凝性气体的状态集中于主冷凝蒸发器氮侧顶部（下塔顶），所以氖、氦的原料气就从主冷凝蒸发器的顶部取出。氖、氦原料气的纯度与主冷凝蒸发器的结构形式有关。对于短管式冷凝蒸发器，氮在管内冷凝，提取的原料中氖、氦的浓度为 $5\% \sim 15\%$。长管式蒸发器氮在管外冷凝，因主冷温差小，抽取的原料气中氖、氦的浓度只有 $0.1\% \sim 0.15\%$。从板翅式主冷凝蒸发器抽取原料气中氖、氦的浓度约为 $0.15\% \sim 0.4\%$。

抽取氖、氦的位置见图 12-19。

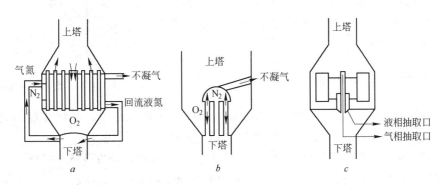

图 12-19　各种类型冷凝蒸发器的抽出口位置
a—管外冷凝；b—管内冷凝；c—板翅式冷凝器

从空分装置提取氖气、氦气的工序大体分成三步。第一步制备粗氖、氦气；第二步制取纯氖、氦混合气；第三步氖与氦分离，获得纯氖及纯氦产品。用框图能够较清楚地表示其生产工序。其框图见图 12-20。

12.4.2 粗氖、氦气的制备

从空分塔抽取的原料气，氖、氦的含量太低，首先必须加以浓缩。也就是除掉其中的

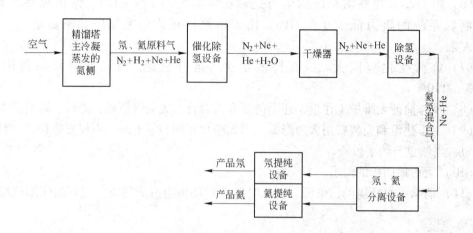

图 12-20 空分装置提取氖、氦生产工序图

大量氮组分。由于氮与氖、氦沸点差很大，相差 50K 以上，采用分凝的方法就能达到满意的分离效果。如图 12-21 所示，通过辅塔或分凝器用空分装置低压氮作冷源。在辅塔盘管中低压液氮蒸发放出冷量，使辅塔内的上升蒸气中的氮组分部分冷凝，直至塔顶即可得到含氖、氦约 50%，氢为 1%～3%，其余为氮的粗氖、氦混合气。

也有采用列管式冷凝蒸发器作为提取粗氖氦混合气的分凝器，分凝器系采用主塔节流以后的低压液氮作冷源，在列管内进行分凝过程，使得分凝器的顶部得到含 40%～50% 氖、氦混合气。

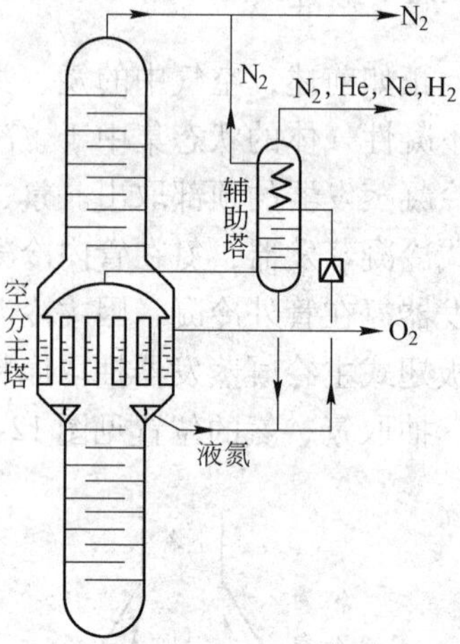

12.4.3 纯氖氦混合气的制备

图 12-21 粗氖、氦气制备流程示意图

粗氖氦混合气中尚存有约 50% 的氮组分和 1%～3% 的氢组分，必须经过除氢和除氮两个工序后，才能获得纯氖氦混合气，纯度高于 99.95%（氖加氦）。

脱氢的方法常用加氧催化法，触媒为钯和铂，反应温度控制在 373～423K，过量氢控制在 0.5%（体积）左右，反应后混合气中含氢 0.002% 以下。反应后生成的水用分子筛干燥器干燥，干燥后的露点低于 -55℃。

脱氮方法有两种。第一种是用高压低温冷凝与低温吸附相结合的方法。高压低温冷凝控制的条件为：操作压力 4.0MPa，操作温度 64K。冷凝后混合气的组成（体积分数）为：氖氦 90%～98%、氮 2%～10%。再利用椰壳活性炭在 78K 条件下吸附残余氮，获得纯氖氦气。第二种方法为常温变压吸附与低温吸附相结合的方法。吸附剂为 5A 分子筛。首先，在常温下，采用三组或五组吸附器对混合气进行变压吸附，获得体积分数大于 95% 氖氦混合气时，再利用椰壳活性炭吸附剂在 78K 进行低温吸附，脱除残余氮。林德公司 10000m³/h 空分装置提取纯氖、氦的工艺流程见图 12-22。

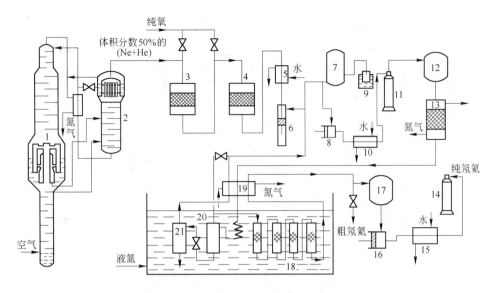

图 12-22　空分制取纯氖氦混合气工艺流程图

1—空分塔；2—氖、氦分凝器；3，4—触媒炉；5，10，15—冷却器；6—气液分离器；

7—贮气袋；8，16—压缩机；9—水封器；11，14—贮气瓶；12，17—贮气柜；

13—干燥器；18—氖（吸附器）；19—换热器；20，21—气液分离器

12.4.4　纯氖氦混合气分离制纯氖和纯氦

　　用纯氖氦混合气分离制取纯氖和纯氦的常用方法为冷凝法和低温吸附法。冷凝法用于制取纯氖。依冷源的不同又分为液氢作为冷源的冷凝法；液氖作为冷源的冷凝法；纯氖氦气自身节流效应制冷冷凝法以及附设氦冷冻机的冷凝法。工业上常用方法为液氢冷凝法及液氖冷凝法。液氢冷凝法是在常压液氢温度（20.4K）、或负压液氢温度（13～15K）条件下，使氖固化，氦仍然呈气相，氦的纯度控制在99.9%左右。固化的氖由电加热器加热汽化，汽化后纯度大于98%，再进一步纯化。操作是间歇进行的。液氢冷凝法流程图示于图12-23。

　　液氖冷凝法以液氖作为冷源，液氖由氖液化循环系统提供，纯氖加压至2.0MPa。由换热器、液氮槽的液氮冷却，而后节流液化入液氖槽。纯氖氦气加压到0.25MPa经过一系列预冷，部分形成冷凝液进入粗氖槽，槽上方为90%粗氦，槽底的液氖，进入纯氖槽。纯氖槽的液氖为99%～99.5%的纯氖，液面上方的气相成分（体积分数）为25%氦、75%氖的粗氦，粗氦进一步纯化制取纯氦，使体积分数为99.99%。液氖分离法的工艺流程见图12-24。液氖冷凝法分离氖氦装置的技术参数见表12-9。

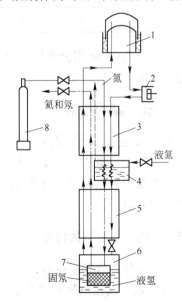

图 12-23　液氢冷凝法分离氖、氦流程

1—气柜；2—压缩机；3，5—换热器；4—液氮槽；

6—液氢槽；7—固化器；8—钢瓶

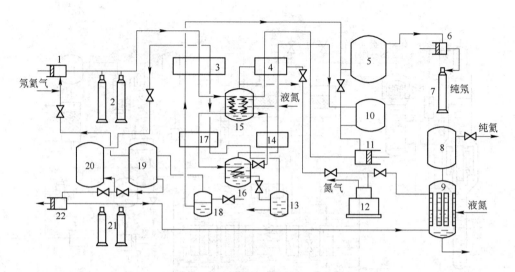

图12-24　液氖冷凝法分离氖氦工艺流程

1，6，11，22—压缩机；2，7，21—贮气瓶；3，4，14，17—换热器；5—纯氖气柜；8—氦气柜；

9—氦纯化吸附器；10—氖循环气柜；12—真空泵；13—粗液氖槽；15—液氮槽；

16—液氖槽；18—纯液氖槽；19—粗氖气柜；20—粗氦气柜

表12-9　液氖冷凝法分离氖氦装置的技术参数

原料气量 /m³·h⁻¹	单位体积原料气冷损 /kJ·m⁻³	单位体积原料气氖循环量 /m³·m⁻³	氖节流前压力 /MPa	液氮槽温度 /K	单位体积原料气液氮用量 /L·m⁻³	混合气冷凝压力 /MPa	混合气冷凝温度 /K	纯氖槽组分（体积分数）/%	
								液　相	气　相
1.6	25	0.4~0.5	20	27.5	1.5~2	0.25	29~30	Ne99~99.5	He25 Ne75

$$原料气量 /m^3 \cdot h^{-1}$$

由于空气中 Ne 组分含量只有 5.24×10^{-6}，天然气中含 He 高达 $0.4\% \sim 2\%$，所以大部分氦气由天然气为原料提取。

12.5　氪、氙的提取

氪、氙是空气中高沸点组分，在空分塔中氪、氙通常总和气氧或者液氧在一起。所以从空分装置制取氪气、氙气首先要从产品氧中提取原料气（贫氪）入手，然后使贫氪中的氪、氙浓缩成粗氪，再经过多次纯化得到纯氪、氙混合气，最后将氪、氙分离出来得到产品氪和产品氙。

12.5.1　氪、氙提取的特点

氪、氙提取有如下特点：

（1）氪、氙在空气中的含量极微，氪约为 1×10^{-6}，氙约为 0.08×10^{-6}，这就使氪、氙的提取十分困难。试想一下，在标准状态下 $1 \times 10^6 \ m^3$ 的加工空气只有 $1 m^3$ 的氪，$0.08 m^3$ 的氙。提取这么微量的气体，势必要经过多次的浓缩、提纯。而且其最后的产量往往是很少的，这就必须带来提取氪、氙的工艺流程显得十分繁琐。

（2）氪、氙由于高沸点的关系总是和氧在一起，所以提取贫氪和粗氪的过程，主要就是一个把氧和氪、氙分离的过程。

（3）随着氪、氙的浓缩，气体混合物中的碳氢化合物也必然跟着一起浓缩（由于其沸点与氪、氙接近）。这样在伴随大量氧存在的情况下，碳氢化合物的浓缩将带来爆炸的危险。所以在提取氪、氙混合物的工艺过程中重要的一个方面。就是在氪、氙逐步浓缩的同时，通过催化的方法不断地把碳氢化合物净除掉。

（4）在空分塔带上提取氪、氙的附加设备以后，一般是冷损增加，同时主塔要抽取部分液空和液氮作为氪塔的冷源，所以主塔的工况相应地受到些影响。在氪塔启动的时候，由于氧气通过氪塔温度升高，所以进入主换热器的氧气温度要相应回升。随着塔的逐步冷却，才慢慢地恢复。

12.5.2 基本流程

从空分塔中提取氪、氙基本上分为 3 种类型。

12.5.2.1 以精馏方法为主的提取法

这种流程用图 12-25 表示，并对各工序简要说明。

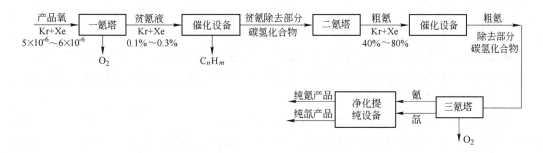

图 12-25 精馏法提取氪、氙流程图

（1）由一氪塔提取贫氪。由一氪塔提取贫氪的工艺系统见图 12-26。一氪塔采用一般的精馏塔板结构，具有上冷凝蒸发器和下冷凝蒸发器。上冷凝蒸发器中以主塔来的液空为冷源，使上升蒸气冷凝成回流液（也有采用液氮作冷源的）。下冷凝蒸发器以主塔的中压

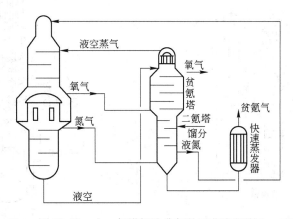

图 12-26 由一氪塔提取贫氪的工艺流程图

氮气作热源，使液相贫氪中的氧组分蒸发产生上升蒸气。蒸发以后的液空蒸气回到主塔上下冷凝蒸发器。冷凝以后的液氮送入主塔上塔顶部，参加主塔的精馏过程。由主塔来的氧气送入一氪塔的中部，在其上升过程中被回流液所洗涤。氧气中的 Kr、Xe 组分就集中到回流液中；上升氧气（已分离出大部分的氮、氩）小部分在上冷凝蒸发器中为液空所冷凝而形成回流液，大部分则作为产品氧引向主换热器。回流液在一氪塔的下部继续和下部冷凝蒸发器蒸发的上升蒸气进行热质交换，使回流液中的氪、氙组分进一步浓缩，终于在一氪塔底部得到 0.1% ~ 0.3% Kr + Xe 的贫氪。贫氪液经快速蒸发器蒸发成汽相贫氪送出。在一氪塔的下部还同时加入由二氪塔顶部排出的蒸气以进一步回收其中的氪、氙组分。

（2）催化净除碳氢化合物。随着一氪塔中氪、氙浓缩的同时，碳氢化合物也浓缩了。为了清除碳氢化合物，先将贫氪压缩至 0.5MPa 后，经过两组银铝触媒接触炉。在 500 ~ 550℃ 的工作温度下，贫氪中的碳氢化合物和氧经过催化反应，并使其中水分冷凝，经过分子筛吸附器或碱溶液吸附 CO_2，然后再进入第二组接触炉连续净除碳氢化合物。

（3）由二氪塔提取粗氪。二氪塔的作用是把 0.1% ~ 0.3% Kr + Xe 的贫氪经浓缩分离获得 40% ~ 80% 的粗氪。二氪塔的作用原理和结构与一氪塔相似，其示意工艺流程见图 12-27。下冷凝蒸发器用高压或中压空气作热源，主塔的液氮送入上冷凝蒸发器作冷源。蒸发后的液空蒸气与中压空气进行热交换复热后排放；贫氪在二氪塔中经过精馏，在底部得到粗氪；顶部排气送往一氪塔继续回收其中的氪、氙组分。

随着贫氪在二氪塔中浓缩，贫氪中的碳氢化合物也浓缩起来，所以出二氪塔以后的粗氪还得通过相同的催化净除设备（但不宜使用分子筛吸附器，因为氪氙的吸附损失很大），把粗氪中的碳氢化合物净除掉。

（4）由三氪塔进行氪、氙分离。三氪塔的结构示意图见图 12-28。它往往是一支间歇精馏的填料塔。在塔的顶部有冷凝蒸发器，在塔的底部有液氮夹套，三氪塔是利用间歇精馏的原理提取纯氪、氙混合气体和进行氪、氙分离。其工作过程如下：

1）通过液氮罐往液氮夹套内充灌液氮。随着三氪塔底部慢慢地冷却，逐步导入粗氪气，当三氪塔底部温度降到 –170℃ 时，说明底部已充分冷却好，继续导入粗氪至三氪塔

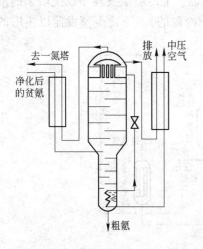

图 12-27　二氪塔提取粗氪工艺流程图

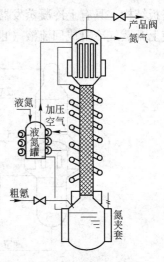

图 12-28　三氪塔结构示意图

内压力不再下降为止，然后将进口阀门关闭。

2）随着液氮的汽化，通过管道导入上冷凝器管间以冷却三氪塔的上部。随着上冷凝器工作的开始，在三氪塔顶部产生回流液，三氪塔内开始精馏过程。

3）三氪塔顶部的产品阀保持关闭。进行全回流精馏半小时。然后对塔顶排气进行取样分析。若顶部排气中不含有氪、氙就可以打开产品阀进行排放。只要排出的氧气中含氪、氙小于1％ Kr + Xe 就可以导入贫氪中进行再次提纯。此时应注意三氪塔内上、下温度和压力应保持稳定。

4）当排放的氧气接近完毕时，可以发现三氪塔底部温度显著升高，塔内压力显著下降，这时就要关闭产品阀，再次进行全回流精馏半小时。然后间歇排放馏分数次，并取馏分进行分析。此时可发现由于氪的蒸发，排气中含氪量逐步升高，馏分可以排到馏分贮罐以便再次提纯。待顶部排气中含氪量达到99.95％~99.99％ Kr 时，就可以作为产品氪导出。

5）当三氪塔底部温度再次升高，塔内压力又降低时，说明氪的蒸发已经接近完毕。这时要关闭产品阀，再次进行全回流精馏，然后间歇排放氙馏分，直到排气中氙组分达到99％ Xe 时，氙馏分的取出过程就宣告结束，然后在三氪塔下部通入加热空气使汽化并把塔顶的排气作为产品氙气导出。

6）所得产品氪、氙纯度还不够高，而且由于三氪塔中在氪、氙浓缩的同时，碳氢化合物再次被浓缩；为此三氪塔出来的氪、氙还得通过一系列催化——吸附净除设备除碳氢化合物，并且通过活性炭低温吸附再次提纯，而得到高纯度（99.95％~99.99％）的产品氪、氙。

氪塔采用填料塔结构时，塔内采用8mm×8mm，0.210mm（70目）磷铜丝网压制的马鞍形填料，理论等板高度为120mm/块。三氪塔也有采用螺旋式冷凝蒸发塔如图12-28所示。

12.5.2.2 以吸附为主的提取方法

以吸附法提取氪、氙的程序框图如图12-29所示。

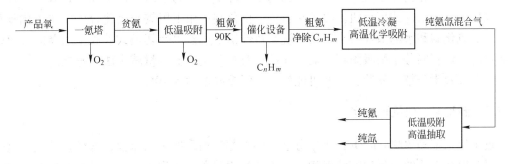

图12-29　以吸附法提取氪、氙程序图

一氪塔与前述相同。贫氪用低温细孔硅胶吸附浓缩，吸附温度90K，冷源采用液氧。为防止液化现象的发生，液氧蒸发压力必须高于吸附压力。而后用纯氮置换被吸附的氧，纯氮流速0.5cm/s，控制出口气体中氧含量达到2％为止。而后撤除液氧冷源，将解吸出来的气体通过小容量吸附器内，仍然在90K条件下吸附30~35s。小吸附器回收浓度低于

10%的初解吸气。浓度大于10%作为粗氪回收。当吸附器出口温度达200℃，氪解吸完毕。通入少量氮置换氪，这种解吸，先解吸氧，再解吸氮，最后为氪，称为分层解吸。

小吸附器设置目的，提高氪的提取率。其中所装填的硅胶量为大吸附器的10%～15%，解吸气并入产品气中。此时产品气浓度氪氙为35%～65%。甲烷5%～20%，氧含量1%～2%，其余是氮。甲烷在700～800℃在氧化铜催化下与氧反应予以清除，同时也清除其他碳氢化合物。

经催化设备后，粗氪中仍含有大量氮、氧，少量氩、甲烷等。先通过液氮温度下低温冷凝，使氪、氙成固相析出，其余杂质抽真空排出。然后用活性钙钛在高温下用化学吸收法除微量氧、氮。反应方程式为：

$$2Ca + O_2 \xrightarrow{750℃} 2CaO$$

$$2Ca + N_2 \xrightarrow{750℃} Ca_3N_2$$

经过多次低温冷凝和高温化学吸收的反复，便可得到纯氪、氙混合气。

纯氪、氙混合气再经过活性炭吸附器在-78℃（酒精和干冰）下吸附，首先吸附氙和部分氪，得到纯氪。抽提中间馏分，提高富氙中的氙组分浓度，富氙再次经活性炭吸附，温度为（-50～-60℃）而后解吸，得到纯氙。

12.5.2.3 用大型色谱法

将粗氪通入载气进入大型色谱分离柱中进行多次吸附，解吸的层析过程，分离成载气加氙、载气加氪、载气加氮、氧、氩，载气通常采用氢气。然后各二元组分分别通过吸附分离柱与载气氢分离，载气氢被回收后循环使用。而在氢与氪的吸附分离柱处得到纯氪，在氢与氙的吸附分离柱处可获得纯氙。

为了提高氪、氙的提取率，德国林德公司提出，在主冷上面装三块截流塔板，用来减少提取气氧产品时所造成的氪氙损失。主冷液氧中氪氙已经浓缩了40倍，其含量氪为40×10^{-6}，氙为3×10^{-6}。

此外，在催化清除甲烷等碳氢化合物的生产环节上，为了减少泄漏损失，采用膜式压缩机加压而不用活塞式压缩机。在催化器中，催化剂作用下甲烷与氧化合生成二氧化碳和水，对二氧化碳和水的清除流程中用碱洗与苛性钠干燥器以及切换式硅胶干燥器的，应改为运行时间较长的分子筛吸附器。而且在结构及管路设计上尽量减少法兰螺栓连接，波纹管、阀等以及十分精心安装，才有可能使氪、氙提取率达到70%。

12.5.3 新型氪、氙提取装置

近十年来配套30000m³/h以上空分装置的林德公司采取了新流程，这种新型氪、氙生产装置与以往上述的氪氙生产装置相比，工艺流程简单，工况稳定，自动化程度高（DCS控制），最大的特点是从间断生产工况变成连续生产工艺，氪氙的产品高，产品质量好。目前在武钢氧气公司运行的30000m³/h制氧机氪氙生产系统，每月可生产纯度为99.999%的氪气150m³，氙气12m³。

氪氙提取系统的工艺流程简图见图12-30。

12.5.3.1 贫氪氙的生产

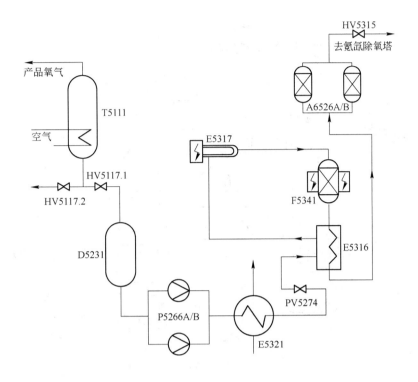

图 12-30　氪氙提取系统工艺流程图

T5111—氪塔；D5231—贫氪氙液氧罐；P5266A/B—贫氪氙液氧泵；E5321—水浴式换热器；

E5316—换热器；HV5117.1—送罐阀；HV5117.2—放空阀；F5341—除甲烷接触炉；

E5317—电加热器；A6526A/B—分子筛吸附器；HV5315—送气阀；PV5274—减压阀

在空分保冷箱内设置一个除甲烷塔（一氪塔）。从主冷底部和上塔底部塔板上分别抽出一股液氧进入一氪塔进行精馏，在一氪塔顶送出气氧产品。底部获得生产氪氙的原料——贫氪氙液氧，其中氪氙含量 1.12%，甲烷含量 5000×10^{-6} 以下。将贫氪氙液氧从空分保冷箱引出送入贫氪氙贮罐中储存。设两个贫氪氙贮罐，以液态储存，以保证氪氙生产的原料连续供应。多台机组可以合用氪氙贮罐。

12.5.3.2　贫氪氙液氧中甲烷及氧化氩氮的清除

采用化学法，加氧使甲烷和其他碳、氩化物燃烧生成二氧化碳和水，然后用分子筛纯化器吸附水和二氧化碳。在流程中设置反应炉。气态贫氪氙先通过电加热器预热，在触媒的作用下，甲烷和其他碳氢化合物与氧发生氧化反应。同时贫氪氙中的氧化亚氮，分解成氧气和氮气将在二氪塔清除。

12.5.3.3　氪氙与氧分离

该分离过程在二氪塔进行。二氪塔工艺流程示意图见图 12-31。

二氪塔设在保冷箱内是规整填料塔，上面有冷凝器，下面有蒸发器。氧组分和氮组分与氪、氙相比都是低沸点组分，经过精馏从二氪塔塔顶返回空分主塔。在塔底获得 100% 的氪氙混合液。

12.5.3.4　氪与氙的分离

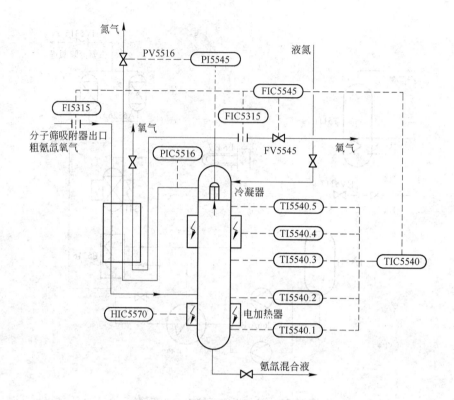

图 12-31　氪氙除氧塔工艺流程示意图

此分离在三氪塔进行。三氪塔也是规整填料塔，上面有冷凝器，下面有蒸发器。100%的氪氙混合液进料，在三氪塔内进行精馏，低沸点组分氪由塔顶引出作为产品，高沸点组分氙在塔底成为液态产品。三氪塔的冷源采用液氧。

12.5.3.5　控制系统特点

氪氙系统生产采用 DCS 集散型控制。与空分主系统 DCS 控制的不同点在于二氪塔和三氪塔均采用平均温度控制。

在二氪塔为了使分离出来的氧和氮完全排出，同时防止氪氙气被带出，而造成损失。在二氪塔上不同截面上设有 5 或 6 个温度传感器，将 5 或 6 个温度数据全部送入 DCS 系统中的多变量运算单元进行逻辑运算，得出温度的平均值，将此值送到平均温度控制器，与设定的平均温度进行比较，而后输出信号到二氪塔顶部控制器，作为控制值，来控制氧和氮排出阀的开度。显而易见，当平均温度升高说明上升蒸气中高沸点的氪氙组分多，应关小排出阀，反之应开大。

三氪塔的平均温度控制是为了达到氪氙的充分分离，同样在三氪塔上不同截面设置 5 或 6 个温度传感器，控制步骤与二氪塔相同。当平均温度高于设定值，说明塔氙组分多，应开大氪产品阀，反之则关小。新型氪氙生产系统工艺流程图示于图 12-32。

现代内压缩流程大型空分装置生产氪氙时，因液氧作为产品从上塔底抽出，所以贫氪氙原料液就无法从液氧中得到，则贫氪氙原料应从液空中抽取。

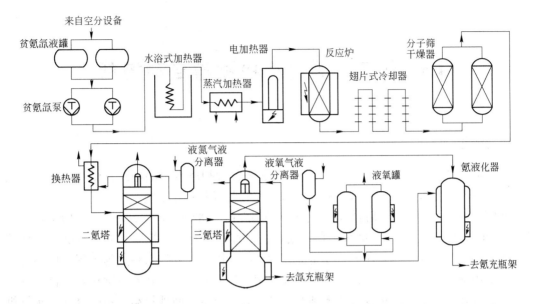

图 12-32　新型空分设备氪氙生产系统工艺流程简图

13 制氧机的过程检测与自动控制

13.1 概述

我国制氧机制造业在 1950 年以后才发展起来，最初所生产的中压及高、低压制氧机的控制，只有少数简单的直读式仪表，无自动控制装置及遥控系统。

1967 年以后，我国先后试制成功了 3200m³/h、6000m³/h、1500m³/h、10000m³/h、1000m³/h 制氧机。这些制氧机采用户外安装、流程系统复杂、控制参数多，要求配套较完善的自动控制系统来确保制氧机安全而连续运行。因此，仪控系统成为了制氧机中的十分重要的组成部分，并且在一定程度上代表了制氧机的先进性。随着我国仪表及自控行业的发展，许多制氧机的专用仪表从无到有，且仪表的质量不断地提高，我国全低压制氧机的自控水平很快就达到了中央控制室集中控制水平。即在中央控制室内设置仪表盘、操作台、模拟板，操作人员在主控制室内可以全面掌握制氧机各部分的运行情况，能够进行遥控和自动调节，还设有报警系统及自动联锁保护装置等。

随后制氧机所选用的仪表及自控装置也不断地更新换代，制氧机的自控系统中普遍应用单元组合仪表。所谓单元组合仪表是指仪表按组合原理设计，各单元分别起独立作用，如显示、变送、计算、调节等，各单元之间采用国际通用的标准信号，这样就可以依据不同的要求将各单元组合成各种测量及调节系统。因而具有高度的通用性和灵活性，且因其工作位移小无机械摩擦，而具有精度高、寿命长、便于维修等特点。所以单元组合仪表的应用，使制氧机的自控水平又上了一个台阶。

近年来，由于计算机控制的发展，大型增压分子筛纯化制氧机的出现，制氧机的控制已经达到了微机控制及集散型控制（简称 DCS）的先进水平。

集散系统是吸收了模拟仪表控制与大型计算机控制各自的长处而研制出来的一种新型过程控制和自动化管理系统。它是当今世界上公认的最先进的自动化系统。由于在系统中引入微处理器，所以它具有模拟仪表例如 DDZ-Ⅱ、DDZ-Ⅲ 等仪表根本无法实现的功能。集散系统最突出的优点在于它从结构上解决了计算机控制中的"危险集中"的问题，做到了"管理集中、危险分散。"

工业过程的控制系统包括四部分，检测仪表（一次仪表）、显示仪表（二次仪表）、控制系统、执行器。控制过程的框图见图 13-1。

20 世纪末，随着信息技术的飞速发展，现场总线控制的出现，引起了过程控制体系结构和功能上的重大变革。现场仪表的数字化和智能化，形成了真正意义上的全数字控制系统。在自动化技术、信息技术、计算机技术发展的基础上，综合自动化是当今生产过程控制的发展方向，即从生产过程的全局出发，利用网络技术将各种信息集成，把控制优化、调度、决策、经营管理融为一体，形成能适应各种生产环境和市场需求、多变性的、总体最优化的高质量、高效益、高柔性的一个生产管理系统。

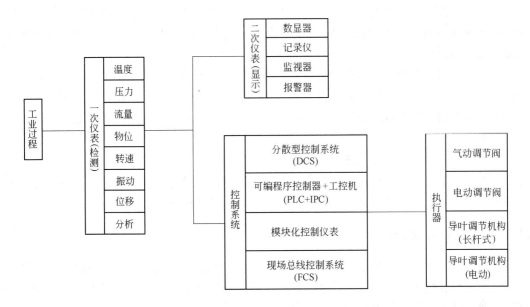

图 13-1　控制过程框图

13.2　过程参数检测仪表

13.2.1　检测仪表的基本性能指标

评价仪表品质的指标通常有三个。

（1）准确度的等级。它表明仪表测量的准确程度，即"准不准"，采用误差来表示。误差分为绝对误差和相对误差。

所谓绝对误差是指仪表指示值与真实参数之差。通常表示为：

$$r = |A - A_g|$$

式中　　r——绝对误差；

　　A——仪表指示值；

　　A_g——参数真实值。

所谓相对误差 δ 为绝对误差 r 与参数真实值比值的百分数即：

$$\delta = \frac{r}{A_g} \times 100\%$$

对于准确度等级而言，是指用该仪表进行测量时，所允许的最大折合误差。最大折合误差是所允许的最大绝对误差与仪表量程之比再乘以 100。例如，准确度等级为 1.5 的仪表的最大绝对误差为 1.5×量程/100。显然，等级数值越小的仪表测量误差也越小，也就是越准确，但制造困难。

我国常用仪表的等级有 0.005、0.02、0.1、0.35、0.5、1.0、1.5、2.5、4 等级。一般 0.005、0.02、0.1、0.35 级仪表作为标准仪表，0.5、1.0 级为需准确测量时使用，1.5、2.5 级仪表作为一般工业仪表，4 级仪表用于不需要准确测量的不重要参数。

（2）灵敏度。这一指标反映了仪表动作的灵敏程度，它通常用仪表的输出变化量 $\Delta\alpha$ 与引起此变化的被测量的变化量 Δx 之比来表示。假设被测量的变化很小，仪表的输出变化量较大，这说明此仪表的灵敏度较高。

另外，能够引起仪表指示值发生变化的被测参数的最小变化量叫作灵敏限。一般将仪表的灵敏限数值定为小于仪表允许误差的一半。显而易见仪表的灵敏度越高，灵敏限就越小。测量仪表的灵敏度可以用放大系统来提高，但这并不应该误认为仪表的测量准确度得到了改善。

（3）变差。变差表示了仪表的恒定性。它的定义为，在外界条件不变的情况下，使用同一仪表进行正、反行程测量时，其表示值之间的差值。通常表示成正、反行程测量的最大误差与量程之比。要求仪表的变差应不超过仪表准确度等级所允许的误差。

13.2.2　制氧机检测仪表

制氧机需要的测控参数很多，归纳起来有温度、压力、流量、阻力、液面、产品纯度等。低温法制氧机属于低温技术领域，其所使用的测量仪表与常温测量仪表有所不同，下面按所测定的参数不同加以分别叙述。

13.2.2.1　温度测量

在制氧机保冷箱外的常温设备及机组的温度测量常用工业内标式水银温度计，而在保冷箱内低温测量通常采用热电阻温度计。

A　工业内标式水银温度计

它是一种最普通而简单的测温仪器，其测量原理为液体膨胀式。工业用水银温度计都带有标尺片，为保护其用玻璃制的测温件，设有金属保护套管。为使观察读数方便，它的形状有直立形和角形（90°或135°），型号为 WNG-11（直型）及 WNG-12（角型）。

该温度计的优点是简单、准确、价廉、反应迅速。其缺点为环境温度变化激烈时，测量误差较大。由于有保护套管其灵敏度变差，为减少这种影响，可在测温元件与保护套之间灌入水银或变压器油。这类温度计适用于就地测量。

B　热电阻温度计

工业用热电阻作为温度测量和调节的感受元件，一般要与显示仪表配合在一起，才能测量各种生产过程中自 $-200 \sim +500\text{℃}$ 范围内液体、蒸气、气体介质以及固体表面等温度。制氧机是低温装置，多数采用的是铂电阻。

热电阻的工作原理是基于利用物质在温度变化时，本身的电阻也随着发生变化的特性来测量温度的。热电阻的受热部分（感温元件）是用细金属丝均匀地绕在绝缘材料制成的骨架上。当被测介质中有温度梯度存在时，所测得的温度是感温元件所在范围内介质的平均温度。

铂因具有易于提纯和高度稳定的化学、物理性能，以及良好的复制性等显著的优点，是制造热电阻的最好材料。

铂热电阻的电阻值与温度的关系为：

在 $0 \sim +650\text{℃}$ 范围内，

$$R_\text{t} = R_0(1 + At + Bt^2) \tag{13-1}$$

在 $0 \sim -200\text{℃}$ 范围内，

$$R_t = R_0(1 + At + Bt^2 + Ct^3) \tag{13-2}$$

式中　R_t——t℃时铂电阻的电阻值，Ω；

　　　R_0——0℃时铂电阻的电阻值，Ω；

　　　t——被测介质的温度，℃；

A，B，C——有关的分度常数。

通常在热电阻的使用说明书中附有热电阻的分度特性表或者查阅有关仪表手册。

铂电阻一般由感温元件、支架、引出线及保护套管道4部分所组成。

如图13-2所示，铂热电阻的感温元件是一个铂丝绕组。它由直径为 $\phi0.03 \sim 0.07\mathrm{mm}$ 的纯铂丝绕在云母片制成的片形支架上，云母片的边缘上有锯齿形的缺口，绕组的两面盖以云母片绝缘。为了改善导热和机械紧固，再在其两侧用金属薄片制成的花瓣形夹持件与之铆合在一起。铂丝绕组的出线端与用银丝制成的引出线焊牢，并以瓷套管加以保护绝缘。

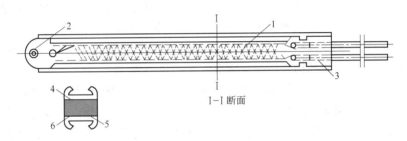

图 13-2　铂热电阻感温元件示意图

1—铂丝；2—铆钉；3—银导线；4—绝缘片；5—夹持片；6—骨架

根据被测介质温度、压力范围等空分设备配套的铂热电阻大都采用不锈钢保护套管。

接线盒为供热电阻与显示仪表连接之用，一般用铝合金制成，可分成普通式和密封式两类。空分设备中一般用普通型接线盒较多。

基本技术特性用分度号表示。它是指热电阻感温元件在0℃时的电阻值 $R_0(\Omega)$ 和热电阻感温元件在100℃时的电阻 $R_{100}(\Omega)$ 的比值。精度系指最大允许误差与仪表量程的比乘以100。

一般工业用铂热电阻是Ⅱ级精度的，常用的分度号是 B_{A1}、B_{A2}。

分度号 B_{A1}：

$$\left.\begin{aligned} R_0 &= (46 \pm 0.046)\Omega \\ \frac{R_{100}}{R_0} &= 1.391 \pm 0.001 \end{aligned}\right\} (\text{Ⅱ级})$$

分度号 B_{A2}：

$$\left.\begin{aligned} R_0 &= (100 \pm 0.1)\Omega \\ \frac{R_{100}}{R_0} &= 1.391 \pm 0.001 \end{aligned}\right\} (\text{Ⅱ级})$$

空分设备常用的铂电阻型号为：

WZB-210 型，固定螺纹普通式铂热电阻。

WZB$_2$-210 型，固定螺纹普通式铂热电阻（双支）。

WZB-280 型，固定螺纹特殊式铂热电阻。

WZB-264W 型，固定式表面铂热电阻。

铂电阻必须与温度显示仪表相配合才能得知温度值。常用的有小型晶体管平衡电桥。热电阻作为电桥的一臂，电桥处于平衡时，电桥对角线输出电压为零。当温度变化时，电阻的电阻值改变，电桥不平衡，电桥的对角线上产生电压经放大后显示出来。另外常用的是动圈指示仪。动圈处于永久磁铁所产生的空间磁场中，热电阻与几个电阻组成桥路，由直流稳压电源供电。当热电阻 R_e 电阻值等于仪表刻度的起点温度对应电阻时，动圈中无电流通过。当被测温度改变时，R_e 随温度变化，破坏了桥路平衡，动圈就有电流通过，动圈受碰伤力而旋转，仪表刻度盘上的指针转动而指示出温度。

晶体管小型电桥精度高，误差小于 $\pm 0.5\%$。动圈指示仪结构简单但耐振能力差。

制氧机通常采用装配式和铠装式铂电阻。铠装式铂电阻的感温元件外有保护管，感温元件与保护管之间充填绝缘材料，可以抗冲击和振动，其热惯性小，热响应时间为 10s。装配式是采用陶瓷骨架支撑感温元件，以提高抗振性能，它的热响应时间为 30s。

温度变送器将铂电阻的信号转换成标准的 4~20mA 信号。

热电阻温度变送器的原理图示于图 13-3 中。它是由热电阻 R_t 与引线电阻补偿回路①、桥路部分②、反馈回路③等部分组成。图中的 $DW_{(1~4)}$ 起限压作用，以满足安全防爆要求。

热电阻采用三线连接方式，以克服引线电阻变化所引起的误差，热电阻 R_t 与三个引线电阻及零点调整回路一起组成不平衡电桥。

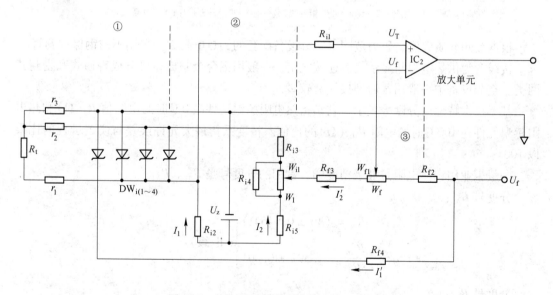

图 13-3　热电阻温度变送器量程单元原理图

反馈回路由正、负反馈回路所组成。正反馈回路由 R_{f4}、U_f 等组成。将 U_f 送到热电阻 R_t 上，R_{f4} 与 R_t 构成分压器。随温度升高，R_t 增大，分压的输出也增大，此信号引入放大单元同相输入端起线性化作用。

随着电子技术的集成电路技术的发展，变送模块体积越来越小，温度变送器的模块可以直接安装在热电阻的接线盒内，构成一体化温度变送器，可以直接从现场输出 4～20mA 信号。也有分体式温度变送器。空分的温度测量一般都选择一体式，只有 ESD 系统，因没有 RTD 信号输入卡件，需采用分体式温度变送器。

13.2.2.2　压力检测

A　压力指示仪表

弹簧管式压力表一般作为现场压力指示仪表。单圈弹簧管压力表的结构如图 13-4 所示。它主要由弹簧管、齿轮传动机构、指针、刻度盘及外壳等部分组成。弹簧管是感压元件。它是一端封闭，横截面具有特定形状，弯成规定外形的金属或非金属管。截面多为椭圆形，椭圆的长轴与图面的弹簧管中心轴相平行。弹簧管的固定端可通入被测流体，另一端是封闭端，可自由伸缩，依位移量的大小，指示出压力的大小。

B　差压（压力）变送器

差压（压力）变送器用来测量各种液体、气体的差压（压力）并把它转换成 4～20mA 的统一标准信号，与其他组合仪表相配套来进行显示、记录和报警等自动控制。差压变送器不仅用于压力和压差的测量，还用于液位和流量的检测。

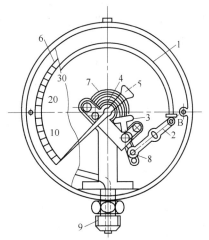

图 13-4　弹簧管压力表
1—弹簧管；2—拉杆；3—扇形齿轮；
4—中心齿轮；5—指针；6—刻度盘；
7—游丝；8—调整螺钉；9—接头

差压变送器的测压元件是弹性元件（如单圈弹簧管、膜盒、波纹管等等）。依据弹性元件的受压后变形的位移。将其转变成 4～20mA 的信号输出。需要在 DCS 进行显示控制的压力、压差、液位、流量点均需设置差压变送器。测量氧气介质的差压变送器的膜盒中应填充氟油，它是惰性油，且整个变送器都要脱脂处理。

空分装置使用的差压变送器依据测量原理的不同分为三种形式，即电容式、扩散硅式和单晶硅式，这几种也叫作微位移变送器。

（1）电容式差压变送器。它的变换部分就是一个可变电容，感压膜片作为可动电极。感压膜片在感压时发生位移，电容也随之变化并转换成 4～20mA 的信号。这种变送器结构简单，稳定可靠且精度高。

（2）扩散硅式变送器。它也可称为应变式压力变送器。其工作原理是，过程压力的变化使扩散硅变送器的电阻变化，再由惠斯登电桥检测出电阻值。扩散硅在测压时会受周围温度变化的干扰引起误差，为保证测量的准确性，需将温度特征和静压特征存储在微处理器中，对压力测量进行在线补偿。

（3）单晶硅式变换器。它的作用原理是，在 1 个单晶硅芯片上，加工出两个形状及大小完全相同的谐振梁，将受压变形时，中心谐振梁频率降低，边缘谐振梁频率升高，两者差值就可以表示压力的大小。它不需要温度补偿，因温度影响造成两个谐振梁的增减量相互抵消。此种变送器也称作振弦式传感器。

（4）智能差压变送器。智能差压变送器是一种带微处理器的变送器。它将被测的压力和差压输出 4～20mA 的模拟信号或数字信号。它还能够依靠智能通信器（SFC），可在现场或控制室，对发送和接受的信息进行各种参数的设定。此外它还具有远程通信的功能，可集中安装在控制室内，便于检修。

智能差压变送器还将检测周围的温度特性，静压特性等数据存储在存储器 PROM 中，因而，测量精度高且温度、静压引起的零点漂移或量程漂移均非常小。它的调整主要靠微处理器的软、硬件来进行，所以调整的范围比较大。具体的功能是：

1）组态。可以选择量程，输出方式（线性或平方根）、阻尼时间常数等，并将这些数据直接存入存储器中。

2）诊断。可以对组态、通信、变送器工作以及过程异常进行检查。

3）检验。能够用简单的方式快速地完成零点和量程的校验。

4）显示。可以显示变送器存储器的信息。

13.2.2.3　流量的检测

A　差压式流量计

制氧机的测量常采用差压式流量计。差压式流量计的工作原理是基于流体动压能和静压能一定条件下可以转换。流体经过节流孔板时，静压降低、流速增加，于是在孔板的两侧就产生了压差，其压差的大小与流量具有对应关系，压差越大流量越大。根据流体力学的伯努利方程和流体的连续方程导出其流量方程式为：

$$Q = \alpha \varepsilon A_0 \sqrt{2\Delta p / \rho} \tag{13-3}$$

式中　Q——体积流量，m^3/h；

　　　　α——流量系数；

　　　　ε——流体膨胀系数，液体 $\varepsilon = 1$，气体 $\varepsilon < 1$；

　　　　A_0——节流装置的开孔截面积；

　　　　Δp——节流装置前后的压差；

　　　　ρ——流体密度。

应用式（13-3）时，各参数的单位及使用条件应查阅标准孔板的相关资料。节流元件附近的压力及流速分布见图 13-5。

差压式流量计主要由节流装置、信号管路和差压计或差压变送器组成，见图 13-6。差

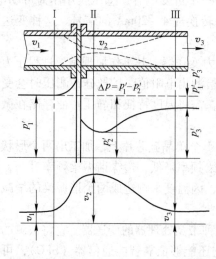

图 13-5　节流元件附近流速和压力分布情况

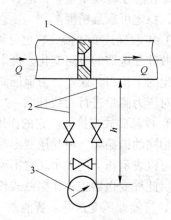

图 13-6　差压式流量计

1—孔板；2—引压管；3—差压计

压计直接指示流量。而差压变送器将差压信号转变为与流量对应的标准电信号。

B　低温流量计

测量低温液体（液氧、液氮、液氩）时，常采用涡街式流量计。因低温液体在测量过程中易产生蒸气而形成气、液两相流，用差压流量计无法准确测量。涡街式流量计的测量原理是依据冯苄曼原理，即流体经过非流线形物体时，会分割小涡流或旋涡，这涡流的频率直接与流速成正比，其速度公式为：

$$v = \frac{f}{K_v} \tag{13-4}$$

式中　v——介质流速；

　　　f——旋涡频率；

　　　K_v——系数。

涡街流量计的输出信号依据系数 K_v。其主要测量元件为涡街发生器。

C　阿牛巴流量计

此流量计采用均速流量探头来测量流量，它的最主要的优点是阻力小，只为孔板流量计（差压式流量计）的1/10。例如在污氮进分子筛纯化器的流量测量，如采用阿牛巴流量计可减少 $0.8 \sim 1.0kPa$（$80 \sim 100mmH_2O$）的阻力损失，节能但价格较贵。

阿牛巴流量计在安装时，对管路的直管段要求非常严格，必须严格地按照规定给予保证，否则，由于被测流体没有达到稳流，明显影响测量精度。

D　电磁式流量计

在空分氮水预冷系统的水流量测量，因水中往往含有一定的固体杂质，若用孔板流量计会发生测量滞后和不准确的问题，所以可以采用电磁式流量计。

电磁式流量计的测量原理依据法拉第电磁感应定律，导电液体在磁场中切割磁力线运动，导体中产生感应电动势，流量越大，感应电动势越大。其流速与感应电动势的关系为：

$$E = K_E B v \tag{13-5}$$

式中　E——感应电动势，V；

　　　K_E——系数；

　　　B——磁感应系数，T；

　　　D——测量管内径，m；

　　　v——液体平均流速，m/s。

E　转子流量计

在现场指示流量可用转子流量计。转子流量计的玻璃管是一个下小上大的锥形管，管内有一浮子，流量增加浮子升高，流量减小浮子下降，管上刻有流量指示值。这种流量计结构简单，价格便宜，但精度不高。

13.2.2.4　液位的测量

常用液位的测量方法是通过液柱的静压进行测量。以下塔液位测量为例，见图13-7。

从图中可见，液面上方气压为 p_1，液面底的压力为 p_2，$p_2 = p_1 + \gamma H$、$\Delta p = p_2 - p_1 = \gamma H$，$\gamma$ 为液体的密度。这就是说，测量液面高度 H，实质是测量压差 Δp，再以差压变送器

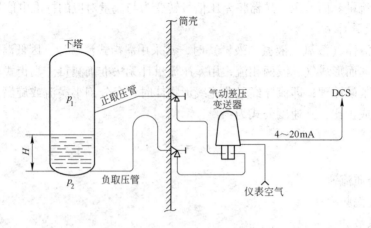

图 13-7　下塔液位测量示意图

传送。

低温液体的液位测量要非常注意上、下取压管的安装问题。取压管应以 5% 的斜度向上倾斜，下取压管还需加装倒 U 形液封并靠近冷箱内壁敷设。为了确保液位测量的稳定和准确，在下取压管的拐弯处还装有加热块，加热块的加热元件由安装冷箱外壁的加热器供 7V 的电，以用来对取压管进行加热，使管内的液体完全汽化。

13.2.2.5　振动位移检测

振动位移测量采用振动位移探头，它检测的是涡流信号。其工作原理是，高频电流从振荡器流入传感器线圈中，在线圈中会产生高频磁场，当有金属接近磁场时，会在金属表面产生电涡流，传感器与金属距离越近电涡流越强。探头探得的信号，再经过前置变送器转换成标准信号再输出，所以振动位移的测量是采用涡电流传感器。制氧机所采用的探头多数为 M10×1，ϕ8mm。

13.2.2.6　转速测量

膨胀机高速运转，转速测量十分重要。国内转速测量一般采用磁电式。其原理是电感应，将角位移转变成电信号，然后由频率电流转换器计数，输出标准信号或用显示仪表显示。

磁电式转速仪，它主要由磁电传感器也称为测速磁头，频率转换器及记录仪组成，其测量系统示于图 13-8。

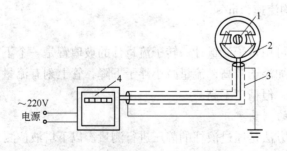

图 13-8　透平膨胀机转速测量系统

1—轴；2—测速磁头；3—屏蔽线；4—带频率转换器的记录仪

其系统的工作过程为，在透平膨胀机转轴尾部铣成扁平端，插入测速磁头绕有线圈的两永久磁铁中央，轴端可在磁铁中自由旋转。当膨胀机转动时，轴旋转切割磁力线，测速磁头线圈中产生感应电势，并输出电压。感应电势的频率与转速的关系为：

$$f = \frac{2n}{60} \tag{13-6}$$

式中　n——透平膨胀机转速；

　　　f——感应电势的频率。

由式可见，只要测出感应电势的频率，即可得知透平膨胀机转速。在带频率转换器记录仪中，将输入频率 f 放大、整形、积分后转换成 $0 \sim 1mA$ 的直流信号，使其指示或记录，并输出两个可调上限，低值报警，高值自动停机。也可以输出 $4 \sim 20mA$ 的校准信号到 DCS。

膨胀机转速仪所采用的探头规格为 M22×1。在国外除采用磁电式转速仪而外，也有采用涡电流式转速仪的。

13.2.2.7 纯度检测

制氧机的纯度检测分在线检测和离线检测。在线检测即连续检测被测介质的成分；离线检测是采用手动取样，间断检测被测介质的成分。

现代制氧机所配套的在线分析仪列于表 13-1 中。

表 13-1　空分装置在线分析仪

序 号	分析仪名称	台 数	被测介质	量 程
1	二氧化碳分析仪	1	分子筛纯化器后空气	$0 \sim 5 \times 10^{-6}$ VOL CO_2
2	纯氧分析仪	1	产品氧	$98.0\% \sim 100.0\%$ VOL O_2
3	微量氧分析仪	1	产品氮	$0 \sim 10 \times 10^{-6}$ VOL O_2
4	氩分析仪	1	产品氩	$80\% \sim 100.0\%$ VOL Ar
5	氩分析仪	1	氩馏分	$0 \sim 15\%$ VOL Ar
6	氧分析仪	1 双通道	液　空 粗氩塔 I ｝切换	$0 \sim 50\%$ VOL O_2 $0 \sim 5\%$ VOL O_2
7	微量氮分析仪	1	纯液氩	$0 \sim 10 \times 10^{-6}$ VOL N_2
8	水分析仪	1	空气（或氮气）出增压端 冷却后污氮出蒸汽加热器后	$0 \sim 100 \times 10^{-6}$ VOL H_2O
9	碳氢化合物分析仪	1	冷凝蒸发器液氧	色谱仪 总 $C_nH_m \leqslant 100mg/L$，$C_2H_2 \leqslant 0.1 \times 10^{-6}$

离线分析仪一般配备，便携式氧分析仪、便携式水分析仪、色谱仪等。

A　二氧化碳分析仪

对二氧化碳的微量分析通常采用红外线二氧化碳分析仪。它的工作原理是，在红外线区内，极性分子均具有特征的波长和吸收系数。空气中的 O_2 和 N_2 是双原子非极性分子，杂质 CO_2 为非极性分子，所以在红外线区内，可以检测出 CO_2。依据比尔吸收定律，可以得到辐射强度 I 与被测组分浓度的定量关系：

$$I = I_0 e^{-KCL} \tag{13-7}$$

式中　I——红外线经过被测组分后剩余辐射强度；

　　　I_0——射入被测组分的辐射强度；

　　　K——被测组分的吸收系数；

　　　L——红外线通过被测组分的强度；

　　　C——被测组分的摩尔浓度。

当被测组分浓度很低时，辐射强度与 KCL 呈线性关系：$I = I_0\,(1 - KCL)$，通过对辐射强度的测量即可测出二氧化碳的浓度，分子筛净化后的空气 CO_2 含量的分析，净化要求低于 1×10^{-6}，故红外线二氧化碳分析仪的量程为 $0 \sim 5 \times 10^{-6}$。

B　水分分析仪

离线的水分分析常用露点法，被测气体通过露点仪的镜面的过程中，镜面被冷却温度不断下降，当降到一定温度时，镜面上出现露珠，此温度就为露点温度，它与饱和含水量一一对应，从而可以确定被测介质的水分含量。

微量水分分析仪通常采用电容法，其测量原理是，水的电解常数远远大于干燥物质，当被测介质通过分析仪中的极板电力线时，如其中含水，就会使极板电容发生变化，用伏安法、交流电桥等方法测出电容，就可以检测出水分含量。

另外，还有电解法水分分析仪，采用以五氧化二磷（P_2O_5）膜为吸湿剂的电解池，当吸收和电解达到平衡时，水全被电解，检测电解电流的大小即可确定被测介质的含水量。电解电流和含水量成正比。

C　氧分析仪

在线测量氧纯度通常用热磁性氧气分析仪和氧化锆分析仪进行自动分析。

（1）热磁氧分析仪。热磁氧分析仪是 $0 \sim 100\%$ 纯度氧的自动分析仪，可以自动指标和记录。它是利用氧气具有高顺磁性，而且磁化率随温度上升而降低。在磁场中不同气体的磁化率不同，有的气体受磁吸引，称为顺磁性；有的受到排斥，称为逆磁性。表 13-2 所示的为一般工业气体的磁化率与氧气磁化率之比。从表中可以看出，氧气的磁化率比一般工业气体大几十倍，甚至百倍。所以根据混合气体的磁化率的大小可以测知氧气的含量。气体的磁化率很小，难于直接测量，因此，将磁化率转变成热敏元件的温度变化而进行间接测量。将热敏元件加热到 $100 \sim 250℃$，当被测混合气体通过热的热敏元件时，磁化率下降，受磁场的吸引力将随之减少，而后面流进来的气体，因温度低，磁化率强，受磁场的吸引力强，将前面的气体逐出磁场，形成所谓"磁风"。磁风越强，热敏元件的温度变化也越大。热敏元件的电阻随温度的变化而变化。这个电阻值通过电桥测量出来，也就反映出氧的含量。

表 13-2　几种气体的相对磁化率

气体化学元素符号	O_2	NO	NO_2	N_2	CO_2	NO_3	Ar	H_2	CH_4	水蒸气
相对比磁化率/%	100	+36.2	+6.16	-0.4	-0.57	-0.57	-0.59	-0.11	-0.68	-0.4

（2）氧化锆氧分析仪。氧化锆氧分析仪为灵敏度高、稳定性好、量程大、反复性好的连续测氧仪。氧化锆氧分析仪是根据浓差电池原理制成的。它由两个半电池构成。一个

"半电池"是已知氧气分压的铂参比电极，另一个"半电池"是含氧量未知的测量电极。两个半电极之间由氧化锆电介质、固熔体连接。氧化锆电介质是由氧化锆（ZrO_2）与氧化钙（CaO）按一定比例混合，在高温下烧结后形成的固熔体。在温度 600～800℃时，这种固熔体是氧离子的良好导体。这是由于在固熔体的晶格内，四价的锆离子被二价的钙离子置换后，生成了离子空穴。两个"半电池"之间的氧离子通过氧化锆进行交换，当氧化锆两侧氧浓度不同时，产生电动势。在参比电极侧，氧浓度比较高，氧的分压（p_1），将发生如下的反应：

$$\frac{1}{2}O_2(p_1) + 2e \longrightarrow O$$

氧离子通过氧化锆固熔体到达氧分压 p_2 氧浓度低的一侧，放出两个电子交给测量电极，其反应为：

$$O \longrightarrow \frac{1}{2}O_2(p_2) + 2e$$

参比电极及测量电极，总的电池反应为：

$$\frac{1}{2}O_2(p_1) \longrightarrow \frac{1}{2}O_2(p_2)$$

即氧气从分压高的一侧 p_1 向分压低的一侧 p_2 迁移，并伴有电荷的定向移动，所以在氧化锆两侧的电极之间产生了电动势 E，其值可由恩斯特公式来计算：

$$E = \frac{RT}{nF}\ln\frac{p_1}{p_2} \tag{13-8}$$

式中　R——气体常数；

　　　T——被测气体进入电极的温度；

　　　F——法拉第常数；

　　　n——参加反应的电子数；

　　　p_1——参比电极一侧的氧分压；

　　　p_2——被测氧含量一侧氧分压。

氧化锆氧分析仪的结构如图 13-9 所示。氧化锆固熔体加工成管状，在管底内、外壁

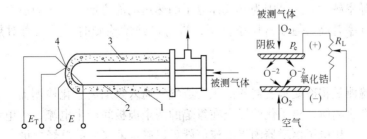

图 13-9　氧化锆分析仪结构原理

1—外电极；2—内电极；3—氧化锆；4—热电偶；

E_T—热电偶电势；E—浓差电势

都涂一层铂金作为电极，制成电解池。两个铂金电极通过电阻 R_1 连接起来。将电池置于恒温炉内，外电极处于空气中。被测气体通过氧化锆管流过内电极。若内、外电极氧气浓度不同，则氧离子就从浓度高的一极穿过电介质——氧化锆层向氧浓度低的一极流动，使两极之间产生电势。从式（13-7）可以看出，在温度 T 及参比电极一侧氧的分压力 p_1 稳定条件下，电动势的大小由被测气体的氧组分分压力所决定，因此只要测出电势的大小，即可得知被测气体的氧浓度。此分析仪将两极所产生的电动势放大后，输入显示仪表记录指示仪。

电极工作在 600℃ 左右的高温条件下，如果被测气体中含有 H_2、CO 等可燃性气体，由于可能发生燃烧反应而耗氧，会使测量产生误差。含有大量的可燃性气体还有爆炸的危险。

D　氮分析仪

在线微量氮分析仪是依据电离原理制成的，用于测量纯液氩中的微量氮。当纯氩气通过石英玻璃电离室时，受电磁场作用而电离发光，通过滤波器将氮所对应的特定波长的光射至二极管转变成电流，其电流强弱与氮浓度成正比。通常采用的微量氮分析仪的量程为 $0 \sim 10 \times 10^{-6}$。

E　氩分析仪

在线氩分析仪采用热导式分析仪。它是依据热导率与气体体积分数的关系制成的。热导率可由傅里叶公式计算：

$$Q = -\lambda \left(\frac{\Delta T}{\Delta x} \right) F \qquad (13\text{-}9)$$

式中　Q——热传导的热量；

　　　λ——热导率；

　　　$\dfrac{\Delta T}{\Delta x}$——温度梯度；

　　　ΔT——导热温差；

　　　Δx——导热距离；

　　　F——接触面积。

气体热传导主要依靠的是分子的不规则运动，当然气体分子数越多，其导热能力就越强。不同气体分子的热导率也不同，本书第 1 章已经给出氧、氮、氩的热导率。温度越高，气体的热导率越大。这是因为其气体分子的热运动能力增强。压力越高分子碰撞的几率增多，其热导率升高。但在常压条件下，进行氩纯度检测时，因压力对热导率影响较小，因而忽略。

F　总烃检测

在线总烃检测是将冷凝蒸发器的液氧变成气氧通入氢焰离子化检测器中，被氢火焰加热，使碳氢化合物离解，离子化的烃类在氢焰的两个极板间产生电流，该电流的强弱对应总烃含量的多少。用电子倍增器测得电流值就可以确定液氧中的总烃含量。

离线碳氢化合物检测采用气相色谱仪，它不仅能测量总烃，还能分别测出 C_2H_2、CH_4、C_2H_4、C_2H_6 等碳氢化合物的含量。其分析速度快，灵敏度高。气相色谱仪的主体由分离和检测两个系统组成。分离系统通常是色谱柱。色谱柱管是装有吸附剂的管。这种对被测组分有不同吸附作用的吸附剂常称为固定相。将被测气体运载着进入色谱柱的气体叫作"载气"，也称为流动相。载气应该使用不与固定相及分析试样发生反应的气体，常应用氮气、氢气、氩气。被测气体样品注入载气中，通入色谱柱，色谱柱对混合气体的各组分的分离过程，由图13-10示意。假设混合气体中的组分为A、B、C。固定相对三种组分的吸附能力不同，对A的吸附能力最小，其次是B、C最大。当载有样品的流动相通过固定相表面时，样品中的三种组分被固定相吸附的比例不同。A组分被吸附得最少，在流动相中较多，因而A组分就流动得快一些，最先离开色谱柱到达检测器，由检测器检测后在记录仪上记下峰状曲线。B、C组分也相继到达，在记录纸上形成由A、B、C组分各自峰曲线而构成的色谱图。根据色谱峰出现的时间，可以确定该组分为何种物质，依此进行定性分析。依据各组分谱峰面积占谱峰总面积的比例，可以确定该组分在混合气体中所占的百分比，依此进行定量分析。

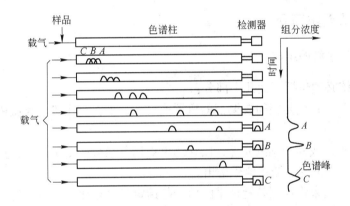

图 13-10　混合气体在色谱柱中分离过程示意图

从上述可见，混合物中各组分能否完全分开，取决于固定相选择。各种固定相分别用于哪些样品分析，可以查色谱分析专著。流动相的流量必须适当且稳定，色谱柱及检测器也应当恒温，方能得到准确的分析结果。色谱分析仪还设有升温装置，其原因是，不同的样品在不同温度条件下分离效果不同。在较低柱温下不能完全分离的样品，提高柱温可以使待测组分完全分离。

色谱分析检测系统的任务是将已分离的各组分依次地检测出来，并在记录仪上记录相应的色谱峰。检测器分为通用性检测器及选择性检测器两大类。通用性检测器通常是热导式分析器。当载气中混入的组分性质及含量不同时，进入热导室的气体的热导率改变，依此可以检测出被分离的某组分的浓度。只要被检测的组分与载气的热导率有较大差别，均可使用热导式检测器，这就是它的通用性的含义。

在碳、氢化合物气谱分析中应用氢火焰电离检测器。它对有机化合物很敏感，与无机物根本无反应。这样的检测器称之为选择性检测器。通用检测器灵敏度较低，选择性检测器只局限于检测某些被测对象，为了提高色谱仪的检测能力，通常在一台色谱仪中设置两种以上检测器。气相色谱结构示意图见13-11。流动相从载气瓶提供，用调节阀调整到适当流量送到样品注入口，与试样混合进入色谱柱。色谱柱置于恒温器中，各组分被分离后，逐次进入检测器并在记录仪上记录谱峰。

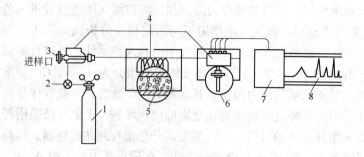

图 13-11　气相色谱结构示意图

1—载气瓶；2—调节阀；3—样品注入口；4—色谱柱；
5—恒温器；6—检测器；7—记录仪；8—色谱

13.3　自动调节系统简介

13.3.1　自动调节系统的组成

自动调节系统必须包括下面几个部分：

（1）调节对象，也就是指需要调节的机器或设备。如：空压机、氧压机、精馏塔、分子筛纯化器等。

（2）检测装置，或称为感测元件，以它测出被调节参数的变化情况，正如上节所介绍的各种测量元件，再由变送器将信号送出。

（3）调节器，用来将检测装置送来的信号与给定信号相比较，若产生偏差，就根据偏差值的大小，对执行机构发出命令。

（4）执行机构，接受调节器发出的命令，执行调节。

（5）给定机构，它的作用是将被调参数给定值转换成统一信号，输入调节器。

自动调节系统可由图 13-12 表示。

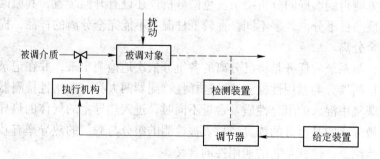

图 13-12　自动调节系统框图

对自动调节系统的基本要求是它的稳定性，即在调节系统的平衡遭到破坏后能够自动恢复平衡的能力。自动调节系统的调节品质通常由下列品质指标表示：

（1）静差，它是系统受到扰动后从一平衡状态过渡到新的平衡状态时，新的稳态值与给定值之间的偏差。

（2）最大偏差和超调度 σ，它们表示参数在调节过程中偏离给定值的最大程度。当给定值 x_0 不变时，常用最大偏差（$x_{max} - x_0$）来表示；在给定值变动的情况下，则用超调度 σ 表示。如果用 $x(\infty)$ 表示变化的给定值，超调度 σ 为：

$$\sigma = \frac{x_{max} - x(\infty)}{x(\infty)} \times 100\%$$

（3）调节时间 t，这是系统受到扰动后，系统从一个平衡状态过渡到另一个平衡状态所需要的时间。

（4）衰减率 ψ，它表示了调节过程中的衰弱程度，用下面的公式计算（参看图13-3）：

$$\psi = \frac{y_1 - y_2}{y_1}$$

式中　y_1——第一次振荡的振幅；

　　　y_2——第二次振荡的振幅。

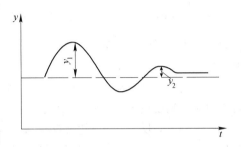

图 13-13　衰减 ψ 示意图

显然，ψ 越小则越接近于等幅振荡，而 ψ 越大则越接近于非周期性衰减。一般认为 $\psi = 0.75 \sim 0.9$ 调节质量较好。$\psi = 0.75$，相当于 $y_1 : y_2 = 4 : 1$，所以称为 4:1 衰减曲线。$\psi = 0.9$，相当于 $y_1 : y_2 = 10 : 1$，故称之为 10:1 衰减曲线。

总之，衰减率表现了调节的稳定性；最大偏差和静差表示了调节的准确性；调节时间反映了调节的快速性。这三个特性能够衡量出调节质量的好坏，所以是衡量调节质量的三个指标。

13.3.2　几种自动调节作用

几种自动调节作用来源于模仿手动调节。总结起来，手动调节规律有以下三种：

（1）粗调。根据偏差的大小和正负，与偏差大小成比例的开大或关小阀门。

（2）再调。往往经过粗调后还会有小偏差，需要再细调。只要偏差存在，不管其多么微小，都要继续调下去，直至偏差完全消除。

（3）预调。上述两种调节是根据偏差的大小调节的。可有的被调对象，虽然开始出现的偏差小，然而增大的趋势很快，所以有经验的操作者，不仅考虑偏差的大小，而且考虑到偏差的变化速度，根据变化趋势预先多调一点。

与上述手动调节规律相对应的自动调节作用分为四种。与粗调相类似的是比例调节作用，与再调相类似的是积分调节作用，与预调相类似的为微分调节作用，为了提高调节质量在比例调节的基础上再加微分调节。

13.3.2.1　比例调节作用

它的主要功能是经过比较得出偏差，并发出一个与偏差成比例的输出信号，如图 13-14 所示。比例作用的数学表达式为：

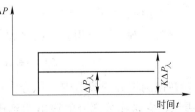

图 13-14　比例调节输入与输出

$$\Delta P_{出} = K\Delta P_{入}$$

式中　K——比例常数。

　　具有比例作用的调节器为比例调节器，通常用"P"表示。在比例调节器中比例常数 K 是可以改变的。K 值大反映在同样的偏差下，输出信号大。这种调节作用只要输入信号发生变化，输出信号立即随之变化，无滞后。而且输入信号越大，输出信号也越大。

　　在调节器上一般不用比例常数 K 作为刻度，而用比例度 δ 作为刻度。比例度是当输出信号作全量程变化时，输入信号占全量程的百分数，即比例度是比例常数的倒数。通常表示为 $\delta = \dfrac{1}{K} \times 100\%$。可见，比例度越小，放大倍数越大。如气动组合仪表调节器的比例旋钮的比例度为 5%、10%、40%、100%、200%、300% 六档，相对应的放大倍数为 20、10、2.5、1、0.5、0.33 倍。

　　比例度的选择对调节质量的影响很大。比例度过小，放大的倍数就过大，相当于人工调节的动作幅度过大，被调参数变化过大，易出现过调，调来调去也调不好，系统不稳定，振荡很大。反之，比例度过小也就是放大倍数过小，相当于调节幅度太小，这会延长调节时间，所以对于具体的调节对象应选择适当的比例度。

　　比例调节的缺点是存在静差。原因是有 $\Delta P_{入}$ 才有 $\Delta P_{出}$，一旦达到新的平衡，$\Delta P_{入}$ 就消失了，调节作用也就停止了。这个新的平衡不一定建立在原被调值的基础上，所以遗留了静差。例如，下塔液面调节，原来液位值为 H_0，液空流量 $Q_{入} = Q_{出}$，这时调节器的测定值等于给定值，调节器的输出为 $P_{出}$，整个系统处于平衡。当某种原因使 $Q_{入}$ 变化了 $\Delta Q_{入}$ 时，液位上升，调节器得到 $\Delta P_{入}$ 偏差，输出就增加了 $\Delta P_{出}$，液空节流阀开大，使 $Q_{出}$ 增加 $\Delta Q_{出}$，当 $\Delta Q_{出} = \Delta Q_{入}$ 时液位稳定了，这时的液位为 H_1。它不一定等于 H_0，因为调节是以 $\Delta P_{入}$ 为条件，而不是依给定值 H_0 为条件的，H_1 与 H_0 的差为静差。当 K 值小即 δ 大时，因要求 $\Delta P_{入}$ 大，所以静差也大。

13.3.2.2　积分作用

　　比例调节有静差存在，若消除静差，必须再进行调节，这种调节任务由积分作用来完成。积分作用是指调节器的输出是偏差随时间的积累。换言之，只要偏差存在输出就随时间积累，如图 13-15 所示。

　　积分作用的强弱由积分速度来表示，积分速度快，积分作用强，消除静差的时间短。

　　可想而知，实际生产中纯积分调节器是不用的，因为只有积分作用，被调参数会振荡，这相当于人工调节没有粗调只有细调。实际应用的往往是比例积分调节器，通常用 PI 表示。比例积分作用参看图 13-16，其输出增量为比例作用与积分作用之和，即：

$$\Delta P_{出} = \Delta P_{比} + \Delta P_{积}$$

　　在比例积分调节器中，积分作用的强弱用积分时间 t_i 表示，它是积分部分的输出达到比例部分输出所需要的时间。积分时间越短，积分作用越强。积分时间的单

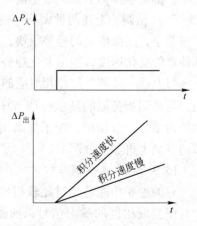

图 13-15　积分作用示意图

位用分钟表示，气动组合仪表的积分旋钮分为 0.05、0.5、1、5、20、∞ 六挡，中间连续可调。当积分时间 $t_i = \infty$ 时，表示无积分作用的单纯比例调节。积分时间短，容易消除静差，但调节过程容易发生振荡。因此应选择适宜的 t_i，既调节过程稳定又容易消除静差。

13.3.2.3 微分作用

微分作用表示了输出与偏差的变化速度。当输入偏差有一阶跃变化时，输出也有一阶跃，然后因为输入不变，输出就逐渐下降，直至输出为零，微分作用消失，如图 13-17 所示。这与人工调节，预调相类似。微分调节器用"D"来表示。微分作用的强弱用微分放大倍数 K_D 来表征，这是调节开始

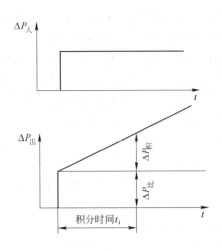

图 13-16　比例积分作用示意图

时的最大输出与输入之比。一般微分调节器的放大倍数是一定的，譬如气动单元组合仪表 $K_D = 6$。

而后输出的下降速度由微分时间 t_D 表示。t_D 大说明降得慢，微分作用强。

微分作用可以有效地抑制被调参数的波动幅度，也就是降低了最大偏差的变化幅度和增加了调节过程的稳定性。但微分作用过强相当于手动预调过度，将会加剧调节过程的振荡，在实际应用中要选择适当的微分时间 t_D。

三种调节作用的不同组合形成了各种调节器，常用的有比例调节器"P"、比例积分调节器"PI"，比例微分调节器"PD"和比例积分微分调节器"PID"。

13.3.2.4 比例微分作用

这种控制作用是在比例控制作用的基础上再加上微分作用，这样可以加大输出，提高控制质量。假设有一等速上升的偏差信号，其比例调节与比例微分调节情况见图13-18，

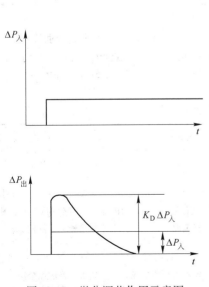

图 13-17　微分调节作用示意图

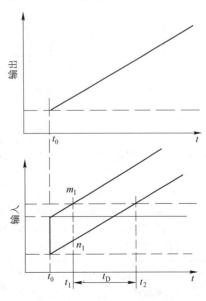

图 13-18　比例微分控制动态特性

PD 线与 P 线相比，PD 线首先有一个阶跃变化 D，而后由于比例作用，输出与输入一一对应，比例上升。在同样输入的条件下，时间 t_1 时，比例微分输出达到了 m_1，而比例调节输出只达到了 n_1，直至时间 t_2 才升高到 m_1。显然，比例微分作用比单纯的比例调节输出加大，相当于手动的超前预调节，超前的时间为 $t_D = t_2 - t_1$。这样对惯性较大，调节滞后的被调对象调节效果能够得到改善。在实际应用中，一般温度自动控制系统因惯性较大，常采用比例微分调节。而压力、流量等参数的控制不加微分作用。

13.3.2.5 比例积分微分（PID）调节作用

此种组合式调节作用，当有一个阶跃偏差信号输入时，输出信号等于比例、积分和微分作用三部分输出之和。首先比例和微分作用同时发生，产生较强的控制作用，随后其比例作用将下降，接着由于积分作用，又随时间上升，直至偏差完全消失为止。其控制动态特性如图 13-19 所示。

可见，PID3 作用的控制器综合了各类调节器的优点，有较高的控制质量。微分作用可以减少控制过程的最大偏差和控制时间；积分作用可以消除静偏差。但是此种控制过程的最大偏差及控制时间都会增大。

各种控制作用的控制过程曲线汇总于图 13-20 中。2 线的控制质量为最好。归纳起来将各种调节器的特点及应用列于表 13-3。

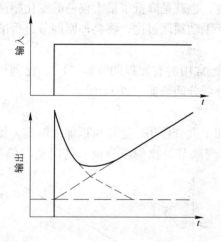

图 13-19   PID 控制动态特性

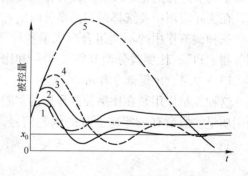

图 13-20   各种控制过程曲线

1—比例微分；2—比例积分微分；3—比例作用；
4—比例积分；5—积分作用

表 13-3   各种调节器的特点

调节器名称	比例调节器	比例积分调节器	比例微分调节器	比例微分积分调节器
符 号	P	PI	PD	PID
特 点	Δy 与 Δx 一一对应，动作迅速，无相位滞后，有静偏差	Δy 与 Δx 无一一对应关系，动作迅速，无静偏差	Δy 与 Δx 一一对应，开始有超前调节作用，有静偏差	Δy 与 Δx 无一一对应关系，有超前调节作用，动作迅速，无静偏差
用 途	负荷变化小，要求不严的被调对象	滞后不大的任何对象，要求较严的场合	有滞后的被调对象，要求不太严格的场合	任何被调对象都适用，要求严格的场合

为了便于记忆，有助于理解，现将根据实践经验所编的一段有关比例、微分调节作用的顺口溜推荐给大家。

比　例	微　分	积　分
比例调节器，	说起微分器，	积分调节器，
像个放大器。	一点不神秘。	积分有本事。
一个偏差来，	阶跃输入来，	只要偏差在，
放大送出去。	输出跳上去。	积累不停止。
放大是多少，	下降快与慢，	积累快与慢，
旋钮看仔细。	旋钮看仔细。	旋钮看仔细。
比例度旋大，	微分时间长，	积分时间长，
放大倍数低。	下降就变慢。	积累速度低。

对于已经安装好的调节系统，必须通过调整调节器的参数，来保证调节质量。也就是对比例度 δ、微分时间 t_D、积分时间 t_i 的调整，工程上叫做调节器的整定。整定工作一般都由专门仪表技术人员进行，因此，整定的方法不再加以叙述。

13.3.3　控制阀

自动调节最终的调节对象是控制阀。控制阀由阀本体、执行机构、阀门定位器、电磁阀、限位开关、过滤减压阀、增速器、阻尼器及快速放空阀组成。

驱动阀门的动力有电动和气动，空分装置为了安全起见全部采用气动式。气动执行机构还分为薄膜式、活塞式和长行程。

阀门按控制功能分为连续调节阀和开、关两位式切断阀。分子筛纯化器的切换阀就是两位式切断阀。为了开、关动作迅速常采用蝶阀。

阀门附件中的过滤减压阀的作用是过滤并保证驱动阀门动作的气源的压力。电气阀门定位器是将控制的电信号转换为气动信号，自动调整阀门的行程，经过反馈系统的作用，使行程与信号按比例变化，使阀门调节到位。连续调节的控制阀的系统示意图见图13-21。

就控制阀整体而言，可分为气开式和气闭式。气开式阀随驱动气压的增大而开大，无信号全关；与之相反，气闭式，随驱动气压的增加而逐渐关闭，无信号时全开。显然两者执行机构的动作方向也相反。对于执行机构而言，向下移动为正作用，向上移动为反作用。当信号压力增加时，执行机构拉杆上移（反作用）为气开式，反之，下移为气闭式。是采用气开式还是气闭式由工艺要求来决定。

制氧机阀门的特点应注意冷箱内采用的是低温阀，为了防止阀门结霜破坏填料的密封，必须采用长杆阀，阀杆长度通常为 $600 \sim 800 \mathrm{mm}$。

氧气阀为了安全起见，一是材质，二是流速控制。氧气阀的材质应选用不锈钢、铜合金，或不锈钢和铜合金组合。阀门流速小于 0.2（马赫数）。

高压低温液体节流阀，如果阀前、后压差过

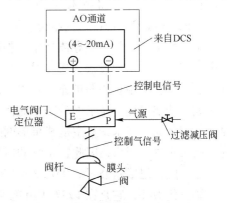

图 13-21　连续调节的控制阀系统示意图

大，在阀芯处会产生局部汽化，而导致"汽蚀"的发生，损坏阀门，应采用逐级节流的节流阀。

13.4 集散控制系统

13.4.1 概述

气动仪表由于气动信号传输速度慢，因此仪表只能安装在设备附近，实现小规模的集中控制。电动仪表的出现，使仪表小型化且信号传输的速度不受限制，并形成了系列化的单元组合仪表，从而实现了大规模的集中控制。但是中央控制室庞大，仪表屏及操作台占地面积大，尤其是控制参数愈多，问题愈突出。

生产的发展促进了过程控制系统的发展，计算机控制在工业生产中普遍被采用。最初应用一台大型数字计算机集中控制，即一台计算机控制几十个甚至几百个回路。这种控制一旦计算机发生故障，则整个生产陷入瘫痪。而且计算机越大，危险性越集中，可靠性越差。

20 世纪 70 年代初诞生了微型电子计算机，简称微型计算机（Microcomputer）。将一台大型计算机的工作分成若干个微处理机来完成，各个回路参数的集中显示，操作管理用一台计算机通过通讯线路与各微处理机联系实现。这种分散控制，集中管理的计算机控制系统就是集散型系统，简称 DCS。由于集散系统是用程序控制，因而它的主要优点表现为：（1）控制功能多。许多常规仪表不能实现的功能，如非线性、高级控制运算等，它全部具备且可以扩充。（2）便于更改控制。只要改变程序即能实现。（3）显示、操作集中，占地面积极小。（4）安装维护简便。只要接好线，用户就可以使用。（5）具有自诊断功能。它可以储存原始资料、数据，自动在线检测，发现故障能自动显示报警。概括而言，集散系统最突出的优点是"管理集中，危险分散"。顾名思义，就其控制系统成本而论，它比常规仪表及计算机集中控制的成本都低，因此，集散系统从 1975 年美国霍尼威尔公司研制成功以来，普遍被采用。

迄今为止，集散控制系统已经发展到第四代产品。

第一代 DCS，首先将集中的计算机控制系统分解成分散的控制系统，为此应用分散的控制装置，它们在过程控制级中各自完成部分的控制和操作任务。其次，从模拟电动仪表的操作习惯出发，开发了人-机间良好的操作界面，用于操作人员的操作和监控。完成上述的控制，需要计算机技术（Computer）、控制技术（Control）、通信技术（Communication）和显示技术（CRT）的结合。第一代典型系统是 Honeywell 公司的 TDC-2000 系统。

第二代 DCS，随着半导体技术、控制技术、网络技术、显示技术、软件技术的发展，集散控制技术也飞速发展，第二代 DCS 应运而生。它的主要特点是系统的功能扩大和加强，表现在：控制算法的扩充；常规与逻辑控制，与批量控制相结合；过程操作管理范围的扩大，功能增加；显示屏分辨率的提高，色彩增加；多微处理器技术应用。最主要最明显的变化是通信技术，从主从式星形网络通信转变成对等式总线网络通信或环网通信，即通信已采用局域网络，因此，系统的通信范围扩大并大大地提高了数据的传递速率。典型产品是美国霍尼威尔公司的 TDC-3000 型 DCS。

第三代 DCS，它是在 1987 年由美国 Foxboro 公司推出的 I/A S 型 DCS 系统开始的。第三代 DCS 的主要特点为采用 10 兆位/s 的宽带网与 5 兆位/s 的载带网，符合国际标准组织

ISO 的 OSI 开放系统互联的要求。因此，不仅通信范围更大，速度更快而且给不同厂家生产的控制系统相互通信和进行数据交换，以及第三方的应用软件在系统上应用提供了可能，解决了"自动化弧岛"问题。推动了各种软件在 DCS 系统上的应用。典型的第三代产品还有 ABB 公司的 MASTER；西屋公司的 WDPF 等。

　　第四代 DCS，20 世纪 90 年代初，在系统硬件方面，增加了工厂信息网（Intranet），并与国际信息网 Intranet 联网，采用了开放式工作站，采用客户机/服务器，使管控一体化。这样的系统，使得优化控制和管理软件开发并移植到 DCS 系统中，使控制技术进入了更高阶段，解决了 DCS 集中管理的问题。典型系统为 Honeywell 公司的 TPS 系统，横河公司的 CENTUM-CS 系统、Foxboro 公司 I/A S 50/51 系统、ABB 公司的 Advant 系列 DCS 开放控制系统等。

13.4.2　DCS 的基本结构

　　虽然各生产厂家生产的 DCS 系统有各自特性，但 DCS 的基本结构分为三大部分：即分散过程控制装置、操作管理装置、通信系统。这三大部分关系见图 13-22。

13.4.2.1　分散过程的控制装置

　　它的主要功能是完成分散过程的控制。它的接口与工业生产过程直接连接。要求此部分具有以下特性：

　　（1）需适应工业过程的环境。分散过程的装置有的设备与部件安装在现场，所以要求此部分能适应环境温度、湿度的变化，抗电磁干扰，适应电网电压波动，防灰尘等适应环境的影响。

　　（2）分散控制。它把地域分散的过程装置的控制实现。其控制功能有常规控制、顺序控制和批量控制。它把控制和监视分离、把危险分散。

　　（3）实时性。要求此部分，能准确实时反映生产过程参数变化。对软件的要求，应运算程序简练，运算速度快，能实时和多任务作业。对硬件要求有快的时钟频率和足够的字长。

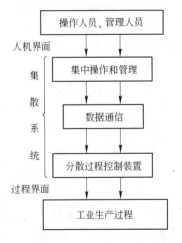

图 13-22　集散控制系统的
三大组成部分

　　（4）独立性。该部分应具有较强的独立性，当与上一级通信或系统出现故障时，它仍能独立工作，以完成工业生产过程的操作。

13.4.2.2　集中操作和管理部分

　　它的功能是集中分散过程控制装置送来的信息，用于分析、研究、打印、存储，同时作为制订生产计划、调度管理生产的依据。并通过监视和分析，对分散过程控制装置下达操作指令。它的特征是：

　　（1）信息大。它汇集信息，下送信息，因此要求其存储量大，允许有较多画面可以显示。在软件方面，应采用分布式数据库、数据压缩技术、并行处理技术等。

　　（2）易操作性。操作和管理人员要通过 CRT 的画面及打印机等设备了解生产工况和发出指令，因此必须便于操作。

　　（3）容错性好。为了防止误操作，应设置硬件钥匙，软件口令，对误操作不予响应的安全措施。

13.4.2.3　通信系统

顾名思义，此部分的功能就是数据通信。包括级间通信、微处理器与外部设备通信，各级计算机的通信等。对此部分的要求：

（1）开放性。使各厂商生产 DCS 系统能够相互通信，要求使用统一标准、协议。这个标准就是国际标准化组织的开放系统互联参考模型。

（2）互操作性。"互操作性"是指现场总线的通信标准，不同厂商生产的 DCS 系统，所配置的现场智能差压送器、执行器等可以互换。

（3）传输速率快，误码率低。

13.4.3　集散控制系统性能指标及评估

集散控制系统的设计思想就是将危险分散，也就是使局部故障的发生不影响全局。集散控制最重要的指标是可靠性。

13.4.3.1　可靠性

集散系统的可靠性是指广义的可靠性。它是指可修复的机器、零件或系统，在使用中不发生故障，或一旦发生故障又易于修复，使之具有经常正常使用的性能。广义的含义是包括了可维修性。

A　可靠性指标

衡量可靠性的指标常用可靠度 $R(t)$，可靠度是指机器零件，系统，在工作周期内无故障的概率。还可以用故障率衡量。故障率 $\lambda(t)$ 是指单位工作时间内发生故障的比例。也可以用平均寿命来表示可靠性。

B　提高可靠性措施

a　提高集散系统硬件可靠的措施

（1）冗余结构设计。冗余系统（Redudant System）就是备用贮备系统，系统中几个相同部件，一个部件工作，其全部件备用，根据备件是否运行分为热后备和冷后备两类。按冗余度的不同又分为双重冗余和多重冗余。

集散系统为提高可靠性冗余结构主要应用于：

1）供电系统冗余。从系统外部供电时，采用双重供电冗余，一路是交流电源，另一路冗余电源可为干电池、蓄电池或其他不间断供电电源。也可以采用多级并联供电。

2）通信冗余。采用双重化通讯系统。采用现场总线通讯和网络通信，在集散系统中存在数据通信部位均采用冗余结构。

3）操作站冗余。操作站一般采用 2~3 台并联运行，各站之间可以调用工艺过程的全部画面和数据信息。

4）卡件冗余。系统的输入输出卡件都要采用多重冗余。

（2）减少故障率的硬件设计。尽量少采用具有运动部件的电子器件，其原因是机械运动部件的寿命比电子器件的寿命短。例如集散系统的组态和编程数据可以存放在内存，也可存放在硬盘，由于硬盘中有机械运动部件，所以应选择用内存储器进行存储。

卡件在集散系统中数量很大，卡件本身应能防尘、防湿、密封，卡件和卡座制作质量要得到有效的保证，才能保证系统的可靠性。

电路采用大规模和超大规模的集成电路芯片，尽量减少焊接点。

（3）迅速排除故障的硬件设计。需要具有自诊断功能。自诊断功能通常由硬件和软件共同完成。硬件在系统发生故障时，引起标志位变化并激励相应故障显示的二极管发光。自诊断功能能对各种接卡件进行诊断，并显示故障，采用更换卡件即能排除故障。

具有专用诊断、检修设备，用于在线和离线检查和修理，有的系统还可以仿真运行。

b　提高集散系统软件可靠性的措施

（1）分散设计。把整套软件分散成子系统，各自独立，共享资源。如历史数据模件、打印模件、报警模件等。

（2）应用容错技术，容错技术是指对误操作不予以响应。

（3）采用标准化软件，以提高软件运行的可靠性。目前的 DCS 系统在硬件上多数采用 32 位 CPU 芯片，在软件上常采用多用户分时操作的标准软件。

13.4.3.2　可组态性

组态（Configuration）是用 DCS 所提供的功能模块或算法组成所需的系统结构，以完成所需的功能。功能模块是系统提供的应用程序，它由不同功能的子程序所组成。功能模块通常由结构参数、设置参数和可调参数组成。评价可组态性，应从功能模块的参数易设置、易调整的特点出发。有的系统具有在线调整修改功能，这样的系统可组态性更好。功能模块采用参数默认值，组态人员无需再输入信息，这样的功能模块组态容易。功能模块如果采用先进控制算法，说明集散系统的自动化水平高，控制先进。组态信息的输入有两种方法，一种是表格法，另一种为图形法（功能图）。由于功能图能直接、很直观地反映逻辑元件之间的关系，故被广泛应用。

13.4.3.3　易操作性

易操作性是指集散系统所提供的操作环境容易被操作人员接受，并能方便地根据系统所提供的信息，对生产全过程进行操作和调整。它包括操作场所环境、操作台、CRT 安装位置、画面、颜色、界面友好，以至操作员的坐椅等，均应被操作人员认可且操作方便。

易操作性也包括采用容错技术，此处的容错技术是指系统中某部分发生故障，系统仍能正常运行或降级运行。

易操作性中，为了防止误操作，对于重要的操作步骤采用多重或双重确认措施，譬如设置具有通行证作用的口令，为了防止口令失密，还可加入具密钥的硬件开关。在编制软件时，对误操作不予以响应等。

在系统中还设置硬件保护电路，数据保护措施等，这些都可以作为易操作性的评判内容。

13.4.3.4　实时性

实时性常用响应时间来定量衡量。响应时间指某一系统响应输入数据的时间。显然实时性是由通信速率所决定的。为了缩短响应时间，提高系统的实时性的措施有：（1）减少无效数据的通信量，例如工况稳定，过程几乎无变化的数据，规定最长不输送时间，否则会将无变化的数据一次一次的传送，从而增加通信量，降低了通信速率。（2）采用媒体存取控制方式来管理通信。例如可采用点名探询法、请求选择法，优先存取，周期探询等，这样可避免发生通信的碰撞和冲突，提高通信速率。（3）采用分布式数据库也是提高实时性的一种方法。分布式数据库是一组数据，从逻辑上属于同一系统，在物理上则分散于通信网络的不同节点上，这些分散的数据库内的数据可以共享，也就是作为自治的专用数据资源，从而大大减少通信网络中的信息量，提高了实时性。一般通信速率10～30ms。

13.4.3.5　可扩展性

随着生产的发展要求 DCS 系统有良好的扩展性。扩展性表现在以下几个方面：（1）硬件的扩散性，在机柜或机架内有足够的空间增加输入与输出卡件；CPU 应有能力对增加的卡件和相应控制算法进行处理；在生产需要时，能方便地增加或删除设备。（2）网络扩展，随生产发展或联网要求能扩展和延伸。从拓扑结构分析，总线型结构具有较好的扩散性，它增减设备简单，接口结构也简单。通信网络的扩展，同类型的通信网络通过"网桥"的连续来扩展；不同网络的扩展，需要通过网间的连接器来扩展。（3）全开放结构，它允许符合开放系统互联网协议的其他集散系统相互通信。

13.4.3.6　环境适应性

集散系统的环境适应能力，表现在：（1）抗环境干扰及侵蚀的能力，可采用部件密封结构，采用冷却、通风等措施的实施；（2）抗电磁干扰能力，为提高此能力，可以采用隔离、屏蔽和软、硬件滤波，选用抗干扰的元器件等；（3）抗过程本身性能变化的能力。生产过程是有变工况变化，即过程的模型具有时变性。负荷变化时，过程特性不一定是线性关系，就影响了过程控制的质量，所以集散系统为了提高适应性，提供自适应控制模块和自整定专家系统。

13.4.3.7　经济性

集散控制系统的经济性应包括初始投资费用、维修费用和扩展投资费用。这经济性要用生产工艺设备的总投资的回收年限来评价。

13.4.4　空分集散控制系统举例

三台内压缩流程 $58000m^3/h$ 空分装置的集散控制系统，因其压缩机系统采用汽轮机一拖二，所以空分和空压系统采用两套不同的 DCS。空分采用 Honeywell 公司的 TPS 系统；空压系统采用 TRICONEX 公司的 TS3000，其通信系统为全冗余的工业化数字通讯系统。操作监视层采用局域网（LCN），控制层采用下层控制网络（UCN），LCN 将多个 UCN 网络连接在一起实现中控室内中央控制，TPS 系统与 TS3000 系统由网络协议通讯、以实现数据共享，关键联锁通过硬接线实现。其系统网络配置图见图 13-23。

13.4.4.1　系统的组成

在操作层，配置六台 GUS（全方位用户操作站）作为操作员站，为双屏显示具有操作专用键盘。一台 GUS 为工程师站单屏显示。这七台 GUS 放置在主控制室。每台空分（ASU）还设置一台 GUS（操作员站/工程师站）放置在各自的空分设备控制室内。各套空分都是独立系统，采用各自的网络接口模件及单独的下层控制冗余网络（UCN），局域网络 LCN 柜放在空分控制室内。

控制层均采用独立控制器（HPMM 冗余）进行控制。

远程控制，通过光线扩展器及光纤将主控室和空分控制室的局域控制网络 LCN 连接，使就地控制和远程控制达到统一。

13.4.4.2　网络接口设备

每条 LCN 最多可支持 14 个节点，每条 LCN 最多可联 4 条 UCN，光纤扩展 2km。下层控

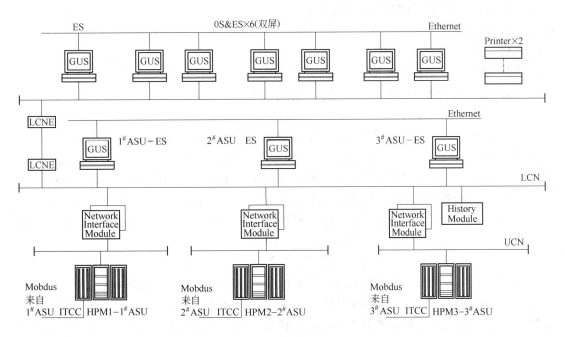

图 13-23　DCS 控制系统网络配置示意图

制网络(UCN)最长 2km，每条最多支持 5 对节点。连接到 LCN 上的主要设备有 GUS（全方位用户站），历史模块（HM）；增强型 PLC 网络接口模块（EPLCG）网络接口模块（NIM）等。连接到 UCN 上的主要设备有：高性能过程管理站（PM）和逻辑管理站（LM）等。

13.4.4.3　DCS 系统内的通讯

LNG 是一条通讯速率很高且冗余的通信总线，连接中央控制室内所有的控制设备。LCN 电缆的通信速率为 5Mb/s，它还带有传输数据错误的自检功能。

UCN，其网络上的模件可以进行点对点的通信，网络数据共享，相互协调，实现先进、复杂的控制策略。它也以总线方式连接各节点，通讯速率很高为 5Mb/s。

LCN、UCN 网络及接口模件 NIM 的可靠性很高，它们全部为冗余配置，在正常进行状态下定时自动切换，避免数据丢失现象的发生。当某一条通信网络发生故障，在操作员站上有报警和故障处理提示。在 LCN 的某节点发生故障时，其他节点通讯不受影响，LCN 还为所有节点提供同步时钟。UCN 上各节点与 UCN 接口的发送和接电路是独立的，实现了电气隔离，任何一个节点发生电路故障都不会影响系统通讯。NIM 接口模件为冗余配置，备用的 NIM 不断地从使用的 NIM 更新相关信息，始终处于待命的状态，这样随时可以切换使用而对通讯毫无影响。

上述的 DCS 系统，下层网络独立并分散布置。上层的以太网集中进行操作和监视，充分实现了危险分散、控制集中的理念，是第四代先进的可靠的集散控制系统。

13.4.5　空分组态软件的组态原则及控制分析

13.4.5.1　组态原则

（1）按照失电安全（NC）原则组态；

（2）安全逻辑联锁图符合 ISA 标准；

（3）依照无扰动原则组态；

（4）工程单位采用 SI 单位；

（5）压缩机的轴位移联锁遵循 API670 标准；

（6）流程图的图样及颜色应遵照行业相关规范。

13.4.5.2　控制分析

完成组态以后，就可实现各控制回路根据工艺要求的控制功能。对于空分装置一般需要 600～700 点位，70～80 差压变送器约 100 支铂电阻。此外组态软件还具有实现某种特殊要求，例如开、停车及故障状态时，组态软件所具有的功能。按空分系统简述如下：

（1）空压机在启动时，轴位移联锁的需要延时，一般延时 30s，还需要倍乘投入，倍数为正常值 2～3 倍，并还可实现，根据 API60 标准，空压机转入正常运行时，轴位移联锁延时 1～3s 投入，这些要求组态软件均能实现。

对空压机防喘振控制，能够实现在安全工作区运行时，防喘振阀完全关闭；当空压机工作点达到防喘振线时，防喘振阀全开，喘振控制器可实现快开、慢关功能。

（2）分子筛纯化器切换系统在制氧机试车阶段，组态软件可以使分子筛纯化器初始化程控，使再生的分子筛纯化器处于准备卸压状态。当空分系统发生故障时，分子筛纯化器的切换程序暂停；当空分系统恢复正常时，切换程序启动，从其原来的步号开始继续向下运行；当切换阀出现故障时，手动暂停切换程序，故障排除后手动恢复切换程序，继续向下运行。分子筛纯化器正常切换时，执行自动切换时序图，每一步骤，均有阀门位置确认功能，如果阀门行程异常，DCS 无法接受反馈信号而指令程序继续执行下一步骤时，可以操作相应的跳步开关，程序进入下一步。在操作员站还可以对切换程序中卸压、加热、冷吹、充压各步骤的时间进行设定。

（3）氧压机的开、停车比较复杂。开车时有氮气试运转，再转换成氧气正常运转；停车时，有正常停车、重故障停车、紧急停车及紧急喷氮停车。

在停车控制上，组态软件可实行分级控制功能，最先执行喷氮紧急停车，而后完成重故障紧急停车，第 3 级执行正常停车，第 4 级准备启动。

在氧气透平压缩机启动时，先将氧压机自动控制程序复位，然后"准备"，验证各启动条件全部满足，才能点击启动按钮开车。

（4）空分设备与机组关联联锁功能。当某一部机器或设备发生故障时，主动控制相关的阀门、设备及机组，尽可能防止大型机组停机。

（5）具有整个装置紧急停机功能。紧急停机回路与 DCS 停机回路各自独立，在确认 DCS 状态异常时，在紧急状态下，按下紧急停机按钮就可以使运行机组停下来，确保空分安全。

13.4.6　ESD 系统

ESD 紧急停车系统。超大型内压缩流程制氧机，由于机组系统复杂，如空压机采用汽轮机拖动并且同时拖动增压机，一拖二的形式的一体机，相互联锁关系复杂，而且要求尽量少停机，要求连续稳定运行。为此，采用 DCS 与 ESD 相结合的控制系统。在 DCS 中实现空分过程的连续控制、顺序控制及正常操作。在 ESD 紧急停车系统中完成安全逻辑联锁的任务。ESD 系统的软硬件具有严格的安全等级论证，安全等级比较高，一般需要达到 IEC61508/11SIL3 安全等级，ESD 中不设操作员站，杜绝因误操作而引起的非计划停机。其硬件结构采用三冗余或四冗余模块。汽轮机的启动及转速保护需要采用专业仪表来控制和保护，如有的公司采用 ProTech203 实现汽轮机三选二转速保护。

13.5　自动变负荷

13.5.1　概述

随着空分装置的大型化，在钢铁企业中，由于炼钢的间断用氧与空分连续供氧的矛盾更为突出，减少氧气放散量，保持供需平衡，达到制氧机经济运行的问题备受关注。这促使空分装置制造厂商开发"变负荷型"空分装置。早在 20 世纪 80 年代林德公司就推出了"变负荷型"空分装置。变负荷型的方式有两种，一种是液氧与液氮周期性倒灌方式的自动变负荷，也可以称为内部可变氧气产量的空分装置（VAROX）；另一种是跟踪调节，根据管网的压力，增减氧气产量，使用自动变负荷软件（ALC）自动调节。这种变负荷加工空气量是要随之变化的。

VAROX 型空分装置至今林德公司已生产了 20 几套。ALC 型空分装置从 20 世纪 80 年代就进入我国，但因为流程和设备功能所限，使变负荷调节速率太慢，从而没有发挥出应有的作用。目前的第六代空分装置，上塔为规整填料塔，分子筛纯化系统切换周期也都达到 4h，空分装置的自动水平也在不断提高。诸如这些技术的应用，都为 ALC 功能在空分装置上实施奠定了基础，因而在近几年 ALC 技术广泛被应用。有些空分装置没有自动变负荷软件，在 ALC 工作原理基础上，引出了人工手动变负荷操作，从应用的实践证明，自动变负荷显著地降低了氧气放散量，取得了可观的经济效益。

13.5.2　液氧与液氮周期倒灌的自动变负荷（VAROX）

若想实现这种形式的变负荷必须设置大型的液氧贮槽。其液氧与液氮倒灌流程示意图示于图 13-24。

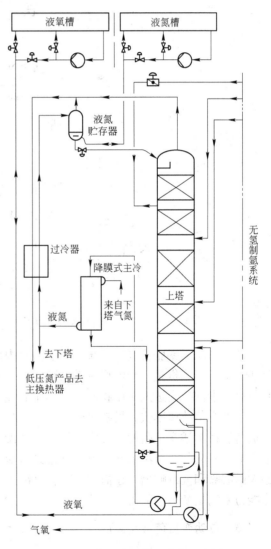

图 13-24　快速变负荷空分装置液氧、液氮倒灌示意图

　　就以林德公司生产的 $50000m^3/h$ 制氧机为例：它的高峰需氧量为（45000 + 12000）m^3/h，低谷需氧量（45000 – 12000）m^3/h，周期性变化。当进入（45000 + 12000）m^3/h 周期时，通过液氧贮存系统中的液氧泵将液氧送入上塔底，补充液氧，以满足氧产量增加对液氧蒸发量的需求，由于液氧的蒸发冷凝，蒸发器氮侧的冷凝加大，这样，液氧槽液面下降，液氮槽液面上升。同时下塔压力氮引出量减少、中压氮膨胀机膨胀量减少。

　　当进入（45000 – 12000）m^3/h 氧产量减少周期时，液氧蒸发量减少必须从冷凝蒸发器氮侧多抽出中压氮气去中压膨胀机。冷凝蒸发器氮侧冷凝量少，将不能满足上塔回流比的要求，就必须从液氮槽中抽液氮打入上塔顶，因此液氮槽的液面下降。中压氮膨胀机膨胀量增加，制冷量增多，为增加液氧量时提供冷源。

　　为了保证快速变负荷的需要，本装置设置了两个制冷系统，其制冷系统简图见图 13-25。

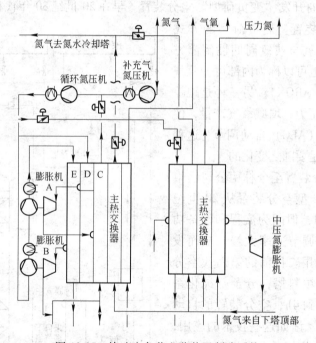

图 13-25　快速变负荷空分装置制冷系统

　　图中高压氮膨胀机制冷系统是为了满足内压缩流程空分装置所需要的冷量，这里不再赘述。中压膨胀机是一台电机制动的膨胀机，其膨胀工质是来自下塔顶部氮气在主换热器复热后由中部抽出进入中压膨胀机，膨胀后经主换热器复热后去氮水冷却塔。

　　这种变负荷速率快，最初每分钟变化3%，至目前每分钟可达5% ~ 6%，真可谓快速变负荷。在上述变负荷的过程中，加工空气没变，上、下塔的回流比也未变，只是对精馏塔周期性的交替补充液氧和液氮，这也是负荷变化快的原因所在。但是这种变负荷需要足够大的液氧和液氮贮槽，还需增加一套制冷系统来满足变负荷的需要，或增大膨胀机的制冷能力来满足变负荷的需要。

13.5.3　自动变负荷（ALC）

13.5.3.1　自动变负荷（ALC）的基本原理
实现空分工艺的变负荷，首先要通过操作人员对产品产量的设定值改变，执行软件

ALC，将计算出与变工况相关的一一对应的工艺控制参数的各个设定值，然后将一组设定值输入 DCS 系统，替代参数原来的设定点，此新的设定点会把受控参数的实际值，在规定的时间内逐渐调节到设定的范围之内。

实现自动变负荷要先选择关键参数，关键参数就是完成自动变负荷所必须对其进行控制调节的参数。某厂 40000m³/h 空分设备的关键参数列于表 13-4。这些关键参数受 ALC 变负荷程序控制，跟随自动变负荷运行而变化。产品产量变化值设定了，关键参数的数值，需要由 ALC 中的数学模型来计算。这是自动变负荷的关键所在。

表 13-4　40000m³/h 空分设备自动变负荷关键参数

参数位号	单　位	参数名称	参数位号	单　位	参数名称
FIC2615	m³/h	加工空气流量	FIC3410	m³/h	膨胀空气流量
PIC2615	kPa	空气进装置压力	FIC3910	m³/h	增压机末级空气流量
LIC3201	%	下塔液空液位	FIC3924	m³/h	中压氧气出冷箱流量
TIC3205	℃	下塔中部温度	FIC3926	m³/h	污氮气出冷箱流量
FIC3207	m³/h	液氮产品流量	FIC3930	m³/h	氮气出冷箱流量
FIC3211	m³/h	液氮节流到上塔流量	FIC4111	m³/h	氩馏分流量
FIC3222	m³/h	污液氮节流到上塔流量	LIC4110	%	粗氩Ⅰ塔底部液位
PIC3405	kPa	增压机中抽空气压力	LIC4111	%	粗氩Ⅱ塔底部液位
FIC4132	m³/h	工艺氩流量			

数学模型的建立，如主要产品为气氧（GOX）、液氧（LOX）、液氮（LIN）、高压气氩。以这些基本产品产量的大小和其变化速率为基础，以物料平衡、组分平衡、能量平衡为依据，先建立静态离线模型（仿真模型）进行模拟计算，得到大量的数据，再进行回归，得出各关键参数的方程组，再用实际操作中总结出来的修正系数进行修正，形成一系列经验公式的动态模型。例如：某厂 60000m³/h 空分，关键点流量的方程组：

（1）加工空气量：

$$F_{AIR} = y_O(F_{HPO} + F_{LPO} + F_{LOX})/R_{OX}/y_{OX}$$

（2）高压空气量：

$$F_{HPAIR} = 1.5611F_{HPO}$$

（3）膨胀空气量：

$$F_{TURBIE} = -(41.09 + 0.1958F_{AIR} - 17.42F_{LOX} - 16.466F_{LIN} - 14.678F_{LAR})$$

（4）进下塔正流空气量：

$$F_{MPAIR} = F_{AIR} - F_{TURBIE} - F_{HPAIR}$$

（5）下塔液氮进上塔量：

$$F_{MPLIN} = 45.63 + 0.28685F_{MPAIR}$$

（6）下塔污液氮进上塔量：

$$F_{LWN} = 52 + 0.3244F_{MPAIR}$$

$$(13\text{-}10)$$

式中 F_{HPO}——高压氧气量；

$\qquad$ F_{LPO}——低压氧气量；

$\qquad$ F_{LOx}——液氧量；

$\qquad$ F_{LIN}——液氮量；

$\qquad$ F_{LAR}——液氩量；

$\qquad$ R_{OX}——氧提取率；

$\qquad$ y_{OX}——空气中氧含量；

$\qquad$ y_O——氧产品中氧含量。

上述公式中的单位均为 m^3/h（标）。

需要指出的是：不同的空分装置，因为产品品种产量不同，流程组织不同，其数学模型的方程组也不同，但建模的构架和理论基础相同，同类型的空分方程组相类似，可以借鉴，再加以修正。

变负荷过程是一多参数变化的复杂过程。实现空分的自动变负荷，必须对此套空分设备流程进行深入的研究，计算分析工艺参数的内在联系，寻找变负荷时空分设备各主要参数的变化规律性，建立数学模型或统计规律。据文献报道：对于外压缩流程的空分装置经过仿真模型计算研究，得出以下几点结论：（1）空分装置在一定负荷范围内，氧气产量与分离空气量（最小空气量）成线性关系。（2）空分负荷在一定范围内粗氩流量与分离空气量成线性关系。（3）随空分减负荷时，送上塔的膨胀空气量减少。（4）负荷减少氧提取率降低。（5）变负荷过程中跑冷损失基本不变，复热不足冷损随负荷降低而减少。跑冷损失占总冷损的比例越大的空分，在变负荷过程中，膨胀空气的旁通量越大。

为了保证在执行 ALC 的过程中，空分装置的稳定运行，其软件程序中，对每个受控参数都规定了设定范围，每次还设定了最大的调节梯度以及调节的偏差值。

13.5.3.2　控制系统的组成

ALC 的操作和控制在各种不同型号的 DCS 系统上有所差异，但均是在 DCS 上位机参与的前提下才能完成。例如，某厂 40000m^3/h 内压缩流程的空分的控制系统见图 13-26。

该控制系统由完成基本安全控制、操作的集散控制系统（DCS）与基于 DCS 控制之上

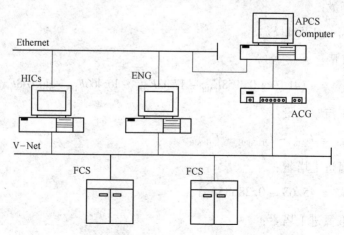

图 13-26　40000m^3/h 空分设备控制系统示意图

的高级工艺流程控制系统（APCS）两套控制系统组成。采用 ACG 网关直接连接到 DCS 控制系统的总线上，并通过与互联网的连接实现远程在线控制和模型修正。APCS 控制系统是在 Windows XP 的环境下运行并完成变工况时的不同工况的控制功能的综合平台。内部镶嵌有 80% ~ 110% 负荷范围内任意工况点的工艺参数的数学计算模型。在 ALC 非运行时间内可与 DCS 系统断开。

ALC 的实现需要增加一些硬件。增加额外的工艺参数测量的一次元件和仪表。如液氮去上塔的流量计、污液氮去上塔流量计、主冷气氧放空流量计、液氮产品流量计、下塔中部温度计、液氧产品流量计、上塔氩馏分抽口温度计等。这些元件所测得的参数都是 ALC 建立数学模型所必须的参数，为了控制准确，其要求很高。

以外还要增加一些控制回路和控制方法。譬如：下塔液氮节流阀的调节依据下塔氮中氧含量的测量值调节总是滞后，所以增加了依据下塔中部温度值进行下塔工况调节的回路，在 ALC 执行时，进行控制回路的切换。

又如氩系统的控制，用氩馏分量控制波动大，则采用依据粗氩塔的阻力值进行调节粗氩塔热负荷调节阀，以达到控制氩馏分抽取量的目的。上述为多参数选择控制法。该系统还增加了无限时多参数控制法，用于氩系统的调节。因为氩系统的工况调节迟缓，不能按照设定的速率完成，由于这部分调节，不影响主塔变负荷调节的按时完成，所以在计算模型量给出以后，根据氩系统的实际工况，不受时间限制的进行调节。

APCS 控制系统软件包括：实时数据库、DCS 控制系统驱动、界面信息、计算控制和趋势记录等 5 个模块。（1）实时数据库模块存储了与 DCS 交互的全部信息，还有系统内各模块间共享的辅助性数据；（2）DCS 控制驱动模块负责 DCS 系统与 APCS 控制系统之间数据与指令发送；（3）界面信息模块负责操作人员对数据监视及控制工作；（4）计算控制模块负责根据新的设定把数学模型计算出的目标值，按照已经设定的工况调节速率分时发出，实现对负荷的调节；（5）趋势记录模块负责记录 30 天内各参数的变化值并绘制成趋势图。系统结构框图见图 13-27。

13.5.3.3 自动变负荷的操作过程

自动变负荷的操作很简单：（1）首先确认空分运行工况稳定，DCS 系统无异常情况；（2）设定变负荷目标指令，一般是氧产量，控制系统判断所输入的数据在工艺数学模型的范围内，则自动根据读取的当前负荷工况下，各工艺参数的实时值，计算得出达到目标负荷的变负荷过程所需的时间。同时也计算给出在目标负荷下，受控的关键参数的目标值，并显示在关键参数控制表中的输入值栏内，做好变负荷的准备；（3）发出变负荷指令，启动 ALC 后，输入栏内的数据将被拷贝到目标值栏内，根据已经计算的耗时，按照设定的负荷调整速率，一般理论值为 0.2%/min，模型量开始以实时值为起点给出模型值，显示在模型栏内，并发送到 DCS 系统，依控制关键参数的设定值，调整关键参数。按照调整速率，一步一步地调节，逐步迈向目标负荷。

所谓这负荷调整速率不是连续变化速率，就空分装置的工艺过程，应该是阶段式梯度调节，调一步稳定后，再调一步，逐步迈向负荷的目标值。调整速率实质上是"步长"。

总之，自动变负荷技术是空分高级控制策略。空分装置设备多，耦合严重且结构复杂，在保证产品纯度的前提下，自动变负荷所涉及的变量多，变量之间的关系复杂，需要经过变负荷软件中的数学模型进行准确的计算，送到与负荷变化相关的各个调节回路作为

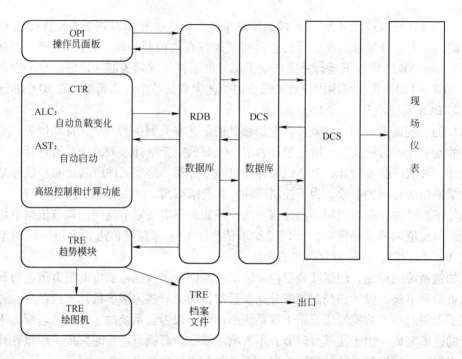

图 13-27　APCS 控制系统结构框图

设定值，从而构成以 MPC（管理计算机）控制为核心的随动系统。对变负荷系统的软件和硬件都很复杂且要求很高，所以价格也高。

由于空分装置的运行特性所决定，变负荷的速率不能过快，虽然随着空分装置制造水平的提高，变负荷速率已经有大幅度的提高，但实践证明也只能是 0.2% ~ 0.25%/min。因此实施一次变负荷（80% ~ 110%）的全过程约需耗时 150 ~ 200min。并且针对不同的空分装置，变负荷软件中的数学模型是不同的，在新的空分装置安装完毕后，正常运行稳定一段时间后，控制系统厂商的计算机工程师要到现场进行数模的调整和修正。

13.5.3.4　依托 DCS 控制系统的 ALC 系统的开发

上述自动变负荷系统与制氧机原控制系统 DCS 是完全独立的。独立系统投资多而且使用并不方便，作为没有自动变负荷的制氧机控制系统改造，依托原 DCS 系统进行自动变负荷开发是最简单、最省投资的有效办法。下面依据报道将某厂 20000m³/h 制氧机依托原 DCS 系统开发的 ALC 简述如下。

A　设计思想

在控制系统设计与开发时必须考虑以下三个问题：（1）变负荷开始、运行过程及结束都必须保证作为底层的原制氧机控制程序的稳定；（2）原控制程序中有关变负荷的控制回路必须投入自动调节状态；（3）能够调试以及设定具体参数。自动变负荷的原理如图 13-28 所示。

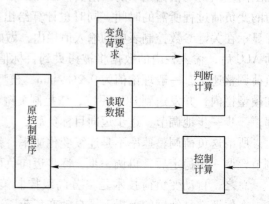

图 13-28　自动变负荷的原理图

B 确定变负荷的相关参数和流程

采用手动变负荷进行试验，找出变负荷过程中的相关参数，以及确定变负荷步骤和流程。表 13-5 为 20000m³/h 制氧机减负荷时数据表。增负荷时先增空气量，与减负荷相反。增负荷时的数据不再列举。

表 13-5　手动减负荷相关点数据

操 作 步 骤	满负荷工况	工况 1	工况 2
(1)减少氧气取出量/m³·h⁻¹	20500	19300	17500
(2)减少空气量/m³·h⁻¹	105000	99500	90000
1)下塔阻力/kPa	20.38	19.30	17.47
2)下塔压力/kPa	474	471	460
3)下塔液空(自动调节)	500	500	500
4)上塔压力(自动调节)/kPa	40	40	40
(3)减少进上塔液氮流量/m³·h⁻¹	40	38	35
(4)减少膨胀量/m³·h⁻¹	13700	13500	12600
(5)减少氮气量/m³·h⁻¹	20200	20000	17500
(6)减少氩馏分量/m³·h⁻¹	22500	21000	20200
1)关小 V701 阀(LIC701)	57	55	51.5
2)粗氩塔 1 阻力/kPa	4.2	3.8	3
3)粗氩塔 2 阻力/kPa	7.9	7	5.7
(7)减少工艺氩量	620	580	530
1)关小 V711	60	56	52
2)关小 V706(LIC703)	56(80)	54(72)	53(70)
3)精氩塔阻力	4.2	3.4	3.3

C 控制策略的确定

变负荷必须是阶梯式调节，变负荷操作的增量与减量幅度不能过大，过大会使制氧机工况恶化，过小调节速度太慢。根据手动变负荷试验结果，确定每次空气量变化值为 300～500m³/h。变化一次稳定几分钟后，再调下一次。设定变负荷的耗时为：从正常工况增到最大负荷的时间为 30min，从正常工况减至最小负荷为 40min。变负荷范围为 85%～110%。每一次调节的间隔时间按设定时间等分。

设定空气进下塔压力、下塔液含氧量、产品氧纯度、产品氮纯度、氩馏分量、纯氩纯度为判断点，将这些参数控制在一定的范围，一旦其中任一参数出现偏离，操作将暂停等待子控制流程将偏差参数调节至正常值后继续进行，如长时间不能恢复，则退出变负荷流程。每个步骤的控制以跳转—返回的方式实现，其减量时的结构框图示于图 13-29。

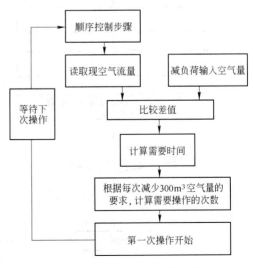

图 13-29　变负荷减空气操作步骤

D　自动变负荷在 DCS 系统中实现

自动变负荷的主流程采用顺控功能，实现顺序工况的控制。自动变负荷的主流程见图 13-30。

这套变负荷系统在某厂 20000m³/h 制氧机上成功地使用，其实它是经验控制法。需要

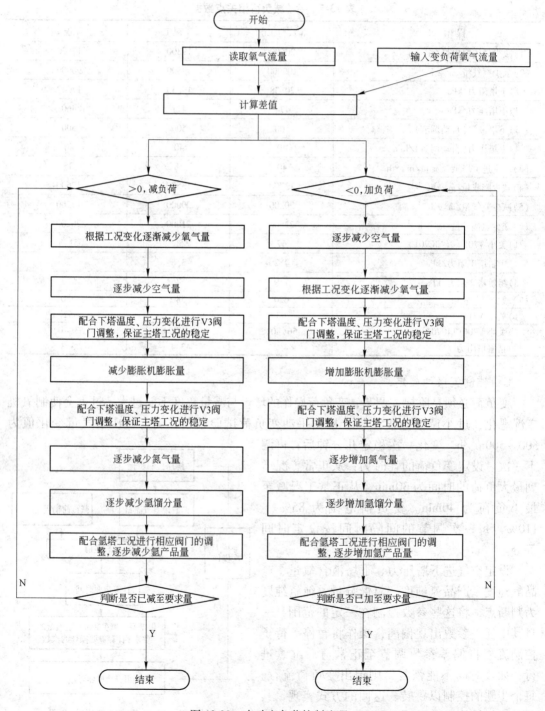

图 13-30　自动变负荷控制流程

通过手动变负荷试验，摸索设定参数值。并且试验时会对制氧机的运行工况带来一定的影响。此外不同的制氧机组，不同的流程，实现自动变负荷也很难采用一种通用的软件，尽管如此，这种简单的 ALC 系统已经实现了初步的自动功能，很实用。其他的制氧机可以借鉴，开发适应各自制氧机的、能在 DCS 系统运行的 ALC 系统。

13.6　现场总线控制系统

现场总线（Fieldbus）是连接工业过程仪表与控制系统之间的全数字化，双向多站点的串行通信网络与控制系统和现场仪表联用组成现场总线控制系统（Fieldbus Control System，FCS）。现场总线不单是一种通信技术，也不仅仅是数字仪表代替模拟仪表。而是新一代现场总线系统（FCS）代替传统的集散性控制系统 DCS，实现现场总线通信网络与控制系统的集成。FCS 的应用是仪控行业的一场深刻的变革，它具有传统的信号标准、通信标准、自控系统的结构，设计方法、安装方式等都将发生新的改变，它将开辟过程控制的新纪元。

现场总线把通信线（双绞线、同轴电缆或光缆等）从控制室延伸至生产现场，现场设备（如变送器、控制阀等）都挂接在通信线上，见图 13-31。

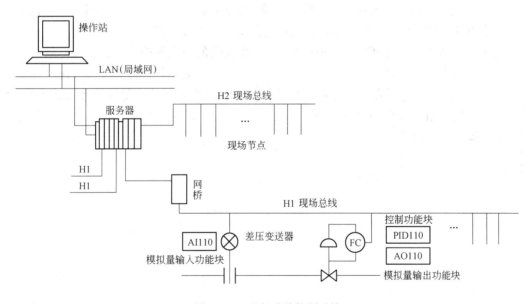

图 13-31　现场总线控制系统

各节点可含有如 DCS 中的功能块：PID 算法、线性运算、模拟量输入（AI）、模拟量输出（AO），用户可自由的集成 FCS，并由通信线直接供电，可以安全防爆，还允许不同网络互联。

从图中可见 FCS 的基本设备有：

（1）变送器。现场总线变送器（温度、压力、流量、物位等）必须是智能差压变送器，它带有 CPU 芯片，用数字信号进行运算和通信，还含有检测、变换和补偿功能，还具有 PID 算法的运算功能。

（2）执行器。不论是气动或电动执行器，均带有 CPU 芯片，可实现控制阀特性补偿、

PID 控制和运算功能，并对阀特性作自校验和自诊断。

（3）服务器和网桥。服务器和网桥的作用可上联局域网 LAN，向下可接各种现场总线。

（4）辅助设备。H1（低压现场总线）/气压、H1/电流转换器、电流/H1 转换器、安全栅、总线电源和便携式编程器等。

（5）监控设备。工程师站供现场组态使用。操作员站供工艺操作及监视。计算机站可用于建模和编程。

现场总线的优点：

（1）用数字信号完全取代 4～20mA 的模拟信号，不仅提高了可靠性，精度也从 0.5% 提高到 0.1%。

（2）可节省大量信号电缆、隔离器、电子柜、I/O 卡件等，可减少投资 66%。

（3）将控制、报警、计算等功能分散到现场仪表，使控制更及时，并且增强了系统的自治性，进一步实现了危险分散。

（4）由于标准的智能仪表互换性互操作性好，所以用户对控制系统的选择权增至最大，可以选择不同厂家的标准智能仪表，也不必为接口是否互配而烦恼。

（5）系统组态简单、安装、运行维护方便。FCS 系统的组态可以在控制室内进行，它的调试也方便快捷，因智能仪表的自诊断功能使得维修十分方便。

由于现场总线控制（FCS）是过程控制和过程仪表的一次新的革命，其硬件尚待开发和完善，一些高级的控制功能块尚待开发，应用工具和诊断软件尚需开发和改进，并需进一步做标准化工作。并且在使用方面用户的控制理念也需要转变。尽管如此，从 1985 年总线技术出现开始至今在不断开发和完善之中，有报道认为，21 世纪的仪表控制系统是现场总线控制系统的世界。

14 制氧机操作

制氧机的操作可分为机器的单机操作和空分系统操作。单机操作中包括空气压缩机、膨胀机、氧气压缩机、氮气压缩机、液氧泵、油泵、水泵的开停机和维护。单机操作只要按照各机器使用说明书所制订的操作规程进行即可，在本章不加以叙述。

空分装置的系统操作包括制氧机的调试、制氧的启动操作、正常操作、加温解冻操作。由于中压小型制氧机是以克劳特液化循环为基础的，所以在流程组织及操作方法上都与大型全低压制氧机（以卡皮查液化循环为基础）有较大的差异，小型制氧机的操作要点是：随时进行膨胀机制冷量与高压节流效应制冷量的匹配。因全低压制氧机的普及，故对中压制氧机的操作不再赘述。

切换式换热器流程已被分子筛纯化流程所取代，现代空分装置主要分为外压缩流程、内压缩流程、全液体空分三大类。制氧机的操作主要阐述外压缩流程的操作，另二大类空分与外压缩流程操作的不同点也加以比较和说明。

本章所阐述的操作方法是原理性的操作分析，而不是具体某一制氧机的操作规程。

14.1　制氧机的调试

制氧机在安装或大修完毕、启动制氧之前，必须进行调试操作。调试操作包括配套机组的单机试车，仪表及自动控制系统的初试，制氧机系统的气密性检查（查漏、系统试压），制氧机的裸体冷冻以及保冷箱充装保冷材料等。

进行上述一系列操作的目的是为了确保制氧机在装入保冷材料之前，充分发现制氧机的各设备、系统、配套机组存在的缺陷及问题，及时加以处理，以免开车后被迫返工。显然，这对于设备多、管路复杂、多机组的制氧机来说，是十分重要的。实践证明：即使对制氧机进行了调试考核，但尚未严格把关，在投入生产后，常常因为组装时留下的弊病而导致减产或停产，造成了较大的经济损失。

14.1.1　气密性检查

空分装置的气密性检查包括充压查漏和定压试压。气密性检查的目的是考查设备安装、配管的焊接质量。根据需要一般只做全装置的外部查漏和中、低压系统的分别试压。有时也对一些个别设备和阀门进行试压、查漏。

14.1.1.1　查漏

查漏前应对设备及管路进行短暂的吹除，并做好查漏前的准备工作：所有压力表、电阻温度计、流量计等仪表及声光讯号、联锁自控系统全部安装、调试完毕，并投入正常工作；在中压和低压系统各装两只标准压力表，以确保压力准确无误。备好所需要的工具、材料、安全照明及必要的劳动保护用品，做好阀门开关灵活性检查。

查漏时，将中压系统充至工作压力的 1.1 倍，充压的气体应为常温、干燥、无油气体。通常用无脂肥皂水检查设备、管路的焊缝、法兰，以不产生气泡为合格。发现泄漏处记下后处理，反复进行多次，直至无泄漏点为止。检查完毕后，应将肥皂水擦净。显然，查漏是检查外泄漏。

充压时应经常注意低压系统的那支标准压力表是否上升，最好打开低压系统中的一支吹除阀，以避免低压系统超压。

为了防止膨胀机在充气查漏时转子转动，应在导气前将其油泵起动并加以制动措施，例如：风机制动的打开制动风机出口阀，电机制动的接通电回路。

14.1.1.2　试压

试压的目的是检查空分装置系统的内泄漏。试压时的充压压力通常定为工作压力，充压后保持时间 12h，气体的残留率 95% 以上为合格。考虑到气温的影响校正，残留率 ε 计算方法为：

$$\varepsilon = \frac{p_1 T_2}{p_2 T_1}\%\qquad\qquad(14\text{-}1)$$

式中　p_1，p_2——分别为保压前、后的绝对压力；

　　　T_1，T_2——分别为保压前、后的绝对温度。

对于全低压制氧机试压操作，分中压系统及低压系统，两个系统分别进行，为了确保系统之间不窜气，可以在系统连接的阀门处加上盲板。

在试压操作中，如果发现泄漏严重，残留率不合格，就需要分段逐一单体设备阀门查漏，找出内泄漏原因，加以消除。

保冷箱外的加温解冻系统充压压力为 0.2MPa，检试方法相同，只是气体残留率不小于 90% 即为合格。

切记在查漏及试压完毕后，必须拆除所加的盲板。

14.1.2　裸体冷冻

在整套装置查漏试压完毕后要进行裸体冷冻操作。它是安装或大修后的第一次冷却运转，其目的为：

（1）再次检查安装或大修质量。如管道的焊接质量，法兰连接处的气密性等。

（2）检验整套装置的冷变形及补偿能力。

（3）检查流程是否正确，流路是否畅通无误。

（4）考核膨胀机的制冷能力。

裸体冷冻（简称裸冷）其操作方法与启动操作的冷却阶段相似，在保冷箱未装保冷材料的条件下，应使保冷箱内每个设备都降到尽可能低的温度，以进行低温考察。对于切换式换热器流程制氧机应注意膨胀机出口温度不得低于 -130℃，以免二氧化碳冻结析出在设备中。当保冷箱内各设备及主要管路全部均匀冷却，挂上不同厚度的霜层，膨胀机后温度不再下降即装置达到了冷量平衡，在各设备温度维持不变的条件下，保持 2~3h 即可结束。

裸冷后，需及时扫霜，勿使冰雪融化于保冷箱内，否则，影响保冷材料的装填。裸冷通常进行三次，每次裸冷后要进行预热，加热至常温。而后进行螺栓拧紧工作，再做气密性检查。

裸冷操作程序及注意事项与启动操作的冷却阶段相同，所以从操作上看，可以认为裸冷是正常启动的初次操作和演示。

三次裸冷完毕并经气密检查合格后，应当填充保冷材料。一般制氧机所使用的保冷材料有碳酸镁、矿渣棉和珠光砂。大型制氧机通常都使用珠光砂，充填前必须对保冷材料进行检查，受潮的保冷材料不得使用，保冷材料的质量应合乎要求。

充填时应注意劳动保护及安全。填充应无空位且密实。充填保冷材料时，容器及管路皆充以 0.05MPa 表压的气体，并经常检查压力变化，及时发现设备、管路被冲撞损坏部位，尤其应注意仪表管路和电路系统的保护。

14.2 启动操作

制氧机的操作分为启动操作、正常操作及加温解冻操作三大类。本节的操作是针对全低压分子筛纯化外压缩流程而言的操作。

14.2.1 启动操作的特点

所谓启动（也称为开车）是指膨胀机运转开始直至产品的产量和纯度达到正常生产的全过程。

启动操作的特点：

（1）只投入无产出，所以缩短启动时间具有显著的经济效益；

（2）在启动的过程中，装置将由常温降至工作温度的冷却过程是不稳态传热过程，最后建立整个装置的冷量平衡；

（3）从传质方面，启动过程中产品从无到有，直至达到设计的产品纯度和产量。这是建立精馏工况的过程，也是物料分配和平衡的过程；

（4）启动过程是冷量需求最大的过程，其冷损也在变化的过程。

启动操作的前提是：（1）整个装置的全部设备和管路加温吹除彻底；（2）分子筛纯化器工作正常，能达到杂质的净化要求。切换式流程是在主换热器冷却过程中建立杂质的自清除工况。

启动操作的评价指标是启动时间。启动时间短既有节能意义又代表操作水平。但对于每台制氧机都有极限值。这个极限值是由装置所配套的膨胀机的制冷能力以及装置最低冷损所决定的。

怎样操作？操作者除按操作规程规定的要求，按顺序正确开、关阀门，以及按先后顺序开、停运转机组，以保证流体的流路的正确性外，必须遵循传热原理，制冷原理及精馏原理的规律，以理论指导实际，才能体现高水平的科学操作，在尽可能短的时间内建立空分装置的正常生产工况。

14.2.2 设备冷却阶段

启动过程要经历冷却设备、积累液体以及精馏调整的三个阶段。

冷却阶段是从空压机已往分子筛纯化器送气，纯化器工作，切换已超过两个周期，确认其水分及二氧化碳净除已合格后开始向空分下塔送气时，标志着已进入该阶段。

因此时空分装置均处于常温，需要大量的冷量去冷却设备，所以以最大可能增加制冷量，又将这些制冷量尽量用于冷却设备上，而不是消耗于冷损。

全低压制氧机的冷量主要来源于膨胀机，膨胀机的制冷量占总冷量的90%以上，所以若想增加制冷量就必须充分发挥膨胀机的制冷能力，获得尽可能多的冷量。

本阶段的操作要点是充分发挥膨胀机的制冷能力和合理的使用冷量。

14.2.2.1　增加膨胀制冷量

正如第3章所述制氧机的总制冷量由两部分组成，一部分是膨胀机制冷量，另一部分是等温节流效应。

膨胀机制冷量 $Q_{PK} = V_{PK} \cdot \Delta h_0 \cdot \eta_s$，从这一计算式出发，增加膨胀机制冷量的措施有：

（1）增加膨胀量。膨胀机必须满负荷运行。若设置备用膨胀机的装置，两台和多台膨胀机均应全部运行。

（2）保证膨胀机的等熵效率。透平膨胀机在设计工况附近时效率最高，具体操作时应注意采用可调喷嘴调节，尽量不用膨胀机进气阀调节，因机前节流调节会使膨胀机的效率降低。

（3）提高机前压力，膨胀机前压力提高，膨胀工质的单位焓降大，制冷量多。这就需要空压机的排压要高，增压比要高才能实现。

（4）降低膨胀机后的压力。膨胀机后的压力也称之为"背压"。背压降低将使膨胀机比增加，单位制冷量增加。此时制氧尚无产品，背压的降低可以由开大膨胀后空气所经过的各设备的阀，减少其流动阻力来实现。

（5）提高机前温度。膨胀机具有高温高焓降的特点，机前温度高些，其制冷量可以增加。更值得指出的是，此阶段的操作目的是冷却常温设备，所需要的冷量温度水平较高。用温度水平低的冷量不仅会使制冷能耗增加而且会使冷却设备的温度过大，易造成设备的热应力破坏。本来随着设备的冷却膨胀机的机前温度是随之下降的。那么怎样才能提高机前温度呢？实际上我们需要的是设备尽快地冷却，而膨胀机前的温度还降得慢些，实际操作证明这一目标通过操作是可以实现的。操作时不要只冷却某一单一设备，例如主换热器，而是保冷箱内设备均衡冷却，这既能合理分配冷量，又能实现膨胀机前温度尽可能地提高，从而增加制冷量。

14.2.2.2　增加等温节流效应

全低压制氧机虽然等温节流效应占总制冷量比只有10%～15%，但它的增加，也增加了总制冷量。等温节流效应 H_T 的计算式为：

$$H_T = V_K \rho_K c_p \alpha_h \Delta p \qquad (14\text{-}2)$$

式中　H_T——等温节流效应，kJ/h；

　　　V_K——加工空气量，m^3/h（标）；

　　　ρ_K——空气的密度，kg/m^3；

　　　c_p——空气的定压比热容，$kJ/(kg \cdot K)$；

　　　α_h——微分节流效应，K/kPa；

　　　Δp——压力差，kPa。

几种气体的微分节流效应示于表14-1。

表 14-1 几种气体在标准状态下的微分节流效应

气体名称	α_h		气体名称	α_h	
	$10^{-3}K/kPa$	℃/ama		$10^{-3}K/kPa$	℃/ama
空 气	+2.75	+0.27	氮 气	+2.65	+0.26
氧 气	+3.16	+0.31			

从表中可见,空气降低一个标准大气压只能降 $0.27℃$,通过计算降低 $1kg/cm^2$ 压力即 1 个工程大气压,只能降约 $0.25℃$,这就是节流降温,降低 $1kg/cm^2$ 降 $1/4℃$ 的依据。

虽然全低压流程由于 Δp 小,单位等温节流效应制冷量小,但制冷工质是全部的加工空气量,因此总的等温节流效应制冷量也能占总冷量的 10%~15%,从上述的分析可见,在操作中,努力增加冷却阶段的入塔空气量,既可以增加制冷量,又可以强化主换热器的对流换热,减小主换热器的热端温差,取得双赢的效果。

14.2.2.3 合理的使用冷量

显而易见,制冷量再多,如果冷量消耗在冷损上,也不会加速各设备的冷却缩短冷却时间。操作中合理判断冷量使用的依据是保冷箱内各设备全面均匀冷却,凡是有温度显示的地方冷却速度、温度水平尽量一致。具体操作注意应尽早打开空-1 阀向下塔导气,尽早打开液空、液氮节流阀向上塔导气,将膨胀后空气进上塔的阀也可以打开,以加速上塔冷却。随后也应向制氩系统导气,对氩系统预冷。通常最难冷却的部位是主冷凝蒸发器。为了加速主冷凝蒸发器的冷却甚至可以打开其吹除阀,使主冷气体流通加速冷却。

另一个判断冷量合理使用的依据是主换热器的热端温差。与正常工况不同,主换热器的热端温差在启动过程中是变化的,刚开车时小,随着设备的冷却会迅速扩大。假若冷量使用得不好,热端温差扩大冷量就会被带出装置。此时的热端温差不是正流加工空气与返流产品的温差,而是正流空气与冷却设备后返回的空气之间的温差。设计时的热端温差一般选为 $2℃$。通过计算热端温差扩大 $1℃$,$1m^3$ 空气所带走的冷量约为 $1.254kJ/m^3$,若进塔空气量为 10 万 m^3/h,每小时将损失 12.54 万 kJ/h 的冷量。因此操作中要密切注意冷端温差,通过全面均匀地冷却各设备,来尽可能缩小主换热器的热端温差。

14.2.3 积累液体阶段

当冷却阶段的后期,下塔液空液面计出现液体,标志着本阶段开始。

(1)冷量的制取。可想而知,空气的液化需要更多的冷量,与冷却阶段不同,此时需要低温等级的冷量。由此可见,本阶段的操作要点是:仍然需要充分发挥膨胀机的制冷能力,但只是发挥膨胀机高温高焓降的做法已不适用。具体操作与冷却阶段相同。

(2)加速下塔液体的产生和积累。从气体液化原理可知,饱和气体的压力越高,所对应饱和温度越高,液化时所需的冷量越少(汽化潜热)。因此提高下塔压力能够加速液空的产生和积累,但这时伴随液空的产生,由于其体积的缩小,导致下塔的压力会大幅度地降低,因而此时的操作要点是:减少加工空气量的放空,增加进塔空量;提高空压机排压和下塔压力。随后的操作是选择先积累下塔液空使液面达标后再积累上塔液体呢,还是上、下塔同时积液呢?通过实践证明,采用上、下塔同时积液,可以缩短积液时间。其理由是,下塔虽然已经产生液空,但此时上塔和冷凝蒸发器尚处于过热并未达到饱和温度,如果采取先积下塔液体后积上塔液体的操作方法，当下塔液空液面达标后打开液空节流阀时，由于上塔和冷凝蒸发器的深度冷却，将使液空大量蒸发，致使下塔液空液面大幅下降，下塔液空尚需再次积累，造成了冷量未充分利用和积液时间的延长。

采用上、下塔同时积液的方法，实质是用液空的低温冷量继续冷却上塔，一旦上塔达到了当时压力下的饱和温度，此时的标志是上塔出现了液体，主冷凝蒸发器投入工作，随着上塔液面的上涨，下塔也会有下流液体，下塔积液更快，达标更早。与此同时也为精馏工况的尽快建立提供了条件。具体操作是，全开进塔空气的空-1阀，在保证下塔压力的条件下，逐渐开大液空节流阀直至全开，而后逐渐开大液氮节流阀。此时膨胀后的气体尚不要吹入上塔。

14.2.4　精馏工况的调整阶段

当上、下塔液面均达到要求时，说明此阶段已开始。对于规整填料塔的上塔，随着上塔液面的上涨，已因有下流液体和上升蒸气精馏已经开始，表现在主冷氧侧的液体含氧量在逐渐增加。这一阶段的任务是使产品的纯度和产量尽量达到要求。

如同第6章所述，调整精馏工况就是调节精馏塔的回流比。具体操作就是调节液空节流阀及液氮节流阀的操作。在启动操作中还有对膨胀空气吹入上塔的操作。液空节流阀的开度由液空液面高度决定，即依据下塔液空液面的规定高度，将液空节流阀的开度确定，以保证下塔液空液面高度不变后变为自动控制。上塔的产品纯度和产量用液氮节流阀来调节。从精馏原理可知上塔的回流比增大，氧纯度降低，氮纯度提高；氧产量提高，氮产量降低；上塔回流比增大，下塔回流比减少，这些矛盾集于液氮节流阀的调整中，因此液氮节流阀既不是开大好，也不是关小好，液氮节流阀有最佳开度。液氮节流阀在最佳开度的位置就可以在氧纯度达到要求的情况下，达到氧产量的要求，又能够在保证氮纯度的前提下，氮产量也达到要求。这就意味着精馏工况调整的操作要点是在投入产出的配合下，寻找液氮节流阀的最佳开度，并在最佳开度处稳定下来。

具体操作是逐渐关小液氮节流阀，化验气氧纯度和下塔液空纯度，先使富氧液空纯度达到通常为38% O_2 的设计要求，而后使氧气纯度达到99.6% O_2 以上，然后逐渐打开氧气产品送出阀，同时增加进塔加工空气量，逐渐减少膨胀量。当氧产量接近正常产量的80%时，化验气氮纯度，气氮产品纯度达到要求时，开始送出产品氮。这种调节的顺序就是从实践总结出来的先下塔后上塔，先氧后氮。随着氧、氮产品的产量增加，膨胀量减少，减少的依据是上塔冷凝蒸发器的液面不能下降。膨胀量减到接近于设计值时，当氧气量接近设计产量80%左右时，可以将膨胀后空气逐渐吹入上塔，以增加产品的产量。

当氧、氮产量都接近正常产量时，需要确定液氮节流阀是否合适即是否处于最佳开度，从多年的实践总结判断的方法有两个，一是用液氮纯度与气氮纯度差额对比来判断。从精馏原理出发，由于氮是易挥发组分，打入上塔的液氮纯度应该低于气氮纯度。如果上塔气氮纯度反而低于液氮纯度，这说明上塔回流比小，气氮中的氧组分冷凝不充分，此时应稍微开大液氮节流阀，反之则关小。若用污气氮与污液氮纯度对比就更明显。二是用液氮节流阀开度变化对精馏工况变化的灵敏度来判断。如果液氮节流阀处于最佳开度上，它的开度的微小变化都会造成较明显的产品产量和纯度的变化。只要稍微关小或开大液氮节流阀，就可对比调节前后的氧纯度或氮纯度的变化。若阀开度微变，而纯度变化很明显，说明阀处于最佳位置。

综上所述精馏工况的调整阶段的要点是：（1）膨胀机减量，减少制冷量以主冷液面不下降为标志，随着精馏工况的建立，而建立起冷量平衡。（2）调整两个节流阀，用液空节流阀保证下塔液空液面，寻找液氮节流阀的最佳开度，加工空气量及产品送出量与之配合。用气、液纯度的分析化验为操作依据。（3）当产品产量达到设计产量的80%以后，再向上塔逐渐导入膨胀后的空气。

还需要指出的是在整个启动操作的过程中，必须严密监管分子筛纯化器的杂质清除工况，尤其是对 CO_2 的清除，出纯化器的加工空气 CO_2 含量必须小于 1×10^{-6}。否则会影响制氧机的运转周期。另外，氩系统的投入时间。有的操作规程上规定为在主塔正常运行 $4 \sim 5$ 天后投入氩系统，还有的规定主塔正常运行 $7 \sim 15$ 天后投入氩系统，由于对氩气的需求，各厂均需要及早投入氩系统，以保证氩气的供应。究竟什么时间投入氩系统，应依据主塔的运行工况，主塔已经正常运行且工况稳定，这说明主塔已建立起了冷量平衡、物料平衡、组分平衡，这时才有氩系统投入的前提。通常主塔稳定运行的最短时间也需要 $2 \sim 3$ 天。尽管如此，因为氩系统的投入会增加冷损失，所以事先应提高液氧液面，主塔多贮存些冷量。

14.2.5 充液启动方法

充液启动方法就是在空分装置启动过程冷却阶段的后期，向上塔或主冷输入液氧（或液氮），用液氧（或液氮）进一步冷却以加速空分装置的冷却和积液过程，缩短启动时间，据统计，能使空分的启动时间缩短 1/3。据报道：有的氧气厂用此法 24h 完成启动操作。

目前各氧气厂多数都有多台空分装置且有较大的液氧和液氮贮罐，所以采用充液启动是具备条件的，充液启动实质上是借冷启动。液氧倒灌进主冷时用空分自备的液氧贮槽汽化系统的液氧泵即可。若是具有液氧、液氮贮槽，只要增加低压液氧泵或液氮泵及其管路和阀门即可实施充液启动。这种方法也可以应用于短期停车再启动操作中。采用液氧充液一般都倒灌到主冷的氧侧。采用液氮倒灌往往进入上塔。

充液倒灌操作很简单，勿需再赘述，但实施充液启动操作后必须注意，液氧泵（或液氮泵）及其配套管路使用后必须用氮气吹除水分并加以充氮保护，否则有水蒸气侵入，下次再使用时，就会造成水分带入精馏塔，发生冻结、堵塞事故。

14.3 正常操作

正常操作的实质是维持在最佳工况上的冷量平衡及精馏工况的稳定，即物料平衡和组分平衡。正常操作的任务有三点：其一，少投入多产出即以最小的消耗，获得尽可能多的产品；其二，对单机和设备进行维护，以保证制氧机的正常运行。并及早发现事故的征兆，判断并及时处理事故；其三，根据供求的要求开、停机及变工况操作。应急操作，如停电，空压机，膨胀机，液氧泵突停等。

正常操作按照设备及部机来分大致有以下几方面：

（1）分子筛纯化系统的维护及调整；

（2）主换热器的调整；

（3）精馏工况的调整；

（4）膨胀机的开、停机维护及调节；

（5）空压机的开、停机维护及调节；

（6）氧压、氮压机的开、停机，维护及调节；

（7）各种泵的开、停机，维护及调节。

按参数划分，正常操作可分为：（1）温度及温差的调节；（2）压力与阻力的调节；（3）液面控制；（4）纯度与产量调节。

14.3.1 分子筛纯化器的操作

（1）检查纯化后空气中杂质的含量，CO_2 含量小于 1×10^{-6}；

（2）检查切换系统的切换时间、切换程序是否符合设定的要求；

（3）时刻观察切换过程中空压机后压力变化情况。发现切换阀不动作时及时处理；

（4）掌握分子筛纯化器系统的投入（加热再生）和停止的操作；

（5）冬季运行时应检查切换阀气源及伴热系统，如发现冻结，及时用蒸汽解冻；

（6）分子筛纯化器运行两年后，应检查分子筛粉化情况。粉化超过分子筛量的 10% 以上，应将分子筛取出筛选，并添加部分新的分子筛。

14.3.2 液面调节

液体量多少反映了装置存储冷量的多少。由于液态焓值比气态焓值低得多，故装置冷量不足必然首先表现出液体的大量汽化，液面下降。液面上升或下降又反映了装置的冷量平衡状况。液面的调节实属冷量调节，又由于液体存在于下塔、上塔及冷凝蒸发器，所以除冷量调节外，还有冷量分配的调节问题。具体操作中，分为下塔液面调节及主冷液面调节。此外，在精馏原理中已分析过塔的物料平衡及冷量平衡体是互相联系的，塔板上的传热与传质是同时进行的，因此，塔内液面的调节也直接关系到产品纯度的好坏。

14.3.2.1 下塔液面的调节

下塔液空的来源有两部分。其一主要是进塔空气上升到主冷，被冷凝部分回流下塔，这部分下塔回流液下流逐层塔板参加精馏后，最后流到下塔底。其二是一小部分空气（正常时为加工空气量的 3%～5%）经液化器与污氮气换热被液化流回下塔。

下塔液面过低，通过液空节流阀打入上塔的是气液混合物。不仅使液体量减少，且因富氧液空（36%～40% O_2）中混有空气（20.9% O_2），纯度下降，而影响上塔的精馏工况。下塔液面过高，又有可能使下塔洗涤板甚至最下面几块塔板失去作用，影响下塔工况，而且造成加工空气入塔阻力增大。还会使抽往膨胀机的气体中含湿增大，有可能引起机前温度下降。所以每个装置的操作规程中都规定液面控制范围，通常为 3500～5000Pa。在规定范围内最好保证在上限，留有调节余量，以确保通过液空节流阀的液体为全液状态。

液空节流阀是控制下塔液面的主要阀门。液空节流阀的开度合适，即液空取出量等于下塔液空的生成量，液空液面稳定。开度过大，下塔液面下降，主冷液面升高，因提馏段回流比增加，而使氧纯度下降。其开度过小，下塔液面升高，主冷液面下降，因提馏段回流比减小，而使氧纯度暂时提高，当主冷液面继续下降，因其传热面积不能充分利用，上塔上升的蒸气量减少，氧纯度很快又会变坏。目前下塔液空液面多采用自动控制。

14.3.2.2　主冷液面的调节

主冷凝蒸发器是联系上下塔的纽带。它把下塔顶部的氮气冷凝成液氮，分别提供给下塔和上塔作为回流液。另外将上塔液氧蒸发为气氧，大部分（70%～80%）作为上塔上升蒸气，其余作产品引出。主冷的热负荷是由塔内的热平衡所决定的，而主冷液面的高低在一定程度上可以反映出主冷的热负荷的大小。

主冷液面过高，一方面由于氧侧平均压力升高，其沸腾温度也升高，而氮侧冷凝温度不变，主冷温差减小，另一方面从传热原理得知，传热系数与热交换过程的激烈程度有关，主冷的传热系数受液氧沸腾状态的影响很大。目前各装置的主冷多采用管内沸腾式，板式冷凝蒸发器氧的蒸发也类似管内沸腾式。液氧在管内沸腾状态，可分成加热段及沸腾段。加热段气、液层流传热，传热系数较小。沸腾段内，中心部分是气流，在管壁上有液体薄膜层，蒸气向上流动诱导液体向上，这样的流动特点，使所有的传热面积都参与了激烈的热交换，传热系数较大。由于液面过高，沸腾段缩短，传热系数下降。再由传热方程式 $Q_主 = KF\Delta t_主$ 可得因其主冷温差 $\Delta t_主$ 缩小及传热系数 K 的下降，致使主冷热负荷 $Q_主$ 减少。

主冷液面过低，对主冷的平均温差影响较小，当液面低于 0.2 倍管长时，会使管子上方全变成了饱和蒸气，气体的换热系数较液体小得多，造成管子的传热面积不能充分利用，从传热方程可以看出，主冷热负荷将随之减小。从上述分析得知，主冷液面过高和过低都将引起主冷热负荷的减少，而主冷热负荷减少又将会造成塔内上升蒸气量及回流液体量减少，下塔压力升高，进塔空气量减少，氧产量降低等恶果，所以要保持在一定的范围内。设计时一般取长管管长或板式单元高的 1/2～2/3。也有的单位为了主冷安全，防止浴式主冷板式单元液面沸腾摩擦处发生微爆，而规定较高的液面，全浸板式单元。

在精馏塔液体量分配合理的前提下，主冷液面的高低代表了装置冷量的多寡又被称为冷量多少的标志。也就是在装置冷损一定的情况下，膨胀机制冷量的多少首先表现在主冷液面的升降上。

主冷凝蒸发器本身不能积累液体，即氮侧冷凝的多，氧侧汽化的也多；氮侧冷凝的少，氧侧汽化的也少。膨胀机的制冷量要通过主换热器及过冷器等热交换设备才能反映到塔内液体量的增减上。膨胀机的制冷量增加，进塔的气体焓值降低，由精馏塔的冷量平衡决定，塔内的温度降低，回流比增大，下流液体增加，因而主冷液面上升。

关于主冷液面的调节大体可分为液量分配调节及膨胀机制冷量调节两个方面。

（1）液量分配调节。所谓液量分配是指下塔与主冷液体量的分配问题。在操作中发现主冷液面不正常时，需先查下塔。假如主冷液面下降，而下塔液面上升，说明打入上塔的液空量过少，因此应开大液空节流阀。

（2）冷量增减调节。下塔液面正常稳定，仅主冷液面下降，说明装置冷损过大，冷量不足，从而需增加膨胀机的制冷量，具体可采用增加膨胀量或增加转速（风机制动）来调节，反之，需减少膨胀量。其次减少液化器回收冷量能力也是降低主冷液面的方法之一，即当主冷液面过高时，适当打开液化器的旁通阀，致使液化器的液化量减少。至于用降低或提高上塔压力调节主冷液面，目前尚有争论，实际效果并不显著。

14.3.3 精馏工况调节

精馏工况调节更确切地讲是对精馏塔内物流量的分配及冷量平衡的调节。调节作用体现在塔内各段回流比的变化。调节的结果直接影响产品的产量的多少及质量的优劣。在调节过程中调纯和调产量互相影响，而且同时进行。通常的调节程序是先下塔后上塔，先调氧后调氮。其原因为，目前的制氧机都采用双级精馏塔。空气先在下塔预分离，得到液氮及富氧液空，然后，富氧液空作为原料液打入上塔进一步分离成纯氧和纯氮，而下塔液氮为上塔提供回流液，由此可见，下塔是上塔的基础，假若下塔尚未调整好，上塔的工况就无法保证。

14.3.3.1 下塔纯度调节

下塔的调节任务有两方面，一是保证液空及液氮（纯液氮及污液氮）纯度；二是保证向上塔提供适量的液空及液氮。其目的在于为上塔高产优质打下基础。

液空节流阀及液氮节流阀。液空节流阀一般只起调节液空液位的作用，对下塔的纯度影响不大。因其取出量不影响下塔回流比，一般液空取出量往往等于下塔回流量（对于没有污液氮的来说）。目前设计的空分装置液空节流阀根据流空液面自动调节。而液氮节流阀却是下塔纯度调节的关键阀门。因其开大或关小即液氮取出量的多少，直接影响下塔回流比。液氮节流阀的开度也影响上塔回流比。

正常工况的情况下，液氮节流阀处于最佳点附近通常是设计工况，正常操作时对液氮节流阀的调整只能是微调，否则会破坏精馏工况的稳定。当然变工况时例外。

在操作中也可能遇到这样的情况，即对液氮、液空节流阀进行调节的时候，看不出调节效果。这往往是由于节流阀的开度过大，致使通过节流阀的为气液混合物。此时应大幅度地关小节流阀。液氮节流阀应关到阀稍一动，纯度就有反映的灵敏位置。液空节流阀应关到稍一动液面就有变化的极限位置，再开始调节。

14.3.3.2 上塔的调整

上塔是引出产品的部位，所以上塔的调节就是对氧产品的纯度及产量、氮产品的纯度及产量的调节。如前述此调节应在下塔调好的基础上进行。

产品的纯度及产量取决于热量平衡及物料平衡，受到各种物流量及纯度的影响。首先分析一下影响氧纯度及氧产量的因素：

（1）取氧量过大，氧纯度变坏。这可由氧产量公式 $V_{O_2} = \dfrac{y_{N_2}^N - y_K^N}{y_{N_2}^N - y_{O_2}^0} \cdot V_K$ 中很直观的表示出来，当空气量 V_K，平均氮纯度 $y_{N_2}^N$ 不变时，氧气取出量 V_{O_2} 增大，必然使氧气中含氮量增加含氧量减少。

（2）取氮量过小，氧纯度变坏。从塔的物料平衡可得 $V_K = V_{O_2} + V_{WN_2} + V_{CN_2}$，当进塔空气量 V_K 一定的情况下，取氮量减小，取氧量就增大，同样引起氧纯度下降。

（3）提馏段的回流比增大，氧纯度下降。原因是上升蒸气量减少，液体中氮组分部分蒸发不充分。

（4）主冷液面上升，氧纯度变坏。液面上升，说明塔内下流液体量增多，塔板温度下降，提馏段回流比增大，从而氧纯度下降。

（5）液空含氧量减少，氧纯度下降。液空含氧量减少，表明上塔原料液的质量变差，在上塔的塔板数及板效率一定的情况下，增加了上塔的分离负担，因上塔的分离能力所限，就会表现出氧纯度下降。

(6) 塔的效率降低，氧纯度下降，已安装好的精馏塔通常塔的效率是不变的，可能出现板效率降低有以下几种可能：塔的填料和塔内件损坏；精馏塔基础变形，使塔倾斜；水蒸气带入冻结堵塞。

(7) 液悬或液漏故障发生，氧纯度大幅度下降，而且波动。产生的原因主要是由操作不当所引起的。上升气量突然增大易产生液悬，上升气量过小易发生液漏。无论是液悬还是液漏，精馏工况都会遭到严重的破坏。氧、氮纯度都会大幅度下降，无法供氧。

(8) 加工空气量变化，也将影响氧纯度及氧产量。这很容易从精馏塔的物料平衡及组分平衡分析出来。

(9) 膨胀空气进上塔量增加，平均氮纯度下降，氧产量降低。倘若保持氧产量，氧纯度就将下降。表 14-2 是某厂的 5000m^3/h 制氧机膨胀量与平均氮纯度的实测数据。

表 14-2 膨胀量与平均氮纯度的关系

膨胀量/$m^3 \cdot h^{-1}$	8000	7500	7000	6500	6000	5500
平均氮纯度/%	97.5	97.7	98.2	98.5	98.7	99

综上所述，影响氧纯度及产量的因素很多，其中塔的效率降低，一旦出现无法调整，需要以预防为主外，其他诸项全都可以通过调节上塔回流比来进行控制。气氮纯度由精馏段回流比决定，它的高低能反映出氧产量多少。氧纯度由提馏段回流比来保证。具体的调节由节流阀开度来完成。对于上塔而言，液空及液氮节流阀都影响上塔的回流比，都是上塔精馏工况的调节阀。值得指出的是，上塔的调节是在下塔预精馏的基础上进行，而且应该解决好上、下塔的互相影响，产品与纯度相互矛盾的问题。

欲提高氧产量，除塔的回流比的调节外，必须减少膨胀空气的吹入量。欲达此目的，只有减少冷损，提高膨胀机效率。

对于生产氩的空分装置，氩的提取也可以提高氧的提取率，提高氧产量。为此有的不生产氩的空分装置也设置一段粗氩塔称之为增效塔。

有的单位发现氧纯度低，反复多次用节流阀调整无效，这往往是主冷微漏所致。

14.3.4 氩系统精馏工况调节

上一节已经阐明，主塔在设计工况稳定的前提下，才能投入氩系统。系统工况的调节首先是氩馏分的调节，而后是粗氩工况调节及精氩工况的调节。

氩馏分是生产氩的原料，它的组成决定了氩系统的工况，它来自主塔，粗氩塔的冷源液空也来自主塔，所以首先需要探讨的问题是粗氩塔工况与主塔工况的关系。

14.3.4.1 粗氩塔与主塔工况

氩在上塔的富集情况不是固定不变的。主塔工况稍有变动，如氧、氮产品纯度发生变化时，氩在上塔的分布也将发生变化。由于氩馏分抽出口的位置不变，其馏分的组成就要改变。通常氧产品纯度波动 0.1%，氩馏分中的氩含量变化 0.8% ~1%，即波动幅度扩大了 8~10 倍之多。氧纯度的提高，使提馏段氩富集区上移，故氩馏分含氩量将降低。

　　主冷液面的稳定是装置冷量的标志，主冷液面下降说明冷量的不足，实践经验得知，主冷液面波动 5~10cm，粗氩塔就会出现相应的显著反应，或冷量不足，或冷量过剩，都影响氩馏分的组成或抽取量。在粗氩塔冷凝器热负荷一定的情况下，氩馏分含氧多，抽取的氩馏分多，粗氩塔的回流比减少，粗氩中含氧量增加，纯度下降，若氩馏分中含氮量过高，粗氩塔冷凝器的温差缩小，粗氩塔下流液体量减少，回流比减少，粗氩的纯度和产量也下降。值得注意的是从主塔抽氩馏分的量也要适当，过大在粗氩塔上升蒸气流速过快，严重会发生液泛，反之会引起液漏。操作中一旦主塔工况变化，进行调节的同时粗氩塔也应该配合调节。

14.3.4.2　氩馏分组成的调节

　　全精馏制氩设计时，氩馏分的组成为，含氩 8%~12%，含氮 0.1% 以下，其余为氧。

　　氩馏分中含氧过高，势必使氩馏分的含氩量降低，这将使粗氩塔的回流比减小，上升蒸气量增加，塔阻力增大，氩产量减少。

　　氩馏分中含氮量过高，将使粗氩塔冷凝器的温差减小，液空液面上升，粗氩塔阻力下降，从而使粗氩冷凝量和氩馏分的抽出量降低。此时伴随产生的是粗氩的纯度和产量下降，甚至会导致粗氩塔产生"氮塞"。

　　氩馏分组成的调节是通过调节主塔工况实现的。这就是"氩馏分不达标时找主塔"的原因。主要的调节手段是氧，氮产品阀及污氮阀。

　　当氩馏分含氮过多时，可关小送氧阀，开大排氮阀，这时提馏段的富氩区上移，氩馏分中含氮量下降，同时馏分中的含氧量提高，含氩量也有所下降。当馏分中的含氩量过低时，调节液氮节流阀，稍关小排氮阀，提高排氮纯度才能提高氩馏分中的氩含量。

　　当氩馏分含氧过多时，就要开大送氧阀，关小排氮阀，这时氧含量减少，含氩量也减少，含氮量提高。若含氩量过低，再配合液氮节流阀的调节，提高氧气纯度，氩馏分中的含氩量也会提高。从上述所见，氩馏分的调节必须把主塔和粗氩塔当成一个整体来进行调节。

14.3.4.3　粗氩塔工况调节

　　粗氩塔的精馏工况是否正常有两个依据，其一粗氩塔冷凝器的液面；其二粗氩塔的阻力。粗氩塔冷凝器的液空液面过高，粗氩塔的阻力过小，这说明粗氩冷凝器的热负荷小，冷凝液过少，粗氩塔的回流比小，粗氩的纯度下降。

　　(1) 粗氩冷凝器液空液面调节。粗氩塔的热负荷可以通过粗氩塔Ⅱ的阻力计指示加以判断。开大液空进粗氩塔冷凝器的调节阀，液空液位升高，冷凝器的热负荷增大，反之减小，其热负荷增大，也就增大了粗氩塔的回流比，粗氩纯度提高。

　　(2) 粗氩纯度的调整。粗氩冷凝器的液空液面正常操作时要维持稳定，这意味着其热负荷一定。这时粗氩纯度的调节手段是调节粗氩取出量与馏分中的含氩量及馏分量来调节。粗氩取出量减少，粗氩纯度提高。馏分中的含氩量及馏分增大，粗氩纯度提高。

14.3.4.4　精氩塔的调节

　　精氩塔的投入，当粗氩的微量氧分析仪检测出其氧含量低于 2×10^{-6} 时，方可投入精氩塔，具体操作是缓慢开大粗氩液化器调节阀，将粗氩导入粗氩液化器。同时开粗氩液化器氮气调节阀及液氮调节阀，待粗氩液化器氮气压力达到规定时，说明粗氩液化器已正常工作，其氮气调节阀与液氮调节阀转为"自动"。

　　被液化的粗氩导入精氩塔。同时打开精氩塔冷凝器液氮调节阀和气氮调节阀，使精馏塔冷凝器投入工作，当冷凝器液位上升到规定值时，其液氮调节阀转为"自动"。

精氩蒸发器液面上涨到设定值的10%时，打开液氩排放阀排放。这是为了保证纯氩纯度。当蒸发器的液氧液面达到规定值以后，若氩中含氧高于 10×10^{-6}，则尚需再排放部分液氩。直至纯氩中氧、氮含量均达到要求，才可以向液氩贮槽送液氩。

精氩塔稳定工作的标志，仍然是阻力和液面（冷凝器和蒸发器）。阻力小压力高，说明冷凝器所产生的液体少，精氩塔的回流比小，这时应增加进冷凝器的液氮量，否则影响氩产量。

氩纯度的调节是通过余气排出阀进行的，关小此阀，精氩塔的回流比减小，液氩中的氮组分部分蒸发较充分，氩中含氮量减小，氩纯度提高。

注意在精氩塔冷凝器中，因氖氦的沸点低是不凝性气体，必须定期打开排放阀排放不凝性气体，或者微开不凝性气体排放阀，微量连续排放。

14.4 手动变负荷操作

冶金型的空分，因炼钢用氧的间断性、制氧机运行的连续性的矛盾，造成用氧和供氧的不匹配，致使氧气的放散量很大。正如第13章所述，现代大型制氧机已经配备了自动变负荷跟踪调节系统（ALC）。但ALC系统软件目前都是国外研制的，价格很昂贵，调试系统所需时间也较长。在国内杭氧和浙大已经研制了自动变负荷系统软件，其实施的投资也很高，目前尚未有应用的业绩。鉴于此种状况，依据自动变负荷的原理，手动实施变负荷就应运而生，并在各厂迅速推广，取得了十分明显的效果，据统计大多数钢铁企业氧气厂氧气的放散率由原来10% ~15%均降至5%以下，当然这其中还有其他减少氧气放散率的措施相配合，但手动变负荷的实施功不可没。氧气放散率减少的经济效益很可观，据大的钢铁企业氧气厂统计，每年制氧成本可节省千万元以上。

变负荷的操作有两种方式。一种是改变氧产量同时改变加工空气量的变负荷，另一种是气体产品与液体产品互相转换的变负荷。此种方式变负荷时，加工空气量是不变的。

14.4.1 增加液氧产量的变工况操作

显然，实施此操作必须在液氧贮存系统的容量较大且有富余的前提下才能实施。将多余的气氧产品转换为液氧产品，装置的冷损失就要加大，首先必须增加膨胀机的制冷量。具体的操作步骤为：

（1）关小送氧阀减少氧产量；

（2）缓慢增加膨胀量。如只设一台膨胀机时，逐渐使膨胀机满负荷运行；如设置两台膨胀机时，运行的膨胀机先减量，备用膨胀机启动，然后两台膨胀机并联运行，逐渐加量，同时打开旁通阀，将所增加的膨胀量旁通；

（3）缓慢关小液氮回流阀，以保证下塔压力；

（4）调节液氮节流阀，以保证下塔液空含氧量；

（5）适当降低粗氩冷凝器的液空液位及粗氩的取出量；

（6）增加液氧产品的取出量。

从上述可见，这种变负荷的范围受到液氧贮罐的贮存能力及膨胀机最大制冷量的限制。

14.4.2　变化空气量的手动变负荷

14.4.2.1　实施的前提

（1）确定变负荷实施的时间。手动变负荷不可能连续进行操作，要选择放散的高峰期（用氧的低谷期）的时间区段进行，才能取得显著的效果。这实施的最佳时间，应从各单位的供求规律中寻求并确定。

（2）空分设备的准备。确定整个运行工况平稳，DCS 的显示数据正确，并校核各参数的量化关系的正确性，应符合热力学的第一定律。

（3）操作人员的选定。操作人员应完全掌握对所要操作的空分装置的流程和性能特点；掌握相关各参数的变化范围；清楚在变负荷操作中所变参数之间的量化关系；理解变负荷的基本原理；熟练变负荷过程中所有的操作环节。

（4）避开纯化器切换系统的切换工况。因纯化器切换时会造成装置运行工况的波动，所以在均压前、后的 10min 内不要实施手动变负荷。

14.4.2.2　减少氧气产量的操作

管网压力增高，说明氧气用量减少，需减产操作。具体操作如下：

（1）先减少氧产量，同时同比例减少氮产量。污氮量处于由污氮出塔压力自动控制状态。

（2）以减少氧产量 5 倍的值减少空气量，采用空压机导叶来调节。

（3）微关下塔纯液氮回流阀，保持下塔压力。

（4）用液氮节流阀，保证下塔液空纯度。

（5）调膨胀量，依据主冷液氧液位以及液氧产量，来适当减少膨胀量。

（6）减少粗氩取出量同时适当降低粗氩冷凝器的液空液位。

14.4.2.3　增加氧气产量

（1）以增氧量的 5 倍，增加加工空气量；

（2）调节下塔液氮回流阀，保持下塔压力；

（3）调节液氮节流阀，保下塔液空含氧量；

（4）缓慢增加氧气量；同比例增加氮气量；

（5）依据主冷液位，适当增加膨胀量。

虽然增产是减产的反过程，但在增产不能增加空气量时，就先增加送氧量，这样会马上显现出氧纯度变坏，因未进入更多的原料空气，不会有更多的氧产品。

14.4.3　对手动变负荷操作的分析

（1）手动变负荷操作过程中的第一原则是"稳中求变，变中要稳"。原因是操作过程中是变产量时破坏了平衡工况，但要使之处于准平衡态，这样稍微调节后很快即能达到新的平衡。

（2）变负荷的增、减量要适当，从实践总结得出每次增减为氧产量的 ±0.5% 为宜。这是因为增、减产量时破坏了已建立的稳定工况。幅度变化太大，重新建立冷量平衡和精馏工况所需要的时间太长，就失去了变负荷的意义。

（3）每次变负荷设定的时间 5~10min 为宜。变负荷调节不是连续的变化，而是阶梯式的。每调一次，稳定一定的时间，使精馏工况建立起来，才能保证氧纯度和氧产量，而后才能再进行下一个周期的调节。

（4）变负荷的范围。变负荷的范围是有限制的，它受精馏工况的制约，氧产量增加太多，精馏会发生液泛，氧产量太低，加工空气量太少，会发生液漏。若上、下塔均为筛板塔，变负荷的范围只有70%～105%。采用规整填料塔，因其持液量少且连续精馏，精馏工况稳定得快，变负荷的范围可达到50%～110%，而且变负荷的速度也更快了。

带制氩系统的空分变负荷操作更为困难，变负荷的范围更窄。其原因是，变负荷操作会使上塔的组分分布曲线发生改变。氩馏分的组成变化非常敏感，上面已提及，氧纯度含氧量变化0.1%，氩馏分的含量变化0.8%～1.0%。氩馏分的改变，马上就影响粗氩塔的精馏工况，使之工况不稳或受到破坏。

手动变负荷范围还受空压机工况的限制，减负荷时受空压机发生喘振时最小流量限制。在增加产量增负荷时，受空气压缩机的最大排气量的限制。据调查统计减量操作一般减氧产量的10%～15%，增产时一般增5%～10%。

14.5 加温解冻和吹除操作

加温解冻，吹除操作的目的是净除整个空分装置内所积存的水分、二氧化碳、乙炔及其他碳氢化合物，吹除固体杂质。加温操作分为开车前和停车后两种，也可称为热状态的加温吹除操作和冷状态的加温解冻操作。

14.5.1 冷状态的加温操作

冷状态的加温操作，一般在以下几种情况下进行：
（1）空分装置达到或超过运转周期时（一般为2年）；
（2）主换热器阻力上升到正常值的2倍以上时；
（3）当精馏塔阻力过大，生产工况严重恶化，调整无效时；
（4）主要设备严重损坏，无法维持生产需要停车检修时；
（5）液体中乙炔及碳氢化合物含量超过极限，经处理无效时；
（6）在全套装置安装完毕裸冷以后。

冷状态下的全面加温目的是解冻并使设备升温，为检修或检查作准备。操作程序首先按规程全装置停机，然后排液、静置、加温，最后吹除。即停机→排液→静置→加温→吹除。在排液的环节中，为使液体很快排净，实际操作中常在塔内保持一定压力。静置是让设备自然升温，防止金属材料由于骤然受热而产生的热应力破坏，并且使残余液体蒸发。一般排液后静置1～2h即可。

加温吹除的气体为分子筛纯化后的气体。

14.5.2 热状态的加温操作

此操作一般在装置大修后的启动前和长期停车开车前以及安装后开车前进行。

其加热的目的，不在于解冻，而是净除在安装、检修或长期停车过程中，设备内残留的固体杂质以及水滴，为启动操作做准备。其操作程序为先加热后吹除。制氧机热状态下的加热全部采用开放法。当加热气体从设备出口放出的温度高于常温，再维持2～4h，然后用干燥的常温气吹除。吹除是靠气流的冲击挟带作用，进一步清除设备内残存的杂质和水分，并同时可以驱除设备储存的部分热量。吹除可以集中气量间断吹，也可以大气量连续吹。热状态的全面加热通常需要12～15h，确认吹除气体中无水及杂质即可。操作判断可凭借经验检查，更科学的应该用水分分析仪取样分析。

加温吹除操作应该全面彻底，不可忽视，马虎不得。因为加温不彻底，会造成空分的开车失败的事例还是屡见不鲜的。即使已经出氧，因其阻力大也会使制氧机运转周期缩短。

另外，加温解冻过程也是只有投入没有产出的过程，在保证加温解冻操作全面彻底的前提下，应力求缩短加温解冻过程的时间。制氧机操作规程一般规定，加温解冻时间为24～36h。但是，由于分子筛纯化流程，一般取消了加温解冻用的电加热器，使得冷状态下的大加热，延续时间很长，往往需要3～5天，尤其是冷箱内的珠光砂很难达到常温的要求，往往在打开冷箱人孔时，出现冷箱"砂爆"。

14.6　内压缩流程的操作特点

内压缩流程的单机配置上增加了增压压缩机。增压压缩机与空压机往往采用一拖二的方式。超大型内压缩流程通常还采用蒸汽轮机为原动机。因此这一机组开、停机的调节操作比较复杂。

另外膨胀机为中压膨胀机，膨胀后进下塔，精馏系统的组织也有所不同，表现在启动操作中某些操作也有所不同，将其操作的主要不同点分述如下。

14.6.1　一拖二机组的操作

14.6.1.1　汽轮机拖动的试车

试车分汽轮机冲转和汽轮机拖动空压机运转两个步骤。汽轮机冲转就是汽轮机用低速暖机，对空分界区速关阀前管道进行暖管。一般汽轮机的转速设定为800r/min，正常冲转操作约4～5h可以完成。

汽转机拖动空压机运转这要考核空压机组的安装质量及性能。这需要根据空压机和增压机的一、二阶临界转速，与汽轮机的一、二级临界转速，确定机组的一、二阶临界转速带并确定升速曲线，依据升速曲线，进行空压机的空载和负荷试车，能够保证试车顺利成功，图14-1为某厂试车时的典型的升速曲线。

14.6.1.2　空压机与增压机协调运行

增压机的吸入口压力降低，例如空压机发生喘振或因错误信号的干扰，造成放空阀卸载，增压机此时仍正常工作，就有可能从冷箱抽取空气，甚至会将下塔液空抽出，导致常温管道冻裂，发生爆炸。因此增压机与空压机必须匹配。一旦空压机放空阀打开，经分子筛纯化器后空气进冷箱的阀门必须关闭。

空压机与增压机组的启动前可将联锁屏蔽，或酌情解除其他联锁，以防误报警，引起启动中断，启动正常时再投入联锁。升压过程必须缓慢进行，稳定匹配十分重要。

14.6.2　精馏工况的调节

在内压缩流程精馏系统的组织方面不同于外压缩流程的是加工空气进下塔，而且还分

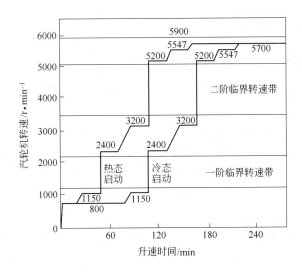

图 14-1　汽轮机拖动空压机升速曲线

成两股，一股是低压空气，一股是高压液空节流后进下塔，为了提高富氧液空的纯度（含氧、含氩）有的流程将高压液空节流进入下塔底以上十几块塔板处，这所设节流阀就称为贫液空节流阀。如果设置贫液空节流阀的流程，下塔的精馏工况就由液氮回流阀及贫液空节流阀共同来调节。

氩馏分组成的调节，因内压缩流程的产品是以液氧、液氮、液氩的形式从精馏塔抽出。氧产品是从主冷抽出的液氧，所以用送氧阀调节氩馏分的组分，对氩馏分的组成影响甚微，因此，调节氩馏分的手段是污氮和纯氮送出阀。

14.6.3　主换热器

目前内压缩流程主换热器常采用高、低压分置型。高压空气主要被液态产品冷却，回收液氧的冷量，若产品产量发生变化，高压空气量也应随之变化，否则就会发生低压或高压的主换热器热端温差扩大、复热不足冷损增加。故内压缩流程的操作，还必须处理好主换热器中的高压空气量和低压空气量的匹配问题。

14.6.4　启动操作

在加工空气量相同的情况下，内压缩流程中压膨胀机的制冷量多，且节流效应因有高压空气制冷量也多，所以内压缩流程比外压缩流程启动时间短，据报道 15000m³/h 制氧机的启动时间只有 22h（规程规定 36h）。因其制冷量较多在启动操作中，要掌握好阶段的转换，尤其需要提早进入精馏工况的调节阶段，否则就会因为冷量未合理使用而损失掉，从而延长了启动时间。

在启动操作中，因膨胀量较大，尚无产品，所以高、低压气体的分配，决定了低压和高压主换热器的传热工况即冷量使用情况，尤为重要。

总之，内压缩流程的操作的特点是：应掌握好三个匹配，其一空压与增压一体机的匹配；其二高压空气量与低压空气量的分配；其三高压空气量与膨胀空气的分配。

14.7　全液体空分操作特点

14.7.1　一体机的操作

全液体空分设置循环压缩机，其空压机往往和循环压缩机成为一体机。一般此机组设置流量、压力双重控制，即排气量根据流量及设定的压力依机组的性能曲线运转。原因是全液体空分的循环气体是进膨胀机的气体，它的量远大于加工空气量，一般为加工空气量的三倍以上。循环压缩机的进气由三部分组成：净化后的空气，部分复热后的膨胀空气，还有从下塔反抽后复热的空气，三股混合后进入循环压缩机，显然这样的一体机的匹配更为困难。原料进入空压机后配置止回阀和放空阀；循环段后设回流阀，并在循环段的入口和出口均设放空阀，当膨胀机停机时全量放空。

膨胀机启动与压缩机循环段的操作。膨胀机启动前先缓慢打开膨胀机入口阀，从循环压缩机向膨胀机管路送气，此时循环压缩机处于卸载状态。膨胀机启动时按规定需要一定的进口压力，若循环压缩机的压力高于膨胀机的启动压力时，在制氧机开车时可由从下塔反抽气路将循环压缩机的气体送入下塔，待下塔压力与原料段压力相同时，如尚有多余气体再从循环段放空阀放空，以使膨胀机具备启动条件，而启动膨胀机。

一体机运行中的气量调节。原料段的调节比较简单，不再赘述。循环机三股流进气（一股分子筛纯化器后；一股来自高温膨胀机；一股来自下塔）。循环段出口分两股，一股进高温膨胀机，另一股进串联热、冷膨胀机的增压机。因此循环机的操作比较困难，具体操作：将原料段投入自动；将循环压缩段与空分塔作为整体来调整，以下塔压力来调节循环段的进气量；以低温膨胀机的喷嘴开度来保持循环段的压力。

14.7.2　启动操作

全液体空分由于膨胀机的制冷量大，设备容量小启动时间很短，一般十几个小时就可以完成。尤其是冷却阶段约 1h 就可以通过。该设备在启动过程中最主要的问题是冷量的分配和转移。在冷却阶段的后期会发生主换热器冷量过盈，这可以从热膨胀机入口温度来判断。在积液阶段由于膨胀制冷量大，积液速度很快，往主冷液面上涨到 80% 以上尚不转入调整精馏工况，就会发生液泛，不得不大量排液。所以应提早转入调整阶段，经验得出在液氧液面达到 10% 正常规定液面值时，就可打开下塔回流液阀进行调纯。其实这样的操作是将积液和调纯同时进行，当主冷液面达到要求时，产品的纯度也达标，那时就可以在送出产品的同时，逐渐减膨胀量，增加产品的送出量。实践证明：提前开始调整精馏工况，既避免液泛故障的发生，又大大缩短了启动时间。尚未指出的是抽取氩馏分时，要缓慢进行，否则也容易产生主塔液泛。全液体空分因冷量多，塔内下流液体量大，很容易产生"液泛"，因此在精馏工况的调节中，操作人员应时时注意防止"液泛"的发生。

15 制氧机的安全及故障诊断

15.1 制氧机的安全问题

安全问题有两个方面：其一人身安全；其二设备安全。安全的宗旨是安全第一，防患于未然。

15.1.1 危险源识别

15.1.1.1 氧气（含液氧）

氧气是制氧机的主要产品，它是助燃物质，为Ⅰ类火灾危险物质。氧气是可燃物燃烧爆炸的基本要素之一，能与可燃物（如乙炔、甲烷等）形成爆炸性混合物。在第1章已经详述了氧的性质，它的化学性质非常活泼，与大多数物质都能发生氧化反应。所以在氧气生产、充灌、贮运和使用场所，要求其空气的含氧量小于23%，在氧气容易集聚地方设置通风设备，并对氧气浓度进行监测，要求远离热源和禁火。检修时需用空气置换，方可工作。氧气充装站应严格按安全操作规程作业。特别注意氧气瓶不能与其他气体气瓶混淆。与氧气接触的设备、管道、阀门、管件必须脱脂，并严格限制输氧管道的流速在 $p > 0.6$ MPa 时，氧气流速 8m/s 以下。国际上规定，氧气与存放易燃气体的气瓶或贮罐的距离应大于 3.048m，氧气瓶外壁受热温度小于 54.4℃（130°F）。

15.1.1.2 氮气

氮无毒，是惰性气体，它可以置换空气中的氧，是一种简单的窒息剂，人若吸入过高浓度的氮气，则会神志不清，感到头晕目眩。严重时因大脑缺氧，脑细胞坏死而成为"植物人"，严重时致死。

氧气厂区周围，由于有氮气放散，或氮气泄漏，都会致使大气的氧含量不足，因此存在着氮气窒息的危险。在氮气排放处，或氮气充装站及液氮槽周围工作时，应对空气中的氧含量进行监测，要求氧含量必须大于16%。

当检修人员进入盛装液氮和气氮的大容器时，首先必须用新鲜空气置换；在容器内停留时间，应连续强制通风，并检测容器内的气体含氧量。在容器外必须有人监护。工作人员应有两人以上组成小组，轮流作业。

15.1.1.3 氩气

氩也是无色、无味、无毒的惰性气体，它与氮一样都会使人窒息。

现代氧气厂几乎均有氩产品，国内在氩气充瓶站中已发生过氩气窒息死亡的案例，所以必须提高警惕。值得重视的是，氩的密度（1.784kg/m³）大于空气的密度（1.29 kg/m³），因此氩气容易集聚在不通风房间的下方，人们工作和休息的地方，从而比氮更容易发生窒息。除如上述氮气窒息防范措施外，必须加强对氩充填站的工作环境监测。

15.1.1.4　碳、氢化合物

碳、氢化合物均为可燃气体，它们的闪点非常低，爆炸极限范围宽。在空分装置流程中采用分子筛吸附 C_2H_2 及其他碳氢化合物，操作中还采取液氧定期排放、在线监测、定期分析等措施，在氧气站选址上根据氧气站建设规范，乙炔站应距离氧气厂 1000m 以上。尽管如此，由于大气的污染，对大气质量的监测十分重要。近年来在国际上影响最大的一次爆炸事故是 1997 年 12 月 25 日圣诞之夜在马来西亚滨吐鲁（Bintulu）的壳牌石油中间蒸馏工厂的空分装置发生的恶性爆炸事故，设备几乎全部损坏，损失巨大，因圣诞夜幸好无人死亡，只有少数人受伤。

最终事故原因，怀疑空分爆炸与当时临近边界的印尼森林大火产生的烟气污染有关。听说当时大气的能见度只有 10m。通过这一次重大恶性事故，提醒我们，对大气的监测十分重要，随时了解大气的情况是抓好空分安全的源头的关键。建议氧气厂每周都能将厂区的大气情况，尤其是对吸风口处的空气中乙炔及其他碳氢化合物的含量加以公布。

15.1.1.5　油料

空分中的空压机、增压机、产品压缩机及膨胀机等运转机械均使用透平油和润滑油，透平油的闪点大于或等于 195℃，润滑油的闪点大于或等于 230℃，系丙类火灾危险性可燃液体。一旦油泄漏于明火或高温就会发生火灾。所以输油系统严防泄漏，并严禁对未作处理的油箱及油管路动火。

15.1.1.6　低温液体

液氧、液氮、液氩均为低温液体，空分保冷箱内的温度在 −173 ~ −196℃左右，一旦低温的气体或液体泄漏，或取样分析和液体充灌时溅到皮肤上，均会造成冻伤。如手皮肤温度降至 15.5℃时，操作功能受到影响，降到 4 ~ 5℃完全失去触觉的鉴别能力和知觉。人体裸露表面承受 780kJ/(m^2 · h) 的冷量时，在 100s 内就会出现表面组织冻结。低温环境会引起冻伤，体温降低，组织冻结，严重时死亡。

15.1.1.7　电气伤害

电气伤害有触电伤害、电磁场伤害及间接伤害三种类型。电气伤害以触电伤害最为常见，据国内外介绍，单相触电伤害占全部触电事故的 70%，厂区内的电气设备、电缆及配电装置随处可见，这些电气设备如果安全设施不完善，或出现漏电，这也是危险源。

在氧气厂更应注意的是液化气体流速增高时，静电场的强度迅速提高，静电放电就会引爆。空分设备必须注意接地和避雷。

15.1.1.8　运转机械

空分的运转机械很多，如空压机、增压机、氧压机、氮压机、膨胀机、水泵、低温液体泵等。众所周知：人体与之接触，就会造成人员伤、死亡。尤其是透平机械为高速运转机械，更需要小心。除机器应加防护措施外，工作人员更需要穿戴齐整的劳动保护用品。

15.1.1.9　低温容器

低温容器也是压力容器，压力容器要按国家标准进行压力容器的检验，防止泄漏。低温容器材质应选择耐低温材料，如：不锈钢、铝镁合金、铜和铜合金制作，运行时还要防止低温容器的热应力破坏。在管路连接上需要设置温度补偿器，否则会发生设备脆性断裂。

所有的低温系统均应防止由于液体迅速汽化而造成的超压。例如低温液体贮槽必须设置安全阀和爆破膜用以释放系统压力，否则会因低温液体蒸发导致超压。冷箱内的塔器设

备及常温的压力容器也需设安全阀。

另一超压原因很容易被忽视就是低温液体输送过程中的压力波动，如低温液体进入常温管道，就会出现严重的压力波动。据报道其压力可达操作压力的 10 倍，甚至会使液体倒灌回贮槽，发生严重的超压爆炸事故。

15.1.1.10 坠落伤害

空分保冷箱很高，一般都高达 40 ~ 50m，根据国标 GB/T 608—1993《高处作业分级》规定 2m 以上（含 2m）的作业面就有高处坠落的伤害的危险存在，况且还有排水沟，排液坑等。故工作人员巡检时，必须注意，防止高空坠落事故的发生。

工作人员只有清楚地识别危险源，严格地按照安全规程作业，才能避免设备及人身事故的发生，防患于未然。

15.1.2 人身安全保护

15.1.2.1 氧的生理作用及自我保护

人吸入氧气后会产生兴奋作用。长期在富氧的环境中会引起肺部损坏及中毒，当氧浓度不低于 60%，连续工作 12h 会引起肺充血。缺氧的生理反应列于表 15-1。

表 15-1 缺氧生理反应

空气中氧含量/%	生理反应	空气中氧含量/%	生理反应
12 ~ 14	深呼吸，脉跳加快，协调功能失常	6 ~ 8	8min 100% 致命；6min 50% 致命；4 ~ 5min 经治疗能康复
10 ~ 12	呼吸快而急促（浅），头晕，判断力差，嘴唇发紫	4	40s 内昏迷、惊厥、呼吸停止，死亡
8 ~ 10	恶心、呕吐，失去知觉，面色苍白	0	10s 内死亡

人正常生活的环境，空气含氧量应为 16% ~ 25%。在缺氧的环境会窒息死亡。长期在富氧环境中，不仅会引起肺充血，而且使人过于兴奋，高浓度氧环境也会导致死亡。富氧环境还容易引起火灾。被氧饱和的衣服见火就着。在富氧环境不得吸烟，即使离开了富氧环境，由于衣服已吸饱了氧，所以在 1.5h 之内也不能吸烟。

15.1.2.2 发生冻伤时的急救措施

（1）当低温液体滴落在皮肤上，应立即用水洗掉；

（2）若发生冻伤时，立即对损伤部位做 40.5 ~ 45℃ 温水浴。绝对不要烘烤或使用 46℃ 以上的水洗，这会加重皮肤组织的损伤；

（3）解冻时间应进行 15 ~ 60min，直至冻伤部位皮肤由蜡黄而有淡蓝颜色转变成粉红色或者发红时为止。冻伤部位最初不疼，缓解后会疼痛并出水泡，水泡破后很容易感染，这时应在医生的指导下，止痛和消炎。

15.2 制氧机故障诊断

15.2.1 常见故障举例

制氧机流程较复杂，控制点多，系统中多为低温设备安装在保冷箱内，即所谓"看不见，摸不着"，这就给操作维护带来了诸多困难，要求操作人员具有较高的技术水平。

在制氧机运行中所发生的故障，其中主要原因是由于操作不当所造成的。当运行中某一参数发生变化时，操作者应该能够正确地判断分析，预见其他参数将发生的变化，某种事故发生的可能性，这就是"设备故障诊断"，随即马上采取处理措施，将故障及时消除。

可能发生的故障是多种多样的。准确判断故障要求操作人员具有很高的技术水平，还需要经验积累，所以下面就一些典型的常见故障举例分析，以供操作者参考和借鉴。为了一目了然，便于掌握，也为了建立故障诊断专家知识库的需要，用表格的形式列举。机器、设备和系统故障分别见表15-2、表15-3。

表15-2　机器故障举例

机器名称	序号	故障	原因	处理
透平空压机	1	透平空压机排气量降低	(1)电压不足,电网频率低 (2)进气温度高 (3)进气压力低 (4)冷却器冷却效率低 (5)密封间隙过大	(1)检查电源 (2)气温过高 (3)检查空气过滤器的阻力 (4)检查级间冷却器 (5)调节间隙
	2	透平空压机喘振	(1)空气过滤器阻力大 (2)操作失误出口阀未开 (3)纯化系统切换阀未打开 (4)吸入阀开度过小	(1)空气过滤器除灰 (2)全开出口阀 (3)消除切换阀故障 (4)全开吸入阀
	3	透平空压机振动过大	(1)转子质量不平衡 (2)转轴永久变形 (3)叶片不均匀磨损或腐蚀 (4)机组中心不正 (5)紧固件松动 (6)轴封间隙过小 (7)润滑油不足,油质差	(1)检查转子动平衡 (2)检查转轴并修理 (3)更换损坏叶片 (4)调机组中心 (5)紧固 (6)调间隙 (7)更换润滑油
	4	级间冷却器冷却效率低	(1)管结垢 (2)管泄漏 (3)水压低、水温高 (4)水量不足 (5)侧隔板损坏,空气短路	(1)冷却器除垢 (2)查漏、补焊 (3)提高水压,加强水冷却 (4)加大供水量 (5)冷却器检修
	5	透平空压机密封泄漏	(1)转子偏心 (2)机组振动 (3)密封件未及时更换	(1)调转子与轴中心 (2)消除振动原因 (3)及时更换磨损件
增压膨胀机	6	透平膨胀机飞车	(1)增压机进气量少 (2)增压轮发生喘振 (3)旁路阀未关严或阀损坏 (4)快速切断阀动作缓慢	(1)增加增压轮进气量 (2)消除喘振 (3)关阀或换阀 (4)快速切断阀检修、消除内漏
	7	振动过大	(1)转子动平衡不良 (2)接近临界转速 (3)轴承油膜振荡 (4)喷嘴出口带液 (5)增压轮喘振	(1)检查叶轮,正确安装或清除叶轮上凝结物 (2)降低转速 (3)检查油质、清除气泡 (4)提高进口温度 (5)消除喘振

机器名称	序号	故障	原因	处理
增压膨胀机	8	轴承温度过高	(1)供油不足 (2)油过滤器失效,油中含杂质 (3)旋转部件不平衡 (4)轴承磨损 (5)油冷却器污垢,冷却效果差 (6)油中含气	(1)提高供油压力,油箱加油 (2)清理油过滤器,换滤芯,换油 (3)检修调整同心度 (4)更换轴承 (5)冷却器除垢、加大冷却水量 (6)排气
	9	膨胀机带液	(1)启动时主换热器及膨胀机过冷 (2)机前温度过低	(1)调节冷量及冷量的分配 (2)提高主换热器中抽温度
活塞式氧压机	10	排气量不足	(1)空气过滤器阻力过大 (2)一级气缸余隙过大 (3)气阀泄漏 (4)填料漏气 (5)活塞环磨损严重,内泄漏	(1)检查过滤器工况清除灰尘 (2)调整气缸余隙 (3)检查并更换 (4)检查填料密封情况,采取措施 (5)更换活塞环
	11	级间压力过高	(1)一级吸入压力过高 (2)前一级冷却器冷却效果不佳 (3)空气排出管阻力过大 (4)后一级吸、排气阀泄漏 (5)本级排气阀漏	(1)检查过滤器 (2)检查冷却器的冷却问题并处理 (3)检查管路 (4)检查后一级气阀并修理 (5)检查本级排气阀,更换之
	12	级间压力过低	(1)吸入管路阻力过大 (2)一级进、排气阀漏 (3)一级活塞环磨损严重内漏 (4)与前一级连接的机外管路泄漏	(1)查找阻力过大原因,采取措施消除 (2)检查气阀,更换之 (3)更换一级活塞环 (4)机外管路漏气处及时焊接
	13	排气温度高	(1)本级排气阀漏 (2)级间冷却器冷却效率下降	(1)检查排气阀,更换泄漏气阀 (2)清除冷却器积垢、积炭
	14	气缸发热	(1)气缸水套冷却水不足 (2)气缸内润滑油少 (3)气缸表面磨损(拉毛)	(1)增加冷却水量 (2)检查油管、注油器,疏通油管增加油量 (3)检查气缸并修复
	15	轴承或十字头滑道过热	(1)间隙过小 (2)润滑油压力太低或油路堵塞 (3)润滑油不合格 (4)轴与轴承接触不均匀	(1)调间隙 (2)检查油泵和油路 (3)更换润滑油 (4)研瓦
	16	活塞氧压机着火	(1)异物进入气缸 (2)氧气中混有油 (3)润滑水中断 (4)活塞杆将油带入气缸 (5)排气温度过高	(1)停机,清除异物 (2)查出油来源,清除 (3)随时检查 (4)检查油封,刮油环 (5)活塞环磨损更换,检查气阀

机器名称	序号	故障	原因	处理	
低温液体离心泵	17	泵启动后,出口压力不升	(1)叶轮旋转方向不对 (2)泵内有气体 (3)吸入管路堵塞	(1)电机接线两相对换(输入线) (2)继续冷却,并打开放气阀或调整密封气压力 (3)清扫管路	
	18	泵扬程或流量不足	(1)叶轮或管路堵塞 (2)由于密封气压过大,过量气体进入泵内	(1)清洁 (2)调节密封气压力	
	19	吸不上来液体压力表抖动	(1)管路阀未开或阻力过大 (2)管道漏	(1)开阀或清扫 (2)补漏	
	20	电机温度升高	(1)电机有问题 (2)迷宫密封有擦痕	(1)检修电机 (2)调整间隙	
	21	法兰结霜或突然停车	(1)绝热层保冷效果差 (2)密封气不足 (3)轴承内卡死	(1)珠光砂烘干、补充、装实 (2)增加密封气量 (3)清洗或更换	
	22	振动或噪声大	(1)机身与转子不同心 (2)泵内产生气蚀 (3)运动部件与固定件产生摩擦 (4)转子零件松动	(1)调节同心度 (2)放气,提高出口压力 (3)校正间隙 (4)检修紧固	

表 15-3　设备故障举例

设备名称	序号	故障	原因	处理	
分子筛纯化器	1	分子筛纯化器进水	(1)空冷塔液面过高 (2)空冷塔水分离器破损 (3)空分系统压力突然下降 (4)空冷塔结垢 (5)水质不好杂物堵塞 (6)加除垢剂太多,泡沫太多 (7)气流速度过快,误操作	(1)降低液面 (2)检查水分离器,修补捕集网 (3)排除空分故障 (4)除垢 (5)清除杂物 (6)加药适量 (7)操作缓慢,空冷塔先通气后通水	若进水严重如下处理: (1)分子筛纯化器加温吹除; (2)更换分子筛
	2	CO_2 未清除干净	(1)分子筛粉碎 (2)分子筛量不够 (3)双层床混床 (4)气流不均匀 (5)再生不彻底	(1)停车时筛分后添加分子筛 (2)添加分子筛 (3)将 Al_2O_3 与分子筛分开 (4)检查气流分布器 (5)增加再生时间,增加污氮量,提高再生温度	

设备名称	序号	故障	原因	处理
主换热器	3	主换热器阻力大	(1)分子筛纯化器进水 (2)分子筛纯化器净化效果差 CO_2 超标 (3)分子筛粉末堵塞	(1)处理方法同 1 项 (2)处理方法同 2 项 (3)加温吹除
	4	主换热器热端温差大	(1)正、返流气量不匹配 (2)启动时,主换热器过冷 (3)主换热器微漏	(1)调节正、返流气量 (2)合理分配冷量 (3)检修板式单元
冷凝蒸发器	5	冷凝蒸发器泄漏	(1)C_2H_2 及其他碳氢化合物超标,微爆 (2)加温解冻不彻底,死角存水结冰,通道或管子胀裂	(1)停车、查漏、修理 (2)彻底加温解冻
精馏塔	6	氧纯度低	(1)产量过高 (2)冷凝蒸发器微爆 (3)精馏塔倾斜 (4)下塔调节不当 (5)下塔塔板不平 (6)上塔规整填料塔液体分配器分布不均 (7)塔堵塞 (8)高层主换热器通道微漏 (9)填料损坏变形	(1)关小送氧阀 (2)停车,查漏,检修换板式单元 (3)校正、紧固 (4)分析液氮纯度,调节液氮节流阀,回流阀 (5)下塔检修 (6)上塔检修 (7)加温解冻 (8)主换热器查漏检修 (9)更换填料
	7	产量低	(1)加工空气量不足 (2)氧纯度过高 (3)污氮含氧量高 (4)跑冷损失过大,冷量不足 (5)主换热器阻力过大	(1)检查空压机,加大气量 (2)开大送氧阀,稍降氧纯度 (3)调节液氮节流阀阀位到最佳位置 (4)检查保冷材料,受潮更换,查漏补焊 (5)加温解冻
	8	液泛	(1)下塔筛板塔溢流斗个数及尺寸过小 (2)塔板堵塞 (3)气量过大,超负荷生产 (4)阀门开得过快、过大	(1)制造质量问题,更换塔板 (2)停车加温 (3)减少气量 (4)停气,再慢慢增加气量
		液漏	(1)负荷过小 (2)突然停电、停气 (3)塔内冷量过剩,液体量过多	(1)加大气量 (2)逐渐增加气量恢复工况 (3)减少膨胀量,维持冷量平衡
粗氩塔	9	粗氩塔氮塞	(1)氩馏分中含氮超标 (2)粗氩塔Ⅰ与粗氩塔Ⅱ工艺液氩泵氮密封气漏入 (3)氩馏分抽口位置偏高	(1)调节主塔减少氩馏分中的含氮量小于 $0.1\% N_2$ 并排放积聚在冷凝器的氮 (2)检查密封,更换或用氩气密封 (3)设计问题,或降低位置,或设置两个抽口

设备名称	序号	故障	原因	处理
空分系统	10	启动时间过长,甚至不出氧	(1)膨胀机制冷能力不够 (2)跑冷损失过大 (3)液、气泄漏 (4)主换热器和膨胀机过冷	(1)检查膨胀机,如有损坏修理 (2)保冷材料受潮或未填实,更换珠光砂并填实 (3)查漏、补焊 (4)将冷量导入上塔及氩系统合理使用
	11	运转周期短	(1)分子筛纯化器净化效果差 (2)分子筛纯化器进水 (3)C_2H_2 及其他碳氢化合物在液氧中积累	
	12	冷箱砂爆	(1)冷箱珠光砂局部未加热透富氧液体积聚 (2)珠光受潮结块,有无砂负压区 (3)精馏塔内残留液体,急剧汽化超压爆炸 (4)冷箱内有低温液体泄漏	(1)设置加温解冻加热器,或延长加温解冻时间 (2)不在雨天装珠光砂,先打开顶部人孔全面复热 (3)排液时间延长,并静置开阀自然蒸发 (4)发现后及时查漏、补焊
	13	低温液体管路爆炸	(1)低温液体量过大 (2)汽化器换热面积不够,热负荷小 (3)低温管路过短	(1)控制流量 (2)加大汽化器 (3)低温管路加长,防止低温液体流向常温碳钢管
	14	送氧管路爆炸	(1)管路阀门生锈 (2)管路内有固体杂质 (3)阀门开得过快 (4)氧气流速过大	(1)加过滤器,吹扫 (2)吹扫 (3)缓慢开阀 (4)限制流速一般小于 8m/s(0.6～3.0MPa)

上述只是一些常见故障的典型案例,故障很多不能一一列举,故障的原因也很多,为了便于分析通常也可以采用故障树的分析方法。譬如:透平机械的振动过大,可形成下面的如图 15-1 所示的故障树。

15.2.2　实时故障诊断专家系统

现代空分系统的自动化和智能化水平不断提高,传统的凭借经验对故障进行诊断并及时处理事故已显得不足。所以实时故障诊断专家系统的研究和应用已受到广泛的关注。

下面介绍一种由华中科技大学黄雄武等人以 delphi 为开发工具的实时故障诊断的专家系统。故障诊断系统包括知识库与推理机两大部分,从结构上相互分离。知识库以各运行参数之间的数值逻辑关系作为判断工况是否正常的依据。推理机通过对知识库表自动搜索实现知识库的功能。知识库要实时搜索信息,每隔 5s 刷新一次。知识库的变化、更新,不影响推理机功能实现。实时故障诊断专家系统在 PC 机上运行。PC 机与空分集散控制

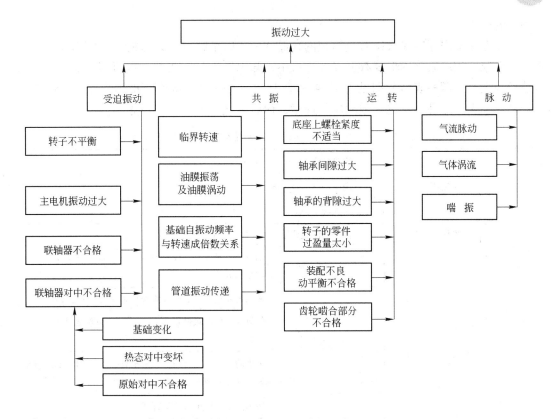

图 15-1 振动过大故障树示意图

（DCS）系统每隔 5s 交换一次数据，如果有故障，实时故障诊断专家系统或告知故障发生的原因和部位，或对某些故障生成自动排出故障的指令，通过 PC 机与 DCS 接口传给 DCS，自动执行。

15.2.2.1 系统结构

实时故障诊断专家系统基本结构包括知识库、诊断推理模块、信息查询模块和显示打印模块。知识库和诊断推理模块是核心。实时故障诊断专家系统的基本结构见图 15-2。

A 知识库

顾名思义，它的主要作用是用来存放专家提供的有关故障诊断的专门知识，这也是专

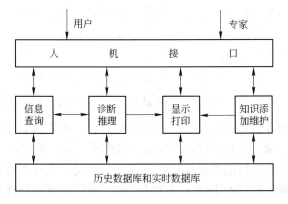

图 15-2 实时故障诊断专家系统基本结构图

家系统的由来。

　　建立专家知识库首先必须解决知识的存储问题，即是解决以计算机的存储形式来表达知识。专家知识以表格的形式存储在计算机中，知识库表分为两种，数值型和文字型，以数值型为主。这两种表格分别见表 15-4 和表 15-5。通过程序将诊断推理程序与数据库的知识结合起来，推理模块先完成简单的搜索，而后实现复杂的推理功能。

表 15-4　知识库文字型表格

	精馏压力低	连接管道、干燥器是否漏气
		洗涤塔阀门是否漏气
		吹除阀是否关严或漏气严重
	操作压力高	低温气体、低温液体泄漏
氧气产量低	精馏塔压力正常	氮、氧纯度正常：馏分抽出量太大，应该在保证产品纯度前提下，尽可能减少馏分抽出量
		氮纯度降低：液氮纯度过低，液氮节流阀开度过大，应适度调节
		气氮纯度比液氮低得多，液氮节流阀开度过小，应适量调大
		上塔的上升蒸汽增加，回流比减小，氧气取出量过小，应该在保证氧纯度的前提下，尽可能开大氧气取出阀
		氮、氧纯度均降低：塔体倾斜，校正塔的垂直度
		塔板堵塞，应加温清洗塔板
		产生液泛

表 15-5　知识库数字型表格

T1 下限	T1 上限	P1 下限	P1 上限	P2 下限	P2 上限	…	故障原因	故障排除方法
t11	t11′	p11	−1	−1	p21′	…	原因 1	排除方法 1
t12	−1	p12	p12′	−1	−1	…	原因 2	排除方法 2
				…				

　　从表中可见，知识库的知识，应把专家的经验不断总结后添加，才能使故障诊断系统的功能扩展。

　　B　推理功能模块（推理机）

　　推理方法分为正向推理、反向推理、混合推理及人工神经网络。正向推理就是从实时的数据出发向下推理。如膨胀量减小、温降减小、间隙压力升高这样一组数据 $\overset{\text{推理}}{\Longrightarrow}$ 工作得出膨胀机堵塞 ⇒ 处理方法：进行吹除。若不能消除时，停车加温吹除。正向推理方法容易理解，但推理功能复杂，实现功能的时间长、效率低，而且准确率不高。

　　反向推理是以故障发生后的参数变化作出发点，寻找是否发生这种故障的证据，与实时数据比对匹配，直到在知识库中确认是某种故障，给出原因和处理方法为止。反向推理流程图见图 15-3。反向推理方法实质上只是对数据库的搜索及查找，因而速度快效率高。

混合推理是将正反向推理灵活地结合起来,将相应故障的推理,通过查找和收集起来的资料组成的新的数据库,再以正向推理进行故障诊断,这样可以提高诊断效率和准确度。

人工神经网络是致力于模拟人的右脑的神经网络的结构及功能。以若干特性的某种理论抽象、简化和模拟而构成的智能化的信息处理系统。应用人工神经网络处理信息既快速又准确。只要在输入层每隔5s输入一次实时数据,人工神经网络系统就对实时数据进行一次诊断。它给出可能发生故障的概率表,并依据故障发生概率的大小的分析,来指导操作人员判断和排除故障。概率表形式见表15-6。

15.2.2.2 系统信息

在实时故障系统运行时,操作人员需要了解各种信息。除实时信息外,历史信息、报警信息、故障信息及排除故障信息等,窗口显示应直观、清晰、友好。

对于实时信息每隔5s刷新一次。对于每一数据在5min内的变化绘制成曲线,可以清楚地表现出该数据的变化趋势。

报警信息在屏幕中央显示。系统还提供了故障信息查询界面,提供当前故障信息表和历史故障登录表。当前故障信息表按时间顺序排列,记录了当前尚未排除的故障发生的时间、名称。当某个故障处理完毕后,该故障就从表中消失。历史故障表也按时间顺序记录近一周内的故障发生的时间、名称及该故障排除的时间。

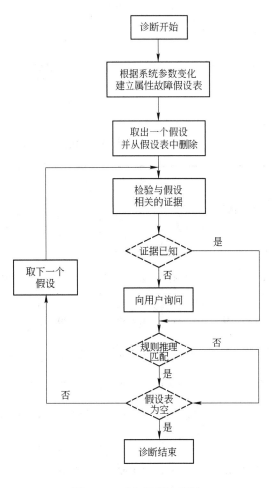

图 15-3 反向推理流程图

表 15-6 人工神经网络推理结果示意

故障 1	故障 2	故障 3	故障 4	故障 5	故障 6	故障 7	故障 8	故障 9	…
−0.0001	0.7458	0.2531	0.0012	−0.0003	−0.0011	0.0007	0.0002	−0.0007	…

故障诊断系统到底应该怎样显示和记录,可以根据操作人员的要求来制订。

随着制氧技术的发展,为了提高故障诊断的能力,使制氧机管理水平上一个层次,开发并应用实时故障诊断专家系统已势在必行。

附　　录

附表1　低温工质的基本物理-化学性质

名称	化学式	相对分子质量	密度 ρ_0（在273.15K 及0.1MPa 下）/kg·m⁻³	摩尔体积（在273.15K 及0.1MPa 下）/L	气体常数 R/kJ·(kg·K)⁻¹	临界点			熔点	
						温度 T_c /K	压力 p_c /MPa	密度 ρ_c /kg·m⁻³	温度 /K	熔化热 /kJ·kg⁻¹
空气	—	28.96	1.2928	22.40	0.2928	132.42 ~ 132.52	3.773 ~ 3.765	328 ~ 320	—	—
氧	O_2	31.9988	1.4289	22.39	0.2650	154.78	5.079	426.5	54.75	13.92
氮	N_2	28.0134	1.2506	22.40	0.3027	126.1	3.394	312	63.29	25.70
氩	Ar	39.948	1.7840	22.39	0.2123	150.7	4.862	535	84	26.53
氖	Ne	20.179	0.8713	23.16	0.4202	44.4	2.653	483	24.57	15.99
氦-4	He⁴	4.003	0.1769	22.63	2.1184	5.199	0.229	69	1.15 (2.56 MPa)	5.71 (3.5K)
氦-3	He³	3.016	0.1345	22.42	2.8117	3.35	0.118	41	0.33 (2.929 MPa)	8.089 (0.2K, 0.161 × 10⁻⁸MPa)
氢	H_2	2.016	0.08988	22.43	4.2063	32.976	1.293	31.45	13.947	58.197
氪	Kr	83.80	3.6431	23.00	0.1012	209.4	5.501	909	116.2	19.55
氙	Xe	131.30	5.89	22.29	0.0646	289.75	5.875	1105	161.65	17.619
一氧化碳	CO	28.0106	1.2504	22.40	0.3027	132.92	3.4978	301	68.15	29.894
甲烷	CH_4	16.043	0.7167	22.38	0.5286	190.7	4.6395	162	90.65	58.189
乙炔	C_2H_2	26.038	1.1747	22.17	0.3257	309.15	6.238	231	192.15	96.464

续附表1

名称	沸点(在760mmHg下)				三　相　点				1L的液体变为273.15K及0.1MPa下的气体容积 V	1m³ 气体(288.15K及0.1MPa下)生成液体容积 V
	温度 T_b /K	汽化热 r /kJ·kg⁻¹	密度 ρ_b		温度 /K	压力 /MPa	密度			
			液体 /kg·m⁻³	气体 /kg·m⁻³			固体 /kg·m⁻³	液体 /kg·m⁻³		
空气	78.8(沸) 81.8(露)	213.53	873 (78.8K)	4.485	60.15	—	—	—	675	1.379
氧	90.17	213.65	1140	4.5	54.36	0.000152	1370	1310	800	1.15
氮	77.35	199.25	810	4.69	63.15	0.01256	947	873	643	1.421
氩	87.291	164.09	1410	6.95	83.80	0.06873	1623	1416	780	1.166
氖	27.09	86.118	1200	9.552	24.54	0.04329	1442	1247	1340	0.683
氦-4	4.215	20.306	124.8	16.38	—	—	159.7 (1.35K)	173.8 (1.35K)	700	1.311
氦-3	3.2	7.531	58.6	24	—	—	132.3 (2.00K)	137.6 (2.00K)	—	—
氢	20.38	446.65	71.021	1.333	13.947	0.00704	86.79	77.09	788	1.166
氪	119.79	107.76	2413	8.7 (120K)	115.76	0.0730	2900	2440 (116K)	570	1.451
氙	165.02	96.127	3060	—	161.37	0.0815	3540	3084	523	1.75
一氧化碳	81.65	215.83	790	4.5	68.14	0.0153	929 (65K)	846	632	1.411
甲烷	111.7	509.74	426	1.8	90.6	0.0116	—	—	591	1.55
乙炔	189.13 (升华)	799.68 (升华)	—	—	191.66	0.1199	730 (188.16K)	610	520	2.055

附表2　单位换算

能量单位换算

焦耳 J	千焦 kJ	千卡 kcal	千克力·米 kgf·m	千瓦·小时 kW·h	马力·小时 PS·h
1	10^{-3}	0.2388×10^{-3}	0.10197	0.2778×10^{-6}	0.3777×10^{-6}
10^3	1	0.2388	101.97	0.2778×10^{-3}	0.3777×10^{-3}
4186.8	4.1868	1	426.9	1.163×10^{-3}	1.581×10^{-3}
9.807	9.807×10^{-3}	2.342×10^{-3}	1	2.724×10^{-6}	3.704×10^{-6}
3.6×10^6	3.6×10^3	859.8	367.1×10^3	1	1.36
2.648×10^6	2.648×10^3	632.4	270×10^3	0.7355	1

功率单位换算

瓦 W	千瓦 kW	千克力·米/秒 kgf·m/s	马力 PS
1	10^{-3}	0.10197	1.36×10^{-3}
10^3	1	101.97	1.36
9.807	9.807×10^{-3}	1	1.334×10^{-2}
735.5	0.7355	75	1

热导率（导热系数）单位换算

瓦/（米·开） W/（m·K）	千卡/（米·时·度） kcal/（m·h·℃）	卡/（厘米·秒·度） cal/（cm·s·℃）
1	0.8598	2.39×10^{-3}
1.163	1	2.78×10^{-3}
418.68	360	1

换热系数及传热系数单位换算

瓦/（米²·开） W/（m²·K）	千卡/（米²·时·度） kcal/（m²·h·℃）	卡/（厘米²·秒·度） cal/（cm²·s·℃）
1	0.8598	23.9×10^{-6}
1.163	1	27.8×10^{-6}
4.1868×10^4	3.6×10^4	1

压力单位换算表

帕斯卡 Pa	千帕 kPa	巴 bar	工程大气压 at	标准大气压 atm	毫米汞柱 mmHg	毫米水柱 mmH$_2$O
1	10^{-3}	10^{-5}	1.0197×10^{-5}	0.98697×10^{-5}	0.0075	0.10197
10^3	1	10^{-2}	1.0197×10^{-2}	0.98697×10^{-2}	7.501	101.97
10^5	10^2	1	1.0197	0.98697	750.1	10197
98067	98.067	0.98067	1	0.9679	735.6	10^4
101320	101.32	1.0132	1.0332	1	760	10332
133.32	0.13332	1.3332×10^{-3}	1.3595×10^{-3}	1.3158×10^{-3}	1	13.595
9.307	9.807×10^{-2}	9.807×10^{-5}	10^{-4}	9.679×10^{-3}	0.07356	1

参 考 文 献

[1] 北京钢铁学院制氧教研组. 制氧机原理与操作. 北京：冶金工业出版社，1977.

[2] 北京钢铁学院制氧教研组. 制氧工问答. 北京：冶金工业出版社，1978.

[3] 化工部第四设计院. 深冷手册. 北京：石油化工出版社，1975.

[4] 燃气设计参考资料编写组. 燃气设计参考资料（氧气部分）. 北京：冶金工业出版社，1978.

[5] 张祉祐，石秉三. 低温技术原理与装置. 北京：机械工业出版社，1987.

[6] 国家机械工业委员会统编. 中级制氧工艺学. 北京：机械工业出版社，1978.

[7] 陈长青，沈裕浩. 低温换热器. 北京：机械工业出版社，1993.

[8] 薛裕根，等. 制氧机故障100例. 北京：冶金工业出版社，1992.

[9] 王松汉，等. 板翅式换热器. 北京：化学工业出版社，1984.

[10] 朱极祯，郭涛. 离心式压缩机. 西安：西安交通大学出版社，1989.

[11] 钱锡俊，陈弘. 泵和压缩机. 东营：石油大学出版社，1989.

[12] 兰州石油机械研究所. 现代塔器技术. 北京：烃加工出版社，1990.

[13] 氧的生产编写组. 氧的生产. 上海：上海人民出版社，1976.

[14] 张蕴端. 化工自动化及仪表. 上海：华东化工学院出版社，1990.

[15] 刘元扬，刘德溥. 自动检测和过程控制. 北京：冶金工业出版社，1980.

[16] 何其高. 空分装置自动化. 北京：机械工业出版社，1988.

[17] 杭州制氧机研究所. 深冷技术. 1992，No. 1～No. 6；1993，No. 1～No. 6；1994，No. 1～No. 6.

[18] Епмфанова В И，Аксемрод：Л. С. Разделение Воздуха Мемодом Рлусокое Охлаждения，Том1. Машиностроение Москва，1973.

[19] 北川浩，铃木一郎. 吸附基础与设计. 北京：化学工业出版社，1983.

[20] 省工ネルギ. 1992，No. 2；1991，No. 12.

[21] Separation and Puification Methods. 1991，No. 2.

[22] Chemical Week. 1991，No. 27.

[23] Chem. Mark. Rep 1991，No. 6.

[24] 郑德馨，刘芙蓉. 多组分气体分离. 西安：西安交通大学出版社，1988.

[25] 毛绍融，朱朔元，周智勇. 现代空分设备技术与操作原理. 杭州：杭州出版社，2005.

[26] 深冷法制氧机诞生一百周年纪念大会暨气体分离与液化技术交流会论文. 2003.

[27] 煤化工配套大型空分设备技术交流会论文. 2007.

[28] 中国气体. 中国工业气体协会. 2006～2008.

[29] 汤学忠. 动力工程师手册. 北京：机械工业出版社，2000.

[30] 蔺文友. 冶金机械安装. 北京：冶金工业出版社，1995.

[31] 黄建彬. 工业气体手册. 北京：化学工业出版社，2002.

[32] 村上光清，部谷尚道. 流体机械. 日本森北出版株式会社，1982.

[33] 王树楹. 现代填料塔技术指南. 北京：中国石化出版社，1998.

[34] 陈光明，陈国邦. 制冷及低温原理. 北京：机械工业出版社，2000.

[35] 美国压缩气体协会. 压缩气体手册. 北京：冶金工业出版社，1991.

[36] 陈国邦，包锐，黄永华. 低温工程数据. 北京：化学工业出版社，2006.

［37］何衍庆，俞金寿．集散控制系统原理及应用．北京：化学工业出版社，2002.

［38］计光华．透平膨胀机．北京：机械工业出版社，1985.

［39］孟华．工业过程检测与控制．北京：北京航空出版社，2002.

［40］何衍庆，俞金寿．集散控制系统原理及其应用．北京：电子工业出版社，2002.

［41］汤学忠．新编制氧工问答．北京：冶金工业出版社，2001.

［42］浗春干．医用供氧技术．北京：化学工业出版社，2004.

［43］叶振华．化工吸附分离过程．北京：中国石化出版社，1992.